U0064083

債券通

中國債券市場國際化的新戰略

Bond Connect Scheme

New strategy for internationalisation of China's bond market

香港交易所首席中國經濟學家
巴曙松　主編

Edited by BA Shusong,
HKEX Chief China Economist

商務印書館

債券通

中國債券市場國際化的新戰略

主　　編：巴曙松
副 主 編：蔡秀清　巴　晴
編　　委：朱　曉　羅得恩
責任編輯：張宇程　蔡柷音
封面設計：張　毅
出　　版：商務印書館（香港）有限公司
香港筲箕灣耀興道 3 號東滙廣場 8 樓
http://www.commercialpress.com.hk
發　　行：香港聯合書刊物流有限公司
香港新界大埔汀麗路 36 號中華商務印刷大廈 3 字樓
印　　刷：美雅印刷製本有限公司
九龍觀塘榮業街 6 號海濱工業大廈 4 樓 A 室
版　　次：2019 年 4 月第 1 版第 1 次印刷
© 2019 香港交易及結算所有限公司

ISBN 978 962 07 6622 0
Printed in Hong Kong

版權所有　不得翻印

Bond Connect Scheme

New strategy for internationalisation of China's bond market

Chief editor: BA Shusong

Deputy chief editors: Essie TSOI Qing BA

Editors: Jennifer ZHU Daniel LAW

Executive editor: Chris CHEUNG Brenda CHOI

Cover design: Ann ZHANG

Publisher: The Commercial Press (H.K) Ltd.,
8/F, Eastern Central Plaza, 3 Yiu Hing Road,
Shau Kei Wan, Hong Kong

Distributor: The SUP Publishing Logistics (H.K.) Ltd.,
3/F, C & C Building, 36 Ting Lai Road,
Tai Po, New Territories, Hong Kong

Printer: Elegance Printing and Book Binding Co. Ltd.
Block A, 4th Floor, Hoi Bun Building
6 Wing Yip Street, Kwun Tong, Kowloon, Hong Kong

© 2019 Hong Kong Exchanges and Clearing Limited

First edition, First printing, April 2019

ISBN: 978 962 07 6622 0

Printed in Hong Kong

All rights reserved. No portion of this publication may be reproduced or transmitted in any form or by any means, electronic or mechanical, including photocopy, recording, or any information storage or retrieval system, without permission in writing from the copyright holders.

目錄

Contents

風險與免責聲明

買賣證券的風險

證券買賣涉及風險。證券價格有時可能會非常波動。證券價格可升可跌，甚至變成毫無價值。買賣證券未必一定能夠賺取利潤，反而可能會招致損失。

買賣期貨及期權的風險

期貨及期權涉及高風險，買賣期貨及期權所招致的損失有可能超過開倉時繳付的按金，令投資者或須在短時間內繳付額外按金。若未能繳付，投資者的持倉或須平倉，任何虧損概要自行承擔。因此，投資者務須清楚明白買賣期貨及期權的風險，並衡量是否適合自己。投資者進行交易前，宜根據本身財務狀況及投資目標，向經紀或財務顧問查詢是否適合買賣期貨及期權合約。

免責聲明

本書所載資料及分析只屬資訊性質，概不構成要約、招攬、邀請或推薦買賣任何證券、期貨合約或其他產品，亦不構成提供任何形式的建議或服務。書中表達的意見不一定代表香港交易及結算所有限公司（「香港交易所」）或本書其他作者所屬的機構（「有關機構」）的立場。書中內容概不構成亦不得被視為投資或專業建議。儘管本書所載資料均取自認為是可靠的來源或按當中內容編備而成，但本書各作者、香港交易所和有關機構及其各自的附屬公司、董事及僱員概不就有關資料（就任何特定目的而言）的準確性、適時性或完整性作任何保證。本書各作者、香港交易所和有關機構及其各自的附屬公司、董事及僱員對使用或依賴本書所載的任何資料而引致任何損失或損害概不負責。

Risk statements and disclaimer

Risks of securities trading

Trading in securities carries risks. The prices of securities fluctuate, sometimes dramatically. The price of a security may move up or down, and may become valueless. It is as likely that losses will be incurred rather than profit made as a result of buying and selling securities.

Risks of trading futures and options

Futures and options involve a high degree of risk. Losses from futures and options trading can exceed initial margin funds and investors may be required to pay additional margin funds on short notice. Failure to do so may result in the position being liquidated and the investor being liable for any resulting deficit. Investors must therefore understand the risks of trading in futures and options and should assess whether they are suitable for them. Investors are encouraged to consult a broker or financial adviser on their suitability for futures and options trading in light of their financial position and investment objectives before trading.

Disclaimer

All information and views contained in this book are for informational purposes only and do not constitute an offer, solicitation, invitation or recommendation to buy or sell any securities, futures contracts or other products or to provide any advice or service of any kind. The views expressed in this book do not necessarily represent the position of Hong Kong Exchanges and Clearing Limited ("HKEX") or the other institutions to which the authors of this book belong ("Relevant Institutions"). Nothing in this book constitutes or should be regarded as investment or professional advice. While information contained in this book is obtained or compiled from sources believed to be reliable, the authors of this book, HKEX, the Relevant Institutions or any of HKEX's or the Relevant Institutions' subsidiaries, directors or employees will neither guarantee its accuracy, timeliness or completeness for any particular purpose, nor be responsible for any loss or damage arising from the use of, or reliance upon, any information contained in this book.

序 言

債券通：
連接中國債市與世界的樞紐

自 2009 年中國開始在國際貿易結算中推出人民幣計價結算以來，人民幣國際化已取得了矚目成績：不到十年時間裏，中國對外貿易中以人民幣計價結算的比重從不到 1% 增加到 20% 以上，人民幣已成為全球第五大國際支付貨幣。2015 年 11 月，人民幣被納入國際貨幣基金組織的特別提款權（SDR）貨幣籃子，成為中國融入全球金融格局的重要里程碑，標誌着人民幣開始邁向重要的國際儲備貨幣行列，逐步在國際金融體系中開始承擔新的責任與義務。

加入 SDR 意味着人民幣的國際貨幣地位得到了國際多邊組織和金融機構的認可。不過，當前人民幣計價資產在全球金融市場上的實際佔比和使用量仍然遠低於其他國際貨幣。從這個角度來説，人民幣國際化正處於一個重要的戰略性轉折點，需要在國際市場上推出更加豐富的人民幣計價的金融產品創新，完善金融基礎設施的配套，推動本幣市場和海外金融市場的同步開放，從而穩步提升人民幣計價的資產市場的深度和廣度，不斷改進跨境人民幣計價金融資產的交易便利性。

從美國、日本等國貨幣的國際化經驗來看，一種貨幣要真正實現國際化，需要符合幾個基本的要求：人民幣的貨幣價值獲得全球市場的信任；在國際市場上有便利擁有和運用人民幣的渠道和工具；在經濟、金融領域中被廣泛使用，如用於貿易及國際投融資市場等。

中國作為世界第二大經濟體及世界貿易的重要成員，在國際貿易結算中已越來越多使用其貨幣人民幣。但是，如要在資本項目下讓更多的國際機構與個人擁有人民幣、在資本市場上讓各方參與者更便利地使用人民幣投資，便需要中國資本市場持續開放，真正做到與世界市場高效率的互聯互通。

在當前的國內外環境下，中國債券市場的對外開放，就成為人民幣國際化進程中不可或缺的重要推動力。因為只有當外國投資者廣泛使用該國貨幣作為金融市場上的投資計價貨幣和儲備計價貨幣時，一國貨幣才能成為真正的國際貨幣。在國際市場上，債券市場的資金容納量、參與者、金融產品的豐富程度遠勝於其他資產市場，更是貨幣當局實施貨幣政策、調控金融市場的重要場所，債券市場形成的利率價格往往是其他資產類別（包括股票、房產、大宗商品等）定價的基準。在各國經濟發展中，債券市場扮演了提供證券資產、信用融資、交易衍生品等各類基礎性金融資產的重要角色，也由此衍生出信託計劃、項目融資、融資租賃、資產證券化和中長期信貸等龐大的金融產品線。

同時，人民幣獲國際投資者認可的程度也將與中國資本市場的不斷開放和完善相輔相成。從2010年中國首度容許合格機構使用離岸人民幣投資於中國銀行間債券市場，翌年（2011年）再推出人民幣合格境外機構投資者（RQFII）計劃，兩年後（2013年）放寬合格境外機構投資者（QFII）的投資限制，這些舉措都標誌着中國境內債市的逐步開放。及至2015年，內地接連推出多項令人矚目的開放措施，進一步便利境外投資者進入中國銀行間債券市場，這主要包括於2015年7月，內地央行發佈《關於境外央行、國際金融組織、主權財富基金運用人民幣投資銀行間市場有關事宜的通知》將相關申請程序簡化為備案制，取消了對相關機構的額度限制，並將其投資範圍從現券擴展至債券回購、債券借貸、債券遠期、利率互換、遠期利率協議等交易。2016年央行再發佈3號文新規，將以注重資產配置需求為主的央行類機構和中長期投資者都納入進入銀行間債券市場的合資格投資者名單。這些政策舉措向市場表明，中國正逐步開放資本項目並鼓勵更多外資流入，提高中國債券市場的多元化及多樣性，進一步擴大境內金融市場的規模，並提高其市場深度。

當前，中國債券市場的規模已經達到相當龐大的規模（截至2018年底已達到77.3萬億元人民幣），位列世界第三、亞洲第二，已經成為全球金融市場中不可忽視的重要市場。而且中國依然保持中高速度增長，宏觀基本面穩健，這對進行全球資產配置的投資者和持有人民幣資產的投資者來説，都極具吸引力。「債券通」

項目於2017年7月推出，是中國債券市場對外開放的創新舉措、是中國債市開放再次提速的新起點。「債券通」是與現有債券市場開放渠道兼容並行的、且更有市場效率的開放渠道，以更為適應國際投資者交易習慣的機制安排，為國際投資者提供了新的進入中國債市的便捷通道。

「債券通」項目的創新性首先體現在為中國債券市場的雙向開放和國際化道路提供了新的開放模式實踐路徑。作為互聯互通機制在債券及定息類產品市場上的具體體現，「債券通」在保持了境內、外的監管規則與交易習慣以及人民幣資本項目還保持一定管制的制度框架下，推動中國債券市場進一步開放，為吸納全球資本、推進人民幣資產的國際化程度、提高中國國際收支平衡能力提供新模式。無論是在新興市場還是發達國家的金融市場國際化道路中，「債券通」實現的金融基礎設施創新與互聯互通都是具有積極創新意義的。

本書對「債券通」在中國債券市場開放和人民幣國際化中的定位、功能和角色進行了全景式論述，涵蓋了從政策開放路徑、具體實施策略、債券金融生態圈建設等多個角度，特別結合了「債券通」運行後來自市場的第一手經驗和見解，既是對多年中國債券市場雙向開放政策的階段性總結，更説明了「債券通」模式的構想和設計方案的有效性經過了市場實踐的驗證，從而佐證了「互聯互通」機制在連接境內、外金融市場轉換器、以創新方式推動中國金融市場開放的獨特價值。

本書第一篇，分別邀請了中國外匯交易中心、中國人民銀行研究局、上海清算所的主要負責人，從市場制度和頂層設計角度，闡述人民幣國際化的基本邏輯、中國債券市場的開放歷程、總體規劃，以及下一步的趨勢，向投資者、特別是希望投資中國市場的海外投資者較為系統和權威地介紹中國債券市場開放的整體發展理念和演變方向。

第二篇從債券市場前沿動態和業界參與機構的角度，多角度地描述了與「債券通」相關的金融基礎設施以及圍繞「債券通」形成的金融生態系統。邀請如此眾多具代表性的市場參與者提供具有專業價值的文章，在對中國債市的研究中並不多見，各篇文章從「債券通」一級市場發行、金融基建基本架構、監管框架、信用評級，以及「南向通」框架下可能的兑換、風險管理工具發展等多個角度，剖析了「債券通」的創新重點和操作慣例，也為境內、外的投資者、發行人提供了可供參考的操作方案。

「債券通」開通後的跨境資本流動明顯提升，不僅顯示出國際市場對人民幣債券的投融資需求，也相應產生了對人民幣匯率風險管理的需求。本書第三篇對人民幣貨幣期貨、貨幣期權、人民幣指數等定息及貨幣產品進行了深入介紹。有豐富的風險管理工具作為支持，才可以讓國際資本更加安心地投入人民幣計價的債券資產，這同時也從不同的側面展現出香港作為多層次、多產品系列的人民幣風險管理產品和金融工具創新市場的活力和優勢。

我們相信，隨着「債券通」的平穩發展和人民幣國際化的不斷深入，下一步將有條件圍繞「債券通」推出更多的制度和產品創新，例如可以適時開通「債券通」的南向交易，讓境內投資者在一個對外開放的閉環體系內參與境外的債券市場投資，從而可進一步推動境外人民幣計價債券的發行和交易，形成海外人民幣投融資的基準價格曲線，為人民幣海外交易循環提供定價基礎。

對「債券通」這一金融創新的實踐和總結，有助於我們更深刻地理解如何借助香港市場來實現在資本項目保持一定管制條件下以相對可控的方式實現中國金融市場的對外開放、提升中國在岸債券市場的國際參與度，從長期看，這對於人民幣國際化、提高中國金融市場效率具有重要的參考價值。

是為序。

李小加

香港交易及結算所有限公司 集團行政總裁

2019 年 3 月

Preface

Bond Connect: Bridging the Mainland bond market and the world

Since the introduction of settlement in the Renminbi (RMB) for international trade in 2009, the currency's internationalisation process has made remarkable progress. In less than a decade, the proportion of the Mainland's total external trade settled in RMB has increased from below 1% to over 20%. The RMB is now the world's fifth most-used currency in international payment. In November 2015, the International Monetary Fund (IMF) included the RMB in its Special Drawing Rights (SDR) currency basket, setting a milestone for China's integration with the global financial market. It also signalled the RMB's march towards being a key international reserve currency and its new obligations in the international financial system.

The admission of the RMB to the SDR implies that the currency has been recognised as an international currency by global multilateral organisations and financial institutions. However, the actual weighting of RMB-denominated assets and the usage of the RMB in global finance are still far behind other international currencies. In this context, the RMB's internationalisation is at a crucial and strategic turning point. In order to widen and deepen the market of RMB-denominated assets and to facilitate trading in cross-border RMB assets, a wider range of innovative RMB financial products on a global scale, stronger financial infrastructural support, and further opening up of the domestic currency market and further participation of the RMB in overseas financial markets are needed.

The experience of the US dollar, the Japanese yen and some other currencies shows that a truly international currency must satisfy certain basic requirements: international trust in the currency's valuation; the existence of channels and instruments for the convenient possession and use of the currency in the international market; and the extensive use of the currency in economics and finance such as in trade and international investment and financing.

China, as the world's second largest economy and a key participant of world trade, has seen an increasing use of the RMB in international trade settlement. However, to increase the usage of the currency by international entities and individuals under the capital account, and to provide for greater convenience of investment in RMB by global market participants, the Mainland capital market has to continue to open up to efficiently connect with the world.

In the current domestic and overseas environments, the opening up of the Mainland bond market is an indispensable, major driver of the RMB's internationalisation process. This is because a currency can only truly become international when it is extensively used by foreign investors in investment and as a reserve currency. In international markets, bonds have surpassed other asset types, whether in terms of market size, number of participants or the range of financial products. They also constitute an important market where monetary policies are implemented and the general financial market is modulated. Bond yields are often used as benchmarks for the pricing of other assets such as equities, real estate and commodities. The bond market plays a major role in a country's economic development by providing securities assets, credit finance, tradable derivatives and other basic financial assets. It also underpins the development of an extensive array of financial products including trust schemes, project finance, financial lease, asset securitisation and medium- and long-term credit.

Global recognition of the RMB supports the continuous opening up and enhancement of the Mainland capital market and vice versa. In 2010, China allowed for the first time qualified institutions to invest in the China Interbank Bond Market (CIBM) using offshore RMB. The next year (2011), the RMB Qualified Foreign Institutional Investor (RQFII) scheme was launched. In 2013, the investment quota of the Qualified Foreign Institutional Investor (QFII) scheme was relaxed. All these measures signalled the gradual opening up of the Mainland bond market. A number of high-profile opening-up measures were launched in 2015 which have further facilitated overseas investors' access to the CIBM. These include the *Notice of the People's Bank of China on Issues concerning Investment in the Inter-bank Market with RMB Funds by Foreign Central Banks, International Financial Organisations, and Sovereign Wealth Funds* issued in July 2015, which simplified the application procedures by replacing them with a registration system, abolished quota restrictions and expanded the scope of investment from cash bonds to bond repurchase agreements (repos), bond lending and borrowing, bond forwards, interest rate swaps and forward rate agreements, etc. In 2016, the People's Bank of China (PBOC) issued Announcement No. 3 to include central banking institutions and medium- and long-term investors with a substantial need for asset allocation into the list of investors qualified to access the CIBM. These policies and measures indicate that China is gradually opening up its capital account and encourages more inflows of foreign capital, that the diversity of the bond market is being increased, and that the domestic financial market would further expand and deepen.

The Mainland bond market has now grown to a considerable size (worth RMB 77.3 trillion as of the end of 2018). As the world's third and Asia's second largest bond market, it is a force to be reckoned with in the global financial landscape. Together with China's moderately fast economic growth and robust macroeconomics, the Mainland bond market has substantial appeal for investors in need of global asset allocation and investors holding RMB assets. Launched in July 2017, Bond Connect is an innovative scheme that aims to open up the Mainland bond market at a faster pace. Coexisting with other opening-up channels but more efficient than these channels, Bond Connect adopts arrangements more attuned to the practice of international investors, making it more convenient for foreigners to enter the CIBM.

Bond Connect is innovative primarily in that it provides a new business model for the two-way opening up and internationalisation of the Mainland bond market. As a mutual access programme for bonds and fixed-income products, which maintains Mainland and overseas regulatory rules and trading practices as well as certain control of the RMB capital account, Bond Connect aims to advance the opening up of the Mainland bond market by providing a new business model that captures global capital, internationalises RMB assets and increases China's ability to adjust its international balance of payment. In terms of financial market internationalisation, the infrastructure innovation and connectivity represented by Bond Connect is unprecedented among both emerging and developed markets.

This book presents a complete picture of Bond Connect's positioning, roles and functions in the opening up of the Mainland bond market and the RMB's internationalisation, covering policy pathways, implementation strategies, ecosystems and other angles including in particular first-hand market experience and insights after the scheme's launch. In addition to summing up the two-way opening-up policy of the Mainland bond market over the years, this book illustrates how actual market practice has proved the effectiveness of the concept and design of Bond Connect, and hence the unique value of the mutual market access programme which bridges the Mainland and overseas financial markets and opens up the former in an innovative fashion.

In Part 1 of this book, responsible executives of the China Foreign Exchange Trade System (CFETS), the Research Institute of the PBOC and the Shanghai Clearing House (SHCH) discuss, in terms of market framework and top-level design, the basic logics of the RMB's internationalisation and the opening-up process, overall plan, and the next step of development of the Mainland bond market. Investors, particularly overseas investors interested in the Mainland market, are given a systematic and authoritative briefing on the philosophy and evolution of the Mainland bond market's opening-up process.

Part 2 describes Bond Connect-related financial infrastructure and the financial ecosystem of Bond Connect from the perspective of bond market developments and market participants. Rarely do we see together professional articles on the bond market written by representatives of so many market disciplines. The key innovations of Bond Connect and its operations are analysed in respect of primary market offering, financial infrastructure, the regulatory framework, and credit ratings, as well as the possible development of RMB exchange and risk management tools under Southbound Trading. Domestic and overseas investors and issuers are also provided with operational plans for reference.

Cross-border capital movements significantly increased after the launch of Bond Connect. Such movements, apart from reflecting the international demand for RMB bonds for investment and finance purposes, also triggered a need for RMB exchange rate risk management. Part 3 of the book studies in depth RMB currency futures, currency options, RMB indices and other fixed-income and currency products. International capital will only invest comfortably in RMB-denominated bonds when abundant risk management tools are available. In various dimensions, Hong Kong is shown to be a multi-level and multiple product innovative market of RMB risk management and financial instruments with vibrancy and competitiveness.

As Bond Connect develops and the RMB's internationalisation intensifies, we believe more institutional and product innovations under Bond Connect will be possible. For example, we can, at an appropriate time, launch Southbound Trading of Bond Connect so that Mainland investors can access the overseas bond market in a closed loop. This will encourage the issuance and trading of overseas RMB-denominated bonds and then the formation of a benchmark yield curve for offshore RMB investment and financing and for the pricing of overseas RMB transactions.

The implementation and review of Bond Connect as an innovative move will help us understand more deeply how Hong Kong can be leveraged to open up the Mainland financial market and to increase international participation in that market in a controllable manner with the capital account remaining under certain control. This will, in the long run, provide valuable reference for the RMB's internationalisation and for the Mainland financial market to attain higher efficiency.

Charles LI

Chief Executive,
Hong Kong Exchanges and Clearing Limited
March 2019

第一篇

中國債券市場開放歷程和宏觀背景

第1章

中國債券市場的開放與發展

張漪

中國外匯交易中心總裁

摘要

本篇報告描述了中國債券市場現狀以及對外開放的有關情況，着重梳理了中國債券市場發展現狀和特點、債券市場對外開放的有關政策、對外開放過程中相關的制度創新，以及對外開放的展望。

1　中國債券市場發展現狀和特點

自 1997 年 6 月銀行間債券市場正式啟動以來，在人民銀行的正確領導下，債券市場管理規則體系建立並不斷完善，產品和服務機制持續創新，市場深度和廣度日益拓展，投資者類型不斷豐富，對外開放水平穩步提升，取得了不斷超越自我、比肩國際的輝煌成就。

1.1　基本情況

債券市場規模和實力與日俱增。1997 年，銀行間債券現券市場的交易量不足 10 億元，2006 年突破 10 萬億元，2010 年突破 50 萬億元，2016、2017 年交易量均突破 100 萬億元，超過股票市場，2018 年 1-9 月累計成交已達到 104 萬億元，同比增長 37.1%。債券市場交易頻次從起初日均兩筆擴大到近三年日均 4,500 筆以上，與發達國家債券市場業務基本處於同一量級。截至 2018 年 9 月末，中國債券市場餘額已達 83 萬億元，繼續保持美國、日本之後全球第三大債券市場的地位，其中銀行間市場餘額接近 72 萬億元，佔比 87%。

市場投資者隊伍不斷壯大。銀行間債券市場投資者從 1997 年數十家壯大到 2018 年 9 月末的 24,000 餘家，從過去主要由商業銀行參與，發展成為銀行業、證券業、保險業以及各類非法人集合性資金和企業廣泛參與的合格機構投資者市場，從境內機構發展為全球投資者參與。投資者隊伍的壯大和多元化推動市場流動性不斷提高。

債券品種日益豐富。人民銀行以市場化方式大力發展直接融資、發展多層次資本市場體系，先後創新推出短期融資券、中期票據、超短期融資券、非公開定向債務融資工具、非金融企業資產支持票據等公司信用類債券品種，陸續推出次級債券、普通金融債券、混合資本債券、資產支持證券等金融債券，近年來又推出同業存單、綠色債券等一系列順應市場需求的新品種，促進融資結構優化，有效增加市場供給。銀行間債券市場交易標的從最初單一的國債品種發展為涵蓋國債、金融債、信用債、綠色債券等 30 多個門類、品種齊全的可交易產品序列。

市場國際化水平穩步提升。順應人民幣跨境使用需求增長，債券市場對外開放逐步加快，多類型境外機構陸續入市。人民幣加入國際貨幣基金組織特別提款權（SDR）以來，債券市場的國際吸引力進一步增強，SDR 債券成功發行，國際投資者對人民幣債券的配置需求增長，市場加大開放力度，實現向所有符合條件的國際合格機構投資者開放，債券市場國際化進入新的階段。中國債券市場逐步被全球主要債券指數認可。境外機構境內發債的主體範圍與發債規模均穩步擴大，便利性不斷提高，截至 2018 年 9 月末，中國銀行間債券市場境外發債主體已包括境外非金融企業、金融機構、國際開發機構以及外國政府等，累計發行 1,474.6 億元人民幣熊貓債，較截至 2016 年末的規模已翻番。

1.2 銀行間債券市場產品與交易機制的發展

中國銀行間債券市場之所以能在 20 多年時間裏發展成為國際一流的市場，與其獨具特色的發展模式密切相關。中國債券市場在成立之初，就充分吸收了國際經驗，形成了現有的集中交易機制和託管機制，循序漸進地推出了豐富的交易工具和交易機制，以持續的改革創新推進債券市場發展，滿足了不同層次的投資者需求。

在交易工具方面，銀行間債券市場在現券和回購交易的基礎上，於 2006 年推出了債券借貸業務，以滿足市場參與者降低結算風險、豐富投資策略以及增加債券投資盈利渠道等多元化需求。在這之後又先後推出了債券遠期、人民幣利率互換、遠期利率協議、信用風險產品、債券預發行等系列工具，豐富投資者的投資運作與風險管理手段。銀行間債券市場以做市機構為核心交易商，由其承擔提供流動性和促進價格發現的義務。為進一步完善債券發行定價機制，提升債券市場流動性，降低機構做市風險，發揮做市機構對一、二級市場的影響力，又於 2016 年推出了國債做市支持業務。目前，債券市場基礎性產品的種類序列已與發達債券市場基本一致。

在交易機制方面，銀行間債券市場積極聽取市場主體的多元化交易需求，在場外市場詢價交易模式的基礎上，先後推出點擊成交、請求報價等多元化交易機制。此外，為進一步提高交易效率、降低交易成本、增加市場透明度，近幾年中國外匯交易中心（交易中心）在交易層面推出了匿名撮合的電子交易機制，針對利率互換、債券回購和現券交易先後設計了 X-Swap、X-Repo 和 X-Bond，並在豐富品種和提升性能等方面不斷加以改進。

具體而言，X-Swap 及系列相關產品的推出進一步豐富了衍生品產品序列，提高了衍生品市場交易效率。X-Repo 的推出，在拓寬機構融資渠道、打通流動性傳導機制、反映市場開盤階段資金供需面和預判當日市場流動性鬆緊狀況等方面發揮了積極作用。同時，交易中心還基於 X-Bond 積極探索更多創新交易實踐，為高流動性債券提供高效交易，同時依託匿名匹配機制研究解決諸如高收益債券流動性不足、定價難度高等現實難題。

2 中國債券市場對外開放政策和歷程

銀行間債券市場對外開放的政策框架與人民幣國際化進程相適應，開放對象從境外人民幣清算行起步，逐步擴展到境外央行和貨幣當局以及中長期機構投資者等幾乎所有類型的境外金融機構。2009 年，境外人民幣清算行獲准在境內開展人民幣同業拆借業務。2010 年，境外央行、港澳人民幣清算行、境外參加行等三類機構進入銀行間市場進行債券交易，標誌着中國銀行間債券市場對外開放。此後，中國人民銀行頒佈了一系列政策法規擴大境外機構參與境內銀行間市場的交易，明確入市的境外機構類型、合格性要求、賬戶管理、操作流程等。2016 年 2 月，人民銀行將境外投資主體範圍進一步擴大至境外依法註冊成立的各類金融機構及其發行的投資產品以及養老基金等中長期機構投資者，同時簡化了境外機構的管理流程，取消了投資額度限制，並着力加強宏觀審慎監管。2017 年中，「債券通」的北向通為境外合格機構投資者在銀行間債券市場（CIBM）、合格境外機構投資者（QFII）和人民幣合格境外機構投資者（RQFII）等原有途徑的基礎上，又增加了一條進入中國債券市場的渠道，顯著提高國際投資者的入市效率。至此，囊括境外央行及其他金融機構等多類型機構投資者、多種模式並行的、市場開放和風險控制兼顧的政策框架基本建立。

2.1　銀行間債券市場初步實現全方位、多層次的對外開放格局

首先，在開放的範圍上，銀行間市場（債券、外匯、貨幣、衍生品等）已逐步向不同類型國際投資者開放，債券市場是面向最多類型機構開放的子市場。目前，貨幣當局、主權財富基金、商業金融機構以及中長期機構投資者均可投資於境內銀行間債券市場，且沒有額度限制。截至 2018 年 9 月底，參與債券市場的國際投資者共 1,173 家，包括央行類機構 68 家、商業銀行 220 家、非銀行類金融機構 117 家、中長期機構投資者 21 家、金融機構發行的投資產品 747 隻，佔全部債券市場投資者數量的 5%。

其次，在開放的層次上，銀行間債券市場的開放程度不斷深化。一是開放的金融工具範圍不斷擴大至全口徑。2015 年 7 月，境外央行、國際金融組織、主權財富基金投資範圍從現券交易擴展至債券借貸和利率衍生品（債券遠期、利率互換、遠期利率協議等）。二是對境外機構交易的管理方式不斷優化。2015 年 7 月起，境外機構進入銀行間債券市場由審批制改為備案制，並可自主決定投資規模。2016 年 2 月，債券市場對外開放進一步推進，引入境外養老基金、慈善基金、捐贈基金等中國人民銀行認可的中長期機構投資者，並且此類投資者投資銀行間債券市場沒有額度限制。

第三，在開放的配套設施方面，銀行間市場對境外機構的服務持續完善，投資便利化水平不斷提高。「債券通」的上線，使國際投資者能夠在不改變業務習慣、同時有效遵從內地市場法規制度的前提下便捷參與銀行間債券市場，近期，「債券通」功能進一步完善，券款對付（DVP）結算全面實施，消除了結算風險；交易分倉功能上線，實現了大宗交易業務流程的自動化；有關方面進一步明確稅收政策，免徵企業所得稅和增值稅，期限暫定三年。這些進展使中國債券市場已經滿足納入彭博 - 巴克萊全球綜合指數的所有條件，2019 年 4 月將正式納入。

2.2　境外機構在銀行間債券市場的交易平穩較快發展

境外機構在銀行間債券市場的交易平穩較快增長，但總體份額還比較有限。境外機構在銀行間債券市場成交量從 2010 年的 151 億元，到 2011 年突破 1,000 億元（達 1,338 億元），再到 2016 年接近 1.3 萬億元，2017 年達到 2.2 萬億元，年均

複合增長率達到 104%，2018 年前 9 個月，境外機構在債券市場成交累計 2.6 萬億元，同比增長 56.3%。境外機構交易量佔銀行間債券市場成交總量的份額也在穩步提升，從 2010 年的 0.01% 逐步擴大，2017 年突破 1%，2018 年前 9 個月達到 1.2%。

「債券通」自 2017 年 7 月上線後，運行穩定，截至 2018 年 9 月底，共有 445 家國際投資者借助「債券通」這一渠道進入中國債券市場，累計成交近萬億元人民幣，其中 2018 年每月交易量均超過 500 億元。

3　中國債券市場對外開放進程中的融合與創新

伴隨人民幣國際化步伐，中國債券市場發展與對外開放取得積極成果。中國債券市場對外開放之所以能夠取得目前的成就，從根本上講是因為選擇了一條既符合中國國情，又滿足國際投資者需求的中國特色的對外開放道路。在這條道路上，我們不斷學習和總結國際經驗，並在不同階段應時應景逐步推出符合中國國情的各項機制和產品。

3.1　交易機制的創新

債券市場對外開放之初，國內外投資者對彼此的了解程度都不高，允許國際投資者通過代理交易模式投資銀行間市場是符合當時的環境和背景的。代理交易模式在國際上本無先例，是中國債券市場機制上的創新，在市場開放初期發揮了便利交易、服務監管的作用。多年的運行結果表明，代理交易模式是一種成熟有效的交易機制，已被國際投資者所認可和接受。在代理交易模式下，結算代理行為境外機構提供各類服務和指導，使國際投資者對境內相關制度有了深入的了解，更是為後續債券市場對外開放的各項措施奠定了重要的基礎。

隨着國際投資者對中國債券市場的了解加深，陸續有投資者希望能直接在中國債券市場開展交易。在這種背景下，通過基礎設施互聯互通以實現直接交易的「債券通」渠道應運而生，國際投資者可以直接登錄符合自身交易習慣的交易終端，如 Tradeweb，與境內對手方直接開展交易。

從代理交易模式擴展到直接交易模式，是符合市場發展客觀規律的，兩種交易模式的結合也充分滿足了不同層次投資者的交易需求。

3.2 託管機制的創新

中國債券市場的一級託管制度是在過去 20 多年自上而下推動和發展起來的。制度建立之時，我們既總結了中國債券市場過去的發展經驗，又吸收了國際清算銀行和國際證券委員會組織等國際組織的建議，建立了簡潔、透明，符合中國債券市場特點的一級託管制度，較好地滿足了監管機構穿透式監管要求，奠定了銀行間債券市場健康發展的基石。通過代理交易模式進入銀行間債券市場的境外投資者使用的也正是一級託管制度。正如原人民銀行行長周小川所說，「對外開放也是實體、金融機構、金融市場參與者在開放的環境中逐漸成長，逐漸在開放中體會自己的角色、發揮作用和體會國際競爭的過程」。在對外開放初期，交易代理模式下的一級託管制度為本地託管行提供了良好的發展機遇。

隨着對外開放進程的不斷加速，我們以開放的視角持續學習吸收先進的國際經驗，並與中國特色加以融合。託管制度方面，國際慣例是名義持有人和多級託管制度，大部份國際投資者已經形成了一套完整的多級託管體系，具有完善的合規流程和操作文件，探索類似的多級託管制度可以進一步打通國際投資者進入中國銀行間債券市場的壁壘，為國際投資者降低時間及合規成本，提供便利，提高入市積極性。因此，債券通機制下與國際慣例接軌，配合國際通行的名義持有人模式，再加上中國債券託管制度下的穿透性要求，實現了「一級託管制度」與「多級託管體系」的有效連接。這一創新既滿足了國際投資者依託原有的託管模式參與中國債券市場的需求，又符合了中國的穿透式監管要求，可謂一舉兩得，進一步吸引了國際投資者參與中國債券市場，為債券市場的對外開放和人民幣國際化帶來了新的動力。

3.3　資金匯兌機制的創新

銀行間債券市場的對外開放是建立在金融危機後，人民幣開始跨境使用之初，通過代理交易模式進入中國債券市場的國際投資者使用離岸人民幣投資中國債券市場，僅 QFII 可以在獲批的額度範圍內將外匯匯入境內後換成人民幣進行投資。2016 年人民銀行發佈 3 號公告允許符合 3 號公告要求的國際投資者將外匯匯入境內後換成人民幣進行投資，並取消投資額度限制，進一步豐富了國際投資者的資金來源，提高了市場活躍度。

2017 年，人民銀行為進一步提升跨境資金交易和匯兑的便利性，在債券通推出的同時，配套推出了資金匯兑的創新機制——資金通。在資金通下，境外投資人通過香港結算銀行參與銀行間外匯市場，實現人民幣資金的購售以及風險對沖，同時香港結算銀行可以把手上持有的頭寸拿到銀行間外匯市場進行平盤，不承擔額外風險。在這種模式下，國際投資者可以從更具深度和廣度的在岸外匯市場獲取人民幣資金，價格更加優惠，避險成本更低，操作更加便利，既為境外投資人提供了便利，又確保了外匯市場的穩定。2018 年，《關於完善人民幣購售業務管理有關問題的通知》(銀發〔2018〕159 號）又將資金通的應用範圍擴展到包括債券市場代理交易模式和滬深港通在內的各項機制上，進一步為國際投資者投資中國債券市場和證券市場提供便利。

4　中國債券市場對外開放展望

習近平總書記要求，金融發展要堅持質量優先。銀行間債券市場經過 20 年快速發展，取得豐碩成果，站在新的歷史起點上，我們一方面要總結經驗，堅持債券市場發展的道路自信；另一方面要進一步提高質量，優化結構，完善機制，扎根國情，全面推動債券市場的改革、開放和創新，建設一個更具深度廣度、安全穩健、與大國開放經濟地位相適應、支持實體經濟可持續發展的債券市場體系，助力形成融資功能完備、基礎制度扎實、市場監管有效、投資者合法權益得到有效保護的多層次資本市場體系。交易中心將繼續以市場化為導向、以新時代為依託，勇於變革、勇於創新，堅持從滿足市場成員需求出發，持續優化服務，夯實市場基礎，完善市場制度和基礎設施建設。

4.1　有序引入各類國際投資者

隨着人民幣國際化水平提升、銀行間債券市場對外開放進程推進，國際投資者不斷壯大。國際投資者從 2016 年的 300 多家發展到了現在的 1,100 多家。包括境外央行和貨幣當局、國際金融組織、主權財富基金、商業銀行、保險公司、證券公司等各類金融機構發行的投資產品，以及養老基金、慈善基金等在內的中長期國際投資者，都已陸續進入中國銀行間債券市場。2018 年，彭博宣佈將人民幣計價的中國國債和政策性銀行債券納入彭博巴克萊全球綜合指數，也反映了業界對中國開放金融市場、便利國際投資者參與的認可，這將為中國債券市場引入更多的國際投資者。下一步，我們還將增加市場推廣，加強市場調研，了解國際投資者的需求，進一步優化交易機制，簡化開戶流程，吸引更多的國際投資者進入銀行間債券市場。

4.2　進一步豐富並完善產品序列

在人民銀行 2016 年 3 號公告發佈後，國際投資者投資銀行間債券市場的各類產品在政策上已經沒有障礙，但相關配套設施還有待進一步完善，相關制度安排也有待與國際接軌。因此，在實際交易中，除現券和回購業務以外，國際投資者在其他產品中的參與程度還較低。在加快金融市場開放的過程中，人民幣資產對全球投資者的吸引力不斷增強，境外機構在銀行間市場的參與度持續提高，陸續有境外機構投資者提出開展回購、衍生品等交易的需求。下一步，我們將加快研究債券通渠道下的回購和衍生品的交易機制，進一步豐富市場主體的投融資工具。

4.3　加強與國際金融基礎設施合作，完善服務序列

國際場外市場起步時間較早、發展時間較長，形成了較為成熟的市場機制，服務序列也已較為完善。許多國際投資者已針對目前使用的內部管理系統、交易

平台和交易後處理平台等建立了完善的內控合規機制，形成了較為成熟的交易流程和交易習慣。通過加深與國際金融基礎設施的合作，可以簡化國際投資者進入國內債券市場所需的合規成本和時間成本。下一步，可研究推動境內基礎設施與其他地區和國家基礎設施的互聯互通，擴大覆蓋的範圍，為中國債券市場對外開放和人民幣國際化的戰略夯實基礎。

4.4　穩步提高債券市場雙向開放水平

2018 年開年以來，中國監管部門針對金融市場對外開放已經作了相應部署。人民銀行在 2018 年工作會議上指出，要擴大債券市場雙向開放，穩步推進人民幣國際化，在中國發展高層論壇 2018 年會上指出，未來還要提升金融市場的雙向開放程度。為落實有關要求，人民銀行先後擴大了合格境內機構投資者（QDII）額度，更新完善了人民幣合格境內機構投資者（RQDII）、QFII 和 RQFII 制度，發佈《全國銀行間債券市場境外機構債券發行管理暫行辦法》，促進相關制度規則與國際接軌，為合格的境內外投資者投資境內外市場提供便利，這對於中國債券市場雙向開放有重要意義。為配合人民銀行的有關部署，下一步，交易中心將繼續研究「債券通」等互聯互通機制，不斷完善相關交易機制，穩步提高債券市場雙向開放水平。

第2章

本幣驅動的金融開放及其政策含義

—— 兼論人民幣國際化的階段性和下一步重點

周誠君博士

中國人民銀行研究所研究員
CF40 特邀成員
對外經貿大學兼職教授、博士生導師

摘要

下一步中國內地金融開放的重點將在金融賬戶開放和資本項目可兑換，及相應的資金跨境流動管理方面。對此，過去傳統上主要着眼於外匯管理及放鬆管制。在人民幣國際化加快推進背景下，有必要明確人民幣國際化的階段性和下一步重點，並釐清進一步深化金融開放過程中本幣和外幣所發揮作用的區別，推進本幣驅動的金融開放，並在制度安排、政策設計、外匯市場模式選擇、金融基礎設施建設等方面進行相應的改革創新。

註：本文部份內容曾刊發於《比較研究》，2018 年第 5 期。

1　下一步金融開放的重點是金融賬戶開放和資本項目可兑換

按照世界貿易組織（WTO）的一般框架，服務業對外開放主要有四種形態，即（1）商業存在、（2）跨境交付、（3）自然人移動、（4）跨境消費。從金融開放角度來説，自然人移動在金融領域普遍存在，但總體而言規模相對較小；商業存在形式的對外開放相對比較簡單，主要涉及對外資金融機構的市場准入；跨境消費和跨境交付形式的金融開放相對比較複雜，不僅涉及到市場、產品和交易的准入，還更多地涉及跨境資金流動以及資本和金融賬戶開放問題，同時還涉及到相關的賬戶開立、資產託管、交易結算等基礎設施安排，無論其宏觀影響，還是行業和社會關注度，都更為廣泛和顯著。

2018 年博鰲論壇期間，內地對外宣佈深化金融開放的一系列政策措施的落實，商業存在領域的金融開放應該説已達到了較高水平，今後內地金融開放的重點和難點領域將主要集中在跨境消費和跨境交付領域。鑒於在貿易和直接投資領域，內地已基本實現可兑換，因此，跨境消費和跨境交付領域的金融開放主要集中於金融賬戶開放和資本項目可兑換方面。從金融雙向開放的角度看，這不僅涉及國內金融市場對境外非居民投資者的開放和相應的跨境資金流入，也涉及允許境內居民投資者持有和交易境外金融資產，及相應產生的資金跨境流出。

金融開放與人民幣國際化進程緊密聯繫在一起，這也是中國金融開放區別於其他多數新興經濟體的一個重要特徵和政策背景。從人民幣國際化的角度看，2009 年以來人民幣國際化取得了非常顯著的進展，2016 年人民幣也被納入國際貨幣基金組織特別提款權（SDR）貨幣籃子。總體看，人民幣已經從過去的國際貿易結算貨幣逐步發展為國際投資和儲備貨幣，並正在進一步朝國際金融交易貨幣方向演進。但也要認識到，經過過去幾年的快速發展，特別是 2015 年 8.11 匯改以來國內外經濟金融形勢發生了深刻變化，人民幣結束了過去十多年長期升值的趨勢，跨境資本流動格局和管理都發生了顯著變化，因此人民幣國際化的動力、邏輯、發展重點和相應的政策框架都可能需要隨之調整，在繼續推進經常項目、直接投資等基於「實需」原則的跨境人民幣使用的同時，應更多地把重點投向往往帶有「無因」特點的金融賬戶和資本項目交易領域。

2 金融賬戶開放和資本項目可兑換中的幣種選擇問題

在內地金融開放實踐中，跨境資金流動長期以來一直以美元等國際可兑換貨幣為主，即使是 2009 年實現人民幣跨境貿易結算並逐步明確推進人民幣國際化以來，美元等國際貨幣仍然在跨境資金流動中佔據絕對主導地位。在政策設計和安排上，過去針對跨境資金流動的開放政策主要集中於外匯管理領域，通過不斷放鬆外匯管制和監督管理，促進跨境貿易投資便利化。人民幣在跨境貿易投資中的使用，雖然在開放理念上從一開始就更多地按市場化、便利化原則推進，但很大程度上還是以外匯管理的制度框架為參照系，並一直受到外匯管理制度和政策操作的影響和制約。尤其是近年來，跨境人民幣政策和外幣監管政策有趨同的趨勢。

在進一步深化金融開放過程中，金融賬戶開放和資本項目可兑換是針對本幣還是針對外幣？或者更具體地說，與金融開放相關的跨境資金流動以本幣為主，還是以其他國際貨幣為主來實現？理論上說，在開放和市場化條件下，跨境資金流動的幣種由市場主體自主選擇。從國際經驗看，發展中國家和新興經濟體經濟金融開放過程中，跨境資金流動主要由可自由兑換的國際貨幣實現。迄今為止，國際上還沒有一個發展中國家或新興經濟體在對外開放過程中，成功實現本幣替代國際貨幣成為跨境資金流動主要幣種的先例。之所以提出這個問題，是因為內地金融開放進程同時伴隨着人民幣國際化快速推進的過程。

在發展中國家和新興市場金融開放過程中，由於本幣不具備國際貨幣條件，因此與金融賬戶開放相關的跨境資金流動主要都由國際貨幣主導。雖然其中部份國家比較成功地實現了金融開放，但外幣主導的大規模跨境資金流動，對本國經濟金融穩定也產生了較大衝擊或風險隱患，甚至引發了大規模經濟金融危機，最近阿根廷發生的經濟和貨幣危機就是典型的例子。

外幣主導的跨境資金流動之所以有潛在風險，容易誘發危機，主要原因包括：一是幣種錯配，尤其是大量短期外債和投機性非居民投資以外幣計價，導致大規模匯率風險和流動性風險。二是市場衝擊，大規模資金跨境流動由外幣實現，意味着本幣和外幣的兑換和交易環節主要都在國內金融市場完成，易對國內市場和本幣匯率形成巨大衝擊，導致匯率大幅異常波動。三是清算和結算受制於人，由於外幣非本國央行發行，因此在其價格和流動性上本國貨幣當局都無法進行有效的干預和管理，往往不得不借助於外匯管制或其他外匯管理手段。四是影響貨幣政策獨立性，無論是大規模外匯資金跨境流動並在國內市場兑換交易，還是中央銀行為了維護本幣匯率目標在外匯市場吞吐外匯，都將對國內貨幣供應量產生較大影響。

而如果跨境資金流動以本幣為主，則上述問題將得到大大緩解：一是若短期外債和非居民金融投資以本幣計價結算，將基本不存在幣種錯配問題。二是大規模跨境資金流動若以本幣為主，意味着其兑換環節將主要發生在離岸，不會對在岸外匯市場產生直接衝擊。三是本幣由本國央行發行，在其價格決定（利率）和流動性供應方面，本國央行通常能發揮決定性作用，其清算最終由在岸金融基礎設施實現和完成，可保持充分控制力。四是所有境外本幣最終都必須在境內完成清算，本幣結算資金的跨境流出入不會導致國內貨幣供應總量的變化，充其量只改變國內貨幣供應結構，因此可在真正意義上使得國內貨幣政策擺脱跨境資金流動和傳統外匯管理的影響，大大增強貨幣政策獨立性。

3　進一步推進本幣驅動的金融開放

綜上，建議推進本幣驅動的對外開放，即在推進金融賬戶開放和資本項目可兑換過程中，強調本幣優先、實現本幣驅動。一方面，加快推進人民幣國際化，使人民幣國際化本身成為金融開放的重要推動力量；另一方面，在金融賬戶開放和資本項目可兑換相關的跨境資金流動中，推動實現人民幣佔據越來越高的比重，並逐步成為跨境資金流動的主要幣種。

第一，人民幣國際化的快速推進大大加快了內地金融開放進程，同時也為本幣驅動的金融開放提供了條件。人民幣國際化的推進過程，實際上也是解除國際經濟金融活動中對本幣的歧視和不合理制約的過程；尤其是人民幣成功加入 SDR 的過程，更是推動內地金融體系與國際規則、國際標準接軌的過程，這個過程顯著推動了內地金融體系標準的提升和開放程度。

第二，人民幣國際化的不斷推進、特別是人民幣成為 SDR 籃子貨幣後，人民幣在國際市場的接受程度大大提高，使得經常項目和資本項目跨境資金結算中人民幣的佔比越來越高，為跨境資金流動實現以本幣為主創造了條件。

第三，從對跨境資金流動實施宏觀審慎管理和風險防範角度看，本幣由本國央行發行和管理，跨境資金流動以本幣為主更有助於防範風險，並保持中央銀行在調控中的獨立性，因此應對本幣和外幣在跨境資金流動中的作用區別對待，實施不同的管理規則。一方面，強調本幣優先，通過相關的制度設計和安排，鼓勵和推動人民幣在跨境資金流動中不斷提高比例，最終實現跨境資金流動以本幣為主。另一方面，鑒於外幣本來就非本國央行發行，央行實施外匯管理的難度較大、成本較高，對外匯儲備和外匯跨境資金流動則需要保持一定的管制框架，對大規模外匯資金跨境流動進行必要的干預和管理，提高使用外幣的交易成本和摩擦系數，還原外匯作為一國儲備資產的本來含義，同時也從另一方面引導市場主體在跨境資金流動中更多選擇本幣。

4 人民幣國際化的階段性和下一步重點

金融賬戶開放和資本項下跨境資金流動以本幣為主與人民幣國際化的階段性和下一步重點有密切內在聯繫。早期，人民幣國際化主要是跨境貿易結算驅動，得益於內地加入 WTO 以後國際貿易的飛速發展、大量貿易盈餘積累，以及人民幣在較長時期內保持升值趨勢。人民幣在較短時間內成為國際貿易結算貨幣，境外人民幣主要以存款形式持有和回流。

隨着境外人民幣使用量的增加和內地金融市場對非居民投資者的不斷開放，人民幣資產的較高收益率開始對境外市場主體產生吸引力，特別是人民幣加入 SDR 後，理論上人民幣已經成為國際貨幣基金組織所界定的「可自由使用貨幣」和官方儲備貨幣，包括外國貨幣當局在內的越來越多的境外投資者開始接受、投資和持有人民幣資產，人民幣更多地通過跨境金融投資的形式持有和回流，其規模也明顯增加。從人民幣國際化的階段性看，人民幣已經從早期的國際貿易貨幣逐步發展為國際投資和儲備貨幣。這確實反映了近年來內地金融開放和市場化所取得的顯著進展，以及國際社會的認同，但也要認識到，人民幣成為國際投資儲備貨幣並不意味着人民幣國際化臻於完善、大功告成，人民幣國際化還有更高的台階要上。

一旦人民幣成為國際投資儲備貨幣，就必然會產生對人民幣資產流動性、期限和匯率風險等方面的交易和管理需求，相應地就必然要求在境內外有一個發達的人民幣及其外匯市場，為國際投資者提供各種人民幣及外匯交易產品和工具（包括衍生品），以解決流動性管理、套期保值和其他各種風險規避和管理的要求。否則，人民幣作為國際投資儲備貨幣的基礎是不牢固的，特別是在人民幣結束單邊升值走向和人民幣匯率靈活性、波動性不斷加強的情況下，如果沒有一個成熟發達的人民幣及其外匯市場，就很難為國際投資者真正解決投資、持有人民幣資產的後顧之憂。從人民幣國際化的階段性看，這實際上意味着人民幣將從國際投資儲備貨幣進一步發展為國際金融交易貨幣，意味着一個龐大的人民幣及人民幣外匯市場也需要隨之建立。從這個角度而言，下一步人民幣國際化的重點是加快金融賬戶開放和資本項目可兑換，推動建立一個不斷完善、充分發展的境內外人民幣及其外匯市場，實現人民幣真正成為國際金融交易貨幣。

從統計數據看，作為國際貿易結算貨幣，2018 年 7 月，人民幣在內地跨境結算中的佔比約為 31%，在全球跨境結算中的份額約為 1.81%，位列美元、歐元、英鎊、日圓之後成為第五大國際結算貨幣[1]。作為國際投資和儲備貨幣，截至 2018

1　數據來源：Swift。

年一季度末，人民幣儲備資產約佔全球官方儲備的 1.39%，位列全球第七位[2]；境外投資者持有人民幣資產中，人民幣股票市值約佔國內市值的 2.6%，人民幣債券持有量約佔國內債券市場總託管餘額的 2%[3]。在國際金融交易方面，可按全球外匯市場交易量予以簡單衡量，全球人民幣日均外匯交易量佔全球日均外匯交易總量的 4% 左右，列全球第八位[4]。

5 政策含義和相關建議

5.1 人民幣可自由使用性和國際信心

從上述分析可見，內地金融開放和國際化過程，一方面是人民幣國際化的階段性演進過程，人民幣從早期作為國際貿易結算貨幣逐步發展為國際投資儲備貨幣，到最終發展成為國際金融交易貨幣。另一方面，則是逐步實現金融賬戶開放和資本項目可兑換的過程，境外投資者廣泛持有和交易人民幣資產，國內投資者則被允許投資和持有國際貨幣和資產。同時，也是境內外人民幣及其外匯市場繁榮發展、開放互聯的過程。在此過程中，引導跨境資金更多地通過人民幣形式實現，意味着各類經常和資本項下，境內外市場交易主體越來越多地用人民幣進行計價、結算和跨境匯劃；同時還意味着境外市場有足夠的人民幣流動性，這些流動性可以通過經常項下的對外支付匯劃實現，亦可通過資本項下境內市場主體的對外投資和其他相關金融活動實現，但其前提都是境外市場主體按其意願在上述過程中接受並持有人民幣及人民幣資產。從這個意義上説，進一步提升人民幣的國際可自由使用性和國際市場主體對人民幣的信心，是推進人民幣國際化下一步工作的另外一個重點，也是推進金融深化開放過程中以本幣為主實現跨境資金流動的關鍵。

2 數據來源：國際貨幣基金組織。
3 數據來源：人民銀行。
4 數據來源：國際清算銀行。

總體看，不管是人民幣在匯率形成機制的靈活性、在金融賬戶和資本項目的可兑換程度，還是內地金融市場及其基礎設施的發展水平、國際化程度，與發達成熟市場及其國際貨幣相比，都還有很大差距。尤其是隨着金融開放的加深，金融賬戶和資本項目交易中有相當部份是基於市場主體預期變化或風險管理需要，甚至是投機需要，往往帶有「無因」性，交易量大、交易頻繁，因此人民幣在國際金融交易中的可自由使用程度及其便利性，將很大程度上影響國際投資者接受和持有人民幣資產的程度，以及人民幣下一步向國際金融交易貨幣發展的進程。這意味着，下一步要重點深入研究在金融賬戶和資本項目交易下提升人民幣可使用性的各方面障礙，對照國際規則，進一步推動改革開放和標準提升，全面提升人民幣可自由使用性。

從維護信心的角度看，金融當局要保持政策的前瞻性、連續性。一方面，關於金融開放、人民幣國際化的政策哪怕是逐步向國際標準靠攏，但也應保持穩定、透明、可預期，避免受到短期因素的太多干擾，或者被納入短期調控政策而頻繁調整，甚至在方向上出現搖擺。另一方面，在相關制度安排、發展模式、基礎設施建設等方面，要在充分研究論證的基礎上，有長遠眼光和前瞻性考慮，形成清晰的思路和頂層設計，確保在技術、標準、規則等方面與國際接軌，相應的能力建設和服務水平具有國際競爭力。

5.2　人民幣外匯市場的發展方向和模式選擇

當前，人民幣正從早期作為國際貿易結算貨幣逐步發展為國際投資儲備貨幣。要更好地吸引國際投資者投資、持有人民幣資產，亟需解決好境外非居民持有人民幣資產的風險管理和對沖問題，因此國際投資者需要一個有深度、交易活躍、流動性充分的人民幣及其外匯市場，為非居民持有人民幣資產提供期限、流動性和風險管理工具。這個市場包括人民幣貨幣市場、資本市場和外匯市場，以及相應的衍生品市場，而且這個市場在准入、交易、税收及其他監督管理等方面要與國際規則充分對接，滿足國際投資者的需要。

同時，伴隨着人民幣國際化、內地金融賬戶開放和資本項目可兑換的不斷推進，本幣驅動的金融開放意味着跨境支付結算和資金流動將主要以人民幣為主，境內對外匯的兑換及交易需求將隨着人民幣的廣泛跨國使用而不斷減少，與跨境資金流動相關的本外幣兑換和交易環節主要將發生在離岸市場。因此，離岸人民幣及其外匯市場將蓬勃發展。

客觀上説，離岸人民幣市場一旦發展並成熟起來，由於其游離於內地法律法規和監管制度之外，其交易成本、交易活躍度和效率多數情況下將優於境內外匯市場，只要資金能跨境自由流動，不管是境內居民投資者還是境外非居民投資者，將更傾向於選擇在離岸市場上進行兑換、交易和管理操作。因此，在人民幣國際化和金融開放條件下，未來人民幣外匯市場很有可能將呈現離岸市場為主、離岸市場比在岸市場發達的格局。實際上，這也是現有國際貨幣的普遍規律。

上述情形意味着一方面要更加積極開放地對待離岸人民幣市場發展，在政策上鼓勵境內居民投資者和境外非居民投資者更多使用人民幣實現跨境資金流動，把兑換和交易環節更多地放在離岸市場，更好促進離岸市場發展；另一方面，要加快國內外匯市場開放，打通境內外人民幣外匯市場，同時允許、支持和鼓勵國內金融機構廣泛參與境外外匯市場交易，增強業務能力和國際競爭力，為今後人民幣離岸市場培養主力軍。

5.3 人民幣匯率形成機制和貨幣政策框架轉變

人民幣外匯市場以離岸市場為主，意味着人民幣匯率形成也將以離岸市場為主。一方面，離岸市場在交易規模、活躍度、市場深度、廣度，以及價格形成的有效性等方面都將大大超過在岸市場，離岸市場形成的人民幣匯率將更加具有均衡匯率的性質。另一方面，隨着金融賬戶開放和資本項目可兑換的推進，在岸外匯市場和離岸外匯市場最終將被打通，在岸人民幣（CNY）和離岸人民幣（CNH）之間的價差將大大縮小，甚至為零，最多只反映境內對外匯跨境流動進行必要管理的交易成本。這時，人民幣匯率實際上成為自由市場匯率，真正實現了市場均衡和純淨浮動。

這也意味着內地貨幣政策框架的重塑。這種情況下，匯率穩定將不再成為中央銀行政策目標或箝制。中央銀行將更多地依賴利率工具，通過調整政策利率實現國內貨幣政策調控和人民幣相對價格調整，從而引導跨境資本流動。此外，中央銀行也可以通過其持有的外匯儲備交易對人民幣匯率進行市場干預，中央銀行儲備管理的目標也可更為簡單、清晰。從「三元悖論」的角度看，人民幣最終將實現匯率純淨浮動、跨境資本自由流動、保持貨幣政策獨立性的開放大國貨幣政策框架。

上述情形要求進一步加快利率市場化改革，形成從政策利率到市場利率的一套完整的利率調控和傳導機制。同時，跨境資金自由流動並不意味着完全放任自由，要加快構建適應人民幣國際化、跨境資金流動以本幣為主、離岸人民幣市場高度發達新格局下的宏觀審慎管理機制，必要時通過更加符合市場化原則、規則清晰透明非歧視的宏觀審慎政策工具，對跨境資金流動進行調控和干預。

5.4　金融基礎設施的適應性頂層設計

人民幣國際化和本幣驅動的金融開放加快推進條件下，隨着內地經濟規模、對外貿易和投資的不斷擴張，將呈現資本跨境自由流動極度活躍、大量非居民持有人民幣資產和大量居民配置境外資產、離岸人民幣市場高度發達的金融開放格局，人民幣從早期的國際貿易結算貨幣發展到國際投資儲備貨幣，最後進一步發展成為國際金融交易貨幣。相應地，對人民幣在岸和離岸賬戶體系、跨境結算體系、人民幣資產跨境託管交易結算體系、人民幣衍生品市場交易結算體系，以及統計監測和長臂管轄等都將提出極高的要求，需盡早安排頂層設計。

上述情形意味着一些關於境內金融開放的基礎設施架構和佈局就有了比較清晰的方向。比如，在針對境外非居民投資境內人民幣資產的託管、交易和結算方面，名義持有、多級託管將更有利於境外非居民投資和持有人民幣資產，更有利於在離岸市場形成完整的人民幣金融資產物權，並圍繞這些人民幣資產開發出更多的離岸人民幣金融工具和衍生工具，從而使得境外非居民投資者可更好地進行人民幣資產的期限管理、流動性管理和各種風險管理，相應地離岸人民幣市場也才能更為活躍、有效。

再如，除了現金，所有的離岸人民幣資金最終都將存放在境內銀行賬戶並得到最終結算。相應地，境內人民幣賬戶體系也應為境外金融機構提供規則統一、賬戶開立簡捷、資金管理密集高效的賬戶服務，也使得國內貨幣當局對境外主體持有的人民幣存款能做到「一目了然」。這就要求從根本上改變目前境內本外幣賬戶割裂，賬戶種類、規則過於複雜的局面，盡快構建全國統一、本外幣合一的賬戶體系。

又如，未來人民幣離岸市場高度發達，將存在大量人民幣、人民幣外匯及衍生品交易，因此，離岸人民幣外匯及其衍生品交易、結算，以及離岸人民幣及其衍生品交易、結算等在制度安排和基礎設施佈局上就應有全球眼光，並盡早着手，相應的中央對手方、交易數據庫、統計監測、長臂管轄等領域也應在法律、制度、規則和具體實施等方面開展充分的研究和準備。

第3章

「債券通」：中國債券市場的新起點與新進展

周榮芳

上海清算所總經理

引言

中國人民銀行潘功勝副行長就「銀行間市場創立 20 週年」主題接受媒體專訪[1]時表示，債券通「通過內地和香港雙方金融市場基礎設施的聯通」、「這種方式是國際市場基本的組織方式，是銀行間債券市場融入國際市場規則的體現，標誌着銀行間債券市場的開放進入了一個新的階段」。他同時指出，「推進債券市場對外開放是我國構建市場化、開放型金融市場體系的必然要求」。由此，「債券通」既是中國債券市場對外開放的重要里程碑，更是中國債券市場體制改革的重要里程碑。

1 〈專訪潘功勝：銀行間債券市場在改革創新中快速健康發展〉，《金融時報》2017 年 8 月 31 日。

1 中國債券市場的基本框架

1.1 政策監管

中國債券市場包括銀行間債券市場和交易所債券市場兩個組成部份。目前，銀行間債券市場主要由中國人民銀行監管，交易所債券市場主要由中國證券監督管理委員會 (中國證監會) 監管。

中國人民銀行目前對銀行間債券市場的監管主要包括：一級市場上，中國人民銀行直接負責金融類債券的發行監管。中國銀行間市場交易商協會 (NAFMII) 作為行業自律組織，對非金融企業債務融資工具進行註冊管理。二級市場上，中國人民銀行對債券交易流通、登記託管、結算業務進行監管，建立做市商、結算代理人等制度。市場環境上，中國人民銀行監管銀行間債券市場的信用評級機構；基礎設施上，中國人民銀行監管銀行間債券市場的交易、清算、託管結算基礎設施機構，並實施《金融市場基礎設施原則》(PFMI) 國際標準。

與之相應，公司債券在交易所債券市場的發行、交易流通、結算，目前由中國證監會負責監管，部份工作由交易所具體承擔，如借鑒註冊制概念，小公募公司債券 [2] 由交易所進行預審核，非公開發行公司債券實施負面清單管理和備案制度等 [3]。中國證監會同時負責交易所債券市場的信用評級機構監管，交易、清算、託管結算基礎設施機構監管，並實施《金融市場基礎設施原則》(PFMI) 國際標準。

此外，財政部負責政府債券的發行管理；國家發展和改革委員會負責企業債券的發行管理；中國銀行保險監督管理委員會 (銀保監會) 負責轄內金融機構發行債券的相關業務管理。

1.2 合格投資者

各類型機構法人、金融機構發行管理的非法人投資產品、個人投資者均可參

2　即面向合格投資者的公開發行公司債券。

3　劉紹統〈交易所債券市場展望〉，《中國金融》2017 年第 17 期。

與中國債券市場。其中，個人投資者可參與銀行間債券市場櫃枱債券業務以及交易所債券市場。除櫃枱債券業務之外的銀行間債券市場僅機構投資者（含法人機構和非法人產品）可以參與。截至 2018 年 10 月末，銀行間債券市場的投資者約為 2 萬家。

（1）銀行間債券市場投資者適當性管理

金融機構投資者包括商業銀行、信託公司、企業集團財務公司、證券公司、基金管理公司、期貨公司、保險公司等經金融監管部門許可的金融機構，具體應符合以下條件：在中華人民共和國境內依法設立；具有健全的公司治理結構、完善的內部控制、風險管理機制；債券投資資金來源合法合規；具有熟悉銀行間債券市場的專業人員；具各相應的風險識別和承擔能力，知悉並自行承擔債券投資風險；業務經營合法合規，最近 3 年未因債券業務發生重大違法違規行為；中國人民銀行要求的其他條件[4]。

金融機構發行的各類非法人產品投資者包括證券投資基金、銀行理財產品、信託計劃、保險產品，以及經中國證券投資基金業協會備案的私募投資基金，住房公積金，社會保障基金，企業年金，養老基金，慈善基金等，具體應符合以下條件：產品設立符合有關法律法規和行業監管規定，並已依法在有關管理部門或其授權的行業自律組織獲得批准或完成備案；產品已委託具有託管資格的金融機構（以下簡稱託管人）進行獨立託管，託管人對委託人資金實行分賬管理、單獨核算；產品的管理人獲金融監管部門許可具有資產管理業務資格。對於經行業自律組織登記的私募基金管理人，其淨資產不低於人民幣 1,000 萬元，資產管理實繳規模處於行業前列；產品的管理人和託管人具有健全的公司治理結構、完善的內部控制、風險管理機制以及相關專業人員；產品的管理人和託管人業務經營合法合規，最近 3 年未因債券業務發生重大違法違規行為；中國人民銀行要求的其他條件[5]。

非金融機構進入銀行間債券市場，應通過非金融機構合格投資人交易平台（北京金融資產交易平台）與銀行間債券市場做市商開展債券交易，具體應符合以下條

4 《關於進一步做好合格機構投資者進入銀行間債券市場有關事項的公告》，中國人民銀行公告 [2016] 第 8 號。
5 同上。

件：依法成立的法人機構或合夥企業等組織，業務經營合法合規，持續經營不少於一年；淨資產不低於人民幣 3,000 萬元；具備相應的債券投資業務制度及崗位，所配備工作人員應參加銀行間市場交易商協會及銀行間市場中介機構組織的相關培訓並獲得相應的資格證書；最近一年未發生違法和重大違規行為；中國人民銀行要求的其他條件[6]。

金融機構、金融機構發行的各類非法人產品進入銀行間債券市場應按規定通過電子化方式向中國人民銀行上海總部備案，在中國人民銀行認可的登記託管結算機構和交易平台辦理開戶、聯網手續；非金融機構進入銀行間債券市場應向交易商協會備案，在北京金融資產交易所、中國人民銀行認可的登記託管結算機構辦理開戶、聯網手續。

（2）銀行間債券市場債券櫃枱業務投資者適當性管理

符合以下條件的投資者可投資債券櫃枱業務的全部債券品種，間接參與銀行間債券市場。不滿足以下條件的投資者只能買賣發行人主體評級或者債項評級較低者不低於 AAA 的債券：國務院及其金融行政管理部門批准設立的金融機構；依法在有關管理部門或者其授權的行業自律組織完成登記，所持有或者管理的金融資產淨值不低於人民幣 1,000 萬元的投資公司或者其他投資管理機構；上述金融機構、投資公司或者投資管理機構管理的理財產品、證券投資基金和其他投資性計畫；淨資產不低於人民幣 1,000 萬元的企業；年收入不低於人民幣 50 萬元，名下金融資產不少於人民幣 300 萬元，具有兩年以上證券投資經驗的個人投資者；符合中國人民銀行其他規定並經開辦機構認可的機構或個人投資者[7]。

債券櫃枱業務投資者申請在開辦機構開立賬戶後，即可通過雙邊報價、請求報價等方式與開辦機構開展債券交易，開辦機構還可代理投資者與銀行間債券市場其他投資者開展債券交易。

（3）交易所債券市場投資者適當性管理

符合以下條件的投資者為合格投資者，可認購及買賣交易所債券市場的全部

6　《中國人民銀行金融市場司關於非金融機構合格投資人進入銀行間債券市場有關事項的通知》，銀市場 [2014]35 號。
7　《全國銀行間債券市場櫃枱業務管理辦法》，中國人民銀行公告 [2016] 第 2 號。

債券。其中，債券信用評級在AAA以下（不含AAA）的公司債券、企業債券（不包括公開發行的可轉換公司債券），非公開發行的公司債券、企業債券，以及資產支持證券等僅限合格投資者中的機構投資者認購及交易：經有關金融監管部門批准設立的金融機構，經行業協會備案或登記的證券公司子公司、期貨公司子公司、私募基金管理人及上述機構面向投資者發行的理財產品；社會保障基金、企業年金等養老基金，慈善基金等社會公益基金，合格境外機構投資者（QFII）、人民幣合格境外機構投資者（RQFII）；最近1年末淨資產不低於人民幣2,000萬元、最近1年末金融資產不低於人民幣1,000萬元、具有2年以上證券、基金、期貨、黃金、外匯等投資經歷的法人或其他組織；申請資格認定前20個交易日名下金融資產日均不低於人民幣500萬元或者最近3年個人年均收入不低於人民幣50萬元、具有2年以上證券、基金、期貨、黃金、外匯等投資經歷或其他相關工作經歷的個人；中國證監會和交易所認可的其他投資者[8]。

不符合上述條件的投資者為公眾投資者，可認購及買賣國債、地方政府債券、政策性銀行金融債券、公開發行的可轉換公司債券、符合《公司債券發行與交易管理辦法》和交易所《公司債券上市規則》規定條件且面向公眾投資者公開發行的公司債券等。

1.3 債券產品

中國債券市場主要包括政府債券、金融債券、非金融企業信用債券、同業存單、資產支持證券等品種，分別託管在中央國債登記結算有限責任公司（簡稱國債公司）、銀行間市場清算所股份有限公司（簡稱上海清算所）和中國證券結算有限責任公司（簡稱中證登）。其中，國債公司主要託管政府債券、金融債券和企業債券；上海清算所主要託管非金融企業債券融資工具、同業存單；中證登主要託管公司債券。此外，國債公司和中證登在政府債券、企業債券產品上有總、分託管的合作；上海清算所和中證登在金融債券上逐步拓展。鑒於創新產品特別是非金融企業信用債券創新產品多集中在上海清算所，下表重點介紹上海清算所託管產品。

8 《上海證券交易所債券市場投資者適當性管理辦法》，上證發〔2017〕36號；《深圳證券交易所債券市場投資者適當性管理辦法》，深證上[2017]404號。

<table>
<tr><th colspan="5">表 1：上海清算所託管的創新金融產品</th></tr>
<tr><th>品種</th><th>期限</th><th>發行人條件</th><th>募集資金用途</th><th>特徵</th></tr>
<tr><td>超短期融資券</td><td>270 天以內，
鼓勵短期</td><td rowspan="7">除國家限制性產業外，原則上都可申請發行</td><td rowspan="6">用於募集説明書中明確表述的用途</td><td>可滾動發行</td></tr>
<tr><td>短期融資券</td><td>1 年以內，
1 年為主</td><td>—</td></tr>
<tr><td>中期票據</td><td rowspan="4">1 年以上，
3-5 年為主</td><td>—</td></tr>
<tr><td>非公開定向債務融資工具</td><td>無淨資產 40% 的約束；特定對象發行；流動性偏低；定向披露信息</td></tr>
<tr><td>中小企業集合票據</td><td rowspan="2">統一產品設計、統一券種冠名、統一信用增進、統一註冊發行</td></tr>
<tr><td>區域集優中小企業集合票據</td></tr>
<tr><td>項目收益票據</td><td>取決於項目週期，一般較長</td><td>用於募集説明書明確表述的項目用途；主要用於市政設施建設等</td><td>募集資金與項目匹配；發行主體與地方政府隔離；使用者付費</td></tr>
<tr><td>證券公司短期融資券</td><td>91 天以內</td><td>達到證監會分類管理相關要求的證券公司</td><td>流動性需求，不得用於投資股票、對客戶融資等</td><td>—</td></tr>
<tr><td>資產支持票據</td><td>與基礎資產存續期限相匹配</td><td>發起機構或發行載體，發行載體可以為特定目的信託、特定目的公司或者交易商協會認可的其他特定目的載體</td><td rowspan="2">購買基礎資產</td><td rowspan="2">證券化產品；基礎資產有穩定現金流；風險隔離；盤活存量資產</td></tr>
<tr><td>資產支持證券</td><td>與基礎資產存續期限相匹配</td><td>特殊目的載體</td></tr>
<tr><td>資產管理公司金融債</td><td>1 年以上</td><td>符合資本充足要求和監管指標</td><td>—</td><td>—</td></tr>
<tr><td>同業存單</td><td>1 個月到 1 年，
共 5 個品種</td><td>銀行業存款類金融機構</td><td>—</td><td>貨幣市場工具，推動利率市場化</td></tr>
<tr><td>信用風險緩釋憑證</td><td>取決於標的資產</td><td>符合交易商協會規定的創設機構</td><td>—</td><td>風險對沖工具</td></tr>
<tr><td>大額存單
（總量登記）</td><td>1 個月到 5 年，
共 9 個品種</td><td>銀行業存款類金融機構</td><td>—</td><td>銀行存款類金融產品，屬一般性存款</td></tr>
<tr><td>綠色債務融資工具</td><td>期限結構靈活</td><td>具有法人資格的非金融企業</td><td>專項用於環境改善、應對氣候變化等綠色項目的債務融資工具</td><td>—</td></tr>
</table>

(續)

表 1：上海清算所託管的創新金融產品				
品種	期限	發行人條件	募集資金用途	特徵
特別提款權計價債券	期限結構靈活	經人民銀行批准的機構	可用於發行人一般運營用途，或發行集團在境外的一般業務	特別提款權計價
信用聯結票據	與參考債務存續期限相匹配	經交易商協會批准的創設機構	用於募集説明書明確的投資範圍	風險對沖工具，創設機構可自主設計產品業務模式
「債券通」債券	期限結構靈活	除國家限制性產業外，原則上都可申請發行		「債券通」境外投資人可參與一級市場分銷、認購和二級市場交易
政策性金融債	1 年以上，3-5 年為主	政策性銀行		—
熊貓債	期限結構靈活	境外機構		境外機構在中國大陸地區發行的以人民幣計價的債券

資料來源：上海清算所，2018 年 10 月。

1.4 交易結算安排

1.4.1 交易安排

銀行間債券市場和交易所債券市場採用不同的交易機制。銀行間債券市場以「自主報價、一對一談判」報價驅動制的交易方式為主，符合國際通行的場外交易的基本特徵。按流動性提供方的不同，可進一步分為詢價交易與做市商制度兩類機制。其中，根據相關規定，有些投資者僅能與做市商達成交易。例如，非金融機構合格投資人，以及經中國人民銀行同意的其他機構投資人僅能在非金融機構合格投資人交易系統與做市商進行債券交易。債券交易按照價格優先、時間優先的原則點擊成交。投資人不得在交易平台外進行交易，投資人之間也不得進行交易[9]。信託產品、證券公司資產管理計劃、基金管理公司及其子公司特定客戶資產管理計劃以及保險資產管理公司資產管理產品等四類非法人投資者和農村金融機構

9 《非金融機構合格投資人交易平台債券交易業務指引（試行）》，銀行間市場交易商協會 2014 年 8 月 11 日發佈。

可與做市商以雙邊報價和請求報價的方式達成交易[10]。近年來銀行間市場債券交易也引入了指令驅動的交易制度，按價格優先、時間優先的規則撮合雙邊交易，例如中國外匯交易中心的X系列平台業務。

交易所市場的交易模式主要是以「競價撮合、時間優先、價格優先」為特徵的指令驅動方式。針對交易所市場內機構投資者的大宗交易需求，上海證券交易所和深圳證券交易所分別設立了固定收益證券綜合電子平台和綜合協議交易平台，實際上是在交易所市場引入了場外交易模式。

1.4.2 結算安排

銀行間債券市場在上海清算所成立後，引入中央對手淨額清算制度，目前全額清算和淨額清算機制並存，淨額清算機制根據市場機構自主選擇，應用於在上海清算所託管債券的交易中。

交易所債券市場按照債券種類提供淨額軋差清算以及全額逐筆結算服務，國債、地方債券、大公募公司債券[11]（企業債券）、可轉債、高等級小公募公司債券、分離債、金融債券等，實行淨額擔保清算，債券T+0交收，資金T+1交收；低等級小公募公司債券（企業債券）、保險公司債、資產支持證券、私募債等，實行全額逐筆清算，債券和資金用券款對付（DVP）方式交收。

(1) 全額清算及交收

銀行間債券市場的全額逐筆結算業務中，債券登記託管結算機構從中國外匯交易中心統一接收成交數據，並將成交數據推送至結算雙方進行確認。成交資料確認後，債券登記託管結算機構生成結算指令，並據此結算。中國人民銀行公告〔2013〕第12號對銀行間市場債券交易的結算提出了具體要求。按照公告，除中國人民銀行另有規定，銀行間債券市場參與者進行債券交易，均採用DVP方式辦理債券和資金結算，債券和資金同步進行交收並互為條件。銀行間市場債券交易的雙邊逐筆結算中，債券和資金在結算中不需軋差，均為逐筆即時結算，屬於國際清算銀行（BIS）規定的DVP結算模式一。

---

10 《中國人民銀行金融市場司關於做好部份合格機構投資者進入銀行間債券市場有關工作的通知》（銀市場 [2014]43號）。

11 即面向公眾投資者的公開發行公司債券。

債券結算方面，對於境內投資人，其均應通過開立在債券登記託管結算機構的持有人賬戶開展結算；對於境外投資人，其既可以選擇直接入市方式，以其開立在債券登記託管結算機構的持有人賬戶參與結算，也可以選擇「債券通」，依託多級託管模式、通過香港金融管理局（金管局）債務工具中央結算系統（CMU）的名義持有人賬戶進行結算。資金結算方面，境內投資人及通過直接入市方式參與銀行間債券市場的境外投資人，有以下兩種資金結算路徑供選擇：一是通過其自身在中國人民銀行大額支付系統的資金清算賬戶（如有）進行資金結算，二是通過其開立在債券登記託管結算機構的資金結算專戶進行資金結算，並應在結算前保證資金結算專戶內有足額的資金頭寸。若境外投資人通過「債券通」參與銀行間債券市場，則應通過人民幣跨境支付系統（CIPS）開展資金結算。

境內投資人及直接入市的境外投資人參與銀行間市場債券交易的 DVP 結算流程如下：債券登記託管結算機構檢查賣方持有人賬戶標的債券餘額，若債券足額，則凍結債券；若債券不足額，則結算處於「等券」狀態。凍結債券後，債券登記託管結算機構根據投資人指定的資金結算路徑，檢查相關賬戶的資金頭寸，若資金足額，則進行資金結算，並同時將凍結的債券從賣方持有人賬戶劃轉至買方持有人賬戶（現券、買斷式回購、債券遠期等）、或將凍結的債券劃轉至賣方持有人賬戶的質押科目下（質押式回購）；若資金不足額，則結算處於「等款」狀態。債券交易的結算一旦完成，不可撤銷。若日終結算仍處於「等券」或「等款」狀態，則債券登記託管結算機構判定結算失敗。

對於「債券通」業務，境內債券登記託管結算機構與 CIPS 建立即時、自動化聯接辦理結算，投資人可選擇通過付款方發起結算、境內登記託管結算機構發起結算等兩種方式發起結算。若採用付款方發起結算的方式，由付款方向 CIPS 提交結算指令，由 CIPS 轉發至債券登記託管結算機構，並由付券方向債券登記託管結算機構確認後，通過 CIPS 與債券登記託管結算機構的聯接辦理 DVP 結算；若採用境內登記託管結算機構發起結算的方式，境內登記託管結算機構根據從交易平台接收、經結算雙方確認的結算指令，直接發起並通過與 CIPS 的聯接辦理 DVP 結算。

(2) 淨額清算及交收

銀行間市場債券交易淨額清算業務，由上海清算所作為中央對手清算機構介入債券交易的雙方進行合約替代，繼承交易雙方所達成債券交易的權利和義務，成為買方的賣方和賣方的買方，按多邊淨額方式軋差計算各交易方應收和應付的債券頭寸、資金頭寸，各交易方根據上海清算所軋差後的淨額結果，以淨額的方式與上海清算所進行最終的 DVP 券款對付結算。上海清算所債券淨額清算品種包括現券、質押式回購及買斷式回購業務，並實行統一軋差。所有符合上海清算所清算參與者准入要求的機構投資人，包括法人機構及非法人產品，均可參與上海清算所債券淨額清算業務。

具體而言，符合上海清算所相關資質要求的銀行間債券市場成員，可申請成為清算會員直接參與債券淨額業務。清算會員分為綜合清算會員及普通清算會員，非清算會員可通過綜合清算會員間接參與債券淨額業務。普通清算會員指僅為自身交易辦理清算的清算會員；綜合清算會員指既可為自身交易辦理清算，也可接受非清算會員的委託代理其清算的清算會員。上海清算所債券淨額清算系統（以下簡稱清算系統）即時接收成交數據，對選擇淨額清算的成交數據進行軋差處理。成交日（T 日）結算的成交數據於當日進行軋差處理，成交日次一工作日（T+1 日）結算的成交數據於 T+1 日進行軋差處理。清算系統對成交數據進行風控檢查，對通過風控檢查的成交數據，上海清算所將交易納入債券淨額處理，並承繼應收或應付資金和應收或應付債券結算的權利和義務，此後該筆交易不可撤銷，亦不可修改。在淨額清算截止時點，上海清算所對相應所有債券交易按券種和資金分別進行最終軋差，計算各清算會員最終的應收或應付資金、應收或應付債券、應質押或應釋放債券，並根據軋差結果形成清算通知單並發送至清算會員終端。在債券結算開始時點，上海清算所根據債券清算結果，對清算會員、非清算會員所有應付、應質押債券進行鎖定，已鎖定的債券不可用於其他用途。應付、應質押債券不足的，列入排隊等待處理；清算會員、非清算會員可通過債券借貸業務，補足相應的債券，上海清算所將協助清算會員、非清算會員辦理債券借貸業務。在資金結算開始時點，上海清算所根據資金清算結果，分別向中國人民銀行大額支付系統和上海清算所資金管理系統（以下簡稱資金系統）發送資金結算指令，將清算會員應付資金分別劃付至上海清算所在中國人民銀行大額支付系統開立的特許清算賬戶和在資金系統開立的清算資金賬戶。應付資金不足的，列入排隊等待處理。清算會員可通過銀行授信等方式補足相應的資金，上海清算所予以協助。在結算截止時點，上海清算所進行結算處理，完成債券和資金的交收。

中央對手淨額清算機制的運用，有效提高銀行間市場債券交易的資金使用效率，解決銀行間市場交易對手授信、中小機構交易對手範圍受限等問題。同時，在交易違約的情況下，完全由中央對手阻隔違約風險，解決了回購交易中信用債接受度低的問題，盤活機構信用債資產，提高市場流動性，降低系統性風險。

1.5 投資者的風險管理

適應投資者對於利率、外匯、信用等風險管理日益增長的需求，中國人民銀行、國家外匯管理局等積極推動銀行間債券市場的相關機制建設和產品創新。

利率風險管理方面，現有遠期利率協議、利率互換、債券遠期、標準債券遠期等工具可供使用。根據《遠期利率協議業務管理規定》(中國人民銀行公告〔2007〕20 號）和《中國人民銀行關於開展人民幣利率互換業務有關事宜的通知》(銀發〔2008〕18 號），全國銀行間債券市場參與者中，具有做市商或結算代理業務資格的金融機構可與其他所有市場參與者進行遠期利率協議交易和利率互換交易，其他金融機構可與所有金融機構進行出於自身需求的遠期利率協議交易和利率互換交易，非金融機構只能與具有做市商或結算代理業務資格的金融機構進行以套期保值為目的的遠期利率協議交易和利率互換交易。同時，根據《全國銀行間債券市場債券遠期交易管理規定》(中國人民銀行公告〔2005〕第 9 號），進入全國銀行間債券市場的機構投資者可參與遠期交易。 根據《全國銀行間債券市場標準債券遠期交易規則（試行)》(中匯交發（2015）124 號），銀行間債券市場成員可參與標準債券遠期交易。

外匯風險管理方面，為便利銀行間債券市場境外機構投資者管理外匯風險，國家外匯管理局於 2017 年 2 月 24 日發佈了《國家外匯管理局關於銀行間債券市場境外機構投資者外匯風險管理有關問題的通知》(匯發〔2017〕5 號）。符合《中國人民銀行公告〔2016〕第 3 號》規定的各類境外投資者，可以通過經國家外匯管理局批准具備代客人民幣對外匯衍生品業務資格、且符合《中國人民銀行公告〔2016〕第 3 號》規定的銀行間市場結算代理人條件的境內金融機構，自主選擇辦理遠期、外匯掉期、貨幣掉期和期權等《銀行辦理結售匯業務管理辦法實施細則》(匯發〔2014〕53 號）規定的人民幣對外匯衍生品，在國內外匯市場已有的衍生品類型內不作交易品種限制。

信用風險管理方面，銀行間市場交易商協會於 2016 年 9 月 23 日發佈修訂後的《銀行間市場信用風險緩釋工具試點業務規則》(以下簡稱《業務規則》) 及相關產品指引，投資者可通過信用風險緩釋合約、信用風險緩釋憑證、信用違約互換、信用聯結票據等工具進行信用風險管理。投資者應向交易商協會備案成為核心交易商或一般交易商。核心交易商為金融機構和合格信用增進機構等、一般交易商為非金融機構和非法人產品等。目前，為推動風險緩釋工具更廣泛使用，2018 年 10 月，銀行間市場交易商協會簡化信用風險緩釋工具一般交易商備案流程，並擴充至所有金融機構。核心交易商可與所有參與者進行信用風險緩釋工具交易，一般交易商只能與核心交易商進行信用風險緩釋工具交易。

此外，國債期貨也是債券市場重要的利率風險管理工具。2013 年 9 月，中國金融期貨交易所正式上市國債期貨，並先後推出了 5 年期、10 年期和 2 年期國債期貨三個品種。

2　適應對外開放新形勢的中國債券市場進一步改革

截至 2018 年 9 月末，中國債券市場存量達人民幣 83 萬億元，規模居全球第三，僅次於美國和日本，其中信用債券餘額位居全球第二、亞洲第一。但相比國際主要債券市場以及中國經濟發展特別是人民幣國際化的實際需要，中國債券市場還有廣闊成長空間、國際化程度亟待提高。2017 年末，中國債券市場餘額佔國內生產總值 (GDP) 比例為 89.5%，而同期美國債券市場餘額佔 GDP 比例為 215.6%；境外投資者在中國債券市場投資的比例僅為 1.51%，該比例不僅落後於美國、日本等發達債券市場，也落後於很多新興經濟體。展望中國債券市場的未來，多項基礎性制度改革，已經取得實質性進展。

2.1 積極推進債券市場的統一監管

中國債券市場改革的核心問題之一是統籌監管，其中最為突出的就是產品類型最為豐富、跨市場特徵最為突出、服務實體經濟轉型升級最為直接的非金融企業信用類債券市場的統一監管。2012 年，經國務院同意，中國人民銀行、國家發展和改革委員會以及中國證監會建立了公司信用類債券部際協調機制。公司信用類債券市場的統籌監管隨後穩步推進，例如，在綠色債券產品創新中，2017 年中國人民銀行、中國證監會聯合發佈《綠色債券評估認證行為指引(暫行)》，提出由綠色債券標準委員會對綠色債券評估認證機構統籌實施自律管理。綠色債券標準委員會設定為在公司信用類債券部級協調機制下的綠色債券自律管理協調機制。又如，2018 年，中國人民銀行、中國證監會聯合發佈公告，推動銀行間債券市場和交易所債券市場評級業務資質的逐步統一；鼓勵同一實際控制人下不同的信用評級機構法人，通過兼併、重組等市場化方式進行整合，更好地聚集人才和技術資源，促進信用評級機構做大做強；加強對信用評級機構的監督管理和信用評級行業監管信息共用。

2.2 積極開展債券市場基礎設施的互聯互通

第五次全國金融工作會議明確提出了「加強金融基礎設施的統籌監管和互聯互通」的要求。中國債券市場三家登記託管結算基礎設施機構在形成專業分工的基礎上，互聯互通已有初步探索。目前主要是中證登與國債公司之間在國債、企業債券等產品上的跨市場轉託管業務，上海清算所與國債公司之間的跨機構債券借貸業務、上海清算所與國債公司均能支持中國人民銀行中期借貸便利、常備借貸便利等貨幣政策操作的抵押品管理等。但目前的互聯互通存在着手工操作環節較多、效率不高等問題。此外，債券登記託管結算機構與其他金融基礎設施之間的互聯互通也有初步探索，例如國債期貨業務上可以使用國債作為國債期貨的保證金、利率互換集中清算業務上可將債券用於沖抵初始保證金等。

債券登記託管結算基礎設施互聯互通總的趨勢，是便利發行人、投資者在包括銀行間債券市場、交易所債券市場在內的中國債券市場的一站式操作，是便利中國債券市場對外開放的一站式連通，是便利銀行間債券市場、交易所債券市場的不同交易前台之間的相互連通，因此，還有很多工作需要加快推進。

2.3 不斷滿足債券市場的風險管理需求

目前，中國銀行間債券市場對外開放在交易品種上主要是現券交易。直接入市模式下，境外投資者還未全面參與回購交易、衍生品交易；「債券通」模式下，回購交易和衍生品交易更是尚未放開。

市場機構在進行非現貨產品交易前雙方需要簽訂主協議、管理交易對手信用風險設置授信額度，並在交易達成後管理種類繁多的抵押品。目前，境內外市場在具體業務操作過程中存在較大差異。例如，國際市場回購交易主要適用 GMRA（Global Master Repurchase Agreement）協議，衍生品交易適用 ISDA（International Swaps and Derivatives Association）協議；銀行間市場回購交易和衍生品交易主要適用 NAFMII 協議。引入中央對手清算機制能有效地解決這方面可能存在的問題。目前，上海清算所作為中國人民銀行認定的合格中央對手方，在美國、歐盟的合格中央對手方認證上都取得積極進展，已向銀行間市場提供包括債券現券、回購交易和利率互換、外匯期權等衍生品交易在內的多項中央對手清算服務，抵押品管理的服務也持續豐富。因此，可以在拓展境外投資者可參與業務品種的決策中，考慮充分利用這些有利的條件。

2.4 不斷提高債券市場流動性

提升債券市場流動性，需要持續拓展參與主體數量、豐富參與主體類型，也需要在機制建設上進行及時創新。2018 年，中國人民銀行發佈公告，在銀行間債券市場推出三方回購交易。銀行間債券市場三方回購交易的推出，有利於市場參與者更加便利地開展回購業務，降低結算失敗等風險，也有利於保證回購交易存續期間風險敞口得到有效覆蓋，提升風險防控能力。銀行間市場債券登記託管結算機構可作為第三方機構提供三方回購服務，未來具備相應能力的大型銀行也可提供三方回購服務。在公司信用類債券品種上，中央對手清算模式的三方回購能夠借助中央對手方機構集中統一管控交易對手方風險以及債券違約風險，因此更具優勢。

2.5 持續開展債券市場的對外開放

「債券通」在中國債券市場對外開放上的戰略意義，是創新引入了「多級託管」、「名義持有人」等制度安排，與國際債券市場運行慣例有效融合。目前，「債券通」模式在多個方面正在持續完善。

上海清算所服務「債券通」，主要開展了以下幾項工作：

一是扎實落地多級託管和名義持有人制度。多級託管和名義持有人制度是「債券通」對外開放創新模式最為關鍵的一個頂層設計突破。上海清算所會同國際資本市場協會（ICMA）、亞洲證券金融市場協會（ASIFMA）等權威組織、律師事務所等專業機構，向境外投資者等相關方廣泛深入解釋相關制度內涵，也積極推動與境內有關規章、政策的對接。上海清算所通過與境外託管機構（即香港金管局 CMU）建立規範的境外投資者債券持有餘額及變動明細的信息報送機制，嚴格落實中國人民銀行對「債券通」業務境外投資者參與情況的穿透式監管要求。

二是進一步提升結算功能。上海清算所連接 CIPS，共同為「債券通」提供安全高效、全自動化的 DVP 結算服務。CIPS（二期）上線後，上海清算所已全面支持付款方發起、託管機構發起的 DVP 結算。「債券通」開通一年來，上海清算所處理的結算業務總量佔比近 80%，一個重要原因就是 DVP 結算服務符合了境外投資者對結算流程合規性安全性的要求。此外，上海清算所通過系統升級，將結算週期從 T+0、T+1 拓展到 T+N，境外投資者對此給予充分肯定和高度評價。

三是優化面向發行人的服務。「債券通」業務推出後，境內發行人需要更多考慮境外投資者訴求，提升相應服務。在債券的產品識別問題上，上海清算所為服務發行人申請和配發國際證券識別編碼（ISIN），針對企業發行人多、債券數量多的實際情況，設計推出發行人網站服務平台創新服務，目前託管的超過 2 萬隻債券已全面申請配發 ISIN。在稅收代扣代繳功能問題上，上海清算所已提前開發稅收代扣代繳的系統功能。

四是優化面向投資人的服務。上海清算所服務金融對外開放、人民幣國際化，多方面提升投資人體驗。為解決境外投資者參與中國債券市場的語言問題，上海清算所通過系統功能升級，2017 年底已為境外投資人提供 100 多種中英文雙語單據，發佈境外投資者適用的業務規則英文版本，並製作一系列中英文雙語介紹手冊。針對香港強積金投資境外債券必須將其託管機構納入香港積金局《核准中央證券寄存處名單》的要求，上海清算所主動向香港積金局申請，從提供材料到2018年6月正式納入名單，歷時半年多。自此，香港強積金投資上海清算所託管的債券不再受限。

五是通過國際合作，進一步豐富面向發行人和投資人的服務。發行人服務方面，上海清算所與盧森堡交易所探討通過基礎設施之間的跨境合作，依託其全球市場最大的綠色債券平台，為「債券通」債券發行提供國內外同步的信息披露服務。農業發展銀行在上海清算所先後發行的三期「債券通」綠色金融債券，通過配套這一創新服務，有效提升了境外投資者的參與興趣，「債券通」相應地也覆蓋到了更多境外投資者。投資人服務方面，上海清算所在提供債券估值服務基礎上，對外發佈了中國信用債AAA級同業存單指數、中高等級短期融資券指數等一系列銀行間債券指數。目前，上海清算所正在與境外商業機構、基礎設施等開展廣泛探討，希望通過主動設計並行銷推廣以債券為標的的交易所買賣基金（ETF）產品，為境外投資者參與我國債券市場提供更多跟蹤指數的被動型投資新選擇。

未來，在持續完善「債券通」基礎上，應當引入更多基礎設施互聯互通，強化「一點接入」功能，使更多境外資源主動地為我所用。上海清算所與CMU在「債券通」的合作，是跨境託管結算基礎設施互聯互通的成功嘗試。真正實現境外投資者通過基礎設施互聯互通「一點接入」我國債券市場，客觀上需要引入更多基礎設施互聯互通，最大程度地滿足不同國家和地區、不同類型境外投資者在不同監管條件下、以不同方式參與中國債券市場的差異化需求。「債券通」業務開通後，主要國際託管機構以及多個國家的託管機構紛紛主動接觸上海清算所，希望探討通過多樣化的基礎設施互聯互通安排，更大程度為境外投資者參與中國債券市場提供便利。

第二篇

債券通：境內、外債券市場的互聯互通

第4章

債券通：境內外債券市場互聯互通的發展與前景

吳瑋

債券通有限公司董事兼副總經理

摘要

本文對境內外債券市場的互聯互通模式（債券通）進行了深入研究，着重分析了債券通實現的政策突破和創新，對內地債券市場效率帶來的正面作用及影響，以及未來將實施的進一步開放。

1 中國債券市場大力開放背景下的債券通項目

中國債券市場自 1981 年發展至今，大致經歷了櫃枱交易、交易所交易和以機構投資者為主要投資主體的銀行間債券市場這三個階段，30 多年的積累已經具備了相當大的體量。截至 2018 年底，中國債券市場餘額為 85.7 萬億元人民幣，總規模處於世界第三位，僅次於美國和日本。但從債券市場佔國內生產總值（GDP）的比例來看，仍然遠低於世界水平，例如，日本當前債券市場規模佔 GDP 比例達到 276%，美國是 207%，中國的這一比例大約在 102%[1]，表明中國債券市場還有長遠的、持久的發展潛力。

中國債券市場中，銀行間市場佔比超過 90%，具有絕對的主導地位。銀行間債券市場成立於 1997 年，經過 20 年發展，各方面都取得了不俗的成績。從債券種類看，除了國債、地方政府債、政策性金融債之外，公司信用類債券快速發展，同時資產支持證券逐步擴大，為市場提供了多元化的投資選擇；從交易工具看，既有現券買賣、回購和債券借貸，也有衍生性的債券遠期、利率互換和信用違約互換，形成較為完整的產品序列；從市場成員看，銀行間債券市場主要由機構投資者組成，包括中國境內的法人機構 2,857 家、各類資管產品 20,365 支，以及境外機構投資者（以下簡稱境外投資者）1,205 家。以上發展都為銀行間債券市場的對外開放奠定了重要基礎。

2005 年是銀行間債券市場對外開放的元年。當年 2 月，中國人民銀行（以下簡稱人民銀行）會同財政部、國家發展和改革委員會、中國證券監督管理委員會（以下簡稱證監會）聯合發佈了《國際開發機構人民幣債券發行管理暫行辦法》，允許國際開發機構在中國境內發行人民幣債券，熊貓債開始起步發展；5 月，亞洲債券基金的子基金——泛亞債券指數基金（PAIF）經人民銀行批准成為境外投資者進入銀行間債券市場的首例。但此時還是以試點為主，進展平緩。直到 2010 年，人民銀行發佈《關於境外人民幣清算行等三類機構運用人民幣投資銀行間債券市場試

1　截至 2018 年 1 季度末，資料來源：國際清算銀行和世界銀行。

點有關事宜的通知》，銀行間債券市場的對外開放開始進入穩步推進階段。2011年和2013年相繼允許人民幣合格境外機構投資者（RQFII）、合格境外機構投資者（QFII）在獲批額度內投資銀行間債券市場。2016年發佈的3號公告更是具有里程碑意義，允許境外各類金融機構及其發行的投資產品，以及養老基金、慈善基金、捐贈基金等人民銀行認可的中長期投資者投資銀行間債券市場，並且取消額度限制、入市方式也由審批制改為備案制，自此，3號公告就作為銀行間債券市場對境外投資者進行管理的基礎性文件沿用至今。

前期，境外投資者參與中國銀行間債券市場的基本模式可以概括為：簽署代理協議、備案入市、在岸開戶、代理交易、代理結算。截至2016年底，銀行間債券市場的境外投資者共有403家，境外投資者持有的中國債券總值為8,526億元人民幣。回根溯源，這些制度設計實際上沿襲了銀行間債券市場在2000年建立的、針對境內非金融機構的各種代理安排，因此與國際上通行的做法存在較大差異，有相當一部份國際投資者顯得不那麼適應。一方面，經過幾十年的實踐，中國債券市場已經總結出了一套行之有效的發展經驗，此時再完全按照海外市場復刻是不可能的；另一方面，讓廣大境外投資者改變長期形成的交易習慣和多級託管結構也存在巨大困難。因此市場迫切需要一個現實的解決方案，需要一個求同存異的轉換器，這便是「債券通」的緣起。

在債券通機制下，境外投資者可以通過他們熟悉的國際債券交易平台與在岸做市商直接進行詢價和交易，債券的結算和託管則採用國際市場通行的名義持有人制度，境外投資者依法享有證券權益。入市方面則可免去與代理行反覆商討代理協議的環節，由中國外匯交易中心（以下簡稱交易中心）與債券通有限公司[2]（以下簡稱債券通公司）共同為境外投資者提供便捷的入市服務。

2017年3月15日，國務院總理李克強宣佈將在香港和內地試行債券通，標誌着債券通項目正式啟動。隨後在人民銀行的統一部署和積極推動下，前後台基礎設施和境內報價機構共同努力，最終歷時3個多月就完成了系統開發和測試，並幫助首批139家境外投資者完成入市備案。2017年7月3日，債券通正式上線

2　債券通公司，是中國外匯交易中心與香港交易及結算所有限公司（簡稱香港交易所）在香港成立的合資公司，承擔支持債券通相關交易服務職能。中國外匯交易中心與其附屬公司持有債券通公司60%權益，香港交易所持有40%權益。

運行，首日共有 70 家境外投資者與 19 家境內報價機構達成 128 筆交易，成交金額 70.48 億元人民幣，首日交易迎來開門紅。正如人民銀行副行長潘功勝在開通儀式上所説，債券通作為第三種通道，可以使境外投資者通過內地與香港的互聯互通機制更加便捷地投資中國債券市場。

2 債券通的基本運作模式、與其他渠道相比有哪些特點

根據人民銀行發佈的《內地與香港債券市場互聯互通合作管理暫行辦法》，債券通是指境內外投資者通過香港與內地債券市場基礎設施機構連接，買賣香港與內地債券市場交易流通債券的機制安排，包括「北向通」及「南向通」。初期先開通「北向通」。「北向通」是指香港及其他國家與地區的境外投資者經由香港與內地基礎設施機構之間在交易、託管、結算等方面互聯互通的機制安排，投資於內地銀行間債券市場。債券通從技術上比較類似股票市場的滬港通和深港通，但由於其場外的特殊性，所以更注重頂層設計和制度安排，在世界上也沒有先例，屬於制度性嘗試和創新。債券通（指北向通，下同）主要包括入市、交易、結算和外匯兑換四個環節，具體運作模式如下：

一是一點接入。所謂一點接入是指，境外投資者在入市環節，無需再到中國內地尋找代理行簽署代理協議、開立人民幣特殊賬戶和專用外匯賬戶、辦理外匯登記，也無需再到中國證券登記結算有限公司（以下簡稱中央結算公司）和銀行間市場清算所股份有限公司（以下簡稱上海清算所）分別開立新的託管賬戶[3]，而是一站式地向債券通公司發送入市備案和開立交易賬戶的申請材料，債券通公司提供必要的材料檢查、入市輔導和翻譯服務，並將材料齊全且符合要求的申請提交至交易中心，交易中心代理境外投資者向人民銀行上海總部備案，並同步開立交易

3　如果是非法人產品，每新增一個基金就要新開一個託管賬戶。

賬戶。人民銀行上海總部自受理申請之日起 3 個工作日內出具備案通知書，完成入市備案，且沒有額度限制。

二是直接交易。境外投資者無需再通過代理行間接地進行價格發現與交易，而是沿用自己熟悉的全球交易平台（首家是 Tradeweb，2018 年 11 月彭博獲批成為第二家交易平台），運用國際通行的交易方式，直接向一家或多家境內報價機構發送詢價請求（RFQ），境內報價機構也是通過他們熟悉的交易中心系統向境外投資者回復可成交價格，提供做市服務。境外投資者確認價格後，在交易中心系統達成交易並生成成交單，境外投資者可逐筆即時查詢全英文成交明細。值得一提的是，債券通的交易分倉（包括交易前分倉和交易後分倉 Pre/Post Allocation）功能可以很好地支持國際資產管理人將一筆大宗交易分配給旗下的多個基金賬戶，以滿足國際監管機構和自律組織普遍要求的最佳交易執行（Best execution）準則。

三是多級託管和券款對付（DVP）結算。債券通採用境外投資者習慣的名義持有人制度，支持全球託管行（如有）、次託管行（香港金融管理局債務工具中央結算系統（CMU）的會員）、次級託管機構（CMU）、總登記託管機構（中央結算公司和上海清算所）的多級架構。CMU 在中央結算公司和上海清算所開立名義持有人賬戶，境外投資者通過債券通買入的債券登記在 CMU 名下，並依法享有證券權益。CMU 為境外投資者提供債券結算服務，所有結算以全額逐筆實時、DVP 的方式進行，債券過戶通過總登記託管機構的債券賬務系統辦理，資金支付通過人民幣跨境支付系統（CIPS）辦理。結算速度則由境外投資者在 T+0，T+1，T+2 中自行選擇。債券通引入多級託管，可以幫助境外投資者有效提高結算效率並節省成本，特別是同時參與多個國際市場的投資者。

四是外匯兌換與風險對沖。境外投資者可使用自有人民幣（離岸人民幣，CNH）或外匯投資（兌換為在岸人民幣，CNY）。使用外匯投資的，可通過託管行在香港結算行[4]辦理外匯資金兌換和風險對沖業務，香港結算行由此所產生的頭寸可到境內銀行間外匯市場平盤，概括來講，就是「離岸市場、在岸價格」，投資的債券到期或賣出後不再投資的，原則上應通過香港結算行兌換回外匯匯出。目前，債券通相關的主要全球託管行和次託管行都已陸續申請到「香港結算行」牌照，後

4 香港人民幣業務清算行及香港地區經批准可進入境內銀行間外匯市場進行交易的境外人民幣業務參加行，截止 2018 年 10 月底是 21 家，具體名單請查詢 http://www.chinamoney.com.cn/english/mdtmmbfmm/。

續可為債券通客戶提供更優質便捷的外匯兑換和風險對沖服務。

債券通推出後，中國債券市場開放共有三條通道供境外投資者選擇，一是QFII/RQFII，二是直接進入中國銀行間債券市場投資人民幣債券（以下簡稱直接入市），三是債券通。這三個通道是並行的，適用於不同投資者的不同偏好和不同的路徑依賴，主要的不同點在於：**QFII/RQFII 模式下**，境外投資者可以同時參與中國的股票和股指期貨市場、交易所債券市場和銀行間債券市場，但是有額度限制，需開立在岸賬戶；**直接入市模式下**，境外投資者只能投資銀行間債券市場，沒有額度限制，代理交易，需開立在岸賬戶；**債券通模式下**，境外投資者只能投資銀行間債券市場，沒有額度限制，直接交易，多級託管一點接入。各通道的具體操作環節請見下表1及表2：

表1：境外機構投資銀行間債券市場的三條通道

	QFII 和 RQFII	直接入市	債券通
推出時間	分別於2002和2011年推出	2010年開始推出，並陸續擴大範圍	2017年7月
投資者範圍	**合格境外機構投資者（QFII）**：經中國證監會批准投資於中國證券市場，並取得國家外匯管理局（國家外匯局）額度批准的中國境外基金管理公司、保險公司、證券公司以及其他資產管理機構。 **人民幣合格境外機構投資者（RQFII）**：經中國證監會批准並取得國家外匯局批准的投資額度，運用來自境外的人民幣資金進行境內證券投資的境外法人。	**境外央行類機構**：境外央行、國際金融組織、主權財富基金（銀發〔2015〕220號）。 **境外商業類機構**：在中華人民共和國境外依法註冊成立的商業銀行、保險公司、證券公司、基金管理公司及其他資產管理機構等各類金融機構，上述金融機構依法合規面向客戶發行的投資產品，以及養老基金、慈善基金、捐贈基金等中國人民銀行認可的其他中長期機構投資者（中國人民銀行公告〔2016〕第3號）。	**境外央行類機構**：境外央行、國際金融組織、主權財富基金（銀發〔2015〕220號）。 **境外商業類機構**：在中華人民共和國境外依法註冊成立的商業銀行、保險公司、證券公司、基金管理公司及其他資產管理機構等各類金融機構，上述金融機構依法合規面向客戶發行的投資產品，以及養老基金、慈善基金、捐贈基金等中國人民銀行認可的其他中長期機構投資者（中國人民銀行公告〔2016〕第3號）。
可參與市場	股票、股指期貨、交易所[5]和銀行間債券市場	銀行間債券市場	銀行間債券市場

5　不包括境內國債期貨市場。

(續)

表 1：境外機構投資銀行間債券市場的三條通道			
	QFII 和 RQFII	直接入市	債券通
如何進入銀行間債券市場	1. 經證監會批准投資中國證券市場 2. 取得國家外匯局批准的投資額度 3. 在銀行間債券市場備案入市	在銀行間債券市場備案入市	在銀行間債券市場備案入市
託管賬戶開立	逐個開立在岸賬戶	逐個開立在岸賬戶	通過多級託管、名義持有人制度便捷接入
是否有額度限制	是 [6]	否	否
銀行間債券市場交易對手	全部參與者	全部參與者 [7]	34 家債券通報價機構
銀行間債券市場的交易結算方式	通過結算代理人或者債券通	通過結算代理人	債券通

表 2：進入銀行間債券市場的操作流程（直接入市和債券通）		
	直接入市（通過結算代理人）	債券通
入市前準備	與境內結算代理人簽署代理投資協議	沿用國際通行的多級託管結構，由境外投資者或其全球託管行選定次託管行 [8]（CMU 會員），並預留專門用於債券通的 CMU 編碼。

6 QFII、RQFII 在取得證監會資格許可後，可通過備案的形式，獲取不超過其資產規模一定比例的基礎額度；超過基礎額度的投資額度申請，須經國家外匯局批准；境外央行類機構不受資產規模限制（國家外匯管理局公告 2018 年第 1 號、銀發〔2018〕157 號）。

7 根據 2018 年 8 月當月的統計，在直接入市模式下，境外機構投資者實際成交的交易對手平均為 3 家；債券通模式下，交易對手平均為 2 家。

8 香港託管行可變更。

(續)

表 2：進入銀行間債券市場的操作流程（直接入市和債券通）		
	直接入市（通過結算代理人）	債券通
入市備案	境外機構投資者可委託結算代理人向人民銀行上海總部申請投資備案[9]，由結算代理人代理提交： 1.《境外機構投資者投資中國銀行間債券市場備案表》[10]； 2. 結算代理協議。 人民銀行上海總部自受理備案申請之日起 20 個工作日內，根據規定的條件和程序出具備案通知書[11]。	境外機構投資者向債券通公司提交入市備案和開戶申請材料[12]的高清彩色掃描件，並發送至聯繫郵箱 info@chinabondconnect.com。債券通公司將提供必要的材料檢查、入市輔導和翻譯服務，並將材料齊全且符合要求的申請提交至交易中心。 交易中心收到材料後，代境外投資者向人民銀行上海總部備案。 人民銀行自受理備案申請之日起 3 個工作日內，根據規定的條件和程序出具備案通知書[13]。 備案成功的，交易中心將於三個工作日內為其開立交易賬戶，並通過債券通公司告知境外投資者。 <u>入市備案和開戶申請材料包括：</u> 附件 1：境外機構投資者投資中國銀行間債券市場備案表； 附件 2：銀行間債券市場准入備案申請書、備案委託書； 附件 3：債券通境外投資者業務申請表； 附件 4：三年無監管機構重大處罰的聲明； 附件 5：關於投資銀行間債券市場的合規承諾函。 <u>Tradeweb 交易賬戶的開立</u> 1. 與 Tradeweb 簽署使用者協議（User Agreement）（僅新客戶簽署）； 2. 與 Tradeweb 簽署債券通附屬協議（Bond Connect Addendum）； 3. 用戶申請書（User Application Form）（非法律文件，只是為了進行系統設置向客人採集信息）。 <u>彭博交易賬戶的開立</u> 原則上與 Tradeweb 交易賬戶開立的要求一致，具體細則將於之後公佈。
開立交易賬戶	結算代理人代理境外機構投資者向交易中心（CFETS）提交開戶申請材料： 1. 人民銀行上海總部出具的《全國銀行間債券市場准入備案通知書》； 2. 境外機構投資者業務申請表[14]； 3. 交易中心要求的其他材料。 交易中心收到申請材料後，將於三個工作日內完成核對、開設賬號工作並通知結算代理人。	

9　如果是境外央行類機構，則通過原件郵寄或結算代理人代理遞交等方式向人民銀行提交《中國銀行間市場投資備案表》（附件 1）。

10　中國人民銀行上海總部公告〔2018〕第 2 號。

11　中國人民銀行上海總部公告〔2016〕第 2 號。

12　見 http://www.chinamoney.com.cn/chinese/rszn2/20180831/1159319.html?cp=rszn2。

13　中國人民銀行上海總部公告〔2017〕第 1 號。

14　見 http://www.chinamoney.com.cn/chinese/rszn2/20180724/1135188.html?cp=rszn2。

(續)

表 2：進入銀行間債券市場的操作流程（直接入市和債券通）		
	直接入市（通過結算代理人）	債券通
外匯登記	境外機構投資者通過結算代理人在國家外匯管理局資本項目信息系統辦理登記[15]。境外機構投資者退出銀行間債券市場投資的，由結算代理人向人民銀行上海總部申請退出後，向國家外匯管理局申請註銷登記。	無需辦理外匯登記
資金賬戶	**人民幣特殊賬戶（special RMB account）**：境外機構投資者可在境內銀行開立人民幣特殊賬戶，納入人民幣專用存款賬戶管理，專門用於債券交易的資金結算。每家境外機構只能開立一個人民幣特殊賬戶，並由開戶銀行報人民銀行當地分支機構核准。 **專用外匯賬戶（NRA）**：結算代理人憑外匯登記生成的業務憑證，為境外機構投資者開立專用外匯賬戶。專用外匯賬戶的資金不得用於銀行間債券市場投資以外的其他目的[16]。 境外機構在境內開的 NRA 賬戶要繳納 10% 的利息稅，由代理人代扣代繳（withholding tax on interest on cash balances）。	在香港託管行開立資金賬戶，無需繳納利息稅。
CCDC 債券賬戶	結算代理人代理境外機構投資者向中央結算公司（CCDC）提交開戶申請材料： 1. 人民銀行上海總部出具的《全國銀行間債券市場准入備案通知書》； 2. 境外機構投資者業務申請表； 3. 協議簽署承諾書（需境外機構投資者簽署）[17]：具體包括《中央國債登記結算有限責任公司客戶服務協議》、《債券交易券款對付結算協議》、《中央國債登記結算有限責任公司債券結算資金賬戶使用協議》、《電子密押器管理使用協議書》四份協議。 中央結算公司收到結算代理人寄送的開戶材料後進行業務受理，材料齊全無誤的，在三個工作日內完成開戶手續；材料有缺失的，一次性告知結算代理人材料存在的問題。	無需在 CDCC 開立債券賬戶

15 《國家外匯管理局關於境外機構投資者投資銀行間債券市場有關外匯管理問題的通知》(匯發〔2016〕12 號)。
16 《國家外匯管理局關於境外機構投資者投資銀行間債券市場有關外匯管理問題的通知》(匯發〔2016〕12 號)。
17 見 http://www.chinabond.com.cn/cb/cn/zqsc/fwzc/zlzx/cyywbgxz/zqzh/20150619/21058455.shtml（法人機構）；http://www.chinabond.com.cn/cb/cn/zqsc/fwzc/zlzx/cyywbgxz/zqzh/20150619/21058528.shtml（非法人產品）。

(續)

表 2：進入銀行間債券市場的操作流程（直接入市和債券通）		
	直接入市（通過結算代理人）	債券通
SHCH 債券賬戶	結算代理人代理境外機構投資者向上海清算所（SHCH）提交開戶申請材料： 1. 人民銀行上海總部出具的《全國銀行間債券市場准入備案通知書》； 2. 境外機構投資者業務申請表； 3. 協議簽署聲明及承諾（需境外機構和代理人一起簽署）：所簽協議為《結算成員服務協議》。 上海清算所收到結算代理人寄送的開戶材料後進行業務受理，材料齊全無誤的，在三個工作日內完成開戶手續；材料有缺失的，一次性告知結算代理人材料存在的問題。	無需在 SHCH 開立債券賬戶
一級市場	可以參與銀行間債券市場發行的所有債券，包括同業存單[18]	「北向通」境外投資者可以通過參與銀行間債券市場發行認購方式，投資於標的債券[19]。
二級市場	1. 現券交易：各類境外機構投資者均可開展現券交易，標的債券為可在內地銀行間債券市場交易流通的所有券種。 2. 債券借貸：各類境外機構投資者可基於套期保值需求開展債券借貸交易。交易前，出借方一般會要求借入方簽署本機構版本的《人民幣債券借貸交易主協議》[20]。 3. 債券遠期、利率互換、遠期利率協議：各類境外機構投資者可基於套期保值需求開展債券遠期、遠期利率協議及利率互換等交易[21]。交易前，需要與對手方簽署《中國銀行間市場金融衍生產品交易主協議（2009 版）》及補充協議。若未加入中國銀行間債券市場交易商協會（交易商協會）成為會員，還需要簽署《文本特許使用備案函》。 4. 債券回購：境外人民幣業務清算行和參加行可開展債券回購交易。交易前，需簽署《中國銀行間市場債券回購交易主協議（2013 版）》（及補充協議，若有）。若未加入交易商協會成為會員，還需要簽署《文本特許使用備案函》[22]。	目前，「北向通」境外投資者可以進行債券現券交易，標的債券為在內地銀行間債券市場交易流通的所有券種。 未來將逐步擴展到債券回購、債券借貸、債券遠期，以及利率互換、遠期利率協議等交易[23]。

18 關於修訂《銀行間市場同業存單發行交易規程》的公告（http://www.chinamoney.com.cn/chinese/scggbbscggscggtz/20160621/588038.html?cp=scggbbscgg）。

19 《內地與香港債券市場互聯互通合作管理暫行辦法》答記者問（http://www.pbc.gov.cn/goutongjiaoliu/113456/113469/3331208/index.html）。

20 國內市場目前暫無統一的標準協議文本。英國、加拿大、澳洲、中國香港在內的大部份國際市場選擇使用由國際證券借貸協會（ISLA 推出的《GMSLA 主協議》（Global Master Securities Lending Agreement）；美國市場一般選擇使用《MSLA 主協議》（Master Securities Loan Agreement）。

21 《中國人民銀行有關負責人就境外機構投資者投資銀行間債券市場有關事宜》答記者問（http://www.pbc.gov.cn/goutongjiaoliu/113456/113469/3070371/index.html）。

22 境外機構投資者可選擇加入交易商協會成為會員，或通過簽署相應的《文本特許使用備案函》獲得相關協議文本的版權使用權。

23 《內地與香港債券市場互聯互通合作管理暫行辦法》答記者問（http://www.pbc.gov.cn/goutongjiaoliu/113456/113469/3331208/index.html）。

(續)

表 2：進入銀行間債券市場的操作流程（直接入市和債券通）

	直接入市（通過結算代理人）	債券通
交易對手	銀行間債券市場成員	34 家債券通報價機構
交易過程	**通過代理人間接開展交易**，具體過程如下： 1. 境外機構投資者通過雙方約定的方式向結算代理人發出交易委託； 2. 結算代理人在完成交易要素合規性檢查後代理境外機構投資者在 CFETS 交易系統中發送交易指令，達成交易。並將系統生成的成交單反饋境外機構投資者； 3. 結算代理人代理境外機構投資者完成債券結算與資金清算，並在結算完成當日向境外機構投資者發送結算單據。	**與報價機構直接開展交易**，具體過程如下： 1. 境外投資者通過境外電子交易平台（Tradeweb 及彭博）向一家或多家報價機構發送只含量、不含價的報價請求，報價請求即時傳輸至交易中心系統； 2. 報價機構通過交易中心系統向境外投資者回復可成交價格； 3. 境外投資者確認價格後，在交易中心系統達成交易並生成成交單；報價機構、境外投資者和債券登記託管結算機構根據成交信息辦理結算。
資金匯入	境外機構投資者投資銀行間債券市場匯入的本金既可以是人民幣，也可以是外幣。境外機構投資者應確保其在境內商業銀行開立的人民幣特殊賬戶、專用外匯賬戶有足夠資金用於支付相關投資。	不適用
外匯兌換	結算代理人可以為境外機構投資者辦理資金匯出入和結售匯[24]，並基於實需原則對境外投資者辦理外匯衍生品業務[25]。 交易對手：在岸的結算代理行	境外投資者可使用自有人民幣或外匯投資。使用外匯投資的，可通過債券持有人在香港結算行辦理外匯資金匯兌，香港結算行由此所產生的頭寸可到境內銀行間外匯市場平盤，即離岸市場在岸價格。 交易對手：香港結算行（在抵押品和保證品上可與其他交易聯動）
資金匯出	既可以人民幣匯出，也可在境內兌換為外幣後匯出，累計匯出外匯和人民幣資金的比例應與累計匯入外匯和人民幣資金的比例保持基本一致，上下波動不超過 10%。	沒有限制，亦不適用
稅收政策	2018 年 11 月，中華人民共和國財政部、國家稅務總局發出《關於境外機構投資境內債券市場企業所得稅增值稅政策的通知（財稅〔2018〕108 號）》，自 2018 年 11 月 7 日起至 2021 年 11 月 6 日止，對境外機構投資境內債券市場取得的債券利息收入暫免徵收企業所得稅和增值稅[26]。 此項政策進一步說明了中國人民銀行 2017 年 11 月發佈的《境外商業類機構投資者進入中國銀行間債券市場業務流程》。該流程規定，境外機構在銀行間債券市場投資債券，所獲轉讓價差收入暫不徵收所得稅，在營改增試點期間免徵增值稅[27]。	

24 《國家外匯管理局關於境外機構投資者投資銀行間債券市場有關外匯管理問題的通知》（匯發〔2016〕12 號）。

25 《國家外匯管理局關於銀行間債券市場境外機構投資者外匯風險管理有關問題的通知》（匯發〔2017〕5 號）。

26 http://szs.mof.gov.cn/zhengwuxinxi/zhengcefabu/201811/t20181122_3073546.html?from=groupmessage&isappinstalled=0

27 http://www.pbc.gov.cn/huobizhengceersi/214481/3406502/3406509/3424889/index.html

(續)

表2：進入銀行間債券市場的操作流程（直接入市和債券通）		
	直接入市（通過結算代理人）	債券通
交易分倉	不適用	可支持交易前分倉（Pre-allocation）和交易後分倉（Post-allocation）兩種方式，最小量10萬元，最小變動量10萬元，最大量100億元。
結算速度	+0/+1/+2	+0/+1/+2
結算方式	逐筆全額結算，券款對付	逐筆全額結算，券款對付
交易時間	中國銀行間債券市場交易日 北京時間（CST）09:00-12:00及13:30-17:00	中國銀行間債券市場交易日 北京時間（CST）09:00-12:00及13:30-16:30
結算指令截止時間	結算日（SD）北京時間（CST）17:00	結算日（SD）北京時間（CST）12:00

3 債券通的主要成就和市場效果

截至2018年底，債券通上線運行18個月，通過債券通入市的境外投資者數量持續增加，交易量穩步增長，境外投資者持有中國債券市場的規模不斷擴大，有力地推動了中國債券市場開放和人民幣國際化的進程。境外投資者普遍認可債券通的制度優勢和創新設計，顯示了持續投資中國債券市場的意願。

2017年7月3日，債券通上線伊始便吸引了首批139家境外投資者入市，其後，債券通投資者數量繼續保持增長勢頭，截至2018年底，已吸引了503家境外投資者入市備案，在18個月間，將銀行間債券市場的境外投資者總數提升了111%。

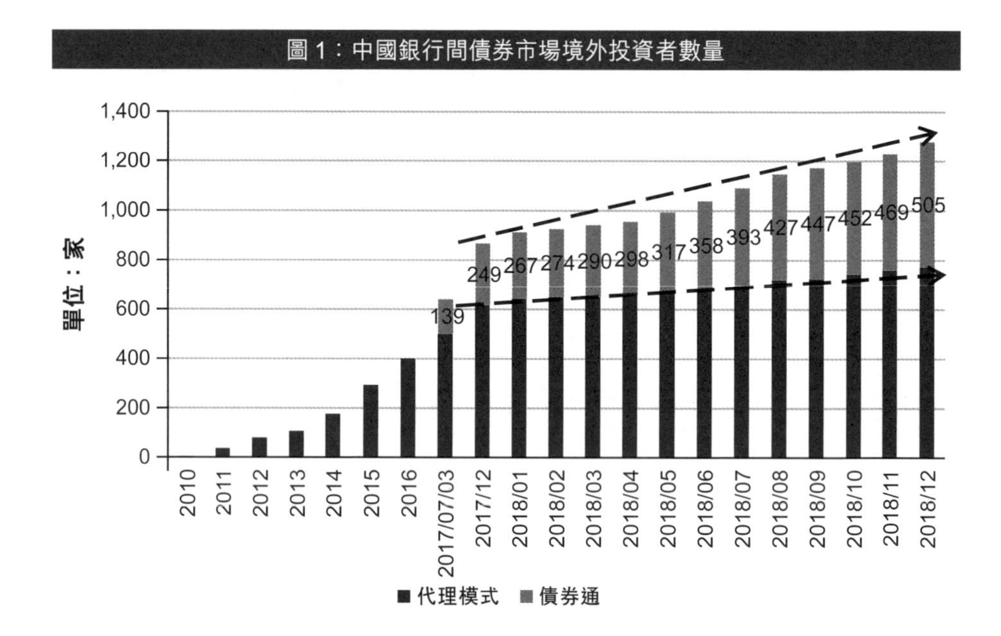

圖 1：中國銀行間債券市場境外投資者數量

隨着投資者數量不斷增加，債券通交易量也穩步增長，月度交易量由 2017 年 7 月的 310 億元人民幣起步，最高達到 2018 年 6 月的 1,309 億元人民幣，上線以來交易總量超過 1.16 萬億元人民幣。2018 年全年交易總量達到 8,841 億元人民幣，債券通交易佔境外投資者交易總量的 28%，相較於 2017 年的 23% 增加了 5 個百分點。

通過債券通進行一級市場發行的債券共計 440 隻、4.1 萬億元人民幣，其中政策性金融債佔比最大，共計 308 隻、3.4 萬億元人民幣。資產支持證券亦受到境外投資者的積極認購，共發行了 112 隻、2,693 億元人民幣，其中有 92 隻的基礎資產是個人住房抵押貸款和汽車貸款。

圖 2：中國銀行間債券市場境外投資者的交易量

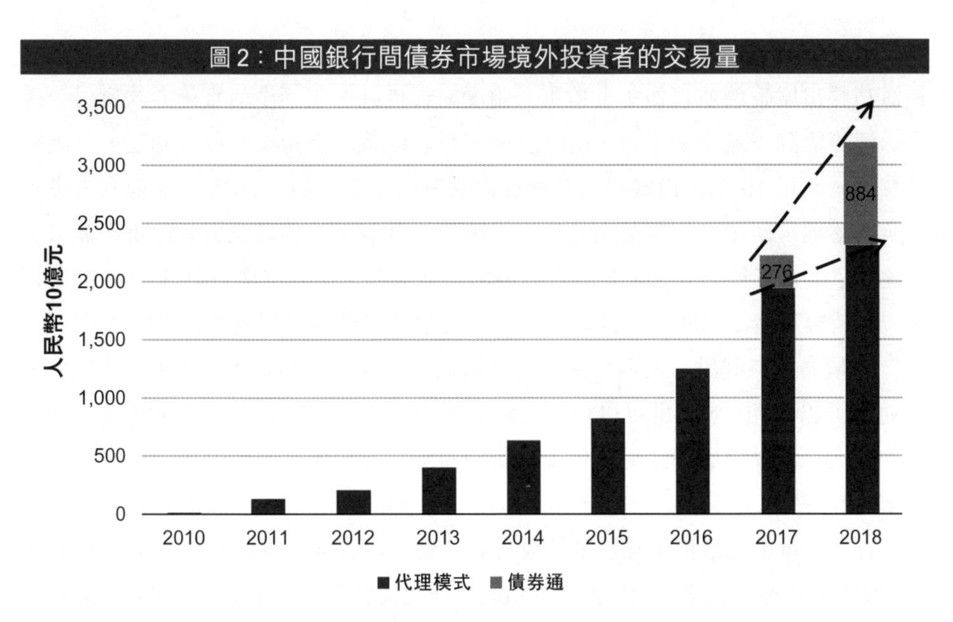

境外機構持有中國銀行間債券市場的總額自 2017 年 7 月以來也保持持續上升趨勢，截至 2018 年底，境外投資者持有中國銀行間債券市場債券餘額超過 1.7 萬億元人民幣，比債券通啟動前翻了一番。

圖 3：中國銀行間債券市場境外投資者持有量

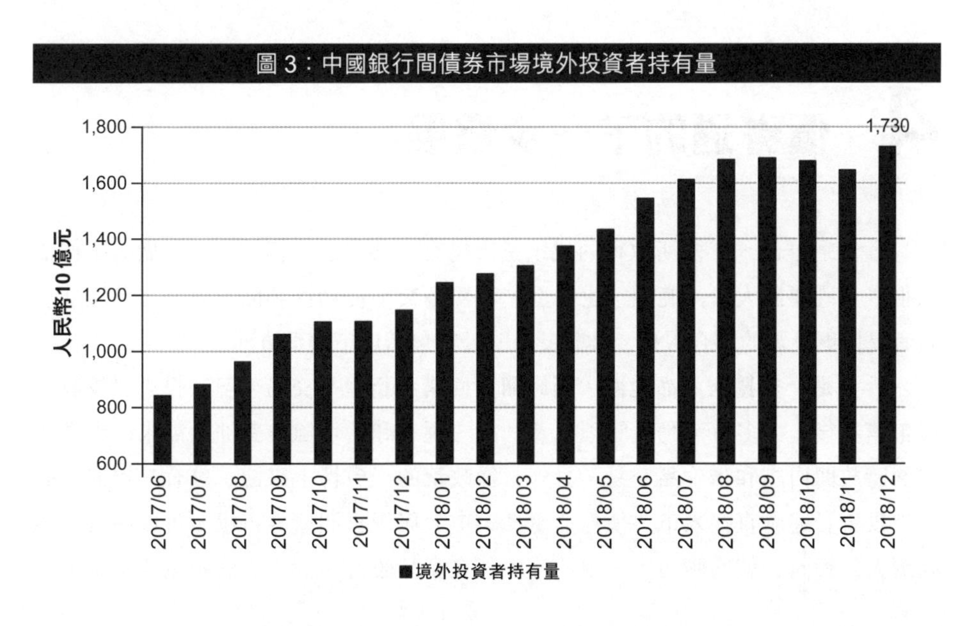

2018 年 7 月 3 日，債券通在香港舉辦了債券通週年論壇，中國人民銀行副行長潘功勝出席論壇並宣佈了七項重大制度完善措施，包括全面實施券款對付、接入彭博等國際主流交易平台、進一步明確稅收政策、上線交易分倉功能、下調交易費用、新增 10 家報價機構以及開展回購及衍生品交易。2018 年，前六項措施已全部落地，回購及衍生品交易也在討論中，既滿足了境外投資者的市場需求，也達到了納入彭博巴克萊全球綜合指數的所有條件，預計將從 2019 年 4 月開始實施；富時羅素隨後跟進，於 2018 年 9 月宣佈將中國債券市場列入其觀察名單。

以債券通為起點，其他渠道也更為開放，達到了以點帶面的效果。首先，債券通既可以使用 CNH 也可以使用 CNY 的經驗，近期被滬港通、深港通借鑒使用；其次，債券通的外匯兌換與風險對沖需求，為中國銀行間外匯市場引入了包括全球託管行、香港地區託管行在內的眾多新會員；另外，在債券通的間接推動下，直接入市模式取消了關於境外投資者 9 個月內需匯入投資本金的要求，QFII/RQFII 進一步擴大額度，三條開放渠道同步簡化備案要求，使用同一張備案表格，便於境外投資者理解和操作。債券通帶動多市場、多渠道全面開放，已形成中國金融市場開放的重要品牌。

4 債券通的下一步發展

債券通推出一年多所取得的成績是市場有目共睹的，但接下來要做的工作依然很多，既要擴大產品範圍，也要進一步提高交易便利性和結算效率，為境外投資者提供更優質的綜合服務。具體發展的計劃包括以下幾個方面：

一是進一步擴大產品範圍，適時開放回購和衍生品交易。境外投資者持有人民幣債券後，大多有流動性管理以及利率、匯率和信用風險對沖的需求，應當考慮適時放開回購和衍生品交易。另外，從政策的一致性上來説，符合一定條件的境外投資者通過直接入市、債券通兩種渠道參與銀行間債券市場，可以開展的業務應大致相同。就回購而言，由於境內外在產品設計、計算方法和法律文本上都還存在差異，因此債券通公司將根據人民銀行的統一部署，積極配合境內外基礎設施機構，做好下一步推出產品的前期調研和各項準備工作。

二是進一步發展債券通一級市場，加強信息發佈。根據債券通的管理辦法，境外投資者可通過債券通參與銀行間債券市場發行認購，但是市場層面對該政策的解讀不盡相同，部份投資者認為只能認購債券通貼標[28]的債券，另一部份投資者則認為可認購銀行間債券市場發行的所有債券。同時，各類發行文件也缺乏境外發佈主渠道，信息較為分散。針對這種情況，債券通公司積極協調溝通，下一步擬在債券通網站上建立一級市場信息平台，及時集中地發佈一級市場信息。

三是進一步提高交易便利性和結算效率，開放成交資料下行接口。後續措施包括：在現有境外電子交易平台上，為境外投資者提供更多指示性價格，便於境外投資者更有效地尋找交易對手、判斷市場價格；面向境外投資者、境外託管行開放債券通成交資料下行接口，以電子化方式即時傳輸交易明細，提高後台結算的準確性和直通式處理（STP）效率；不斷提升基礎設施合作的電子化程度，爭取把結算當日結算指令的提交時間從 12 點進一步延後，理想狀態是能和境內市場以及直接入市模式達到同步。

四是進一步加強市場推廣，促進境內外機構的交流，提供更優質的交易相關服務。債券通公司目前已經通過網站、自媒體等各種渠道加強市場推廣，並發佈了境內報價機構的聯繫方式、境外投資者的入市名單，後續將進一步組織多種形式的交流活動，促進境內外機構加深了解。同時，債券通公司也將配合交易中心做好應急交易、結算失敗、信息披露等工作，為境外投資者提供更優質的綜合服務。

28　即在債券發行文件中註明「債券通」字樣或者至少提到可以面向境外投資者發行。

第5章

債券通與中國債券市場更深層次開放展望

香港交易所
定息及貨幣產品發展部 及
首席中國經濟學家辦公室

摘要

中國債券市場從上世紀 80 年代的國債櫃枱交易起步，經歷交易所市場和銀行間市場的演變和發展，至今已成為全球第三大債券市場，並實現了一系列有效的制度改革和機制優化，如改革發行審核制度、建立行業自律組織、完善做市交易機制等；特別是近十年，在與人民幣國際化良性互動的背景下，中國債券市場更是加快了對外開放的步伐。「債券通」的成功推出、有關機構宣佈將中國債券納入國際主流債券指數（如彭博巴克萊全球綜合指數）等里程碑事件，突顯了中國債券市場深化開放所取得的成績以及環球市場對中國債券市場開放的認可。

縱觀中國債券市場的開放，是一個雙向開放的過程，主要圍繞「引進來」和「走出去」兩個方面展開。在「引進來」方面，表現為逐步放開境外機構在境內發行債券和進行債券投資；與之相應，在「走出去」方面，主要表現為有序推進境內機構境外發行債券和開展境外債券投資。展望未來，參考美歐等成熟債券市場的經驗，中國債券市場可在進一步深化雙向開放的基礎上，探索另一個維度的開放，即從「引進來」和「走出去」的跨境範疇拓展至離岸領域，在搭建和發展離岸人民幣債券市場的同時，允許和推動在離岸市場開展錨定中國債券市場標的的金融產品開發和交易，進一步增強人民幣在海外金融市場的計價和結算功能。

1 「引進來」：境外機構參與中國債券市場的政策演進、現狀及展望

1.1 境外機構來中國境內發行債券

1.1.1 政策演進

境外機構在中國境內發行人民幣債券業務（俗稱「熊貓債」）試點先於境外機構投資中國債券市場。早在2005年2月，中國人民銀行（人行）、財政部、國家發展和改革委員會（發改委）及中國證券監督管理委員會（證監會）就已經發佈《國際開發機構人民幣債券發行管理暫行辦法》，允許國際開發機構在中國境內發行人民幣債券。在此指引下，2005年10月，國際金融公司和亞洲開發銀行率先在全國銀行間債券市場發行人民幣債券，成為中國債券市場首批引入的境外發行主體。2010年9月，根據發債主體的實際資金使用需求，四部委適時修訂了《國際開發機構人民幣債券發行管理暫行辦法》，其中非常重要的一項改進是允許發債資金可購匯匯出境外使用。此後，配合人民幣國際化工作的推進，人行又先後於2014年10月和2016年12月從跨境人民幣結算政策角度，對境外機構境內發行債券（含債務融資工具）的賬戶安排和資金匯兑予以了明確和完善。2018年9月，人行和財政部再次聯合發佈公告，將國際開發機構人民幣債券發行納入境外機構在境內發行債券框架予以統一管理，進一步完善了境外機構在銀行間債券市場發行債券的制度安排。

「熊貓債」市場的開放，是相關操作流程不斷簡化、制度規則逐步與國際接軌的過程。經過十多年的發展和完善，「熊貓債」已受到越來越多市場參與者的關注和青睞，發行主體不斷擴大，市場規模亦穩步增長。

表 1：境外機構來中國境內發行債券的主要政策梳理及演進		
年份	有關法規	主要內容及改進
2005	《國際開發機構人民幣債券發行管理暫行辦法》 （人行、財政部、發改委、證監會公告 [2005] 第 5 號）	（1）財政部負責受理申請，會同人行、發改委、證監會進行審核，報國務院同意； （2）人行對債券發行利率進行管理； （3）發行人民幣債券所籌集的資金，應用於中國境內項目，不得換成外匯轉移至境外。
2010	《國際開發機構人民幣債券發行管理暫行辦法》 （人行、財政部、發改委、證監會公告 [2010] 第 10 號）	經國家外匯管理局批准，國際開發機構發行人民幣債券所籌集的資金可以購匯匯出境外使用。
2014	《關於境外機構在境內發行人民幣債務融資工具跨境人民幣結算有關事宜的通知》 （銀辦發 [2014]221 號）	明確境外非金融企業在境內發行人民幣債務融資工具的跨境資金收付安排，允許所籌集資金以人民幣形式匯出境外。
2016	《關於境外機構境內發行人民幣債券跨境人民幣結算業務有關事宜的通知》 （銀辦發 [2016]258 號）	跨境人民幣收付政策的適用範圍由境外非金融企業拓展至境外機構（含外國政府類機構、國際金融組織、國際開發機構以及各類金融機構和非金融企業）。
2018	《全國銀行間債券市場境外機構債券發行管理暫行辦法》 （人行、財政部公告 [2018] 第 16 號）	將國際開發機構人民幣債券發行納入境外機構在境內發行債券框架內統一管理，完善了境外機構在銀行間債券市場發行債券的制度安排，促進相關制度規則與國際接軌。

資料來源：根據公開資料整理。

1.1.2 現狀及展望

從發行情況來看，2014 年之前，熊貓債市場發展相對緩慢，發行主體和規模均比較有限；2015 年之後，隨着熊貓債跨境結算政策的明確以及市場環境的改善，發債主體數量和融資規模均呈現較快增長，尤其是 2016 年在境內外人民幣融資利率「倒掛」的助推下，達到歷史峰值。2017 年以來熊貓債發行規模雖有所回調，但市場整體仍然有序發展，發行主體進一步多元化。其中值得一提的是，匈牙利政府在銀行間債券市場成功發行 3 年期人民幣債券，成為首單通過「債券通」渠道面向境內外投資者完成發行的外國主權政府人民幣債券。2018 年熊貓債市場繼續發力，上半年累計發行規模 514.9 億元，已超過 2017 年全年發行總額的 70%；其中，銀行間市場發行 412.6 億元，佔比逾 80%[1]。

1 資料來源：聯合資信。

圖 1：熊貓債業務啟動以來發行規模年度統計

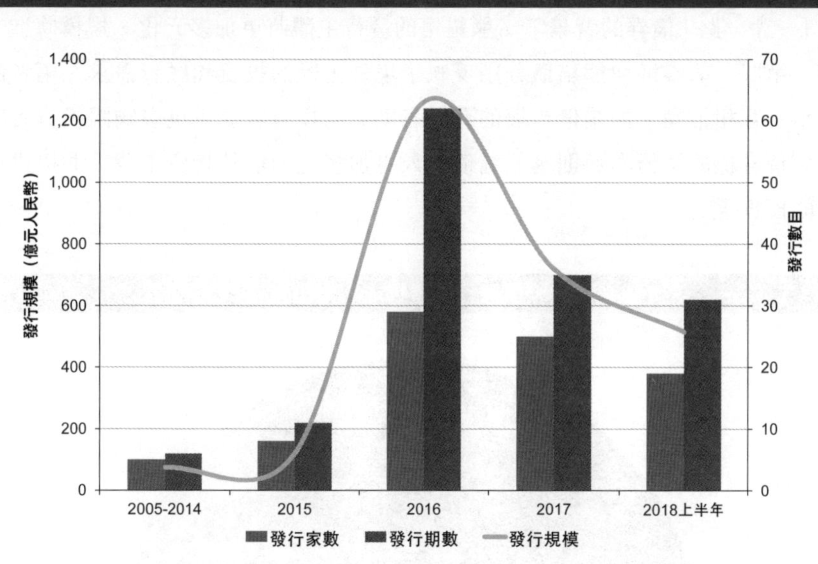

資料來源：聯合資信。

截至 2018 年 7 月末，共有 57 家境外機構在中國銀行間市場進行發行註冊或獲得發行核准，核准金額約等值人民幣 4,533 億元，其中包括 4,337 億元的人民幣債券，以及等值人民幣 196 億元的國際貨幣基金組織特別提款權（SDR）計價債券；其中，已發行 89 單，總規模為等值人民幣 1,747.4 億元[2]。境外發行人類型亦較為多元化，基本涵蓋了國際開發機構、政府類機構、金融機構和非金融企業等，其中以境外非金融企業融資需求為主，擬發債規模佔 75%[3]。

展望未來，熊貓債市場將在新的管理辦法、人民幣國際化、「一帶一路」戰略以及債券通等「四驅」因素下繼續朝縱深發展。首先，新的管理辦法進一步與國際接軌，簡化了發行審核和備案機制，確定了適當的會計準則和便捷的資金匯路安排，將會增強對境外潛在發行主體的吸引力。其次，人民幣國際化將會持續派生境外主體在人民幣資產和負債端的主動管理需求，進而進一步帶動熊貓債市場的

2　2016 年，世界銀行和渣打銀行先後在中國銀行間債券市場發行 20 億和 1 億 SDR 計價債券。
3　資料來源：中國銀行間交易商協會。

發展。第三，目前已有多個「一帶一路」沿線國家成功發行熊貓債，在監管層大力推動「一帶一路」債券的背景下，熊貓債的發行主體將更加多元化，規模將進一步增長。第四，債券通與熊貓債分別反映了境外主體的投資和融資需求，兩者將相輔相承，互相推動。熊貓債市場的發展有助於向投資者提供更多國際投資者熟悉的優質債券標的；債券通則為熊貓債引入更加多元的境外投資主體，並提供便捷有效的投資通道。

圖 2 ：熊貓債發行主體構成（2018 年 7 月末）

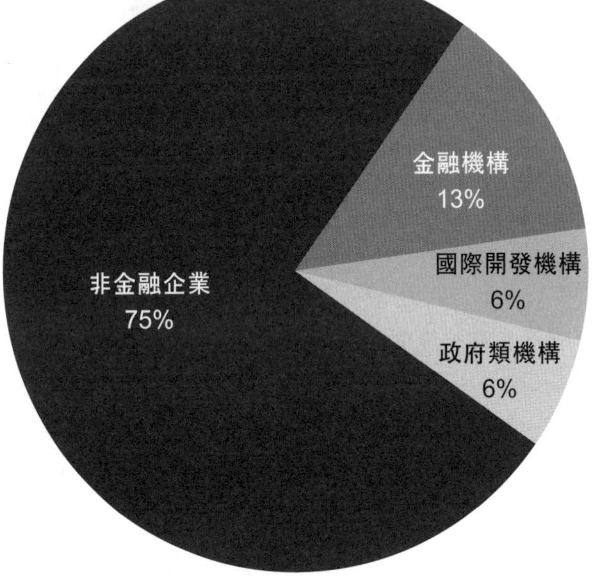

資料來源：中國銀行間交易商協會。

1.2　境外機構投資中國債券市場

1.2.1　政策演進

2005年，泛亞債券指數基金和亞債中國基金以個案試點的形式獲准進入中國銀行間債券市場開展投資。2010年8月，配合人民幣國際化進程，為滿足境外主體持有人民幣的增值需求，拓寬人民幣資金回流渠道，搭建良性的人民幣跨境循環機制，人行適時啟動了中國銀行間債券市場的對外開放，允許境外中央銀行或貨幣當局、境外人民幣清算行和參加行等三類機構申請進入銀行間債券市場進行投資。2011年，人行、證監會和國家外匯管理局（外匯局）聯合推出人民幣合格境外機構投資者（RQFII）試點，允許其參與中國債券市場投資；2013年，政策當局在進一步鬆綁RQFII政策的同時，向合格境外機構投資者（QFII）開放中國銀行間債券市場。2015年，人行先後多次出台相關法規，進一步拓寬銀行間債券市場可投資業務品種的範圍；2016年3號公告更是推動境內銀行間債券市場全面向境外各類金融機構開放，進一步簡化申請流程且不再設額度限制。2017年7月3日，另一項具有里程碑意義的舉措——「債券通」正式開通，境外投資者可以沿用其所熟悉的國際操作習慣（交易系統、交易方式、結算方式等）參與內地銀行間債券市場投資，極大地提高了境外投資者參與中國債券市場投資的可操作性和可複製性，境外機構參與境內債券市場的數量和規模均呈現較快增長。

表 2：境外機構參與中國債券市場投資的政策梳理及演進		
年份	有關法規	主要內容及改進
2010	《關於境外人民幣清算行等三類機構運用人民幣投資銀行間債券市場試點有關事宜的通知》（銀發 [2010]217 號）	境外央行及貨幣當局、人民幣清算行和參加行等三類機構可在核准額度內投資中國銀行間債券市場。
2011	《基金管理公司、證券公司人民幣合格境外機構投資者境內證券投資試點辦法》及相關實施細則（證監會令第 76 號、銀發 [2011]321 號、匯發 [2011]50 號等）	境內基金公司及證券公司的香港子公司在獲得證監會授予資格後，在外匯局核准範圍內運用在香港募集的人民幣資金投資境內證券市場。其中，投資於固定收益證券（含債券和各類固定收益類基金）應不少於 80%；投資銀行間債券市場的，需另行向人行申請。
2013	《人民幣合格境外機構投資者境內證券投資試點辦法》及相關實施細則（證監會令第 90 號、銀發 [2013]105 號、匯發 [2013]9 號等）	取代了 2011 年頒佈的有關管理辦法。RQFII 業務擴大到香港以外的獲人行授予額度的其他國家和地區，可申請的機構類型與 QFII 保持一致。RQFII 關於權益類證券與固定收益類證券之間的投資比例限制被取消。
	《關於合格境外機構投資者投資銀行間債券市場有關事項的通知》（銀發 [2013]69 號）	經人行同意後，QFII 可以在獲批的投資額度內投資銀行間債券市場。
2015	《關於境外人民幣業務清算行、境外參加銀行開展銀行間債券市場債券回購交易的通知》（銀發 [2015]170 號）	已獲准進入銀行間債券市場的境外人民幣業務清算行和境外參加行可以開展債券回購交易。
	《關於境外央行、國際金融組織、主權財富基金運用人民幣投資銀行間市場有關事宜的通知》（銀發 [2015]220 號）	對境外央行類機構簡化了入市流程，取消了額度限制，投資品種拓寬至包括債券現券、債券回購、債券借貸、債券遠期，以及利率互換、遠期利率協議等。
2016	中國人民銀行公告 [2016] 第 3 號	中國銀行間債券市場進一步向境外投資者開放，機構類型拓展至各類金融機構、投資產品和人行認可的其他中長期投資者；同時取消境外機構投資額度限制，簡化管理流程。
2017	《內地與香港債券市場互聯互通合作管理暫行辦法》（人行令 [2017] 第 1 號）	債券通開通，與其他渠道並行。境外投資者可沿用其所熟悉的電子交易平台、交易方式、託管和結算安排更加便捷地投資中國銀行間債券市場；同時允許境外投資者參與債券的發行認購。

資料來源：根據公開資料整理。

表 3：債券通模式與結算代理行模式主要不同點的比較[4]		
	結算代理行模式	債券通模式
交易前準備環節		
賬戶開立	需要在境內開立資金和債券託管賬戶等	沿用境外現有資金和債券託管賬戶
預存資金	需向境內資金賬戶匯入預存資金	無需
入市手續	主要由境內結算代理行代為辦理	由債券通有限公司（債券通公司）提供入市輔導協助
交易執行環節		
交易方式	詢價錄入、請求報價、點擊成交等方式	請求報價電子交易方式
操作平台	中國外匯交易中心（CFETS）債券交易系統	透過國際電子交易平台
交易品種	銀行間債券市場現券及衍生品、回購	目前為現券交易，有待進一步拓展
交易對手	由結算代理行代為與對手方進行交易	直接與對手方進行報價交易
價格發現	透過代理行報價，透明度有待提高	報價較透明，利於價格發現
交易後託管結算		
託管結構	一級託管	多級託管與名義持有人制度
資金結算	通過中國現代化支付系統（CNAPS）完成	通過中國跨境銀行間支付系統（CIPS）完成

1.2.2　現狀及展望

中國銀行間債券市場自 2010 年對外開放以來，境外投資者數量逐年增長；尤其在 2017 年債券通的帶動下，結算代理行模式和債券通管道更是形成良性互動的局面，共同促使境外投資者數量的大幅提升（見圖 3）。截至 2018 年第三季度末，結算代理行模式和債券通途徑下參與境內銀行間債券市場的境外投資者分別達 726 和 445 家[5]。從存量規模來看，境外機構投資境內銀行間債券市場的餘額亦穩步攀升。截至 2018 年第三季度末，境外機構持有境內銀行間債券市場餘額接近 1.7 萬億元人民幣，較債券通開通前增長超過 100%（見圖 4）。

4　具體參見《人民幣國際化的新進展—香港交易所的離岸產品創新》（香港：商務印書館（香港）有限公司，2018 年）第 10 章〈債券通的制度創新及影響—助推中國金融市場開放〉。

5　數據來源：中國外匯交易中心、債券通有限公司。統計到具體產品層面；另外，結算代理行模式和債券通管道下的境外投資者在統計時有交叉。

從境外機構的整體參與度來看，中國債券市場與其他發達債券市場相比仍然較低。目前境外投資者持有中國債券的總體比例僅佔 2% 左右，持有中國國債的比例約 4%，有待進一步提升（見圖 5），但這同時也反映了中國債券市場對外開放具有廣闊的潛在空間 [6]。

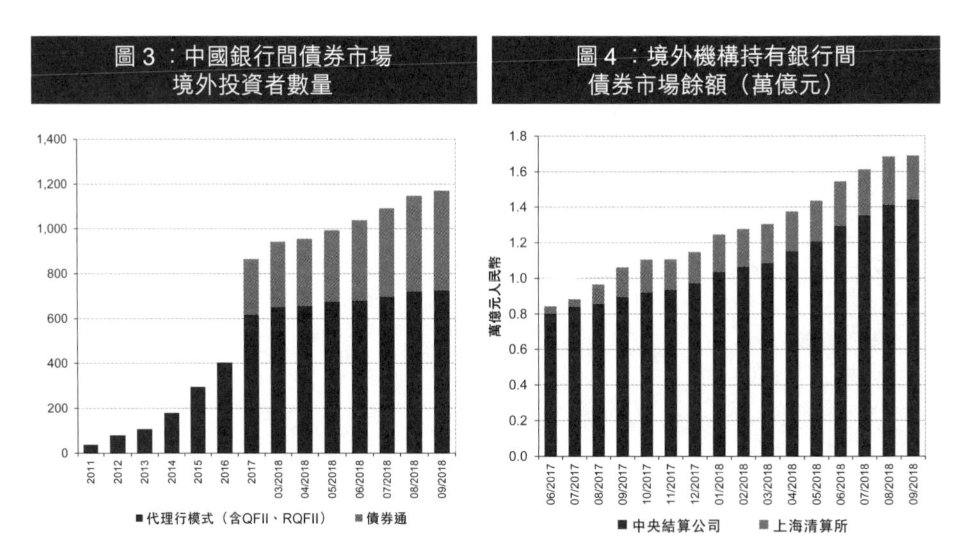

資料來源：中國外匯交易中心、債券通公司、中央國債登記結算有限責任公司（中央結算公司）、上海清算所。

6 具體參見《人民幣國際化的新進展—香港交易所的離岸產品創新》（香港：商務印書館（香港）有限公司，2018 年）第 9 章〈進軍中國境內債券市場—國際視角〉。

圖 5：債券市場境外機構參與度的國際比較

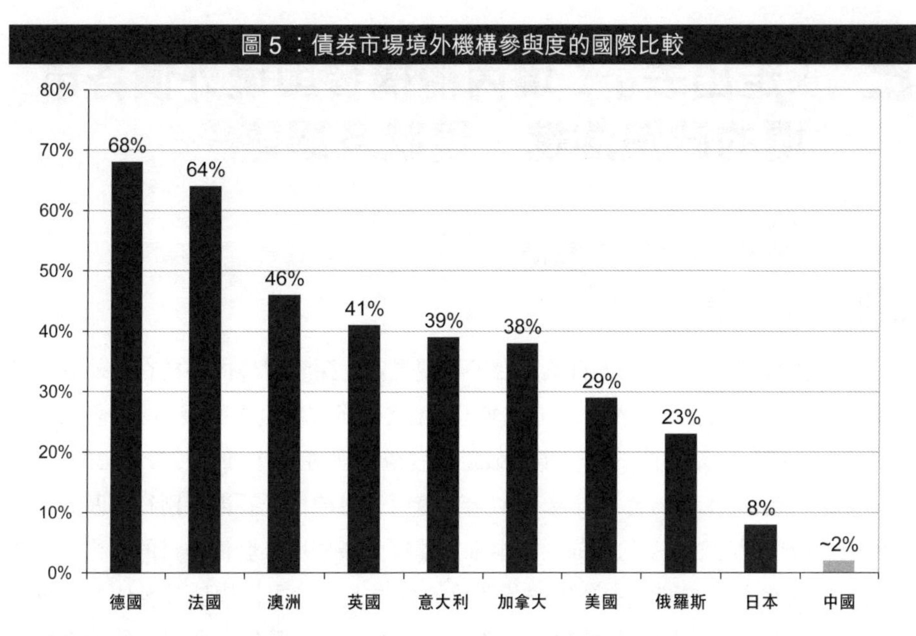

資料來源：國際清算銀行。

展望未來，一方面，在中國債券市場獲納入主要國際債券指數（如彭博巴克萊全球綜合指數）的背景下，那些追蹤指數的大型資產管理公司將相應配置更多資金投資中國債券市場[7]；另一方面，隨着人民幣加入 SDR 的影響持續發酵，境外央行、主權財富管理基金等機構亦會穩步增加配置人民幣債券資產；結合這兩方面的推力，可以預見的是，投資中國債券市場的境外機構數量和資金規模將持續增長，佔比將穩步提升。另外，債券通項下的機制完善和產品擴容，以及國內信用評級逐步與國際接軌等趨勢在提升境外機構整體參與度的同時，亦將推動境外主體投資中國債券市場的產品結構和期限結構進一步多元化。

7　2018 年 3 月 23 日，彭博宣佈計劃從 2019 年 4 月開始，分步將人民幣計價的中國國債和政策性銀行債券納入彭博巴克萊全球綜合指數。具體參見本書第 8 章〈債券通與中國獲納入全球債券指數〉。

2 「走出去」：境內機構參與境外債券市場的政策演進、現狀及展望

2.1 境內機構赴境外發債

2.1.1 政策演進

早在上世紀80年代，人行就出台了相關規定，探索對境內機構在境外發行債券業務予以規範管理。進入本世紀以來，隨着《國務院辦公廳轉發〈國家發展計劃委員會、中國人民銀行關於進一步加強對外發債管理的意見〉的通知》和2003年1月《外債管理辦法》的出台，以及2007年《境內金融機構赴香港特別行政區發行人民幣債券管理暫行辦法》的發佈，基本確立了境內機構境外發債業務的嚴格審批核准制度。近年來，在進一步深化改革開放的背景下，境內機構境外發債業務也完成了從審批制到登記備案制的轉變，並建立了本外幣一體化、全口徑跨境融資審慎管理的機制，推動境內機構境外發債業務進入了發展的快車道。

表4：近年來關於推動境內機構境外發債的主要政策措施

年份	有關法規 / 舉措	主要內容及改進
2015	《關於推進企業發行外債備案登記制管理改革的通知》（國家發改委外資[2015]2044號）	取消企業發行中長期外債的額度審批，實行備案登記管理制度，並將人民幣及其他幣種的境外債券納入統一管理。
2016	《2016年度企業外債規模管理改革試點工作》（國家發改委）	選擇21家企業開展2016年度外債規模管理改革試點。試點企業在年度外債規模內，可自主選擇發行窗口，分期分批發行，不再進行事前登記。鼓勵外債資金回流結匯，由企業根據需要在境內外自主調配使用。
	《四個自貿區所在省市外債規模管理試點工作》（國家發改委）	轄區內註冊的地方企業境外發行債券，由地方發改委負責出具借用外債規模登記證明。鼓勵轄區內企業境內母公司直接發行外債，並根據實際需要回流境內結匯使用，用於支持「一帶一路」等國家重大戰略和重點領域投資。
	《中國人民銀行關於在全國範圍內實施全口徑跨境融資宏觀審慎管理的通知》（銀發[2016]132號）	將境內機構境外發債的資金匯回與境外借款等融資業務納入本外幣一體化管理，與融資主體的資本或淨資產掛鈎，受融資槓杆率和宏觀審慎參數調節。

(續)

表 4：近年來關於推動境內機構境外發債的主要政策措施		
年份	有關法規 / 舉措	主要內容及改進
2017	《關於進一步推進外匯管理改革完善真實合規性審核的通知》（匯發 [2017]3 號）	規定債務人可通過向境內進行放貸、股權投資等方式將擔保項下的資金直接或間接調回境內使用。

資料來源：根據公開資料整理。

2.1.2　發展現狀及展望

伴隨着境外發債政策的鬆綁，近年來境內機構或出於低廉的境外融資成本、或出於簡便的境外發債流程、或出於國際戰略佈局等方面的考慮，越來越多地選擇赴境外發行債券融資，發債規模屢創新高。值得一提的是，據彭博統計，2017 年年度發債接近 2,500 億美元，較 2016 年增長近 85%；2018 年在境內外發行條件不利的市場環境下仍然保持較高規模。從幣種結構來看，涉及美元、歐元、澳元以及人民幣點心債等；其中美元債規模最大，點心債規模有所回暖（見圖 6）。

圖 6：中資機構境外發債年度規模

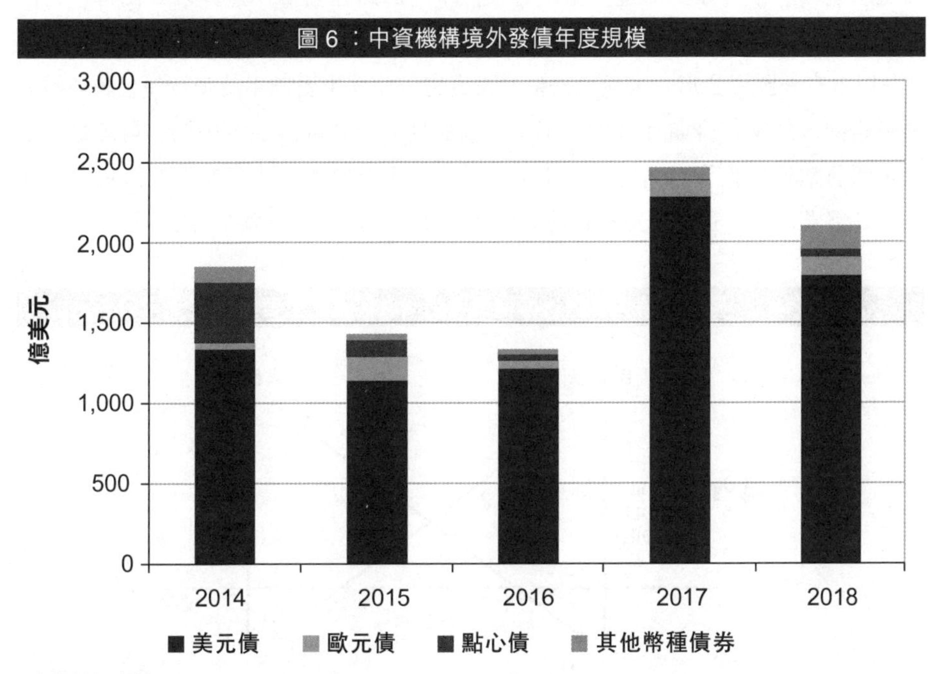

資料來源：彭博。

展望未來，在境內外融資業務聯動日趨緊密的趨勢下，並結合「一帶一路」國家戰略的政策支持以及市場主體國際化佈局的自發驅動，境內機構境外發債業務的市場需求預計將會持續增長。另外，從市場條件來看，中國財政部在香港的人民幣債券發行已形成一條相對完整的基準收益率曲線，為其他中資機構的人民幣債券發行、人民幣資產定價及風險管理提供了重要參考；財政部於 2017 年第四季度重啟美元債發行，也在一定程度上有利於搭建中資海外美元債的基準收益率曲線。中資機構境外本外幣債券融資基準價格曲線的逐步完善，無疑將會推動其海外發債業務的進一步發展。

2.2 境內機構投資境外債券

2.2.1 政策梳理

總體來説，關於境內機構投資境外債券業務，其政策和路徑因主體類型不同而有所差異。不同類型的境內主體可根據不同的路徑安排，選擇以人民幣、人民幣購匯，以及自有外匯這三種資金跨境形態開展相應的境外本外幣債券投資。其中，以自有外匯資金形式參與境外債券投資這一途徑主要適用於銀行類金融機構，該業務納入外匯綜合頭寸管理，不受購匯額度或資金匯出額度限制；對於絕大多數非銀行類機構投資者而言，基本上均採用人民幣購匯或人民幣資金跨境形式參與境外債券市場，且需獲得相應的資格和額度，具體路徑見圖 7 所示。

圖 7：境內非銀行類機構境外債券投資的主要路徑

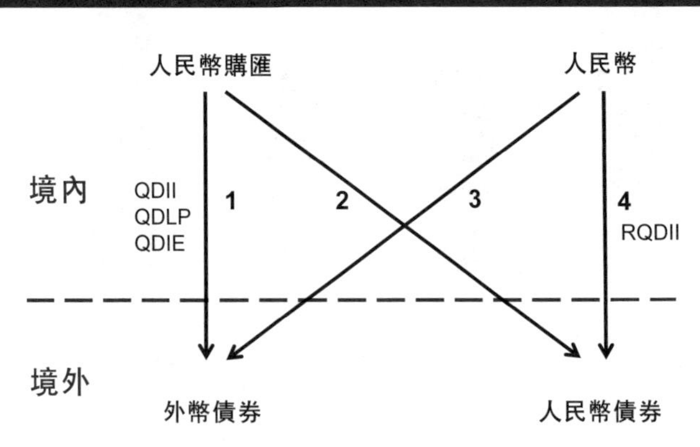

其中，第1種路徑主要包括合格境內機構投資者（QDII），以及地方試點的合格境內有限合夥人（QDLP）（上海等試點）、合格境內投資企業（QDIE）（深圳試點）等政策管道；第2種路徑亦屬於QDII的政策範疇，但實際業務需求不大；第4種路徑主要指人民幣合格境內機構投資者（RQDII）業務；第3種路徑雖存在較大市場需求，但目前尚未開通。

2.2.2 發展現狀及展望

與境外機構投資境內債券市場的勢頭基本匹配，近年來境內主體投資境外債券市場的規模亦不斷攀升。截至2018年上半年末，在不包含外匯儲備資產的統計口徑下，中國對外債券資產餘額為2,107億美元，約佔對外全部證券投資的40%[8]。從路徑來看，以境內銀行以自有外匯資金開展境外外幣債券投資的方式佔絕大比重，以QDII和RQDII方式開展的境外債券投資規模則相對較小。

圖8：中國對外債券資產餘額

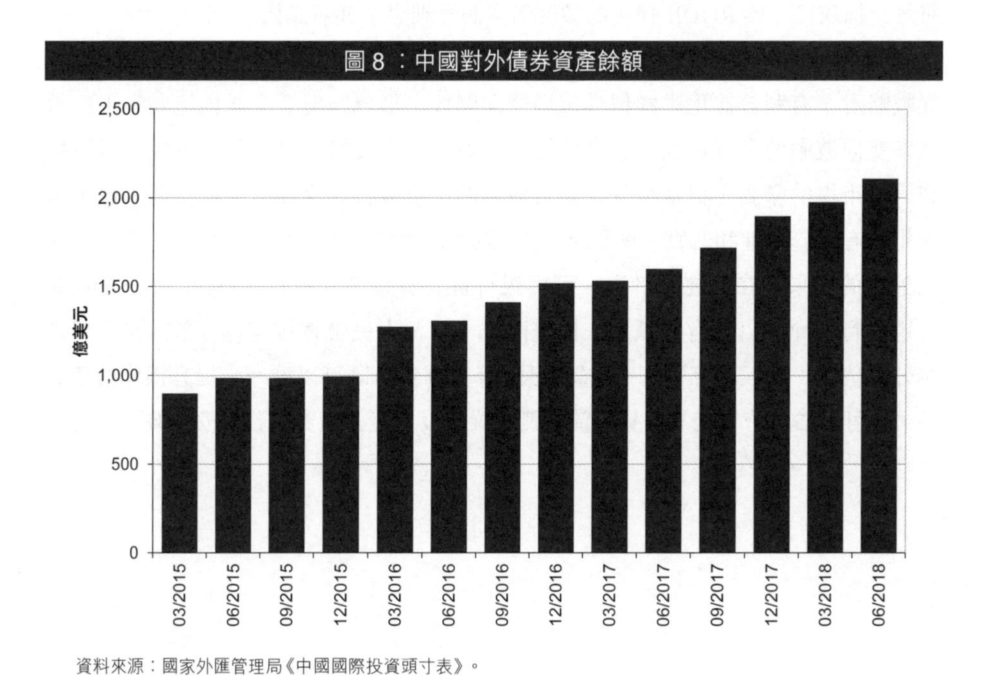

資料來源：國家外匯管理局《中國國際投資頭寸表》。

8　資料來源：國家外匯局《中國國際投資頭寸表》。

展望未來，出於全球化資產配置和風險管理的考慮，境內機構境外債券投資的市場需求無疑將持續增長。從政策配套支持的角度，以下三個方向的完善或值得期待：

第一，擴大利用自有資金參與境外債券投資的主體範圍。目前，獲准以自有資金開展境外債券投資的主體主要限於商業銀行，中國證監會自 2018 年開始對部份證券公司下發跨境業務無異議函，允許其以自有資金開展跨境業務，在外匯監管部門的配合下，該試點業務有望進一步落實和鋪開，或擴大至其他類型的金融機構。

第二，優化 QDII 和 RQDII 的額度管理。2018 年 4 月，外匯局在過去 3 年未受理 QDII 額度申請後，重啟審批工作並增加額度；5 月，人行亦進一步明確 RQDII 有關政策。接下來，QDII 在額度管理上採用與 QFII 和 RQFII 類似的基於投資主體自身資產規模或管理資產規模的「基礎額度備案、超過額度審批」模式或將是一種趨勢，與 RQDII 採用的額度備案制管理思路亦將趨同。

第三，南向「債券通」的適時推出。南向「債券通」的強烈市場需求不言而喻，從戰略看，有利於深化中國債券市場雙向開放，形成跨境資本雙向流動和人民幣匯率雙向波動的良好局面；有利於提升金融賬戶人民幣跨境交易，形成二級市場和一級市場的聯動，促進境外人民幣債券的計價發行和交易，從而推動人民幣國際化；有利於推進和落實「藏匯於民」，減輕外匯儲備對外投資的壓力，達到多元化配置的效果。在路徑設計上，可與銀行自有資金境外投資、QDII 和 RQDII 等管道並行，允許以自有外匯、人民幣購匯，以及人民幣直接跨境等形式投資境外本外幣債券；而互聯互通和「資金閉環」等機制安排既可以進一步提升操作的便利性，又可以強化跨境交易和資金流監測，確保投資境外債券業務的安全高效運行。

3 離岸業務：錨定中國債券市場標的的產品開發及交易

如前文所述，內地債券市場開放已取得一定的成績，並將繼續朝縱深發展。但是，我們也注意到，尤其是與美歐等成熟債券市場相比，內地債券市場遵循的「引進來」和「走出去」的「雙向開放」框架需要從跨境範疇延伸至離岸領域，共同構成中國債券市場的更深層次開放（見圖 9）。

圖 9：中國債券市場開放示意圖

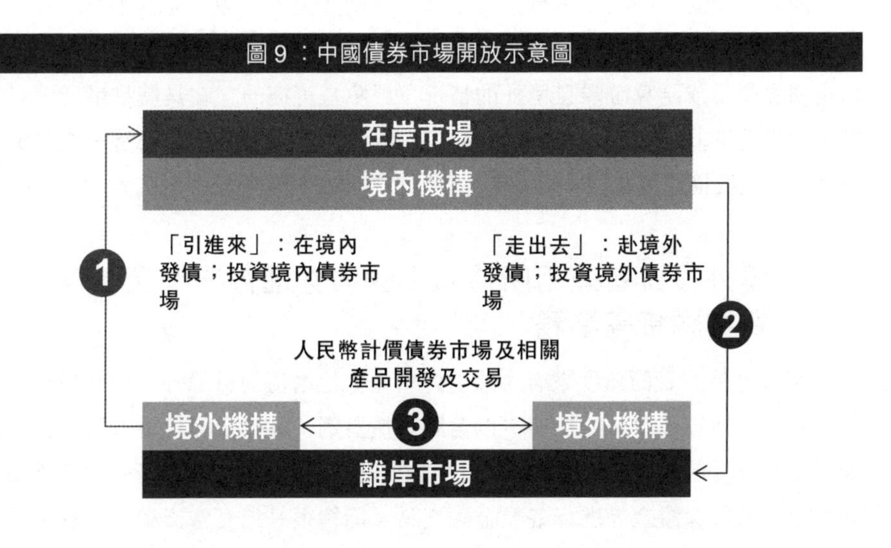

3.1　大力發展離岸人民幣債券市場及推動相關基礎設施建設

從美元國際化的成功經驗來看，歐洲美元債券市場的發展無疑進一步推動了美元作為國際貨幣的計價、結算和儲備等職能。人民幣國際化的深入亦需要離岸人民幣債券市場的推動，尤其是在中國資本賬戶尚未完全開放的背景下，更具必要性。目前，以香港「點心債」、臺灣「寶島債」等為代表的離岸人民幣債券市場雖初具規模，但發展步伐總體較為緩慢。展望未來，為進一步推動以香港等為代表的離岸人民幣債券市場往縱深發展，建議繼續保持離岸市場較為充裕的人民幣流動性，並且着力搭建離岸人民幣債券市場發展和人民幣國際化的交易、託管、結算、支付等基礎設施建設。

3.2 債券通項下境外投資者之間直接開展交易

目前，債券通下交易僅限於境外投資者與境內做市商之間，而兩個境外投資者之間無法直接進行債券交易。未來，建議允許一些境外大型銀行等通過中國外匯交易中心債券交易平台為債券通項下境外投資者提供做市交易，這樣可進一步拓展海外參與主體和增強債券的流動性。從操作角度來看，由於報價和交易均通過中國外匯交易中心系統執行，且結算、交割及託管亦最終通過中央結算公司或上海清算所完成，價格透明度高，不會出現價格分層或市場分層的情況，亦不會出現債券交易或結算游離在境外的情況，風險是可控的。在具體推進時，可考慮在內地與香港「互聯互通」的框架內，發揮香港「一國兩制」的優勢，選擇那些已在境內設立機構開展業務、並接受香港監管當局監管的在港中外資機構開展試點。

3.3 境外投資者運用所持有中國債券進行擔保品管理、質押融資等業務

從債券持有者的角度來看，除追逐資產保值增值的目標外，債券投資還應具備充當流動性管理工具的功能。以美國國債為例，其被全球投資者廣泛持有的一個重要原因是它具有強大的貨幣替代和變現能力，可被持有者廣泛用於質押融資，作為擔保品或保證金等進行各類金融交易，能夠很好地充當流動性管理工具，提升投資者資金使用效率。相比之下，境外投資者持有中國債券，則無法開展擔保品或質押融資等業務，流動性管理的效用和資金使用效率大打折扣，這也在一定程度上制約着境外機構持有中國債券的積極性。下一步，建議探索在債券通項下利用兩地託管機構的互聯互通，逐步擴大持有中國債券標的的用途，這樣既可增強境外投資者持有中國債券的意願，亦能提升人民幣計價資產的境外認可度，助推人民幣國際化。

3.4　在離岸市場開發和交易債券期貨等風險管理工具

追逐收益和風險管理是金融投資永恒的兩個要義，是無法分割的整體。債券投資亦是如此，境外機構在投資中國債券市場的同時必然要求有相應的利率及期限等風險管理工具。從目前來看，境內銀行間市場和交易所市場已形成一整套較為完整的衍生產品體系。就境內銀行間市場利率掉期、遠期利率協議、債券遠期等風險管理工具而言，境外投資者除通過境內代理行管道外，希望可進一步通過「債券通」機制的延伸更廣泛地參與。就境內交易所市場的國債期貨產品而言，目前尚未對境外投資者開放，即使日後開放，亦需要境外投資者在境內重新開設和維護一整套賬戶體系，操作成本和難度較高，也與債券通「沿用境外投資者操作習慣」的設計理念相悖。

基於此，政策當局可考慮允許在境外推出債券期貨產品。考慮到境外債券期貨的結算價最終收斂於在岸市場主導的現券價格，可確保定價權牢固掌握在境內，風險是可控的。另外，境外債券期貨等衍生品可幫助投資者在無需調整現券頭寸的前提下進行風險管理，能有效減少其因市場衝擊帶來的現券頭寸大幅調整或跨境資金頻繁進出，有利於維護境內債券市場的平穩運行。在具體推進中，可利用香港「第二主場」的優勢，充分發揮其「試驗田」和「風險隔離牆」功能，在不影響內地主市場對外開放節奏的情況下，開展先行先試，為日後境內衍生品市場開放積累經驗，繼續支持和深化中國債券市場的改革開放。

第6章

跨境資本流動宏觀審慎管理與債券市場開放

—— 國際經驗與中國探索

香港交易所
首席中國經濟學家辦公室

摘要

近期中國內地宣佈數項宏觀審慎管理措施，包括調整境內人民幣外匯遠期交易的外匯風險準備金率，重啟中間價定價「逆週期因子」等，對緩解外匯市場波動起到積極作用。從 2015 年開始，內地逐步構建了跨境資本流動宏觀審慎監管框架，以保障境內金融市場平穩運行，有效應對潛在外部衝擊。本文回顧了全球宏觀審慎管理政策的國際實踐，並探討其在規範內地債券市場開放中的可行性。

2008 年全球金融危機以後，國際跨境資本流動監管框架發生重大轉變，國際貨幣基金組織（IMF）發佈一系列政策文件與制度指南，對資本流動管理原則、主要工具、運用次序、政策效果等進行了全面分析和設計，為新興市場國家建立資本流動宏觀審慎監管框架提供重要依據。宏觀審慎管理是指通過一系列宏觀審慎指標和稅收工具，抑制系統性風險積累，以增強國內金融機構的穩健性（如提高外幣負債的資本充足率、貸存比、貸款價值比，對未平倉外匯淨敞口設限或限制外幣抵押貸款比率等）。2010 年以後，新興市場（如巴西、韓國等開放程度較高的國家）對資本淨流入已嘗試運用一定的宏觀審慎措施，以應對金融危機後實施的量化寬鬆政策所帶來的大量游資，但在資本流出方面的運用實例尚不多見。

中國內地自2015年所構建的跨境資本流動宏觀審慎監管框架，具體內容包括：（1）在資本流出或人民幣匯率面臨貶值壓力的時期，增加外匯風險準備金徵收比例至 20%、對境外金融機構在境內金融機構存款徵收存款準備金、在人民幣匯率中加入逆週期調節因子、採取本外幣一體化全口徑管理等一系列措施，對市場進行調控。（2）在資本流入或人民幣匯率面臨升值壓力的時期，內地監管機構對前期政策進行了調整，將中間價報價模型中「逆週期因子」恢復中性；將外匯風險準備金徵收比例從 20% 降為零；取消境外金融機構在境內存放準備金的要求；根據逆週期系數調控境內金融機構對境外人民幣業務參加行的賬戶融資規模，以及在全口徑跨境融資宏觀審慎監管框架下，允許境內企業在境外發行人民幣債券資金匯入等。

債券通的閉環、透明、可控的特點，可作為跨境資本流動的調節閥，便於監管者整體平衡跨境資本流動，掌握資本流動管理主動權，也有利於監測發債企業募集外資規模，更好地發揮宏觀審慎管理效力。參照 IMF 資本流動管理基本思路，本文對債券市場開放中可採取的措施作一簡單探討，包括：第一，針對境外居民投資境內債券市場，根據資本流入程度和非居民持有債券（即資本流入）的長短期限，將宏觀審慎原則納入稅費結構。通過透明、可預測的稅費結構，更有效地調節跨境資本的期限結構，減少短期資本流動帶來的衝擊。第二，針對境內機構投資境外市場（居民的資本流出），將金融機構持有與之相關的境外本、外幣債券統一納入監管口徑，調控外匯暴露風險。第三，繼續引入境外投資者，推動成熟具流動性的境內市場加速形成，更有效地應對跨境資本大量流入和流出帶來的衝擊。

1 國際貨幣基金組織（IMF）的跨境資本流動管理框架、工具和原則

2008 年全球金融危機及其後的量化寬鬆政策期間，新興市場國家經歷了資本大量流入、流出，再大量流入的過程。2007 年新興市場資本流入達歷史最高位的 1.5 萬億美元，2008 年全球金融危機後，2008 年及 2009 年流入額分別銳減至 7,686 億美元及 5,674 億美元。隨後發達國家量化寬鬆政策實施，新一輪流入席捲新興市場，2010 年流入規模劇增至 1.2 萬億美元 [1]。

跨境資本流動「大進大出」對新興市場國家的金融穩定和貨幣政策獨立性帶來深遠影響。為應對資本大規模流出入給宏觀經濟與金融穩定帶來的挑戰，如何管理跨境資本流動，哪種管制措施更為有效，是新興市場國家以及國際社會需要面對的重要命題。

1.1 國際資本流動監管態度的轉變：從鼓勵自由流動到傾向資本管理和宏觀審慎監管

IMF 等主流國際機構傳統上傾向於國際資本應自由流動，強調新興市場應推動市場開放促進經濟增長，認為資本管制容易規避且無效，並不贊成對資本流動實施管制。但是 2008 年全球金融危機爆發以後，全球金融系統受到嚴峻考驗，一向主張資本自由化的 IMF 也漸趨軟化態度，並重新考慮資本管制的合理性與正當性，2010 年春季 IMF 發佈《全球金融穩定報告》，正式承認資本流動有其風險，鼓勵資本流入國可以宏觀經濟與審慎政策等工具搭配使用。此後，IMF 董事會討論通過了一系列政策文件，2012 年年底、2013 年 4 月先後發佈制度觀點（Institutional View）與指南文件（Guidance Note），形成一個較完整的資本流動管理框架，對資本流動管理工具及其運用、資本流動監管、資本項目自由化等都進行了制度設計。遵循此框架，新興市場國家開始逐步建立宏觀審慎管理政策，與其他資本管理工具搭配使用，以取代資本管制措施或減少其對市場的扭曲。

1　數據來源：IMF，*World Economic Outlook*，2014 年 4 月。

1.2　IMF 資本流動管理工具和宏觀審慎監管框架

根據 IMF 的定義，資本流動管理工具（Capital Flow Management Measures, CFMs）包括了行政手段、稅收在內的一系列措施，控制資本流動規模或影響資本流動的結構。具體包括：（1）通常意義上的資本管制，針對不同居住地採取相應跨境資本交易管理工具（residency-based CFMs）；（2）宏觀審慎措施，主要目的是減低資本流動對整體金融系統的負面影響（而非限制資本流動本身）。宏觀審慎措施實施的對象是以交易幣種而非主體居住地進行劃分，政策工具以限制境內主體的外債融資能力或信貸規模為主要目標，避免跨境資本流動對銀行體系的整體信貸規模造成影響，保證金融機構的穩健性。

在具體實踐中，宏觀審慎監管框架通過建立一系列宏觀分析指標和管理工具，抑制系統性風險的積累。這些工具主要以規管銀行借貸、負債規模和外幣交易為主，從而避免過度跨境借貸及資本流入對宏觀經濟和金融體系造成影響。以下說明一些宏觀審慎管理工具的國際運用。

（1）與外匯交易相關的宏觀審慎管理工具

這類措施的實施對象主要是本地銀行，通過設定銀行體系的外匯頭寸上限來調控銀行外匯風險敞口，以降低銀行對短期外幣負債的依賴，減少誘發系統流動性風險。具體工具包括銀行外匯敞口限制、外匯資產投資限制、外匯貸款限制、本外幣負債差別準備金率等。

在新興市場國家中，韓國對這些工具的運用具有成功經驗。2010 年 6 月，韓國金融當局頒佈了一系列宏觀審慎措施，防止外匯交易過度槓桿化，限定內資銀行和外資銀行的外匯衍生品頭寸數量上限，分別規定其不能超過資本金的 50% 和 250%，從而限制銀行利用美元短期負債從事外幣交易的能力。此外，印尼、秘魯等國家也採取過類似措施，對內資銀行和外資銀行持有的外匯衍生品頭寸數量、銀行的短期外匯借款額度實施一定限額管理。

（2）對銀行外幣存款或非核心外幣短期負債徵稅

具體措施包括對銀行的非居民短期負債與其資本金的比例實施限制、對不足 1 年的銀行非存款外幣負債徵稅等。2010 年 12 月，韓國金融當局宣佈對本國銀行和外國銀行分行的外幣負債課徵「宏觀審慎穩定稅」，稅率隨期限的增加而遞減。研究顯示，韓國 2010 年採取旨在限制外幣交易的措施後，銀行短期外幣借款下降，對國外融資衝擊的脆弱性也隨之下降。儘管宏觀審慎政策不能代替必要的宏觀經濟政策調整，但已發揮了一定作用[2]。

(3) 利用資本充足率、準備金比率、貸款價值比 (LTV)、債務收入比 (DTI) 等指標調控

跨境資本流動可以對銀行部門造成很大風險，比如增加了與外幣貸款相關的信用風險、外幣敞口造成的貨幣風險等。降低銀行外幣貸款或資產風險的主要措施可以是徵收較高的外幣貸款資本金要求，提高外幣負債的準備金要求，或提高特定類型貸款在計算資本充足率時的風險權重。針對資產價格快速上漲，可降低貸款比例，提高保證金要求等。這類工具一般用以降低系統性風險，可以是以標價貨幣 (currency-based) 為徵收基礎，而非針對交易方居住地 (residency-based)。

1.3 針對資本流入的管理

根據 2011 年 IMF 提出的資本流動管理政策框架，針對資本流入可選擇的工具包括宏觀經濟政策、宏觀審慎管理政策和資本管制，針對不同跨境資本流入的渠道和資本監管的適應程度，所產生的政策效果各不相同。

一般來說，宏觀經濟政策用以應對資本流入導致的宏觀經濟風險；宏觀審慎政策用以應對資本流入導致的金融風險，如不足以應對時，則以資本流動管理工具 (即資本管制) 作為補充。

第一，如果資本流動是通過宏觀經濟渠道對本國經濟造成影響的，比如資本急劇流入造成貨幣升值、外匯儲備過度增加、增加貨幣政策操作的沖銷成本，可首先考慮通過宏觀經濟政策操作來降低資本流入的影響。

第二，如果資本流動是通過金融渠道影響本國經濟金融穩定的，則首先考慮採取不同的工具以加強對本國銀行、金融體系的宏觀審慎管理來應對資本流入。這又分為資本通過受管制金融機構 (主要為銀行) 流入和通過其他渠道流入這兩種情況下的管理措施 (見表 1)。

2 資料來源：〈亞洲運用宏觀審慎政策降低風險〉，IMF Blog 網站，2014 年 4 月 30 日。

表 1：資本流入的兩種渠道及使用的不同管理工具	
1. 資本通過受管制的銀行體系流入的情況	
過度依賴短期融資為長期貸款提供資金	存在銀行負債結構的風險，可綜合使用宏觀審慎政策（如本外幣差別準備金率）與資本管制（如對外借款限制、提高非居民負債準備金率）等以降低負債結構風險。
銀行資產風險（包括存在外幣貸款的信用風險與外匯敞口的匯率風險）	如最終借款人（如企業或家庭）借入外幣但收入為本幣時，會給銀行帶來信用風險，需嚴格監控銀行的外幣貸款（提高外幣貸款的資本要求、對無風險對沖借款人有借款限制）；如銀行借入外幣貸出本幣亦須承擔匯率風險，此時需收緊外幣敞口、提高外匯流動準備比例等。
資本流入造成了銀行貸款增加，信貸擴張造成一定的宏觀經濟風險	可採用合適的宏觀審慎政策抑制本外幣信貸擴張，如同比例提高存款準備金率（或採用本外幣負債差別準備金率）、提高某些類型的貸款在計算資本充足率時的風險權重、強化貸款分類標準等。這些措施可提高銀行貸款利率，抑制信貸增長。
資本流入造成了銀行貸款增加，導致資產泡沫	如果銀行貸款導致資產價格泡沫，則可以宏觀審慎政策應對，如採取逆週期資本金要求、降低擔保品的貸放率（特別針對房地產貸款）、提高邊際準備金率（針對股票貸款）。如宏觀審慎政策無法及時有效處理以上風險時，則資本管制是可取的工具選擇。
2. 資本繞過受管制金融機構，流入境內市場的情況	
私人部門（非金融實體）直接從國外借貸，導致貨幣風險	2008 年以後大量新興市場國內借款人被較低利率吸引而承擔了過高貨幣匯率風險。實施資本管制對未對沖的借款人（即主要收入非外匯的公司或家庭），特別是對風險較高的負債形式，或禁止國內（非金融）實體借入外匯，可能是適當的。
非金融單位直接於海外借款，導致資產價格膨脹甚至泡沫化	這類借款易於繞過對國內銀行體系的監管措施，加大了境內市場的金融槓桿，貨幣政策與審慎政策都無效，此時有效辦法是直接限制其向外借款（及採取其他的補充工具）。

資料來源："Managing Capital Inflows ： What Tools to Use?", *IMF Staff Discussion Note*, 2011。

1.4　針對資本流出的管理

資本流出是經濟金融開放的正常現象，主要資本流出的渠道包括國內投資者向國外市場分散其投資組合、國內企業向外擴張，外商直接投資的收益的匯出等。如果外流規模較小，或外流規模雖較大但並不至引發危機，可通過宏觀經濟政策調整予以應對。如果出現了突然的、持續的、具有一定規模的資本流出，並損害宏觀金融穩定，則需要考慮到多種因素，成本以及在限制資本外流方面的綜合有效性，選擇相應措施。

根據 IMF 的資本流動管理原則，一般針對資本流出的管理措施是暫時性的。針對資本流出的管理工具應基於各國的具體情況，如行政管理能力、現行資本項目開放度等，管理範圍盡可能廣泛且隨國內情況變化不斷調整。具體措施包括：

以居住地為劃分標準的措施 —— 限制居民向國外投資與轉移、限制非居民出售國內投資並匯出，如對證券投資所得兑換設置最低停留期、對收益轉移徵税等；不以居住地為劃分標準的措施 —— 包括禁止本幣資產的兑換與轉移、限制非居民提取本幣存款。

1.5 跨境資本流動管理需要遵循的原則

2008 年金融海嘯後，新興市場開始嘗試實施宏觀審慎管理措施，針對資本淨流入為主（主要集中在 2009-2010 年期間，巴西、韓國和泰國等資本項目開放程度較高的國家），用於應對金融危機後實施的量化寬鬆政策所帶來的大量游資流入和貨幣升值壓力。而在涉及資本流出方面，運用實例並不多。在具體使用中，新興市場國家在考慮各樣政策工具時，需綜合考慮以下原則：

(1) 資本賬戶開放後，對匯率影響不大的、一定程度上的資本波動及流出屬於正常的經濟金融現象，對此並不需要使用專門的資本流動管理措施。

(2) 宏觀經濟政策、宏觀審慎管理政策和資本管制均可作為管理資本流入的應對工具，在選用上有先後次序，具體取決於跨境資本流入的渠道和本國的實際情況（如本國金融市場發達的程度、行政執行能力、資本項目開放度、制度與法律約束、與國際社會的借貸關係等）。

(3) 根據資本流入的影響渠道的不同，可優先考慮以宏觀經濟金融政策調整和宏觀審慎管理工具，來抵禦資本流動和匯率波動。

(4) 流入管理是流出管理的預防性措施。為緩和資本流出對本國市場所帶來的影響，可遵照 IMF 資本流入政策框架，提前對資本流入實行管理。

2 內地跨境資本流動宏觀審慎監管框架的建立和演變過程

2.1 在資本流出或人民幣匯率面臨貶值壓力的宏觀環境下，內地採取的宏觀審慎措施

從 2015 年開始，人民銀行已經將跨境資本流動納入了宏觀審慎管理範疇，分別針對在岸和離岸市場主體的順週期加槓桿行為，以及外匯市場過度投機行為推出一系列的管理措施。具體工具包括：增加外匯風險準備金徵收比例至 20%、對境外金融機構在境內金融機構存款徵收存款準備金、在人民幣匯率中加入逆週期調節因子、採取本外幣一體化全口徑管理等一系列措施，建立了跨境資本宏觀審慎監管框架（見表 2）。

表 2：2015 年至 2018 年年中，內地採取的主要宏觀審慎措施	
1. 針對跨境資金流動採取的宏觀審慎管理	
針對境內主體通過借用外債加槓桿行為	2015 年中國人民銀行建立了對上海自由貿易試驗區跨境融資的宏觀審慎管理模式。2016 年 4 月將本／外幣一體化的全口徑跨境融資宏觀審慎管理措施[3]進一步擴大至全國範圍內的金融機構和企業。
針對離岸市場的人民幣	2016 年 1 月，中國人民銀行對境外金融機構在境內金融機構的人民幣存款開始徵收正常的存款準備金率，2017 年 9 月該存款準備金要求降低至零。
2. 針對外匯市場的過度投機行為採取的宏觀審慎管理	
針對外匯市場需求	2017 年 5 月，人民幣中間價定價機制中新增了逆週期調節因子，主要目的是適度對沖市場情緒的順週期波動，緩解外匯市場可能存在的「羊羣效應」。2018 年 1 月「逆週期因子」恢復中性，2018 年 8 月復又重新啟用。
針對境內的外匯市場	2015 年 8 月底對銀行遠期售匯以及人民幣購售業務採取宏觀審慎管理措施，要求金融機構按其上月遠期售匯（含期權和掉期）簽約額的 20% 交存外匯風險準備金，2017 年 9 月 11 日外匯風險準備金徵收比例從 20% 降為零，於 2018 年 8 月重又恢復至 20% 以維持人民幣匯率在合理均衡水平的穩定。

資料來源：根據人民銀行公佈的相關政策整理。

3　跨境融資是指境內機構從非居民融入／外幣資金的行為。全口徑指在跨境融資層面上統一了本外幣、中外資主體、短期與中長期管理。目前內地對銀行類金融機構跨境融資採取宏觀審慎管理措施。

2.2　在資本流入或人民幣匯率面臨升值壓力的宏觀環境下，對宏觀審慎措施進行的回調

2017年下半年以後，隨着外匯市場上人民幣貶值預期逐步減緩，內地又進行了新的逆週期調控，將前期的宏觀審慎措施進行了回調或恢復，進一步推動人民幣國際化向前發展。

第一，在人民幣匯率方面，對中間價報價模型中的「逆週期因子」進行了調整，由各報價行根據宏觀經濟等基本面變化以及外匯市場的順週期程度等，自行設定「逆週期因子」，使中間價報價模型中的「逆週期因子」恢復中性。

第二，發佈了《中國人民銀行關於調整外匯風險準備金政策的通知》（銀發[2017]207號），對《中國人民銀行關於加強遠期售匯宏觀審慎管理的通知》（銀發[2015]273號）進行了調整，將遠期售匯業務的外匯風險準備金徵收比例從20%降為零。

第三，跨境融資方面，2018年1月5日人行發佈了《關於進一步完善人民幣跨境業務政策促進貿易投資便利化的通知》（銀發2018年3號文），對境內企業在境外發行人民幣債券作出明確規定：按全口徑跨境融資宏觀審慎管理規定辦理相關手續後，境內企業在境外發行人民幣債券，可根據實際需要將募集資金匯入境內使用，反映出內地將利用宏觀審慎監管框架，「鬆綁」企業海外發債的條件，進一步促進離岸人民幣債券市場發展。

第四，2018年1月19日，人行又對商業銀行人民幣跨境賬戶融資業務進行了逆週期調節，規定人民幣跨境賬戶融資上限將由商業銀行人民幣存款餘額和逆週期系數決定，逆週期系數為3。境內代理行向境外人民幣業務參加行提供的賬戶融資，曾是推動跨境貿易人民幣結算的一項重要安排。2015年「8.11」匯改[4]後，為穩定離岸人民幣市場，內地曾嚴格控制商業銀行對境外參加行的賬戶融資規模。2018年1月19日政策調整，將原有的行政控制調整為逆週期系數調節，為配合宏觀調控政策、促進人民幣國際使用，留下了政策操作空間。

4　2015年8月11日，內地央行啟動人民幣對美元匯率中間價報價機制改革，此次改革被普遍視為人民幣匯率市場化改革的重要一步。

2.3　通過逆週期等調控手段，繼續推動宏觀審慎管理試點，有利於海外人民幣市場良性發展

根據孫國峰等（2017）研究表明，相對於資本管制，宏觀審慎管理從全域的角度出發，通過市場化調控手段進行逆週期調節。在目前人民幣匯率已具一定靈活性的情況下，宏觀審慎管理相對更優。十九大報告中也明確提出健全貨幣政策和宏觀審慎管理政策雙支柱調控框架。

2015年以後人行對跨境人民幣管理工具進行優化，分別針對外匯、跨境貸款、流動性等多個領域推出宏觀審慎的政策試驗，既支持合法合規資金流出，也支持合法合規的資金流入。在具體操作中，有針對性地實施宏觀審慎指標進行控制，更有利於人民幣繼續推進國際化進程和離岸人民幣市場的良性發展。

3　針對國內債券市場開放和資本流動，可採取哪些資本流動管理工具？

3.1　選擇管理工具時的原則和思路

長期性資本流動有利於資源在全球範圍內的合理配置，促進國民經濟增長，但如果資本流入短時間內超出本國宏觀經濟政策調整能力與金融市場吸收能力，就可能對宏觀環境產生影響（如匯率升值過快，引起資產價格上升，形成宏觀經濟風險），因而需要抑制資本流入（或改變流入結構），提高金融體系穩定。

根據IMF資本管理的基本思路，針對國內債券市場開放的跨境資本流動，在選擇相關管理工具時可基於以下原則和思路：

(1)　出現資本流入時應採取何種資本流動管理工具，具體視乎資本流入的規模（是否已導致宏觀金融風險）、資本流入性質（長期還是短期）和流入渠道（是通過銀行系統還是非管制金融機構）。**宏觀經濟政策、宏觀審慎管理政策和資本管制均是管理資本流入的應對工具，它們各自承擔相應**

功能，選用上有先後次序，綜合運用時可具體取決於跨境資本流入的渠道和監管的適合程度。如果資本流入屬長期性質，且主要作用於宏觀經濟整體環境（而非銀行體系），則可更多依賴於宏觀經濟政策加以調整。

(2) 緩解資本流入的另一個選擇是允許資本有序流出。2017 年下半年後，人民幣對美元整體呈現升值態勢，對一籃子貨幣保持基本穩定。在此情形下，內地對前期實施的宏觀審慎措施相應進行了回調或恢復。如果在適當時機下能夠開通「債券通」下的「南向通」，更有利於資本雙向流動，減少資本單向流動對匯率的壓力。

(3) **建議選擇易於執行、便利實際操作的管制措施。**價格型工具（如對資本流入徵收稅費）更透明、易於執行，對短期資本流動徵稅帶來的社會成本也較低，可以優先使用。

3.2 「債券通」有助於對跨境資本流動實施宏觀審慎監管

第一，債券通的閉環、透明、可控的特點，可作為跨境資本流動的調節閥，便於監管者整體平衡跨境資本流動，掌握資本流動管理主動權。

首先，債券通實現了跨境資金的閉環循環，即當期人民幣的資本流出、流入相當於未來的人民幣在渠道內定向回流；其次，資本流向信息透明，可及時監測對境內市場的影響，有利於監管機構根據資本流向及時出台措施調控資本流入，並進行實時的逆週期管理；再次，債券市場本身與宏觀經濟週期聯繫更為緊密，無論是企業債務融資活動或跨境資本流向，債券通是更及時、動態的觀察窗口，便於進行逆週期調節。

基於債券通的閉環、透明、可控的特點，監管者可利用稅費、逆週期調節等手段更有效地調控跨境資金流向，將債券通作為跨境資本流動的調節閥，整體平衡跨境資本流動。

第二，債券通有利於監測發債企業募集外資規模，發揮宏觀審慎管理效力。

目前跨境資本繞過宏觀審慎管理的一個做法是，企業通過海外子公司到境外市場發行債券募集資金，存放於國內銀行作為抵押，從而導致國內信貸擴張。這種以境外公司發行外幣債券所產生的外幣債務，並不能在以居住地為基礎的國際收支賬戶中得到直接反映，因而掩蓋了企業真實的外債規模，易於繞過宏觀審慎調控措施，導致貨幣錯配風險。

債券通為資金閉環設計，在此渠道內，無論是外資流入的規模、投資目標，債券交易都能清晰地納入宏觀審慎監管框架，便利監管者對企業融入境外資本的情況進行監控。

第三，當前外資流入債市整體規模仍有限，可更多依賴宏觀經濟政策進行調整。

2018 年 3 月底，境外機構在國債市場中的持有量佔比為 5.85%，在國內債券市場整體佔比為 1.90%[5]，與其他國家相比外資機構持有佔比相對較低[6]。然而，債券市場外資淨流入規模明顯擴大。2017 年境外機構和個人投資境內債券市場增長達 3,462 億元人民幣，2018 年第一季度境外機構和個人持有國內債券較上年底增加了 1,622 億元人民幣，幾乎接近上年增加量的一半[7]。

相比之下，國際收支賬戶中其他項目（包括貨物和服務貿易、直接投資賬戶）所涉及的跨境資本流動對匯率的影響相對更大。根據前文所述的資本流動管理基本原則，如資本流入屬長期性質，且對宏觀經濟影響更大，則可更多依賴宏觀經濟政策調整，包括放寬匯率波動彈性、鼓勵企業雙向跨境投資等，引導資本雙向流動。

3.3　可供選擇的具體措施

第一，針對境外居民投資境內市場（非居民的資本流入），將宏觀審慎原則納入稅費結構設計。

對某些特定證券（包括債務與股票資本）徵收流入稅是應對資本流入的主要方式。2008 年以後，韓國、巴西等國曾運用這種方式（見表 3）。從政策效果來看，對資本流入徵稅可顯著控制本幣升值。

5　資料來源：中央國債登記結構有限責任公司。

6　可參見《人民幣國際化的新進展 —— 香港交易所離岸金融產品創新》（香港：商務印書館（香港）有限公司，2018 年）第 8 章〈進軍中國境內債券市場 —— 國際視角〉。

7　資料來源：人民銀行網站數據。

表 3：資本流動宏觀審慎政策的部份國際實踐		
措施類別	實施國	具體措施
無息準備金、金融交易税	巴西、智利	2011 年 1 月巴西規定銀行按貨幣市場美元空頭頭寸繳存無息準備金，期限 90 天，同年 7 月對期貨市場的美元空頭倉位徵收 1% 的金融交易税；智利對短期資本流入收取無息準備金。
準備金要求	土耳其	2011 年引入外匯繳存里拉準備金機制（reserve operation mechanism, ROM）和差別折算系數（reserve operation coefficients, ROC），吸納流動性並提高外匯儲備規模。
宏觀審慎穩定税	韓國	為應對資本流入壓力，2011 年開始對國內和國外銀行持有非核心類外幣負債徵收宏觀審慎穩定税。
對利息收入徵税	韓國	2009 年 5 月對外國投資者免徵所得税。2011 年 1 月恢復對外國投資者債券投資的利息收入徵税，以抑制不斷上升的非居民對韓國國債的投資（第二輪量化寬鬆措施之後），這項措施使居民和非居民之間恢復了公平競爭。

資料來源："Managing Capital Inflows ： What Tools to Use?", *IMF Staff Discussion Note*, 2011；中國人民銀行、國際貨幣基金組織聯合研討會，《資本流動管理：國際經驗》，2013 年 3 月。

通過透明、可預測的税費結構，可促使投資者在比較短期流動性的收益成本之間進行自主選擇，以價格型工具調節境外資金跨境投資行為，從而更有效地調節跨境資本流動的期限結構，減少短期資本流動帶來的衝擊。

第二，針對境內機構投資境外市場（居民的資本流出），將金融機構持有與之相關的境外本、外幣債券納入監管口徑，調控外匯暴露風險。

如果銀行受監管的資本是本幣計價，同時又持有外匯資產，則銀行的資產和收益價值會受匯率變動影響。從審慎監管出發，需要重新評估銀行管理外匯敞口的能力，防止在匯率走勢逆轉的情形下，外匯資產價值波動對銀行資本充足率、信貸質量、以及流動性造成影響。

在內地現有的資本管理工具中，已經將銀行機構的外匯敞口限制、外匯資產投資限制納入了宏觀審慎監管框架。金融機構如逐步通過債券通、合格境內機構投資者（QDII）等渠道繼續增持外幣資產，可以考慮將境外的本幣債券和外幣債券納入相應監管資本、風險準備金等風控指標，分別計算資本佔用，以提高對其資本充足率的要求，並按照本幣和外幣分別進行流動性風險識別和監測，以減少銀行資產負債幣種錯配帶來的風險。

第三，建議繼續引入境外投資者，推動成熟具流動性的境內市場加速形成，更有效地應對跨境資本大量流入和流出帶來的衝擊。

長遠而言，進一步發展成熟具流動性的本國市場是應對外來資本衝擊的更有效方式。開放市場可促進參與主體的多元化，能降低匯率波動及資本流動對市場的不利影響。由於國際化的參與主體更加成熟，帶動了本地市場流動性的改善，並擴寬了本地市場的深度和廣度，特別是引導國外資本進入長期債券市場，比如國債市場和地方政府債券市場，加速匯率、固定收益類風險對沖產品的開發，可更好地吸收資本流入、流出對宏觀經濟的衝擊，進一步增強債券市場與其它市場的系統穩定性。

具體而言，擴寬市場的深度和廣度的市場開放措施包括：(1) 可根據宏觀審慎監管原則，適時推出債券通的「南向通」，完善資金雙向流通機制；(2) 推進人民幣債券加入國際債券指數，包括花旗全球國債指數（WGBI）、摩根大通國債 - 新興市場指數（JPM GBI-EM）等，促使更多國際投資者進入中國債券市場，促進參與主體的多元化[8]；(3) 在人民幣匯率雙向波動趨勢明顯的情況下，豐富和完善相應的風險對沖產品，為投資者規避匯率及利率風險提供工具，從而進一步提升中國金融市場的風險緩解能力和定價效率。

8　可參見本書第 8 章〈債券通與中國獲納入全球債券指數〉。

主要參考文獻

1. International Monetary Fund. (2010) "Global Liquidity Expansion — Effects on 'Receiving' Economies and Policy Response Options", *Global Financial Stability Report*, April 2010.
2. International Monetary Fund. (2011) *Recent Experiences in Managing Capital Inflows — Cross-Cutting Themes and Possible Guidelines*, February 2011.
3. International Monetary Fund. (2012) *Liberalizing Capital Flows and Managing Outflows — Background Paper*, March 2012.
4. International Monetary Fund. (2012) *The Liberalization and Management of Capital Flows: An Institutional View*, November 2012.
5. International Monetary Fund. (2013) *Guidance Note for the Liberalization and Management of Capital Flows*, April 2013.
6. International Monetary Fund. (2015) *Managing Capital Outflows — Further Operational Considerations*, December 2015.
7. International Monetary Fund. (2017), *Increasing Resilience to Large and Volatile Capital Flows: The Role of Macroprudential Policies*, July 2017.
8. Ostry, Jonathan David, et al. "Managing Capital Inflows: What Tools to Use?", *IMF Staff Discussion Note*, April 2011.
9. 孫國峰、李文喆（2017）〈貨幣政策、匯率和資本流動—從等邊三角形到不等邊三角形〉，中國人民銀行工作論文，2017 年 3 月。

第7章

穆迪對中國發行人的評級簡介

蕭一芝

穆迪投資者服務公司
大中華區信用研究分析高級分析師

鍾汶權

穆迪投資者服務公司
大中華區信用研究分析主管

1 穆迪對境外債券市場中國發行人[1]的評級覆蓋範圍

境外債券市場：過去十年中國企業[2]發債規模大幅增長

2008 年以來，中國企業的美元債券發行量大幅增長，發行人數量和多元化程度也同時提高。按照地域劃分，中國企業已成為亞洲美元債券市場最大的公司債券發行人羣體。根據 Dealogic 的數據，截至 2018 年 12 月 31 日，中國非金融企業發行的美元債券餘額達到 4,600 億美元，約佔亞洲美元債券市場的 55%。2008 年 12 月 31 日的上述數據分別是 163 億美元和 14%。

發債規模的增長拓寬了中國企業的融資渠道，並提高了其與全球債券市場的一體化程度。美元債券市場通常要求債券發行人遵循與其他國際市場相同的慣例，包括文件記錄、信息披露和採用全球可比的評級。

下圖簡要概括了中國企業進入美元債券市場的歷程。

1　中國發行人僅指中國內地發行人。
2　中國企業僅指中國內地企業。

圖 1：中國企業發行人作為美元債券市場主要發行人羣體的發展歷程

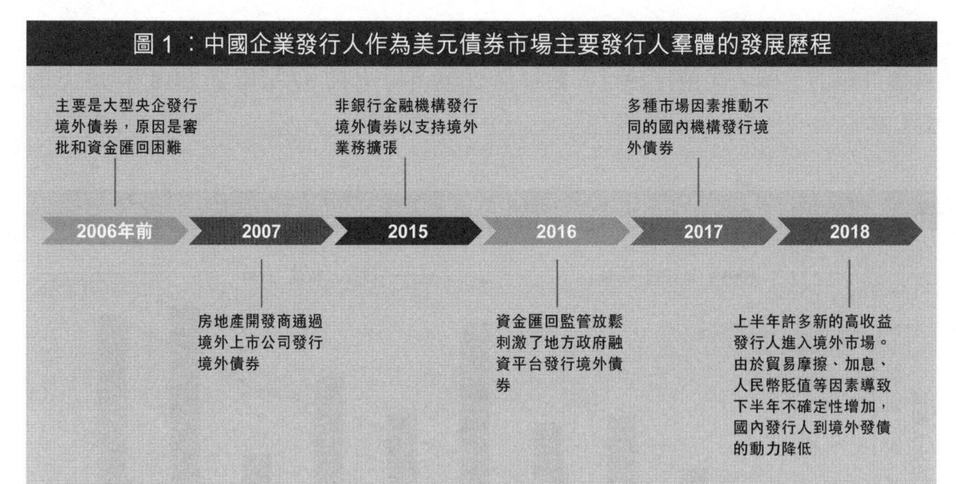

2006 年之前：由大型央企主導境外債券發行，原因是境外發債審批以及境內外市場之間的資金流動有着嚴格的監管規定。這些大型央企的評級屬於投資級別。

2007 年：在這一年中國房地產市場蓬勃發展的推動下，開發商大舉拓展融資渠道。中國開發商的常見做法是在香港或境外市場上市，以及通過境外公司發行美元債券。由於監管規定導致房地產開發商的境內債券市場渠道有限，因此其在境外債券發行規模增速超過其他行業。多數房地產開發商獲得非投資級別評級。

2015 年：證券公司和資產管理公司等非銀行金融機構開始在境外市場融資，從而支持其海外擴張。中國四大資產管理公司的評級是投資級別，而證券公司的評級則包括投資級別和非投資級別。

2016 年：監管機構放鬆了對境外發債和資金匯回國內的規定，這促使了包括地方政府融資平台在內的地方國企利用境外債券市場融資。地方國企的評級包括投資級別和非投資級別。

2017 年：在人民幣兑美元匯率趨穩的背景下，監管持續放寬鼓勵不同行業的企業到境外發債。投資級別發行人尋求降低融資成本的機會，而非投資級別企業則藉此拓寬融資渠道，將其作為流動性緊張和波動的境內債券市場的一個替代途徑。

2018 年：由於利息成本上升及人民幣兑美元貶值，投資級別發行人境外發行規模下降。更多非投資級別發行人因境內債券市場流動性波動而試圖利用境外市場。但是，境內外市場利率的提高和債券違約事件的增加削弱了投資者對高收益債券的興趣。

隨着更多中國企業轉向美元債券市場，越來越多的發行人需要信用評級。穆迪評級的中國公司債券發行人數量從 2008 年 1 月的 37 家增至 2018 年 12 月的 231 家。

圖 2：受評中國債券發行人快速增長（2008 年至 2018 年）

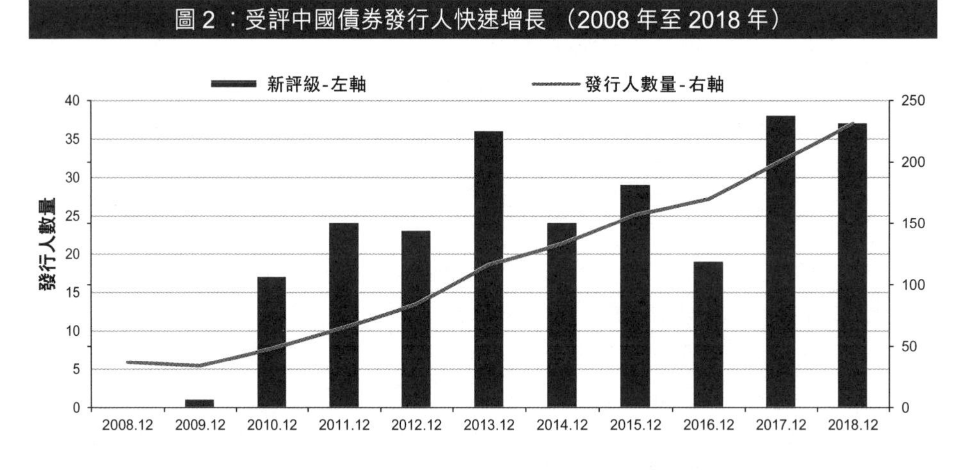

資料來源：穆迪投資者服務公司。

穆迪對中國企業發行人的評級分佈從投資級別的 A1（主權評級水平）到 Caa（非投資級別較弱水平）不等。多數評級是投資級別。大約 60% 的公司獲得投資級別評級，其中多數是國有企業（國企）或其子公司。國企得到政府支持，其子公司則通過國企母公司受益於政府間接支持，因此穆迪認為其評級應高於個體信用評估結果。我們根據全球評級標準授予上述評級，並採用適用於全球相關同業的評級方法。這些評級便於投資者將中國企業與全球發行人加以比較。

圖 3：受評中國企業的評級分佈
（231 家發行人，截至 2018 年 12 月 31 日的數據）

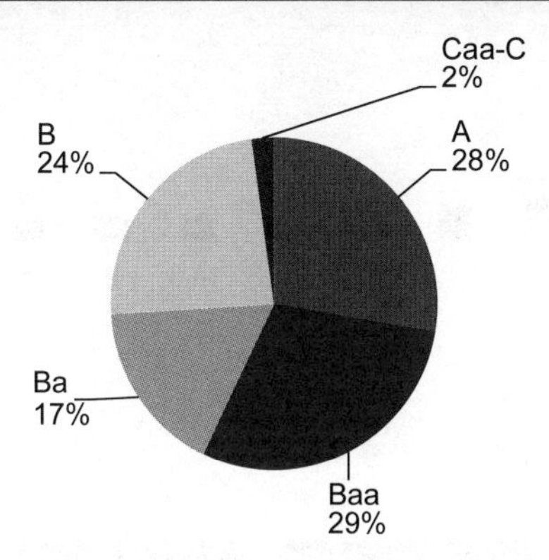

資料來源：穆迪投資者服務公司。

穆迪的評級覆蓋了不同行業的國企和民營企業（民企）。

圖 4：多數國企獲得投資級別評級；多數非投資級別企業是民營企業

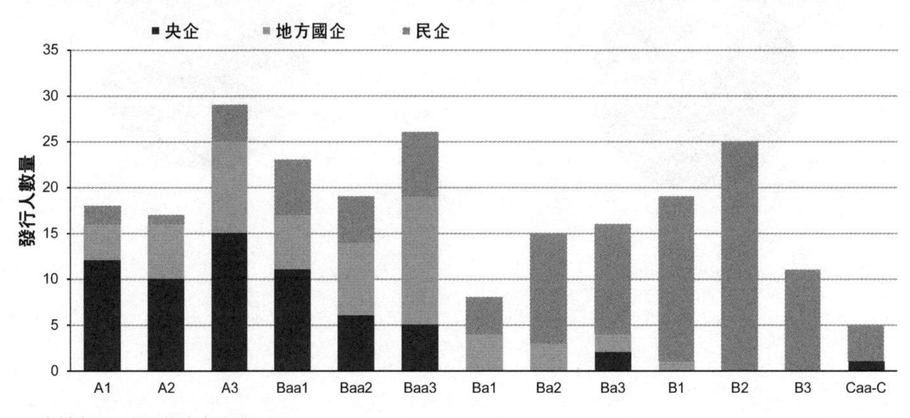

資料來源：穆迪投資者服務公司。

穆迪評級的公司債券發行人中，房地產開發商數量最多。多數房地產開發商獲得非投資級別評級。電力和燃氣公用事業的發行人數量居第二位，且此類發行人多數獲得投資級別評級。

圖 5：按行業劃分的中國發行人評級分佈

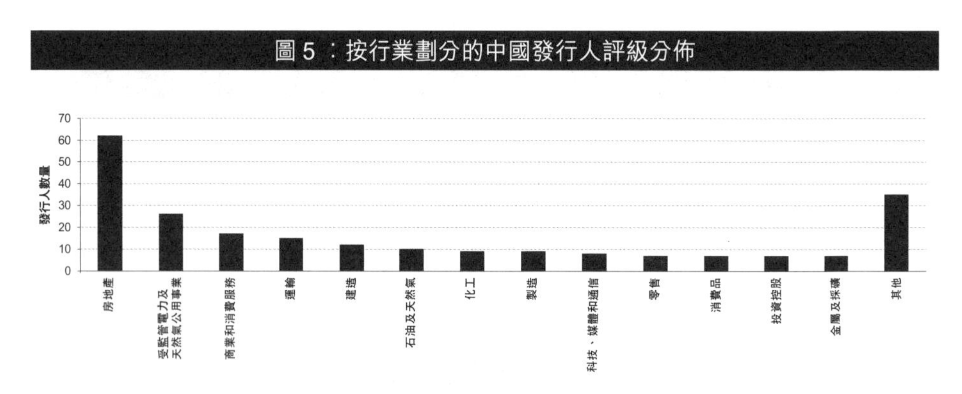

資料來源：穆迪投資者服務公司。

圖 6：半數以上的高收益債券發行人屬於房地產業行業

圖 7：投資級別評級分佈在不同行業

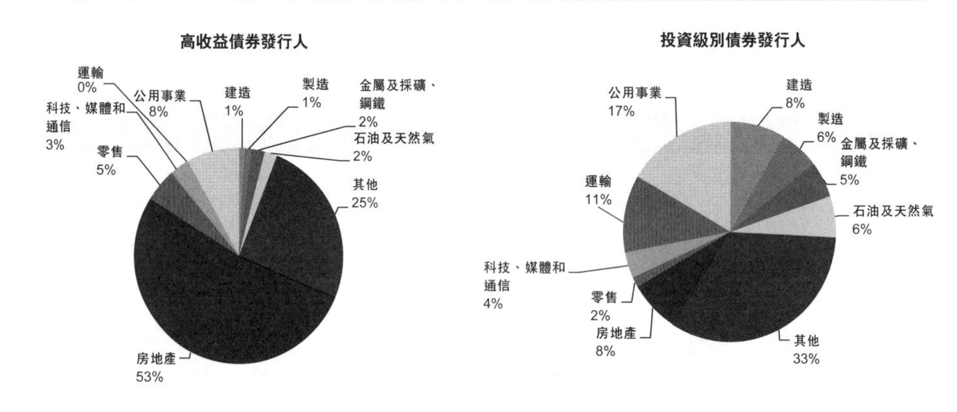

資料來源：穆迪投資者服務公司。

2　穆迪評級簡介

穆迪證券評級體系由約翰．穆迪於 1909 年創建。穆迪評級旨在為投資者提供簡明的等級體系，用於衡量證券未來的相對信用度。

2.1　穆迪評級定義

表 1：全球級長期評級	
Aaa	Aaa 級債務的信用質量最高，信用風險最低。
Aa	Aa 級債務的信用質量很高，信用風險極低。
A	A 級債務為中上等級，信用風險較低。
Baa	Baa 級債務有中等信用風險，屬於中等評級，因此可能有某些投機特徵。
Ba	Ba 級債務有一定的投機成份，信用風險較高。
B	B 級債務為投機級別，信用風險高。
Caa	Caa 級債務信用狀況很差，信用風險極高。
Ca	Ca 級債務投機性很高，可能或極有可能違約，有收回本金及利息的一定可能性。
C	C 級債務為最低等級，通常已經違約，收回本金及利息的機會微乎其微。

註：穆迪在 Aa 至 Caa 各級評級之後採用修正數字 1、2 及 3。修正數字 1 表示該債務在同類評級中排位較高；修正數字 2 表示排位居中；修正數字 3 則表示該債務在同類評級中排位最低。此外，(hyb) 標識用於銀行、保險公司、財務公司和證券公司發行的混合證券獲得的所有評級。

資料來源：穆迪投資者服務公司。

2.2　穆迪各評級類別及違約機率的歷史數據

表 2：各評級類別平均累計發行人加權全球違約率（1920-2017）

評級＼年	1	2	3	4	5	6	7	8	9	10
Aaa	0.00%	0.01%	0.03%	0.07%	0.14%	0.21%	0.30%	0.43%	0.56%	0.71%
Aa	0.06%	0.18%	0.28%	0.43%	0.66%	0.93%	1.20%	1.46%	1.69%	1.96%
A	0.08%	0.25%	0.52%	0.81%	1.12%	1.47%	1.83%	2.19%	2.59%	2.99%
Baa	0.26%	0.72%	1.26%	1.86%	2.48%	3.10%	3.70%	4.31%	4.96%	5.60%
Ba	1.21%	2.87%	4.71%	6.64%	8.50%	10.27%	11.88%	13.44%	14.95%	16.54%
B	3.42%	7.78%	12.15%	16.12%	19.67%	22.79%	25.61%	28.01%	30.16%	32.01%
Caa-C	10.11%	17.72%	23.85%	28.87%	32.89%	36.06%	38.80%	41.30%	43.68%	45.73%
投資級別	0.14%	0.40%	0.72%	1.08%	1.48%	1.89%	2.29%	2.70%	3.13%	3.56%
投機級別	3.71%	7.44%	10.93%	14.06%	16.82%	19.22%	21.36%	23.27%	25.04%	26.71%
全部	1.50%	3.01%	4.42%	5.68%	6.80%	7.78%	8.66%	9.45%	10.21%	10.94%

資料來源：穆迪投資者服務公司。

表 3：各評級類別平均一年遷移率（1920-2017）										
遷移後／遷移前	Aaa	Aa	A	Baa	Ba	B	Caa	Ca-C	評級撤銷	違約
Aaa	86.86%	7.78%	0.79%	0.19%	0.03%	0.00%	0.00%	0.00%	4.36%	0.00%
Aa	1.05%	84.12%	7.73%	0.72%	0.16%	0.05%	0.01%	0.00%	6.11%	0.06%
A	0.07%	2.70%	85.06%	5.56%	0.64%	0.12%	0.04%	0.01%	5.73%	0.08%
Baa	0.04%	0.23%	4.20%	82.90%	4.55%	0.73%	0.13%	0.02%	6.96%	0.25%
Ba	0.01%	0.07%	0.49%	6.15%	74.05%	6.85%	0.67%	0.09%	10.49%	1.14%
B	0.01%	0.04%	0.16%	0.61%	5.56%	71.76%	6.19%	0.46%	12.00%	3.21%
Caa	0.00%	0.01%	0.03%	0.11%	0.51%	6.71%	67.72%	2.95%	13.90%	8.06%
Ca-C	0.00%	0.02%	0.10%	0.04%	0.57%	2.82%	8.19%	47.69%	18.45%	22.13%

資料來源：穆迪投資者服務公司。

3 穆迪企業評級方法簡介

穆迪評級計分卡簡介

信用評級方法闡述穆迪評級委員會用以授予信用評級的分析框架。評級方法説明了主要分析因素，穆迪認為這些因素是確定相關行業信用風險最重要的因素。評級方法並未羅列出穆迪評級反映的所有因素，而是闡述了穆迪在確定評級時採用的主要定性與定量考慮因素。為了協助第三方了解穆迪的分析方法，所有評級方法均向公眾公開。

非結構融資（例如非金融企業、金融機構和政府）的評級方法通常（但不一定總是）包括一個計分卡。計分卡是一種參考工具，説明了通常對授予評級最重要的因素。作為總結的計分卡並未囊括所有評級考慮因素。計分卡中各個因素和子因素的權重代表我們對其在評級決定中的重要性估測，但各因素的實際重要性根據發行人的情況及其運營環境而可能大相徑庭。此外，定量因素和子因素通常是歷史數據，但我們的評級分析以前瞻性預測為基礎。同時，各個評級委員會會根據當前的運營環境等判斷具有特殊重要性的評級因素，並決定是否要強調以及如何強調此類因素。因此，最終評級可能與計分卡指示的評級範圍或水平不一致。

第8章

債券通與中國獲納入全球債券指數

香港交易所
首席中國經濟學家辦公室

摘要

中國債市發展迅速，現已位居全球第三大，但中國在全球債券指數的比重卻遠低於其經濟及債券規模所應佔份額。近年來，中國先後推出不同舉措以降低外資進入中國債市的門檻，特別是 2017 年 7 月債券通正式啟動，在很大程度上移除了中國債市的入場門檻並放寬了境外投資者在中國債市的交易限制，使中國進一步貼近全球廣泛使用的債券指數的遴選標準。然而，外資參與中國債市仍存在若干操作上的問題，這包括：現行的交收安排還不能完全做到貨銀兩訖、境外投資者買賣債券的税務政策欠清晰、匯出資金存有難點，及未能透過匯市對沖貨幣風險等。

在可見將來中國必然獲納加入廣泛使用的全球債券指數，屆時影響所及甚為深遠。一旦全球債券指數陸續納入中國並分配以較高比重，越來越多追蹤這些全球債券指數的交易所買賣基金（ETF）將相應增持中國主權債券，到時市場上是否有相應的對沖工具來減低中國債市受國際市場波動影響將至關重要。此外，為持續吸引全球大型機構投資者投資於中國債市及讓中國繼續留於全球債券指數，維持一個堅穩的主權評級亦是一關鍵因素。國內金融深化（包括擴大國內投資者基礎、銀行業和資本市場進一步深化，及優化體制環境）將有助強化國內金融市場，有利於減低全球金融動盪對國內資產價格的不利影響。

1 國際投資在新興市場債市的發展趨勢

1.1 新興市場債券佔全球投資組合的比重日益增長

近 15 年來，全球債券投資趨勢顯著轉強，其中越來越多資金流入新興市場。21 世紀初以來，流入新興市場的資金總額大幅增加，至 2013 年時已翻了四倍，令新興市場債券在全球資本市場的比重顯著增加（見圖 1）。

圖 1：新興市場債券佔全球債市價值及指數的比重（1995 年至 2013 年）

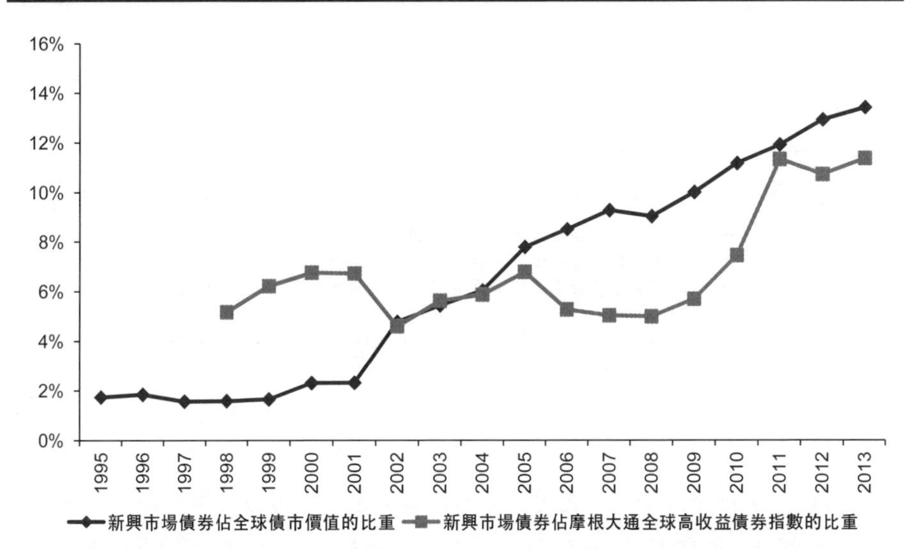

資料來源：國際貨幣基金組織《全球金融穩定報告》—〈從流動性轉為增長主導的市場〉（*Moving from Liquidity to Growth-Driven Markets*），2014 年 4 月。

新興市場債券佔全球投資者債券投資組合的比重大幅攀升，主要由於新興市場在全球經濟體內的影響力不斷提升（見圖 2），以及其日趨全球化的金融市場。1997 年亞洲金融危機爆發後，許多新興市場已大規模改善經濟基本面，反映在大量新興市場降低政府負債而獲評為「投資級別」。

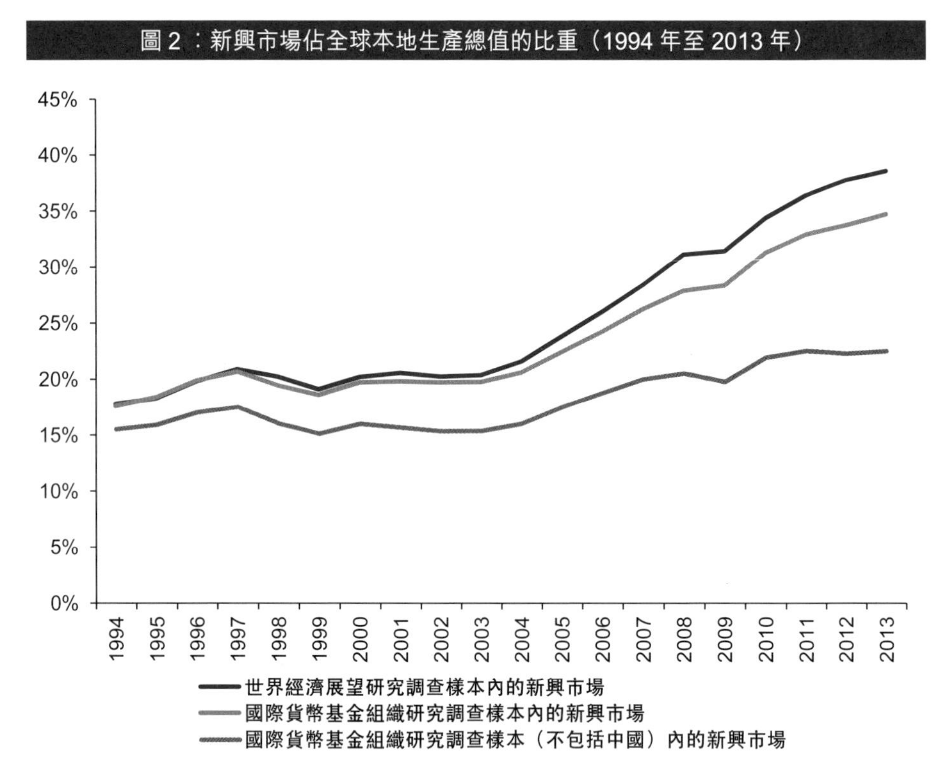

圖 2：新興市場佔全球本地生產總值的比重（1994 年至 2013 年）

註：「世界經濟展望研究調查樣本內的新興市場」為世界經濟展望數據庫所定義的新興市場；「國際貨幣基金組織研究調查樣本內的新興市場」為國際貨幣基金組織數據庫所定義的新興市場。

資料來源：國際貨幣基金組織 2014 年《全球金融穩定報告》。

2008 年爆發全球金融危機後，新興市場債市在全球投資中的重要性日益提升，甚至超越了股票市場（見圖 3），主要原因在於主要發達國家的央行實施大規模量寬政策刺激經濟增長所形成的低息環境，令投資者不得不轉而尋求高收益投資產品。

圖 3 ：2009 年至 2013 年期間流入 / 流出新興市場的總投資組合的年度均值

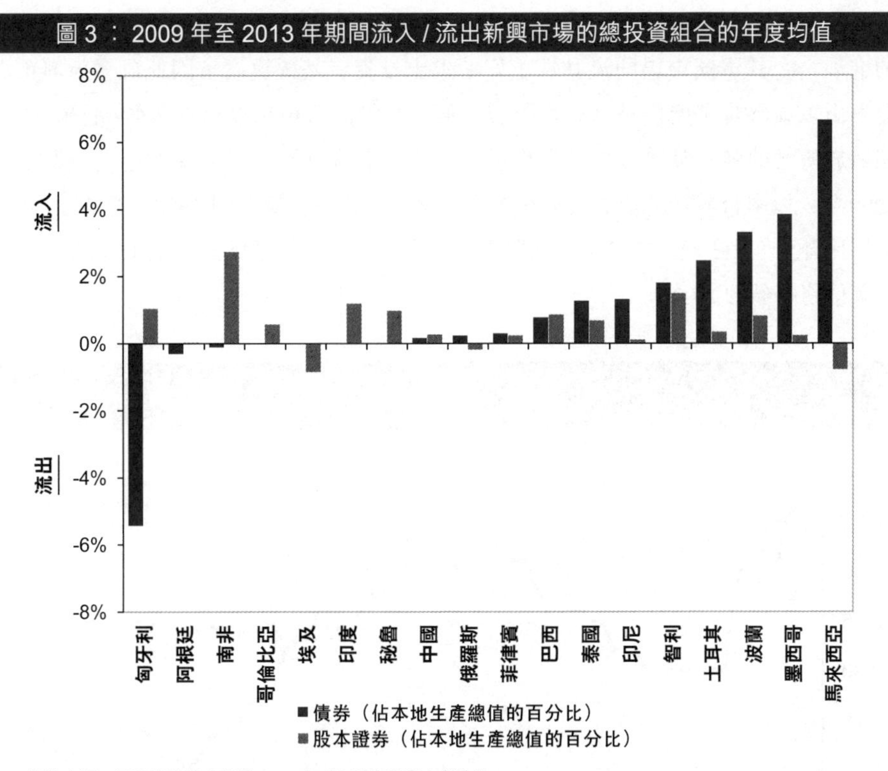

資料來源：國際貨幣基金組織 2014 年《全球金融穩定報告》。

1.2　新興市場債券發行從強勢貨幣轉向本國貨幣

外資持有新興市場債券的比例上升，亦與新興市場債券發行人漸由以強勢貨幣轉為以本國貨幣進行債券融資有關。近年，以本幣進行債券融資的情況顯著增加。

新興市場以強勢貨幣發行的債券 [1] 數十年來一直是主要的資產類別。新興國家發行人礙於本土債市疲弱，大多不能以本身的貨幣或在本國市場發債，而只能以發達國家的貨幣或在國際市場發債。這個做法令新興市場發行人得以進入資金充裕的國際資本市場，以彌補自身市場發展不足所造成的資金短缺，卻同時帶來貨幣錯配的問題，增加了新興市場的市場脆弱性。

1　強勢貨幣債券是指以美元、歐元、英鎊或日圓計值的債券。

過去 10 年這個趨勢幾乎完全扭轉。新興市場在金融深化及造強金融機構方面的進展，令其本國市場的流動性更好，本土投資者基礎更廣，因此許多新興市場逐漸由以強勢貨幣發債轉為以本幣發行債券，從而避免過度對外舉債（見圖 4）。相對於傳統的強勢貨幣政府債券市場，本國主權債市的發展更為迅速（見圖 5）。2000 年，以本幣發行的債券大約佔新興市場可買賣債券餘額的 55%。至 2013 年，這佔比升至 83%[2]。至 2015 年，新興市場以本幣發行的債券總額升至 15 萬億美元，佔其債務總額的 87.2%[3]。

圖 4：新興市場於國際市場上發行的債券對強勢貨幣的依存度（1995 年 3 月至 2013 年 9 月）

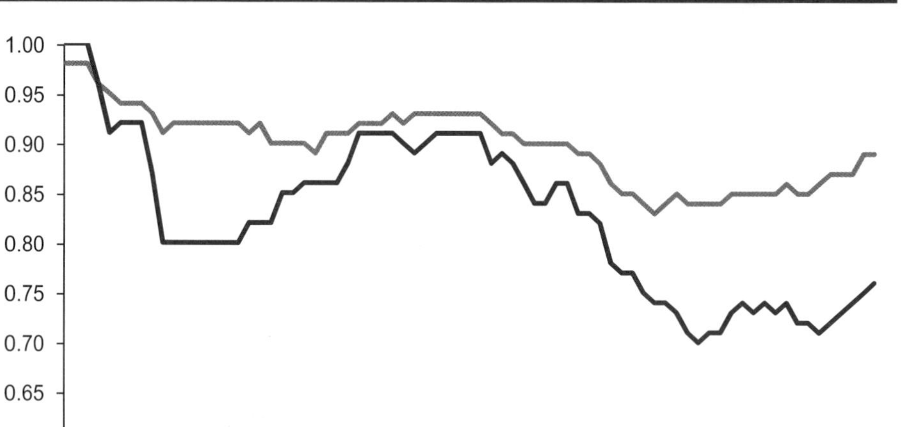

註：上圖所示依存度數值來自國際貨幣基金組織 2014 年《全球金融穩定報告》。該數值介乎 0 至 1 之間。數值越大表示該市場債券對強勢貨幣的依存度越高。上圖所示為所涉及國家的簡單平均數。

資料來源：國際貨幣基金組織 2014 年《全球金融穩定報告》。

2　資料來源：*Emerging markets local currency debt and foreign investors*，世界銀行，2014 年 11 月 20 日。

3　資料來源：*Development of local currency bond markets*，國際貨幣基金組織，2016 年 12 月 14 日。

圖 5：不同類別的發行人在國際市場上發行的新興市場債券淨額 *
（2002 年至 2012 年）

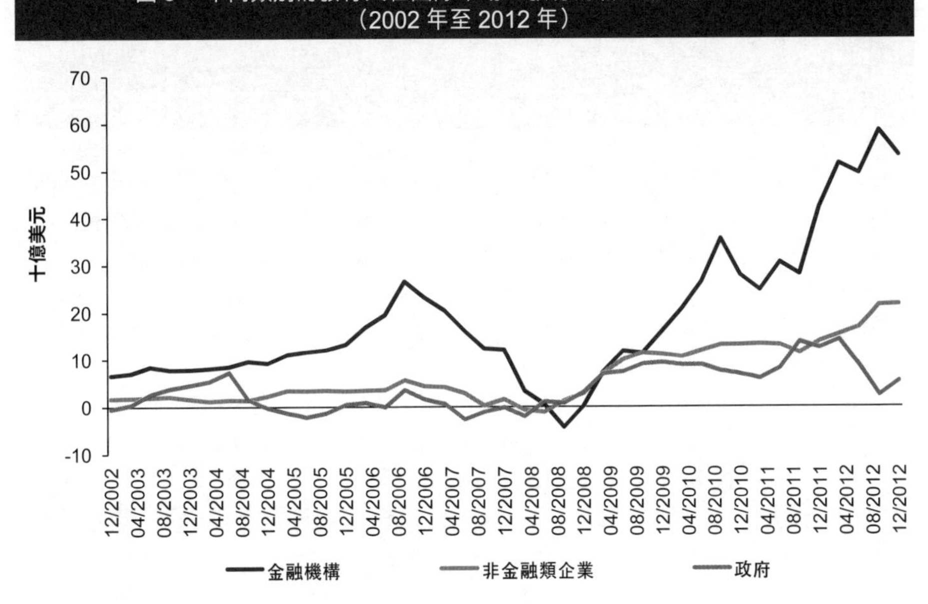

* 該等債券為過去及現在的新興市場所發行的債券按發行人國籍進行劃分，包括了總部設於新興市場經濟體的海外附屬公司所發行的債券（樣本按資料來源中的定義）。

資料來源：國際貨幣基金組織 2014 年《全球金融穩定報告》。

1.3　新興市場發債高度集中於幾個國家

新興市場本幣債券的發行只集中於幾個國家。根據世界銀行的統計[4]，以 2013 年 12 月的債券餘額計，新興市場前十大發行國家所發行的政府債券佔新興市場本幣政府債券的 81%。其中，中國、巴西及印度排名前三，其總和佔一半以上。（見表 1）

4　資料來源：*Emerging markets local currency debt and foreign investors*，世界銀行，2014 年 11 月 20 日。

表 1：新興市場本幣政府債券的十大發行國（以餘額計）（2013 年 12 月）					
國家排名（2013 年 12 月）	餘額（十億美元）		佔本地生產總值的百分比		佔新興市場本幣債券總額的百分比
	2000 年 12 月	2013 年 12 月	2000 年 12 月	2013 年 12 月	2013 年 12 月
中國	133.89	1,361.82	11.17%	14.74%	26.29%
巴西	134.26	912.21	20.82%	40.62%	17.61%
印度	11.92	618.04	2.50%	32.93%	11.93%
墨西哥	59.64	306.68	8.72%	24.32%	5.92%
土耳其	15.77	243.74	5.92%	29.72%	4.70%
波蘭	36.97	212.55	21.59%	41.07%	4.10%
馬來西亞	44.24	160.93	47.17%	51.51%	3.11%
俄羅斯	8.95	144.27	3.44%	6.88%	2.78%
南非	71.35	126.68	53.69%	36.13%	2.45%
泰國	16.17	113.69	13.17%	29.36%	2.19%
總計					81.08%

資料來源：*Emerging markets local currency debt and foreign investors*，世界銀行，2014 年 11 月 20 日。

然而，儘管新興市場債券在全球市場中的比重規模不斷擴大，但它們在全球債券指數的比重卻不成比例。尤其是中國，相對於它在新興市場以至全球市場中的經濟規模和債券發行量，中國以本幣（即人民幣）發行的債券在多個全球指數中的比重嚴重偏低。截至 2017 年底，中國境內債券市場的市值達到人民幣 64.57 萬億元[5]。即使中國債券市場已在相當大的程度上開放不同渠道，便利外資參與[6]，中國債券依然並未被納入全球主要的指數，又或佔比不足。比如近期中國債券（主權債及政策性銀行債）獲納入彭博巴克萊全球綜合指數，人民幣資產的市場權重僅佔指數的 5.31%，遠不及中國在全球債券市場發行量的實際佔比。

以下各章節將討論全球債券指數的建構，再探討影響中國債券獲納入全球指數進程的因素，深入了解中國債券在全球指數比重偏低的原因。

5　資料來源：《2017 年債券市場統計分析報告》，2018 年 1 月 16 日，中國中央國債登記結算有限責任公司。
6　參見《人民幣國際化的新進展—香港交易所的離岸產品創新》（香港：商務印書館（香港）有限公司，2018 年）第 8 章〈進軍中國境內債券市場—國際視角〉。

2　全球主要的新興市場債券指數

全球投資者對多樣化的流動資產及工具的需求日益增長，因此獲納入各全球指數的國家愈來愈多。投資者可參考全球指數，評估他們的投資組合表現，也可以透過追蹤指數進行被動式的資產組合管理，或以買賣追蹤指數的交易所買賣基金（ETF）等金融產品，實現投資於某些市場的投資策略。通常，指數供應商會將指數標的集中於流動性最好的國家及貨幣，讓全球投資者易於跟蹤指數。按照新興市場債券的貨幣組成，指數標的又分為強勢貨幣債券及本幣債券。

2.1　摩根大通的全球債券指數

2.1.1　按貨幣及市場比重分類

摩根大通提供了許多不同的新興市場指數，廣泛用於資產管理及新興市場債務投資。摩根大通指數根據貨幣的不同性質，分為兩大指數組別。隨着近年投資者對新興市場本幣債券興趣日濃，摩根大通創設了以本幣計價的新興市場國債指數（GBI-EM）系列。以強勢貨幣計價的債券，則有 1999 年 7 月推出、編制回溯至 1993 年 12 月的新興市場債券指數（EMBI）。除主權債券外，該指數亦包含政府類債券，以反映範圍更廣的新興市場主權債務。

每個指數組別又有多樣的分項指數，根據投資範圍、流動性及國家多樣化因素，實施不同的納入標準。

舉例而言，GBI-EM 指數系列有三個分項指數：GBI-EM、GBI-EM Global 及 GBI-EM Broad。GBI-EM Broad 是最全面的指數，不考慮投資者進入市場的難易程度，所涵蓋債券範圍最大；另一端是 GBI-EM，只涵蓋投資者可直接進入當地債券市場的國家，最方便投資者複製，而且易於用作 ETF 的基準；GBI-EM Global（GBI-EM 全球指數）在市場准入方面的選擇標準則採取了中間策略，只摒除了設有明顯資金管制的國家。

此外，每個分項指數各有一個「多元化」版本，指數中的國家權重與原指數不同。在「多元化」版本中，個別國家如市值權重特別高會被調低權重，不得超過摩根大通的調整方法所設的比重上限，而較小型市場的權重則會被調高；儘管調整後的權重將有別於該等國家的市值比重，這樣的調整會使多元化版本的國家比例較為平衡。在實踐中，定息及資產管理行業最廣泛使用的是「全球多元化」(Global Diversified) 指數。

表 2：摩根大通債券指數分類

	GBI-EM 全球多元化指數	EMBI 全球多元化指數
資產類別	• 本幣、主權	• 強勢貨幣、主權及類主權
國家入選準則	• 人均國民總收入 * 須連續三年低於指數收入上限 • 大部份外國投資者均可進入 • 不包括有資金管制的市場	• 人均國民總收入 * 須連續三年低於指數收入上限
流動性準則	• 必須提供雙向每日定價，及從當地交易台取得指引	• 必須有第三方估值供應商提供每日定價
工具入選準則	• 固定利率及零息 • 最低發行額：10 億美元（本地在岸債券）或 5 億美元（全球債券）	• 所有固定、浮息、攤銷型及資本型 • 最低發行額：5 億美元

* 摩根大通將「指數收入上限」定義為每年按世界銀行提供的以圖表集法（現價美元）計算的全球人均國民總收入增長率作調整的人均國民總收入水平。

資料來源：摩根大通。

2.1.2 主要特點：地域分佈、評級及市值

GBI-EM 全球多元化指數以 18 個國家為限[7]。於 2017 年 8 月，歐洲佔指數的多元化比重最高 (35%)，其次是拉丁美洲 (33%) 及亞洲 (24%)（見圖 6）。根據調整方法，部份國家（如巴西、墨西哥）在 GBI-EM 全球多元化指數中的比重以 10% 為限，遠低於其在原有指數 (GBI-EM Global) 中不設上限而按正常市值計算的比重。

7 資料來源：摩根大通（2017 年 8 月 31 日資料）。

圖 6：摩根大通 GBI-EM Global 多元化指數的地域比重
（2002 年 12 月至 2017 年 8 月）

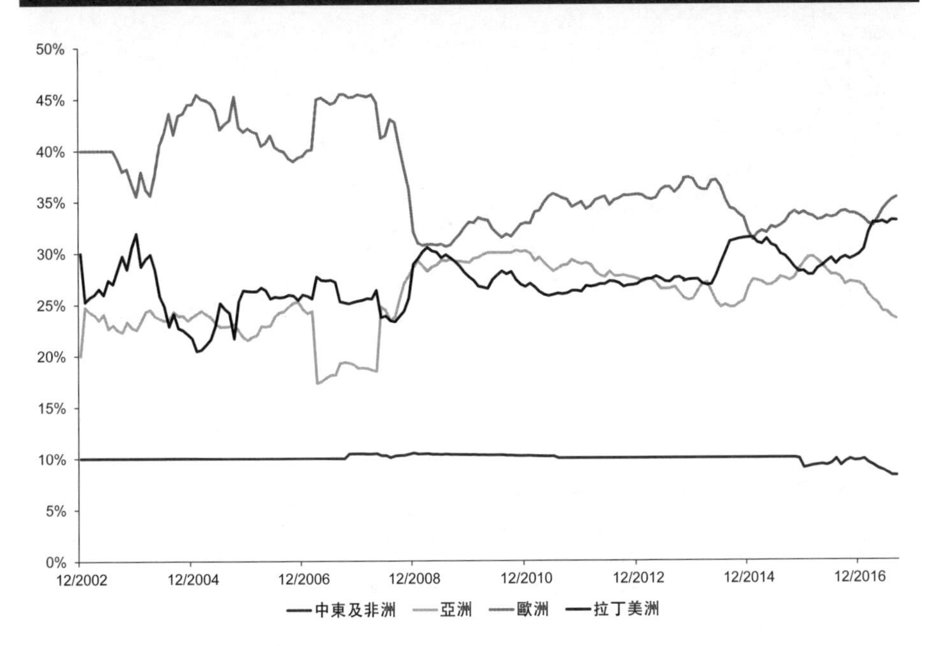

資料來源：摩根大通。

至於強勢貨幣債券的 EMBI 指數，2017 年 8 月該指數中不同地區的權重分別如下：拉丁美洲 38%、歐洲 26%、亞洲 19%、非洲 11% 及中東 6%。同時，該指數涵蓋 66 個國家，遠較本幣指數範圍更廣（見圖 7），亦平衡了部份規模較高和較低國家的比重，使指數更加多元化。

圖 7：摩根大通 EMBI 全球多元化指數的地域比重
（1993 年 12 月至 2017 年 8 月）

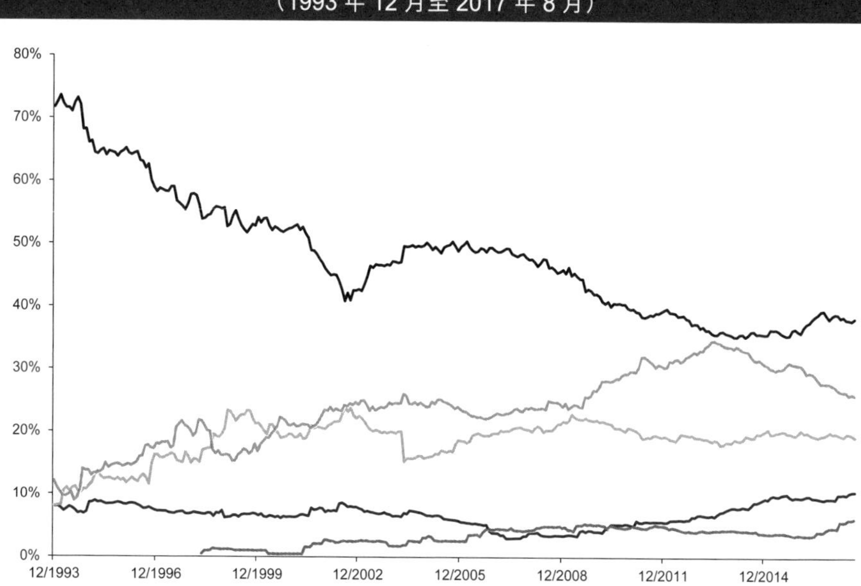

資料來源：摩根大通。

由於新興市場不斷進行結構性改善，GBI-EM 及 EMBI 的評級分佈亦因而日益向上偏移，其主權債券的可靠性亦持續提升。2017 年 8 月，GBI-EM 全球多元化指數（本幣）中逾六成權重的債券均達投資級別。即使是 EMBI 全球多元化指數（強勢貨幣），投資級債券的權重亦佔近半（48%）。（見表 3）

表 3：摩根大通債券指數的主要特點（2017 年 8 月底 *）		
	GBI-EM 全球多元化指數（本幣）	EMBI 全球多元化指數（強勢貨幣）
國家數目	18	66
工具數目	215	620
市值（十億美元）（2016 年底）	965	445
表現（2008 年 12 月 31 日至 2016 年 12 月 30 日，年化數字）	3.33%	9.61%
信貸質素（平均值）（穆迪 / 標普 / 惠譽）	Baa2 / BBB / BBB	Ba1 / BB+ / BB+
評級分佈		
A 或以上	23.62%	12.62%
BBB	42.35%	35.71%
BB	32.94%	23.32%
B	1.09%	24.48%
CCC 或以下	—	3.87%

* 另有說明除外。
資料來源：摩根大通。

由於摩根大通各指數系列已成為定息產品方面的市場標準，近年來摩根大通上述兩個債券指數（包括強勢貨幣及本幣）的市值穩步上揚，於 2016 年底兩者合計已達 14,100 億美元。尤其是本幣指數，其增長較強勢貨幣指數更快（見圖 8），可見本地債市對新興市場意義重大。摩根大通於 2016 年 3 月起將中國列入「指數觀察」名單，將其視為有潛力納入 GBI-EM 指數系列的國家。

圖 8：摩根大通指數的市值

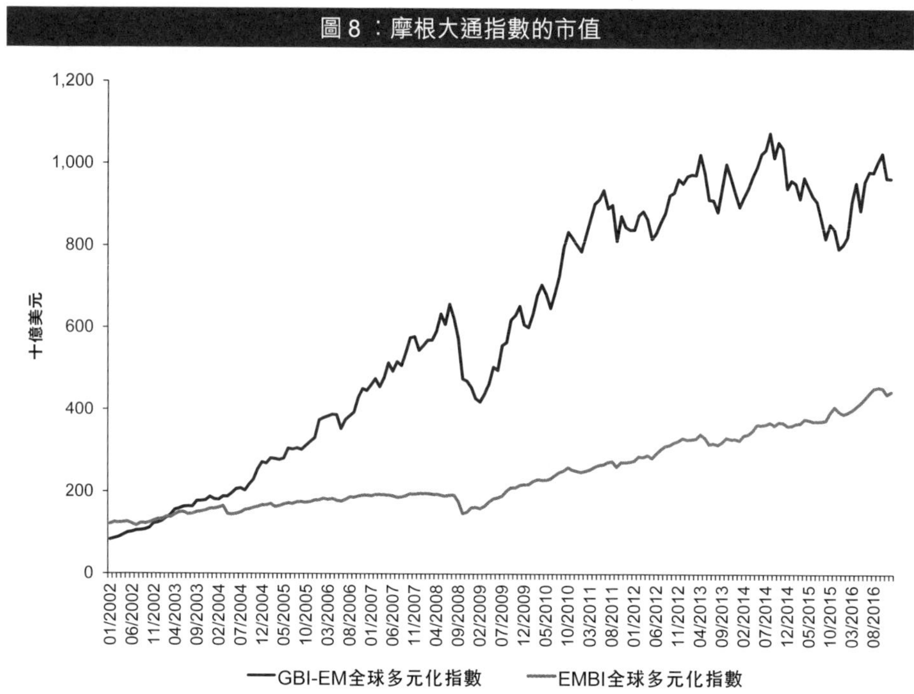

資料來源：摩根大通。

2.2 富時羅素的全球債券指數[8]

2.2.1 納入標準

富時羅素（FTSE Russell）為投資於全球主權債券市場的投資者提供全球指數作基準參考，當中主要的本幣計價債券指數是**全球公債指數（WGBI）**，用於衡量定息、投資級主權債券的表現，現包含逾 20 個市場的主權債，以多種貨幣計價。要獲納入 WGBI，入選國家須符合特定的市場規模及評級標準，且沒有市場准入方面的門檻。

8 原為花旗的全球債券指數。富時羅素是為全球投資者提供各類基準、分析及數據方案的環球領先供應商。倫敦證券交易所向花旗收購 The Yield Book 及花旗固定收益指數（Citi Fixed Income Indices）業務後，花旗定息指數於 2017 年 8 月 31 日成為富時羅素指數系列的一員。

表 4：WGBI 的納入標準	
市場規模	市場合資格的債券存量不得少於 500 億美元 / 400 億歐元 / 5 萬億日圓
信貸質素	所有新市場：A-（標普）及 A3（穆迪）
准入門檻	潛在合資格市場應鼓勵外資持有其債券、允許在貨幣市場進行投資相關的活動、為投資者的潛在貨幣對沖需要提供支持，及利便投資者資金匯回本國。稅項、監管穩定性及操作難易等亦是會考慮的因素。

資料來源：富時羅素，WGBI 指數規則，2018 年 4 月。

2.2.2 將中國納入定息指數的最新進展

自中國銀行間債券市場（CIBM）於 2016 年 2 月進一步開放予外國金融機構後，中國獲納入定息指數的資格得到了密切關注。隨着中國人民銀行（人行）推出措施，向合資格外國機構投資者進一步開放境內債市及外匯衍生產品市場，中國已符合若干全球指數的門檻標準，符合納入 WGBI 的資格。

2017 年 3 月，花旗（WGBI 的前營運商）宣佈中國合資格獲納入旗下的另外三個國債指數——**新興市場國債指數（EMGBI）、亞洲國債指數（AGBI）及亞太國債指數（APGBI）**。由於中國在宣佈日之後連續三個月符合入選資格的要求，2018 年 2 月已獲正式納入 EMGBI、AGBI 及 APGBI。根據富時羅素的資料，按 2018 年 4 月 1 日的數據計算，中國在 EMGBI、EMGBI-Capped[9]、AGBI 及 AGBI-Capped[10] 所佔的市場權重分別為 52.55%、10.00%、58.85% 及 20.00%（見表 5 及 6）。

9　EMGBI-Capped—新興市場國債權重上限指數（Emerging Markets Government Capped Bond Index）—個別國家的權重以 10% 為限，限制個別市場的風險敞口。

10　AGBI-Capped—亞洲國債權重上限指數（Asian Government Capped Bond Index）—個別國家權重以 20% 為限，限制個別市場的風險敞口。

表 5 ： EMGBI 及 EMGBI-Capped 中各國家的市場權重（2018 年 4 月 1 日）				
	債券數目	市值（十億美元）	市場權重（%）	
			EMGBI	EMGBI-Capped
中國	136	1,320	52.55	10.00
墨西哥	15	147	5.87	10.00
印度尼西亞	33	127	5.04	9.69
巴西	5	124	4.94	9.51
波蘭	18	122	4.85	9.32
南非	14	119	4.75	9.14
泰國	24	102	4.08	7.84
馬來西亞	33	86	3.41	6.57
俄羅斯	19	78	3.12	6.00
土耳其	22	71	2.82	5.43
哥倫比亞	9	66	2.63	5.06
匈牙利	16	47	1.88	3.62
菲律賓	29	44	1.76	3.38
秘魯	10	30	1.18	2.27
智利	14	28	1.13	2.17

資料來源：富時羅素。

表 6 ： AGBI 及 AGBI-Capped 中各國家的市場權重（2018 年 4 月 1 日）				
	債券數目	市值（十億美元）	市場權重（%）	
			AGBI	AGBI-Capped
中國	136	1,320	58.85	20.00
韓國	41	485	21.61	20.00
印尼	33	127	5.64	17.32
泰國	24	102	4.56	14.01
馬來西亞	33	86	3.82	11.74
新加坡	20	70	3.11	9.56
菲律賓	29	44	1.97	6.04
香港	30	10	0.43	1.33

資料來源：富時羅素。

然而，中國仍未能夠列入 WGBI 指數，尚列於觀察名單中。中國已在 2017 年 7 月列入「全球公債指數—擴展市場」指數（WGBI-Extended）。截至 2018 年 3 月底，中國在 WGBI-Extended 指數中佔 5.54%[11]。若中國在岸債券市場能進一步讓外國投資者便於投資，其獲納入 WGBI 指數指日可待。

2.3　彭博巴克萊包含中國債券的指數[12]

隨着中國債市愈益開放及中國經濟對全球舉足輕重，2017 年 3 月彭博推出兩個涵蓋中國債券的混合債券指數：**「全球綜合 + 中國指數」**（Global Aggregate+China Index）及**「新興市場本幣國債 + 中國指數」**（EM Local Currency Government+China Index）。全球綜合＋中國指數結合了彭博全球綜合指數（Bloomberg Global Aggregate Index）與 151 隻中國國債及 251 隻中國政策性銀行發行的債券。納入人民幣計價的中國債券後，指數中人民幣的比重為 4.6%，在美元、歐元及日圓之後。同樣，新興市場本幣國債 + 中國指數結合了新興市場本幣國債指數及 151 隻合資格中國國債。按市值計算，指數中的中國債券比重為 38.2%。

2018 年 3 月 23 日，彭博宣佈將會把人民幣計價的中國國債和政策性證券加入**彭博巴克萊全球綜合指數**這一國際定息投資者廣泛使用的指數。納入程序由 2019 年 4 月開始，為期 20 個月。在完成納入以後，該指數將包括 386 隻中國證券，佔該指數的 5.49% 權重（按 2018 年 1 月的數據計）。

事實上，中國獲納入彭博指數可追溯至 2004 年，當時彭博首推中國綜合指數（Bloomberg China Aggregate Index）。繼續開放國內債市，無疑是促進中國加快列入全球指數的催化劑。彭博上述舉措，可說再向前邁進一步，讓全球投資者緊貼中國市場的投資機會。

表 7：全球綜合指數的主要准入準則	
年期	距離最終到期日至少一年
債券餘額	中國債券發行規模下限為人民幣 50 億元
信貸質素	證券須被評為投資級（Baa3/BBB-/BBB- 或以上） （取穆迪、標普及惠譽的中間評級；若只有兩家評級機構的評級，取較低評級；若只有一家評級機構為債券評級，則使用該評級。）
資格	人民幣計價的證券中，只有國債及政府相關的證券符合資格加入指數

資料來源：彭博有關指數的資料便覽（2017 年 2 月 28 日及 20 日）。

11　資料來源：富時羅素。
12　彭博在 2016 年 8 月 24 日收購了巴克萊的定息指數資產，有關指數其後均以「彭博巴克萊」為指數冠名。

3 影響中國納入全球債券指數的瓶頸

要支持人民幣持續國際化，以及引入更多固定收益類證券投資者的資金來支持人民幣匯價，吸引更多外資參與中國境內債市是重要一步[13]。有鑒於各個全球債券指數在環球債市的代表性，中國入指無疑將有助推動更多外資投資中國債券資產。從全球指數供應商的角度來看，由於中國債市是世界第三大，將中國債券納入旗下指數亦有其戰略意義。那麼，中國加入全球債券指數，現時還存在哪些主要的障礙？

若論市場規模及信用評級，中國債市應已遠高於大部份全球債券指數的准入準則。截至 2017 年底，中國債市總存量為人民幣 64.57 萬億元[14]，是世界第三大債市，僅次於美國和日本[15]；主權信用評級方面，標準普爾給予中國的評級為 A+，穆迪 A1，惠譽 A+。

但若論市場入場門檻及可直接參與的程度，外國投資者進入中國境內債市可能要面對漫長的註冊流程、投資額度、鎖定期和資金匯回限制等，所涉及的參與成本是外資和指數供應商困擾的地方。

3.1 為降低入市門檻已採取的政策改變

中國已採取多種措施向外資開放境內債市。中國早於 2010 年已容許海外貨幣當局和合資格機構以離岸人民幣投資於其 CIBM，隨後為進一步開放境內債市，又於 2011 年正式公佈人民幣合格境外機構投資者（RQFII）計劃，及於 2013 年進一步放寬合格境外機構投資者（QFII）計劃的投資限制。

自 2015 年，中國再接連推出多項重要的開放措施，進一步方便外資進入 CIBM，當中包括： 2015 年 6 月實行容許離岸人民幣清算行及參與銀行以在岸債券進行回購融資的政策；2015 年 7 月中公佈政策措施，將合格債券交易範圍進一

13 見《人民幣國際化的新進展—香港交易所的離岸產品創新》（香港：商務印書館（香港）有限公司，2018 年）第 8 章〈進軍中國境內債券市場—國際視角〉。

14 資料來源：《2017 年債券市場統計分析報告》，2018 年 1 月 16 日，中國中央國債登記結算有限責任公司。

15 資料來源：人行網站。

步擴大至包括債券現券、債券回購、債券借貸、債券期貨、利率互換及人行許可的其他交易類型；2016 年 2 月，人行發佈新規例，放寬了可進入 CIBM 的若干類別境外機構投資者所適用的投資額度、鎖定期及資金撤回限制等規定；2016 年 5 月，人行再進一步公佈境外機構投資者投資流程的詳細說明；2017 年，外資更獲准參與境內衍生品市場以對沖貨幣風險。

更為重要的是，債券通[16]於 2017 年 7 月正式開通，債券通下的北向通容許外資透過在香港的交易平台買賣中國境內債券。債券通不設每日投資額度及總投資額度，也沒有資金匯款限制及鎖定期要求，大大提高了外商進入中國境內債市的方便程度和交易效率。圖 9 所示為中國境內債市的開放進程。

圖 9：中國境內債市的開放進程

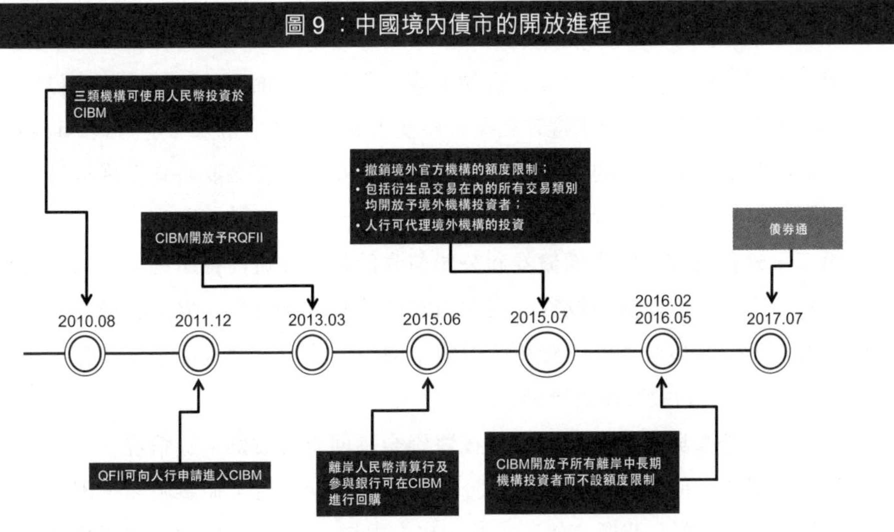

註：圖中所示年月為政策正式公佈的時間。

資料來源：正式公告及公開信息。

海外投資者透過債券通進行交易，不需要開立內地結算及託管賬戶，也毋須向內地機關申請市場准入和交易資格，只要使用其在香港的既有賬戶，在債券通平台辦理市場登記手續即可。此外，債券通採用「多級託管安排」及名義持有人模

16　境內外投資者通過香港與內地機構的金融基礎設施連接，分別買賣香港與內地兩個債券市場債券的機制安排。實施初期只開通「北向通」。

式為海外投資者進行登記、存託、清算及交收。因此，海外投資者完全不需要花費額外資源去研究內地債券市場所涉及的結算及託管制度細節以及相關法律法規，沿用其一直行之有效的交易及結算常規即可。

對擬進入中國債市的海外投資者而言，債券通是實現降低入場成本、增加參與利便性的一項創新及探究性舉措。儘管該計劃推出時日尚淺，市場參與者或需要時間適應，但它消除了進入中國債市的壁壘、放寬了外資參與的限制，令中國進一步貼近全球債券指數的嚴格入選標準。

3.2 有待完善的操作環節

雖然中國開放境內債市取得相當進展（尤其是債券通的開通），但運作上仍有若干問題是外資參與者極為關注的。

第一，貨銀兩訖[17] 的安排尚未在所有現有渠道中全面實施以符合國際標準。這對於在新興市場投資方面須遵守相關合規要求的國際機構帶來一定麻煩。目前，只有若干透過債券通交易的債券可享有這項結算安排，有必要將其擴展至所有在 CIBM 進行的債券交易。

第二，外資投資中國主權債券和公司債券的税收政策尚待明確。中國已公佈預扣税並不適用於境外機構投資者在中國收取的利息及股息，但是否徵收資本利得税則尚未明確。如果外資投資在境內債市的税制清晰，將有助全球債券指數供應商評估税制對其指數表現的影響。

第三，境外參與者出售境內債券後將資金匯回存有難點。這情況在市況受壓時尤其令人關注。債券通由於不設投資額度、鎖定期及資金撤離限額，因此其開通後已很大程度紓解了問題。然而，其他現有渠道（QFII 及 RQFII）亦需要類似的制度放寬，以令中國更貼近全球市場基準指數的嚴格准入標準。

第四，中國債市要納入全球指數，外資必須能夠在高流動性的外匯市場對沖貨幣風險。以本幣計價的主權債券納入全球指數後，主權層面的匯率錯配會有所降低。然而，追蹤這些指數的基金，通常以強勢貨幣作為其表現的計算基礎，多數為美元。因此，涉足人民幣債券的全球投資者，其投資及回報會有貨幣匯價風

17 貨銀兩訖是證券交易中常見的交收安排。這是指交收過程涉及在同一時間交付交易中的指定證券及款項。

險。如果投資者需要解決這種風險，必須從一開始就進行貨幣對沖或使用以美元對沖的基準指數。因此，外國投資者如能夠使用境內外的對沖工具，將進一步支持中國獲納入全球債券指數。

4　相關討論

4.1　中國獲納入全球債券指數的潛在影響

現時中國已被納入某些重要指數（如彭博巴克萊全球綜合指數），方便投資者涉足中國在岸債券。2016 年 3 月開始，摩根大通亦將中國列入其 GBI-EM 系列的「指數觀察」名單。一旦中國獲成功納入，中國在不設權重上限的指數中的權重佔比將達到 33%以上[18]，但在廣泛使用的 GBI-EM 全球多元化指數中，中國的權重卻很可能只限於 10%（與巴西及墨西哥等較小國家的權重相同）。

在可見未來，中國獲納入更廣泛使用的全球指數已是不可逆轉的趨勢，這將會大大改變全球債券投資的態勢。根據上文估計，中國在摩根大通 GBI-EM 指數（不設上限）的市場權重很可能會是 33%，較其在富時羅素的 WGBI- 擴展市場指數的 5.54%權重、又或在彭博巴克萊全球綜合指數的 5.49%權重都還要高。目前後兩個指數較廣泛被全球基金追蹤，其資產總值約在 2 萬億美元至 4 萬億美元之間，以此推算，如中國債券獲納入更廣泛使用的指數中，預計將有 1,000 億美元至 4,000 億美元的資金流入中國債券，那麼中國債券的外資持有量將增至現時的 3 倍。即使在納入初期，主動型基金中配置中國債券的權重可能較低，流入中國債券的資金可能較少，但中國權重有望逐漸增加到其應有的比例，並取代新興市場中較小型國家的權重。

18　根據國際貨幣基金組織 2016 年 4 月《全球金融穩定報告》中的估算。

4.2 離岸對沖工具對中國入指後的重要性

近年來，投資於指數 ETF 已成為全球投資者投資新興主權本土市場的主要途徑。透過追蹤全球新興市場指數，投資者無需對較小型國家另作研究，就可即時輕易擁有多元化的新興市場投資組合。由於 ETF 的組合結構透明度高，ETF 行業的增長速度驚人。全球 ETF 的管理資產由 2010 年的 1.3 萬億美元增至 2016 年的 3.4 萬億美元[19]。

中國一旦獲納入全球指數、或在當中佔較高權重，就會有更多追蹤這些債券指數的 ETF 相應增加其中國主權債券持倉，這將會增加這些 ETF 中人民幣資產的相關風險。國債期貨通常是對沖債券 ETF 風險的最佳工具，尤其是那些追蹤以本幣計價的主權債券全球指數的 ETF。2013 年，中國境內市場已推出國債期貨產品，以便利投資者進行風險管理，然而該等產品尚未對外資開放，而由於缺乏主要市場用家如國內保險公司及銀行等的參與，產品的流通量也有限。香港交易所亦曾推出類似的國債期貨產品，價格以一籃子境內主權債券的平均收益率為基礎[20]。如果市場持續提供此類產品，將有助投資者對沖以人民幣計價的中國主權債券持倉風險，以及減低中國境內債市對全球市場波動的敏感度。

4.3 中國入指後投資者行為的轉變對投資資金流動的影響

中國獲納入全球債市指數將鼓勵更多環球基金流入以強勢貨幣或人民幣計價的中國債券資產。外資流入日增，無疑會令境內市場受全球風險偏好轉變的影響。全球性的銀行、退休基金、保險公司、央行儲備及主權財富基金等大型全球機構投資者，多以通用的指數為基準，又或在偏離基準一定風險範圍內增加頭寸以博取更優厚的回報。因此，這些投資者的投資行為及其資金流動模式，將是中國獲納入全球債市指數後，評估外資資金流動穩定性的關鍵因素。

與以零售為主的互惠基金相比，具有全球視野的大型機構投資者（包括大型退休及保險基金、國際儲備基金和主權財富基金）向新興國家的境內債券市場投入的

19 資料來源：Statista 資料庫。

20 該試驗計劃已於 2017 年底終止，以便相關機構為離岸人民幣衍生工具將來的交易業務訂定一套更有效的運作框架。

資金相對穩定，但在市場的主權評級下調時，這些投資者會出現較強烈的反應[21]。在市場受壓時，這些大型機構投資者的新興市場債券持倉較互惠基金有更高的穩定性，但在 2008 年雷曼兄弟倒閉後，新興市場的主權評級被下調，以致這些投資者流入新興市場的債券資金大幅減少[22]。從這個角度來看，要債券吸引全球大型機構投資者及維持不被全球指數剔除，維持堅穩的主權評級至為重要。此外，深化境內金融改革，包括擴大境內投資者基礎、深化銀行業和資本市場，以及改善制度建設等，亦將有助強化境內金融市場，減輕全球金融動盪對國內資產價格的不利影響。

21　資料來源：國際貨幣基金組織 2014 年《全球金融穩定報告》。
22　資料來源：國際貨幣基金組織 2014 年《全球金融穩定報告》的分析結果。

英文縮略詞

AGBI	富時集團旗下亞洲國債指數
APGBI	富時集團旗下亞太國債指數
CIBM	中國銀行間債券市場
EMBI	摩根大通旗下新興市場債券指數系列
EMGBI	富時集團旗下新興市場國債指數
ETF	交易所買賣基金
GBI-EM	摩根大通旗下國債—新興市場指數
QFII	合格境外機構投資者
RQFII	人民幣合格境外機構投資者
WEO	世界經濟展望
WGBI	富時集團旗下全球公債指數

鳴謝

本文第 2 部份若干數據和資料由摩根大通、富時羅素和彭博新聞社提供，特此致謝。

第9章

債券通與中國債券一級市場開放

劉優輝

中國農業發展銀行
資金部總經理

摘要

中國債券市場由最早單一的實物國債已發展為目前發行人種類多樣化、品種齊全、規模位列世界第三的繁榮市場，並通過「債券通」等有利機制在開放共榮的道路上持續創新前行。一級市場作為債券市場整體的起始階段和重要組成部份，主動性、靈活性和引領性都較二級市場有着明顯的優勢，在實現對外開放方面發揮着更加積極的作用。特別是在債券通的開通及發展過程中，一級市場發行人與監管部門、境內外基礎設施緊密配合，順利實現了境外投資者沿用原有債券託管方式投資境內新發行債券的便捷操作，深入推進了中國債券市場的改革開放，成為境外市場了解中國的又一重要窗口。

1 演變歷程概述

中國債券發行的歷史最早可追溯到 1950 年至 1958 年間國債發行的雛形——「人民勝利折實公債」和「國家經濟建設公債」。之後，伴隨着國債的演變發展，1981 年至 1997 年間中國債券又經歷了運行機制尚不成熟的早期櫃枱市場和交易所市場時期。1997 年 6 月，銀行間債券市場正式建立，銀行間資金融通開始起步，債券基礎設施建設加速，一級發行人類型逐步多樣化，債券品種迅速增加，發行體量實現較快增長，參與主體延伸至全球。經過 21 年的飛速發展，中國債券市場已經成為中國金融市場深化改革的重要基石之一，並繼美國、日本之後在國際市場上佔據第三。截至 2018 年 10 月末，中國債券市場存量規模超過 80 萬億元，近三年平均增長超過 10 萬億元，平均增速約為 37%。

1.1 發行人類型多樣化

早期很長一段時間裏，中國債券市場的唯一發行人是財政部，發行目的僅是國家宏觀經濟建設需要，其他市場機構參與較少、活躍程度低。但隨着銀行間債券市場主體地位的逐步顯現以及櫃枱、交易所市場融通功能的日趨完善，多層次中國債券市場體系基本確立，並成為資本市場的重要組成部份。各類型機構發行人進入債券市場主動融資的意願明顯增強。上世紀 90 年代一系列金融改革重要舉措出台後，債券市場發行人範疇迅速擴展至金融機構、國有企業、民營企業、外資企業、境外機構等多類型機構。

1.2 債券品種日趨豐富

與大多數國家一樣，國債是中國債券市場上出現的第一個債券品種，一直以來服務於國家財政目標實現。伴隨着債券市場的不斷成熟，中國債券一級市場的產品序列也不斷豐富。

從投資者對信用風險的關注角度來看，中國債券一級市場所發行的債券類別大體上可以分為利率債和信用債。國債、地方政府債、央行票據、政策性金融債因其發行人的主體信用評級與國家主權一致或被賦予國家信用，統稱為利率債；其他類別債券為信用債範疇。目前，國債、央票、政策性金融債在計算資本充足率時資產風險權重為 0。

表 1：主要債券類別及存量情況（截至 2018 年 10 月末）				
類別		債券隻數	債券餘額（億元）	餘額比重（%）
利率債	國債	279	144,729.64	17.41
	地方政府債	4,066	181,271.36	21.81
	政策銀行債	345	141,239.58	16.99
信用債	金融債	1,435	56,220.00	7.00
	企業債	2,512	25,658.16	3.09
	公司債	5,030	55,937.04	6.73
	中期票據	4,098	54,500.48	6.56
	短期融資券	1,836	18,592.50	2.24
	定向工具	2,335	18,792.48	2.26
	國際機構債	13	264.60	0.03
	政府支持機構債	153	16,445.00	1.98
	資產支持證券	4,631	22,186.15	2.67
	可轉可交債	263	3,641.60	0.44
其他	同業存單	13,353	91,638.10	11.03
合計		40,349	831,116.69	100.00

資料來源：WIND。

1.3 對外開放進程加速

2005 年，境外機構首次被允許進入中國銀行間債券市場，標誌着中國債券市場對外開放的大門正式打開。隨後的十幾年間，中國債券市場對境外機構的政策限制逐步放寬，投資渠道、投資主體、投資範圍以及投資操作方式逐步拓展。2017 年 7 月「債券通」的「北向通」開通為境外投資者投資中國境內債券市場提供了新的途徑和便利條件，進一步助推中國債券市場的發展、開放和國際化，至此境外投資者可以通過 QFII、RQFII、CIBM 和「債券通」等渠道進入中國債券市場。2018 年，中國債券市場對外開放進程進一步提速，彭博宣佈將在 2019 年逐步把以人民幣計價的中國國債和政策性銀行債券納入彭博巴克萊全球綜合指數，境外機構投資中國債券熱情與日俱增。以最受境外機構青睞的國債和政策性金融債為例，2018 年 10 月末境外機構持倉國債和政策性金融債 14,054 億元人民幣，比 2017 年 6 月（「債券通」開通前）增長了近一倍。

圖 1：境外機構持有國債及政策性金融債趨勢圖（2017 年 6 月至 2018 年 10 月）

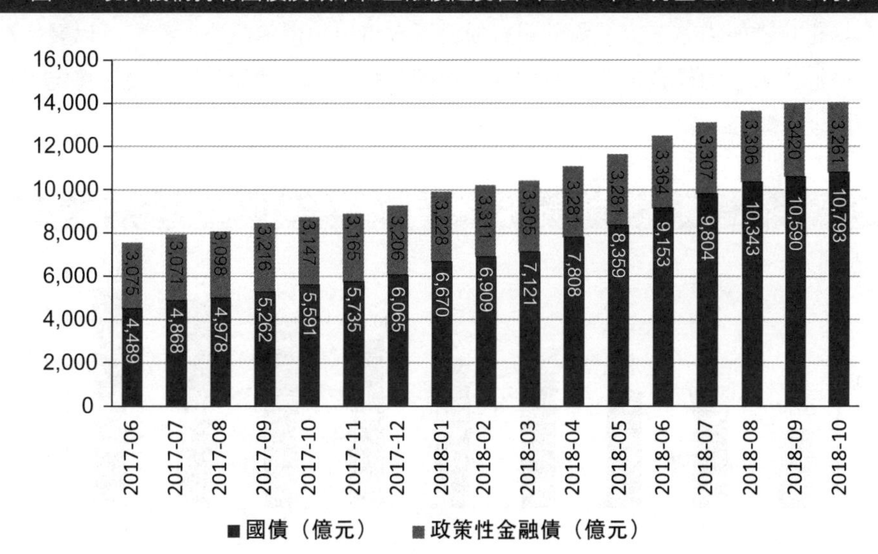

資料來源：WIND。

1.4　政策性金融債的迅速崛起

除財政部外，開發性金融機構國家開發銀行[1]以及政策性金融機構中國農業發展銀行和中國進出口銀行，是市場中發債體量最大的發行人，其所發行的債券在市場中統稱為政策性金融債。自 1998 年第一隻市場化發行的政策性金融債出現，至今也有 20 年的歷史，其發債主要目的是依托國家信用籌集資金，支持國家重點領域和薄弱環節。期間，政策性金融債的發行方式由指令式派購發行過渡為市場

1　1994 年，三家政策性銀行——國家開發銀行、中國進出口銀行、中國農業發展銀行在國家金融體制改革下相繼成立。國家開發銀行曾在 2008 年啟動商業化轉型，但 2015 年國務院通過的三家政策性銀行改革方案，明確了國家開發銀行為開發性金融機構、中國進出口銀行和中國農業發展銀行為政策性銀行。為方便起見，本文將其統稱為政策性銀行，其發行的債券統稱為政策性金融債。

化發行，規模迅速擴大，品種不斷豐富，已成為繼國債、地方債後第三大債券品種，因此在中國債券市場中佔據十分重要的地位。

與商業銀行多元化業務發展和追逐利潤最大化的經營模式有明顯區別，政策性銀行只有對公業務，沒有對私零售業務，實行保本微利的經營目標。成立之初很長一段時間內，政策性銀行主要依靠央行再貸款，並形成了早期的指令性派購發行的政策性金融債。直至銀行間債券市場建立後，監管機構要求政策性銀行提升市場化自籌能力，三家政策性銀行紛紛開啟市場化發債業務，確立了以發債為資金來源主渠道的籌資策略，為中國改革開放後的基礎建設和產業發展奠定了重要的資金基礎。

圖 2 ： 2010 年以來政策性金融債存量增長趨勢圖

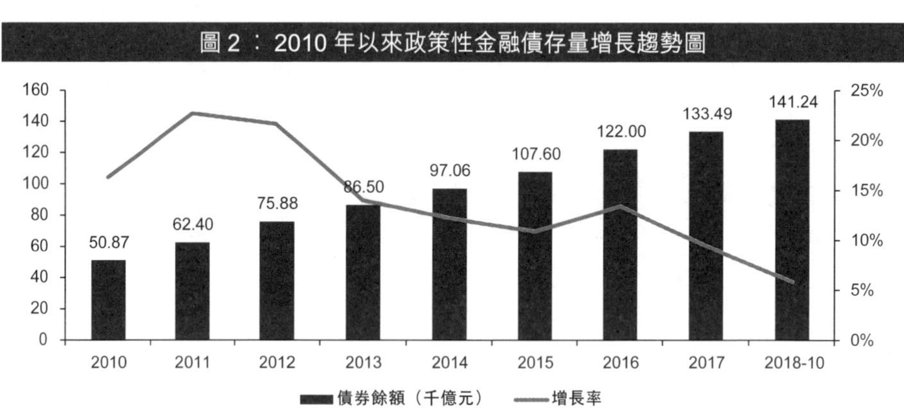

資料來源： WIND。

2 「債券通」應運而生

2.1 互聯互通：與世界接軌

債券市場 20 年發展歷程表明，對外開放是推動市場發展的強大動力，開放推動改革，開放帶來多贏。「債券通」開通便是中國金融市場對外開放歷程中的重要里程碑事件，標誌着中國內地與香港債券市場基礎設施實現互聯互通，中國債券市場與國際債券市場又多了一條重要、便捷、高效的聯接通道。

「債券通」的開通，正值人民幣納入 SDR 後配置需求增加、美國和歐洲處於經濟復甦期的歷史時期。當時，10 年美國國債只有 2.2% 左右的低收益率水平，德國等歐洲地區國債收益率跌至負數，而中國國債卻能保持 3.5% 左右的收益率水平。因而，中國高信用等級利率債對境外投資者具有很強的吸引力，為「債券通」的開通創造了良好的市場環境。

對世界來說，中國的發展一直受到世界關注，也吸引了全球廣大投資者的積極參與。當前，中國經濟進入新時代和新常態，供給側結構性改革不斷推進，顯示出了強大的活力。隨着中國經濟發展質量和效益的雙提高以及資本市場對外開放程度持續提升，「債券通」債券的投資價值突顯。

對中國來說，「債券通」有利於鞏固和提升香港國際金融中心地位，擴大中國金融市場對外開放程度，助推人民幣國際化進程，吸引境內外投資者參與中國經濟建設，分享改革發展成果。

2.2　案例分享：首單「債券通」金融債發行

香港回歸 20 週年之時，中國農業發展銀行於 7 月 3 日「債券通」開通首日的歷史性時刻，公開招標發行共計 160 億元「債券通」金融債券，圓滿完成全球首單「債券通」金融債券的一級發行任務，標誌着「債券通」一級市場籌融資渠道正式開通。其中，首場面向境內外投資者，發行了 1 年期、3 年期和 5 年期 3 隻債券數量各 50 億元人民幣，認購倍率逾 10 倍，創中國利率類債券的歷史峰值；隨後同一日面向境外投資者開闢專場，追加發行了 10 億元人民幣，認購倍率超過 2.5 倍，彰顯了境內外投資者對中國債券市場和「債券通」農發債的高度認可。

中國農業發展銀行是中國債券市場第三大發行主體，其債券信用評級與中國主權一致，年發行量超過 1 萬億元人民幣，債券存量逾 4 萬億元人民幣，具有體量大、期限全、票息適當、流動性高等特性，多年來為市場投資者提供了豐富的、無風險的利率產品及基準參考。同時，中國農業發展銀行發行的債券都是具有高度社會責任屬性的債券，募集資金全部投向「三農」、綠色、可持續發展等領域，兼具社會效益和經濟效益，這與廣大境外投資者的責任投資理念十分契合。正是基於以上重要考慮，中國農業發展銀行被委以重任，自 2017 年 6 月 6 日接到中國人民銀行委任到 7 月 3 日正式發行，在短短 27 天的日夜裏全力籌備首發「債券通」金融債券的相關工作。

同時，還特別考慮內地與香港金融基礎設施聯通的新機制，以及境內外投資者不同的投資習慣等因素，制定了境內外高度融合優化的發行方案。

一是採用公開招標發行的中國債券發行成熟模式。一方面堅持境內公開招標簡便、透明、成熟的高效模式，選擇流動性好的債券品種增發，對繳款時點設置、發行文件編寫等多方面融合改進，維護境內外投資者的共同權益。另一方面中西合璧，兼顧境外投資習慣，分為上午首場價格招標與下午境外追加專場數量招標，兩者創新疊加，最大限度滿足境內外投資者的認購需求。

二是創新採用三個「二合一」承銷模式，即境內承銷與境外承銷形成「境內外二合一」，82 家境內普通年度承銷團員與 7 家境內特別承銷商形成「境內二合一」，境外 2 家全球協調人與 8 家跨境聯席顧問「境外二合一」，既能實現境內外投資者平等參與，共同定價，又能充分發揮境外協調人及跨境顧問的積極性，便於做好境外投資者的溝通及認購工作。

圖 3 ： 2017 年 7 月 3 日首單「債券通」農發債招標流程

三是推進多方位路演營銷，預熱境內外市場。發行前，在上海、深圳地區異地首發農發債及在境內開展路演，使境內投資者了解和接受「債券通」農發債。同時，在定價前一週趕赴香港開展交易性路演，向境外投資者宣介這一創新產品和重大意義，創造首發前境內外良好的市場氛圍。

四是全面做好發行技術準備，切實維護發行人、承銷商和投資者各方利益。全程配合監管部門及發行託管機構完善制度流程，協調境外投資者的資格備案，同時與託管結算機構充分溝通發行和應急方案，緊急完成系統模擬測試，確保發行認購至券款交付環節暢通順利。

2.3　案例分享：首單「債券通」綠色金融債發行

2017 年 11 月 16 日，在打通「債券通」一級發行渠道的基礎上，中國農業發展銀行又創新通過上海清算所，以公開招標方式面向全球投資者成功發行 30 億元「債券通」綠色金融債券。債券期限為 2 年期，募集資金專項用於節能、污染防治、資源節約與循環利用、清潔能源、生態保護和適應氣候變化五大類別共計 61 個項目，同樣獲得了境內外市場充分認可。

近年來，中國大力推動綠色生態發展、提出建設美麗中國、打贏污染防治攻堅戰、實施鄉村振興戰略等重要戰略指南，「綠水青山就是金山銀山」的理念已深入人心。這恰好與中國農業發展銀行的服務領域和客戶羣體高度相關、深度契合。中國農業發展銀行是綠色理念的擁護者、綠色項目的發掘者、綠色金融的推動者，更是綠色債券的發起者和市場建設者之一，曾創新推出存量債券第三方綠色認證、公開發行當時單隻最大規模的綠色金融債券。此次發行「債券通」綠色金融債券是在「債券通」渠道開通和不斷完善後，考慮境外投資者特別是歐洲投資者關於綠色債券的需求，將「債券通」與綠色債券有機聯繫在一起的又一創新之舉。

首單「債券通」綠色金融債券的發行方案除了秉承以往公開招標公平透明的發行模式，又為「債券通」的境外投資者量身特製了一些新元素。例如，實現政策性金融債首次通過上海清算所發行託管，促進多層次中國債券基礎設施架構形成，增強「債券通」託管結算的實踐能力；採用小型跨境承銷團的發行模式，有效發揮 8 家境內承銷商、4 家跨境協調人的境內外協同作用和溝通便捷優勢，充分挖掘綠色債券的投資需求；與中節能諮詢公司合作，創新採用境內和國際雙重標準進行綠色認證，製作中英文雙語報告便於境外投資者參閱等，以最大程度滿足境內外市場融通的需要。

之後，又在2018年兩次續發該隻債券，充分滿足境內外投資者需求，增強債券流動性；並在續發時首創預發行、預招標結合的發行模式，提前發現價格和需求，為投資者量身定製發行規模。

3 中國債市開放發展方向

3.1 基礎設施互聯互通

「債券通」的開通是以基礎設施互聯互通為基礎的市場開放，有效解決了境內託管結算機構國際化程度不足的現狀。相當於搭建了一個海上平台，使境外金融機構可以通過香港這個國際性金融中心進入廣闊的中國債券市場，促進中國債券市場進一步國際化的同時，使境外投資者參與到中國債券市場的建設中來，分享中國債券市場發展的碩果和紅利。未來，「南向通」的適時開通將實現中國債券市場的雙向開放。待「債券通」互聯互通機制充分成熟後，還可借鑒「滬港通」到「滬倫通」的發展方向，促進內地債券市場基礎設施與其他境外基礎設施合作，將「債券通」範圍擴展至全球的重要金融中心。

互聯互通的最大問題還是境內基礎設施之間以及境內外基礎設施之間的有效聯接。「債券通」開通一週年多，各項對外開放有利政策相繼出台，基礎設施聯接技術不斷完善。特別是2018年確認了境外投資者投資境內債券市場利息收入和交易收益三年免稅，實現了「債券通」DVP結算方式落地，為境外投資者投資境內債券提供了一定的政策優惠和操作便捷。但「債券通」發行渠道、託管、結算、繳款等各環節的便利度仍有待提升，需要完善相應機制和規定，並真正落地實施。

3.2　信息披露渠道的暢通

「債券通」債券一般在境內的信息平台作信息披露，承銷商必須為境內有承銷資格的機構，且未實現境內外同時掛牌上市，缺乏國際型交易所信息披露途徑和上市交易場所，境外投資者獲取債券信息的成本較高、渠道較少。為此，可以加強託管結算機構與國際型交易所等境外機構之間的合作，通過建立信息傳輸渠道，將境內優質債券的信息及認購方式披露在活躍的境外專業平台，提供一條可以讓境外投資者了解中國債券本身和參與途徑的便捷渠道，實現信息共享，維護境內外投資者參與認購的公平性和公正性。

目前，中國農業發展銀行已分別與債券通有限公司及盧森堡證券交易所洽談了有關合作事項，實現了境內農發債一級招標發行信息在債券通網站上與境內同步披露，並實現了所有存量農發債信息在盧森堡證券交易所披露。

3.3　做市報價及估值質量的提升

「債券通」境外投資者雖然可以向經批准的境內做市商直接詢價交易，但做市商報價的質量水平、國際化規範程度仍待改善，需要通過建立一定的考核機制和資格標準以提升做市商與境外報價的有效性，還可引入國際編制估值方式和機構，在注重中國特色的同時，打破中國境內單一估值壟斷的局面，提升境外機構參與中國債券市場的積極性，促進估值的科學合理、公開透明，發揮做市商積極合理報價對市場的公平引導作用。此外，應盡快研究並推出境外發行的離岸人民幣債與「債券通」債券合併報價交易，促進境內外人民幣債券二級市場價格趨於一致。

3.4　境外了解中國的重要窗口

債券是金融市場重要的投融資工具之一，投資人投資債券前會對發行人和債券本身都進行全面的評估，包括發行人的經營情況、資產質量、所在國家經濟發展、籌資來源、募集資金使用情況等，來判斷債券違約風險。因此，QFII、RQFII、「債券通」等渠道的開通不僅促進了境內外資金的融通，還成為境外市場了解中國的重要窗口。近兩年來，中國作為世界第二大經濟體、新興市場的代表，受到了全球金融市場的關注，也逐步對全球金融形勢有了一定程度的影響力。中國債券市場的發行人通過信息披露、路演宣介、互動交流等方式與境外彼此了解，增強互信，不僅僅是推銷區區一隻債券，而是展示自身、展示中國經濟發展、實現對外開放的重要過程。金融是經濟發展的重要推動力之一，相信中國債券市場的持續開放，將有益於結識新的合作夥伴，吸引境外市場各方參與中國經濟建設，實現最終的互利共贏。

第10章

中資境外債券的發展意義、品種和流程簡介及政策發展建議

李建民

中銀國際金融產品板塊主管

麥善宇

中銀國際債券資本市場部聯席主管

王衛

中銀國際研究部副主管

吳瓊

中銀國際固定收益研究部聯席主管

1 近年境外債券市場發展情況及趨勢

1.1 中資境外債券發行的重要性日益增加

中資美元債的發行目前佔亞洲美元新發市場份額逾 60%

在國際市場上，中國境外債券的發行近年來呈上升趨勢。2017 年中資發行人在亞洲（日本除外）美元債券市場的新債發行達 1,995 億美元，而 2010 年之前僅為不到 50 億美元。2010 年之前，中國美元債券的發行在亞洲（日本除外）美元債券市場的份額僅為個位數，但這一比例在 2016 年增至 60%，2017 年增至 68%，而 2018 年首 10 個月則增至 71%（見圖 1）。

圖 1：亞洲除日本外美元新債發行量（2004 年至 2018 年 10 月）

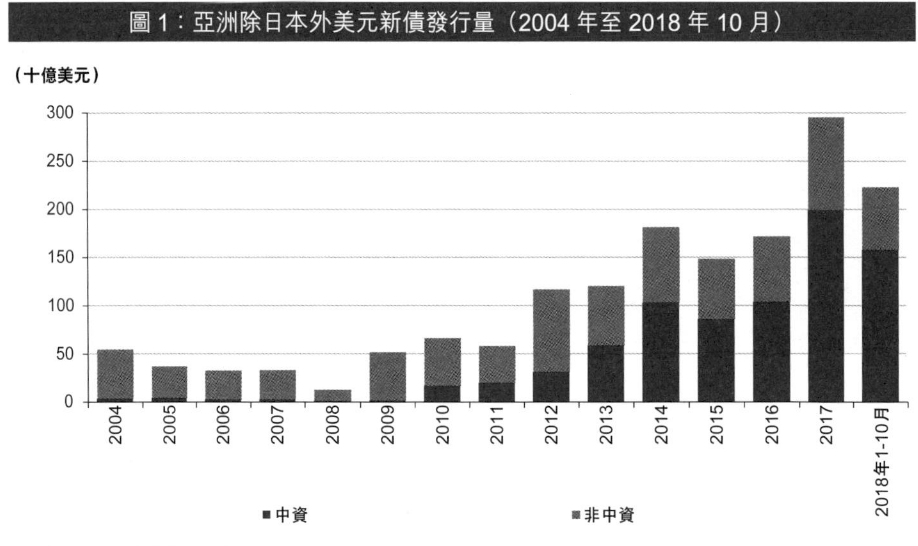

資料來源：中銀國際研究部。

1.2　多種融資主體

更多發行人選擇中資境外債券市場

隨着愈來愈多發行人選擇該市場，中資美元債市場繼續趨向多元化。按行業來看，金融和工業領域至2018年10月底佔市場的主導地位，分別佔有42.6%和34.5%的市場份額，其次是地產行業（17.6%）、公用事業（4.8%）和主權債（0.3%）（見圖2）。

在金融領域中，除銀行外，較新的發行人主要來自非銀行金融機構，包括資產管理公司、租賃公司和保險公司等，受益於這些行業較好的增長前景。同樣地，國內租賃業務的高速發展也使業內企業在離岸資本市場的融資需求不斷增長。

從工業行業發行總量來看，屬於工業領域的能源企業（主要包括石油、天然氣和煤炭）佔9.7%，是傳統的債券發行人，也是佔比最大的羣組之一。近年來，隨着國企改革的推行，一些長期從事對外貿易和海外業務的國企開始利用境外渠道來融資。與此同時，一些領先的中資科技公司和進入離岸市場時間不長的地方融資平台在境外有較為可觀的發行。

在其他主要特徵中，國企發行人佔比很高，達到78%，而民營企業則為22%（見圖3）。

圖2：離岸中資美元債存量按行業劃分

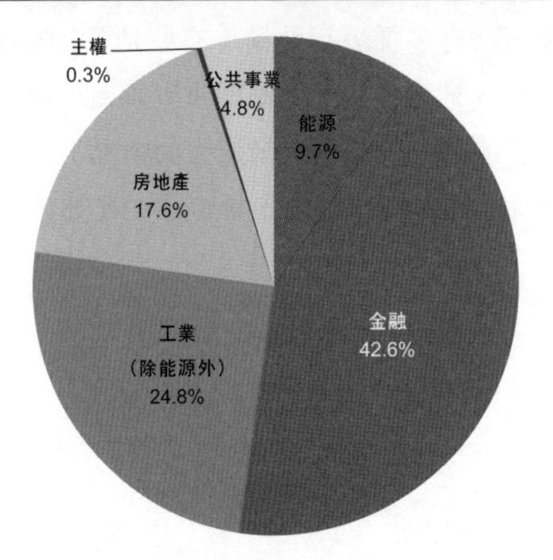

註：至2018年10月底。
資料來源：中銀國際研究部。

圖3：離岸中資美元債存量按發行人類型劃分

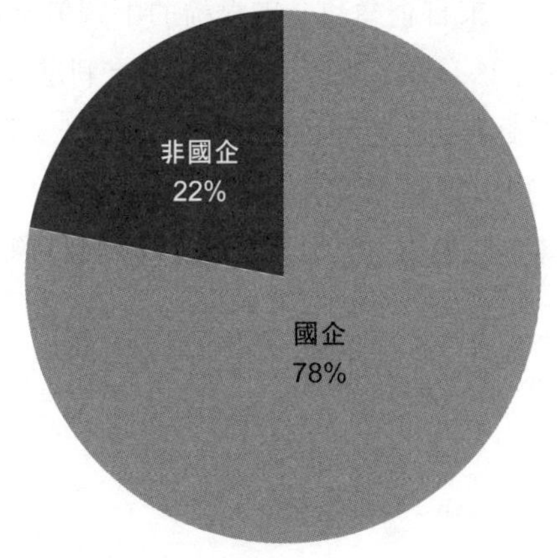

註：至2018年10月底。
資料來源：中銀國際研究部。

1.3 多種產品及發行方式

多種產品

(1) 優先級、次級債和資本工具

就優先權而言，優先級債券，即那些等級等同於同一發行人其他非次級債務的債券在中資境外美元產品中佔據主導地位。儘管金融機構和企業都可以發行次級債，金融類次級債的發行主要是由政策驅動的。自 2013 年中國版巴塞爾 III 規範推出以來，許多內地中資銀行已經發行了巴塞爾 III 規範下的 T2 和 AT1（額外一級資本）債券補充資金。這些資本補充工具已成為面向全球投資者的「中國概念」固定收益投資產品的新品種。另外，中國資產管理公司也會發行 AT1 債券來補充資金。展望未來，鑒於中國監管機構正在起草相關指導政策以鼓勵銀行發行在危機事件中具有吸損能力的證券，總損失吸收能力（TLAC）債務工具不遠的將來可能會在市場首次亮相。

(2) 不同年期與評級的債券、永久債

按年期來劃分，3 年內到期的中資美元債總餘額佔市場餘額的 52%；而 4-6 年期，7-9 年期和 10 年期以上（不包括永久債）分別佔 21%、11% 和 5%，而永久債佔比為 11%（見圖 4）。就評級而言，投資級和高收益級債佔比分別為 66% 和 18%，剩餘 16% 沒有評級。具體而言，Aa、A 和 Baa 評級債券佔比分別約 0.1%、40.4% 和 25.6%，而 Ba、B 和 Caa 則分別佔 9.4%、8.1% 和 0.5%（見圖 5）。

來自企業和金融機構的中資美元永續債具有多種發行結構。有些是「永久固定」息率型永續債，另一些具有利息遞增特性。通常而言，更高的重置息率意味着有更大的可能性行使期權贖回債券，且在「不贖回」的懲罰代價過大的情況下，一些永續債券實際上等同於短期債券。永續債也具有一些混合工具特徵，比如票息累計延遲支付、股利推動、股利制動等。

圖4：離岸中資美元債存量按年期劃分

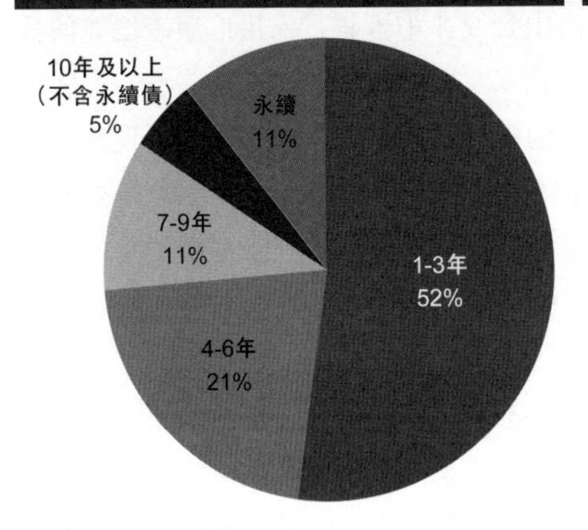

註：至2018年10月底。
資料來源：中銀國際研究部。

圖5：離岸中資美元債存量按評級劃分

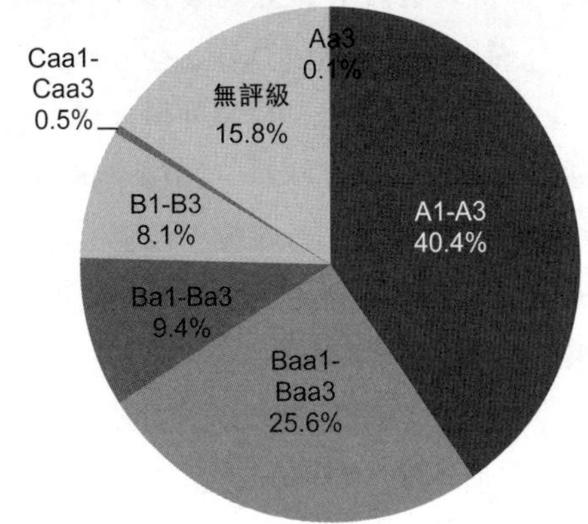

註：至2018年10月底。
資料來源：中銀國際研究部。

(3) 美元債、離岸人民幣債、歐元債

中國有意推動人民幣成為國際貨幣。在境外，從離岸人民幣現價市場到離岸人民幣債券的新的離岸人民幣市場蓬勃發展，也為企業融資和投資者帶來了新的機會。離岸人民幣債券市場自誕生以來，在全球發行人和投資者的參與方面日益豐富，已成為以人民幣融資的國際平台。目前，離岸人民幣債券市場規模約為人民幣3,680億元（不包括離岸人民幣存款證）。

除了較為成熟的離岸美元和人民幣債券市場外，中資歐元債券市場雖然規模較小，也成為企業籌集資金一個較新的途徑。自2013年以來，中資發行人共計發行了約430億歐元債券，其中大部份來自中資金融或投資級／國有非金融企業。

儘管在過去幾年中，這個市場上較低的絕對票面利率一直是一主要吸引力，絕大多數中資企業的發行源於對歐元實際資金的需求，也包括在歐洲收購。展望未來，我們認為中資企業「走出去」和「一帶一路」倡議將有力推動該市場發展。

(4) 多種發行結構：直接發行、擔保、維好、備用信用證

中資發行人可以靈活地根據發行環境和自身需要選擇發行結構。中資境外債券的主要發行結構可以分為四類：(1) 境內母公司或境外紅籌發行人直接發行（「直接發行」）；(2) 境外實體發行並由境內母公司提供擔保的形式增信（「跨境擔保」）；

(3) 境外實體發行並由境內母公司提供維好協議(可附加或不附加項目股權回購承諾)的形式增信(「維好協議」);和 (4) 由中資或非中資銀行備用信用證增強的發行(「備用信用證增信」)。

值得注意的是,與境外債券發行相關的監管法規的發展或會影響中資發行人選擇其發行結構。例如,2014 年 6 月,國家外匯管理局(簡稱「外管局」)修訂了跨境擔保的政策。新政策下,企業提供跨境擔保僅需簡單與外管局事後登記。自那以來,我們看到中資企業跨境擔保支持的境外債券顯著增長。但使用維好協議來支持境外債券都依然流行。

從法律法規角度來看,除直接發行外,不同發行結構所提供的信用增強的力度亦有所不同。與維好協議的結構相比,境內企業擔保提供了償債的直接承諾,被認為是一種更強的信用支持結構。在這種結構下,債券的評級等同於境內擔保人的優先級無抵押債券的評級。此外,中資發行人使用的維好協議的債券也有待通過訴訟的檢驗。因此,維好協議債券的評級通常被穆迪和標普較集團下調一級或兩級,但惠譽無降級。另一方面,備用信用證是針對具體債項的信用增信行為,代表了提供該備用信用證的金融機構對該債項的直接、無條件及非從屬的責任。備用信用證的重要性得到了評級機構的充分認可,被視為所涉債項的全面信用擔保,因而債項獲得了等同金融機構優先級無抵押債的評級。

(5) 特殊類別:綠色債和一帶一路債

綠色債、一帶一路債和資產證券化債都是中資境外債券市場的新興債券類別,很大程度上受益於政府政策的支持。

綠色債:改善現有環境問題已然成為中國政府的首要任務之一。受益於中國積極推動綠色金融,中國自 2016 年以來成為發行「綠色」債券的主要國家。在境外市場上,在中國金融機構和國有企業的帶動下,亦有一系列綠色債券的發行。2017 年,離岸市場佔中國綠色債券發行的 18%。2017 年市場首發了通過「債券通」發行的綠色債券。

一帶一路債:中國「一帶一路」倡議已然成為商貿路線投資和開發的主要推動力,這些商貿路線將中國多個地區與世界緊密相連。儘管一帶一路債券市場處於發展的初期階段,不少中資銀行已在離岸市場發行一帶一路債,以支持「一帶一路」沿線國家的綠色基礎設施建設。2017 年,中國國家主席習近平提議建立「一帶一路」綠色發展國際聯盟。在推動綠色環保的「一帶一路」倡議下，我們預計綠色債券將成為「一帶一路」項目融資的重要工具。

2 中資發行人在境外債券市場融資的考慮及意義

中資發行人在境外進行債務融資的動因大致可以歸為以下兩個方面：(1) 經濟因素：包括降低綜合融資成本、減少匯兑損失等；(2) 政治因素：通過中央及地方政府機構對企業境外融資的政策支持，降低融資相關的時間及溝通成本，提高地方政府及企業政績等，具體分析如下：

(1) 為中資企業降低融資成本

由於境內外債務融資成本存在一定差異，中資企業因此可靈活選擇發行成本較低的市場進行債券融資。2010 年至 2014 年，由於美國、歐洲、日本等海外主要經濟體自 2008 年次貸危機之後均維持寬鬆的貨幣政策，使得境外債務融資成本較低；與此同時，人民幣保持升值趨勢，由此中資企業可以通過配置人民幣資產和外幣負債套利，中資境外債券發行量也隨之大幅增長。然而中國 2015 年 8 月 11 日匯率改革使得人民幣進入貶值週期，以及美國自 2015 年末至今進入加息通道，使得境外債務融資的成本優勢有所削弱，但中資企業仍可根據上述套利原理，利用境外債務融資降低其綜合融資成本。

(2) 為中資企業的國際業務提供本幣融資

近年來，圍繞「一帶一路」倡議和「走出去、引進來」戰略，越來越多中資企業積極拓展國際業務，推動實施海外戰略性資源及市場佈局。在上述背景下，境外債券融資作為中資發行人境外融資的主要手段，為其海外項目實施提供了資金保障。此外，企業可以根據自身發展需要，同時發行多幣種債券，進一步提高融資效率，降低匯兑風險。

(3) 為中資企業有效規避匯率及外匯政策的風險

針對近年來中國由於資本外流帶來的外匯政策不斷收緊，以及由於中美貿易摩擦和其他地緣政治危機造成的匯率波動，越來越多的中資企業，尤其擁有境外資產和業務的發行人通過境外債務融資，降低匯兑損失和外匯政策風險。

(4) 為中資企業豐富融資渠道

公司通過統籌利用國際和國內兩個市場、兩種資源，有效對沖境內外市場波動和週期變化，優化資金結構，增強公司財務平衡和可持續發展能力。其次，公司可以根據中央及地方政府機構對企業融資的政策變化，靈活選擇具有政策優勢的債務融資方式，從而降低融資相關的時間及溝通成本。另一方面，境外債券市場對於募集資金用途的要求相比境內更為寬鬆，一定程度上提高了中資發行人資金使用的靈活性。

(5) 境外發債有利於樹立中資企業的境外聲譽

發行過程中通常會在全球主要金融中心進行路演推介，向境外投資者介紹公司的經營業績，有助增進境外投資者對中資企業的認知，提高中資企業的海外聲譽和影響力。另外，隨着國際評級機構對中資企業的理解不斷加深，越來越多發行人選擇進行國際信用評級，進一步提高了境外投資者對公司的認可度。

3 中資發行人在境外發展所需的相關批准及流程介紹

3.1 發改委備案登記

國家發展和改革委員會（以下簡稱「發改委」）於 2015 年 9 月 14 日發佈實施《國家發展和改革委員會關於推進企業發行外債備案登記制管理改革的通知》，企業發行外債的額度審批，實行備案登記制管理。境內企業若在境外發債且年期在 1 年以上，需向發改委進行事前與事後登記，且上述要求針對所有發行結構。

表 1：發改委登記要素	
事前登記	
登記文件	《發改委備案申請報告》和過去 3 年發行人及增信方的年度審計報告。其中，發改委備案申請報告需列明：(1) 發行人及增信方的基本情況；(2) 發行方案；(3) 募集資金用途及回流安排；(4) 發債的必要性和可行性分析。
受理機構	對於實施外債改革試點的省市，企業需先向試點省市發改委提出備案登記申請，再提交國家發改委；中央管理企業和金融機構，以及試點省市以外的地方企業和金融機構直接向國家發改委提出備案登記申請。
時間要求	在債券正式交割前獲得《企業借用外債備案登記證明》。根據近期市場情況及執行經驗，通常需預留 6-8 週。
事後登記	
登記文件	企業外債信息報送表。按照發改委提供的表格格式，填寫發行主體、註冊所在地、機構代碼、主營業務、行業類別、註冊資本、最近的總資產、淨資產、負債率、淨利潤、外債餘額、發行外債的基本情況及資金回流及使用情況等信息。
受理機構	國家發改委
時間要求	發行結束後 10 個工作日內

3.2　外管局相關事宜

外管局僅針對境內公司直接發行和境內集團公司提供跨境擔保發行的境外債券設有時限登記的要求，時間要求為發行結束後 15 個工作日內。其中：

- 部份公司所在地外管局會有登記要求；
- 如果境內企業選擇採用擔保結構發行，需要向外管局進行事後登記。

3.3　發債流程

中資境外債券的發行流程一般包括：獲得董事會及相關監管的審批→國際評級（選擇性）/ 準備發行文件→宣佈交易並進行路演→簿記建檔、銷售及定價→完成交易及交割。整個流程理論上一般需要 6-8 週；若進行國際評級，一般需要 18-20 週。

表 2：境外債券項目執行示意性時間表

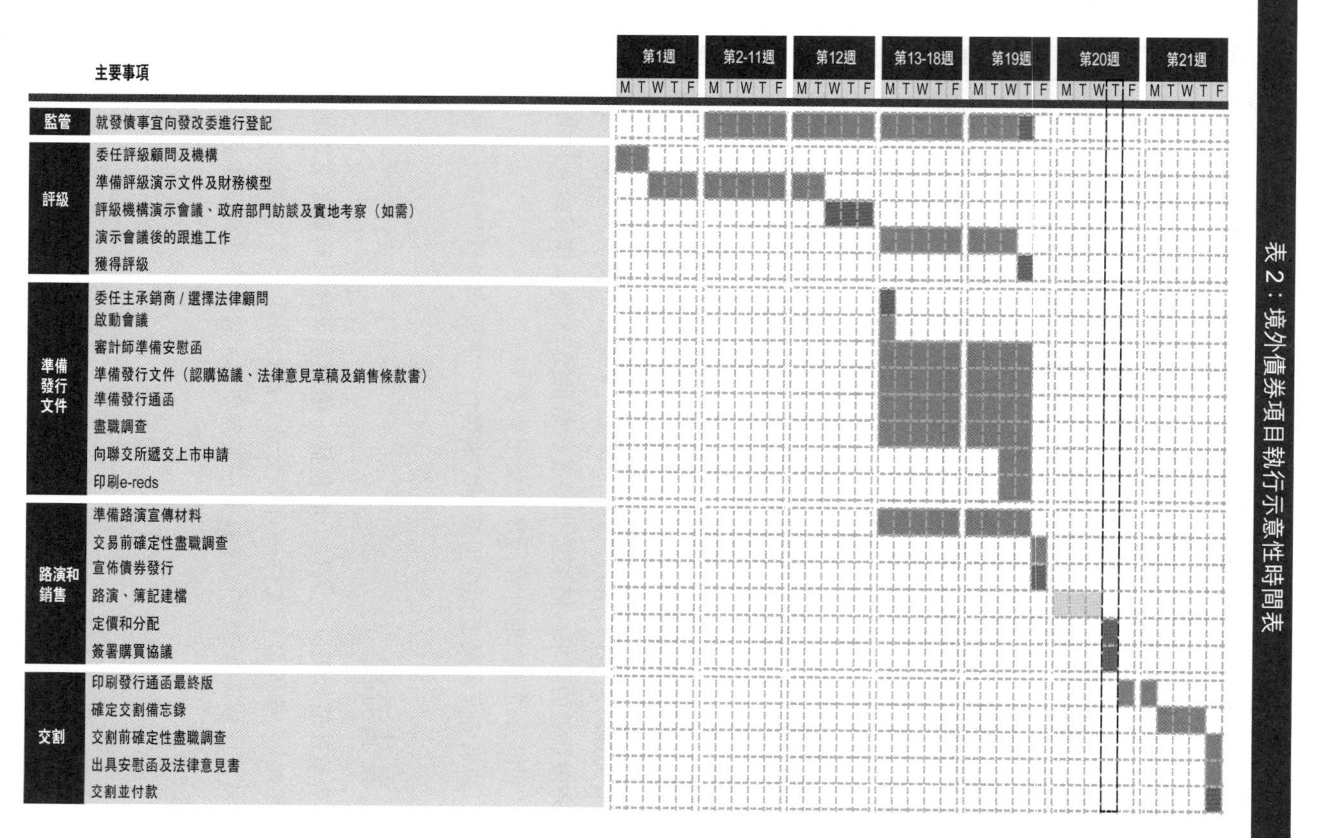

資料來源：中銀國際。

各部份流程的主要工作詳見如下：

- **董事會及相關監管的審批：**發行人董事會決議批准發行境外債券，並向所在地省市發改委或國家發改委申請備案登記，並獲得國家發改委出具的《企業借用外債備案登記證明》。
- **國際評級：**提出評級要求→資料收集→公司管理層會議→評級機構內部份析→評級委員會發出評級結果→通知公司→公佈評級→每年跟進複審
- **準備發行文件：**包括展開盡職調查（包括管理層盡調、中國法律盡調和審計師盡調），草擬發行通函、安慰函、法律意見書、債券條款、代理協議、認購協議等發行文件，以及草擬路演演示材料及投資者問答等路演文件。
- **宣佈交易並進行路演：**S 規則下的境外債券發行人通常選擇在香港、新加坡、倫敦路演；若發行規模較大，會在法蘭克福、蘇黎世等投資者較為集中的城市進行路演。144A 境外債券發行人除了上述路演城市選擇之外，通常還需要在美國進行路演。
- **簿記建檔、銷售及定價：**公司與承銷團討論決定是否公告發行→承銷團向市場公佈初始價格指引→開始簿記建檔、投資者下單→承銷團向市場公佈最終價格指引→投資者訂單分配→召開定價會議
- **完成交易及交割：**包括發行通函定稿、投資者認購、結算前盡職調查、提交法律意見、結算及交割等。

3.4　發債主要中介機構及職責（表 3）

中介機構	職責
發行人	• 提供發行債券所需的信息 • 配合盡職調查 • 審閱發行通函及與其國際和中國律師討論發行文件
主承銷商／簿記行	• 協調其他中介機構 • 設計條款、盡職調查、審定發行通函 • 準備路演推介材料、簿記建檔、定價、配售債券、售後市場支持
發行人國際法律顧問	• 為發行人提供法律顧問服務 • 起草發行通函（業務介紹及有關發行人的風險因素部份） • 審閱法律文件包括票據描述（“DON”）、交易文件（包括認購協議及債券契約等） • 協助債券上市 • 出具法律意見書

(續)

中介機構	職責
承銷商國際法律顧問	• 為主承銷商提供法律顧問服務 • 起草 DON 及其他交易文件（包括認購協議及債券契約等） • 起草盡職調查問題 • 進行文件盡職調查 • 起草發行通函（除業務及有關發行人的風險因素部份） • 出具法律意見書
發行人中國法律顧問／承銷商中國法律顧問	• 提供中國法律顧問服務 • 審閱發行通函，及交易文件中涉及的中國法律問題 • 進行文件盡職調查 • 出具中國法律意見書
會計師	• 出具安慰函 • 針對發行人財務狀況及發行通函中出現的財務信息提供負面保證
信託人／付款代理行	• 代表債券持有人利益，提供債券託管、利息和本金支付服務
信託人律師	• 審閱信託協議和財務代理協議

3.5 境外債券發行涉及的主要法律文件（表 4）

文件	責任方	備註
發行文件		
發行通函	發行人、承銷商、法律顧問	披露及推介文件，包括： • 公司概述及財務信息（3 年財務報表及最近的中期或季度業績報告） • 業務及行業概述 • 票據描述及擔保 • 發行計劃 • 轉讓限制 / 税項
認購協議	承銷商，承銷商法律顧問	承銷商與發行人之間針對購買票據達成的協議
債券條款	承銷商法律顧問	主要債券條款包括票息、年期、限制契約、違約事件
財務支付代理協議	承銷商法律顧問	發行人與代表債券持有人的財務支付代理 / 信託人之間達成的協議
債券契約	承銷商法律顧問	發行人與信託人之間簽訂的契約，評述債權人的權益
完成文件		
安慰函	承銷商、法律顧問、審計師	針對發行人的財務狀況及發行通函中出現的財務信息提供負面保證
法律意見書	發行人及承銷商的法律顧問	為發行人和承銷商提供有關債券發行的法律意見

(續)

文件	責任方	備註
完成文件		
完成備忘錄	承銷商法律顧問	各方遵照簽署發行文件及最終發行通函的各種完成程序

3.6　中資企業境外債券主要發行結構（表5）

中資企業境外債券主要發行結構	
境內公司直接海外發債	
發行主體	境內公司
優勢	規避了跨境擔保及資金回流難題
不足	發行人在境內支付境外投資者利息需承擔10%的預提所得税
境內公司跨境擔保	
發行主體	境外特殊目的實體（SPV）
擔保人	中資企業境內集團
結構簡介	通過中資企業向其境外發行主體提供擔保，達到增信的目的
優勢	• 由境內母公司擔保能提高整體信用度，有效降低融資成本；結構簡單，準備時間較短 • 能加深國際投資者對集團公司的認識，多元化公司的融資渠道
不足	募集的資金不能用於購買主要資產在中國境內的境外公司股權
境內公司提供維好和股權回購承諾	
發行主體	境外SPV
維好協議和股權回購承諾提供方	中資企業境內集團
結構簡介	通過中資企業向其境外發行主體提供維好和股權回購承諾，從而實現增信。如果發行人無法按時付息或償還本金，境內集團會收購發行人的境內項目公司的股權，收購所付資金將匯出境外用以償還利息或本金。
優勢	• 無需外管局登記 • 規避了跨境擔保限額
不足	• 發行結構較複雜，境外SPV需下設境內子公司並持有境內資產以支持股權回購協議的行使效力 • 發行利率相比其他結構較高
境內／外銀行提供備用信用證擔保	
發行主體	境外SPV
維好協議和股權回購承諾提供方	國有四大銀行或境外銀行（多為國有四大銀行在國外的分行）
結構簡介	• 通過銀行向中資企業的境外發行主體出具擔保函或備用信用證，達到增信的目的 • 此外，發行人需要取得至少一家國際評級機構的發行債券評級

(續)

中資企業境外債券主要發行結構	
境內 / 外銀行提供備用信用證擔保	
優勢	• 無需經過任何監管機構審批，發行時間相對縮短，發行額度更為靈活 • 通過備用信用證或保函作為增信工具，其債券評級有很大機會視同於由其銀行發行的債券評級，可有效提升債券信用，大幅減低發行利率 • 公司無需進行向評級機構披露其業務或營運的相關信息
不足	• 發債募集資金回流內地比較困難，大概率觸及銀行跨境擔保或者境內反擔保政策 • 提供增信的銀行會收取保函費，可能高於增信後所節省的利息成本 • 將佔用企業在銀行的授信額度

4 境外債券投資者的特性及考慮

4.1 多元化的投資者構成

我們統計的新債發行的配額數據揭示了中資美元債券投資者構成的情況。我們的研究基於自 2014 年至 2018 年 10 月發行的 715 隻離岸美元債券的配額數據。

按投資者類型劃分，基金（包括資產管理公司和對沖基金）平均佔交易分配的 42%，其次是銀行 33%，保險公司 7%，私人銀行 9%，主權財富基金 4% 和其他（主要是企業）5%（見圖 6）。

比較下，儘管境內債券投資者逐步多元化，商業銀行仍是主要的買家，截至 2017 年底持有超過 65% 的境內債券。而中資美元債券儘管大量由基金持有，但在不同的投資者羣體中分佈更均勻。同時，數據顯示零售投資者通過私人銀行買入是市場的主要投資羣體之一，佔中資美元債券投資中相當大的份額（9%）。而境內債券市場主要則由機構投資者組成。

圖 6：2014 年至 2018 年 10 月中資美元債的新債配額（按投資者類型分佈）

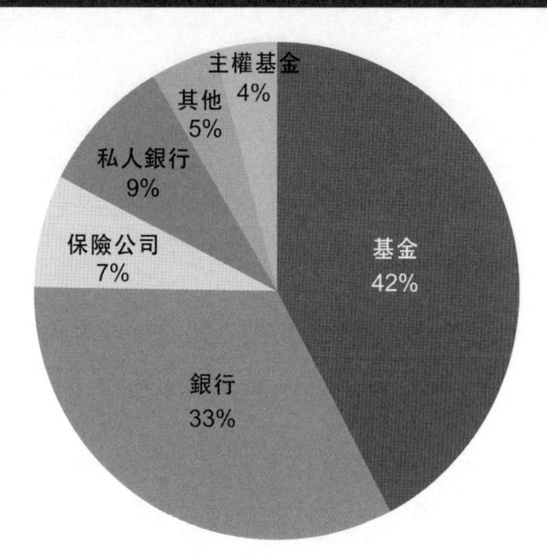

資料來源：中銀國際研究部。

4.2　亞洲主導、國際化特徵鮮明

按地域分佈，亞洲投資者平均佔美元新債發行額的 78%，其次是歐洲投資者 10%，美國投資者 7%，其他投資者 5%（見圖 7）。

與境內債券市場相比，中資美元債券投資者的地域分佈顯示了市場的國際性。這可歸功於亞洲新美元債券市場是一個歷史悠久、全球投資者長期以來一直活躍的市場。相比之下，境內債券市場國際化程度仍然偏低。根據中央結算公司數據的測算，目前境外機構持有的債券規模在境內全市場佔比約 2.6%。儘管如此，我們預計未來幾年隨着市場對外開放程度擴大，外國投資者的參與將實現大幅增長。

圖 7：2014 年至 2018 年 10 月中資美元債的新債配額（按地域分佈）

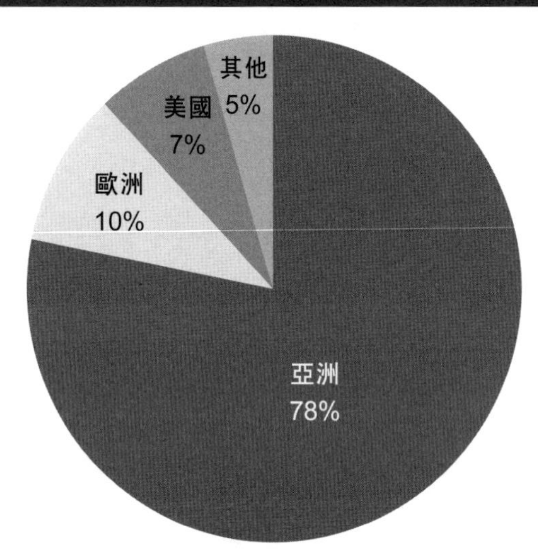

資料來源：中銀國際研究部。

4.3 季節因素

基於 2011-2017 年新債發行的數據，我們對亞洲（日本除外）的美元和離岸人民幣新債市場的季節性週期變化進行了統計分析（見圖 8）。

美元債市場顯示出明顯的季節週期性，大致遵循主要節假日和市場運行表：聖誕節後的 1 月繁忙開張，之後是節慶高峰 2 月和公司年報 3 月的放緩，接着來臨的是每年最忙的 4-5 月份；6-8 月份為夏季淡靜期，然後是夏後衝鋒的 9-11 月份，以趕在 12 月聖誕節年末休整。中資的境外美元新債發行格局仍有幾個顯著差異：不少發行計劃趨於放在前半年段，使得 4-5 月的這個高鋒時段更為繁忙；而 9-10 月份由於「十一黃金週」有所放慢。

除了 12 月發行放緩而積累下來的閘口壓力，「1 月效應」通常會看到基金經理年初對收益較高的債券需求，以為全年回報擺兵佈陣，從而反過來給一級市場帶來氛圍支持。另一市場因素是新興債券市場常見的夏季疲乏症，包括夏季新債發行的減少。此外，8 月中報期也令新債市場比較淡靜。

圖 8：2011-2017 年亞洲美元債的平均月發行的年度百分比分佈

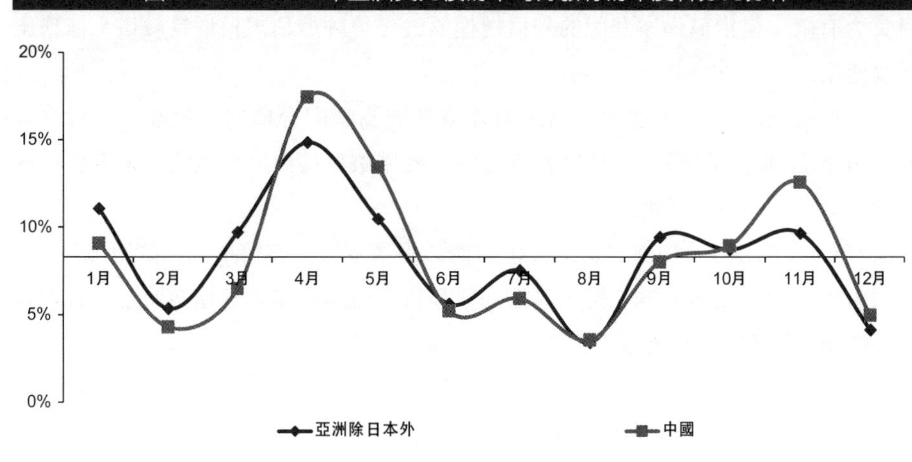

資料來源：中銀國際研究部。

5 相關政策發展建議

5.1 中國國債發行常規化：有利於國企的收益曲線的形成

國債發行計劃應保持國債發行的適度規模、支持國債交易市場的發展，同時進一步提升國債品種的多樣化，長、中、短期相結合。

5.2 債券市場的制度化和市場化的發行審批安排

債券市場的發行審批程序在不斷向制度化和市場化方向發展。自 2015 年 9 月起，發改委啟動實施了企業外債備案登記制管理改革。這是由原來的完全政府審批制度向市場化發展的一個重要里程碑。

外債發行備案登記制為企業的境外債券融資活動提高了便利性和靈活性。近兩年來外債發行的高漲一部份與這個政策的放鬆有關，尤其是推升了房地產、地方政府融資平台等企業外債發行規模。由於這些企業評級情況參差不齊，一些自身實力有限，但申請備案登記的外債規模偏大，境外發債規模增長較快，債務風險快速擴大。

為加強風險防控，強化部門之間外債管理協調配合機制，發改委、財政部2018年5月聯合印發了《關於完善市場約束機制嚴格防範外債風險和地方債務風險的通知》(以下簡稱《通知》)。

《通知》明確了「控制總量、優化結構、服務實體、審慎推進、防範風險」的外債管理原則，從健全本外幣全口徑外債和資本流動審慎管理框架體系、合理控制外債總量規模、優化外債結構等方面着力防範外債風險。

在《通知》的原則性框架下，有關部門正在制定《企業發行外債登記管理辦法》，以補充和完善企業外債申報方式和辦理程序，規範備案登記管理，不搞變相行政審批，防止自由裁量，為企業跨境融資以及企業按真實需求靈活安排發行計劃提供更多便利。同時，完善部門間協同監管機制，以進一步強化監管統籌，加強信用懲戒處罰力度。

進一步完善外債發行登記制的目的是繼續推進證券發行市場化。對企業而言，市場化的債券發行制度有利靈活把握發債時機，按市場規律來自主選擇發債時間和發債批次，有效內外統籌使用外債資金，最後達到降低借貸成本，提高發債的財務和經濟效果。

5.3 境外「一帶一路」債券的可行性及未來發展方向

利用境外債券市場為「一帶一路」建設提供持續有效的資金支持，意義重大。然而，由於存在一系列結構性和制度性問題，在支持「一帶一路」發展的過程中，境外債券市場的作用目前並未得到充分發揮。提升境外發債規模是填補「一帶一路」資金缺口的較好方式。

未來境外「一帶一路」債券可以從主權債務和商業債務兩方面來發展。

政府和非金融企業是「一帶一路」政策推進和落實的主要參與方，它們應是境外債券市場資金支持的重點。但現實情況是，中國政府和境內非金融企業的境外債券融資規模處於較低水平。相反，金融機構為主要的境外債券發行體。

「一帶一路」戰略實施需要大量長期低成本資金作為保障。「一帶一路」沿線國家的金融市場發展程度較低，發行體的信用風險偏高，而當地金融體系無法滿足「走出去」企業的資金需求，而中資金融機構也難以完全覆蓋。另一方面，「走出去」的中資企業信用資質較好，在國內擁有豐富的債券發行經驗，但境外債券發行數量仍較少。如果能夠借助境外債券市場籌集資金，將有利於豐富「走出去」企業的資金籌集渠道，填補資金缺口，彌補沿線參與機構和企業的信用不足，甚至有助減少外匯風險敞口，支持「一帶一路」項目。

從主權債務方面，「一帶一路」主權政府以及其政策性金融機構可以發行「一帶一路」專項債券來支持「一帶一路」項目，其中可以包括資產證券化債券。以主權背景信用發行的債券可以達到較高的信用評級、較低的融資成本，同時為政府對「一帶一路」項目的參與和資助獲取市場資金，為「一帶一路」項目站台助力。同時也能與其他參與方分擔投資風險，分散風險集中度，以及共享經濟效益。這些沿線國發行的「一帶一路」專項債也可以對中國政府和機構投資者開放，吸引中國資金的間接投資。

從商業債務方面，一是通過「一帶一路」參加銀行發行「一帶一路」專項債券，以間接融資的方式為「一帶一路」參加企業提供資金支持。因為商業銀行的信用較好，風控能力較強，抗震基層較堅實、利益導向較明確，充分利用銀行的間接融資渠道為「一帶一路」提供資金支持是非常重要的一部份。

二是通過「一帶一路」參加企業發行債券，在債券市場進行直接融資。「一帶一路」參加企業發債可以充分利用國際開發性金融機構項目授信支持、參與國的主權支持以及商業銀行的信貸支持來增信發行，以降低融資成本，提高投資者信心。

發行的債券可以是多幣種、多市場、多方式。即可以是項目的當地本幣、人民幣或其他主流幣種（如 G3）；可以是當地發行或區域性發行；可以是定向私募或公開發售。對中國政府和企業支持和參與的項目，通過中國的境內或境外人民幣市場發行人民幣債券，更有一舉兩得的效果。一是可以對沖匯率風險，二是助推人民幣國際化，三是進一步為人民幣債券市場擴容。

無論是商業銀行還是實體企業參與「一帶一路」建設，仍需按市場規律辦事，以合理的投資回報、良好的經濟效益和利民的社會影響為成敗的尺子。債券融資也需遵循這些導向。無效或低效，不可持續或影響名聲的項目需要及時前期甄別，減少為政治買單。

「一帶一路」項目的甄選既要看長期效益，也有看短期可持續性。通過優化融資成本，分散融資風險，融入當地經濟發展趨勢，協同當地產業發展方向，支持當地政府民生政策，來達到項目的可預見、可執行、可收穫的經濟效益和投資回報。

5.4 資產證券化債券

雖然近幾年來中國境內的資產支持證券市場發展迅猛，但中資企業在境外發行資產支持證券案例仍寥寥可數。這有多方面的原因。

一是亞洲本身的資產支持證券市場一直發展緩慢，尤其是經歷2008年的次貸危機後，包括亞洲在內的全球投資者對資產支持證券的投資興趣一落千丈，到目前仍是元氣未復。

二是亞洲的債券市場仍處於發展階段，無論是市場的深度和廣度，還是投資者的經驗範疇，均不夠成熟。這也是造成亞洲投資者不太願意涉足複雜度更高的資產支持證券類債券產品。亞洲投資者還需要對這類產品更多的學習和教育。

第三篇

香港固定收益與貨幣產品的金融生態圈構建

第11章

香港國際金融中心：
緣起、核心力和突破點

肖耿

北京大學滙豐商學院教授

香港國際金融學會會長

摘要

在短短的 20 年內，香港已從一個區域性國際金融中心演變成一個世界級的全球金融中心，除了股票市場，香港在銀行、保險、基金、私募投資及直接投資方面也非常活躍，並領先全球。

香港長期核心競爭力的根本來源是「一國兩制」中獨一無二的制度安排以及歷史遺留的、與西方市場經濟制度完全相容的法律、貨幣、金融、經濟、企業、城市及社會制度與管理經驗。香港資本市場在過去 20 多年取得了非常亮麗的成績，但遠遠沒有窮盡其作為一個世界級國際金融中心的潛力。**互聯互通與新經濟企業上市制度改革，將為香港維持其頂尖世界級全球金融中心地位奠定重要基礎。**

未來 20 年，香港在金融領域可實現的突破包括：

（1）港元應該與國際貨幣基金組織的一籃子儲備貨幣 SDR 掛鈎，並成為與 SDR 同等市場價值的一個超主權競爭性貨幣；

（2）以港元或 SDR 計價的債券市場、商品期貨市場將可能與股票市場一樣在香港崛起；

（3）香港會成為首屈一指的人民幣國際化及「一帶一路」融資債務離岸中心。

香港背靠崛起中的中國內地，緊跟西方最發達的經濟金融樞紐，攜手可能是世界上最有競爭力的「粵港澳大灣區」相鄰城市羣，應該能引領世界金融未來的發展潮流。

---

* 註：本文部份內容曾刊發於《中國金融》2017 年第 13 期。

1　香港是一個世界級的全球金融中心嗎？

2018 年 7 月 1 日是香港回歸祖國 20 週年。令人驚喜及欣慰的是，在短短的 20 年內，香港已從一個區域性國際金融中心演變成一個世界級的全球金融中心。根据國際著名的「全球金融中心指數」的綜合評分，香港在十大全球金融中心中排名第四，僅次於倫敦、紐約、新加坡，而上海及深圳目前還沒有入圍。如果按上市公司的市值總額排名，香港股票市場在全球排名第四，僅次於紐約、上海及深圳。

根據香港證券及期貨事務監察委員會（香港證監會）的公開資料顯示，在 2016 年，香港交易所的首次公開股票發行（IPO）籌資金額排名世界第一，達到 251 億美元，不僅超過排名第二（NYSE Euronext，132 億美元）、第四（NYSE，114 億美元）、第五（Nasdaq Nordic Exchanges，79 億美元）及第八（Nasdaq，75 億美元）的四個歐美股票市場，也超過排名第三（上海證券交易所，125 億美元）及第九（深圳證券交易所，71 億美元）的兩個中國內地股票市場。

正由於香港股票市場出眾的融資能力，2016 年中國的滬、深、港三個股票市場的 IPO 合計總額達到 447 億美元，超過上述四個歐美股票市場 400 億美元的 IPO 合計總額。這標誌着中國資本市場的融資能力已經在全球領先，雖然還有不少中國企業，如阿里巴巴，選擇利用除香港以外的海外資本市場集資。

在過去六年，香港市場 IPO 的累計總量超過 1.5 萬億美元，其中一半以上是為中國內地企業在全球集資。2016 年底香港上市公司中 64% 的市值屬於中國內地企業（其中 H 股公司市值佔 21%、紅籌股公司市值佔 18%、內地民企市值佔 24%）。

正由於香港活躍及開放的金融市場，國際投資者可以在中國內地金融市場還沒有成熟之際捷足先登，通過香港市場投資中國創新及成功的企業，如聯想與騰訊。

除了股票市場，香港在銀行、保險、基金、私募投資及直接投資方面也非常活躍，並領先全球。可以說，中國內地在金融業發展方面最希望擁有的制度、能力、實踐及人才，都可以在香港找到。全球百大銀行中，70% 在香港有業務。香港也是首屈一指的全球人民幣離岸業務中心。香港擁有區內最活躍的保險業市場，吸引了全球頂尖的保險公司。中國香港基金管理業在亞洲領先，其資產總額在 2015 年達到 2.2 萬億美元，超過新加坡、澳洲、日本、中國內地及韓國。香港的私募基金業也非常活躍，不僅吸引了大量的海內外資金，更重要的是聚集了一大批融貫中西、熟悉金融與實業的優秀人才。香港對中國內地的直接投資幾十年來也一直領先全球，其中相當部份屬於經過香港轉口對中國內地製造業的外商直接投資，對中國製造業融入全球供應鏈作出了決定性的貢獻。

2 香港世界級全球金融中心是如何煉成的？

香港的金融行業起步於英國統治年代，很早就深深融入了西方國際金融市場，也經歷了無數次的國際金融危機，特別是上世紀 70 年代由石油危機導致的美元脱離金本位、90 年代的亞洲金融危機及 21 世紀初源於美國的國際金融危機。

在上世紀 70 年代初的石油危機時期，港元被迫與英鎊脱鈎，之後改為與美元掛鈎，這種做法有效地穩定了香港的銀行、股市及樓市，為後來迎接中國內地的改革開放及高速經濟增長奠定了基礎。上世紀六、七十年代整個香港的經濟發展水平與廣州接近，許多領域由於規模小甚至不如廣州。但在內地開始實行改革開放政策後，香港的國際貿易及出口加工業迅猛發展，並深深融入珠三角地區，成為全球供應鏈在亞洲的樞紐，為中國內地引進了資金、技術與管理經驗，並將在內地加工的產品出口到世界各地。香港在這段時期迅速發展成一個以貿易、物流、金融、專業服務及地產為主導的全球服務業樞紐，服務業佔本地生產總值（GDP）超過 95%，工資及資產價格也由於生產率的提升而不斷上升。

上世紀 80 年代初，香港回歸「一國兩制」模式的安排基本上穩定了香港未來發展的政治、社會及經濟環境。回歸前後，儘管各界對政治與社會穩定相當擔心，曾經出現人才流失的移民潮，但回歸後的幾年政治與社會比預期要穩定，反而是經濟受到了 1997 年亞洲金融危機的巨大衝擊。

在亞洲金融危機時期，港元及香港的銀行與股票市場受到索羅斯等金融投機者的嚴峻挑戰，但香港監管當局果斷入市干預，在恒生指數從大約 12000 點相對正常均衡的市場水平跌到大約 6000 點時，用香港的外匯儲備資金購買了當時 33 隻藍籌股 10% 的股份，迅速穩定了股市、債市、匯市及樓市。在市場穩定之後，監管當局又巧妙地以「盈富基金」將所有其持有的股票在恒生指數達到大致 12000 點的水平時賣給私人投資者。這次香港監管機構對市場失靈的干預成為了金融監管當局處理系統性風險的經典案例。之後香港進一步完善了貨幣、銀行、證券、樓市及其他金融產品與服務的監管制度。

香港成功處理亞洲金融危機的一個重要背景是當時中國政府以維護中國、亞洲及全球金融與經濟穩定的大局為目的，堅決維護了人民幣兑美元匯率的穩定。這一歷史性的人民幣匯率穩定政策奠定了香港及亞洲其他金融市場穩定與復甦的基礎，並直接促進了之後十年外商通過香港對中國內地製造業直接投資的迅速擴大，改寫了全球供應鏈的地理分佈及運作模式，為之後中國沿海地區的工業化與城市化、中國金融業的起步發展作出了不可估量的貢獻。

有了應對亞洲金融危機的經驗，在 2008 年國際金融危機爆發後，香港的股市及樓市雖然經歷了劇烈的波動，就業與工資也有顯著調整，但並沒有出現金融危機。相反，生命力極強的香港金融市場開始迎接中國內地經濟全面開放及崛起的挑戰與機會，期間的重大利好事件包括中國加入世界貿易組織、香港與內地簽訂更緊密經貿關係的安排以及中國宣佈「一帶一路」全球發展倡議等。

3　香港全球金融中心的核心競爭力

用新制度經濟學的分析框架來看，香港的核心競爭力可以總結為一條：市場交易的邊際制度成本很低。香港的要素成本普遍高昂，如土地、人才甚至資金，因為來到香港後的人才與資金就擁有了流向全球任何地方與市場的自由，如果他們能在其他地方及市場得到比在香港工作、生活及投資更高的回報，他們不會留在香港。

維護香港自由市場基礎設施的固定成本並不低，香港公務員、監管部門的專業人士、警察及社會機構僱員的工資與市場看齊，人數也相當多，但由於香港經濟的極高效率，香港極低稅率下的財政狀況非常健康，幾乎沒有內外政府債務。高昂的固定制度成本得到的回報是極低的邊際市場交易成本，也就是在市場交易量增加時，每單位交易量平攤的制度成本非常低。

邊際交易成本低導致香港經濟一個非常獨特的經濟運作規律：香港經濟增長及要素價格主要由交易量決定。而在短期，香港貿易、金融、專業服務及物流的交易量並不太依賴本地政策，而主要被全球經濟的動態發展主導。中國、美國、亞洲、歐洲及世界任何地方的經濟波動都或多或少影響香港市場，香港經濟可以說是世界經濟的晴雨表，但對本地短期政治及社區問題並不敏感。

香港長期核心競爭力的根本來源是「一國兩制」中獨一無二的制度安排以及歷史遺留的與西方市場經濟制度完全相容的法律、貨幣、金融、經濟、企業、城市及社會制度與管理經驗。「一國兩制」通過維持一個政治、經濟、社會的界線來保障香港可以與中國內地不同。這正是香港的價值泉源。由於香港與內地有一個清楚及嚴格的邊界（「兩制」），香港才可以像一個快艇一樣緊跟西方發達經濟體的航空母艦羣。同時，由於「一國」，香港又可以「近水樓台先得月」（如「內地與香港更緊密經貿關係的安排」），享受內地巨大的市場及物理空間，並充當不可替代的中西方經濟、文化及社會溝通平台。而香港面臨的挑戰也在於如何同時維持「一國」及「兩制」的優勢，並妥善處理「一國兩制」制度安排執行過程中的矛盾及利益衝突。

4 香港作為全球金融中心的潛力：互聯互通與新經濟企業上市制度改革

香港資本市場在過去 20 多年取得了非常亮麗的成績，但遠遠沒有窮盡其作為一個世界級國際金融中心的潛力。

香港交易所在過去三年裏成功推出了具有戰略意義的「滬港通」、「深港通」

及「債券通」，為連接中國內地與全球金融市場構築了一條條風險可控、規模可調、市場共享的金融產品特別通道。香港交易所近年亦收購了倫敦期貨交易所，希望依靠中國內地對商品期貨交易的巨大需求在香港開拓全球領先的大宗商品期貨交易市場。

2014 年，業務主要在中國內地的電商平台「阿里巴巴集團」原打算在香港上市，但香港監管當局為了保護投資者利益並嚴格遵守其傳統的同股同權原則，拒絕了阿里巴巴在香港上市的計劃。阿里巴巴最後選擇在美國紐約交易所上市，其 IPO 集資達到驚人的 250 億美元，創下世界紀錄。失去阿里巴巴的香港股票市場開始反省：如何才能既維護投資者權益又與時俱進適應創新型新經濟對資本市場的新要求，並在與世界其他股票市場競爭中更上一層樓？令人欣慰的是，2017 年 6 月 16 日，也就是失去阿里巴巴上市機會的三年後，香港交易所終於發佈了「建議設立創新板」的公開諮詢文件，開啟了香港資本市場下一步的重大升級的準備。可以預期，一旦有市場需求，升級後的香港交易所應該有能力為 IPO 規模達到 250 億美元的未來中國創新企業在全球融資。

2018 年 3 月，李克強總理在《政府工作報告》中特別提出「粵港澳大灣區」的發展規劃，將香港及澳門特區的未來發展提高到幫助國家進一步開放及發展的戰略層次。「粵港澳大灣區」城市羣包括珠江三角洲各有特色的 11 個城市，其中特別值得關注的有香港特別行政區（世界級全球金融中心）、澳門特別行政區（世界級博彩、會展及娛樂城市）、廣州（中國最重要的內外貿易樞紐）、深圳（中國最具創新、開放及市場精神的經濟特區）以及佛山與東莞（世界級製造業基地）。「粵港澳大灣區」人口規模達到 6,800 萬，超過英國、法國及意大利三國的人口；GDP 達到 13,000 億美元，接近韓國及俄羅斯的 GDP，超過澳洲、西班牙及墨西哥的 GDP。「粵港澳大灣區」的目標競爭對象為紐約、舊金山及東京灣區，其有效整合將為香港維持其頂尖世界級全球金融中心地位奠定基礎。

5 未來二十年，香港在哪些金融領域可實現重大夢想與突破？

港元應該在未來20年內與國際貨幣基金組織的一籃子儲備貨幣SDR掛鈎，並成為與SDR同等市場價值的一個超主權競爭性貨幣。而以港元或SDR計價的債券市場、商品期貨市場將可能與股票市場一樣在香港崛起。香港也能成為首屈一指的人民幣國際化及「一帶一路」融資債務離岸中心。

5.1 貨幣領域：港元與SDR掛鈎

香港目前與美元掛鈎的聯繫匯率制度在過去20年是非常成功的，因為它的制度規則及操作過程簡單透明，實際上是直接採用美國的貨幣政策，即港元與美元的匯率固定在1美元兑7.8港元，而港元的利率也基本與美元利率趨同。因此，香港金融市場的參與者基本上將港元等同於美元。但是，在未來20年，美國的貨幣政策可能會越來越不適合香港的經濟與金融現實，這個問題在國際金融危機之後已經開始暴露。例如，美國的量化寬鬆和零利率貨幣政策就與香港的經濟及金融現實有衝突，導致香港房價由於利率太低而上漲過快。

香港是一個融貫中西的全球金融中心，一旦港元與一籃子貨幣SDR掛鈎，港元的利率就會是一籃子貨幣中每個貨幣利率的加權平均，而權重就是SDR中每種貨幣的權重。這個加權平均利率應該最適合香港的全球金融中心地位。而一旦港元與SDR掛鈎，SDR將立刻具備一個巨大的、有生命的市場，因為以港元計價交易的民間金融與非金融資產會將SDR從一個沒有市場的概念性超主權儲備貨幣演變成一個既有競爭性（其他經濟體，如新加坡，也可以發行與SDR掛鈎的貨幣），又有超主權權威性（由國際貨幣基金組織界定SDR的權重、基準利率及在全球危機時期承擔超主權貨幣最後貸款人的角色）的可交易貨幣。

港元與SDR掛鈎也是平衡中國香港與中國內地、美國、歐洲、英國及日本的經濟金融關係的一個自然選擇，可以大大降低以美元為主要國際儲備貨幣的現有國際貨幣體系的一些內在矛盾與系統性風險，例如，美國將無法通過美元貶值來刺激美國的經濟增長，以致新興市場不得不積累大量美元外匯儲備。

5.2　債券市場：發行以超主權儲備貨幣計價的債券

目前 SDR 的使用範圍不夠廣，無法成為主要國際儲備貨幣。主要障礙來自地緣政治利益，以及幾個發行儲備貨幣的央行（不僅包括美國，也包括歐元區、中國、日本和英國）對 SDR 的重視程度。加密貨幣的出現或許能讓 SDR 的未來發展另闢蹊徑：私人部門目前可以直接與央行合作，創造一種加密 SDR 數字貨幣，或稱「電子特別提款權」（e-SDR），作為計價單位及儲值手段。如果私人部門及市場參與者將 e-SDR 視為一種比其組成成份的國際儲備貨幣波動更小的資產記賬單位，資產管理人、交易員和投資者就有可能採用 e-SDR 為他們的商品和服務交易定價，以及為他們的資產和負債估值。

在香港建立以 e-SDR 計價的債務市場，能夠吸引一些不願捲入儲備貨幣發行國地緣政治博弈中的國家及投資者。跨國企業及國際與區域金融機構應該可以提供所需的 e-SDR 資產供給。在需求端，退休基金、保險公司和主權財富基金可以購買以 e-SDR 計價的長期債務。

從長期看，香港或倫敦等國際金融中心有望成為應用區塊鏈技術發展 e-SDR 貨幣及金融產品的試驗場，並可以通過一些特別互換便利機制提高以 e-SDR 計價資產的流動性。比如，在國際地緣政治越來越複雜多變的時代，以 SDR 計價的超主權貨幣是全球商品期貨市場的理想計價及交易貨幣。中國政府規模龐大的「一帶一路」計劃也有可能用 e-SDR 進行計價及融資。

未來 20 年，要實現港元與 SDR 掛鈎並成為一個競爭性超主權貨幣這一夢想的障礙與對手，我認為不是深圳、上海、北京，也不是倫敦、紐約、新加坡，而是我們香港人自己。從全球發展、「一帶一路」及「粵港澳大灣區」未來建設的大視角看，我認為香港需要思想解放，思考如何將香港打造成一個數一數二的世界級全球金融中心。香港背靠崛起中的中國內地，緊跟西方最發達的經濟金融樞紐，攜手可能是世界上最有競爭力的「粵港澳大灣區」相鄰城市羣，應該可以引領世界金融未來的發展潮流。

第12章

人民幣國際化

洪灝

交銀國際控股有限公司
研究部主管
董事總經理

1 人民幣國際化的前提

根據國際貨幣基金組織（IMF）的定義，貨幣國際化是指某國貨幣越過該國國界，在世界範圍內自由兑換、交易和流通，最終成為國際貨幣的過程。我們認為，人民幣國際化的趨勢在進行中，但距離真正實現，還需要一段相當長的時間和多方面的佈局準備。

首先，一國的貨幣要實現國際化，必須有強大的經濟實力和綜合國力。就國內生產總值（GDP）體量而言，中國已經是全球第二大經濟體。從經濟質量上而言，當前無論從科技公司募集到的投資額，還是從專利申請數量來看，中國和美國在科技以及高端製造業方面的差距都在縮小。隨着中國持續加大對科技研發的投入，中國在包括 5G、人工智能和信息產業等領域逐漸形成一定優勢。2015 年 3 月 5 日，總理李克強在全國兩會上作《政府工作報告》時首次提出「中國製造 2025」的宏大計劃。2015 年 5 月 19 日，國務院正式印發《中國製造 2025》，以期改變中國製造業「大而不強」的局面，從而為人民幣國際化奠定堅實的基礎。但 2018 年以來，美國發起的貿易戰，以打擊高端製造業為根本目的，對人民幣的國際化造成了阻力。

第二，人民幣的匯率需要相對穩定並隨市場狀況在合理區間波動，才能在境外逐步擔當流通手段、支付手段、儲藏手段和價值尺度，從而由國家貨幣走向區域貨幣、再走向世界貨幣。這就要求中國無論政治上還是經濟上對內要高度的統一，嚴守貨幣紀律。此外，經過近幾年發展，中國經濟對外貿的依賴度在逐步降低，貿易順差只佔 GDP 的 2%-4%。對美國的出口依賴程度也在大幅下降，目前只有 18% 左右。面對外圍的壓力和美國經濟下行的潛在風險，中國可以更加側重於內向型發展戰略，維持經濟運行的相對平穩和匯率的相對穩定。相信因為對美國的出口依賴程度遠低於當年日本的 35%，人民幣不會重演當年日圓對美元超過 60% 的升值。人民幣的走勢與央行的資產負債表及中國經濟週期相關。隨着遏制影子銀行和去槓桿進程的推進，中國央行資產負債表的增長將放緩。這與中國的三年經濟週期是同步的，人民幣面臨貶值壓力，但從央行的態度和中國的全口徑外債餘額和外匯儲備量比例估算 61%（2018 年 6 月末全口徑外債 18,705 億美元除以中國 10 月外匯儲備 30,531 億美元）來看，人民幣也不會單邊大幅貶值。

2 人民幣國際化在曲折中前進

人民幣匯率在其市場化形成機制方面，雖然仍有一定政府干預的特徵，但制度上已取得明顯進步。一方面，隨着人民幣匯率市場化改革逐步推進，人民幣的波動幅度逐步擴大。1994 年人民幣對美元匯率日內浮動幅度是 0.3%，2007 年擴大至 0.5%，2012 年擴大至 1%，2014 年 2 月，這一幅度擴大到 2%，這是改革推進的重要一步。預計未來幅度還將進一步放開，最終實現完全的自由浮動。另一方面，隨着香港這個人民幣離岸金融中心的建立，人民幣的在岸匯率（CNY）與離岸匯率（CNH）之間的偏差已顯著縮小。

從戰略來看，人民幣國際化是中國金融市場的全面開放。初步的看點是資本賬戶自由兑換，離岸金融中心建設。人民幣國際化最大的特點在於，其初步階段是與資本賬戶自由化同步進行的，兩者之間並沒有必然的先後順序，這樣的經驗在國際範圍內都是很少的。在資本賬戶達到一定開放程度之前，對外貿易的跨境結算是人民幣輸出的重要渠道。此外，「一帶一路」倡議追求的政策溝通、設施聯通、貿易暢通、資金融通、民心相通，為推進人民幣國際化創造了良好條件。該倡議的實施，為人民幣的區域使用及全球推廣提供了更廣泛、更便利的機會，是人民幣國際化重要的推動力量。

2015 年 8 月人民幣主動貶值以後，離岸人民幣存量從 1 萬億變成了 5,000 億，流動性急劇縮小。但可以留意到，從 2017 年 1 月到 2018 年 9 月末，香港人民幣存款餘額回升 20% 至約 6,000 億元。同時，環球銀行金融電信協會（SWIFT）在電郵公告中發佈數據。2018 年 7 月份 SWIFT 人民幣全球交易使用量升至 2.04%，人民幣在全球支付貨幣中的使用排名為第五位，與 2017 年相同。而美元在全球支付市場的份額下降至 38.99%，是 2 月以來的最低水平；歐元所佔份額上升至 34.71%，創下 2013 年 9 月以來的最高水平。英國在使用人民幣的經濟體中排名第二（位列香港之後），佔人民幣結算貿易交易的 5.58%。

3 人民幣國際化的好處和必要性

配合國家「走出去」的戰略和實體經濟「走出去」的步伐，人民幣跨境使用的發展和香港、新加坡、倫敦等人民幣離岸金融中心的形成，將為境內企業進入國際市場進行人民幣直接融資創造有利條件。通過發行人民幣債券、人民幣股票、權證等離岸融資工具，獲取低成本資金以補充資本。

深層原因是中國經濟的國際化趨勢，中國實體經濟的國際化已邁出較大步伐，國際貿易觸角已延伸至全球各地，對外投資快速發展。人民幣國際化正是中國金融業走出去的核心命題之一，也是中國經濟與世界接軌的必要條件。一方面人民幣跨境使用範圍的擴大、地域的延伸，將為中國企業「走出去」提供有力的支撐，以人民幣為計價基礎的對外貿易、跨境投資、海外併購、境外援助與援建項目等全球化經營活動能夠更有效地開展。另一方面人民幣國際化可以減少不同幣種的結算環節，有利於避免跨境業務的匯兑損失和匯率波動風險。

縱觀近現代金融發展史，貨幣一直處於金融體系的核心位置，是一國綜合經濟實力和國際影響力的象徵。昔日的英鎊、今日的美元，無一不是以經濟實力支撐貨幣核心、以貨幣權力掌控全球市場。隨着中國綜合國力的不斷增強，人民幣在國際市場的地位勢必相應提高。而中國要想在國際經濟金融事務中不處處受制於人、謀求更大的話語權和影響力，僅僅靠「雄厚」的美元儲備或增加在國際組織中的少量話語權是遠遠不夠的，也十分有必要追求人民幣的國際化、不斷提升人民幣在國際金融體系中的使用率和影響力。人民幣跨境使用需求越來越大，離岸人民幣業務自然要發展。

4 債券通

債券市場的發達程度決定着該國金融市場的發展深度和資源的配置效率，許多金融產品和工具的風險定價都依賴債券市場所形成的收益率曲線（特別是國債收益率曲線），即國債收益率曲線是整個金融市場風險資產的定價基準。

「債券通」的「北向通」先開通，是因為內地的債券市場比較有深度。對於「南向通」，債券種類的選擇、收益率和流動性都不是很好。2015年8月人民幣主動貶值以後，離岸人民幣從1萬億變成了5,000億，流動性急劇縮小，暫時開通「北向通」，給國際投資者更多的投資機會。

外資對人民幣資產的增持通道不斷拓寬，還要得益於債券市場對外開放政策的日益完善。中央國債登記結算有限責任公司（下稱「中債登」）披露的數據顯示，2018年8月境外機構在中債登託管的人民幣債券餘額為14,120.84億元，當月增持量達580.07億元。這是境外機構連續第18個月增持人民幣債券，倉位較2017年同期增長64.70%。

「滬港通」、「深港通」和「債券通」實現突破，為下一步人民幣資本項目可兑換提供新的方式。同時，債券市場開放推動了人民幣從計價貨幣到結算貨幣及儲備貨幣的演進，是推動人民幣國際化的重要步驟。

5 中國債市投資意見

考慮到人民幣國際化、資本賬戶開放等因素，未來外資參與內地債市尚有巨大空間。匯率只是回報的一部份，匯率波動不是投資者進行資產配置時所擔憂的問題。同時，考慮到2018年的政策工作的重點之一是「防風險」，隨着違約潮的發展，貨幣政策工具可能在2018年晚些時候釋放，以確保守住這一政策底線。因此，我們認為債券違約應是局部事件，總體風險可控。

5.1 持有至到期

對於長期投資者來說，美債長期收益率上行趨勢已經逆轉，中國可能是為數不多還有高收益、高評級投資標的的國家。因此對中國的主權債和信用資質良好的國企發行的債券，可以考慮持有至到期。因為國企在經歷了過去兩年供給側改革的洗禮後，產能過剩大大緩解，盈利能力更加穩健，再融資優勢明顯。另外，2018年8月30日，國務院常務會議決定，對境外機構投資境內債券市場取得的利息收入，暫免徵收企業所得稅和增值稅，政策期限暫定三年。同年8月31日，債券通交易分倉功能正式上線。從免稅政策角度來看，美債收益也是免稅的，該項措施讓境外投資者可從同一水平上來對比中美投資機會。

5.2 交易策略

對於意圖從交易債券獲利的投資者來說，需要密切跟蹤發行人的財務狀況和評級狀況，可以從未來業績有穩定增長的行業中挑選被上調評級潛力大的公司債，提前買入並等待利好發生獲得價格上漲帶來的收益，反之亦然。雖然目前民企風險較大，但上市公司中不乏好的投資標的債券。但需要避免一些前期投資風格過於激進、槓桿率過高的企業無法通過發債借新還舊，以避免債券違約。

5.3 衍生品套利

(1) 期現套利

由於國債期貨採用實物交割，且臨近到期日時期貨價格會趨同於現貨價格，可以通過尋找CTD（Cheapest to Deliver）債券作為交割物，以最經濟的形式完成期貨交割，獲取基差收益。類似的，通過賣出高基差債券的方式也可以捉住期貨與現貨微小定價差異的機會。該策略主要的風險在於CTD債券不是不變的，且持有國債期貨可能發生保證金不足爆倉的情況。

(2) 跨期套利

對於同一個期貨品種，不同期限到期的合約具有不同的價格，稱之為期限結構。對於國債期貨，任意兩個合約之間的價差主要由利率和融資成本決定。假設這兩者穩定的前提下，兩個合約價差應具有均值回歸的特點。因此當價差（遠期期貨價格減近期期貨價格）較大時，可做空遠期期貨，做多近期期貨；反之則做多近期期貨，做空遠期期貨。對於跨期套利而言，主要的風險來自於利率和融資成本的大幅變動，以及期貨合約流動性不足這兩個方面。

(3) 跨品種套利

中國目前上市的國債期貨有三種，分別是2年期、5年期和10年期。三者價格存在較高的相關性。對於三者中任意的配對，可認為價差存在均值回歸的特點，並進行對應的交易。然而由於品種不同，均值回歸特性相對於前面兩種交易策略是較弱的，具體交易時需要對市場的基本面進行深入的考察。

6 對沖工具

中國利率市場化改革令利率波動增加，投資者可以選擇以利率掉期做對沖用途。人民幣匯率的市場化改革令外匯風險增加，市場透過買賣外匯衍生品作為對沖。另外，由於國際貿易、「一帶一路」倡議基建項目以致內地企業發展國際業務，進而內地金融機構的資產負債表中，以外幣計價的佔比不斷增長。內地的金融機構會選擇用境內場外市場上的風險管理工具，以及與境外機構進行場外利率及外匯衍生品交易，為其日益增加的外幣資產作對沖。

在中國人民銀行和國家外匯管理局監督下的中國外匯交易中心（CFETS）所運營的場外衍生品市場中，有早期的債券遠期合約和後來發展起來的外匯、利率及信貸衍生品（遠期、掉期、期權、國債期貨等），供不同的投資者選擇。香港的場外市場有人民幣外匯現貨、遠期、掉期及期權等，香港交易所提供包括人民幣期貨、期權、國債期貨在內的場內交易產品，可便利境外參與者對沖持有的中國債券資產及外匯波動風險。

具體結算時，香港交易所場外結算公司可以接受中國註冊成立的內地銀行透過香港分行成為直接結算會員，令內地銀行經過香港分行直接結算。這就為內地銀行提供了一個更便利、成本更低的場外衍生產品中央結算方案。

7 人民幣國際化仍需解決的問題

目前人民幣國際化已經進入了貨幣國際化的第三階段——使人民幣成為其他國家可接受的交易、投資、結算和儲備貨幣。但第一階段經常項目下的國際收支實施自由兑換和第二階段資本項目自由兑換，在面臨人民幣匯率有貶值壓力的環境下，依然未能完全實現。

在市場發展初期，回流機制的建立完善是關鍵。在歐洲美元市場形成的初期，資金循環流動類型以「純雙向」及「淨流入」為主，美國持續不斷地從歐洲各美元充裕國家借入美元，正是美國國內投資者對於美元回流的巨大需求支持了市場的發展。人民幣的回流機制的真正建立還需要時間。

在歐洲離岸美元的發展過程中，作為第三方需求的石油美元的作用不容忽視。如何為人民幣尋找可以賴以結算大宗商品標的也非常重要。

中國需要與其他國家央行合作，能為資金來源提供重要支持。20 世紀 60 年代，美聯儲與歐洲各國央行簽署了貨幣互換協議，而歐洲各國基於利潤或者貨幣控制的考慮，將巨量美元投入市場，成為當時市場上主要的美元供給方。

第13章

離岸人民幣產品及風險管理工具

—— 互聯互通機制下孕育的香港生態系統

香港交易所
首席中國經濟學家辦公室

摘要

隨着內地金融市場持續開放、人民幣進一步邁向國際化，市場漸漸興起林林總總的離岸人民幣證券及衍生產品。香港在 2003 年獲內地政府批准試辦人民幣業務，是世界首個開展離岸人民幣業務的市場。此後在內地政策開放兼中央政策的支持下，人民幣金融產品在香港開始盛行。現時在香港交易所上市的人民幣產品計有債券、交易所買賣基金、房地產投資信託基金、股本證券以及人民幣貨幣及大宗商品的衍生產品等。

人民幣證券品種當中，以人民幣債券在世界各地交易所上市為數最多，但其交投大部份於場外市場進行。在以離岸人民幣交易的證券及人民幣衍生產品方面，香港交易所可説是走在其他主要交易所之前，所提供的產品數目最多，成交也相對活躍。在人民幣證券方面，只有其他數家交易所有提供數隻除債券以外的人民幣證券，但很少甚至沒有成交。另一方面，人民幣貨幣期貨和期權倒是相當受歡迎的產品，世界各地多家交易所都有提供。然而，這些人民幣衍生產品的交投大都集中在香港交易所和另外兩家亞洲交易所。

透過「滬深港通」和「債券通」的北向交易，環球投資者可在香港投資於內地市場的合資格人民幣證券，其可於離岸買賣的人民幣產品種類因而進一步拓寬。統計數據顯示，環球投資者對通過上述市場互聯互通機制從離岸進行人民幣產品交易的興趣日益增加，而與此同時，香港的人民幣衍生產品交易活動亦因應相關風險管理需要而同見增長。就這樣，香港的人民幣產品生態系統便逐漸成形並發展起來。

內地與香港市場互聯互通機制可以擴容調整，意味着環球投資者可在香港進行交易的合資格在岸人民幣產品類別和產品數目均有機會擴大。在當局大幅放寬外資參與在岸人民幣衍生產品市場之前（現時在岸人民幣衍生產品的供應及產品種類仍甚為有限），市場亦要先行發展出多種多樣的離岸人民幣風險管理工具（包括人民幣股本證券衍生產品、定息或利率衍生產品以及貨幣衍生產品），方可配合全球市場的人民幣產品交易。在市場互聯互通機制的有利配套下，若再加上所需的政策支持，香港的人民幣產品生態系統料可蓬勃發展，形成產品豐富、交投活躍、在岸與離岸市場互動愈趨緊密的興盛局面。

1 離岸人民幣產品市場的興起與發展

1.1 政策舉措推動離岸人民幣產品發展

2003年11月，中國央行中國人民銀行（人行）與香港金融管理局（金管局）簽署了備忘錄，准許香港銀行開辦個人人民幣業務。香港於2004年正式開展人民幣業務，是首個有金融機構試辦人民幣業務的離岸市場。初期服務範圍只限於匯款、兌換及人民幣信用卡。到2007年1月中國國務院批准香港擴充人民幣業務，允許內地金融機構在港發行人民幣金融債券，香港始出現人民幣投資產品，最先是人民幣債券（俗稱「點心債」）的發行。有關此國策的實施辦法[1]於2007年6月頒佈，同月稍後一家內地國營政策性銀行即在港發售首隻人民幣債券[2]。

及後政策進一步放寬，香港人民幣債券市場提速發展。2010年2月，根據政策釐清文件[3]，香港人民幣債券的合資格發債體範圍、發行安排及投資者主體可按照香港的法規和市場因素來決定。同月，人行批准金融機構就債務融資在港開設人民幣戶口，這使香港得以推出人民幣債券基金。2011年10月再有新規則容許以合法渠道（例如境外發行人民幣債券及股票）取得的境外人民幣在內地作直接投資[4]。隨着內地政府中央政策的進一步支持[5]，香港場內場外的人民幣金融產品蓬勃發展，不再只限於人民幣債券。

與此同時，內地政府繼續致力推動人民幣國際化，建基於內地金融市場的進一步開放。2010年，人行開始接受合資格境外機構使用離岸人民幣投資於中國銀行間債券市場[6]，2015年起再推出其他開放措施進一步提高這類機構的參與度。此

---

1 人行與國家發展和改革委員會（發改委）於2007年6月8日聯合頒佈的《境內金融機構赴香港特別行政區發行人民幣債券管理暫行辦法》。

2 由國家開發銀行發售的兩年期人民幣50億元人民幣債券，票面息率3%，至少20%售予散戶投資者

3 金管局《香港人民幣業務的監管原則及操作安排的詮釋》，2010年2月11日。

4 人行頒佈的《外商直接投資人民幣結算業務管理辦法》；商務部頒佈的《關於跨境人民幣直接投資有關問題的通知》。

5 2011年8月，時任國務院副總理李克強於訪港期間公佈一系列有關香港發展的中央政策。具體而言，國家將提供政策支持香港發展成為離岸人民幣業務中心，包括鼓勵香港發展創新的離岸人民幣金融產品、增加赴港發行人民幣債券的合格機構主體數目，並擴大發行規模。2012年6月，內地政府正式宣佈一套政策措施，加強內地與香港之間的合作，包括支持香港發展為離岸人民幣業務中心的政策。

6 人行《關於境外人民幣清算行等三類機構運用人民幣投資銀行間債券市場試點有關事項的通知》，2010年8月16日。

外，2002 年出台的合格境外機構投資者（QFII）計劃進一步延伸，於 2011 年推出人民幣合格境外機構投資者（RQFII）計劃，使境外投資者可使用離岸人民幣投資於內地境內的金融市場（包括中國銀行間債券市場及股票市場）。2014 年 11 月，內地與香港股票市場交易互聯互通機制正式推出，滬港股票市場交易互聯互通機制（「滬港通」）率先開通。透過「滬港通」，境外投資者可以買賣在上海證券交易所（上交所）上市的合資格證券（「滬股通」），內地投資者則可以買賣在香港聯合交易所（聯交所，香港交易及結算所有限公司（香港交易所）旗下經營證券交易業務的公司）上市的合資格證券（「港股通」），當中涉及的交易及結算分別由投資者所屬當地市場的相關平台自行處理。2016 年 12 月，聯交所與深圳證券交易所（深交所）之間相類的互聯互通機制——深港股票市場互聯互通機制（「深港通」）——也正式開通。（「滬港通」與「深港通」合稱「滬深港通」。）及至 2017 年 7 月，中國內地與香港債券市場交易互聯互通機制（「債券通」）亦順利啟動，先行推出「北向通」，日後再適時研究擴展至「南向通」。

隨着離岸與在岸市場的互聯互通日益緊密，香港的離岸人民幣金融體系亦愈見活力滿盈。

現時，在聯交所上市的人民幣證券（以人民幣進行交易的證券）包括債券、交易所買賣基金（ETF）、房地產投資信託基金（REIT）和股本證券，其他海外交易所也有類似的人民幣證券上市買賣，但種類不及聯交所多。此外，透過「滬深港通」及「債券通」（統稱「互聯互通機制」）的北向交易，離岸人民幣在金融市場上的應用已大大擴寬，香港市場上來自世界各地的投資者可在中國內地以外地方買賣的人民幣證券類別亦因此而大有拓展。（見下文第 2 及第 3 節。）

1.2 人民幣國際化進程衍生離岸人民幣風險管理需求

今天人民幣積極走向世界、終極目標是成為一個集交易貨幣、結算貨幣兼儲備貨幣於一身的貨幣，在這進程上，人民幣的匯價難免會由市場力量所決定。於 2015 年 8 月 11 日，人行採取政策性措施，改革銀行間外匯市場上人民幣兑美元匯率中間價的形成機制，促使人民幣匯率更趨市場化。經此匯改後，人民幣於翌年（2016 年）10 月 1 日獲國際貨幣基金組織納入其特別提款權的貨幣籃子。此後，市場報道指多個國家的央行機構（新加坡金融管理局、歐洲中央銀行、德國聯邦銀行和法國中央銀行）均陸續將人民幣加入其外匯儲備中[7]。基於人民幣已是特別提款權貨幣，並已晉身為世界第8大的國際支付貨幣（2018年9月數據，全球佔比1.10%）[8]，預計其他國家的外匯儲備也會陸續加入人民幣。

為於人民幣漸次走向國際化的進程中向市場提供貨幣風險管理工具和投資工具，香港交易所於2012年9月推出其首隻人民幣衍生產品——美元兑離岸人民幣期貨。到今天香港交易所的人民幣衍生產品組合已包括人民幣兑多種外幣的貨幣期貨及期權以及大宗商品期貨。（見第2節。）

在香港交易所以外，至少還有10家海外交易所也有提供人民幣衍生產品交易，當中大部份是人民幣貨幣期貨及期權。事實上，芝加哥商品交易所（CME）早於2006年6月已推出其以在岸人民幣為單位的中國人民幣兑美元期貨，只是交投甚少。（見第3節。）

除人民幣貨幣衍生產品以外，其他海外交易所少有就其他相關資產提供以人民幣為單位的期貨及期權產品。觀察中只有杜拜黃金與商品交易所（杜拜商交所）有提供上海黃金期貨合約，合約按上海黃金交易所（上金所）發佈的「上海金」基準價並以離岸人民幣現金進行結算。

對照香港與海外市場所提供的人民幣衍生產品及相關交投活動，可見人民幣匯價愈益開放，全球投資者對人民幣匯率風險管理工具的需求亦相應激增。儘管中國是許多重要大宗商品的主要進口國[9]，人民幣在全球大宗商品的定價能力仍然有限，世界各地交易所以人民幣為單位的大宗商品衍生產品亦不多見。此外，有見環球投資者經債券通買賣內地債券日趨活躍，全球市場料將愈來愈需要人民幣定息或利率衍生產品去對沖相關持倉，這方面的需求當會不斷增加。參與內地境內衍生產品市場交易尚未能全面滿足這些需求[10]，離岸人民幣利率對沖工具對全球投資人士而言將會變得極其重要。

總的來説，人民幣貨幣衍生產品是現時最受追捧的離岸人民幣衍生產品；人

7　根據2016年6月至2018年1月期間的傳媒報導。

8　資料來源：SWIFT RMB Tracker（2018年9月）。

9　例如：中國的鐵礦進口佔全球進口總量百分比已由2000年的14%升至2016年的67%；中國的原油進口佔全球進口總量百分比亦由2009年的11%升至2017年的19%。（資料來源：Wind。）

10　依照人行2016年6月21日發出的「債券通」措施《內地與香港債券市場互聯互通合作管理暫行辦法》，境外投資者可經「債券通」進行北向交易的合資格證券為中國銀行間債券市場上所有現券，並不包括債券衍生產品。只有境外儲備機構方可於中國銀行間債券市場買賣債券遠期、利率掉期、遠期利率協議等債券衍生產品。

民幣大宗商品衍生產品則尚待發展，始終人民幣在國際大宗商品市場的定價能力仍在建立之中；而離岸人民幣定息及利率衍生產品預期會隨着全球投資者持有愈來愈多人民幣資產而蓬勃發展。至於人民幣股本證券衍生產品，雖然離岸市場目前並未有提供，但隨着人民幣股本證券的跨境環球交易有增無減，預期市場對這類衍生產品亦將有殷切需求。

2 香港的人民幣產品組合

2.1 證券產品

香港證券市場首隻人民幣債券於 2010 年 10 月 22 日上市。翌年（2011 年）接着有首隻人民幣 REIT 上市，到 2012 年再陸續迎來首隻人民幣 ETF（黃金 ETF）、首隻人民幣股票以及首隻人民幣認股權證上市。於 2018 年 9 月底，香港上市的人民幣證券合共 134 隻，當中大部份都是人民幣債券。有關香港交易所旗下證券市場（指聯交所市場）推出人民幣證券產品的時序以及人民幣證券數目的增長情況分別見下文圖 1 及圖 2。

圖 1：香港交易所推出新人民幣證券產品的時間表（截至 2018 年 9 月）

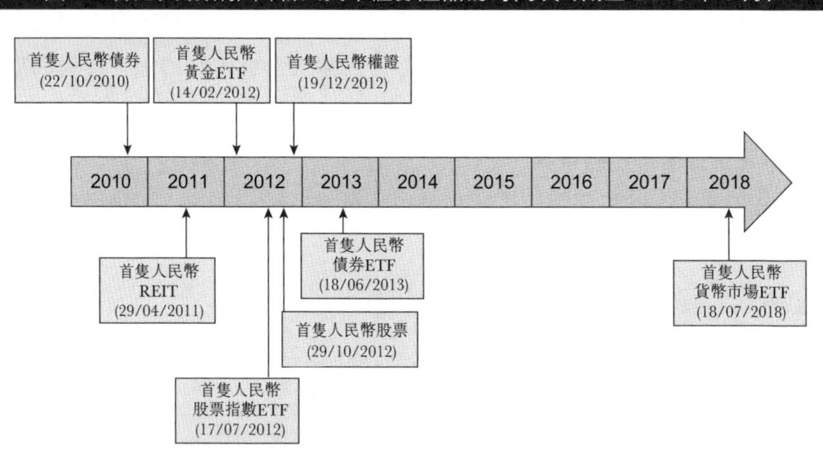

資料來源：香港交易所。

人民幣證券數目在所有主板上市證券中的佔比於2015年底及2016年底增至逾2%，但於2017年底及2018年9月底減至約1%，主要是由於上市人民幣債券的數目減少。另一方面，上市人民幣ETF的數目多年來一直有所增長。於2018年9月底，人民幣證券中有59%是人民幣債券，39%為ETF。人民幣ETF中，股票指數ETF佔比最高（佔所有人民幣證券的34%）。人民幣證券數目雖然在主板所有證券中的佔比尚低，但於ETF中則佔顯著比重（46%）[11]。（見圖2至4。）

圖2：香港交易所上市人民幣證券的年底數目（按類別）（2010年至2018年9月）

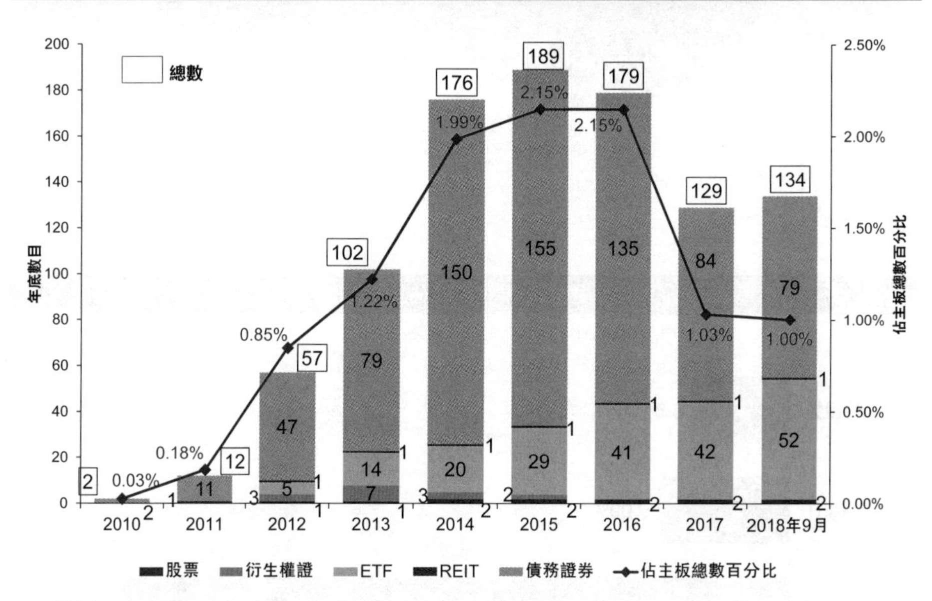

資料來源：香港交易所。

11　除一隻人民幣黃金ETF外，這些ETF全都以人民幣及其他貨幣（港元及／或美元）作雙櫃枱或多櫃枱交易。

圖 3：香港交易所上市人民幣證券數目（按類別）（2018 年 9 月底）

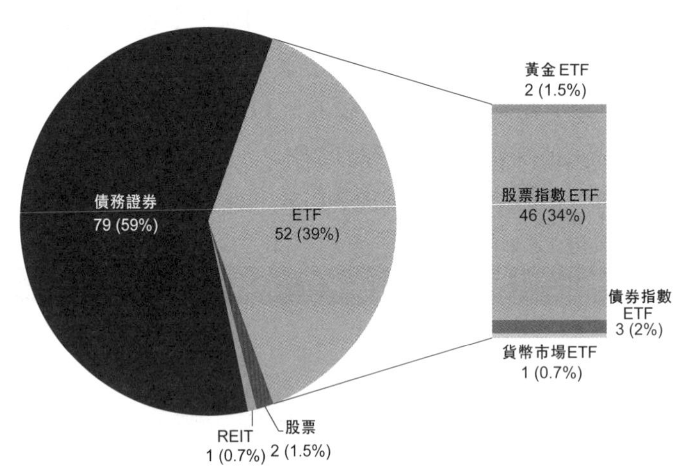

註：由於四捨五入的關係，百分比的總和未必相等於 100%。

資料來源：香港交易所。

圖 4：香港交易所上市人民幣證券數目的佔比（按類別）（2018 年 9 月底）

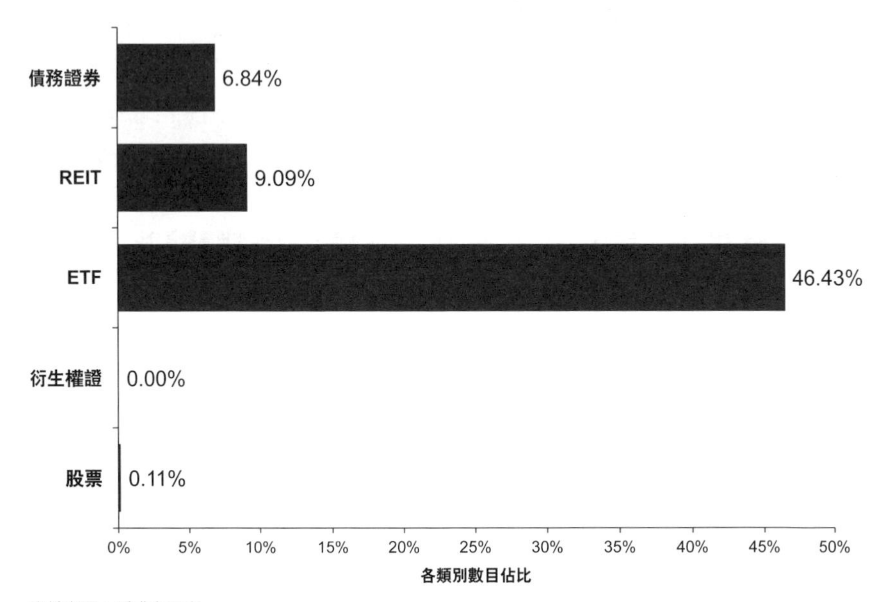

資料來源：香港交易所。

人民幣證券的成交自 2011 年起連續五年增長，於 2016 年才告回落。由於上市數目少，主板市場以人民幣買賣的證券在總交易額中的佔比仍然微不足道（見圖 5）。其中，人民幣 ETF 自 2012 年推出以來每年均佔最高比重，2018 年（截至 9 月止）佔 69%，主要為股票指數 ETF 的交易。唯一一隻人民幣 REIT 排行第二（同期佔 25%）。人民幣債券的上市數目雖然最多，但其成交佔比卻尚低（同期佔 3%）。（見圖 5 及 6。）

總括而言，香港交易所的人民幣證券正穩步發展。人民幣 ETF（主要為股票指數 ETF）相對比重較高。

圖 5：香港交易所上市人民幣證券每年人民幣成交額（按類別）(2010 年至 2018 年 9 月）

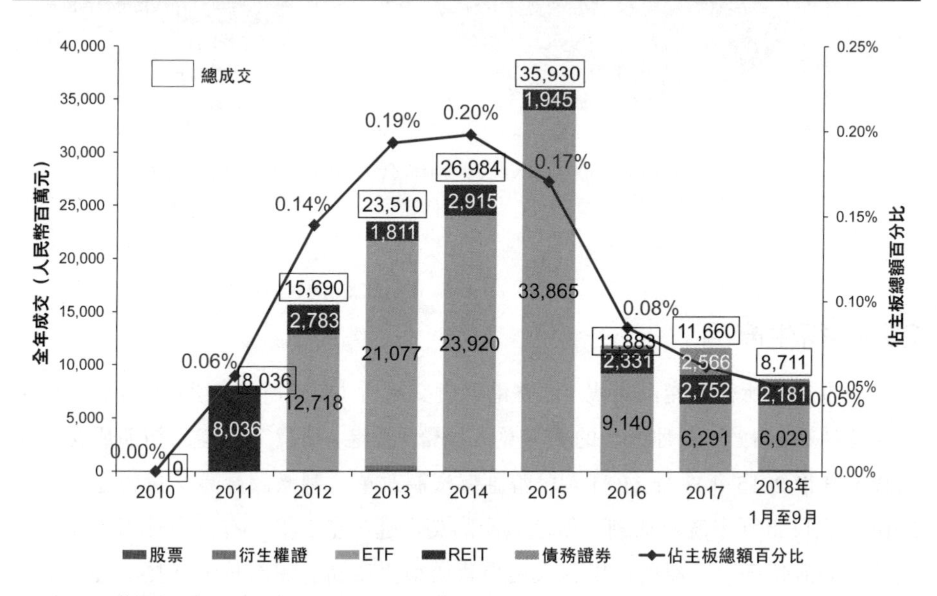

註：人民幣證券的成交並不包括該等證券的非人民幣交易櫃枱（如有）的成交金額。

資料來源：香港交易所。

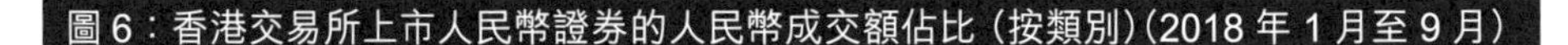
圖 6：香港交易所上市人民幣證券的人民幣成交額佔比（按類別）(2018 年 1 月至 9 月)

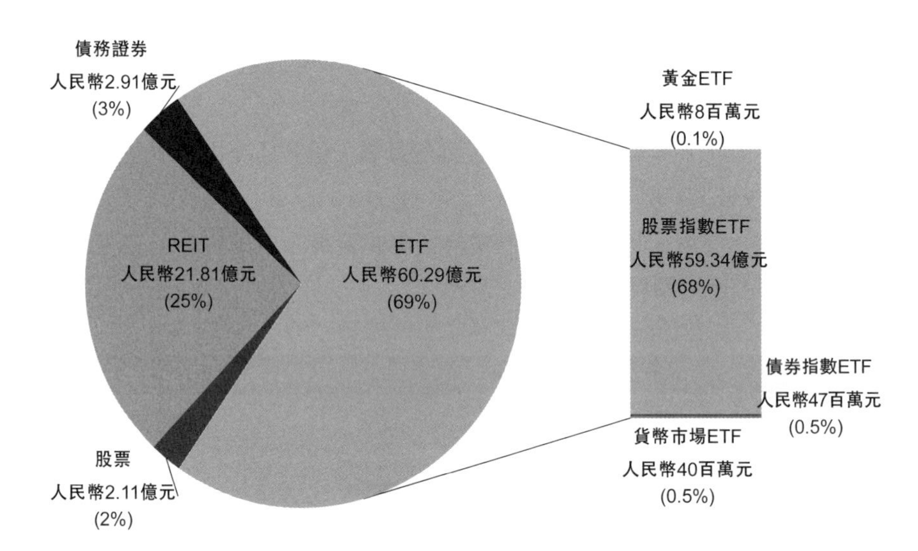

註：人民幣證券的成交並不包括該等證券的非人民幣交易櫃枱（如有）的成交金額。由於四捨五入的關係，百分比的總和未必相等於 100%。

資料來源：香港交易所。

2.2 衍生產品

香港交易所衍生產品市場（即香港期貨交易所（期交所）市場）的首隻人民幣衍生產品為 2012 年 9 月推出的**美元兑人民幣（香港）期貨**。該產品初期成交不太活躍，其後 2015 年 8 月 11 日人民幣匯率機制改革，刺激該產品交投轉趨活躍。2016 年人民幣匯率波幅加劇，促使該產品交投進一步上揚。有見全球以人民幣計價的經濟活動日增，預期市場對人民幣貨幣衍生產品的需求日漸增長，香港交易所於 2016 年 5 月推出三隻全新以現金結算、按離岸人民幣分別兑歐元、日圓及澳元的人民幣計價貨幣期貨——**歐元兑人民幣（香港）期貨、日圓兑人民幣（香港）期貨及澳元兑人民幣（香港）期貨**，以及推出以現金結算、美元計價的**人民幣（香港）兑美元期貨**。

香港交易所另於 2014 年 12 月推出以人民幣計價的大宗商品期貨合約，作為支持人民幣國際化用途及為實體經濟作人民幣定價的另一產品計劃。首批推出的產品為鋁、銅及鋅的**倫敦金屬期貨小型合約**。鋁、銅、鋅這三種金屬是中國佔全球耗用量重要比重的金屬[12]，也是香港交易所附屬公司倫敦金屬交易所（LME）交投最活躍的期貨合約[13]。一年後，香港交易所再推出另外三隻倫敦金屬期貨小型合約（鉛、鎳及錫）。該六隻人民幣計價金屬合約為對應LME現貨結算合約的現金結算小型合約，是中國內地以外首批針對相關資產人民幣風險敞口的金屬合約產品，對人民幣作為亞洲時區內相關金屬的定價標準起支持作用。

2017年3月20日，香港交易所推出其首隻人民幣貨幣期權合約——**美元兑人民幣（香港）期權**，進一步豐富旗下人民幣貨幣風險管理工具。產品種類的增多，可讓投資者因應本身的人民幣風險敞口採納不同投資策略。

此外，以中國財政部發行的國債為相關資產的期貨合約（**財政部國債期貨**）於2017年4月10日試行推出。人民幣債券衍生產品會是有效對沖利率風險的工具，特別有利於自2017年7月推出的**「債券通」**下的交易。該項試行計劃其後於2017年底暫停，有待為離岸人民幣衍生產品制定合適的監管框架。

圖7顯示人民幣衍生產品在香港交易所推出以來歷年的日均成交量及期末未平倉合約。

---

12 中國佔全球金屬耗用量：2015年鋁為36%（69,374千噸中佔24,960千噸，資料來源：World Aluminium, http://www.world-aluminium.org）；2015年銅為46%（21.8百萬噸佔9,942千噸，資料來源：The Statistics Portal, https://www.statista.com）；2014年鋅為45%（13.75百萬噸中佔約6.25百萬噸，資料來源：Metal Bulletin、The Statistics Portal）。

13 2017年，LME鋁、銅及鋅的期貨合約成交量佔LME大宗商品衍生產品總成交量的35%、23%及20%（資料來源：LME）。

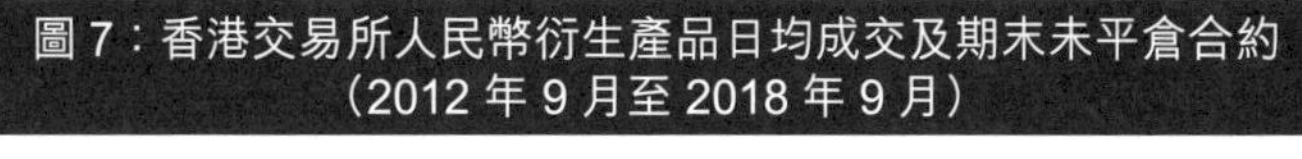

圖 7：香港交易所人民幣衍生產品日均成交及期末未平倉合約（2012 年 9 月至 2018 年 9 月）

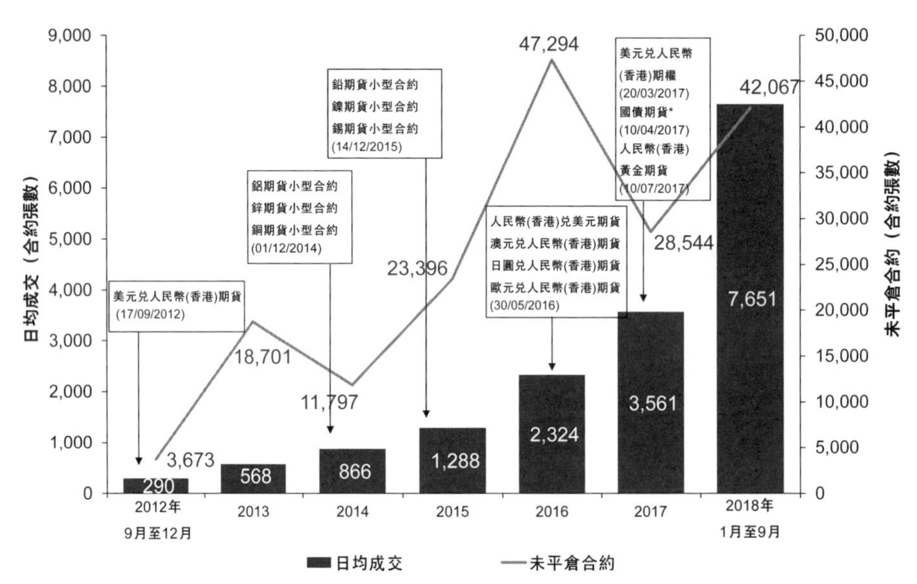

* 財政部國債期貨在試行計劃下推出，後於 2017 年 12 月合約到期後暫停交易。

資料來源：香港交易所。

香港交易所的人民幣衍生產品中，以離岸人民幣與美元貨幣對的匯率期貨及期權合約的成交最為活躍。當中的旗艦人民幣衍生產品——美元兑人民幣（香港）期貨——於 2017 年的全年成交量大增 36%，日均成交量達 2,966 張。其同類產品——人民幣（香港）兑美元期貨——於 2017 年的成交量亦有可觀增幅，達 145%。美元兑人民幣（香港）期貨的成交量於 2018 年進一步上升，2018 年 1 月至 9 月期間的日均成交量升至 7,295 張，較 2017 年的日均成交量激增 146%。2017 年 3 月新推出的美元兑人民幣（香港）期權於 2017 年及 2018 年 1 月至 9 月期間的成交量分別為 10,473 張及 19,310 張；其未平倉合約也大幅上升，於 2018 年 8 月 30 日更創 10,126 張的歷史新高，2018 年至 9 月止的月度平均為 5,247 張。（見圖 8。）此外，所有現金結算的人民幣貨幣期貨於 2018 年均見成交量及未平倉合約增幅拾級而上，未平倉合約總數從 2017 年底的 735 張升至 2018 年 9 月底的 2,538 張。

圖 8：香港交易所美元兑人民幣（香港）及人民幣（香港）兑美元合約的日均成交及未平倉合約（2017 年 1 月至 2018 年 9 月）

(a) 美元兑人民幣（香港）期貨

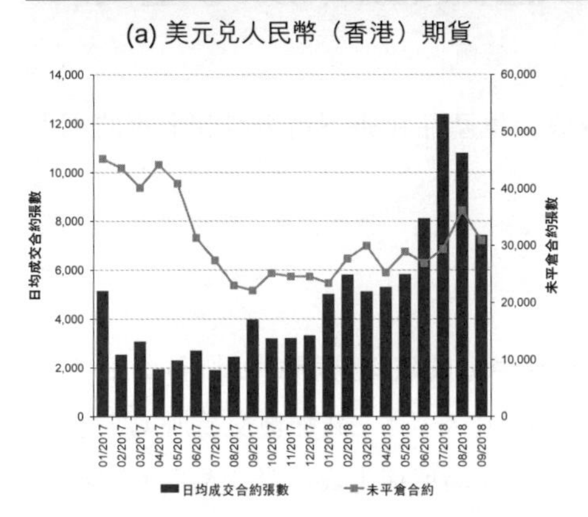

(b) 人民幣（香港）兑美元期貨

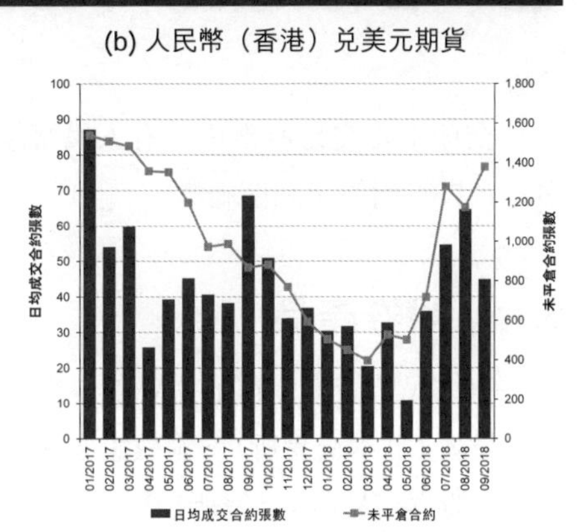

(c) 美元兑人民幣（香港）期權

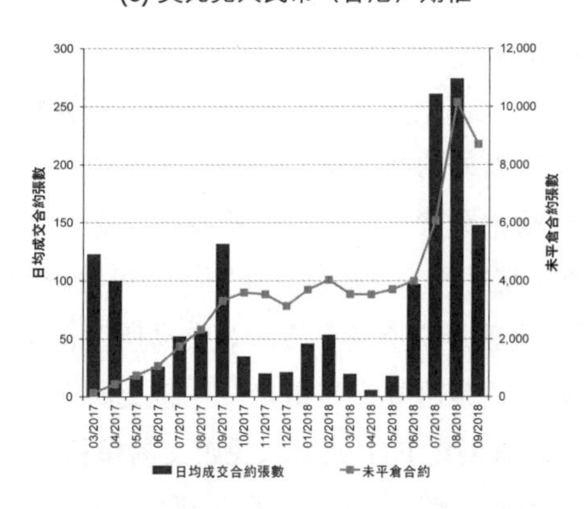

資料來源：香港交易所。

總括而言，全球投資者在人民幣國際化的進程中對人民幣貨幣產品需求殷切，香港交易所的人民幣貨幣衍生產品切合投資者需要，備受歡迎。香港交易所將見陸續推出更多產品，豐富其人民幣衍生產品組合，以迎合投資者日益增長的需求。

3 香港的離岸人民幣產品組合領先全球

全球主要交易所當中，有人民幣證券或衍生產品在旗下市場掛牌上市的不太多[14]。以下兩節是相關概覽。

3.1 證券產品

有人民幣證券上市的主要離岸交易所包括中歐國際交易所（中歐所）、日本交易所集團（日本交易所）、倫敦證券交易所（倫敦證交所）、新加坡交易所（新交所）和臺灣證券交易所（臺證所）[15]。中歐所是德意志交易所與上海證券交易所（上交所）及中國金融期貨交易所（中金所）組成的合資公司，在德意志交易所旗下的交易平台提供與中國相關的證券買賣（部份以人民幣買賣）。

就上市數目而言，絕大部份產品為人民幣債券——資料顯示超過 400 隻離岸人民幣債券在香港交易所以外的離岸交易所買賣，其中包括盧森堡證券交易所、倫敦證交所、臺北證券櫃枱買賣中心、新交所及德意志交易所旗下的法蘭克福證券交易所[16]。相反，離岸交易所少有提供其他類別人民幣證券。只有少數以人民幣交易的 ETF 在中歐所、倫敦證交所及臺證所等交易所上市。類似於香港交易所，新交所及臺證所均有提供雙幣證券交易櫃枱——新交所有一隻股本證券設有人民幣交易櫃枱，而臺證所則有兩隻 ETF 設有人民幣交易櫃枱。

與全球其他主要交易所比較，香港交易所提供的人民幣證券數目最多[17]。**在中國內地以外市場，最受歡迎的場內人民幣證券產品類別是 ETF**。雖然上市的人民幣債券數目也不少，但其場內交易即使有亦交投疏落[18]。

14 有關資料是在全球交易所官方網站上盡力而為搜索所得，不保證全面及準確。

15 有關香港交易所及海外交易所已知的人民幣交易證券名單，見附錄一。

16 資料來源：2018 年 10 月 4 日湯森路透。由於同一人民幣債券可能在多家交易所交易，故有關數字包括重複點算。須注意名單未能與交易所的官方來源核證。

17 根據現有所知數據及資料。

18 債券交易通常在場外而非交易所內進行。發行商安排債券於交易所上市，或是為配合一些按其授權規定必須投資於認可證券交易所上市證券的投資者及基金經理，使他們也可買賣其債券。

表 1：香港交易所及個別交易所以人民幣交易的上市證券（2018 年 9 月）					
交易所	股票	ETF	REIT	債務證券	合計
香港交易所	2	52	1	79	134
倫敦證交所	0	2	0	118	120
新交所	1	0	0	109	110
中歐所	0	2	0	1	3
臺證所	0	2	0	0	2
日本交易所	0	0	0	1	1

註：香港交易所以外的數據乃盡力而為編制。

資料來源：香港交易所的產品資料源自香港交易所；其他交易所的產品資料源自相關交易所網站。

上表 1 比較香港交易所與全球其他所知有提供人民幣證券之交易所的人民幣證券產品數目，下表 2 則比較各交易所的人民幣 ETF 的成交。2018 年截至 9 月止，在香港交易所交易的人民幣 ETF 的平均每日成交金額（日均成交）為人民幣 3,300 萬元，即使按每隻證券的平均數亦高於其他交易所。

表 2：人民幣 ETF 總成交及日均成交（2018 年 1 月至 9 月）		
交易所	總成交（人民幣百萬元）	日均成交（人民幣百萬元）
香港交易所	6,029	32.8
中歐所 *	0	0
倫敦證交所	1	0.0
臺證所	63	0.3

* 人民幣產品於德意志交易所平台上交易。

3.2　衍生產品

於香港交易所以外的其他交易所買賣的離岸人民幣衍生產品絕大多數是人民幣貨幣期貨及期權。這些交易所包括美洲的 CME 及巴西證券期貨交易所（B3）[19]；亞洲的新交所、ICE 新加坡期貨交易所（ICE 新加坡期交所）、韓國交易所（韓交所）及臺灣期貨交易所（臺灣期交所）；東歐的莫斯科交易所；非洲的約翰內斯堡

19　前巴西證券期貨交易所（BM&FBOVESPA）於 2017 年與 Cetip 合併，公司名稱於該年 6 月 16 日改為 Brazil Bolsa Balcão (B3)。

證券交易所（約翰內斯堡證交所）；歐亞大陸的伊斯坦堡證券交易所（伊斯坦堡證交所）；及中東的杜拜商交所[20]。除了香港交易所，杜拜商交所是唯一一家交易所推出了以人民幣交易的商品合約——黃金期貨合約。

一如在證券市場，全球交易所中以香港交易所提供最多人民幣衍生產品。下表 3 列出香港交易所及全球其他交易所的人民幣衍生產品數目。

表 3：香港交易所及個別交易所的人民幣衍生產品（2018 年 9 月底）

交易所	貨幣		商品		合計		總數
	期貨	期權	期貨	期權	期貨	期權	
香港交易所	5	1	7	0	12	1	13
B3	1	0	0	0	1	0	1
伊斯坦堡證交所	1	0	0	0	1	0	1
CME	4	2	0	0	4	2	6
杜拜商交所	1	0	1	0	2	0	2
ICE 新加坡期交所	2	0	0	0	2	0	2
約翰內斯堡證交所	1	0	0	0	1	0	1
韓交所	1	0	0	0	1	0	1
莫斯科交易所	1	0	0	0	1	0	1
新交所	5	1	0	0	5	1	6
臺灣期交所	2	2	0	0	2	2	4
合計	24	6	8	0	32	6	38

註：香港交易所以外的數據乃盡力而為編制。

資料來源：香港交易所的產品資料源自香港交易所；其他交易所的產品資料源自相關交易所網站。

人民幣貨幣期貨已成為全球最普及的人民幣衍生產品，香港交易所以外至少有 10 家其他交易所有提供這類產品。投資者對美元 / 離岸人民幣合約的興趣最大，從該類產品的成交相對較高可見一斑。人民幣對另一國際貨幣歐元及其他本國貨幣如新加坡元、韓元及俄羅斯盧布的合約交易微乎其微，甚或全無交易（據各交易所的官方數據所見）。

20 有關香港交易所及海外交易所已知的人民幣衍生產品名單，見附錄二。

數據顯示，人民幣貨幣期貨的交投主要集中於位處亞洲的香港交易所、新交所，及相關產品成交稍遜的臺灣期交所（見圖9）。香港交易所則更是全球唯一錄得人民幣貨幣期權活躍交投的交易所。

圖9：香港交易所及個別交易所人民幣衍生產品成交及未平倉合約（2018年1月至9月）

(a) 日均成交（2018年1月至12月）

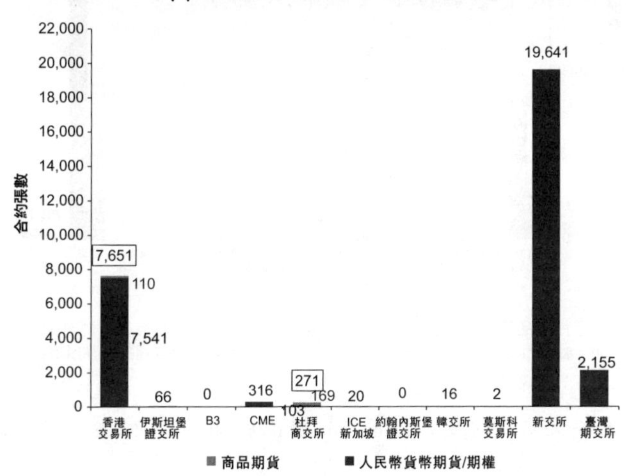

(b) 未平倉合約（2018年9月底）

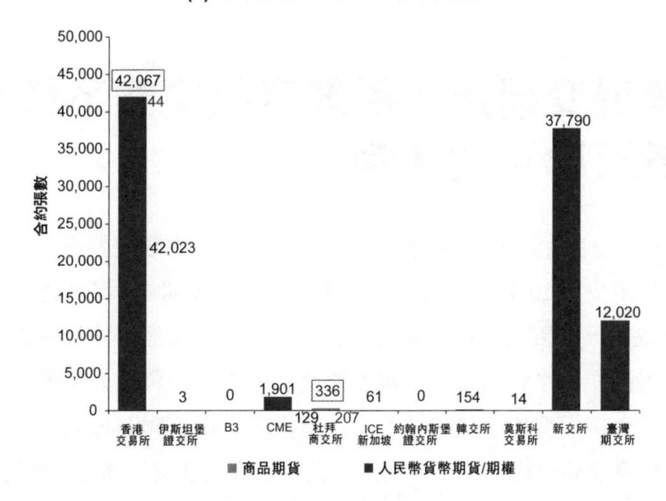

(續)

圖 9：香港交易所及個別交易所人民幣衍生產品成交及未平倉合約（2018 年 1 月至 9 月）

(c) 人民幣貨幣衍生產品日均名義成交金額（2018 年 1 月至 9 月對比 2017 年）

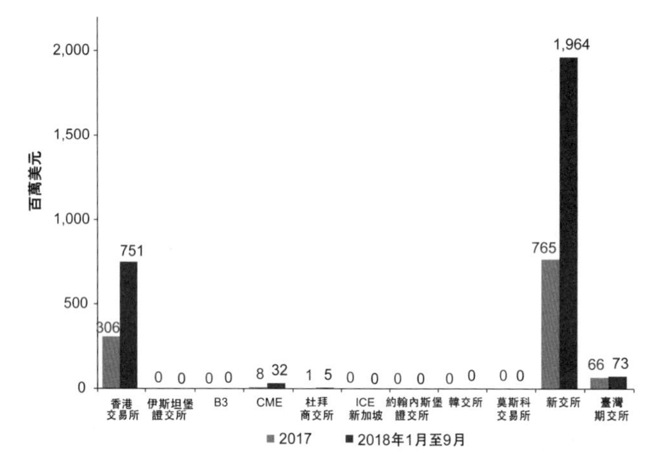

資料來源：香港交易所產品數據源自香港交易所；伊斯坦堡證券交易所產品數據源自期貨業協會（Futures Industry Association）的統計數據；其他交易所的產品數據源自相關交易所網站。

（有關各主要交易所每隻人民幣貨幣產品於 2018 年截至 9 月的日均成交，見附錄三。）

4 香港交易所人民幣產品生態系統得力於互聯互通機制

2014 年 11 月「滬港通」啟動後，全球投資者可在中國境外市場買賣的人民幣證券數目增加不少。2016 年 12 月及 2017 年 7 月先後開通「深港通」及「債券通」後，市場更是進一步拓寬。在互聯互通機制下，中國內地以外的投資者可透過北向交易，經香港交易平台買賣上交所及深交所上市的合資格人民幣證券，以及在中國銀行間債券市場買賣人民幣債券。全球投資者在互聯互通機制下買賣人民幣證券的成交遠遠超過中國內地以外上市人民幣證券的成交，海外（尤其是香港）的上市人民幣衍生產品交投的增長相信亦與此有關。以下分節是相關分析。

4.1　滬深港通的北向證券交易持續增加

在那為數不多、在內地以外上市的人民幣證券以外，「滬港通」為內地以外的環球投資者帶來 570 多隻上交所上市股票，「深港通」又增加了逾 800 隻股票[21]可供買賣。自「深港通」啟動後，這些證券的北向交易大幅增加，其相關成交在內地 A 股市場總成交額中的佔比於 2018 年 9 月增至 3.5%[22]。（見圖 10。）

圖 10：滬股通及深股通（北向交易）日均成交（2014 年 11 月至 2018 年 9 月）

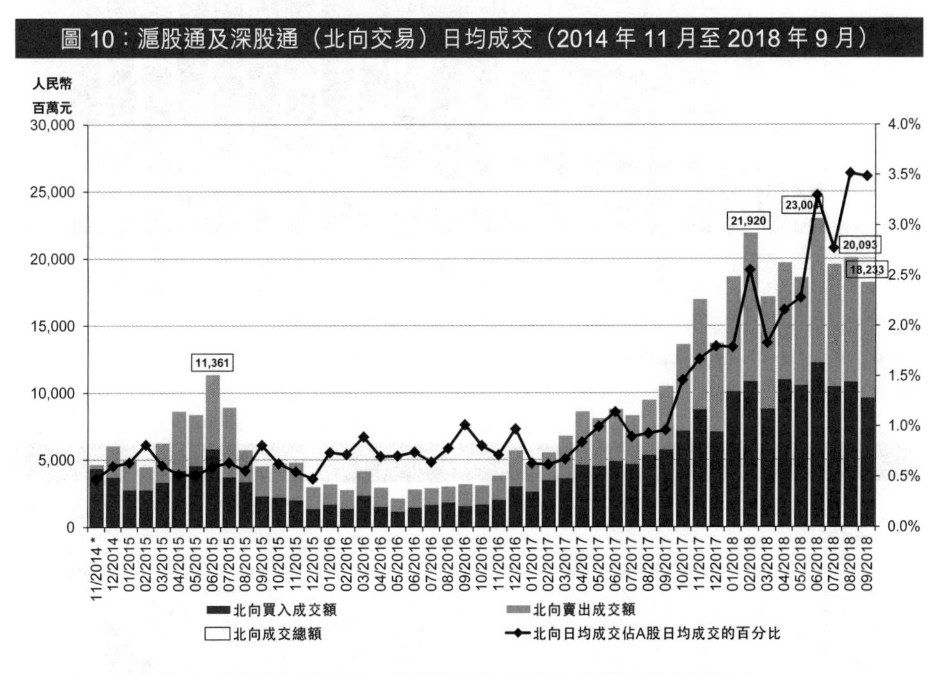

* 由2014年11月17日「滬港通」開通起計。「深港通」於2016年12月5日開通後亦計算在內。

資料來源：香港交易所。

自 2017 年 5 月以來，深股通每月佔北向交易日均成交 40% 以上。截至 2018 年 9 月，環球投資者透過「滬深港通」所持人民幣證券的累計投資額達人民幣 5,890 億元（上交所上市證券佔 57%、深交所上市證券佔 43%）。（見圖 11 及 12。）

21　於 2018 年 9 月底，投資者可透過「滬股通」及「深股通」買賣 579 隻上交所上市合資格證券及 862 隻深交所上市合資格證券。

22　買入與賣出的合併成交總額減半得出單邊成交額，以計算其佔 A 股市場單邊成交額的比率。

圖 11：滬股通與深股通於北向交易的日均成交佔比（2017 年 1 月至 2018 年 9 月）

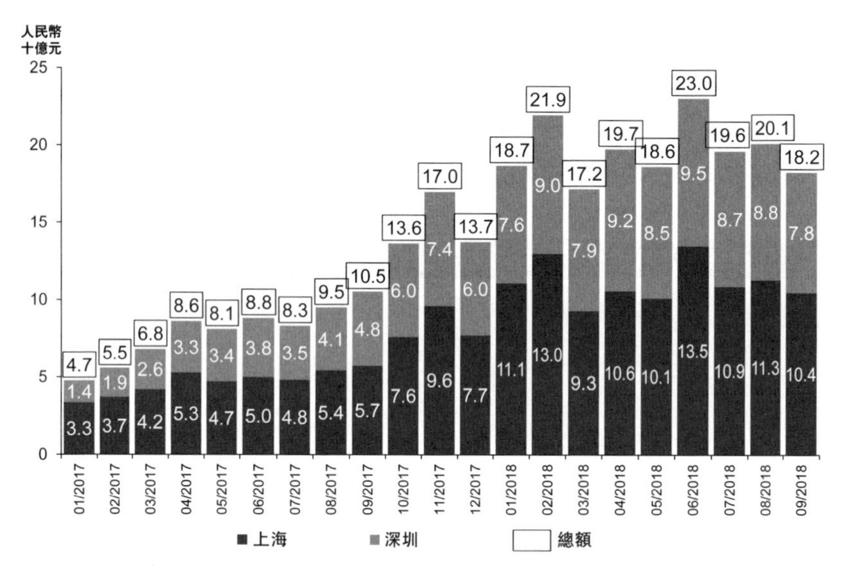

註：成交總額包括買入及賣出成交額。

資料來源：香港交易所。

圖 12：北向累計投資額（2014 年 11 月至 2018 年 9 月）

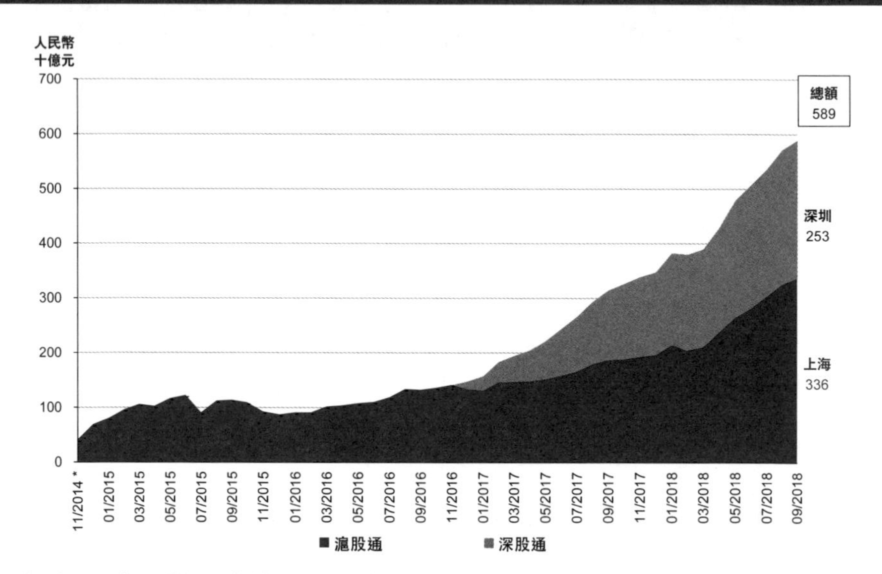

註：由 2014 年 11 月 17 日「滬港通」開通起計。

資料來源：香港交易所。

4.2 「債券通」推動境外債券持倉

「債券通」啟動後，中國銀行間債券市場的境外投資者債券持倉穩步上升。境外投資者在中國銀行間債券市場持有的債券存量[23]在「債券通」啟動後 15 個月內翻了一倍，由 2017 年 6 月底的人民幣 8,425 億元升至 2018 年 9 月底的人民幣 16,890 億元。期內的境外投資者持倉增加淨額相較「債券通」啟動前的年度增幅上升達 5 倍之多[24]。然而，由於內地債券市場規模龐大（2018 年 9 月底中國銀行間債券市場總值人民幣 69.9 萬億元），故境外投資者於中國銀行間債券市場的中國債券持倉佔比僅由 2017 年 6 月底的 1.46% 微升至 2018 年 9 月底的 2.42%。（見圖 13。）

圖 13：外資在中國銀行間債券市場的國債持有量（2017 年 1 月至 2018 年 9 月）

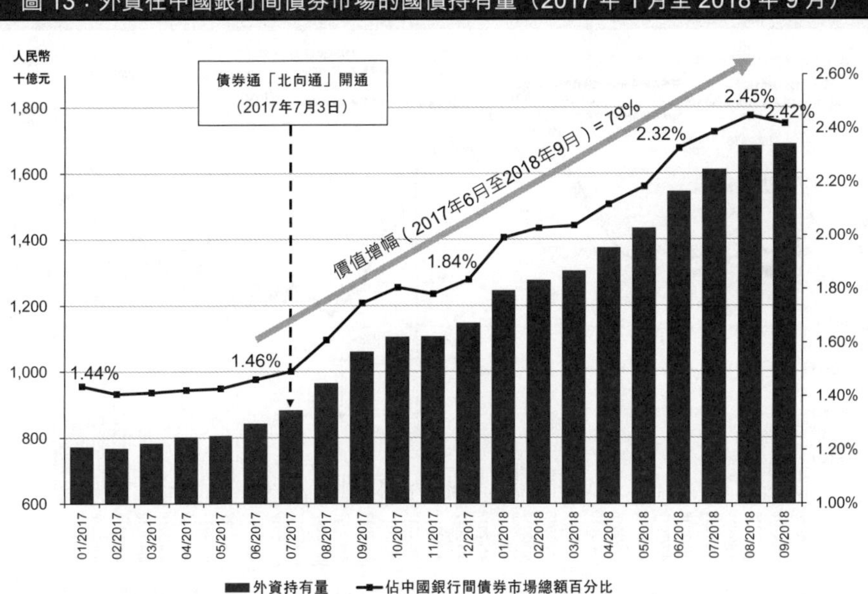

資料來源：中債登及上海清算所網站。

23 中國銀行間債券市場的債券存量包括中央國債登記結算有限責任公司（中債登）及銀行間市場清算所股份有限公司（上海清算所）分別託管的債券市值。

24 2017 年 6 月底至 2018 年 9 月底期間，中國銀行間債券市場境外機構持倉的增加淨額為人民幣 8,464.8 億元，而截至 2017 年 6 月止的 12 個月期間的增加淨額則為人民幣 1,433.7 億元。

4.3 使用香港交易所人民幣衍生產品進行人民幣風險管理

貨幣衍生產品

香港交易所的旗艦人民幣衍生產品——美元兑人民幣（香港）期貨——備受環球投資者歡迎，可滿足他們對人民幣貨幣風險管理的需要。隨着人民幣匯率波動增加，美元兑人民幣（香港）期貨合約的成交量亦呈上升趨勢，2018 年 8 月 6 日更創出 22,105 張合約的新高紀錄，而未平倉合約則隨人民幣匯率走勢而浮動。（見圖 14。）

圖 14：香港交易所美元兑人民幣（香港）期貨交易數據與離岸人民幣匯率（2016 年 1 月至 2018 年 9 月）

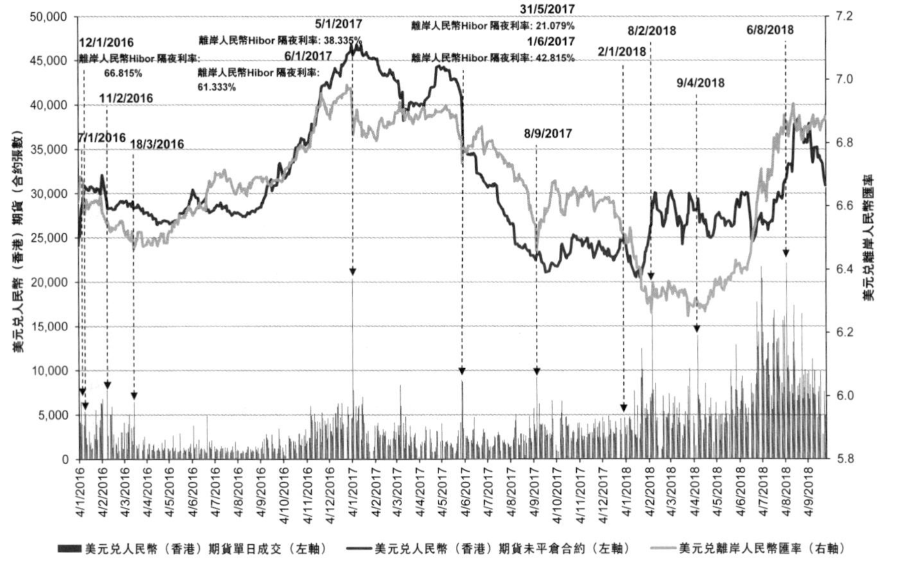

資料來源：香港交易所及湯森路透。

有趣的是，美元兑人民幣（香港）期貨合約的成交於 2017 年 1 月在離岸人民幣隔夜同業拆息（Hibor）上升期間飆升，之後的平均每日成交張數亦隨着「滬股通」及「深股通」成交呈上升趨勢。美元兑人民幣（香港）期貨合約的平均每日成交張數由 2017 年 4 月的 1,930 張升至 2018 年 7 月的 12,367 張，之後兩個月才回落至 2018 年 9 月的 7,408 張。期內，「滬股通」及「深股通」成交由人民幣 90 億元升至

2018 年 6 月的人民幣 230 億元，再回落至 2018 年 9 月的人民幣 180 億元。此中的升勢亦與 2017 年 7 月以來境外投資者於中國銀行間債券市場的債券持倉走勢一致（見上文分節）。

其中一個合理解釋是，「滬深港通」及「債券通」下的人民幣證券交投上升，或會令投資者在人民幣匯率波幅擴大的情勢下更有需要對沖其人民幣貨幣風險。

圖 15：「滬股通」及「深股通」（北向交易）日均成交與香港交易所美元兑人民幣（香港）期貨日均成交（2016 年 1 月至 2018 年 9 月）

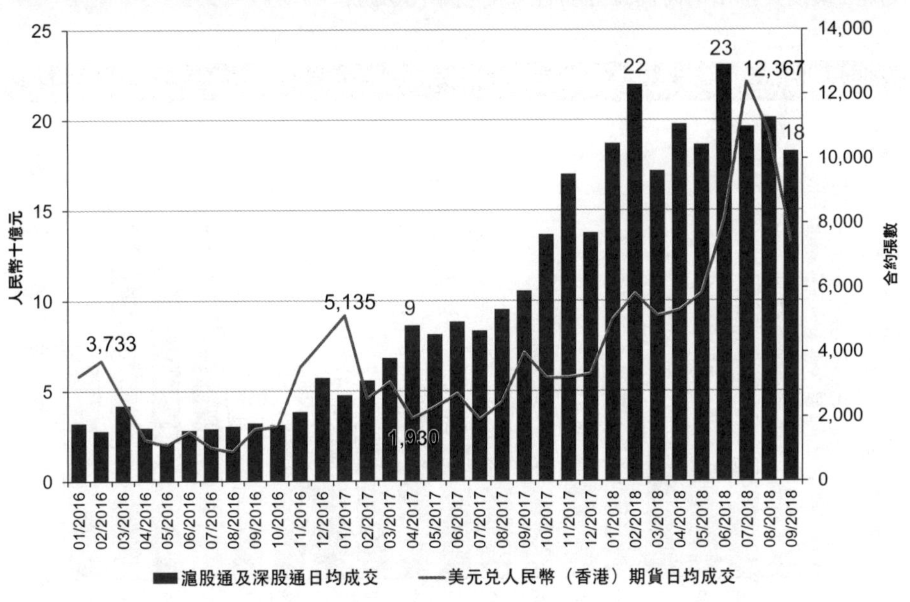

資料來源：香港交易所。

定息衍生產品

除了貨幣風險外，投資者在離岸市場及透過「債券通」等渠道在內地在岸市場投資人民幣債券亦需要有風險管理工具去對沖人民幣利率風險。香港交易所 2017 年 4 月推出了全球首隻人民幣債券衍生產品——以人民幣買賣及結算的五年期中國財政部國債期貨（財政部國債期貨）——作為人民幣債券投資的利率對沖工具。

從這隻期貨產品於推出後至 2017 年 7 月[25]這幾個月的交投，以及其交投與香港交易所上市人民幣債券成交之間的關係來看，發現財政部國債期貨推出後的數個月，人民幣債券的成交錄得顯著增加。詳細分析結果如下。

2017 年 4 月當推出財政部國債期貨後，人民幣債券成交於香港交易所人民幣證券當月成交總額中的佔比飆升至 61%，及後逐步回落至 7 月的 27%。2017 年 4 月至 7 月這四個月期間，人民幣債券佔人民幣證券成交總額的 45%（2016 年僅為 3%）。從人民幣債券每日成交額的走勢可見 2017 年 4 月至 7 月的交投增加，與財政部國債期貨推出的時間正好吻合。（見圖 16 及 17。）

圖 16：香港交易所各類人民幣證券成交（2016 年 1 月至 2017 年 7 月）

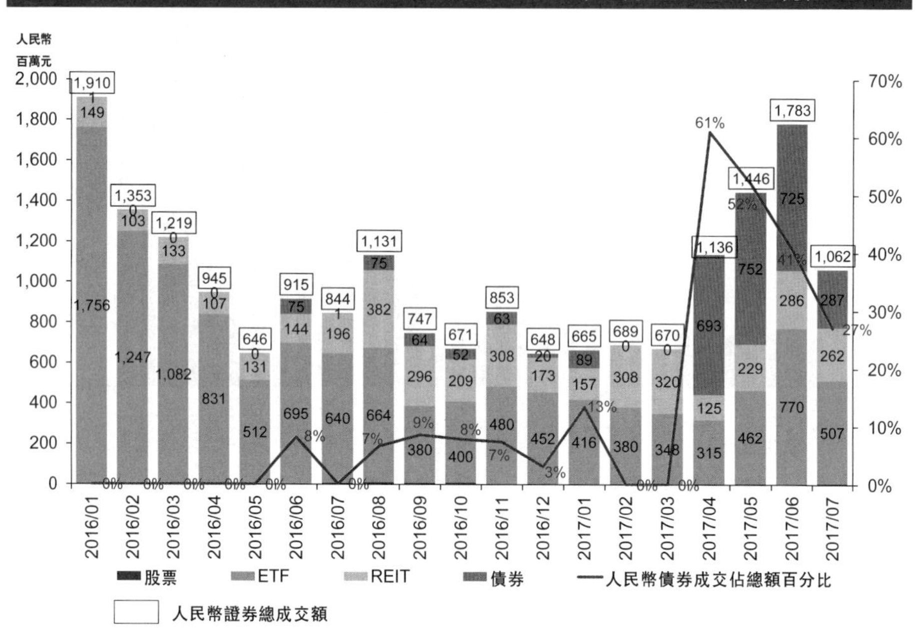

資料來源：香港交易所。

25 香港交易所 2017 年 8 月 31 日刊發通告，通知交易所參與者國債期貨將於 2017 年 12 月合約到期後暫停交易。

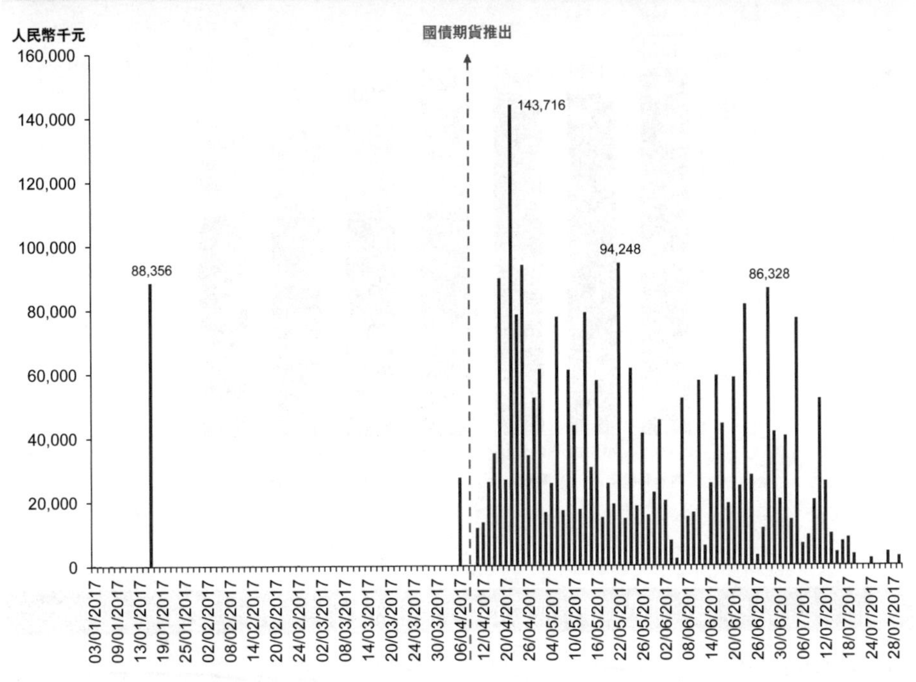

資料來源：香港交易所。

經進一步檢視發現，2017 年 4 月推出財政部國債期貨後，上市的人民幣債券中錄得成交者的佔比提高了許多，最高是 4 月（33%），其後逐步回落至 7 月的 21%。此外亦發現，錄得成交的債券分佈甚廣，並不只是集中於數隻活躍債券。反觀 2017 年 4 月以前，只有中國財政部發行的國債曾錄得若干成交，而 2017 年 1 月某天錄得的單日高成交亦主要集中於中國開發銀行發行的政策性銀行票據。但 2017 年 4 月起，人民幣債券的成交大部份來自企業債券。這反映自財政部國債期貨推出後，上市人民幣債券（特別是企業債券）的交易需求的確有所增加。（見圖 18 及 19。）

圖 18：有成交／沒有成交的人民幣債券數目（2017 年 1 月至 7 月）

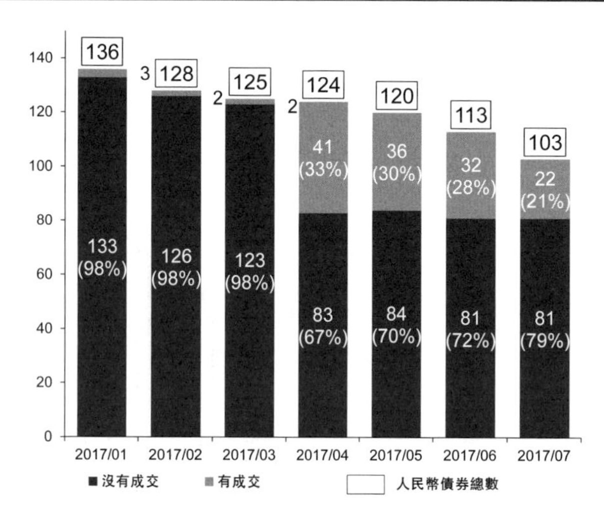

資料來源：香港交易所。

圖 19：人民幣債券成交的集中度（2017 年 4 月至 7 月）

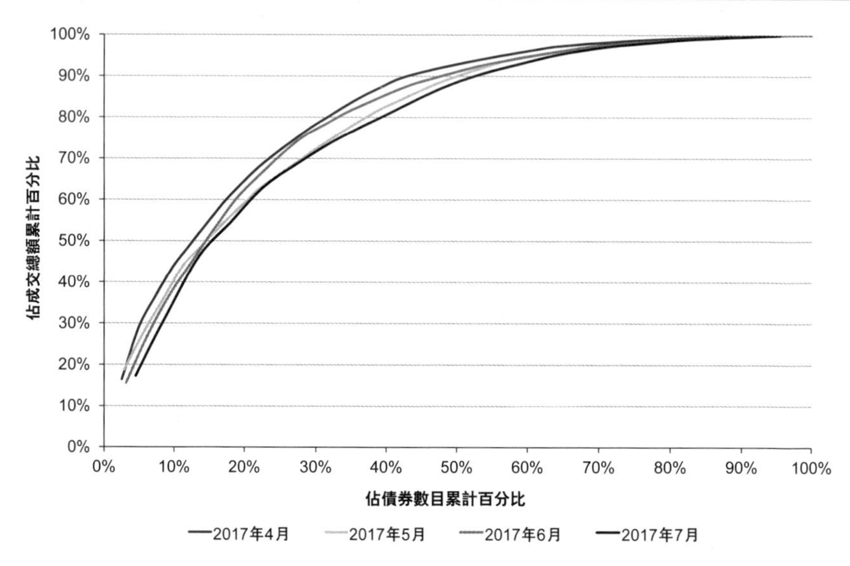

註：越傾斜代表越集中。

資料來源：香港交易所。

與此同時，財政部國債期貨自推出後的數個月，其未平倉合約逐步增加，雖然 2017 年 6 月相對大幅回落，但主要是即月合約到期所致。每月名義成交額由 2017 年 4 月的人民幣 12.15 億元逐步下降至 2017 年 7 月的人民幣 5.03 億元。有趣的是，7 月份人民幣債券成交回落 60%，財政部國債期貨於該月的成交亦相對大幅下降（48%）。

圖 20：財政部國債期貨每日成交及未平倉合約（2017 年 4 月至 7 月）

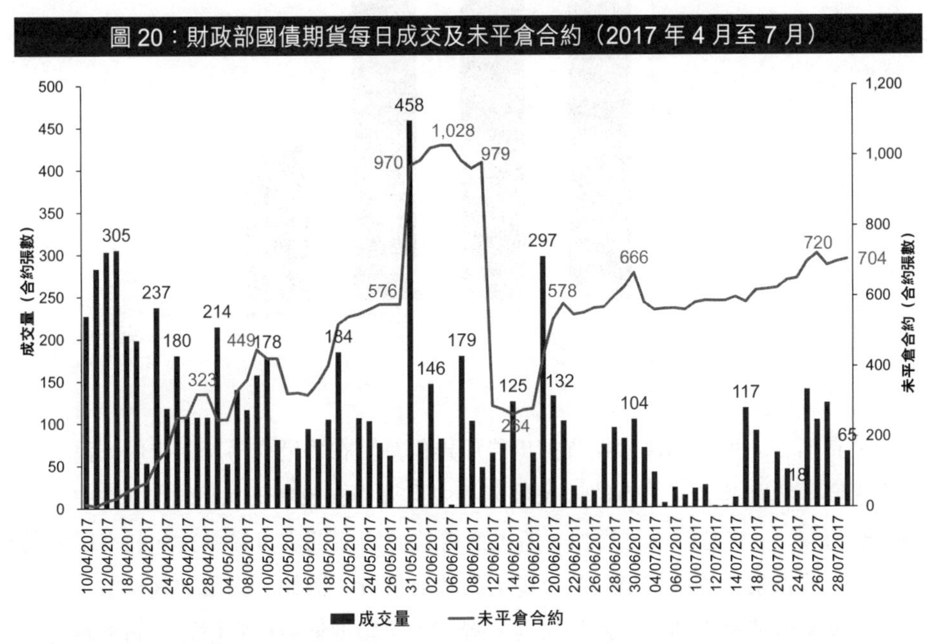

資料來源：香港交易所。

圖 21：財政部國債期貨每月名義成交金額（2017 年 4 月至 7 月）

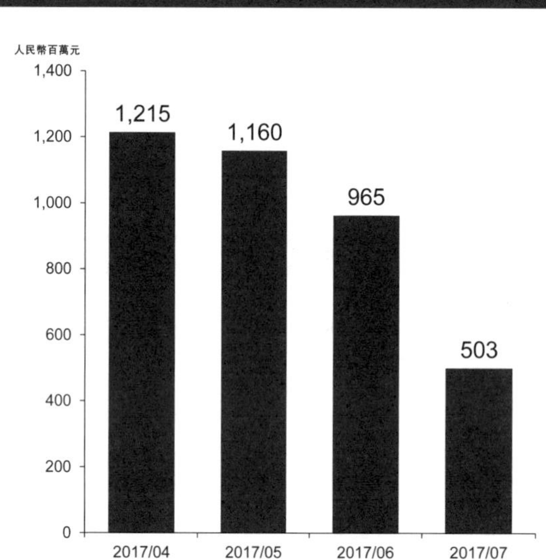

資料來源：香港交易所。

總括而言，財政部國債期貨推出後那幾個月，在香港交易所上市的人民幣債券的買賣即活躍起來。上市的人民幣債券中有錄得交投者的比例增加（當中不少是企業債券），交易額亦見增加。這也許得益於國債期貨可提供對沖利率風險的機會。由於企業債券的定價高於市場上的政府債券，因此，國債期貨充當了企業債券以及國債持有人的有效對沖工具。縱使不同類型債券的定價會受到風險特徵等其他因素的影響（例如企業債券的信貸風險），若市場上有國債期貨作為對沖工具，亦可對各類定息證券的買賣起支持作用[26]。

財政部國債期貨的試點計劃後來於 2017 年底暫停，以待制定適合離岸人民幣衍生產品的監管框架。現在「債券通」機制下的債券買賣活動與日俱增，相信投資者要求重推新的人民幣定息或利率衍生產品以迎合市場對沖需要的呼聲也會愈來愈高。

26 參見《人民幣國際化的新進展—香港交易所的離岸產品》（香港：商務印書館（香港）有限公司，2018 年）第 7 章〈香港交易所五年期中國財政部國債期貨——全球首隻可供離岸投資者交易的人民幣債券衍生產品〉。

5 全球買賣人民幣產品及人民幣風險管理需求趨升

2018年首9個月的滬深港通北向交易平均每日成交金額達人民幣180億元，相形之下，在香港交易所這個主要離岸市場上市的離岸人民幣證券的成交就少許多，只有人民幣4,700萬元，當中逾九成是人民幣ETF及REIT（都是滬深港通北向交易並不提供的人民幣產品），只有3%是人民幣債券（見上文圖6）。互聯互通機制下北向交易的人民幣證券及債券交易急劇增加，主要受惠於多項支持政策及市場措施的推行，當中包括：

- 「滬深港通」總額度於「深港通」推出當日起全面取消；
- 「滬深港通」每日額度由2018年5月1日起增加至四倍，進一步紓減市場對交易限制的顧慮；
- MSCI中國指數、MSCI新興市場指數及MSCI ACWI全球指數2018年6月起納入中國A股，部份納入因子為5%，分兩步（每步2.5%）到位[27]；
- 2017年3月首次有包括中國債券在內的全球混合債券指數推出——「彭博柏克萊全球總量+中國指數」及「新興市場本地貨幣政府+中國指數」。一年後（2018年3月）彭博又宣佈其全球綜合指數將正式納入以人民幣計價的中國國債和政策性銀行債券，由2019年4月起分20個月分段進行；
- 其他環球指數公司（包括富時羅素及摩根大通）亦納入或計劃納入中國債券[28]；
- 人行於2018年6月放寬境外投資者進入中國銀行間債券市場的備案要求；
- 2018年7月支持「債券通」的最新措施，包括：新增10名債券通報價商（總數增至34名）；以及債券通有限公司（債券通公司）徵收的交易服務費整體平均調減逾50%。

27 富時羅素亦於2018年9月27日宣佈由2019年6月起將中國A股納入其環球證券基準指數。
28 見本書第8章〈債券通與中國獲納入全球債券指數〉。

人行於 2018 年 7 月 3 日再公佈一批支持「債券通」持續發展的措施，有部份已經推行，其餘亦將陸續推行，當中包括 2018 年 8 月全面實現逐筆實時券款對付（貨銀兩訖）結算、推出大宗交易分倉功能並縮減所需交易規模（方便機構投資者將交易分配至旗下的分基金），以及明確境外投資者的税收事宜等[29]，而其他將要推行的措施還有批准國際投資者參與回購及衍生產品市場、與主流國際電子交易平台合作等。

此外，其他界別的內地市場（特別是大宗商品市場）亦正摩拳擦掌，逐步準備對外開放。上海黃金交易所和香港的金銀業貿易場於 2015 年 7 月合推「黃金滬港通」，容許在香港的投資者以離岸人民幣買賣內地黃金。外資於 2018 年開始亦可直接參與中國內地大宗商品期貨市場，始於 2018 年 3 月 26 日，上海國際能源交易中心推出原油期貨交易當日，就容許外資買賣其原油期貨，隨後的 2018 年 5 月 4 日起，外資可於大連商品交易所買賣鐵礦石期貨，2018 年 11 月 30 日起可於鄭州商品交易所買賣 PTA 期貨，及後亦將可於上海期貨交易所（上期所）買賣標準天然橡膠期貨[30]。

現時，環球投資者買賣內地上市人民幣證券僅佔境內證券市場成交總額約 3%，而外資持有境內人民幣債券亦僅佔人民幣債券總額的 2% 左右（見上文）。外資參與內地大宗商品衍生產品市場才剛起步，而參與內地金融衍生產品市場的外資亦只限於 QFII 及 RQFII，涉及的產品亦僅只證券指數期貨。不過，中國政府鋭意要人民幣成為交易、投資及外儲的國際貨幣，加上人民幣已獲納入國際貨幣基金組織特別提款權的一籃子貨幣，指數公司又逐漸將人民幣產品納入環球指數當中，預料人民幣在環球金融市場的使用將不斷增加。

隨着內地金融市場持續開放及人民幣國際化的不斷推進，環球投資者透過離岸市場買賣各種人民幣產品的佔比將很可能大幅增加。鑒於環球投資者於在岸衍生產品市場進行人民幣投資風險管理現時受到一定限制（況且現時在岸市場的人民幣衍生產品供應和種類仍甚為有限），開發多種多樣的離岸人民幣風險管理工具（包括人民幣股本證券衍生產品、定息或利率衍生產品及貨幣衍生產品）的需要就更形逼切。

29 國務院於 2018 年 8 月 20 日宣佈對境外機構投資在岸債券市場的利息收益暫免徵收企業所得税及增值税三年。

30 中國證券監督管理委員會於 2018 年 9 月 9 日一論壇上披露。

6 總結

隨着內地金融市場持續開放、人民幣進一步邁向國際化，市場漸漸興起林林總總的離岸人民幣證券及衍生產品。在這方面，香港交易所可說走在其他主要交易所之先，其所提供的離岸人民幣證券（主要是債券及ETF）及人民幣衍生產品數目最多，成交也相對活躍。透過「滬深港通」和「債券通」的北向交易，環球投資者可在香港投資於內地市場的合資格人民幣證券，其可於離岸買賣的人民幣產品種類因而進一步拓寬。統計數據顯示，環球投資者對通過互聯互通機制從離岸進行人民幣產品交易的興趣日益增加，而與此同時，香港的人民幣衍生產品交易活動亦因應相關風險管理需要而同見增長。就這樣，香港的人民幣產品生態系統便逐漸成形並發展起來。

內地與香港市場互聯互通機制可以擴容調整，意味着環球投資者可在香港進行交易的合資格在岸人民幣產品類別和產品數目均有機會擴大。在當局大幅放寬外資參與在岸人民幣衍生產品市場之前（況且現時在岸市場的人民幣衍生產品供應和種類仍甚為有限），市場亦要先行發展出多種多樣的離岸人民幣風險管理工具（包括人民幣股本證券衍生產品、定息或利率衍生產品以及貨幣衍生產品），方可配合全球市場的人民幣產品交易。在市場互聯互通機制的有利配套下，若再加上所需的政策支持，香港的人民幣產品生態系統料可蓬勃發展，形成產品豐富、交投活躍、在岸與離岸市場互動愈趨緊密的興盛局面。

附錄一

在香港交易所及海外交易所以人民幣交易的股票、ETF 及 REIT 名單
（2018 年 9 月底）

香港交易所		
類別	證券代號	產品
股票	80737	合和公路基建有限公司
股票	84602	中國工商銀行人民幣 6.00% 非累積、非參與、永續境外優先股
ETF	82805	領航富時亞洲（日本除外）指數 ETF
ETF	82808	易方達花旗中國國債 5-10 年期指數 ETF
ETF	82811	海通滬深 300 指數 ETF
ETF	82813	華夏彭博巴克萊中國國債 + 政策性銀行債券指數 ETF
ETF	82822	南方富時中國 A50 ETF
ETF	82823	iShares 安碩富時 A50 中國指數 ETF
ETF	82828	恒生 H 股指數上市基金
ETF	82832	博時富時中國 A50 指數 ETF
ETF	82833	恒生指數上市基金
ETF	82834	iShares 安碩納斯達克 100 指數 ETF
ETF	82836	iShares 安碩核心標普 BSE SENSEX 印度指數 ETF
ETF	82843	東方匯理富時中國 A50 指數 ETF
ETF	82846	iShares 安碩核心滬深 300 指數 ETF
ETF	82847	iShares 安碩富時 100 指數 ETF
ETF	83008	添富共享滬深 300 指數 ETF
ETF	83010	iShares 安碩核心 MSCI 亞洲（日本除外）指數 ETF
ETF	83012	東方匯理恒生香港 35 指數 ETF
ETF	83053	南方東英港元貨幣市場 ETF
ETF	83074	iShares 安碩核心 MSCI 臺灣指數 ETF
ETF	83081	價值黃金 ETF
ETF	83085	領航富時亞洲（日本除外）高股息率指數 ETF

(續)

香港交易所		
類別	證券代號	產品
ETF	83095	價值中國 A 股 ETF
ETF	83100	易方達中證 100 A 股指數 ETF
ETF	83101	領航富時發展歐洲指數 ETF
ETF	83107	添富共享中證主要消費指數 ETF
ETF	83115	iShares 安碩核心恒生指數 ETF
ETF	83118	嘉實 MSCI 中國 A 股指數 ETF
ETF	83120	易方達中華交易服務中國 120 指數 ETF
ETF	83122	南方東英中國超短期債券 ETF
ETF	83126	領航富時日本指數 ETF
ETF	83127	未來資產滬深 300 ETF
ETF	83128	恒生A股行業龍頭指數 ETF
ETF	83129	南方東英滬深 300 精明 ETF
ETF	83132	添富共享中證醫藥衛生指數 ETF
ETF	83136	嘉實 MSCI 中國 A 50 指數 ETF
ETF	83137	南方東英中華 A80 ETF
ETF	83140	領航標準普爾 500 指數 ETF
ETF	83146	iShares 安碩德國 DAX 指數 ETF
ETF	83147	南方東英中國創業板指數 ETF
ETF	83149	南方東英 MSCI 中國 A 國際 ETF
ETF	83150	嘉實中證小盤 500 指數 ETF
ETF	83155	iShares 安碩歐元區 STOXX 50 指數 ETF
ETF	83156	廣發國際 MSCI 中國 A 股國際指數 ETF
ETF	83167	工銀南方東英標普中國新經濟行業 ETF
ETF	83168	恒生人民幣黃金 ETF
ETF	83169	領航全球中國股票指數 ETF
ETF	83170	iShares 安碩核心韓國綜合股價 200 指數 ETF
ETF	83180	華夏中華交易服務中國 A80 指數 ETF
ETF	83186	中金金瑞 CSI 中國互聯網指數 ETF
ETF	83188	華夏滬深 300 指數 ETF

(續)

香港交易所		
類別	證券代號	產品
ETF	83197	華夏 MSCI 中國 A 股國際通指數 ETF
ETF	83199	南方東英中國五年期國債 ETF
REIT	87001	匯賢產業信託

海外交易所	類別	產品
中歐國際交易所（中歐所）[產品於德意志交易所平台上買賣]	ETF	BOCI Commerzbank SSE 50 A Share Index UCITS ETF
	ETF	Commerzbank CCBI RQFII Money Market UCITS ETF
倫敦證券交易所（倫敦證交所）	ETF	Commerzbank CCBI RQFII Money Market UCITS ETF
	ETF	ICBC Credit Suisse UCITS ETF SICAV
新加坡交易所（新交所）	股票	揚子江船業（控股）有限公司
臺灣證券交易所（臺證所）	ETF	富邦上證 180 證券投資信託基金
	ETF	群益深證中小板證券投資信託基金

資料來源：香港交易所產品源自香港交易所；其他交易所的人民幣產品源自相關交易所網站。

附錄二

在香港交易所及海外交易所買賣的人民幣貨幣期貨／期權名單

（2018年9月底）

交易所	產品	合約金額	交易貨幣	結算方式
香港期交所	美元兑人民幣（香港）期貨	10萬美元	離岸人民幣	可交收
	美元兑人民幣（香港）期權	10萬美元	離岸人民幣	可交收
	歐元兑人民幣（香港）期貨	5萬歐元	離岸人民幣	現金結算
	日圓兑人民幣（香港）期貨	600萬日圓	離岸人民幣	現金結算
	澳元兑人民幣（香港）期貨	8萬澳元	離岸人民幣	現金結算
	人民幣（香港）兑美元期貨	30萬元人民幣	美元	現金結算
	人民幣（香港）黃金期貨	1千克	離岸人民幣	可交收
	倫敦鋁期貨小型合約	5噸	離岸人民幣	現金結算
	倫敦鋅期貨小型合約	5噸	離岸人民幣	現金結算
	倫敦銅期貨小型合約	5噸	離岸人民幣	現金結算
	倫敦鉛期貨小型合約	5噸	離岸人民幣	現金結算
	倫敦鎳期貨小型合約	1噸	離岸人民幣	現金結算
	倫敦錫期貨小型合約	1噸	離岸人民幣	現金結算
巴西證券期貨交易所	人民幣期貨	35萬元人民幣	巴西雷亞爾	現金結算
伊斯坦堡證券交易所	離岸人民幣兑土耳其里拉期貨	1萬元人民幣	土耳其里拉	現金結算
芝加哥商業交易所(CME)	標準規模美元／離岸人民幣(CNH)期貨	10萬美元	離岸人民幣	現金結算
	E-微型美元／離岸人民幣(CNH)期貨	1萬美元	離岸人民幣	現金結算
	人民幣／美元期貨	100萬元人民幣	美元	現金結算
	人民幣／歐元期貨	100萬元人民幣	歐元	現金結算
	人民幣／美元期貨期權	100萬元人民幣	美元	可交收
	人民幣／歐元期貨期權	100萬元人民幣	歐元	可交收
杜拜商交所	美元／人民幣期貨	5萬美元	離岸人民幣	現金結算
	上海黃金期貨	1千克	離岸人民幣	現金結算

(續)

交易所	產品	合約金額	交易貨幣	結算方式
ICE 新加坡期交所	小型離岸人民幣期貨	1 萬美元	離岸人民幣	可交收
	小型在岸人民幣期貨	10 萬元人民幣	美元	現金結算
約翰內斯堡證交所	人民幣 / 蘭特貨幣期貨	1 萬元人民幣	南非蘭特	現金結算
韓國交易所	人民幣期貨	10 萬元人民幣	韓圜	可交收
莫斯科交易所	人民幣 / 盧布匯率期貨	1 萬元人民幣	俄羅斯盧布	現金結算
新交所	人民幣 / 新加坡元外匯期貨	50 萬元人民幣	新加坡元	現金結算
	人民幣 / 美元外匯期貨	50 萬元人民幣	美元	現金結算
	歐元 / 離岸人民幣外匯期貨	10 萬歐元	離岸人民幣	現金結算
	新加坡元 / 離岸人民幣外匯期貨	10 萬新加坡元	離岸人民幣	現金結算
	美元 / 離岸人民幣外匯期貨	10 萬美元	離岸人民幣	現金結算
	美元 / 離岸人民幣外匯期貨期權	10 萬美元	離岸人民幣	現金結算
臺灣期交所	美元兑人民幣期貨	10 萬美元	離岸人民幣	現金結算
	小型美元兑人民幣期貨	2 萬美元	離岸人民幣	現金結算
	美元兑人民幣期權	10 萬美元	離岸人民幣	現金結算
	小型美元兑人民幣期權	2 萬美元	離岸人民幣	現金結算

註：杜拜商交所 —— 杜拜黃金與商品交易所
香港期交所 —— 香港交易所附屬公司香港期貨交易所
新交所 —— 新加坡交易所

資料來源：香港交易所的產品資料源自香港交易所；其他交易所的人民幣產品資料源自相關交易所網站。

附錄三

在香港交易所及主要海外交易所買賣的人民幣貨幣產品的日均成交量及期末未平倉合約

（2018 年 1 月至 9 月對比 2017 年）

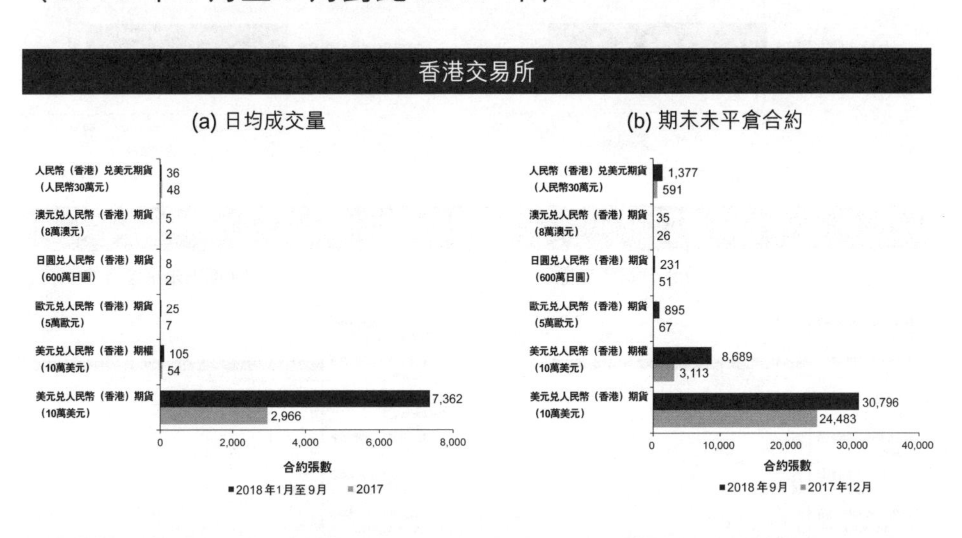

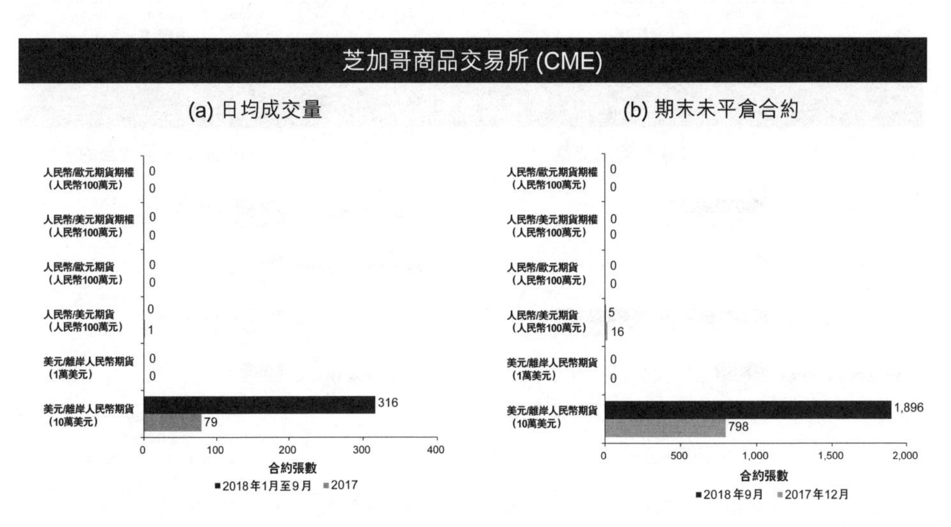

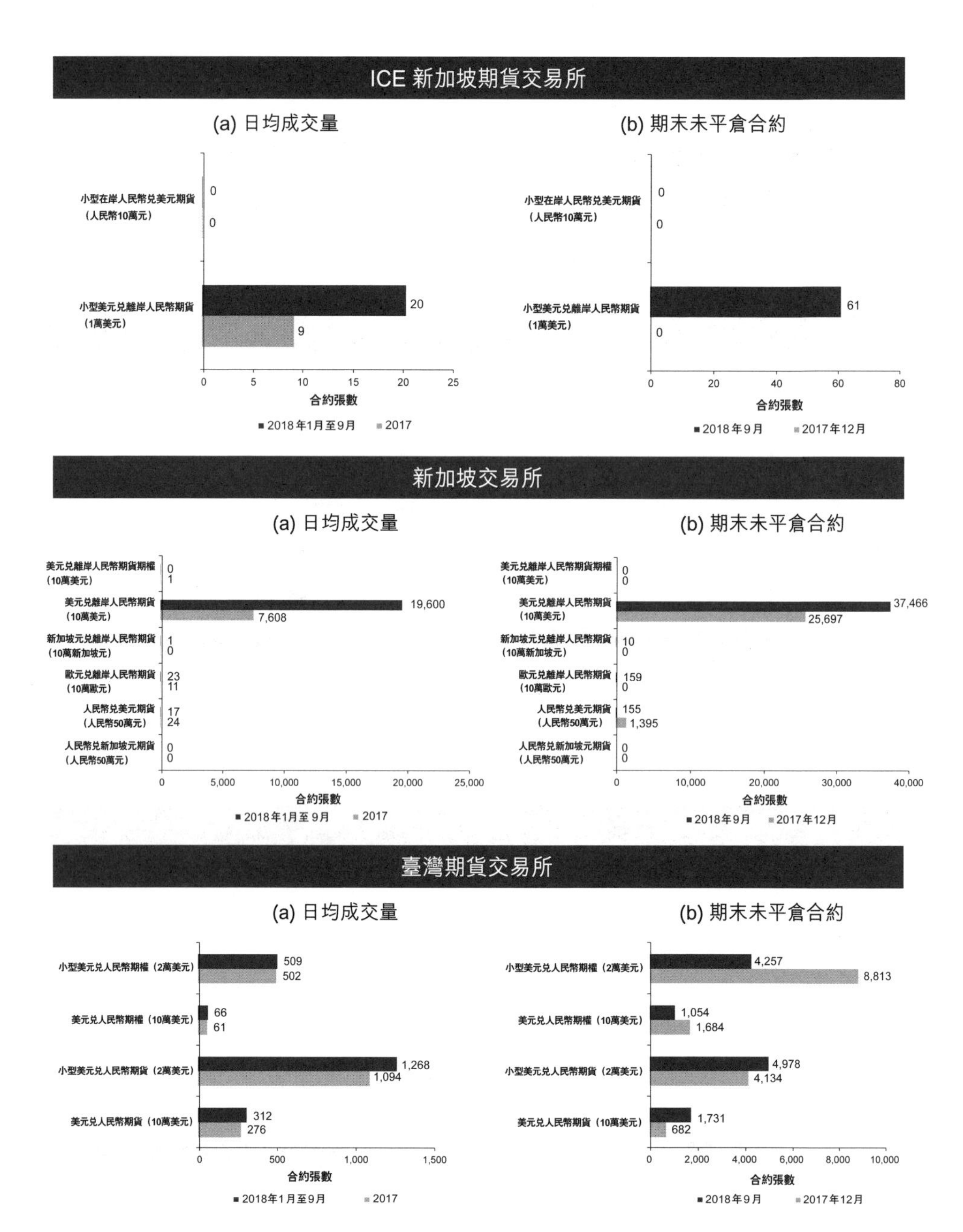

資料來源：香港交易所的產品資料源自香港交易所；其他交易所的人民幣產品資料源自相關交易所網站。

第14章

全球貿易摩擦中的人民幣匯率波動趨勢與人民幣匯率風險管理工具

香港交易所
首席中國經濟學家辦公室

摘要

2018 年以來，美元走強和貿易摩擦不斷升溫引發部份新興市場資金外流，匯率大幅波動。雖然人民幣兑美元匯率的波動幅度相對其他新興市場較低，但亦開始了一輪階段性走貶態勢。一方面，人民幣匯率仍然受美元走強的趨勢影響，另一方面，中美貿易摩擦對人民幣匯率的影響也在不斷增加，人民幣匯率波幅進一步擴大。

短期內美元兑人民幣匯率仍然受制於中美貿易摩擦的進展以及美國加息的速度和幅度。從中期來看，內地經濟的供給側結構改革，並配合穩健的貨幣政策，使人民幣匯率的中期走勢受穩定經濟基本面的支持，因此，隨着人民幣匯率波動的靈活性不斷提高，市場需要合理看待人民幣匯率波動穩步擴大至與其他主要貨幣相若的水平。國際收支也會隨着貿易摩擦和匯率定價機制市場化而有所變化，以往的經常賬順差或會逐漸收窄，為中國貨幣政策的操作模式帶來改變並影響匯率波動態勢。

在此背景下，市場對人民幣匯率的風險管理需求將不斷增加。2018 年以來，香港市場的美元兑人民幣（香港）期貨和期權的成交量上升到歷史新高。事實上，場內人民幣期貨和期權是流動性和透明度高的對沖工具，從當前的市場需求看，比場外的貨幣衍生品合約更符合部份企業對沖匯率風險的實際需要和資本效益。香港貨幣期貨市場按投資者的需要，提供多種貨幣對合約來對沖不同國家經濟對人民幣匯率的影響，也提供了多種期限和跨期合約來滿足投資者的風險管理需求。這些貨幣期貨和在岸及離岸的人民幣匯率有高度相關性，持倉限制和大手交易申報亦有助促成離岸人民幣期貨在可控的環境下發揮風險管理的作用，使其更適合作為企業的風險管理工具，而不是短期投機活動。

香港離岸人民幣產品的機制和結算方式能有效保證離岸價格最終收斂於在岸市場，意味着離岸的人民幣產品交易可以進一步擴大境內價格的國際影響力，將定價權把握在境內。通過進一步發展和豐富人民幣計價的各類衍生品來配合實體經濟需要，充分發揮服務專業、金融基礎設施完善等制度優勢，香港可逐步擔當離岸人民幣產品交易及風險管理中心的角色，對促進人民幣下一步在更廣泛的國際範圍內使用具有重要作用。

1　中美貿易摩擦對新興市場匯率的影響十分顯著

1.1　中美貿易摩擦的進展

2018 年初以來，美國開始對全球不同進口商品開徵關稅，涵蓋範圍延伸至中國出口到美國的多種產品，特別將徵稅焦點放在知識產權和高科技領域，包括航空、信息通訊技術和機械設備等，加劇中美貿易摩擦。全球貿易摩擦進一步升級，不但對全球經濟產生實際影響，也造成國際資本加速流出新興市場經濟體，導致人民幣和新興市場匯率波動進一步擴大。

圖 1：中美貿易摩擦的進展

2018年1月，美國政府宣佈對進口大型洗衣機和光伏產品分別採取為期4年和3年的全球保障措施，並分別徵收最高税率達30%和50%的關税。

2018年2月，美國政府宣佈對進口中國的鑄鐵污水管道配件徵收109.95%的反傾銷關税。

2018年2月27日，美國商務部宣佈對中國鋁箔產品廠商徵收48.64%至106.09%的反傾銷關税，以及17.14%至80.97%的反補貼税。

2018年3月9日，美國總統正式簽署關税法令，對進口鋼鐵和鋁分別徵收25%和10%的關税。

中美貿易摩擦 →

2018年3月22日，美國政府宣佈因知識產權侵權問題對中國商品徵收500億美元關税，並實施投資限制。

2018年4月5日，美國總統要求美國貿易代表辦公室依據301調查，額外對1,000億美元中國進口商品加徵關税。

2018年7月6日，美國開始對第一批清單上818個類別、價值340億美元的中國商品加徵25%的進口關税。

2018年7月10日，美國政府公佈進一步對華加徵關税清單，擬對約2,000億美元中國產品加徵10%的關税，其中包括海產品、農產品、水果、日用品等項目。

2018年8月8日，美國貿易代表辦公室公佈第二批對價值160億美元中國進口商品加徵關税的清單，8月23日起生效。

2018年9月18日，美國貿易代表辦公室公佈實施對價值2,000億美元，中國進口商品加徵關税的清單，9月24日起生效。最初税率為10%，2019年起增加至25%。

貿易摩擦升級 →

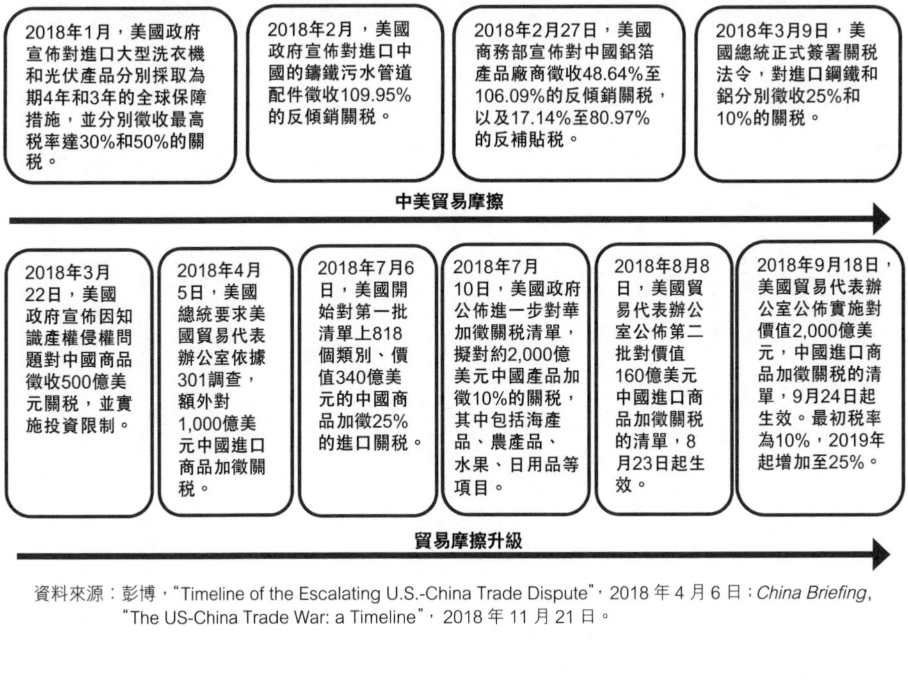

資料來源：彭博，“Timeline of the Escalating U.S.-China Trade Dispute”，2018 年 4 月 6 日；*China Briefing*, “The US-China Trade War: a Timeline”，2018 年 11 月 21 日。

1.2 對人民幣和新興市場匯率的影響

一直以來，歐、美、日等發達經濟體之間經濟週期和經濟政策分化所帶來的外溢效應，往往是包括人民幣在內的多數新興市場貨幣匯率波動的重要影響因素。2015 年在人民幣中間價定價機制中引入了中國外匯交易中心（CFETS）的籃子貨幣，其中美元權重達到 22.4%（見圖 2）。如果加上籃子貨幣中一些程度不同地與美元掛鈎的貨幣，美元在 CFETS 籃子貨幣中的實際影響力可能更高。因此，美元匯率走勢始終是影響人民幣匯率波動的重要因素之一。

但是從 2018 年 6 月開始，人民幣匯率貶值、波動幅度加大受近月來美元強勢的影響並不明顯，市場受中美貿易摩擦走向的影響加大。總體上看，2018 年初的人民幣匯率波動，基本上可以用美元匯率的波動來解釋（見圖 3）。這個相關性由 2018 年 6 月中開始有所變化。在 6 月 20 日至 8 月 3 日，人民幣匯率貶值幅度達 6%，人民幣籃子貨幣 CFETS 人民幣指數下跌 5% 至 92 點，美元指數則維持在 95 點左右，在這一特定階段，人民幣貶值的幅度明顯大於美元指數的上升幅度。

圖2：CFETS籃子貨幣和權重（由2017年開始）

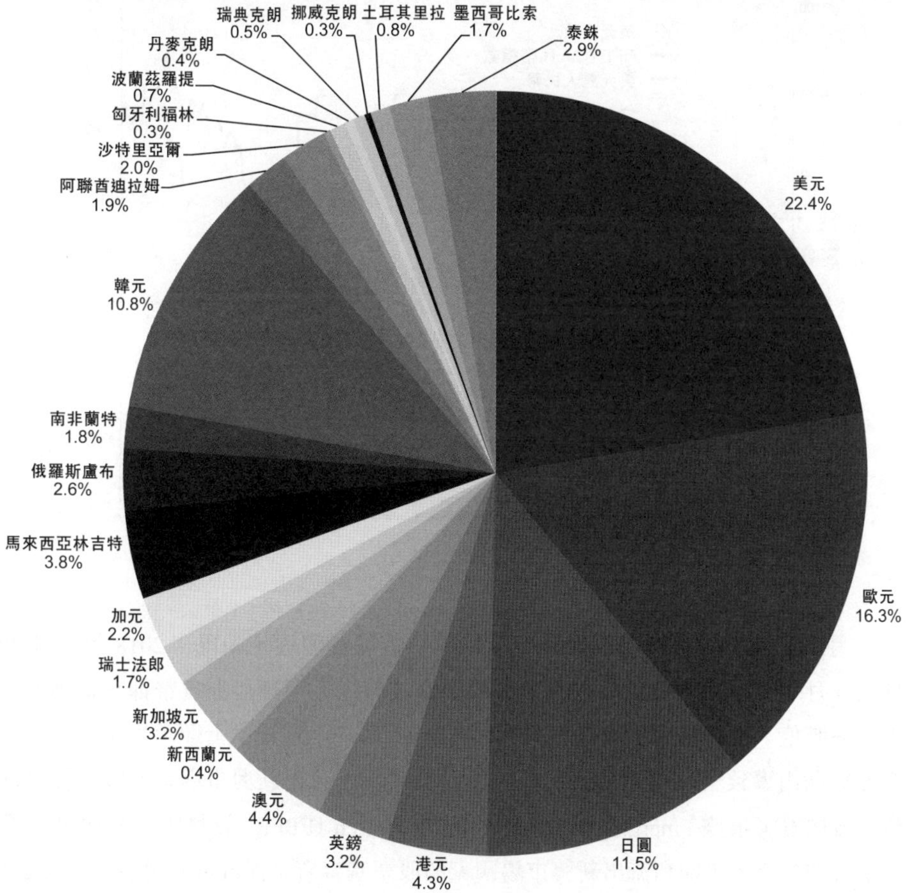

瑞典克朗 0.5%
挪威克朗 0.3%
土耳其里拉 0.8%
墨西哥比索 1.7%
泰銖 2.9%
丹麥克朗 0.4%
波蘭茲羅提 0.7%
匈牙利福林 0.3%
沙特里亞爾 2.0%
阿聯酋迪拉姆 1.9%
美元 22.4%
韓元 10.8%
南非蘭特 1.8%
俄羅斯盧布 2.6%
馬來西亞林吉特 3.8%
歐元 16.3%
加元 2.2%
瑞士法郎 1.7%
新加坡元 3.2%
新西蘭元 0.4%
澳元 4.4%
英鎊 3.2%
港元 4.3%
日圓 11.5%

資料來源：CFETS。

圖 3：人民幣匯率、CFETS 指數和美元指數（2018 年 1 月至 8 月）

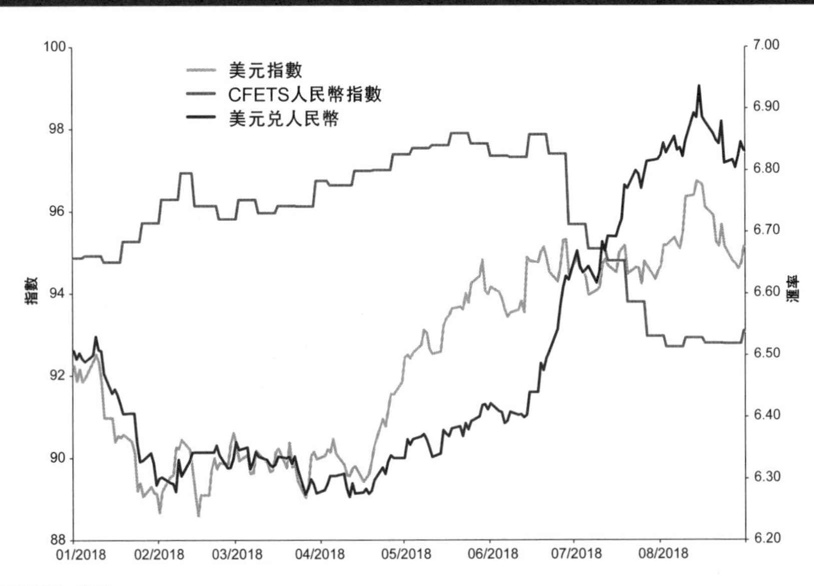

資料來源：彭博。

另一方面，中美貿易摩擦對本輪匯率貶值的影響逐步顯現。2018 年 6 月 20 日至 8 月 3 日，在中美貿易談判形勢較為嚴峻時，大多數亞洲貨幣都在跟隨人民幣匯率貶值，但是歐元卻有小幅升值（見圖 4），在一定程度上顯示出，中美貿易摩擦短期內導致全球避險情緒上升，進而導致資本流出新興市場經濟體。從全球資金流向看，根據 Emerging Portfolio Fund Research（EPFR）資料庫，2018 年 5 月至 7 月期間流入美國和流出新興市場國家的股票基金資金淨流量分別為淨流入 268 億美元和淨流出 154 億美元，債券基金資金淨流量分別為淨流入 257 億美元和淨流出 118 億美元。部份新興市場的危機一度加劇了全球資本對新興市場整體，也包括對中國內地市場的擔憂。這些擔憂反映為新興市場匯率的貶值較多和波動情況加劇（見圖 5）。2018 年以來土耳其里拉、阿根廷比索、印度盧比、巴西雷亞爾、南非蘭特等新興市場貨幣兌美元跌幅都超過 10%。不過鑒於人民幣匯率有較為穩定的宏觀經濟基本面的支撐，人民幣的貶值程度在新興市場貨幣中相對可控，對美元貶值了不到 6%，明顯小於主要的新興市場國家。

圖4：各國貨幣兑美元的匯率貶幅對比（2018年6月20日至2018年8月3日）

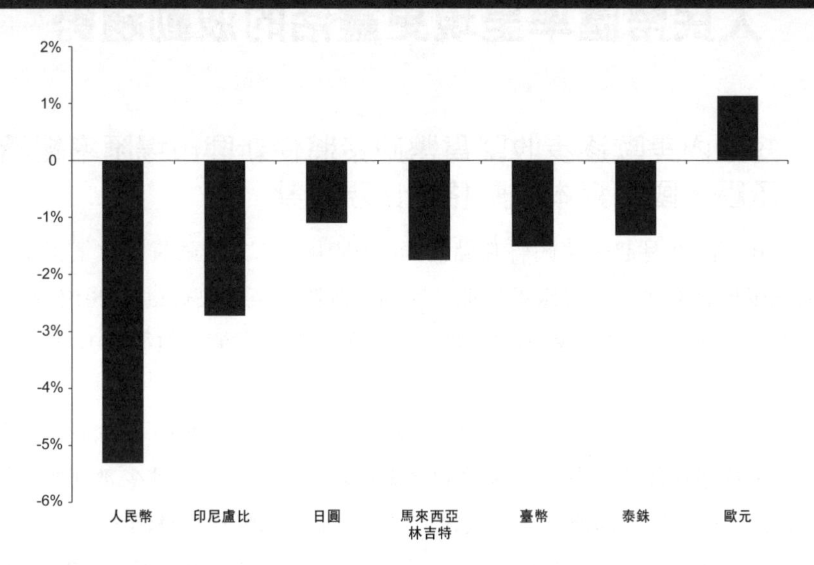

資料來源：Wind。

圖5：新興市場貨幣兑美元匯率貶幅情況（2018年1月至8月）

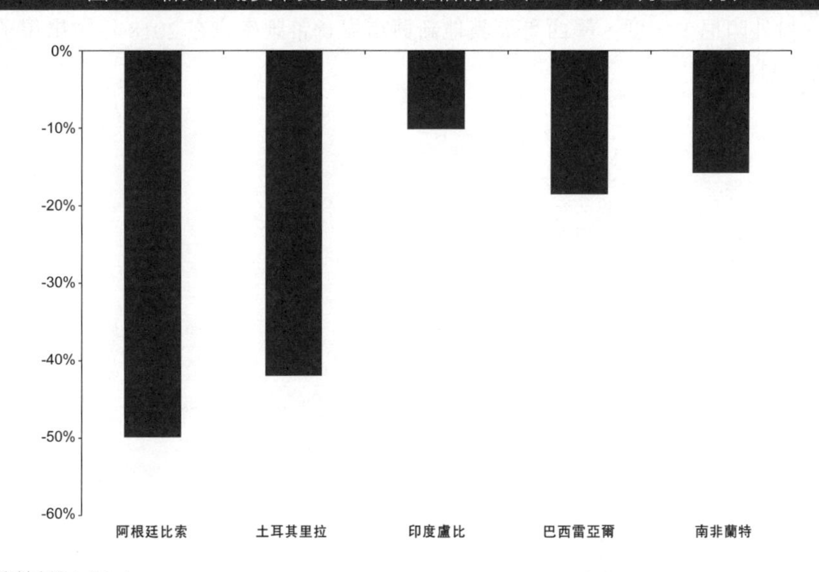

資料來源：Wind。

2 人民幣匯率呈現更靈活的波動趨勢

2.1 短期內美歐逐步收緊貨幣政策將使新興市場匯率繼續承壓，國際資本流動格局出現調整

自 2015 年 12 月起，美國聯邦儲備局（美聯儲）率先啟動貨幣政策正常化進程，已先後加息七次，並有條不紊地展開縮表計劃。英國央行也於 2017 年 11 月宣佈了十年來的首次加息；歐洲央行雖維持負利率政策不變，但從 2018 年初開始縮減資產購買規模。

隨着美聯儲的利率上調，美元的升值壓力有所增加（見圖 6），加劇了新興市場的美元債務償還壓力及其宏觀經濟和金融市場的脆弱性，導致少數新興市場貨幣出現波動，國家經濟面臨債務和貨幣的雙重危機。以阿根廷為例，截至 2017 年末，阿根廷外債規模高達 2,330 億美元，約佔本地生產總值（GDP）的 40%，遠高於 20% 的國際警戒線[1]。巴西也表現出貨幣貶值的趨勢，巴西經濟對外部融資和外國投資依賴度較高，經濟獨立性較低，經常賬戶常年赤字，更受到國際貿易形勢影響。另外印尼、印度、墨西哥等其他新興市場貨幣匯率也在 2018 年內出現了大跌行情（見圖 7）。

1 〈阿根廷金融動盪對新興市場的啟示〉，大公網（http://news.takungpao.com.hk/paper/q/2018/0521/3570932.html），2018 年 5 月 21 日。

資料來源：彭博。

圖7：新興市場貨幣兑美元的匯率轉變

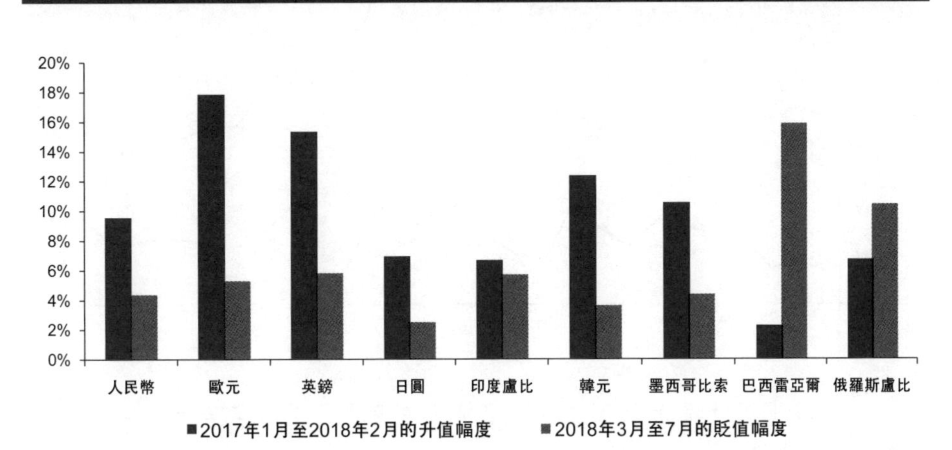

資料來源：Wind。

2.2 內地經濟基本面趨於穩定會對人民幣匯率的中期走勢形成支持

從經濟基本面看，目前中國經濟運行總體平穩（見圖 8 至 10）。近年來供給側結構性改革、簡政放權和市場機制發揮作用，中國經濟結構調整取得積極成效，增長動力加快轉換，雖然近期主要宏觀經濟指標趨弱，但總體看來增長韌性依然較強，為人民幣匯率提供支撐。2018 年 6 月以來的匯率貶值，市場預期較為平穩，沒有出現此前匯率貶值階段一度出現的恐慌情緒。在此時期，境外機構一直穩定地增持人民幣國債等資產，截至 2018 年第三季度末，境外機構持有境內銀行間債券市場餘額接近 1.7 萬億元人民幣，較「債券通」開通前增長超過 100%[2]。「滬港通」與「深港通」的北向交易——「滬股通」與「深股通」的北上資金一直保持穩步上升，即使在 7 月底、8 月初的匯率連續破低階段，也一直是淨流入內地市場[3]。從遠期匯率觀察的情況看，一年期不交收遠期外匯合約（NDF）在當時的貶值預期也僅僅在 2% 以內[4]。經濟基本面並不支持人民幣匯率持續大幅貶值。

圖 8：GDP 年增長率

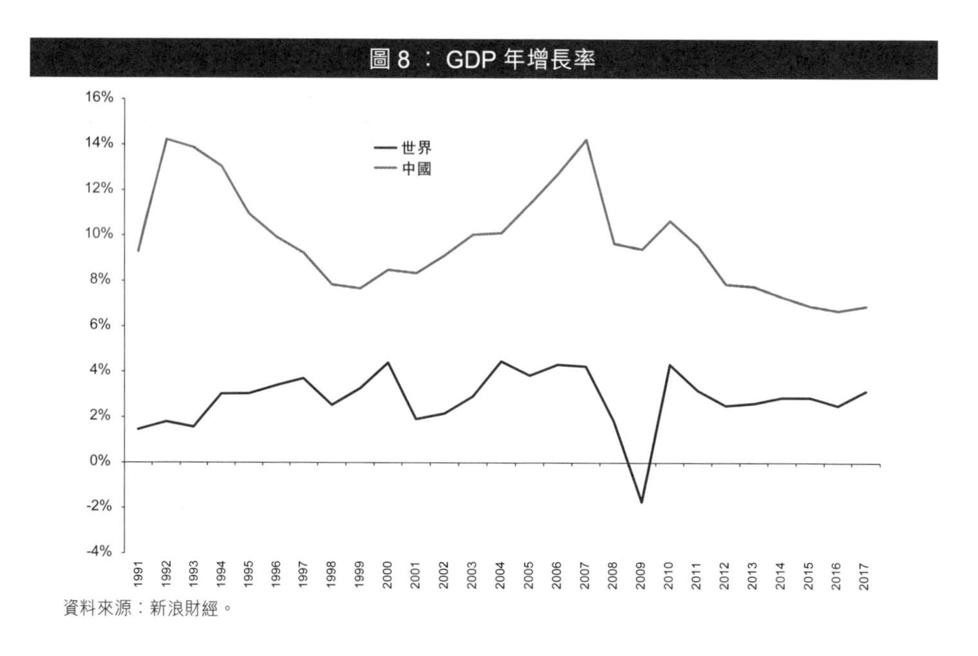

資料來源：新浪財經。

2 資料來源：中央國債登記結算有限責任公司（中國）、上海清算所。

3 資料來源：香港交易所。

4 資料來源：彭博。

圖 9：按消費者物價指數（CPI）計的年度通脹率

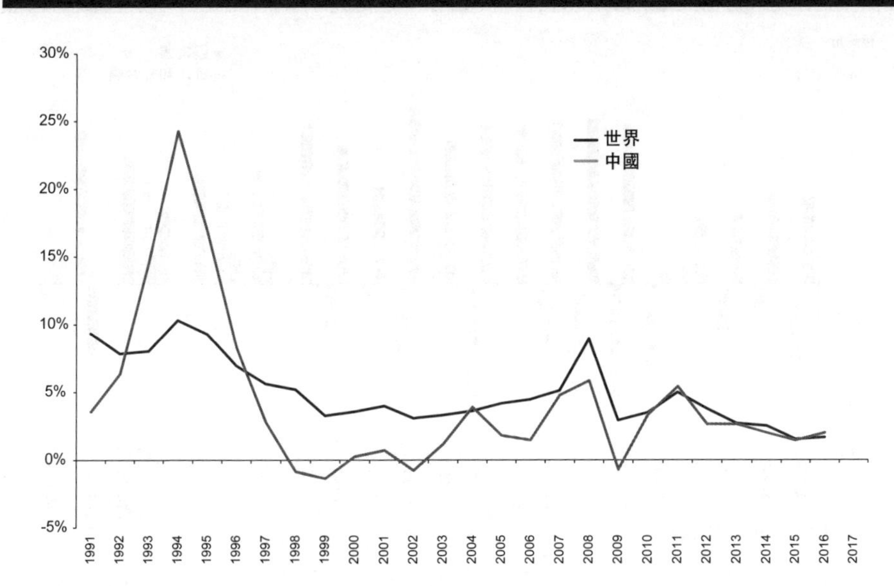

資料來源：新浪財經。

圖 10：總失業率

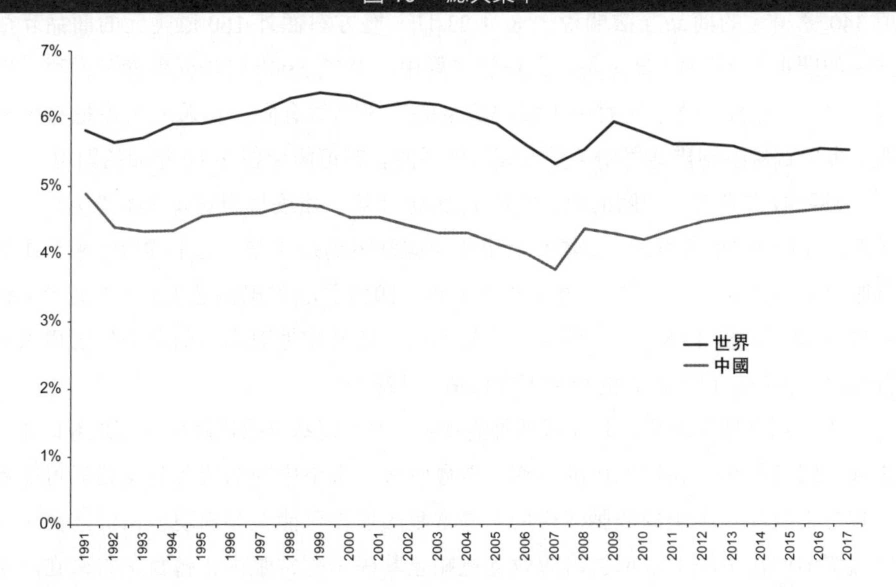

資料來源：新浪財經。

圖 11：經常賬與資本和金融賬（2013 年第 1 季至 2018 年第 2 季）

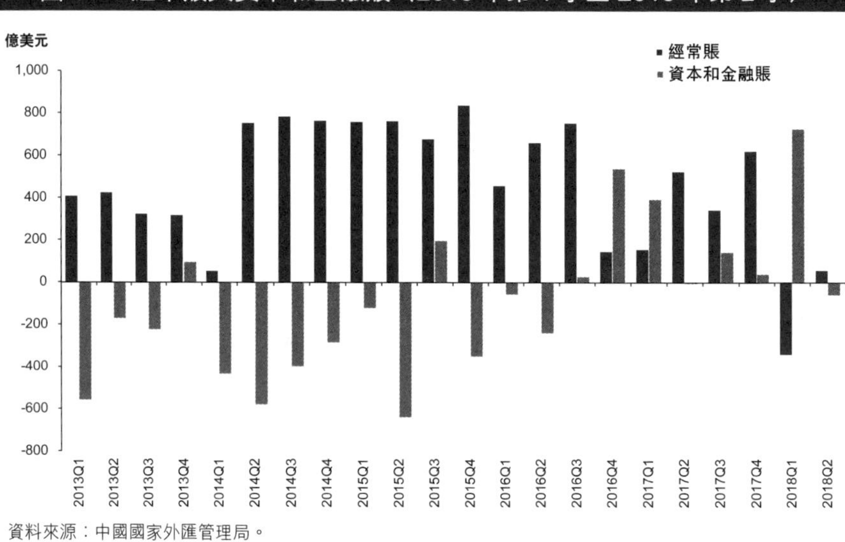

資料來源：中國國家外匯管理局。

單就貿易摩擦而言，短期內對中國經濟增長速度的影響有限，但預計影響會逐步體現在技術進步與創新能力方面。自 2018 年 7 月 6 日起，中美雙方向彼此價值 340 億美元的商品互徵關稅。 8 月 23 日，雙方對額外 160 億美元的商品互徵 25% 的關稅。9 月 18 日，美國宣佈實施對中國價值 2,000 億美元的商品徵稅。以總量來說，2,500 億美元對中美經濟總量的影響仍然有限。但若貿易摩擦持續升級，多項貿易限制措施對中美雙方經濟增長的影響可能會在 2019 年開始顯現。

國際收支方面，中國的經常賬餘額 2018 年第一季度呈現逆差 341 億美元，二季度轉為順差 58 億美元，總體來看上半年經常賬仍是逆差，是中國近年來首次經常賬呈現高額逆差。此外，2018 年上半年中國對美順差規模是 1,338 億美元，較 2017 年同期增長 13.8%，表明至少在短期內，貿易摩擦對出口的負面影響還未充分顯現，提前出口等因素的影響不容低估（見圖 11）。

考慮到全球經濟增長動能減弱外需疲軟、中美貿易摩擦措施逐步落地等因素，未來中國貿易順差在短期內的概率可能會收窄。未來中國的國際收支格局可能會呈現經常賬和資本賬的波動新格局，經常賬順逆差可能交替出現。由於之前中國宏觀經濟的決策環境習慣於國際收支雙順差基礎，經常賬由正轉負，未來在一定程度上會改變中國宏觀經濟政策的決策環境。在這個過程中，穩健的經濟基本面和靈活的人民幣匯率波動機制，都有望在應對外部衝擊中發揮積極作用。

2.3　人民幣匯率波幅將穩步擴大

首先，中國人民銀行正在淡出市場日常干預，人民幣匯率形成機制的市場化程度不斷提高。

在這輪階段性貶值中，內地匯率決定機制根據市場情況政策在宏觀審慎框架內得以調整，包括 2018 年 8 月 6 日起把金融機構遠期售匯業務的外匯風險準備金率從 0% 調整為 20%；在 2018 年 8 月 24 日重啟在岸人民幣中間價的逆週期因數「以適度對沖貶值方向的順週期情緒」[5]。這些調整有助防範宏觀金融風險，並沒有改變人民幣匯率的形成更趨市場化的方向。

2015 至 2016 年人民幣匯率貶值時，中國人民銀行積極用外匯儲備入市干預，具體反映在外匯儲備規模和外匯佔款等的波動（見圖 12）。然而在本輪人民幣匯率波動幅度顯著加大時期，內地外匯儲備基本平穩。2018 年 8 月中國外匯儲備規模雖有所降低，但相比外匯儲備總規模降幅有限，而且主要可以用美元匯率走勢來解釋，表明人民幣匯率波動在這一階段內的波動主要由市場因素驅動。

5　資料來源：中國外匯交易中心〈人民幣對美元中間價報價行重啟「逆週期因子」〉，2018 年 8 月 24 日。

圖 12：中國外匯儲備（2016 年 12 月至 2018 年 8 月）

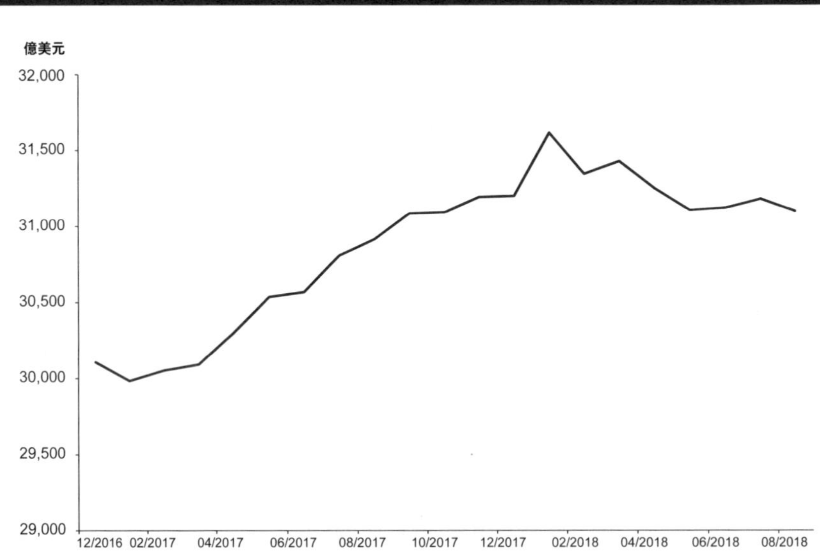

資料來源：中國國家外匯管理局。

其次，更為靈活的人民幣匯率符合中國經濟的新環境，可以為貨幣政策提供更大的操作空間。

根據三元悖論，在開放經濟條件下，本國貨幣政策的獨立性、固定匯率、資本的自由進出不能同時實現，至少要放棄其中一個目標。在當前的國際環境下，內地貨幣政策操作框架也面臨着內外部政策優先次序的權衡和選擇。隨着人民幣逐步成為國際貨幣，未來需要更為關注內部經濟增長目標（或者說內部平衡目標）與外部人民幣匯率波動之間的政策優先次序的權衡，正如 20 世紀 80 年代、90 年代拉美國家和亞洲國家的貨幣當局所面臨的抉擇。作為內需市場較大的經濟體，中國的貨幣政策逐步表現出優先保證獨立決策空間的特徵，人民幣匯率波動的靈活性近年來穩步提高。

再次，人為和主動的貶值並非應對貿易爭端的良好方案，由市場需求主導決定人民幣匯率走勢更可持續，也更符合人民幣匯率形成機制市場改革的方向。

從國際經驗看，一方面主動貶值往往難以控制效果：如果貶值幅度過小，難以起到效果；如果貶值幅度過大，容易導致短期的市場恐慌並可能加劇資金外流，使得匯率波動幅度更大。近年來隨着中國資本賬開放程度逐步上升，推動人民幣匯率形成機制的市場化，已有助於抵禦外部衝擊。在當前的國際貿易環境下，新興市場貨幣和人民幣對美元的匯率可在一定區間內保持靈活波動。

3 匯率波動加劇情況下匯率風險對沖工具的重要性——香港場內市場的優勢和發展

隨着貿易摩擦升溫，人民幣匯率雙向波幅不斷擴大，匯率風險對沖工具對內地和國際企業變得更重要。內地企業對外投資和外資企業的人民幣投資可通過場內貨幣衍生產品進行對沖。香港交易所的人民幣（香港）相關期貨和期權的成交量分別在 2018 年 8 月創新高。其中，美元兑人民幣（香港）期貨在 2018 年的總成交量為 1,755,130 張合約（合約金額為 1,755 億美元），比 2017 年的 732,569 張合約（合約金額為 733 億美元）高出 140%（見圖 13）。美元兑人民幣（香港）期權的成交量也在 2018 年 8 月 28 日創 1,529 張合約（合約金額為 1.53 億美元）的新高。另外，其他貨幣兑人民幣的期貨（如歐元兑人民幣、澳元兑人民幣及日圓兑人民幣期貨）合約的成交量在 2018 年下半年也逐步上升，其中在 8 月份一些交易日的成交量達到記錄新高。

圖 13：美元兑人民幣（香港）期貨的成交量（2012 年 9 月至 2018 年 12 月）

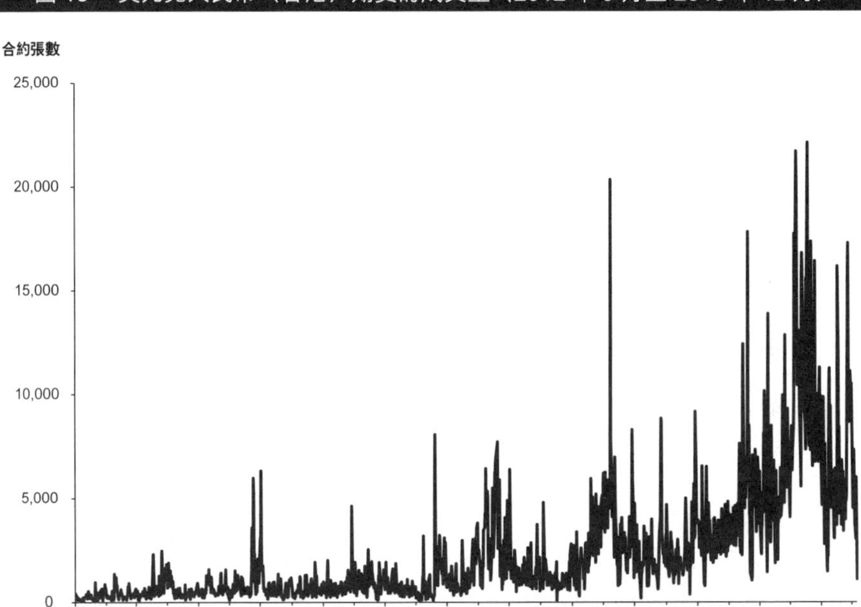

資料來源：彭博。

3.1 場內貨幣衍生產品具備高流動性和高透明度的特點

香港交易所於 2012 年 9 月推出美元兑人民幣（香港）期貨，為全球首隻人民幣可交收貨幣期貨合約，即交收時由賣方繳付合約指定的美元金額，而買方則繳付以最後結算價計算的人民幣金額。它的交易時段是由香港時間上午 8 時 30 分至下午 4 時 30 分及下午 5 時 15 分至翌日凌晨 1 時正[6]，覆蓋了亞洲以及歐美時區，能照顧內地和國際投資者對沖人民幣匯率風險的需求。

香港的人民幣期貨市場已持續增長成為高流動性市場。除了以上提到逐漸上升的成交量，其合約月份的買賣價差對比其他交易平台有優勢[7]，為市場投資者提供兼具流動性和深度的市場，同時可以保證金交易以達到資本效益。另外，香港的場內美元兑人民幣（香港）的衍生產品，包括期貨和期權產品，都有市場莊家計

6　到期合約月份在最後交易日收市時間為上午 11 時。

7　詳見〈人民幣波動下，香港交易所人民幣產品成交活躍〉，香港交易所網站，2018 年 7 月 11 日。

劃[8]，為投資者提供持續報價和回應報價。反觀場外交易市場（OTC 市場）的外匯合約流動性低，除非交易雙方同意，否則不能在到期前更改或取消合約。

高透明度也是場內交易的優勢。投資者可在交易前就知道場內人民幣衍生產品的最佳買入價和賣出價，也可在交易後知道每天每個合約月份的成交價、成交量和未平倉合約。相反，場外的衍生產品沒有交易前的透明度，主要以雙邊交易和報價請求（Request For Quote, RFQ）模式運作，投資者須要逐一聯絡市場參與者再協商報價。因此，場內交易投資的高透明度幫助投資者更了解市場走勢，亦可幫助更有效的價格形成及加強流動性。

交易透明度的優勢也體現在人民幣貨幣期權市場。美元兑人民幣（香港）期權的特點是以固定金額的期權金來購買保障，來應對美元兑人民幣（香港）匯率單邊波動所帶來的潛在風險。在流通量提供者計劃的支持下，人民幣貨幣期權投資者交易前便能知道大約 200 個期權系列的報價，這幫助匯集投資者的流通量，加快價格發現，減低對沖成本。

3.2　不同貨幣對的人民幣貨幣期貨可以配合不同地區投資者的人民幣匯率風險管理需求

目前各國經濟增長不均衡或會影響全球主要央行的貨幣政策和各國的經濟週期，間接增加人民幣匯率的波動。全球主要央行的貨幣政策各有不同[9]，美國的貨幣收緊政策要早於歐日。這種分化的貨幣政策也反映各國經濟週期亦非完全同步。因此，大宗商品的價格也會更波動，包括基本金屬、貴金屬和石油等。受主要利率和大宗商品價格的影響，人民幣兑各種主要貨幣匯率的波幅也會出現分化。

另外，人民幣貨幣的客戶羣亦日趨多元化，包括各類別銀行、機構投資者、自營交易公司、定息自營交易部門、資產管理公司、企業如進出口行業以及個人投資者等。在香港，為客戶做人民幣期貨交易的期貨交易商數量穩步增加到 2018 年 12 月底的 134 家國際、中國內地及香港背景的經紀商[10]。

8　截至 2018 年 12 月底，美元兑人民幣（香港）期貨的市場莊家包括香港上海匯豐銀行有限公司、中國銀行（香港）有限公司、工銀國際期貨有限公司、永豐商業銀行股份有限公司、海通國際金融產品有限公司及 Virtu Financial Singapore Pte. Ltd.。

9　參看國際貨幣基金（IMF）《世界經濟展望》，2018 年 10 月。

10　資料來源：香港交易所。

為配合不同投資者的人民幣風險管理需要，香港場內市場提供不同人民幣貨幣對的貨幣期貨。除了本金交收的美元兑人民幣（香港）期貨，亦在 2016 年 5 月推出以下現金交收的各種人民幣貨幣期貨：

- **歐元兑人民幣（香港）期貨**：對沖歐洲的貨幣政策風險。歐元是全球第二大交易貨幣，佔 2018 年 11 月全部交易額的 36.1%[11]。歐洲和美國的貨幣政策走向各有不同。而且，歐盟是中國內地的最大貿易夥伴，同時中國內地亦是歐盟第二大的貿易夥伴[12]。
- **日圓兑人民幣（香港）期貨**：對沖日本央行政策和貴金屬價格的風險。日圓是目前（截至 2018 年 11 月[13]）亞洲最大的交易貨幣，也用作多種貴金屬基準價格的定價。日本和美國的貨幣政策走向各有不同。
- **澳元兑人民幣（香港）期貨**：對沖大宗商品市場的風險。澳洲是中國內地在大宗商品方面其中一個最大的貿易對手[14]，澳元的走勢跟大宗商品市場的景氣亦息息相關。
- **人民幣（香港）兑美元期貨**：跟美元兑人民幣（香港）期貨的交易互為補足。人民幣（香港）兑美元期貨的特點是以美元作為報價、交易和結算的單位。它的面額（30 萬元人民幣）相對美元兑人民幣（香港）期貨（10 萬美元）為少。

3.3 離岸人民幣期貨產品價格收斂於境內人民幣匯率，有助於對沖人民幣風險而用於投機性做空的空間有限

從目前的趨勢看，預期美元兑人民幣匯率的波動將逐步擴大。離岸貨幣期貨的特色和市場監管規則有助於提供一個可控的市場環境作人民幣匯率風險管理之用。

---

11 資料來源：SWIFT, "RMB Tracker: Monthly reporting and statistics on renminbi (RMB) progress towards becoming an international currency", 2018 年 12 月。

12 詳見歐盟介紹中國內地的網頁（http://ec.europa.eu/trade/policy/countries-and-regions/countries/china/），最後更新於 2018 年 4 月 16 日。

13 資料來源：SWIFT, "RMB Tracker: Monthly reporting and statistics on renminbi (RMB) progress towards becoming an international currency", 2018 年 12 月。

14 參看 Karam, P. and Muir, D., *Australia's Linkages with China: Prospects and Ramifications of China's Economic Transition*, IMF 工作報告 WP/18/119，2018 年。

離岸人民幣期貨的結算價和人民幣即期匯率有高度相關性。美元兑人民幣（香港）期貨的即月結算價和在岸人民幣匯率的相關度，以及離岸人民幣匯率的相關系數一直在 0.99 以上；和在岸人民幣中間價的相關度亦隨着中間價在 2015 年 8 月以來的定價改革而逐漸提高至 0.99 以上（見表 1）。因此，離岸人民幣期貨的結算價並沒有大幅偏離人民幣即期匯率，故未有引起不必要的人民幣匯率波動。事實上，美元兑人民幣（香港）期貨是以香港財資市場公會在最後結算日大約早上 11:30 公佈的美元兑人民幣（香港）定盤價作為最後結算價[15]。因此，投資者不太可能利用離岸人民幣期貨的最後結算價影響人民幣即期匯率。

表 1：美元兑人民幣（香港）貨幣期貨即月結算價與不同人民幣即期匯率的相關系數（2012 年 9 月至 2018 年 8 月）

期間（月 / 年）	離岸人民幣	在岸人民幣	在岸人民幣中間價
09/2012 — 07/2015	99.4%	98.3%	44.8%
08/2015 — 05/2017	99.6%	98.9%	98.6%
06/2017 — 01/2018	99.5%	99.6%	99.2%
02/2018 — 08/2018	99.7%	99.8%	99.5%
全期間（09/2012 — 08/2018）	99.9%	99.7%	98.0%

註：根據彭博即月結算價的定義及數據計算。

離岸人民幣期貨的特色切合企業的風險管理需要，而不是匯率短期內的投機活動。除了與即期匯率的高度相關性，離岸人民幣期貨的中央清算機制和保證金制度有效減低了交易對手風險。投資者在開倉時需要存放現金或非現金的抵押品來滿足基本保證金的要求，在持倉的每個交易日需要按匯率走勢滿足維持保證金的要求。相反，在場外交易的人民幣貨幣衍生產品只需要銀行批核的信用額而不需提交抵押品，也沒有中央結算。再者，場內交易的離岸人民幣期貨合約以實物交割代替以交易貨幣計的現金差額結算，增加賣空成本。

市場上若有機構想賣空人民幣，可能會傾向選擇 OTC 市場。OTC 市場交易量比場內市場大，條款較具彈性，也能隱藏交易對手的身份。在 2016 年 4 月，香

15　這個定盤價是按已指定的 8 間活躍於離岸人民幣市場的經紀商在最後結算日早上 10:45 至 11:15 的 100 萬美元以上的即期交易計算出來的成交量加權中位數。

港場外交易的美元兑人民幣貨幣衍生產品的每日平均名義交易金額達到760億美元[16]。相對來説，場內市場的美元兑人民幣（香港）貨幣期貨的每日平均名義交易金額在2018年只有大約7.13億美元（約50億元人民幣）[17]。就算場外的美元兑人民幣貨幣衍生產品的交易量沒有增加，美元兑人民幣（香港）貨幣期貨的名義成交額只是場外產品名義成交額的大約百分之一。

另外，香港的期貨市場有多項措施限制過度集中持倉，減少市場上不必要的波動風險。這些措施也應用在人民幣期貨，包括匯報大額未平倉合約和持倉限額：

- **大額未平倉合約的申報：**香港期貨交易所規則要求交易所參與者（不論為其本身或代表任何客戶）向香港期貨交易所申報人民幣期貨的大額未平倉合約。例如，目前[18]美元兑人民幣（香港）期貨任何一個合約月份的未平倉合約若超過500張，便須為其持倉作出申報。香港期貨交易所亦有權要求任何大額未平倉合約持有人提交額外資料，以説明其大額持倉需要。這項要求對監管機構而言，增加了市場參與者的透明度。
- **持倉限額：**實施持倉限額，為單一實益擁有人的人民幣期貨和期權持倉設定上限。例如，目前[19]美元兑人民幣（香港）期貨、人民幣（香港）兑美元期貨和美元兑人民幣（香港）期權合約加總的持倉限額，以所有合約月份持倉合共對沖值8,000張（長倉或短倉）為限，並且在任何情況下：
  - 直至到期日（包括該日）的五個香港交易日內，現月美元兑人民幣（香港）期貨及現月美元兑人民幣（香港）期權持倉對沖值不可超過2,000張（長倉或短倉）；及
  - 所有合約月份的人民幣（香港）兑美元期貨合約淨額之倉位不可超過16,000張（長倉或短倉）。

  持倉限額一概嚴格執行，違規可能構成違反相關香港期貨交易所規則及《證券及期貨（合約限量及須申報的持倉量）規則》，或可包括刑事責任。香港期貨交易所及證監會均可對任何違規行為採取行動，包括要求參與者及時和有秩序地減少持倉位。

16 資料來源：香港金融管理局〈香港外匯及衍生工具市場〉，2016年12月。
17 資料來源：香港交易所。
18 按2018年12月實施中的要求。
19 按2018年12月實施中的要求。

3.4　多種期限的貨幣期貨加強對沖的效用

較長的合約期限能加強中長期投資者的風險管理。以美元兑人民幣（香港）期貨合約月份為例，期貨合約月份的數目最初推出時只有 7 個（即月、下三個曆月和之後的三個季月）。香港交易所按市場需要，分別在 2014 年 4 月和 2017 年 2 月新增美元兑人民幣（香港）期貨第四和第五個季月的合約月份。由 2018 年 6 月起，香港交易所已把合約月份增加至 10 個（即月、下三個曆月和之後的六個季月），使美元兑人民幣（香港）期貨的合約期可長達 22 個月。這些不同期限的期貨能更好地配合投資者的人民幣資金流，有助減低基差風險和展期風險。

跨期合約幫助應對貿易摩擦為人民幣匯率波動帶來的中長期和短期影響。2018 年 6 月對美元兑人民幣（香港）期貨的優化也包括增加 19 個新的跨期合約至總共 45 個跨期合約。這些跨期合約可以是任何兩個合約月份的跨期組合，幫助投資者一方面對沖人民幣匯率的中長期走勢，另一方面能應對短期的匯率波動。

3.5　不斷提高人民幣期貨市場靈活性，滿足多樣化的風險管理需求

貿易摩擦增加超短期的風險管理需求。貿易摩擦導致了主要央行的貨幣政策和各國經濟週期的不確定性[20]，有些在已知日期公佈的市場消息（例如央行議息、經濟數據的公佈，政府選舉等）在貿易摩擦升級的環境下對人民幣匯率可以造成更大的影響。但是，目前全球交易所並沒有提供這種超短期的貨幣期貨。類似的交易所產品只有美國以人民幣貨幣期貨作為標的的每週期權，包括 2006 年 7 月推出星期五到期的期權和 2017 年 10 月推出的星期三到期的期權。投資者運用這種期權對沖超短期的人民幣匯率風險難度較高。一般來説，因為期權的價格形成機制比貨幣期貨複雜，假如用期權做 delta 對沖[21]，delta 對沖值的非線性變化會增加基差風險。另外，這些期權到期時以現金交收的人民幣兑美元期貨作為實物交收。換句話説，這種對沖不會涉及本金交收，對人民幣有實際需求的投資者要在人民幣現貨市場交易取得所需資金。因此，有些投資者會利用有比較靈活期限的場外產

20　參看國際貨幣基金（IMF）《世界經濟展望》，2018 年 10 月。

21　Delta 對沖能使投資組合的價值在短時間內不受標的價格在小範圍內波動的影響，即投資組合相對於標的市場價格的風險為中性。

品做對沖。在全球推動交易所作為衍生產品的中央交易對手的前提下，香港市場應該滿足超短期至中長期投資者的風險管理需求，為這類產品提供一定的流動性。

4 鞏固香港作為離岸人民幣產品交易及風險管理中心的地位，支持人民幣國際化

在上述背景下，市場對人民幣匯率的風險管理需求將不斷增加。調研顯示，持有人民幣風險敞口的金融機構對人民幣風險管理產品有濃厚興趣。離岸人民幣本金交割遠期合約是金融機構管理人民幣風險敞口的首選方式，使用比例佔40%；除卻資產和負債的自然對沖，排名第二位的是離岸人民幣即期外匯市場，使用比例佔15%；離岸人民幣期貨合約排名第三，使用比例達4%（見圖14）。

圖 14 ：金融機構管理人民幣風險敞口最常用的方式

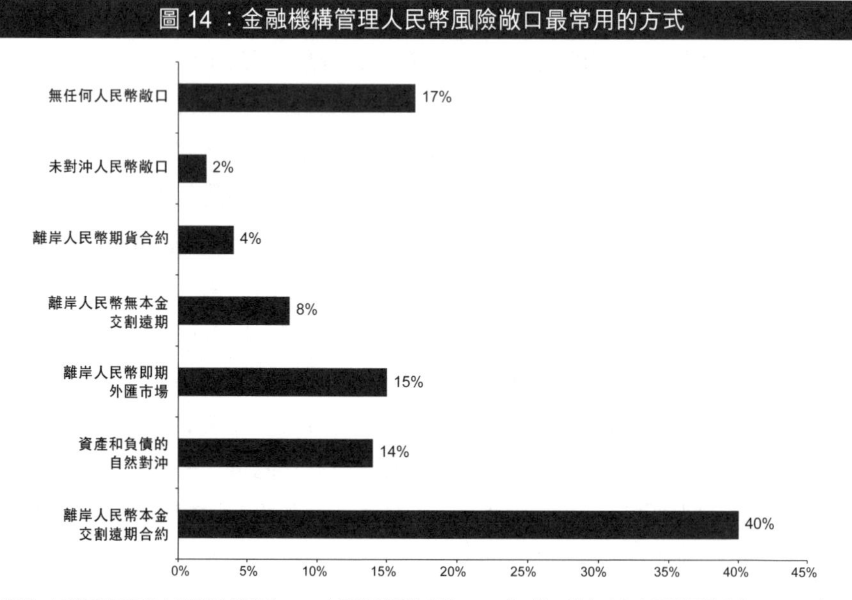

資料來源：亞洲銀行家與中國建設銀行《2018 人民幣國際化報告 ——「一帶一路」助力人民幣國際化》，2018 年。

隨着中國A股已被正式納入MSCI新興市場指數，中國債券獲納入彭博巴克萊等被全球基金廣泛追蹤的債券指數也將在2019年落地。越來越多追蹤這些全球指數的，包括各國央行、主權基金、國際養老基金等中長期機構投資者將根據指數變化，被動加大配置中國股、債資產，勢必引起全球近4萬億美元的資產管理行業的配置轉換，需要有足夠的、流動性好的工具讓他們實現風險對沖。

香港作為人民幣離岸市場的體制優勢在於服務專業，金融基礎設施完善，可以為市場提供廣泛而充分的風險對沖工具。目前香港交易所開發的離岸人民幣衍生品成交活躍，為市場投資者提供良好流動性和市場深度。香港場內離岸人民幣產品的機制和結算方式也能有效保證離岸價格最終收斂於在岸市場，使得離岸的人民幣產品交易可以進一步幫助擴大境內價格的國際影響力，將定價權把握在境內。通過進一步發展和豐富各類人民幣衍生品來配合實體經濟需要，充分發揮服務專業、金融基礎設施完善等制度優勢，香港可逐步擔當離岸人民幣產品交易及風險管理中心的角色，對促進人民幣的廣泛國際使用具有重要作用。

第15章

人民幣貨幣籃子及市場化人民幣匯率指數的意義

香港交易所
首席中國經濟學家辦公室

摘要

從 2005 年第一次引入貨幣籃子作為人民幣兑外幣的中間價參考開始，此後的十年時間裏，一籃子貨幣逐步成為人民幣匯率調整的重要依據。2005-2015 年期間，人民幣兑美元匯率彈性不斷擴大，與亞洲貨幣的關係越加密切，同時，歐元、英鎊、加元、澳元等對人民幣匯率的影響程度也在加深。2015 年 12 月，中國人民銀行（人行）第一次正式公佈一籃子貨幣構成，貨幣籃子進一步透明化，並以「收盤匯率＋一籃子貨幣匯率變化」為基準逐步確定了人民幣兑美元匯率的中間價定價機制，從而明確了貨幣籃子對人民幣匯率中間價的影響規則。2016 年人民幣貨幣籃子進一步擴大，2017 年中間價定價機制中又引入了逆週期因子，使得籃子貨幣對人民幣中間價的錨定作用進一步增強。

從人民幣匯率的實際走勢來看，2015 年末至 2017 年 11 月近 2 年的時間裏，人民幣匯率與人民幣 CFETS 貨幣籃子指數之間經歷了幾個階段的互動，籃子指數本身也經歷了從貶值到小幅升值的走勢。隨着人民幣匯率加大了參考一籃子貨幣的程度，人民幣兑美元匯率彈性進一步增強，有助於促使人民幣匯率從單邊趨勢走向雙向波動的良性發展，在中長期逐漸趨於平衡。

從美元貨幣指數的歷史發展經驗來看，貨幣指數的發展對匯率價值估算具有重要的參考作用，也是提升貨幣可交易性和可運用性的重要工具。具有廣泛市場運用前景的貨幣指數在確定指數內的貨幣構成及其權重時，既要考慮到本國與他國的貿易關係，也應考慮籃子貨幣在外匯市場和資本市場的流動性。從這個角度來看，香港交易所與湯森路透開發的人民幣 RXY 指數在編制時，既參考了人民幣對其他主要貨幣的交易流動性，也定期對籃子貨幣及其權重，以透明化的公式進行動態調整，從而可以更好地反映人民幣對其他貨幣的變化方向及幅度，為人民幣匯率市場化機制改革提供了有利工具。

1　2005 年及 2010 年匯改：貨幣籃子成為人民幣匯率的參考基準之一

1.1　2005 年匯改引入籃子貨幣，人民幣邁向有管理的浮動匯率制度

人民幣的匯率改革可回溯至 1994 年。當時內地將人民幣官方匯率與調劑匯率併軌[1]，從 1 美元兑換 5.8 元人民幣的匯率水平下調至以 1 美元兑 8.7 元人民幣的基準，開始實行以市場供需為基礎的、單一的、有管理的浮動匯率制度。雖然 1997-1998 年的亞洲金融危機期間，泰銖等其他亞洲貨幣相繼貶值，但人民幣保持對美元穩定，始終維持在 1 美元兑 8.28 元人民幣上下波動。

2005 年 7 月 21 日，中國人民銀行 (人行) 宣佈實行以市場供求為基礎、參考一籃子貨幣、有管理的匯率制度，正式開啟了人民幣中間價匯率市場化之路。這次匯改是央行第一次明確提出人民幣匯率需要參考一籃子貨幣，從而改變事實盯住美元的固定匯率，推動人民幣從匯率低估向均衡匯率調整。

2010 年 6 月匯改重啟，人行進一步強調人民幣匯率水平從參考雙邊匯率轉向多邊匯率，更多地以人民幣相對一籃子貨幣的變化來看待人民幣匯率水平。參考一籃子貨幣匯率制度介於固定匯率和浮動匯率之間，比固定匯率彈性有所增強，又不像浮動匯率那樣大幅波動容易引發金融市場動盪，更有利於實現宏觀經濟政策穩定，防範投機資本的跨境流動。另外，隨着對外開放程度不斷提高，中國的主要經貿夥伴已呈現明顯的多元化，對外投資也呈現多區域特徵，由多種貨幣組成的貨幣籃子更能準確反映真實的人民幣匯率水平，可進一步增強人民幣匯率彈性。

1　自 1980 年起，內地陸續開始實行外匯調節制度，形成了官方匯率與外匯調劑市場匯率並存的雙軌制。

1.2 2005-2015 年：貨幣籃子構成的估算及其對人民幣匯價的影響

2005 年匯改後，儘管貨幣當局多次強調貨幣籃子在調節人民幣匯率的重要作用，但在實際操作中，人行沒有直接公開貨幣籃子的構成、貨幣權重和盯住機制，外界和研究者通過人民幣匯率與美元之間的相關走勢，對人民幣與美元以及貨幣籃子的關係進行了一系列的估算。

從人民幣中間價的整體走勢上來看，2005 年以後的主要時間裏，人民幣中間價匯率基本上參考了籃子貨幣的走勢，只有在 2008 年全球金融危機期間，人民幣再次單一盯住美元[2]。2005 年至金融危機前的三年間，人民幣兑美元處於加速升值的過程。以每年的 7 月 21 日為分界點，在 2005 年匯改後第二年和第三年人民幣兑美元升值幅度分別達到 5.5% 和 10.9%。截至 2008 年 11 月，人民幣兑美元累計升值約 19%。2008 年全球金融危機爆發，人民幣重新恢復兑美元匯率的穩定，轉向事實上地盯住美元。至 2010 年 6 月匯改重啟，人民幣兑美元的波動程度不斷擴大。這一方面得益於貨幣當局擴大了人民幣匯率的浮動區間，人民幣對美元中間價從上下 0.3% 之範圍內浮動，逐步擴大至 2% 的波動區間，另一方面也反映出籃子貨幣對人民幣中間價的影響也在逐步擴大。

2 具體參見：張明《人民幣匯率：機制嬗變與未來走向》，2017 年 9 月。

圖 1：人民幣匯率每日走勢（2005 年 1 月 1 日至 2015 年 8 月 10 日）

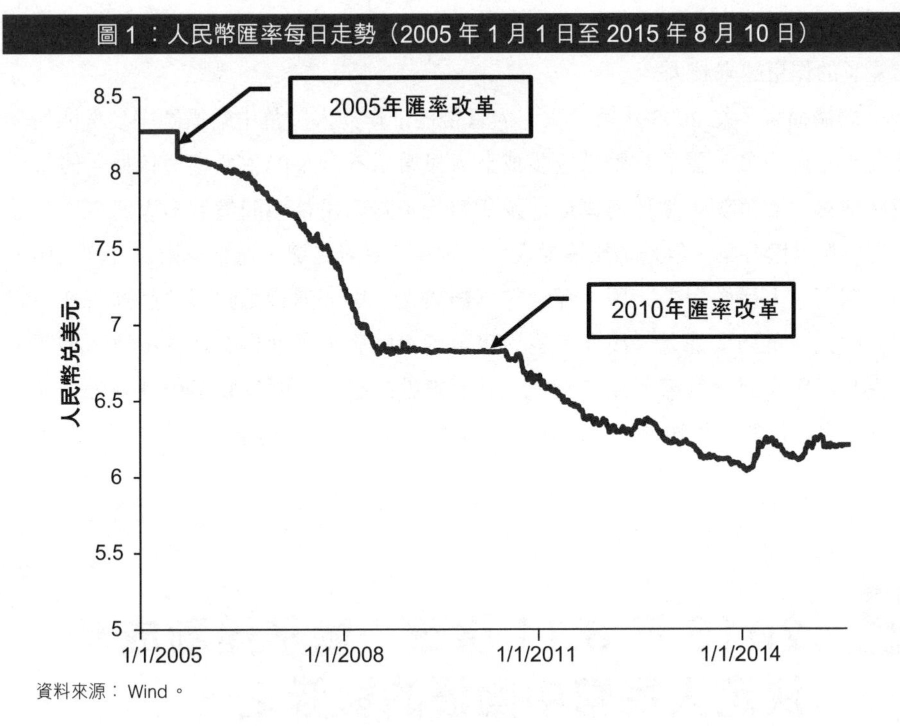

資料來源： Wind。

一些學者通過模擬分析，分析了貨幣籃子中可能的貨幣構成及權重，以及貨幣籃子對人民幣中間價的影響。一項研究[3]發現，除去 2008 年金融危機期間以外，美元在人民幣參照貨幣籃子中一直佔據絕對主導地位，貨幣籃子中有些貨幣與美元保持固定匯率，這些貨幣對人民幣的影響也全部通過美元來體現，美元在當時貨幣籃子中的比重可能達到了 80% 左右，明顯大於理論要求的穩定貿易收支的比重。第二，貨幣籃子中的貨幣權重有可能是動態變化的。一些新興市場貨幣權重，如俄羅斯盧布、新加坡元等可能出現了增長。第三，貨幣當局當時對貨幣籃子的參照水平不高，貨幣籃子對匯率的約束作用有限。根據另一研究[4]，這些特點在 2010 年以後得以延續。這項研究發現，美元在貨幣籃子中依然佔據主導地位，但在籃子裏的權重有所下降，日圓、韓元、新加坡元、馬來西亞林吉特、菲律賓比索、

3　周繼忠〈人民幣參照貨幣籃子：構成方式、穩定程度及承諾水平〉，載於《國際金融研究》，2009 年 3 月。

4　謝洪燕等〈新匯改以來人民幣匯率中貨幣籃子權重的測算及其與最優權重的比較〉，載於《世界經濟研究》，2015 年第 3 期。

新臺幣、泰銖等亞洲國家的貨幣權重開始增加，説明中國與東亞的貿易關係對貨幣籃子的作用越來越大。

總體而言，從2005年第一次引入貨幣籃子作為人民幣中間價匯率參考開始，此後十年時間裏，籃子貨幣已逐步成為人民幣匯率調整的主要參考依據。儘管這段時間裏，貨幣籃子是如何構成以及貨幣籃子對人民幣中間價有多大約束力，並沒有一個具體答案，但是，無論從人民幣匯率的實際走勢，還是學術研究均表明，這一期間，人民幣對美元匯率彈性在不斷擴大，與亞洲貨幣的關係越加密切。同時，歐元、英鎊、加元、澳元等對人民幣匯率的影響程度也在加深。這一期間，人民幣匯率相對貨幣籃子循序漸進、動態調整的過程，既反映了中國對外貿易關係不斷多元化的變化趨勢，也反映出內地經濟結構的調整適應。

2 2015年8.11匯改：籃子逐漸成為決定人民幣中間價的雙錨之一

2.1 人民幣貨幣籃子的構成正式透明化

2015年8月11日，人行宣佈調整人民幣對美元匯率中間價報價機制，提高中間價形成市場化程度，啟動新一輪匯改。2015年12月，人行第一次正式公佈一籃子貨幣的構成，推動人民幣匯率形成機制進一步透明化。中國外匯交易中心（CFETS）首次發佈了CFETS人民幣匯率指數，包含13種在CFETS掛牌的貨幣。其中，美元、歐元、日圓比重最高，分別為26.40%、21.39%和14.60%，其次為港幣（6.55%）和澳元（6.27%）。樣本貨幣權重採用考慮轉口貿易因素的貿易權重法計算而得，籃子貨幣指數代表的貿易量佔中國對外貿易量的比率達到60.4%（見表1）。

表 1：2015 年首次公佈的 CFETS 人民幣匯率指數構成				
地區	幣種	指數權重	與中國的年均貿易量（百萬美元）(2014 年 10 月至 2017 年 10 月)	貿易權重
美國	USD	26.40%	554,230	14.1%
歐元區	EUR	21.39%	576,441	14.7%
日本	JPY	14.68%	285,217	7.3%
香港	HKD	6.55%	323,030	8.2%
澳洲	AUD	6.27%	118,960	3.0%
馬來西亞	MYR	4.67%	94,282	2.4%
俄羅斯	RUB	4.36%	74,799	1.9%
英國	GBP	3.86%	78,031	2.0%
新加坡	SGD	3.82%	78,202	2.0%
泰國	THB	3.33%	77,443	2.0%
加拿大	CAD	2.53%	51,647	1.3%
瑞士	CHF	1.51%	44,131	1.1%
新西蘭	NZD	0.65%	12,425	0.3%
總和		**100%**	**2,368,838**	**60.4%**

註：由於四捨五入的誤差，個別權重相加未必等於總和。

資料來源：指數權重數據來自中國外匯交易中心；貿易量來自 Wind，貿易權重基於該等數據計算所得。

為從不同角度觀察人民幣匯率的變化情況，CFETS 也同時列出了參考國際清算銀行（BIS）貨幣籃子、國際貨幣基金組織特別提款權（SDR）貨幣籃子計算的人民幣匯率指數。與 BIS 人民幣有效匯率指數相比，CFETS 人民幣匯率指數中的主要發達國家貨幣權重更高，同時，也包括了東南亞以及俄羅斯貨幣，但是沒有包括更廣泛的新興市場貨幣。

在 2015 年 CFETS 公佈的貨幣籃子中，美元權重要比此前估算的（詳見 1.2 節）人民幣匯率指數中美元佔比低很多。在新的貨幣籃子中，美元加上港幣後的權重為 33%，説明在新的貨幣籃子推出後，人民幣開始改變主要盯住美元的事實，從而逐步過渡到更多地由市場和貿易關係決定的浮動匯率制度。

2.2 人民幣中間價與 CFETS 人民幣匯率指數的互動關係：四個演變階段

CFETS 正式公佈人民幣匯率指數後，人民幣匯率加大了參考一籃子貨幣的程度，並以「收盤匯率 + 一籃子貨幣匯率變化」為基準逐步確定了人民幣兑美元匯率的中間價定價機制，從而明確了貨幣籃子對人民幣中間價的影響規則。

具體來説，按照新的中間價形成機制，人民幣兑美元中間價的設定需要考慮「前一交易日日盤收盤匯率」和「一籃子貨幣匯率變化」兩個組成部份。其中，「收盤匯率」是指上日 16 時 30 分銀行間外匯市場的人民幣兑美元收盤匯率，主要反映外匯市場供求狀況。「一籃子貨幣匯率變化」是指為保持人民幣對一籃子貨幣匯率基本穩定所要求的人民幣對美元匯率的調整幅度，以保持人民幣對一籃子貨幣匯率的基本穩定。基於此，籃子貨幣對人民幣中間價的約束力得以強化，貨幣籃子逐步成為決定人民幣中間價參考的雙錨之一。

圖 2：人民幣中間價、美元指數以及 CFETS 指數每日走勢
（2015 年 1 月至 2017 年 11 月底）

註：圖中的美元指數是由美國洲際交易所提供的美元指數 DXY。

資料來源：美元指數來自 Wind，人民幣中間價與 CFETS 指數來自 CFETS。

從實際走勢來看，2015年末至2017年11月，人民幣中間價走勢與CFETS人民幣匯率指數的互動走勢經歷了幾個發展階段（見圖2）：

（1）**第一階段**從2015年末人民幣中間價形成機制公佈至2016年中。這一時期，人民幣匯率走勢表現為「美元貶、CFETS指數出現貶值、中間價穩定」。

具體而言，美元指數在2015年第一次加息後從高點回落，美元走弱。按照新的人民幣中間價形成機制，人民幣中間價應當隨之升值，但這一時期人民幣對其他非美元貨幣的走勢下跌，人民幣CFETS指數出現貶值，從100.94點下降到95點左右。因此，這一階段中間價的實際走勢基本持平，較多點位出現在6.50至6.65之間。

（2）**第二階段**從2016年中至2016年末。這一時期，人民幣匯率走勢表現為「美元升、CFETS指數保持穩定、中間價出現貶值」。

2016年6月的英國脱歐公投結果、2016年11月特朗普當選美國總統導致市場風險轉向，以及2016年底加息預期等因素均推升美元指數。這一時期美元指數呈現整體上升趨勢，從94點上升至2016年底103點的階段性高點。在強勢美元背景下，其他非美元貨幣（包括人民幣）對美元均出現貶值，因此在此期間，人民幣對籃子貨幣大致保持穩定，CFETS指數走勢趨穩，大致保持在94-95點水平，導致人民幣中間價對美元呈現貶值走勢，最低觸及6.94。

（3）**第三階段**從2017年初至2017年5月中旬。這一時期，人民幣匯率表現為「美元貶值、CFETS指數小幅貶值、中間價保持穩定」。

在此期間，特朗普政策面臨挑戰，強勢美元的預期開始回調；另外歐洲經濟基本面開始走強，歐洲政治系統性風險下降，推動歐元上行，美元指數相應走弱。在美元持續走弱期間，人民幣相對一籃子貨幣出現小幅貶值，CFETS指數從95.25點下行至92.26點水平，人民幣中間價走勢基本處於6.85-6.9區間，沒有跟隨美元走弱而升值。這一階段人民幣匯率與CFETS指數走勢與第一階段情形基本一致。

（4）**第四階段**為2017年5月後至11月末。人行進一步在人民幣對美元匯率中間價報價公式中引入逆週期因子，以對沖市場情緒導致的單邊預期。

這一時期，人民幣匯率表現為「美元貶值、CFETS 指數小幅升值、逆週期因子對沖美元貶值因素、中間價大幅走高」。

逆週期因子引入後，人民幣對美元匯率中間價形成機制由「前一交易日日盤收盤匯率 + 一籃子貨幣匯率變化 + 逆週期因子」三部份組成。按照人行在 2017 年第二季度貨幣政策執行報告中的論述，逆週期因子的計算方式為：報價行先將日間收盤價變動拆解成「一籃子貨幣匯率日間變化因素」與「人民幣的市場供求因素」兩部份，進而對「人民幣的市場供求因素」進行逆週期調整，以弱化外匯市場的羊羣效應。在計算逆週期因子時，先從上一日收盤價相對中間價的波幅中剔除籃子貨幣變動的影響，由此得到主要反映市場供求的匯率變化，再通過逆週期系數調整得到逆週期因子。逆週期系數由各報價行根據經濟基本面變化、外匯市場順週期程度等自行設定。

在實際報價過程中，由於市場供求的影響因素大部份被逆週期調節因子抵消，使得一籃子貨幣匯率對人民幣中間價的錨定作用進一步增強。從具體走勢上看，2017 年第二季度以後美元指數持續下行，CFETS 人民幣匯率指數穩中有升，回升至 95 點左右的水平。借助逆週期系數的過濾，人民幣對美元出現了較大幅度升值。

2.3 新貨幣籃子的構成及影響

2.3.1 歐元、日圓對人民幣匯率影響力有所增強

2016 年底，人行再次調整了貨幣籃子的組成，籃子中的貨幣數量從 13 種擴大為 24 種，這樣新貨幣籃子代表的中國對外貿易量，約佔中國同期全部外貿總額的 74%，相較於舊指數有了大幅上升，新的 CFETS 指數的代表性更加廣泛。

其中，美元權重從 26.4% 下降至 22.4%，加上與美元掛鈎的港幣，美元權重達 26.7%。而歐元和日圓的合計權重達到了 27.8%。歐元和日圓匯率對該貨幣指數的影響超過了美元（見表 2）。

從具體走勢上看，2016 年人民幣對美元貶值在 6.5% 左右，但人民幣對歐元和日圓分別貶值 3.9% 和 9.4%，均出現了較大幅度的貶值，帶動 CFETS 人民幣匯率指數整體走弱。而進入 2017 年，截止 11 月底人民幣對美元升值 5.08%，但人民

幣對日圓基本保持穩定，對歐元出現貶值 6.8%，帶動 CFETS 人民幣匯率指數穩中偏弱。隨着歐元、日圓對人民幣的影響力在加深，顯示出人民幣匯率不再盯住單一美元，而增強了與國際市場其他主要貨幣匯率的相互變動，使得人民幣匯率更好滿足中國改善貿易條件的需求，兼顧了國內企業結構性調整的適應能力。

表 2：2015 年及 2016 年 CFETS 人民幣匯率指數構成對比

地區	幣種	指數權重（2015）	指數權重（2016）	權重調整
美國	USD	26.40%	22.40%	-4.0%
歐元區	EUR	21.39%	16.34%	-5.1%
日本	JPY	14.68%	11.53%	-3.2%
韓國	KRW	—	10.77%	+10.8%
澳洲	AUD	6.27%	4.40%	-1.9%
香港	HKD	6.55%	4.28%	-2.3%
馬來西亞	MYR	4.67%	3.75%	-0.9%
英國	GBP	3.86%	3.21%	-0.7%
新加坡	SGD	3.82%	3.16%	-0.6%
泰國	THB	3.33%	2.91%	-0.4%
俄羅斯	RUB	4.36%	2.63%	-1.7%
加拿大	CAD	2.53%	2.15%	-0.4%
沙特阿拉伯	SAR	—	1.99%	+2.0%
阿聯酋	AED	—	1.87%	+1.9%
南非	ZAR	—	1.78%	+1.8%
瑞士	CHF	1.51%	1.71%	+0.2%
墨西哥	MXN	—	1.69%	+1.7%
土耳其	TRY	—	0.83%	+0.8%
波蘭	PLN	—	0.66%	+0.7%
瑞典	SEK	—	0.52%	+0.5%
新西蘭	NZD	0.65%	0.44%	-0.2%
丹麥	DKK	—	0.40%	+0.4%
匈牙利	HUF	—	0.31%	+0.3%
挪威	NOK	—	0.27%	+0.3%

資料來源：CFETS。

2.3.2 有管理的浮動貨幣比重上升

自2016年底的改動後，CFETS人民幣匯率指數的貨幣籃子中，新增了南美洲國家的南非蘭特、墨西哥比索、中東地區的阿聯酋迪拉姆、沙特里亞爾，以及韓元、土耳其里拉等新興市場國家貨幣，以反映出中國與這些國家的貿易關係（見表2）。

另一方面，由於引入了更多有管理浮動的貨幣，而降低了美元、歐元、日圓及港幣等自由浮動貨幣的比例，使得籃子的波動性可能有所降低，從而降低了人民幣匯率的整體彈性。在新籃子中，南非蘭特、墨西哥比索、韓元、土耳其里拉屬於管理浮動匯率制度貨幣，而阿聯酋迪拉姆、沙特里亞爾則屬於固定匯率貨幣。這些貨幣在新的CFETS人民幣匯率指數中佔比達到18.9%。

相對穩定的一籃子貨幣，有利於保持人民幣的匯率預期，也可以改善對外貿易競爭力，保持購買力穩定。但另一方面，加入更多低波動性的貨幣，人民幣匯率價格或許不能隨時應市場供求關係而快速變化，那麼在應對未來的市場風險時，人民幣相對其他貨幣的靈活性可能會降低，弱化釋放風險能力。

2.3.3 相對貨幣籃子的穩定匯率有利於其他宏觀經濟目標

引入逆週期因子後，人民幣兑美元匯率彈性擴大，改變了人民幣相對美元「易貶難升」的非對稱走勢。2017年5月26日推出該項措施後，人民幣快速升值；9月11日，央行取消購匯準備金率，並以逆週期因子防止超調，人民幣相對美元維持區間震盪。

在逆週期因子的作用下，籃子貨幣對人民幣匯率的錨定作用得以增強。由於「一籃子貨幣」的波動具有極強的隨機性，「參考一籃子貨幣」這定價規則決定了人民幣單邊走勢的動力下降，人民幣匯率在中長期逐漸趨於平衡。這在一方面可以推動人民幣匯率雙向波動的良性發展，另一方面，對一籃子貨幣匯率的穩定又減輕了對外匯儲備的壓力，外匯儲備因而持續回升，截止2017年10月，外匯儲備連續9個月增加至3.1萬億美元水平（見圖3）。

圖 3：內地外匯儲備的每月變化趨勢（2015 年 1 月至 2017 年 10 月末）

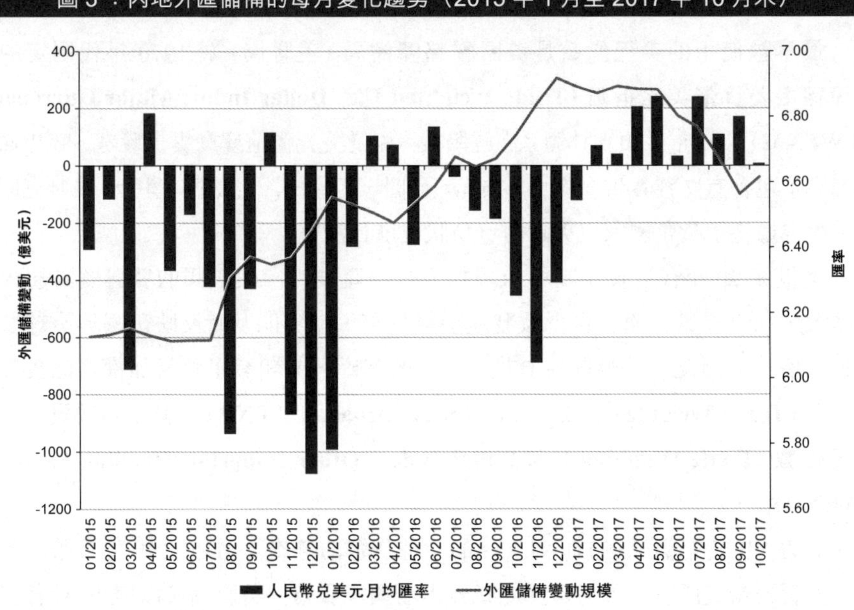

資料來源：Wind。

3　人民幣匯率指數的市場運用前景

3.1　美元指數的國際經驗借鑒：主要指數和構成

美元指數是目前國際上最主要的貨幣指數，是衡量全球金融市場狀態及走勢的重要指標。從美元指數 40 年的發展歷史來看，美元指數形成了一系列的不同功能，包含不同幣種和權重的美元指數家族，綜合用於衡量和評估美元價值。

根據功能定位的不同，現有的美元指數家族可大致劃分為 (1) 美聯儲及國際機構編制的美元指數，以及 (2) 由交易所或商業機構編制的美元指數。

3.1.1 美聯儲推出的美元指數

最早被使用的美元指數是美國聯邦儲備局（美聯儲）於 1970 年代制定的**貿易加權主要貨幣美元指數（Trade Weighted U.S. Dollar Index: Major Currencies, DTWEXM）**，為布雷頓森林體系[5]解體後，衡量美元價值變動提供參考。該指數的貨幣籃子包含有 7 種貨幣：歐元、加元、日圓、英鎊、瑞士法郎、澳元、瑞典克朗，權重會根據籃子貨幣國家與美國的貿易狀況進行調整。

上世紀 90 年代以後，新興市場加入全球產業鏈，與美國的雙邊貿易規模越來越大，如果指數中僅包含少數發達國家貨幣，就不能及時反映美國與全球貿易的動態變化。因此，美聯儲在 DTWEXM 的基礎上又開發了**貿易加權廣泛貨幣美元指數（Trade Weighted U.S. Dollar Index: Broad, TWEXB）和其他重要貿易夥伴美元指數（Trade Weighted U.S. Dollar Index: Other Important Trading Partners, TWEXO）**。

TWEXB 貨幣籃子在 DTWEXM 的 7 種貨幣的基礎上增加了 19 種貨幣，其中大部份貨幣為美國重要貿易夥伴的新興市場國家貨幣。美聯儲又以這 19 種貨幣形成了 TWEXO 指數。由於 TWEXB 指數涵蓋了美國主要的貿易夥伴，權重調整不斷動態地反映美國與這些國家的貿易變化，因此成為衡量美國在國際貿易競爭力的最主要指標。

從使用功能上來說，TWEXB 以及 TWEXO 指標的編制主要是為決策者或研究者研究外匯市場和政策制定提供依據，對籃子貨幣及其權重的選擇主要考慮了美國與主要貿易夥伴國、特別是新興市場國家的貿易關係，但並沒有考慮籃子內各貨幣在金融市場，特別是外匯市場上的使用程度。而且，這些指數的更新相對滯後，美聯儲也沒有授權使用這些指標作為商業用途。如果市場需要實時了解籃子貨幣匯率指數受雙邊匯率變化的影響程度，並進行相應的金融交易活動，就需要借助其他工具。

5 布雷頓森林體系是於 1944 年第二次世界大戰時期建立的國際貨幣體系，以美元及黃金為國際貨幣基礎，美元價值與黃金以固定比例每盎司 35 美元折算。然而 1971 年，美國單方面終止美元兑換黃金，終結布雷頓森林體系。

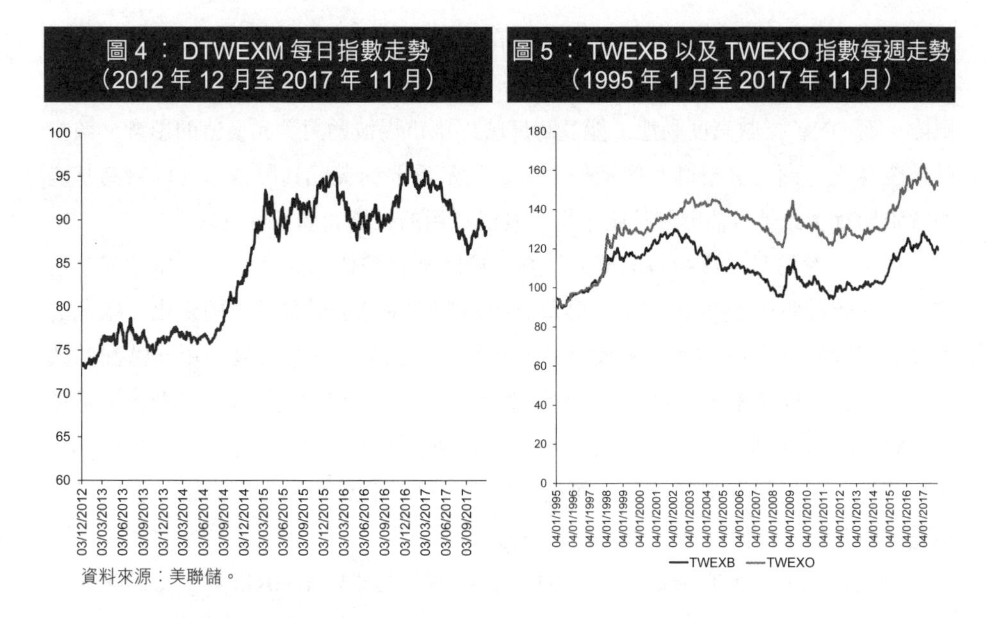

圖 4 ： DTWEXM 每日指數走勢（2012 年 12 月至 2017 年 11 月）

圖 5 ： TWEXB 以及 TWEXO 指數每週走勢（1995 年 1 月至 2017 年 11 月）

資料來源：美聯儲。

3.1.2　由市場交易機構開發的美元指數

這類指數以美國洲際交易所（ICE）的美元指數 The U.S. Dollar Index（DXY）為代表，該指數是市場上最早也是目前運用最為廣泛的美元指數。早期，該指數的籃子貨幣及其權重主要根據美國與主要貿易夥伴的貿易量確定，反映美國的出口競爭力的變動情況。1999 年歐元誕生後，取代了其中 12 種貨幣，DXY 貨幣籃子形成目前的 6 種貨幣構成，即歐元、日圓、英鎊、加拿大元、瑞典克朗、瑞士法郎，貨幣構成及權重一直沿用至今。

表 3 ： DXY 的貨幣構成及權重

貨幣	權重
歐元（EUR）	57.6%
日圓（JPY）	13.6%
英鎊（GBP）	11.9%
加拿大元（CAD）	9.1%
瑞典克朗（SEK）	4.2%
瑞士法郎（CHF）	3.6%

資料來源： ICE 網站。

由於美元是世界主要的儲備貨幣，許多實物大宗商品市場均以美元計價，交易商和投資者需要一種流動性極強的美元交易工具來管理商品和投資組合的匯率風險。而 DXY 指數高度動態，能及時反映外匯市場波動對美元價值的影響。該指數被全球交易商、分析師和經濟學家公認為最重要的美元貨幣基準，以它為基礎的貨幣期貨產品是目前國際外匯市場上廣泛採用的投資和套期保值的工具。

需要注意的是，該指數的最大特點在於歐洲貨幣佔比高達 77%，單歐元就佔據了美元指數將近 58% 的權重，導致該指數非常敏感於歐盟經濟的變化，歐元的變動在很大程度上影響美元指數的強弱。為了避免貨幣比重高度集中在歐洲的缺陷，市場交易機構推出了更多不同構成的美元指數。道瓊斯於 2011 年發佈了**道瓊斯 FXCM 美元指數**，選取了歐元、英鎊、日圓和澳元四個在全球外匯交易中與美元相關性、流通量和流動性最高而交易成本較低的貨幣作為籃子貨幣，且將籃子權重平均分配，每個貨幣的份額都是 25%。

與之類似的，還有指數公司 FTSE Cürex 編制的指數 **USDG8 和彭博的美元指數 The Bloomberg Dollar Spot Index（BBDXY）**。這兩個指數在選擇籃子貨幣時，不僅考慮到籃子貨幣在全球金融市場和大宗商品交易中的重要性以及可交易性，並且還將離岸人民幣納入貨幣籃子，通過加入重要性上升的新興市場貨幣，克服 DXY 歐洲貨幣佔比過高的問題。雖然這些指數在貨幣選擇和權重設置上更多考慮了在外匯市場上交易量的影響，計算方法也相對科學，但形成歷史較短，難以撼動 DXY 指數及其期貨在市場上的地位。

3.2　市場化的人民幣匯率指數

從功能上看，目前中國最主要的人民幣指數 CFETS 人民幣匯率指數，更多是作為宏觀經濟決策的輔助，其功能和構成，與美聯儲的 TWEXB 指數類似，為宏觀經濟運行提供綜合指標。但是市場交易方面，顯然需要開發新的工具以及相關的人民幣指數衍生品，為市場參與者提供投資和對沖的工具和價值基準。

目前內地在開發市場化的人民幣指數方面已做出一定探索。2013 年深圳證券信息有限公司與中央電視台財經頻道聯合編制和發佈的人民幣指數，選取美元、歐元、日圓、港幣、澳元、加元、英鎊、俄羅斯盧布、馬來西亞林吉特、韓元 10 種貨幣作為樣本用於反映人民幣匯率的綜合變化。這個指數推出於 CFETS 人民幣匯率指數公佈前，使用貨幣於中國雙邊貿易額佔比和於國內生產總值（GDP）佔比作 1:1 加權計算貨幣權重。可以說，這一指數在貨幣的選擇以及權重設置上，都進行了一定程度的創新和探索。在 2015 年 8 月匯改前，該指數與美元指數保持較好的相關性，但之後兩者相關性有所下降[6]。

3.3　湯森路透／香港交易所人民幣貨幣指數（RXY）

3.3.1　RXY 指數是參考 CFETS 人民幣匯率指數及 DXY 指數構建原則而設計的人民幣指數系列

2016 年香港交易所與湯森路透（TR）推出的 RXY 指數系列，參考內地 CFETS 一籃子貨幣的組成，確定了 13 種貨幣構成人民幣指數的樣本幣種。指數系列高度動態、透明，每小時計算更新一次。貨幣權重的計算依據聯合國商品貿易統計數據庫（UN Comtrade）提供的中國與籃子貨幣國家之間的年度貿易量進行計算[7]。

表 4：RXY 指數家族的不同版本、構成及參照

指數版本	貨幣構成	參照
TR／香港交易所 RXY 參考離岸人民幣指數（RXYRH）	阿拉伯聯合酋長國迪拉姆、澳元、加元、瑞士法郎、丹麥克朗、歐元、英鎊、港元、匈牙利福林、日圓、韓元、墨西哥披索、馬來西亞林吉特、挪威克朗、新西蘭元、波蘭茲羅提、俄羅斯盧布、沙特阿拉伯里亞爾、瑞典克朗、新加坡元、泰銖、土耳其里拉、美元、南非蘭特	• 與現有 CFETS 人民幣匯率指數的貨幣構成類似 • 基準貨幣為離岸人民幣
TR／香港交易所 RXY 參考在岸人民幣指數（RXYRY）	阿拉伯聯合酋長國迪拉姆、澳元、加元、瑞士法郎、丹麥克朗、歐元、英鎊、港元、匈牙利福林、日圓、韓元、墨西哥披索、馬來西亞林吉特、挪威克朗、新西蘭元、波蘭茲羅提、俄羅斯盧布、沙特阿拉伯里亞爾、瑞典克朗、新加坡元、泰銖、土耳其里拉、美元、南非蘭特	• 與現有 CFETS 人民幣匯率指數的貨幣構成類似 • 基準貨幣為在岸人民幣

6　參見《2016 年人民幣指數回顧》，國證指數網站（http://www.cnindex.com.cn），2017 年 2 月 28 日。

7　當中 UN Comtrade 所報中國內地與香港之間每年雙邊出口數據，會根據香港政府統計處的貿易數據作出調整，因為中國內地對香港出口中有相當大部份都不是為香港所用，需要再作計算以得出實際由香港吸納的中國內地出口量數據。

(續)

表 4：RXY 指數家族的不同版本、構成及參照

指數版本	貨幣構成	參照
TR／香港交易所 RXY 全球離岸人民幣指數（RXYH）	澳元、加元、瑞士法郎、歐元、英鎊、港元、日圓、韓元、馬來西亞林吉特、新西蘭元、俄羅斯盧布、新加坡元、泰銖、美元	• 與 2015 年 CFETS 人民幣匯率指數的貨幣構成類似 • 基準貨幣為離岸人民幣
TR／香港交易所 RXY 全球在岸人民幣（RXYY）	澳元、加元、瑞士法郎、歐元、英鎊、港元、日圓、韓元、馬來西亞林吉特、新西蘭元、俄羅斯盧布、新加坡元、泰銖、美元	• 與現有 2015 年 CFETS 人民幣匯率指數的貨幣構成類似 • 基準貨幣為在岸人民幣

資料來源：香港交易所。

與 DXY 美元指數構建不同的是，DXY 的貨幣權重是根據美國 1999 年與這些貨幣所屬國家或地區貿易量確定，權重為固定不變的常數。而 RXY 指數的權重根據最新的貿易數據每年進行調整。中國的對外貿易結構仍處於逐漸變化發展的過程之中，變動的權重可以更好地反映對外貿易結構的變化趨勢。

3.3.2 匯率指數的相關性及可交易性

如表 5 顯示，由於「RXY 參考在岸人民幣指數」與在岸人民幣兑美元匯率、CFETS 人民幣匯率指數高度關聯（相關系數為 0.86 以上），能夠相當好地反映出人民幣匯率的變化走勢，可以作為 CFETS 人民幣匯率指數的模擬指標。

從波幅來看，2015 年 8.11 匯改之前半年 [8]，在岸人民幣兑美元匯率的平均波幅 [9] 為 1.58%，2015 年 8.11 匯改後的約兩年間，在岸人民幣兑美元匯率的平均波幅為 2.29%，説明隨着人民幣匯率機制逐步市場化，人民幣匯率波幅已然擴大。同時，8.11 匯改後，CFETS 人民幣匯率指數的平均波幅為 2.69%，而 RXY 參考離岸人民幣指數的平均波幅則達到 4.00%，反映了外圍市場波動對離岸人民幣匯率的影響（見表 5）。如果在 RXY 人民幣指數基礎上開發期貨產品，相信能更緊貼離岸人民幣的價值變化。

8　此期間為 2015 年 2 月 11 日至 8 月 11 日。
9　文中所述波幅為每天計算的滾動 30 天波幅，而平均波幅為某一期間的平均值。

表 5 ： RMB RXY 指數的相關性及波動性統計	
相關系數（2015 年 1 月至 2017 年 9 月）	
RXY 參考在岸人民幣指數與在岸人民幣兑美元匯率 *	-0.86
RXY 參考在岸人民幣指數與 CFETS 人民幣匯率指數	0.87
波動率平均值（2015 年 8 月至 2017 年 9 月）	
在岸人民幣兑美元匯率	2.29%
CFETS 人民幣匯率指數	2.69%
RXY 參考離岸人民幣指數	4.00%

* 人民幣兑美元匯率為1美元兑多少人民幣，數字上升表示人民幣相對美元是貶值；而人民幣指數上升表示人民幣是升值。故兩者的相關系數是負數表示就人民幣的升 / 貶值方向而言，兩者是正相關。

資料來源：基於市場數據計算—人民幣每日匯率來自彭博，RXY指數系列的每日收市來自香港交易所。

3.3.3　市場運用意義以及前景

從美元指數的歷史發展來看，貨幣籃子指數對貨幣價值的參考作用，以及是否具有可交易性，主要取決於籃子貨幣及其權重的選擇。在確定人民幣指數的貨幣籃子時，雖然貿易關係可以是主要因素，但隨着金融市場發展和外匯交易的不斷擴大，籃子貨幣在全球外匯市場的流動性，以及其匯率的波動對人民幣的影響程度均是不容忽視的因素。

因此，具有廣泛市場運用前景的指數既要考慮到本國與他國的貿易關係，也應考慮籃子貨幣在外匯市場和資本市場的流動性。從這個角度來看，RXY 指數既參考了人民幣對其他主要貨幣的交易流動性，也定期對籃子貨幣及其權重，以透明化的公式進行動態調整，從而可以更好地反映人民幣對其他貨幣的變化方向及幅度，為人民幣匯率市場化機制改革提供了有利工具，可成為人民幣風險對沖工具等金融產品的開發基礎。

貨幣縮寫

AED	阿聯酋迪拉姆
AUD	澳元
CAD	加拿大元
CHF	瑞士法郎
CNH	離岸人民幣
CNY	在岸人民幣
DKK	丹麥克朗
EUR	歐元
GBP	英鎊
HKD	港元
HUF	匈牙利福林
JPY	日圓
KRW	韓元
MXN	墨西哥比索
MYR	馬來西亞林吉特
NOK	挪威克朗
NZD	新西蘭元
PLN	波蘭茲羅提
RUB	俄羅斯盧布
SAR	沙特阿拉伯里亞爾
SEK	瑞典克朗
SGD	新加坡元
THB	泰銖
TRY	土耳其里拉
USD	美元
ZAR	南非蘭特

主要參考文獻

1. 陸曉明〈九種美元指數的特徵及運用比較分析〉，載於《國際金融》，2017 年 9 月。
2. MicoLoretan, *Indexes of the foreign exchange value of the Dollar*, 2005.
3. 謝洪燕等〈新匯改以來人民幣匯率中貨幣籃子權重的測算及其與最優權重的比較〉，載於《世界經濟研究》，2015 年第 3 期。
4. 張明《人民幣匯率：機制嬗變與未來走向》，2017 年 9 月。
5. 周繼忠〈人民幣參照貨幣籃子：構成方式、穩定程度及承諾水平〉，載於《國際金融研究》，2009 年 3 月。

第16章

綠色債券發展趨勢：環球、中國內地與香港

香港交易所
首席中國經濟學家辦公室

摘要

綠色債券已然成為全球債市的增長新動力，整體發行量不斷上升。現今環球市場均致力推動綠色經濟轉型，背後的融資需求極大。這些綠色項目的投資期普遍較長，現金回收的週期也各有不同。由於所涉及的資金成本合理且其在環境方面的披露要求較強，綠色債券是其中一種滿足綠色借款人和投資者（包括新投資者）需要的主要工具。不過，世界各地對於「綠色」元素的定義不一而足，國際市場尚未有一套統一的標準。一般來說，綠色標籤的賦予是要通過外部評審，當中的評審機構可謂各式各樣。雖然這些綠色標籤需要花費額外的評審和認證成本，但實證顯示它們對發行商和投資者均具成本效益，利大於弊。

中國內地在全球綠色債券市場中擔當重要角色。除了回應全球致力推廣綠色經濟外，內地機關由上而下也大力支持發展綠色債券以滿足國內綠色項目的資金需求。內地證券交易所積極支持綠色債券上市，不單簡化審批流程及推出綠色債券指數，又與國際交易所合作提高透明度和披露水平。然而，內地多個官方指引對何謂綠色債券有不同定義，且都有別於國際標準。基於國際投資者都偏好與國際標準一致的綠色債券，消弭這些定義上的差異可推動全球對內地綠色債券的需求。此外，對綠色債券的發行進行外部評審（這目前在內地不是法定要求，但這是常見的方法證明相關債券符合國際標準），亦可助增加債券的吸引力。這些潛在優化措施應可推動更多資金透過「債券通」的「北向通」渠道流入內地市場。由下而上的需求也推動綠色債券發行量，在內地機關制定相關官方指引後，增長更為顯著。近期離岸綠色債券發行亦有增加跡象。

至於香港，綠色債券近年的發展明顯加快。香港政府在推進綠色項目和擴闊投資者基礎兩方面都擔當了關鍵角色。為滿足綠色債券發行商和投資者的需要，政府支持香港品質保證局制定一個國際認可的綠色金融認證計劃。政府為在本港發行和上市的綠色債券推出了具競爭力的資助計劃，又擬推出全球最大的主權綠色債券發行計劃，以示推動香港綠化經濟及發展綠色債券市場的決心。

這些發展將會通過綠色債券的上市、買賣和相關產品發展方面推動香港債券市場。雖然香港已設有高效的債券上市制度，但整個制度可通過特設綠色專屬板塊，集中展示中港兩地的綠色債券資料而進一步優化。香港場外債券和上市債券的買賣可受稅務優惠、不同交易平台之間的協調與合作、「債券通」的「南向通」[1] 渠道及更多散戶入市等因素所推動。綠色債券指數是追蹤綠色債券表現的理想工具。香港市場可發揮其擁有便利國

1 有待監管機構批准。

際投資者參與內地債券的交易安排（如「債券通」）的優勢，加速發展追蹤綠色債券的交易所買賣基金。由於在香港發行的綠色債券大多以外幣計值，市場也應開發更多不同的上市外匯衍生工具來滿足投資者的對沖需要。

1 世界各地綠色債券發行迅速增長

1.1 綠色債券概覽

綠色債券是屬綠色金融範疇的定息證券。換言之，綠色債券是明確披露所得款項是作「綠色」用途的傳統債券。「綠色金融」泛指為可持續、低碳及能抵禦氣候變化的項目、產品及企業作出的資金籌集及投資行為[2]。綠色債券可以是由發行商支持的項目債券或由項目支持的資產抵押證券。

綠色債券市場興起之初並沒有一套統一的綠色債券標準，早期的發行商亦主要是超國家機構。首隻公認的綠色債券是歐洲投資銀行在 2007 年採用自我評審的綠色標籤發行的「氣候意識債券」(Climate Awareness Bond)。其後，世界銀行（世銀）於 2008 年為北歐退休金發行世銀首隻綠色債券來支持關注氣候的項目，也是採用本身的綠色標籤，但同時參考了國際氣候與環境研究中心（Center for International Climate Research, CICERO）的意見。此後，國際金融公司（International Finance Corporation）及歐洲復興開發銀行（European Bank for Reconstruction and Development）等多家超國家機構亦陸續發行綠色債券。

自 2014 年首套國際綠色債券標準發表後，綠色債券發行即增長迅速（見圖 1）。2013 年首次有公司發行綠色債券後不久，國際資本市場協會（International Capital Market Association, ICMA）[3] 於 2014 年 1 月刊發綠色債券原則（Green Bond Principles, GBP）[4]。綠色債券的發行額隨即在 2014 年上升約 1.6 倍，2016 年更大幅上升——2012 年至 2016 年間的複合年增長率高達 250%。GBP 是驗證綠色債券的非強制程序指引，建議發行綠色債券須具透明度、作出披露及匯報。最新版本的 GBP[5] 分為四大核心部份，包括所得款項用途、項目評估及甄選程序、所得款項的管理以及匯報。氣候債券倡議組織（Climate Bonds Initiative, CBI）是 2009 年成立的非牟利組織，其使命是協助動員資金支持綠色債券項目。CBI 推出了氣候債券

2 資料來源：香港金融發展局《發展香港成為區域綠色金融中心》，2016 年 5 月。
3 ICMA 是有眾多私人及公眾會員的組織，協會宗旨在推動全球協調一致的跨境債務證券市場。
4 ICMA《綠色債券原則管治》(*Green Bond Principles Governance*)，2014 年 1 月。
5 ICMA《綠色債券原則》(*Green Bond Principles*)，2018 年 6 月。

標準（Climate Bonds Standard, CBS），將以規則為本的 GBP 轉化為一系列可評估規則及行動，包括綠色債券認證的分類及界別標準。一些評級機構（例如標準普爾及穆迪）亦參考 GBP 而訂立本身的綠色債券評估框架進行綠色評級（不構成信貸評級）。

圖 1：不同類別發行商的綠色債券總發行量（2007 年至 2016 年）

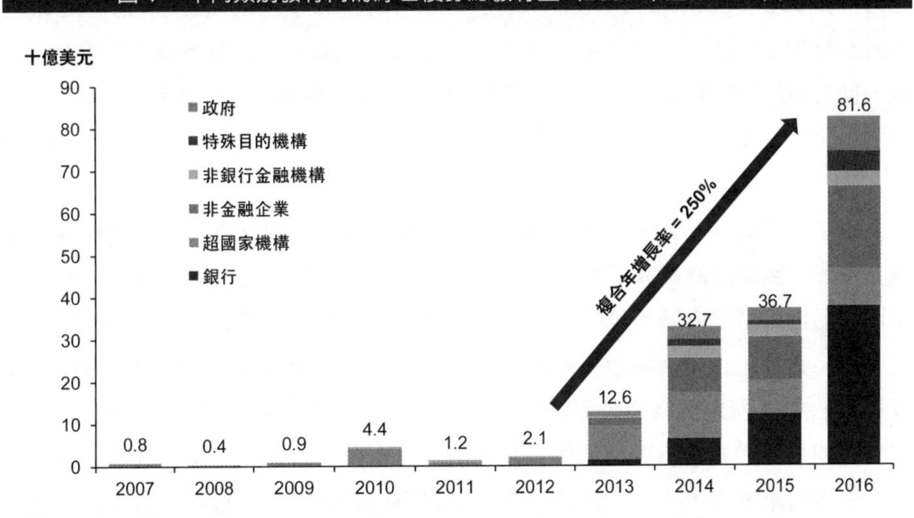

資料來源：RBC 資本市場，*Green Bonds: Green is the New Black*，2017 年 4 月。

1.2　全球環境及政策支持發展綠色債券

全球致力推動綠色經濟，背後需要公私營機構龐大資金的配合。2015 年 9 月，193 個國家協議 2030 年議程，當中有 17 個新的聯合國可持續發展目標（United Nations Sustainable Development Goals, UN SDG），就氣候變化採取行動乃其中之一。2015 年 12 月，法國召開並主持《聯合國氣候變化綱要公約》（UN Framework Convention on Climate Change, UNFCCC）第 21 屆締約方會議（Conference of the Parties, COP21），會上各國簽訂了《巴黎協議》，目標是將全球平均溫度升幅控制於比工業革命前的水平高攝氏 2 度之內。2016 年，二十國集團（G20）成立了由中英兩國共同主持的綠色金融研究小組（Green Finance Study Group），當中 G20 各財長及央行行長承諾開拓集資渠道，為達到全球可持續發展及氣候目標籌措所需資金。**據 2014 年的估計，隨後 2015 年至 2030 年這 15 年間需要的資金約 90 萬億美元** [6]**，亦即每年平均需約 6 萬億美元。**

在現時各國政策各有不同的情況下，綠色債券將會是為綠色項目引進私營市場資金的方法之一。UNFCCC 於 2010 年設立了綠色氣候基金（Green Climate Fund, GCF），協助發展中國家採取適應及紓緩措施，應對氣候變化的問題。工業化國家自 2015 年以來已向 GCF 承諾提供 103 億美元，但只分配了 35 億美元給 78 個國家的 74 個項目 [7]。2018 年 7 月的 GCF 董事會會議上，更因「各國對政策及管治有爭拗」而沒有批准新項目 [8]。有鑒於此，綠色債券市場無疑更具效率，可為私人市場提供去中心化的解決方案，在綠色項目方面配對許多不同的公司發行商及投資者，詳述如下。

首先，綠色債券相較傳統債券對發行商利多於弊。成本方面，綠色債券標籤雖非免費，驗證或認證涉及額外成本（介乎 1 萬至 10 萬美元 [9]），但綠色債券發行商可透過披露更多有關環境、社會及管治（ESG）議題的策略計劃及表現，提高公司聲譽。另外，由於對綠色債券有興趣的投資者比傳統債券投資者更着眼於長線投資和 ESG，所以發行綠色債券可以吸引新的投資者。這個特點對一些發行商為因投資期長而較難取得融資的綠色基建項目籌資尤其有幫助。融資成本方面，由於投資者需求殷切（詳見下文 1.3 節），部份發行商還可按較低的收益率發行綠色債券。

其次，國際投資者對要求上市公司披露 ESG 資料以評估氣候相關風險及機遇這一全球趨勢持正面態度。2015 年 4 月，G20 要求金融穩定委員會（Financial Stability Board,FSB）考慮氣候變化的影響，同年 12 月，FSB 成立由業界牽頭的氣候相關財務信息披露工作組（Task Force on Climate-related Financial Disclosures, TCFD），就上市公司的氣候相關財務披露提供建議。2017 年 6 月，TCFD 發佈的

6　資料來源：新氣候經濟項目《更好的增長，更好的氣候》（*Better Growth, Better Climate*），2014 年。

7　資料來源： GCF《UNFCCC 締約方會議第七份綠色氣候基金報告》（*Seventh Report of the Green Climate Fund to the Conference of the Parties to the United Nations Framework Convention on Climate Change*），2018 年 6 月 8 日。

8　資料來源：路透社《氣候基金障礙威脅對抗全球暖化的機會》（*Climate fund snags threaten opportunity to fight warming*），2018 年 8 月 27 日。

9　資料來源：經濟合作暨發展組織（OECD）、ICMA、CBI、中國金融學會綠色金融專業委員會《綠色債券：國家經驗、障礙及選項》，2016 年 9 月。

最終建議焦點放在四大方面——管治、策略、風險管理以及標準與目標。一批合共管理逾22萬億美元資產的390名機構投資者聯署要求G20領袖支持TCFD的建議[10]。

再者，全球證券交易所都在設法進一步推動可持續和透明的資本市場。自2012年起，聯合國可持續證券交易所（UNSSE）倡議（一個讓交易所互相學習怎樣提高企業在ESG方面的透明度而設的平台）邀請了全球的夥伴交易所自願向公眾作出承諾，推進改善上市公司在ESG方面的披露及表現。香港交易所已在2018年6月成為其中一個夥伴交易所。UNSSE倡議於2017年11月發佈一項自願行動計劃供各交易所作參考，發展綠色金融[11]。不過，當中亦提到不少挑戰，包括求過於供、綠色產品流動性不足、詞彙混淆（「綠色」定義各有不同）、交易所運作能力上的限制、監管障礙及相關數據從缺等，因此並無各地都合用的萬全之策。

1.3　全球綠色債券市場近期走勢

綠色債券的發行規模對全球債券市場而言仍相對較小，但市場續見急速增長步伐，並有很多不同類型的發行商。根據CBI的資料，2017年綠色債券的發行僅佔全球債市新發行總值約2.3%[12]，但有關金額按年增幅達84%至1,608億美元[13]，當中又以美、中、法三國為主，分別佔總數約27%、14%及14%（見圖2）。在美國，2017年逾50%的發行額來自房利美發行的綠色按揭證券。中國內地則以商業銀行為主導，佔符合國際標準界定的綠色債券發行總值的74%。法國方面，其所發行的主權債券佔2017年發行額約半；不過，發行商基礎已經進一步擴大，2017年的239名發行商中，有146名都是首次發行綠色債券。此外，首隻綠色伊斯蘭債券[14]於2017年6月在馬來西亞推出，用以支持綠色伊斯蘭金融。按2018年1月時的預

10　資料來源：氣候變化全球投資聯盟（Global Investor Coalition on Climate Change）〈全球投資者致G7及G20各國政府的信函〉（Letter from Global Investors to Governments of The G7 and G20 Nations），2017年7月3日。

11　UNSSE《證券交易所如何發展綠色金融》（*How Stock Exchanges can Grow Green Finance*），2017年11月。

12　百分比乃按2017年全球債券發行額6.95萬億美元計算（資料來源：新加坡金融管理局，《新加坡公司債券市場發展2018》（*Singapore Corporate Debt Market Development 2018*），2018年8月28日。

13　資料來源：CBI《2018年首季綠色債券市場總結》（*Green Bonds Market Summary Q1 2018*），2018年4月。

14　伊斯蘭債券（Sukuk）是產品條款及架構符合伊斯蘭教法（Sharia）的伊斯蘭證券。有別於傳統債券，伊斯蘭債券是資產為本證券，債券持有人要分擔相關資產的任何損益。持有人對相關資產沒有投票權，但出現違約時較其他債權人有優先權。

計，2018 年全年的全球綠色債券發行額將進一步增至 2,500 億美元[15]。鑒於全球有所放緩的發行勢頭以及 2018 年上半年僅為 769 億美元的發行額[16]，分析員將 2018 年的發行額預測修訂為 1,750 億美元至 2,000 億美元之間[17]。

圖 2：不同國家綠色債券總發行量（2017 年及累計金額）

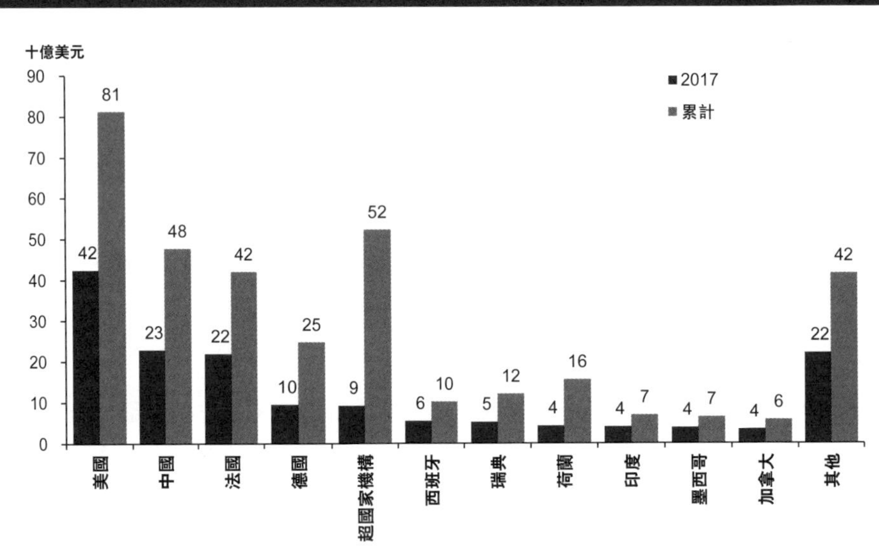

註：綠色債券限於 CBI 標準所界定者，按其定義，最少有 95% 的所得款項是用於綠色項目。

資料來源：CBI《綠色債券要點 2017》(*Green Bond Highlights 2017*)，2018 年 1 月。

國際投資者對綠色資產興趣日濃。這從投資於以 ESG 為主題的交易所買賣基金（ETF）的增長可見一斑。一項調查顯示，ESG 類別 ETF 的管理資產規模總值由 2013 年底的 39 億美元增長 186% 至 2017 年 4 月的 112 億美元，同期有關 ETF 的數目由 48 隻上升多於一倍至 119 隻（見圖 3）。另一項業內調查[18]顯示，全球可持續投資由 2014 年的 18.3 萬億美元增加 25% 至 2016 年的 22.9 萬億美元，債券的資

15 資料來源：CBI《綠色債券要點 2017》(*Green Bond Highlights 2017*)，2018 年 1 月。

16 資料來源：CBI《2018 年上半年綠色債券市場總結》(*Green Bonds Market Summary H1 2018*)，2018 年 7 月。

17 見穆迪〈2018 年第二季全球綠色債券發行量有所增長，但增幅持續放緩〉(Global green bond issuance rises in second quarter 2018, but growth continues to moderate)，2018 年 8 月 1 日。

18 資料來源：全球可持續投資聯盟（Global Sustainable Investment Alliance）《全球可持續投資概覽 2016》(*Global Sustainable Investments Review 2016*)，2017 年 3 月。

產配置佔比由 2014 年的 40% 增至 2016 年的 64%。另外，綠色債券的潛在投資者還包括聯署支持聯合國責任投資原則組織（UN Principles for Responsible Investment, UNPRI）的機構（2018 年 7 月時已有 2,000 家聯署機構，涉及資產 82 萬億美元）[19]。此外，多家全球性銀行已承諾撥出資本作可持續及綠色融資，包括西班牙銀行集團 BBVA 的 1,000 億歐元[20]、滙豐的 1,000 億美元[21]及摩根大通的 2,000 億美元[22]。在綠色債券市場的投資當中，2017 年所得款項最常分配用途仍是再生能源（佔總發行量的 33%），其次是低碳建築／節能方面（佔總發行量的 29%）[23]。

圖 3：以 ESG 作主題投資的 ETF 的管理資產總值及數目（2010 年至 2017 年 4 月）

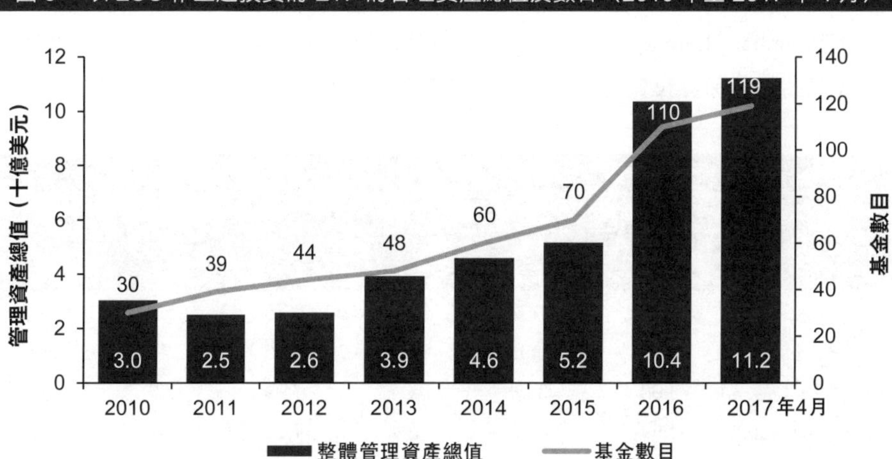

資料來源：摩根大通，《Sustainable Investing is Moving Mainstream》，2018 年 4 月 20 日。

面對全球投資綠色債券日增，全球綠色債券指數，配合對沖貨幣風險的外匯衍生產品，已加緊推出以迎合投資者的需要。綠色債券指數會追蹤分散投資的

19　資料來源：UNPRI《季報：氣候行動如火如荼》（*Quarterly update: Climate action gathering momentum*），2018 年 7 月 19 日。

20　資料來源：BBVA《承諾 2025》（*Pledge 2025*），2018 年 2 月 28 日。

21　資料來源：〈滙豐承諾為可持續發展提供千億美元融資支持應對氣候變化〉，滙豐網站，2017 年 11 月 6 日。

22　資料來源：〈摩根大通在 2020 年之前 100% 依賴再生能源；宣佈 2,000 億元潔淨能源融資承諾〉（"JPMorgan Chase to Be 100 Percent Reliant on Renewable Energy by 2020; Announces $200 Billion Clean Energy Financing Commitment"），摩根大通可持續發展的資料頁，2017 年 7 月 28 日。

23　資料來源：CBI《綠色債券要點 2017》（*Green Bond Highlights 2017*），2018 年 1 月。

綠色債券組合在二級市場的表現。目前，市場有四個全球綠色債券指數系列——彭博巴克萊明晟綠色債券指數（Bloomberg MSCI Barclays Green Bond Index）、美銀美林綠色債券指數（BAML Green Bond Index）、標準普爾綠色債券指數（S&P Green Bond Index）及 Solactive 綠色債券指數（Solactive Green Bond Index）。這些指數的納入條件報稱與 ICMA 的 GBP 一致（另加若干其他參數）。據國際結算銀行（BIS）季報刊發的一項近期研究（BIS 研究）[24]，這些全球綠色債券指數於 2014 年 7 月至 2017 年 6 月期間的回報，在對沖貨幣風險後，可媲美相若評級的全球債券指數。事實上，在對沖貨幣風險後，作為全球綠色債券基準的彭博巴克萊明晟綠色債券指數近幾年的表現略勝廣義的全球債券基準——彭博巴克萊全球綜合債券指數（Bloomberg Barclays Global Aggregate Bond Index）（見表 1）。這也表明外匯衍生產品對綠色債券投資在對沖潛在不利匯價變動上的重要性。

表 1：綠色債券與全球債券回報的對比（2015 年至 2018 年 3 月）

	回報（美元對沖，%）			回報（歐元對沖，%）		
	全球綠色債券	全球債券	差距	全球綠色債券	全球債券	差距
2015 年	1.05	1.02	0.03	0.75	0.68	0.07
2016 年	3.44	3.95	-0.51	1.95	2.44	-0.49
2017 年	3.98	3.04	0.94	1.99	1.06	0.93
2018 年（3 月止）	-0.83	-0.93	0.1	-1.22	-1.33	0.11

註：「全球綠色債券」的表現以彭博巴克萊MSCI綠色債券指數來衡量，而「全球債券」的表現則以彭博巴克萊全球綜合債券指數（涵蓋符合納入準則的綠色債券）來衡量。

資料來源：安聯環球投資，"Building the case for green bonds"，2018年3月14日。

投資者對綠色債券的需求日漸增長，亦使債券的定價對發行商保持吸引力。多份文獻顯示，綠色債券發行時的收益率一般都比傳統債券為低。上述的 BIS 研究根據相同發行商在 2014 年至 2017 年間相若發行日期所發行的 21 對綠色及傳統債券，估算出兩者的平均收益率的相差大約是 18 個基點，風險愈高的發行商的收益率價差就愈大。事實上，自 2017 年第二季起，以美元計價的綠色債券的平均超

24 Ehlers, T. 及 Packer F.（2017）〈綠色債券融資及認證〉"Green bond finance and certification"，載於《BIS 季報》，2017 年 9 月，89-104 頁。

額認購率（2.5至2.8倍）就高於相類的傳統債券（1.5至2.8倍），而以歐元計價的綠色與傳統債券的平均超額認購率則相若[25]。由此可見，綠色債券令投資者與發行商均可受惠，投資者安心投資於發行商的綠色項目，發行商亦可享有利定價。

2　中國內地在綠色債券市場舉足輕重

2.1　內地綠色債券發展現況

中國內地的綠色債券發行自2015年底的短短兩年間，由差不多零起步發展為現時全球第二大的綠色債券市場。中國首隻綠色債券是可再生能源公司新疆金風科技於2015年7月透過香港附屬公司發行的3年期債券，募得3億美元。至於中國境內的綠色債券市場，則是在2015年12月有官方的綠色定義出台後才開始發展起來，此等官方定義包括中國人民銀行（人行）頒佈的《綠色債券支持項目目錄》以及國家發展和改革委員會（發改委）頒佈的《綠色債券發行指引》。按內地的官方綠色定義計，綠色債券的發行規模於2016年及2017年分別達362億美元及371億美元（當中未符合國際定義的分別佔126億美元及142億美元）[26]。2018年上半年，中國綠色債券發行規模同比增長14%達至130億美元（其中未符合國際定義的佔37億美元）（見圖4）。

25　資料來源：CBI《一級市場的綠色債券定價》（*Green Bond Pricing in the Primary Market*），2017年第二季、2017年第三季及2017年第四季刊。

26　資料來源：CBI《中國綠色債券市場報告》（*China Green Bond Market*），2016年、2017年及2018年上半年刊。

圖4：中國內地綠色債券發行情況（2016年至2018年上半年）

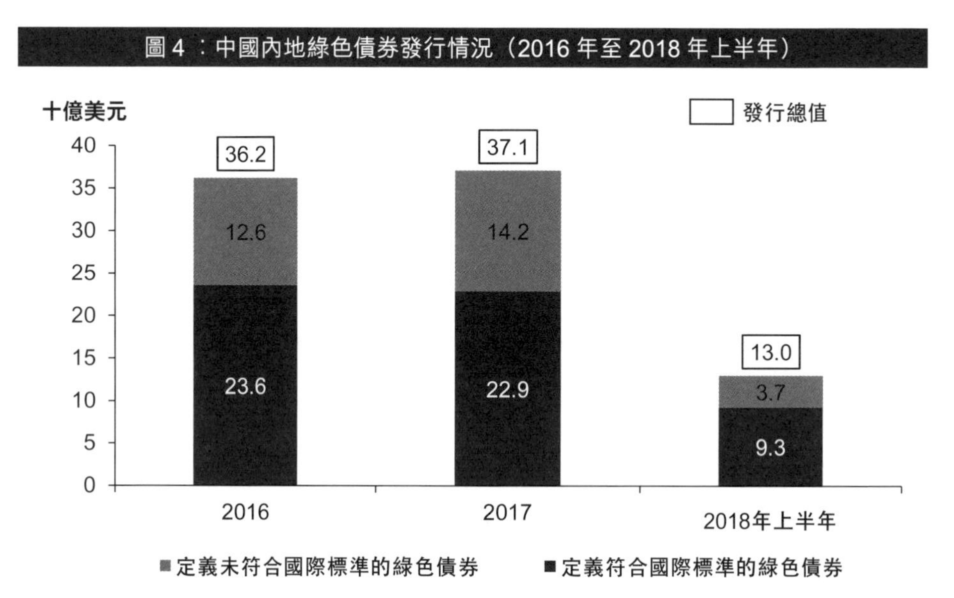

資料來源：CBI《中國綠色債券市場報告》（*China Green Bond Market*），2016年、2017年及2018年上半年刊。

根據CBI的資料，商業銀行及非銀行金融機構按發行額計自2016年以來一直是最大的綠色債券發行商，與此同時企業的發行也更為活躍。雖然銀行及非銀行金融機構的佔比從2016年的73%回落，但2017年及2018年上半年仍佔主要比重——分別為47%及44%。非金融的企業發行商的佔比則從2016年的20%增加至2017年的22%，2018年上半年更進一步上升至32%。政策性銀行、政府支持機構（主要是地方政府融資平台）以及資產支持證券的佔比亦見提高，2017年共佔31%，2018年上半年佔24%，較2016年的7%顯著上升（見圖5）。另一資料來源顯示，地方銀行（城市商業銀行及鄉村商業銀行）已成為銀行及其他金融機構發行商中佔比最多的發行商，佔銀行及其他金融機構發行額的比例從2016年的11.4%增至2017年的53.0%[27]。

27 資料來源：興業研究《地方銀行發展綠色金融的方向》，2018年8月21日。

圖 5：不同類別發行商在中國內地發行綠色債券的情況（2016 年至 2018 年上半年）

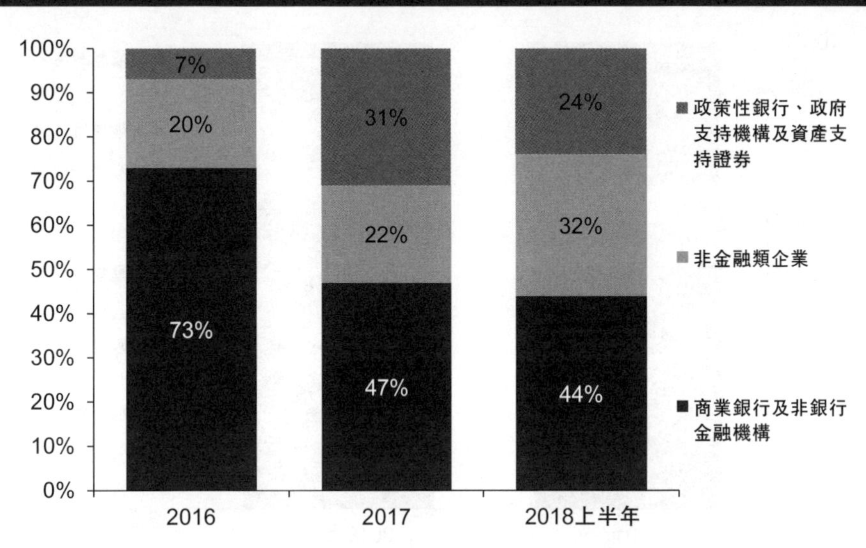

資料來源：CBI《中國綠色債券市場報告》(*China Green Bond Market*)，2016 年、2017 年及 2018 年上半年版。

在所得款項用途方面，可再生能源仍然是資金投放最多的領域，而地方政府融資平台推行的低碳交通項目佔比也見上升。按 CBI 定義合資格的所得款項用途，可再生能源於 2018 年上半年佔總資金投放的 36%，高於 2017 年的 30%。而低碳交通佔比由 2017 年的 22% 增至 2018 年上半年的 30%（見圖 6）。這可能是得益於地方政府融資平台增加發債——這部份發債金額的佔比由 2016 年的不到 1% 增長至 2017 年的 10%，其所得資金主要用於低碳交通的投資[28]。於 2018 年上半年，政府支持機構（主要是地方政府融資平台）發行的綠色債券較 2017 年上半年增長 1.5 倍[29]。

28　見 CBI《中國綠色債券市場報告》(*China Green Bond Market*)，2017 年版。

29　資料來源：CBI《中國綠色債券市場報告》(*China Green Bond Market*)，2018 年上半年版。

圖 6：中國內地綠色債券所得款項用途（2017 年及 2018 年上半年）

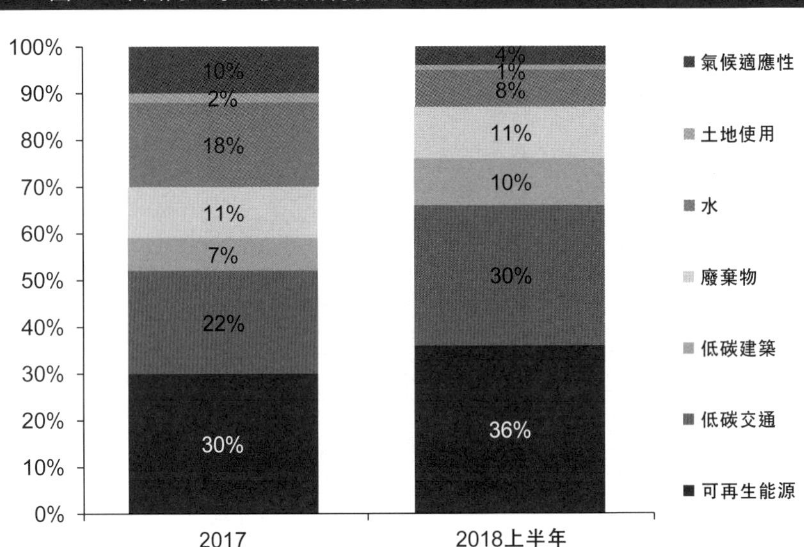

註：所得款項用途按 CBI 界定的定義分類；2016 年沒有相關數據。

資料來源： CBI《中國綠色債券市場報告》（*China Green Bond Market*），2017 年及 2018 年上半年版。

中國內地的綠色債券於離岸市場所發行的規模佔比從 2017 年的 18% 增至 2018 年上半年的 40%（見圖 7），這或意味着對離岸綠色項目的投資有所增加。有關增幅的背後涉及工銀（亞洲）及工銀（倫敦）分別於香港聯合交易所（聯交所，香港交易所的證券市場）及倫敦證券交易所發行總值 23 億美元的債券，前者所得的資金用於「粵港澳大灣區」的離岸綠色項目，而後者所得的資金則用於「一帶一路」沿線國家。2018 年上半年，綠色債券的在岸發行比重下降至 60%，其中於中國銀行間債券市場發行的佔總數 46%，於上海證券交易所（上交所）發行的佔總數 13%，於深圳證券交易所（深交所）發行的佔總數 1%。就離岸發行而言，內地的公司發債前必須先就所得資金用途向發改委註冊或取得相關批准。儘管發行傳統離岸債券所得資金的用途可以較靈活（例如作「一帶一路」戰略的一般用途），離岸綠色債券的發行商必須就所得資金用途披露更詳細的資料。

圖 7：中國內地綠色債券發行地（2016 年至 2018 年上半年）

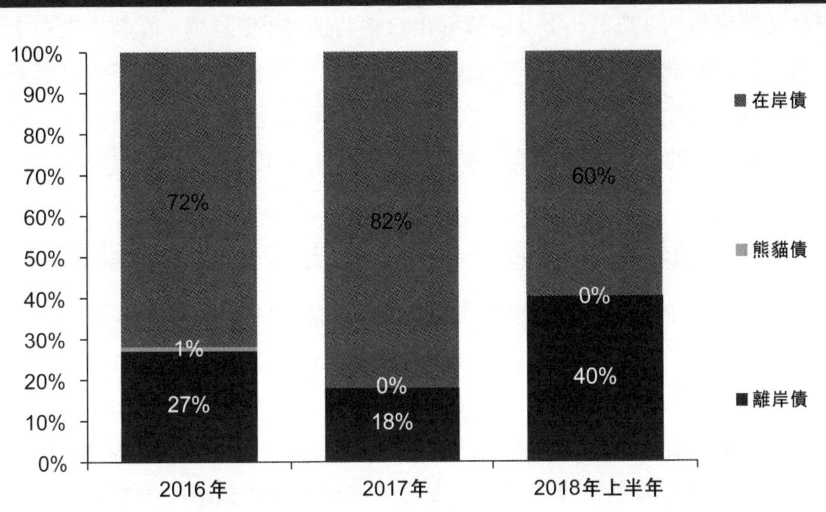

資料來源：CBI《中國綠色債券市場報告》(*China Green Bond Market*)，2016 年、2017 年及 2018 年上半年版。

內地的境內綠色債券投資者現時已擴大至涵蓋散戶投資者。除銀行、券商、保險公司及基金等機構投資者外，內地綠色債券市場已向散戶投資者開放。國家開發銀行（國開行）於 2017 年 9 月在中國銀行間債券市場面向個人投資者及非金融機構投資者發行內地首隻零售綠色債券，散戶投資者是透過銀行櫃枱購買該隻債券，而其以往只能通過銀行櫃枱在一級市場認購政府債券。購買國開行債券的散戶投資者當時毋須像機構投資者一樣繳納 25% 利息税[30]。這筆零售綠色債券的發行成為了日後零售綠色債券發行可參照依循的先例。

許多不同的國際投資者可透過「債券通」計劃投資在岸綠色債券。「債券通」的「北向通」向國際投資者提供參與內地一級及二級綠色債券市場的平台。「債券通」於 2017 年 7 月推出，至 2018 年 10 月底已有 522 家投資者註冊參與。2018 年 1 月至 10 月「北向通」的日均成交額為 36 億元人民幣[31]。於 2018 年 9 月底，中國銀

30 其後自 2018 年 11 月 7 日起，離岸機構投資者獲豁免所有投資在岸債券的相關税項，為期三年。詳見財政部發佈的《關於境外機構投資境內債券市場企業所得税增值税政策的通知》，2018 年 11 月 7 日。

31 資料來源：債券通有限公司。

行間債券市場上由外資持有的境內債券總額約達16,890億元人民幣。2017年末，中國農業開發銀行（農發行）及中國進出口銀行透過「債券通」計劃率先在中國銀行間債券市場向國際投資者發行人民幣綠色債券，投資者需求旺盛。以農發行為例，它於2017年11月發行了一隻30億元人民幣的綠色債券，2018年6月再發行另一隻相同金額的綠色債券；第一隻獲超額認購4.38倍，第二隻則超額4.75倍。

2.2 內地融資需求強勁及相關政策支持綠色債券發展

綠色金融在中國內地受到國家政策框架自上而下的扶持[32]。有關當局攜手推動發展綠色金融體系，包括綠色貸款、綠色債券、ESG披露以及驗證和認證。儘管綠色貸款佔了綠色融資的絕大部份（2017年約為90%[33]），但由下而上衍生的融資需求催生了融資渠道的多元發展。綠色債券已成為內地一個重要的綠色融資渠道。

中國內地發行綠色債券的勢頭主要源於市場對綠色金融的強烈需求。據人行的資料[34]估計，十三五期間（2016年至2020年）每年至少需要投入2萬億元人民幣才能完成這五年的國家環保目標。資金來源方面，政府投資佔比預計為10%至15%，餘下的85%至90%還是要求諸私人資金（即至少每年1.7萬億元人民幣）（見圖8）。

32 中國人民銀行2017年6月30日發佈《落實〈關於構建綠色金融體系的指導意見〉的分工方案》。
33 資料來源：中國人民銀行《中國綠色金融發展報告（2017）》，2018年9月6日。
34 中國人民銀行綠色金融特別小組《構建中國綠色金融體系》，2015年4月。

圖 8：中國內地發行綠色債券的預計用途及資金（2016 年至 2020 年）

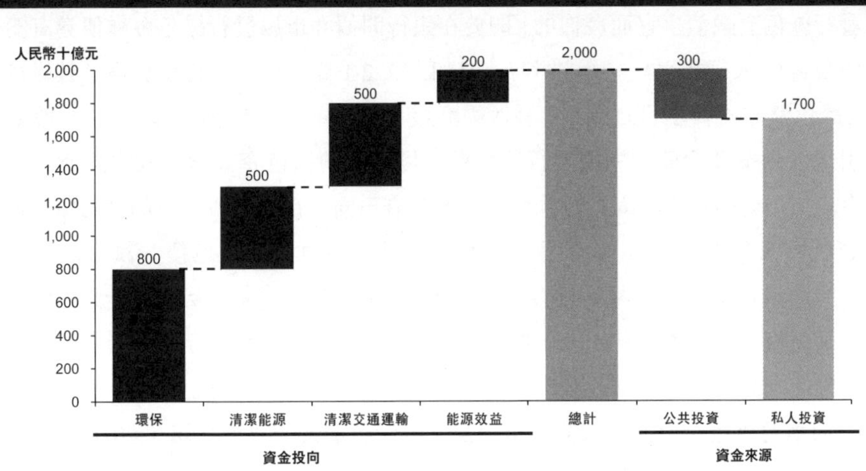

資料來源：人行綠色金融專責小組，《構建中國綠色金融體系》，2015 年 4 月。

「一帶一路」倡議帶動了市場對綠色金融的需求，為建設基礎設施提供資金。估計內地就「一帶一路」沿線國家基礎設施的對外投資額將於 2030 年增至 3,000 億美元，是 2016 年 1,290 億美元的兩倍有多[35]。當中有些項目將有助實現聯合國可持續發展目標，包括有關氣候變化的目標。除此之外，中國政府發佈了《關於推進綠色「一帶一路」建設的指導意見》[36]，支持通過綠色金融來投資「一帶一路」項目。此外，《「一帶一路」生態環境保護合作規劃》[37] 提及 25 項綠色「一帶一路」試點計劃。

地方政府的綠色項目也陸續有來。國務院於 2017 年 6 月批准廣東、貴州、江西、浙江及新疆五省（區）設立綠色金融改革創新試驗區。每個試驗區的着重點不同，比如廣東省將鼓勵信貸產品創新，支持節能減排工作。截至 2018 年 5 月，廣州市據稱有至少 182 種綠色相關金融產品以及 69 個綠色項目，計劃籌資 400 億元人民幣[38]。

基於融資需求強烈，中國當局在 2015 年末發佈境內發債指引，啟動在岸綠色

35　資料來源：渣打〈中國 ——「一帶一路」逐漸成形〉，2017 年 11 月。
36　環保部、外交部、發改委以及商務部在 2017 年 5 月 5 日聯合發佈。
37　環保部於 2017 年 5 月 14 日發佈。
38　資料來源：〈廣州為 400 億元綠色產業項目提供融資對接〉，載於新華社網站（Xinhuanet.com），2018 年 5 月 5 日。

債券市場。第一份指引來自人行 2015 年 12 月針對金融機構在中國銀行間債券市場發行綠色金融債事宜而發佈的《關於在銀行間債券市場發行綠色金融債券有關事宜的公告》(人行指引)。與此同時，有如上文 2.1 節所述，人行也發佈了其綠色定義《綠色債券支持項目目錄》，發改委亦發佈了《綠色債券發行指引》。發改委的指引規管企業發行商在中國銀行間債券市場發行的綠色企業債，其中對所得款項的合資格用途的定義與人行目錄所界定的略有不同。在交易所上市的公司債方面，上交所與深交所於 2016 年 3 月及 4 月先後發佈各自有關綠色債券試點計劃的通知。中國銀行間市場交易商協會則於 2017 年 3 月發佈了《非金融企業綠色債券融資工具業務指引》，涵蓋由其他非金融類企業在中國銀行間債券市場發行的綠色債券。因此，許多不同類別的發行商現時均可在境內市場發行綠色債券。

內地的政策指引亦強調證券市場對支持綠色金融的重要作用。2016 年發佈的一份有關綠色金融的政策文件[39] 羅列證券市場對發展綠色金融的作用：採納一套統一的國內綠色債券標準；支持合資格綠色公司透過首次公開招股及二次配售集資；支持編算綠色債券指數、綠色股票指數和開發相關產品；以及逐步建立強制上市公司及債券發行人披露環保信息的系統。內地的證券交易所一直積極支持綠色金融，具體措施如下：

(1) **加強披露及產品開發**。上交所 2018 年 4 月發佈《上海證券交易所服務綠色發展推進綠色金融願景與行動計劃 (2018-2020 年)》，計劃的目標是：進一步增加上市綠色證券的數目以及提升 ESG 披露；發展綠色債券及資產支持證券；發展綠色金融產品 (如債券指數及 ETF)；以及提高有關綠色金融的跨境合作、研究及推廣。

(2) **2017 年設立「綠色通道」，提高綠色債券發行及上市的效率**。2017 年底，上交所共有 39 隻綠色債券及綠色資產支持證券上市，累計發行額達 900 億元人民幣[40]。深交所方面，2018 年 7 月時的上市綠色標籤固定收益產品共 12 隻，存量為 62 億元人民幣[41]。

---

39 中國人民銀行、財務部、環保部、中國銀行業監督管理委員會、中國證券監督管理委員會以及中國保險監督管理委員會 (保監會) 於 2016 年 11 月 24 日發佈《關於構建綠色金融體系的指導意見》。

40 資料來源：上交所《上海證券交易所服務綠色發展推進綠色金融願景與行動計劃 (2018-2020 年)》，2018 年 4 月 25 日。

41 資料來源：新華社網站 (http://greenfinance.xinhua08.com/a/20180730/1771204.shtml)。

(3) **鼓勵發行商自願尋求外部評審及提高市場透明度。**在內地發行綠色債券乃根據官方發行指引進行，而指引中並無強制規定發行或上市須經外部評審。然而，中國證券監督理委員會（中國證監會）的政策文件[42]以及人行指引均鼓勵發行商在發債前後都進行外部評審。所有上市的綠色債券以及綠色資產支持證券的股份代碼前一律加上英文字母"G"（代表「綠色」）以作識別。這類證券的資料集中在交易所的債券市場網站的專頁上顯示，方便投資者追蹤查閱。

(4) **夥拍境內指數提供者制定內地綠色債券指數。**2017 年 3 月，深交所附屬公司深圳證券信息有限公司與中央財經大學（中財）綠色金融國際研究院，針對中國銀行間債券市場及內地交易所的綠色債券聯合推出「中財 - 國證綠色債券指數」系列。2017 年 6 月，上交所與中證指數有限公司（中證）針對在上交所上市的債券，聯合推出「上證綠色債券指數」、「上證綠色公司債指數」及「中證交易所綠色債券指數」。

(5) **與其他國際交易所合作，為全球投資者提高市場透明度。**內地兩家證券交易所同就展示綠色債券指數價格行情而與盧森堡證券交易所（盧森堡證交所）合作。深交所的中財 - 國證綠色債券指數系列以及上交所的上證綠色債券指數和上證綠色公司債指數，均在盧森堡證交所網站顯示。除此之外，上交所與盧森堡綠色交易所（盧森堡證交所的綠色債券專門平台）於 2018 年 6 月共同推出一個中英雙語的信息平台——「綠色債券信息通」，不僅顯示在上交所及中國銀行間債券市場上市的綠色債券的價格資料，還提供有關外部評審的資料。為利便內地綠色債券經這個渠道上市，盧森堡證交所更在 2018 年 1 月修改其上市機制，容許債券毋須獲納入其交易平台也可上市。盧森堡綠色交易所現時合共顯示 15 隻於上交所上市的綠色債券及 1 隻於中國銀行間債券市場上市的綠色債券的資料[43]。該等債券可透過「人民幣合格境外機構投資者」（RQFII）、「合格境外機構投資者」（QFII）或「債券通」買賣。

42《中國證監會關於支持綠色債券發展的指導意見》，2017 年 3 月 2 日。

43　資料來源：盧森堡綠色交易所網站（見於 2018 年 10 月 31 日）。

2.3 統一綠色標準是進一步發展增長的關鍵

統一綠色債券標準對發行商與投資者都有益處。現時內地對於綠色債券的界定有兩套官方標準，發佈機構分別是人行及發改委，還有一份由中國銀行業監督管理委員會（銀監會）[44] 發佈的標準，但僅適用於綠色貸款。適用於綠色債券的前兩套標準大體一致，只是對於所得款項的合資格綠色用途略有不同的規定。這些差異或會影響貸款人考慮是否為發行商提供資金時對項目的選擇及評估。部份的 ESG 投資者或會要求發行商就綠色投資提供更詳細的說明，例如內地某隻綠色債券指數的納入準則所參考的只是其中一套標準，令某些綠色債券可能不合資格納入該指數。有鑒於此，當局的金融行業標準化計劃 [45] 亦把綠色金融包括在內。2017 年 10 月，人行及中國證監會亦共同發表了《綠色債券評估認證行為指引》，為內地發行的綠色債券提供認證指引。此外，人行的研究局於 2018 年 1 月成立了工作小組，推動綠色金融的標準化。

再者，內地的綠色定義仍有改進空間，以縮小與國際標準的距離。就如上文所述，ICMA 制定的 GBP 是標籤綠色債券最常用的國際標準。**內地綠色債券中未符合國際標準定義的債券佔比在 2016 年起維持在 20% 至 40% 之間，在 2018 年上半年為 28%**。差異主要體現在三大方面：(1) 所得款項的合資格綠色用途的差異（例如：內地官方指引包括潔淨煤炭，國際標準則不包括）；(2) 所得款項用於償還債務及一般企業用途的比例上限（發改委的指引為 50%，國際準則為 5%）；及 (3) 資料披露（內地並無要求外部評審）。為縮窄差距，內地綠色金融委員會與歐洲投資銀行攜手制定綠色金融的清晰框架，並於 2017 年 11 月發佈白皮書 [46]，比較國際不同的綠色債券標準，為提高標準之間的一致性作準備。

外部評審雖然不是內地發行綠色債券的強制性規定，但市場存在需求。要加強發行商的披露，最常用的方法是在發行商作第一方（內部）評審之上，於發行前及／或發行後進行外部評審，以核實發行綠色債券所得款項的確用於投資合資格綠色資產。按國際慣例，外部評審主要涉及第二方評審及第三方認證。因為做評審的第二方通常也會協助制定管理所得款項及匯報的框架，其評審的獨立性會存

44 現與保監會重組為中國銀行保險監督管理委員會。

45 人行、銀監會、中國證監會、保監會以及中國人民銀行標準化管理委員會於 2017 年 6 月 8 日發佈的《金融業標準化體系建設發展規劃（2016-2020 年）》。

46 歐洲投資銀行與中國金融學會綠色金融專業委員會於 2017 年 11 月 11 日發佈《探尋綠色金融的共同語言》。

有爭議，而第三方認證機構會參照認可標準（例如 CBI 的氣候債券標準）來評審有關框架，故第三方認證這一環會有助將外部評審過程標準化。事實上，符合氣候債券標準認證的綠色債券按金額計佔 2017 年內地綠色債券總發行量近乎 16%（或佔符合國際定義的內地綠色債券發行量的 26%），較與全球綠色債券市場比較的 14% 為高 [47]。

其中一個驅使綠色債券發行商尋求認證的因素，是債券的綠色標籤與相關投資吻合可令國際投資者對產品的需求增加。一份業內報告 [48] 抽選了 226 個售予歐洲投資者的綠色基金進行分析（其中 165 隻基金在 2017 年仍然保持活躍）。這些歐洲綠色基金的管理資產從 2013 年 150 億歐元的低位回升至 2016 年的 220 億歐元水平。雖然這些基金大部份是綠色股票基金，但是綠色債券基金的價值在 2016 年也實現了兩倍的年度增幅。該研究將有關基金分為兩大類：深綠基金（基金名稱所示的主題與其投資策略及目標相符）與淺綠基金（資產組合中的證券並不完全對應基金的策略及/或名稱）。據觀察，2013 年至 2016 年間，深綠基金的管理資產增長 65%，高於淺綠基金的 26%。

在投資者需求極殷切的情勢下，具備第三方認證的綠色債券發行商或可享融資成本較低的好處。內地首隻具備第三方認證的綠色債券是中國長江三峽集團公司於 2017 年 6 月發行的離岸債券，債券於愛爾蘭證券交易所上市，發行時超額認購 3.1 倍。該債券年期 7 年，票面息率為年息 1.3%，較該公司 2015 年 6 月在同一交易所同樣以歐元發行的 7 年期傳統債券的年息低 40 個基點 [49]（2015 年 6 月至 2017 年 6 月期間，歐元區的 7 年期政府債券收益率下降了約 39 個基點）[50]。另外，亞洲開發銀行的一項研究 [51] 以 60 個投資級綠色債券為樣本，發現經獨立評審的綠色債券相較於傳統債券有大約 7 個基點的票息折讓，經 CBI 認證的債券則較傳統債券折讓 9 個基點。

47　資料來源：氣候債券倡議組織（CBI），《中國綠色債券市場報告》，2017 年刊。

48　Novethic《歐洲綠色基金市場報告》（*The European Green Funds Market*），2017 年 3 月。

49　中國長江三峽集團於 2017 年 6 月發行 7 年期票息 1.3% 的綠色債券，籌得 6.5 億歐元（資料來源： CBI，〈中國首個認證氣候債券：中國長江三峽集團為歐洲風力能源集資〉，2017 年 7 月 26 日），之前於 2015 年 6 月發行 7 年期票息 1.7% 的傳統債券，籌得 7 億歐元（資料來源： http://cbonds.com/emissions/issue/148221）。

50　資料來源： Wind。

51　亞洲開發銀行（2018）〈綠色標籤對綠色債券市場發展的作用：實證分析〉（"The Role of Greenness Indicators in Green Bond Market Development: An Empirical Analysis"），載於《亞洲債券監測》（*Asia Bond Monitor*），2018 年 6 月，40-51 頁。

3 香港有發展綠色債券的優勢

3.1 香港已是內地發行商與國際投資者對接的門戶市場

香港的綠色債券市場經過近數年蘊釀後於 2018 年開始起飛。香港首隻綠色債券為 2015 年 7 月新疆金風科技（金風）發行的離岸債券。2015 年至 2017 年間在香港發行的綠色債券只有 9 隻，發行額 36 億美元左右。到 2018 年，綠色債券發行轉趨活躍。2018 年首 9 個月在香港發行的綠色債券已至少有 17 隻，發行總額約 70 億美元。這些債券多以美元計價，逾半數在聯交所上市，發行商有超國家機構，也有香港本地、內地以至世界各地的公司企業（見表 2）。

表 2：於香港發行的綠色債券（2015 年 7 月至 2018 年 9 月）

發行日期	發行商	性質	聯交所上市綠色債券	發行規模
2015 年 7 月	金風新能源（香港）投資有限公司 *	公司	是	3 億美元
2016 年 7 月	中國銀行股份有限公司 *	商業銀行	是	15 億元人民幣
2016 年 7 月	The Link Finance (Cayman) 2009 Limited*	公司	是	5 億美元
2016 年 11 月	MTR Corporation (C.I.) Limited*	公司	是	6 億美元
2017 年 7 月	Castle Peak Power Finance Company Limited*	公司	是	5 億美元
2017 年 7 月	香港鐵路有限公司 *	公司	是	3.38 億港元
2017 年 9 月	香港鐵路有限公司 *	公司	是	1 億美元
2017 年 11 月	國家開發銀行 *	政策銀行	是	10 億歐元
2017 年 11 月	國家開發銀行 *	政策銀行	是	5 億美元
2018 年 1 月	太古地產 *	公司	是	5 億美元
2018 年 2 月	當代置業（中國）有限公司 *	公司		3.5 億美元
2018 年 3 月	天津軌道交通集團	公司		4 億歐元
2018 年 3 月	亞洲開發銀行	超國家機構		4 億港元

(續)

表2：於香港發行的綠色債券（2015年7月至2018年9月）				
發行日期	發行商	性質	聯交所上市綠色債券	發行規模
2018年3月	亞洲開發銀行	超國家機構		1億港元
2018年3月	Beijing Capital Polaris Investment Co Ltd	公司	是	6.3億元人民幣
2018年3月	Beijing Capital Polaris Investment Co Ltd	公司	是	5億美元
2018年4月	歐洲投資銀行	超國家機構		15億美元
2018年4月	世界銀行	超國家機構		10億港元
2018年4月	朗詩綠色集團有限公司*	公司		1.5億美元
2018年4月	Evision Energy Overseas Capital Co Ltd	公司		3億美元
2018年5月	中國銀行股份有限公司（香港分行）*	商業銀行	是	30億港元
2018年5月	中國銀行股份有限公司（香港分行）*	商業銀行		10億美元
2018年6月	中國工商銀行（亞洲）有限公司*	商業銀行	是	4億美元
2018年6月	中國工商銀行（亞洲）有限公司*	商業銀行	是	26億港元
2018年9月	首創環境控股有限公司*	公司	是	2.5億美元
2018年9月	中國光大銀行（香港分行）*	商業銀行	是	3億美元

* 聯交所上市公司或其附屬公司。

資料來源：香港金融管理局，〈綠色金融　香港所長〉，2018年6月20日；彭博。名單並非整全。

隨着內地和香港愈來愈多上市公司作為債券發行商，香港綠色債券的供應料將大增。若不計超國家機構所發行的，香港大部份綠色債券均是聯交所上市的內地及香港公司或其附屬公司所發行，這多少反映這些公司所制定的業務策略均為支持由香港及內地運輸、房地產及能源業所帶動的綠色經濟。這些業務策略都屬於這些公司的ESG資料披露的內容，給投資者對照多種關鍵績效指標去評估公司的ESG表現。由於綠色債券的標籤表明所得資金的使用將符合綠色理念，發行綠色債券顯示公司致力推行綠色業務策略。上市發行商將其綠色債券進行上市所需符合的要求較非上市發行商寬鬆（例如上市發行人毋須遵守資產淨值及兩年經審核賬目的要求），這或有助促進上市發行商發行更多綠色債券上市。

內地發行商在香港發行以外幣計價的綠色債券將受惠於較低資金成本。在2018年新發行綠色債券的公司中，有些是國家大力支持的高質素非上市企業，當中包括天津軌道交通集團及Beijing Capital Polaris Investment Company Limited（北京首都創業集團的離岸公司）。兩家公司均曾發行以外幣（美元或歐元）計價的綠色債券，集資所得可用於綠色離岸投資。事實上，內地政策鼓勵公司在香港發行綠色債券（或以外幣計價）為「一帶一路」項目融資[52]。由於香港是全球流動性最高的外匯市場之一，香港的外幣基準利率應較內地為低，所以中資發行商在香港發行以外幣計價的綠色債券可享更優惠的條款。

上述這些發行商的綠色債券供應，與香港市場上廣大國際投資者對綠色債券日增的需求，正好配對得上。國際投資者是香港資產管理業的主要資金來源，佔管理資產總值的66%左右[53]。在香港管理的資產中，債券的配置由2015年的13,170億港元（佔總額的19.3%）增至2017年20,550億港元（佔總額的24%），升幅56%（見圖9）。債券投資需求增加，綠色債券的需求亦可能隨之增加。實際上，在香港發行的綠色債券經常超額認購，例如由金風發行的首隻綠色債券超額認購約5倍[54]，由領展發行的第二隻綠色債券超額認購約4倍[55]，也由此可見ESG元素對香港的投資基金愈益重要。

52 發改委於2017年12月14日發佈《國家發展和改革委員會與香港特別行政區政府關於支持香港全面參與和助力「一帶一路」建設的安排》。

53 資料來源：證監會《2017年資產及財富管理活動調查》。

54 資料來源：CBI〈首隻美元中資貼標綠色債券近5倍超額認購〉（"First labelled green bond from Chinese issuer issued in US$ almost 5x oversubscribed"），2015年7月20日。

55 資料來源：〈領展推出亞洲REIT首隻綠色債券〉（"Link holdings brings first green bond by Asia REIT"），載於*FinanceAsia*，2017年9月4日。

圖 9：香港管理資產當中債券投資所佔資金（2015 年至 2017 年）

資料來源：香港證券及期貨事務監察委員會，《基金管理活動調查》及《資產及財富管理活動調查》，2015 年至 2017 年。

此外，香港綠色金融協會於 2018 年 9 月 21 日成立，旨在推廣於香港發展綠色金融。該機構是非牟利組織，負責「推動香港金融服務業採納綠色、可持續投融資理念及最佳實踐」[56]，會員包括香港 90 家金融機構、環保組織、服務供應商及其他主要持份者。

3.2　香港的國際認可綠色債券標準及政府支持配套措施可推動綠色債券增長

儘管綠色債券的供需潛力均不俗，但香港要進一步發展綠色債券市場仍有若干困難需要克服。首先，好像內地以至環球市場一樣，香港需要對綠色標籤作更清晰的界定，以與國際標準接軌。第二，綠色標籤不是免費的，整體資金成本或要增加。第三，潛在發行商如對發行程序不認識，可能會寧願發行傳統債券多於綠色債券。面對這些問題，香港政府帶頭採取了下列方法推動綠色債券發展。

56　資料來源：香港綠色金融協會〈香港綠色金融協會宣佈於 9 月 21 日正式成立〉，2018 年 9 月 3 日。

首先，為香港、內地及海外的發行商和投資者已建立了國際認可的綠色債券認證計劃及已獲認證綠色債券的名單。許多知名的國際評審機構都在香港設有據點提供外部評審服務。此外，如 2017/18 年度《施政報告》所指，香港品質保證局在政府支持下已制定「綠色金融認證計劃」，為發行人提供第三方認證。香港品質保證局主要參照內地綠色金融的全國性標準及多個綠色金融的國際標準[57]來制定其標準。綠色債券發行前及發行後均可要求香港品質保證局簽發認證證書；經認證的綠色債券於香港品質保證局的綠色金融網頁上披露。綠色債券發行前的認證旨在審定申請者提出的「環境方法聲明」[58]於認證當日的充分程度，綠色債券發行後的認證則核查實施「環境方法聲明」的進度和有效性。

香港獲認證的綠色債券在資金成本方面似乎享有較低的融資成本元素——利率成本。2017 年 12 月至 2018 年 8 月期間，香港品質保證局向 8 隻綠色債券及貸款簽發發行前的認證，當中包括首隻獲香港品質保證局認證、2018 年 1 月由太古地產發行的綠色債券。伴隨着綠色認證的是較低的票息率，該太古地產 10 年期美元綠色債券的票息率為 3.5%，低於 2016 年發行的一隻同類型傳統債券的 3.625%[59]。

香港品質保證局制定綠色金融認證計劃的做法與環球市場發展趨勢一致。在盧森堡，獨立非牟利機構盧森堡財政標籤局（LuxFlag）於 2017 年 6 月推行全新的綠色債券標籤計劃，該計劃符合 ICMA 的綠色債券原則及 CBI 的氣候債券標準，已獲盧森堡財政部認可。日本環境省於 2017 年 3 月發佈綠色債券指引，內容大致與 ICMA 的綠色債券原則相符。印度證券交易委員會於 2017 年 5 月發出通函，界定綠色債券及列出綠色債券發行及上市的披露要求。英國政府於 2017 年 9 月公佈與英國標準學會合定新一系列自願性質的綠色可持續財務管理標準。

第二，香港政府向綠色債券發行商提供資助，降低整體融資成本。綠色債券

57 所參照標準包括人行《綠色債券支持項目目錄》、UNFCCC 下的「清潔發展機制」、ICMA 的「綠色債券原則」、ISO 26000、「2010 年社會責任指南」等。

58 綠色債券發行人向香港品質保證局申請認證，必須制定「環境方法聲明」，並付諸實行以達到正面的環境影響。該聲明須涵蓋項目的預期綠色類別及正面環境影響的資料、綠色項目的選擇和評估機制，以及有關集資所得的使用和管理、資料披露，影響評估和持份者參與等方面的計劃。

59 太古地產於 2016 年發行一隻 10 年期傳統債券，發行額 5 億美元，票息率 3.625%；2018 年發行另一隻 10 年期綠色債券，發行額 5 億美元，票息率 3.5%。（資料來源：cbonds.com。請分別參閱 http://cbonds.com/emissions/issue/185179 及 http://cbonds.com/emissions/issue/399417。）

的標籤並非免費，外部評審的費用增加大約 10,000 美元至 100,000 美元[60]的額外成本。有見及此，政府於 2018 年 6 月推行綠色債券資助計劃，資助合資格的綠色債券發行機構透過香港品質保證局推出的綠色金融認證計劃取得認證。資格準則包括發行金額不少於 5 億港元、債券於香港發行及於聯交所上市及/ 或在香港金融管理局營運的債務工具中央結算系統買賣。資助涵蓋外部評審全費，上限為 80 萬港元（每隻債券發行計），資助將大大減低綠色標籤所涉及的額外費用。另外，債券發行計劃獲認證後，發行商的成本可分多次發行攤分。

除針對綠色債券的特定措施外，政府亦於 2018 年 5 月推出「債券資助先導計劃」，鼓勵香港機構發行債券。要合資格獲得資助，發行人必須是首次發行債券（2013 年 5 月起計的過去五年不曾在香港發行債券）、發行金額最少 15 億港元，及必須在香港發行和上市。資助將涵蓋發行支出的一半，若經合資格評級機構評級，資助上限為 250 萬港元，否則為 125 萬港元。每個發行商最多可為其兩隻債券發行申請資助。

其他市場（如新加坡）亦有提供這類型的政府資助。新加坡於 2017 年 6 月推出類似香港綠色債券資助計劃的綠色債券發行資助計劃。在新加坡發行及上市並經外部評審的綠色債券，資助將涵蓋其外部評審的全費，每隻債券發行的資助上限為 10 萬新加坡元（約 57.4 萬港元），惟發行總額不得少於 2 億新加坡元（約 11.48 億港元）。新加坡亦於 2017 年 1 月推出類似香港「債券資助先導計劃」的資助計劃，冀吸引首次發債的亞洲機構在新加坡發行上市較長年期（至少三年）的以亞洲貨幣或 G3 貨幣（美元、歐元和日圓）計價的綠色債券。要取得這項資助，發行總額不得少於 2 億新加坡元（約 11.48 億港元），資助將涵蓋發行費用的一半，若是經評級的發行，資助上限為 40 萬新加坡元（約 230 萬港元），否則為 20 萬新加坡元（約 115 萬港元）。

第三，香港政府將推出全球最大型的主權綠色債券發行計劃。根據 2018/19 預算案，在該計劃下，香港政府會發行不多於 1,000 億港元的綠色債券，集資所得將用以為政府的綠色工務工程項目提供資金。首批政府綠色債券預期於 2018 年至 2019 年間發行。與此同時，2016 年底開始，環球各地市場（包括法國、比利時、

60 資料來源：OECD、ICMA、CBI、中國金融學會綠色金融專業委員會《綠色債券：國家經驗、障礙及選擇》（*Green Bonds: Country Experiences, Barriers and Options*），2016 年 9 月。

印尼、波蘭、尼日利亞和斐濟）亦見愈來愈多的主權綠色債券發行[61]，這顯示各地政府均致力推廣自己的綠色債市，為潛在發行商提供一個示範作用。

有關當局支持綠色債券。香港的證券及期貨事務監督委員會（香港證監會）於2018年9月刊發《綠色金融策略框架》，定出行動計劃加強綠色金融五方面的工作，包括上市公司環境信息披露、將ESG因素融入資產管理公司的投資項目、擴大綠色投資範圍、協助培養投資者環保意識和能力，以及推動香港成為國際綠色金融中心。

展望將來，香港政府在鼓勵啟動香港的綠色項目及擴大綠色債券的投資者基礎方面，將會扮演關鍵角色。要推動綠色債券市場增長，香港政府對發展香港綠色經濟必須有堅定承擔，方法可包括與房地產、運輸和能源業合作發展綠色項目，亦可向投資者提供稅務優惠（像美國為市政債券提供免稅優惠）以建立廣泛、多元的綠色債券投資者基礎。

3.3 推動綠色債券在香港的發展

3.3.1 債券上市

2015年開始，全球不少證券交易所已專設綠色債券上市板塊，支持綠色金融投資。根據CBI的資料，2018年10月有10家證券交易所已專設綠色債券板塊呈列綠色債券及其披露的環境信息（見表3）。上市綠色債券的披露要求並非一式一樣。例如，盧森堡和英國要求在綠色債券板塊上市的企業必須經過外部評審。盧森堡證交所亦要求綠色債券發行人必須經過獨立外部評審及事後匯報。英國的倫敦證券交易所要求綠色債券發行商接受外部評審，而進行認證的機構須符合交易所有關指引列明的準則[62]，並鼓勵自願性的事後匯報。市場重視環境信息披露有助引入更多新的綠色概念投資者，而交易市場流動性提高，又再加強債券上市的好處。有些機構投資者根據約章只能投資上市證券，綠色債券若具有上市地位，便可吸引他們投資。

61 資料來源：CBI〈主權綠色債券簡報〉（"Sovereign Green Bonds Briefing"），2018年3月3日。
62 倫敦證券交易所《綠色債券認證》（*Green Bonds Certification*），2015年10月8日。

表 3：環球證券交易所專設的綠色債券上市板塊

證券交易所名稱	專設板塊類別	推出日期
意大利證券交易所	綠色及社會債券	2017 年 3 月
日本交易所集團	綠色及社會債券	2018 年 1 月
約翰內斯堡證券交易所	綠色債券	2017 年 10 月
倫敦證券交易所	綠色債券	2015 年 7 月
盧森堡證券交易所—盧森堡綠色交易所	綠色債券、社會債券、可持續發展債券、中國境內綠色債券、 ESG 基金、綠色基金及社會基金	2016 年 9 月
墨西哥證券交易所	綠色債券	2016 年 8 月
奧斯陸證券交易所	綠色債券	2015 年 1 月
上海證券交易所	綠色債券	2016 年 3 月
斯德哥爾摩證券交易所	可持續發展債券	2015 年 6 月
證券櫃枱買賣中心（臺灣）	綠色債券	2017 年 5 月

資料來源： CBI 網站，2018 年 10 月 31 日資料。

雖說歐洲多個交易所是綠色債券上市數目最多的市場，但香港的相關市場近年正不斷擴大（見圖 10）。盧森堡和倫敦的綠色債券上市要求較嚴格，但兩個市場的綠色債券上市數目卻超過亞洲和紐約。香港的綠色債券上市數目由 2017 年的 4 隻增至 2018 年首 9 個月的 11 隻，增幅一倍有多，同樣強勁的勢頭並未得見於其他交易所。

圖 10：個別證券交易所上市的綠色債券數目（2016 年至 2018 年 9 月）

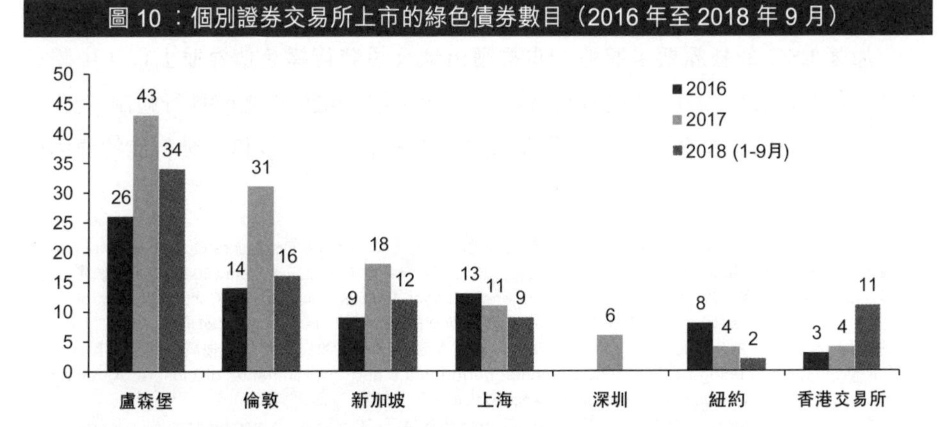

註：此等債券是據彭博數據庫中所得資料顯示其款項用於環保用途的債券。

資料來源：彭博。

香港的上市制度效率高又具成本效益，可支持綠色債券發行。目前，綠色債券與傳統債券的上市要求及上市流程均相同。香港現時大部份的上市綠色債券只能予專業投資者投資（此等債券均是根據《上市規則》第三十七章發行），過程需時約兩個營業日，個別發行商若屬香港上市發行人，過程更可短至一個營業日之內。另外，在香港發行債券的上市費屬一次性收費，介乎 7,000 港元至 90,000 港元之間，不設年費，是亞太區內最低收費者之一。

要進一步支持綠色債券發展，香港市場可考慮專設附有專屬環境披露要求的綠色債券板塊。實證研究[63]顯示，公司政策要求信息披露更及時、更詳盡的話，公司發債成本會較低，主要原因是信息披露可填補發行人與投資者之間的信息差距。至於環境方面的披露，有些證據[64]顯示環境披露與環境方面的表現有正向關係。研究[65]亦發現有良好的環境管理的公司，其發債成本會較低，反之，公司在環境方面存在問題，發債成本就會較高，信用評級也會較低。這可解釋為何發行綠色債券的融資成本通常較低，投資者需求較大，同時亦反映企業進行環境信息披露的重要性。本文附錄載有香港交易所債券市場及專設綠色債券板塊的上市債券市場的統計數據摘要。

加強披露及提高透明度可提升香港的綠色債券上市機制。專設的綠色債券板塊可用作雙向的信息平台，提供香港及內地完備的綠色債券名單，及每一綠色債券的環境信息披露，包括外部評審及／或事後匯報。該板塊不只能顯示上市債券，也可顯示香港及內地場外市場的債券。內地交易所與盧森堡證交所的合作可提供參考（見上文 2.2 節）。

加強 ESG 的披露要求將進一步推動內地公司發行綠色債券並上市。中國證監會一名人員表示內地上市公司及債券發行商須於 2020 年之前實行強制 ESG 的信息披露；中國證監會及人行將分別制定適用於上市公司及債券發行商的詳細框

---

63 見於：Sengupta (1998)，〈企業披露質素與債務成本〉("Corporate Disclosure Quality and the Cost of Debt")，載於 *The Accounting Review*，第 73 期，459-474 頁；及 Nikolaev 與 Lent (2005)，〈債務資本成本與企業披露政策關係的內生性偏差〉("The Endogeneity Bias in the Relation between Cost of Debt Capital and Corporate Disclosure Policy")，載於 *European Accounting Review*，第 14 期，677-724 頁。

64 見 Clarkson、Li、Richardson 及 Vasvari (2008)，〈重新審視環境績效與環境信息披露的關係：實證分析〉("Revisiting the relation between environmental performance and environmental disclosure: An empirical analysis")，載於 *Accounting, Organizations and Society*，第 33 期，303-327 頁。

65 見於：Bauer 及 Hann (2010)，〈企業環境管理與信用風險〉("Corporate Environmental Management and Credit Risk")，工作報告。

架[66]。ESG匯報有助投資者了解公司對ESG事宜的方針，也有助公司評估其ESG表現及認清不足之處作出改善。自UNSSE於2015年9月推出ESG匯報的標準指引給各交易所後，有自訂ESG匯報指引的交易所數目已由2015年9月的14家增至2018年8月的38家，包括在內地、香港、盧森堡、新加坡和英國的交易所[67]。在全球各地市場的ESG匯報框架不是完全一致的情況下，FSB轄下的TCFD提出的建議可提供銜接基礎（見1.2節）。香港現正考慮進一步加強上市公司的ESG匯報，務求與FSB TCFD的建議接軌[68]。內地及英國由2016年起擔任G20的可持續金融研究小組（前稱綠色金融研究小組）的聯席主席，已認可多家金融機構首先試行FSB TCFD的建議（包括於內地的環境披露指引中履行）。這將有助內地的上市公司進行強制匯報ESG的信息。ESG匯報因此而改善後，料可增加企業發行商對綠色金融的需求，及市場對綠色投資的需求。

3.3.2 債券交易

企業的債券按傳統一般在場外而非場內交易[69]，原因之一是場外市場的價格發現過程較優。與股票不同，企業的債券不常買賣，其最後成交價未必能反映當時所有可獲取的信息。場外市場投資者通常較成熟，也對不同的債券結構（例如可變動票息率、嵌入式期權及擔保等）有較多信息和認識。債券上市可能主要是為了滿足那些受投資指示所限、只可購買上市債券的互惠基金及信託基金的需求。但綠色債券的情況未必如此，因為綠色標籤通常伴隨着較高的公開信息披露要求。信息披露較多雖然不是直接等同風險較低，但會對債券在交易所的價格發現有所幫助。在交易所買賣債券還有一個好處，就是交易前的信息（例如買賣報價）及交易後的信息（例如最後成交價）都有很高的透明度。

香港對於綠色債券的場外及場內交易可考慮作多種安排。英國的交易安排有參考作用。倫敦證券交易所設有三個綠色板塊供散戶及機構投資者買賣交易所上

66 資料來源：〈上市公司及發債企業2020年將強制環境信披〉，載於《財經》(http://finance.caixin.com/2018-03-20/101223470.html)，2018年3月20日。

67 資料來源：〈SSE爭取縮減環境、社會及管治指引差距〉("SSE campaigns to close ESG guidance gap")，載於UNSSE網站，見於2018年10月31日。

68 資料來源：證監會《綠色金融策略框架》，2018年9月21日。

69 見於：國際證券事務監察委員會組織(IOSCO)《企業債券市場的透明度》(*Transparency of Corporate Bond Markets*)，2004年5月。

市的債券及供場外市場買賣債券。這三個綠色板塊分別設於其「零售債券買賣盤平台」(ORB，英國發行人向散戶投資者發行債券的平台)、「定息證券買賣盤平台」(OFIS，倫敦證券交易所主板上市債券平台，是為專業投資者及其他歐洲交易所上市債券而設的板塊)及「僅供交易匯報平台」(專門服務場外市場的交易)。

交易平台之間加強合作可催化香港場外及上市債券的交易。在香港，場外債券交易只能透過香港金融管理局(金管局)債務工具中央結算系統(CMU)進行結算及交收。至於上市債券的交易，有些會透過金管局 CMU 進行結算及交收，有些則透過香港交易所的中央結算系統(CCASS)進行。然而，債券由金管局 CMU 移至中央結算系統當中涉及費用及時間。因此，兩個債券結算及交收平台若加強合作或連繫並簡化結算及交收程序，將可擴大投資者基礎(包括 CMU 成員及 CCASS 參與者)。莊家或流通量提供者的交易安排將進一步支持流動性。「債券通」若推出「南向通」[70] 更可使內地投資者參與香港債市，進一步提升債券在交易市場的流動性。

為了推動香港債市發展，香港政府於 1996 年推出合資格債務票據計劃，為買賣債券的利息收入及買賣利潤減稅 50%。計劃範疇原先只涵蓋香港的場外債券，2018 年 4 月已延伸至同時涵蓋於聯交所上市的債券。

對綠色債券上市的制度及交易安排可作檢討改善，以鼓勵散戶參與。債券上市方面，如上文所述，大部份在香港上市的綠色債券只提供予專業投資者。這是因為向散戶公開發售上市債券須遵守《上市規則》第二十二章較嚴格的投資者保障規定。而在債券交易方面，散戶投資者在結算及交收以至最佳成交價方面均處於不利位置，以致其對在港買賣債券卻步 [71]。香港大部份債券均存於金管局 CMU，所以債券買賣通常都是銀行之間的交易，對散戶投資者來說沒有連續報價或最佳成交價的保障。因此，當局值得考慮為散戶投資綠色債券的參與度增加一些彈性，這樣會配合內地自 2017 年 9 月起開始向散戶發行債券的發展趨勢(見 2.1 節)。

70 有待監管機構批准。

71 資料來源:〈為何香港沒有散戶債券市場〉("Why HK has no retail bond market")，載於 Webb-site.com 網站，2018 年 5 月 13 日。

3.3.3 指數及相關產品發展

ETF 產品追蹤環球綠色債券指數。首兩隻綠色債券 ETF 於 2017 年推出——Lyxor 綠色債券（DR）UCITS ETF 於 2 月推出、VanEck Vectors 綠色債券 ETF 於 3 月推出。兩隻 ETF 分別在歐洲及美國作第一上市，都是追蹤上文 1.3 節所述的全球綠色債券指數的分類指數，分別是 Solactive 綠色債券歐元美元投資級別指數（Solactive Green Bond EUR USD IG Index）及標普綠色債券精選指數（S&P Green Bond Select Index）。兩隻 ETF 的管理資產總值持續增長（見圖 11）。

圖 11：首兩隻綠色債券 ETF 的管理資產總值（2017 年 2 月至 2018 年 9 月）

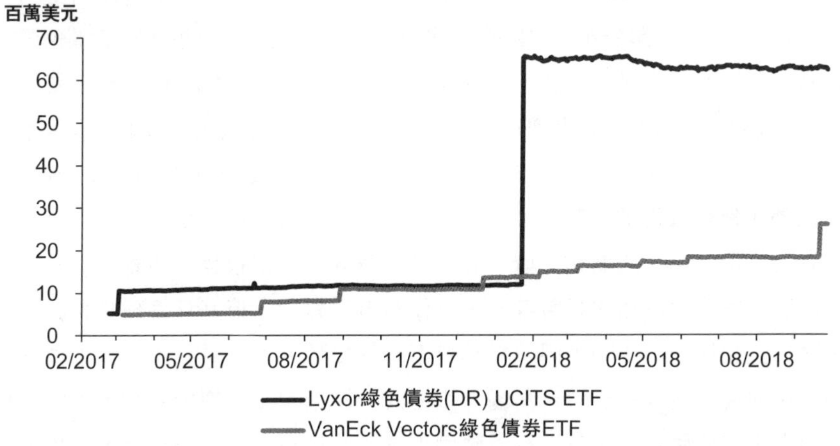

百萬美元

Lyxor綠色債券(DR) UCITS ETF
VanEck Vectors綠色債券ETF

資料來源：Lyxor 網站及彭博。

在內地，綠色債券指數涵蓋中國銀行間債券市場的綠色債券和交易所上市的綠色債券。中國銀行間債券市場的綠色債券方面，內地有三個綠色債券指數系列——中債－中國綠色債券指數、中債－中國氣候相關債券指數及中債－興業綠色債券指數。交易所上市的綠色債券方面，深交所與中財的中財－國證綠色債券指數系列涵蓋具標籤及不具標籤的綠色債券，上交所亦為在其上市的綠色債券推出了三個綠色債券指數（見上文 2.2 節）。**不過，現時並無任何 ETF 追蹤這些內地綠色債券指數。香港市場可推動發展綠色債券 ETF 追蹤這些內地的綠色債券指數，從而提高內地綠色債券的流動性。**香港擁有優勢向國際投資者提供綠色債券

ETF。ETF發行商可輕易透過「債券通」進入中國銀行間債券市場及透過RQFII及QFII進入內地的交易所債券市場來管理其標的綠色債券資產，這有助推動發展綠色債券ETF產品。

香港可考慮發展綠色債券指數擴大投資者基礎。如3.2節所述，香港政府承諾通過其千億港元的綠色債券發行計劃定期發行綠色債券。如所發行債券有不同的年期，將會為發行商建立起基準收益率曲線。若這時候市場上有一個綠色政府債券總回報指數，將有助投資者追蹤這些債券的表現。除了政府債券之外，現時市場上已有由不同種類的內地及香港企業發行商所發行的綠色債券。有關方面可考慮推出一個包含廣泛綠色債券的指數，就像中財－國證綠色債券指數系列，其成份債券涵蓋由內地政府、政策性銀行、政府支持機構及高質素（獲內地AAA評級）的金融及非金融類公司在中國銀行間債券市場及交易所市場發行的綠色債券。各個追蹤不同覆蓋範圍綠色債券的指數會適合作為一些像ETF的投資工具的標的資產，來迎合被動資產管理及散戶投資者的不同投資目標及風險胃納。有了本地、內地及跨境的綠色債券指數後，就可以發展綠色債券指數ETF來追蹤這些指數。

此外，優化香港的外匯衍生工具亦可支持綠色債券的發展。在香港發行的綠色債券大部份以美元或歐元計價。有些綠色債券的年期很長。儘管部份發行商的收益及使用資金會以相同貨幣計價，可作為自然對沖，但基於管理貨幣風險的需要，對於流動性高、年期不同及貨幣對不同的多種對沖工具，市場需求預料將會增加。雖則發行商及投資者可藉場外市場的外匯衍生工具對沖其貨幣風險，但通過場內上市的外匯衍生工具進行風險管理，流動性更高，中央結算機制也提供更佳保障。加上設有莊家或流通量提供者，發行商及投資者可按本身意願在交易所的上市市場對沖其全部或部份持倉。其次，中央結算的安排亦可減低對手方風險。隨着外匯衍生工具的覆蓋範圍愈趨全面，日後將可能有更多投資者選擇在香港管理其定息投資組合。

4 總結

綠色債券在全球債市所佔份額不斷增加，預期綠色債市將以相對急速的步伐繼續發展。不同的國家紛紛向綠色經濟轉型，資金需求相當龐大，促進了綠色債券的發行。綠色債券不僅能支持經濟可持續發展，亦可在聲譽、融資成本及投資回報這幾方面為發行商和投資者帶來共同利益。

內地已是全球第二大綠色債券市場。在政府政策大力支持下，發行量的勢頭保持強勁，預料可持續推進發展。不過，內地需要劃一綠色標準並與國際標準接軌，這仍是有待解決的重要問題。香港在連繫國際投資者與內地綠色債券發行商方面一直充當促進者的角色，這包括：(1) 利用其國際認可、兼顧了國際和內地標準的綠色債券認證計劃，填補內地發行商在離岸綠色債券發行上的缺口；及 (2) 充當國際投資者經「債券通」下的「北向通」渠道進入中國銀行間債券市場的主要門戶。

香港的綠色債市不斷發展，發行商層面涵蓋內地、香港及超國家機構。香港政府已準備推出全球最大的綠色債券發行計劃，並已提供一系列的優惠措施吸引企業發行綠色債券。此外，機構投資者投資債券的資金亦見不斷增加。下一步，香港可考慮於上市市場專設綠色債券板塊，突顯發行商將債券上市的益處，亦可檢討不同交易平台的債券結算和交收安排，希望為投資者簡化各項流程。「債券通」日後若啟動「南向通」，可進一步擴闊香港的投資者基礎及為內地投資者提供新資產類別。基於香港的綠色債券多以外幣計價，場內的外匯衍生工具可為發行商和投資者提供流動性高及更有保障的貨幣風險管理。就投資者而言，綠色債券 ETF 可追蹤相關綠色債券指數，利便投資者同時涉獵內地和香港的不同綠色債券的投資組合。這些潛在的市場發展措施均可推動香港債券市場的發展。

附錄

設有綠色債券板塊的債券市場與香港市場的數據比較

表 A1 ：上市債券數目（2012 年至 2018 年 9 月）

交易所	2012 年	2013 年	2014 年	2015 年	2016 年	2017 年	2018 年 9 月
墨西哥證券交易所	743	807	783	838	809	863	862
日本交易所集團	325	326	331	344	358	361	362
約翰內斯堡證券交易所	1,452	1,539	1,650	1,731	1,666	1,671	1,723
倫敦證券交易所集團	19,490	21,486	17,835	17,225	16,205	13,676	13,783
盧森堡證券交易所	27,839	26,684	26,251	25,674	30,550	30,344	31,437
Nasdaq Nordic 交易所	6,006	7,086	7,789	8,079	7,691	7,558	7,992
奧斯陸證券交易所	1,384	1,569	1,669	1,719	1,911	2,064	820
上海證券交易所	953	1,458	2,094	3,141	4,709	6,017	6,701
臺灣證券櫃枱買賣中心	1,189	1,273	1,323	1,440	1,519	1,563	1,662
香港交易所	**269**	**403**	**640**	**762**	**892**	**1,047**	**1,155**

註：倫敦證券交易所集團的數據涵蓋倫敦證券交易所及意大利證券交易所的數據。Nasdaq Nordic 交易所的數據包括斯德哥爾摩證券交易所的數據。奧斯陸證券交易所的最新債券上市數目為 2018 年 6 月資料。

資料來源：國際證券交易所聯會。

表A2：債券總成交額（百萬美元）(2012年至2018年9月)							
交易所	2012年	2013年	2014年	2015年	2016年	2017年	2018年9月
墨西哥證券交易所	212	184	256	171	50	118	30
日本交易所集團	1,571	1,766	549	1,255	947	368	196
約翰內斯堡證券交易所	2,804,748	2,123,266	1,732,616	1,766,205	1,850,483	2,083,337	1,777,855
倫敦證券交易所集團	4,575,453	3,953,090	3,028,141	2,256,767	9,321,120	9,195,948	216,800
盧森堡證券交易所	439	483	228	134	120	136	99
Nasdaq Nordic 交易所	3,031,086	2,536,905	2,280,408	1,785,424	1,710,937	1,704,374	213,714
奧斯陸證券交易所	505,094	675,201	635,238	696,847	713,150	1,041,233	637,513
上海證券交易所	127,262	199,476	270,111	336,904	398,743	355,392	228,781
臺灣證券櫃枱買賣中心	351,628	267,114	269,670	282,684	268,729	239,736	171,051
香港交易所	**357**	**575**	**785**	**1,210**	**2,743**	**7,758**	**4,508**

註：倫敦證券交易所集團的數據涵蓋倫敦證券交易所及意大利證券交易所的數據。Nasdaq Nordic 交易所的數據包括斯德哥爾摩證券交易所的數據。

資料來源：國際證券交易所聯會。

表A3：上市綠色債券數目（2012年至2018年11月）							
交易所	2012年	2013年	2014年	2015年	2016年	2017年	2018年11月
墨西哥證券交易所	0	0	0	0	1	1	1
日本交易所集團	5	6	7	8	9	10	11
約翰內斯堡證券交易所	0	0	1	2	2	3	6
倫敦證券交易所集團	2	6	24	40	62	106	127
盧森堡證券交易所	31	40	67	80	99	132	172
Nasdaq Nordic 交易所	0	2	15	22	47	79	127
奧斯陸證券交易所	0	1	6	11	12	19	23
上海證券交易所	0	0	0	0	13	24	34
臺灣證券櫃枱買賣中心	0	0	0	0	0	9	23
香港交易所	**0**	**0**	**0**	**1**	**4**	**8**	**20**

註：倫敦證券交易所集團的數據涵蓋倫敦證券交易所及意大利證券交易所的數據。

資料來源：彭博（2018年11月14日資料）。

英文縮略詞

CCASS	香港交易所的中央結算系統 （Central Clearing and Settlement System in Hong Kong）
CBI	氣候債券倡議組織（Climate Bonds Initiative）
CBS	氣候債券標準（Climate Bonds Standard）
CMU	香港金融管理局的債務工具中央結算系統（Central Moneymarkets Unit）
ESG	環境、社會及管治（Environmental, social and governance）
ETF	交易所買賣基金（Exchange traded fund）
FSB	金融穩定委員會（Financial Stability Board）
GBP	綠色債券原則（Green Bond Principles）
ICMA	國際資本市場協會（International Capital Market Association）
QFII	合格境外機構投資者（Qualified Foreign Institutional Investor）
RQFII	人民幣合格境外機構投資者 （Renminbi Qualified Foreign Institutional Investors）
TCFD	氣候相關財務信息披露工作組 （Task Force on Climate-related Financial Disclosures）
UN SDGs	聯合國可持續發展目標（UN Sustainable Development Goals）
UNFCCC	聯合國氣候變化綱要公約 （UN Framework Convention on Climate Change）
UNSEE	聯合國可持續證券交易所（UN Sustainable Stock Exchanges）

後記

從「債券通」看
中國金融開放的新探索

當前，全球經濟金融格局正在經歷劇烈的調整與改變。在此背景下，儘管中美貿易摩擦為中國融入全球金融體系帶來變數，但無論國際經濟金融格局如何變化，基於中國經濟金融體系發展的客觀需要，中國持續推進資本市場雙向開放和人民幣國際化這一大趨勢是明確的。香港作為國際金融體系中的重要一環，有條件在這個全球經濟金融格局大調整、與中國經濟金融體系開放的進程中，繼續發揮其獨特的作用與貢獻。

「滬港通」、「深港通」和「債券通」，正是在這樣的一個大背景下成功啟動的。「滬港通」和「深港通」的啟動，探索出了中國資本市場開放的一個新模式、新路徑，正是因為「滬港通」和「深港通」的獨特的機制設計，特別是交易總量過境、結算淨量過境制度，使得「滬港通」和「深港通」在啟動以來的四年多時間裏，實現了近 15 萬億的交易量，真正過境的資金（買賣結算後的淨額資金）只有 1,000 多億元，可以説是以最小的制度成本，換取了最大的市場開放成效，而且整個開放機制是相對封閉和可控的。鑒於境內和境外市場金融基礎設施、金融市場制度與結構存在着巨大差異，兩者的互聯互通必然需要求同存異、兼容發展。在這一背景下，內地與香港建立了覆蓋股票、債券等不同資產類別的互聯互通機制，為內地金融市場開放提供一個既對國際市場開放又風險可控的平台，實現了兩種不同的金融市場制度之間的有效溝通。

2017 年 7 月開通的「債券通」，是繼「互聯互通」模式在股票市場的成功運行之後，向債券及定息類產品市場延伸的又一里程碑，實現了中國內地債券市場開放的新突破。「債券通」在許多環節實現了創新和探索，事實證明，「債券通」有效地將國內債市的運行模式與國際投資者的一貫交易結算模式作有機對接，從而吸引和支持更多境外投資者參與中國銀行間債券市場。

「債券通」的制度創新具體體現在交易前的市場准入環節、交易中的價格發現與信息溝通，以及交易後的託管結算環節，實現了債券市場互聯互通中的更低制度成本、更高市場效率，將國際慣例與中國內地債市的現有運行機制有效對接。隨着市場對「債券通」的逐步了解和熟悉，全球範圍內參與「債券通」的合格境外機構投資者數量亦不斷增加，截至2018年底共有503名合格境外機構投資者參與「債券通」。2018年中國人民銀行又宣佈推出多項措施支持「債券通」的持續發展，「債券通」功能進一步完善：券款對付（DVP）結算全面實施，消除了結算風險；交易分倉功能上線，實現了大宗交易業務流程的自動化；稅收政策進一步明確，免徵境外投資者企業所得稅和增值稅，期限暫定三年。至2018年11月，彭博也加入「債券通」成為Tradeweb以外的另一交易平台，有望為人民幣計價資產帶來新的參與主體、資本流量和交易模式。

可以看出，「債券通」的平穩發展，為中國債券市場國際化帶來了新的動力，也對整個人民幣債券市場的開放產生深遠影響。在此背景下，人民幣債券即將加入國際各大主要債券指數，更多國際投資者希望更深入、系統地了解「債券通」及中國債券市場。為此，在香港交易所李小加總裁的支持下，具體由我牽頭主持，並邀請了多位海內、外債券領域的資深專家學者，與香港交易所的研究團隊一道，就「債券通」各個層面展開深入研究。本書共16章，每個章節由香港交易所首席中國經濟學家辦公室確定研究大綱，分別與各位作者展開多輪小組討論，形成大綱要點，由各位專家具體執筆。第一篇「中國債券市場開放歷程和宏觀背景」由中國外匯交易中心總裁張漪、中國人民銀行研究所周誠君研究員及上海清算所總經理周榮芳三位專家執筆，從多個角度剖析了中國債券市場多層次開放的總體規劃、人民幣國際化的頂層設計和政策進展，梳理了「債券通」在中國債券市場開放中扮演的重要角色。第二篇「債券通：境內、外債券市場的互聯互通」由中國農業發展銀行資金部總經理劉優輝、債券通有限公司董事兼副總經理吳瑋、穆迪投資者服務公司、中銀國際，以及香港交易所的研究人員包括定息及貨幣產品發展部高級副總裁周兆平分別執筆，就「債券通」涉及的金融基礎設施、監管開放政策、信用評級、一級市場發行等多方面內容進行了全面而又詳細的介紹，有助於國際投資者更好地認識「債券通」和相關政策。第三篇「香港固定收益與貨幣產品的金融生態圈構建」由北京大學滙豐商學院肖耿教授、交銀國際研究部主管洪灝和香港交易所首席中國經濟學家辦公室分別完成，這一部份重點介紹了與「債券通」相關的一系列固定收益產品創新和金融生態圈的構建，有助於境外機構更好地使用相關金融產品和服務。

可以說，本書是第一本由具體參與「債券通」方案設計、實施與監管的專家和海內、外債券市場上有代表性的參與機構共同執筆，系統梳理「債券通」發展歷程與制度框架的中、英雙語著作。它的出版，既是對「債券通」平穩運行的經驗總結，也必將加深國際投資者對中國債券市場國際化的認識，從而推動更多國際資本深入參與中國債券市場的發展。

在此，我要特別感謝香港交易所總裁李小加先生對出版本書的鼓勵和幫助，以及香港交易所的合規團隊、法務團隊、企業傳訊團隊、翻譯團隊、相關業務部門對本書的大力支持，正是他們的通力合作和建議，本書才得以成功出版。本書的出版發行是我們與商務印書館（香港）有限公司良好合作的成果，正是因為商務印書館的積極努力，才使本書能夠及時推向市場，幫助海內、外投資者盡快了解「債券通」這一金融創新。在此一併表示誠摯的謝意！

香港目前已是全球舉足輕重的離岸人民幣中心，在「債券通」的新動力推動之下，香港不僅在發展成為內地債市連通世界的門戶，也可以進一步形成圍繞「債券通」的在岸和離岸人民幣產品的生態圈，並與其他風險管理產品等不斷融合，為強化香港作為國際金融中心的地位帶來新動力。

由於「債券通」這一創新發展涉及到市場的方方面面，而且還在繼續發展演變之中，書中缺點錯漏在所難免，敬請廣大讀者批評指正。

巴曙松 教授
香港交易及結算所有限公司　首席中國經濟學家
中國銀行業協會　首席經濟學家
2019 年 3 月

Part 1

Opening-up of China's bond market: History and background

Chapter 1

China's bond market: Opening-up and development

ZHANG Yi

President

China Foreign Exchange Trade System

Summary

This paper reviews the present conditions of China's bond market and the progress of its opening-up, focusing on the latest development and features, relevant opening-up policies, institutional innovations, and the prospects of further liberalisation.

1 Development and features of China's bond market

China Interbank Bond Market (CIBM) was launched in June 1997. Under the guidance of the People's Bank of China (PBOC), bond market administrative rules were put in place and continuously improved. New products and services were rolled out, expanding the market coverage and investor types. The ever-increasing level of opening and the series of breakthroughs have put CIBM on par with international markets.

1.1 Overview

The size and depth of CIBM continued to increase. The turnover of the bond market grew from below RMB 1 billion in 1997 to over RMB 10 trillion in 2006 and further to more than RMB 50 trillion in 2010. It exceeded RMB 100 trillion in both 2016 and 2017, surpassing stock market turnovers. In the first nine months of 2018, CIBM's cumulative turnover hit RMB 104 trillion, up 37.1% year on year. Daily average trading increased from 2 transactions initially to 4,500 transactions in the recent three years, which is nearly equivalent to the volume of a developed bond market. As of the end of September 2018, the size of Mainland bond markets reached RMB 83 trillion, allowing China to maintain its position as the world's third largest bond market after the US and Japan. CIBM solely accounted for RMB 72 trillion or 87% of the total balance.

Investor base expanded. Investors in CIBM increased from a few dozens in 1997 to 24,000 at the end of September 2018. Investor types used to be limited to commercial banks, but widened to both domestic and global qualified institutional investors including banks, securities brokerages, insurance companies, various unincorporated collective investment funds and enterprises. The rising size and diversification of investors increased market liquidity.

The product type grew diverse. Through the development of market-based direct financing and framework for a multi-level capital market, the PBOC introduced short-term commercial papers, medium-term notes, super short-term commercial papers, private placement notes, non-financial enterprise asset-backed notes and other corporate credit-related bonds, as well as subordinated bonds, ordinary financial bonds, hybrid capital bonds, asset-backed securities and other financial bonds. In recent years, interbank negotiable certificates of deposit, green bonds and other innovative products were also launched to satisfy market demands, optimise financing structures and increase market supplies. Products in CIBM developed from simple treasury bonds in the early stage into a complete set of tradable bonds in more than 30 categories ranging from treasury bonds, financial bonds, credit bonds to green bonds.

Market internationalisation advanced steadily. In response to the increasing cross-border use of the RMB, the bond market sped up its opening, taking various types of foreign entity into the Mainland market. After the inclusion of the RMB into the International Monetary Fund's Special Drawing Right (SDR) currency basket, the international appeal of the Mainland bond market gained momentum. SDR bonds were issued. Global investors were progressively attracted to RMB bonds. The market was further opened to all qualified international institutional investors, taking itself to a new phase of internationalisation and recognition by major global bond indices. A wide range of foreign entities issued bonds in the Mainland in a greater scale with greater convenience. As of the end of September 2018, CIBM has hosted bond issues by foreign non-financial enterprises, financial entities, international development institutions and foreign governments. In total, they issued RMB 147.46 billion panda bonds, double the figure at the end of 2016.

1.2 Development of CIBM's products and trading mechanisms

The successful transformation of CIBM into a world-class market in just two decades is driven by its unique development model. Since its outset, the Mainland bond market has learnt from international experience and by establishing central trading and depository systems. The product spectrum and trading mechanisms gradually expanded. Responsive reforms and innovations to the needs of different investors continued to drive market development.

In terms of trading instruments, CIBM launched bond lending in 2006 on top of cash bonds and repurchase agreements (repos) to meet diversified market needs for lower settlement risks, more diverse investment strategies and more profit-making channels. Bond forwards, RMB interest rate swaps, forward interest rate agreements, credit risk products and bond pre-issuance trading were launched later to facilitate investors' operations and risk management tactics. Market makers were identified as core dealers with the obligation to provide liquidity and facilitate price discovery. To further improve the pricing mechanism for issuance, increase liquidity, reduce market making risks and enable market makers to exert influence in the primary and secondary markets, CIBM rolled out operations supporting treasury bond market making in 2016. At present, basic bond products traded on CIBM are largely in line with those in developed bond markets.

In terms of trading mechanism, CIBM addressed the diversified trading needs of market entities and launched Executive Streaming Price (ESP) and Request for Quote (RFQ) based on the over-the-counter (OTC) trading model. To further improve trading efficiency, lower transaction costs and increase market transparency, the China Foreign Exchange Trade System (CFETS) launched in recent years anonymous e-trading, designed X-Swap, X-Repo and X-Bond for interest rate swaps, bond repos and cash bond trading, and continued to expand product types and improve performance.

X-Swap and related products enriched the range of derivatives available for trading and improved their trading efficiency. X-Repo expanded institutional financing channels, smoothened the flow of liquidity, reflected capital demand and supply conditions on market open and predicted market liquidity. Based on X-Bond, CFETS explores additional innovative trading ideas to speed up trading for bonds with high liquidity. The use of anonymous matching is being studied to resolve the liquidity inadequacy of high-yield bonds, pricing difficulties and other practical problems.

2 The opening-up of China's bond market: Policies and history

CIBM's opening-up policy is in line with the RMB internationalisation process. Both followed a sequenced access by offshore RMB clearing banks at first before it was expanded to foreign central banks and monetary authorities, medium- and long-term institutional investors and eventually almost all types of overseas financial entity. In 2009, offshore RMB clearing banks were allowed to offer RMB interbank lending in the Mainland. In 2010, foreign central banks, Hong Kong and Macau RMB clearing banks and offshore participating banks commenced trading in CIBM, marking another milestone in the market's opening-up. Later, the PBOC announced policies and regulations that expanded offshore institutions' participation in CIBM, specifying the types of offshore entity allowed, qualification requirements, account management and operating procedures etc. In February 2016, the PBOC further expanded the types of offshore investor to various overseas financial institutions and their investment products as well as pension funds and other medium- and long-term institutional investors. Administrative procedures for offshore institutions were simplified. Investment quotas were removed. Macro-prudential regulation was strengthened. In mid-2017, Bond Connect (Northbound trading) was launched on top of CIBM, Qualified Foreign Institutional Investor (QFII) and RMB Qualified Foreign Institutional Investor (RQFII) schemes and other existing options as a channel through which qualified foreign institutional investors can enter the Mainland bond market. The scheme significantly improved the efficiency of international access to Mainland bond trading. The current policy framework was founded by covering a variety of institutional investors (overseas central banks and other financial entities) and business models and taking into consideration both market liberalisation and risk control.

2.1 CIBM achieved initial opening-up in all dimensions and at multiple levels

Firstly, all market segments under the China Interbank market, including bonds, foreign exchange (FX), currency and derivatives, have successively become accessible to global investors. The bond market is opened to the broadest types of institution. Monetary authorities, sovereign wealth funds, commercial financial institutions and medium- and long-term institutional investors can all invest in CIBM without any quota limit. As of the end of September 2018, there were 1,173 global investors in CIBM, including 68 central banks, 220 commercial banks, 117 non-bank financial entities, 21 medium- and long-term institutional investors as well as 747 investment products issued by financial institutions, collectively accounting for 5% of all CIBM investors.

Secondly, CIBM continued to move forward to liberalisation. (1) The categories of financial instrument available to foreign investors were expanded to their full range. In July 2015, investment products eligible for overseas central banks, international financial organisations and sovereign investment funds were extended from cash bonds to bond lending and interest rate derivatives (bond forwards, interest rate swaps, forward rate agreements, etc.). (2) The administration of foreign institutional trading was streamlined. In July 2015, offshore investors onboarding process was simplified from regulatory approval to registration. Investors can decide on their size of investment freely. In February 2016, CIBM further permitted access by overseas pension funds, charity funds, endowment funds and other medium- and long-term institutional investors approved by the PBOC with no quota requirement.

Thirdly, CIBM's service to foreign entities in terms of supporting facilities continued to improve. Investment became more convenient than ever. Bond Connect offers global investors an easy channel to CIBM without having to change their practices while observing Mainland market regulations. The scheme improved further recently with the implementation of Delivery versus Payment (DVP) which eliminates settlement risks, and trade allocation which allows automation of block trade processing. Taxation policies were clarified where corporate income tax and value-added tax was waived for an initial three years. With these developments, China's bond market satisfied all conditions for the inclusion into Bloomberg Barclays Global Aggregate Index scheduled in April 2019.

2.2 Foreign entities' trading in CIBM grew steadily

Foreign entities' trading in CIBM grew steadily, but total volume remained limited. Trading by foreign entities in CIBM grew at a compound annual growth rate (CAGR) of 104% from RMB 15.1 billion in 2010 to over RMB 100 billion (RMB 133.8 billion) in 2011, nearly RMB 1.3 trillion in 2016 and RMB 2.2 trillion in 2017. In the first nine months of 2018, foreign entities' total turnover in bond trading was RMB 2.6 trillion, up 56.3% year on year. The percentage of foreigners' trades over the total CIBM turnover rose steadily from 0.01% in 2010 to over 1% in 2017 and to 1.2% in the first nine months of 2018.

Bond Connect has been running smoothly since launch in July 2017. As of the end of September 2018, there were 445 global investors who entered the Mainland bond market through the scheme. Total turnover under Bond Connect approached RMB 1 trillion. Volume under the scheme was over RMB 50 billion constantly for every month in 2018.

3 The opening-up of China's bond market: Integration and innovation

With the RMB's continuous internationalisation, China made headway in the development and opening-up of its bond market. Such success was possible because the way by which China opened up bond trading caters to the country's unique circumstances and meets international needs. It is a road of Chinese characteristics on which we keep on learning and drawing from international experience. Trading mechanism and tradable products that satisfy the need of the time and the country's unique circumstances were rolled out at different stages.

3.1 Innovation in the trading mechanism

In the beginning of opening-up of bond trading, domestic and foreign investors knew little about each other. Foreign investment in CIBM through agents catered for the market conditions of the time. Agency trading has no precedent internationally. It is basically a Chinese invention that facilitated trading and regulation atthe initial stage of opening-up. Years of operation demonstrated agency trading to be mature and effective, which is attested and accepted by global investors. Under this trading model, settlement agents provided various services and guidance to offshore entities, enhancing their awareness of Mainland systems and paving the way for subsequent opening-up measures.

As international knowledge of China's bond market increased, investors began to desire direct participation. Bond Connect, which enables direct bond trading through infrastructure connectivity, was launched. Under the scheme, global investors directly trade with their Mainland counterparties through terminals (such as Tradeweb) compatible with their usual practice.

The transition from agency trading to direct trading is in line with the law of market development. The two modes of trading in combination adequately satisfy the trading needs of different investors.

3.2 Innovation in the depository system

The single-tiered depository system of China's bond market is a product of top-down development in the past two decades. Its establishment was based on past experience in Mainland bond development and the recommendations of the Bank for International Settlements, International Organisation of Securities Commissions and other international bodies. The simple and transparent single-tiered depository system that was established by taking into account the unique characteristics of Mainland bond trading, fulfilled regulatory demand for the see-through regulation and laid the foundation for CIBM to develop in a healthy manner. Overseas investors who entered CIBM through agents also used this single-tiered depository system. As the Former Governor of the PBOC, Zhou Xiaochuan, said, "the opening-up of a market is a process whereby entities, financial institutions and financial market participants gradually mature, understand their roles, exercise their influence and experience international competition in a liberal environment". In the early days of the opening-up of the Mainland market, the single-tiered depository system for agency trading provided an excellent opportunity of development for Mainland depositories.

As the opening-up process accelerated, we continued to keep an open mind, learn from international experience and combine it with Mainland considerations. The use of nominees and a multi-tiered structure is an international practice in the implementation of depository systems. Most global investors already have an integrated multi-tiered depository framework with adequate compliance and operating procedures. Implementation of a similar system will lower the bar for global investors' access to CIBM, reduce their access time and compliance costs, provide access convenience and encourage participation in CIBM. The nominee model under Bond Connect which aligns with international practice, in combination with the see-through requirements of the depository system for Mainland bonds, effectively links up the single-tiered and the multi-tiered depository systems. Such innovation triggers global investors' desire to participate in Mainland bond trading using their usual depository model, while allowing them to meet the Mainland's see-through regulatory requirements. It attracts international participation in China's bond market, introduces new impetus to its opening-up and gives new momentum to the internationalisation of the RMB.

3.3 Innovation in currency exchange

The opening-up of CIBM began after the financial crisis and at the commencement of the cross-border use of the RMB. When global investors traded Mainland bonds through agents using offshore RMB, only QFIIs were permitted to convert FX into RMB within permitted quotas in the Mainland for investment purposes. In 2016, PBOC Announcement No. 3 was issued, allowing qualified global investors to convert FX into RMB in the Mainland without restriction of quotas. The decision broadened global investors' sources of capital and stimulated market activity.

In 2017, to provide greater convenience in cross-border currency trading and exchange, the PBOC rolled out an innovative currency exchange mechanism in support of Bond Connect when the scheme was launched. Under the mechanism, overseas investors can enter the Mainland interbank FX market through a Hong Kong settlement bank to trade RMB and hedge RMB risks, and Hong Kong settlement banks can close positions in the Mainland interbank FX market without incurring additional risks. Under this currency connectivity model, global investors can access the deeper and wider onshore market for RMB liquidity at more preferential rates, with lower costs of risk management and through easier operations. While providing overseas investors with convenience, the mechanism also ensures the stability of the FX market. The PBOC's *Notice on Issues Concerning the Improvement of the Management of the RMB Purchase and Sale Business* (PBOC [2018] No. 159) issued in 2018 extends the currency exchange mechanism to agency trading in the bond market and to various mechanisms including Stock Connect. Global investors thus get easier access to the Mainland's bond and securities markets.

4 Prospects of the opening-up of Mainland bond trading

The Chinese President, Xi Jinping, highlighted the importance of quality in financial development. CIBM has had a rapid and fruitful development for two decades. At this new starting point in history, it is important that we learn from the past and advance bond market development with confidence. It is important that we further raise our quality, optimise structures, improve mechanisms and take into account our unique national circumstances. We should push for reforms, opening up and innovation for the bond market in all dimensions and establish a secure and stable framework of depth and breadth for the bond market, one that matches the Mainland economy and supports the real economy's sustainable development. It is also important that we have in place a multi-tiered capital market structure that has adequate financing functions, solid systems and effective regulation, which protects the rights and interests of investors. CFETS will warmly embrace the new era and persistently promote market-oriented reforms and innovations. We have no hesitation to reform and innovate. We will move ahead based on market needs, continue service enhancement, strengthen market foundations, and improve market systems and infrastructure.

4.1 Orderly introduction of various global investors

Global investor base in the Chinese market continues to increase as RMB internationalisation advances and CIBM opens up further. There are now over 1,100 global investors compared to around 300 in 2016. CIBM has served as the issuance venue for investment products by overseas central banks and monetary authorities, international financial bodies, sovereign investment funds, commercial banks, insurance companies, securities brokerages and various financial entities, as well as medium- and long-term global investors such as pension funds and charity funds. Bloomberg's announcement in 2018 that RMB-denominated treasury bonds and policy bank bonds of China will be included in the Bloomberg Barclays Global Aggregate Index reflected the financial industry's recognition of our efforts to open up the market and facilitate international participation. This will attract more global investors to the Mainland bond market. Going forward, we will enhance transparency and increase market consultation to understand the needs of global investors. That will allow us to further enhance our trading mechanisms, streamline account opening procedures and attract more global investors into CIBM.

4.2 Enrichment and improvement of product range

After the PBOC 2016 No. 3 Announcement was issued, there has been basically no policy barriers for foreigners to invest in products traded on CIBM. However, supporting facilities, systems and arrangements are yet to be optimised and aligned with international practices. As a result, international participation in products other than cash bonds and repos remains practically low. As the opening-up of the financial market accelerates, RMB assets become more appealing to global investors. Increased overseas participation in CIBM generates demand for trading in repos and derivatives. Looking ahead, we will seek to enrich the range of investment and financing instruments for market participants by looking into the launch of trading mechanisms for repos and derivatives under Bond Connect.

4.3 Greater cooperation with international financial infrastructures

The international OTC market, due to a longer period of development, has more mature market mechanisms and services. Many global investors have robust internal control and compliance policy for their internal administration, trading platforms and post-trade processing. Their trading procedures and practices are therefore more mature. Greater cooperation with international financial infrastructures will cut the compliance costs of global investors entering the Mainland bond market and the time required. Going forward, we should consider connectivity between Mainland infrastructures and those of other regions and countries and expand such connectivity so that there can be a solid foundation for opening up the bond market and for RMB internationalisation.

4.4 Enhancement of mutual market access for bond trading

Since early 2018, a number of regulatory measures targeting the opening up of the Mainland financial market have been implemented. In its 2018 work conference, the PBOC announced that mutual market access for bond trading would be expanded and RMB internationalisation would continue. In the annual China Development Forum 2018, the central bank called for enhancement of the two-way opening-up of the financial market. To achieve these goals, the PBOC expanded the Qualified Domestic Institutional Investor (QDII) quota, upgraded the RMB Qualified Domestic Institutional Investor (RQDII), QFII and RQFII schemes and issued the *Interim Measures for the Administration of Bond Issuance by Overseas Institutions in the National Interbank Bond Market*. It is our hope that these measures would promote regulatory alignment between the Mainland and international markets and facilitate domestic and overseas investments by qualified domestic and overseas investors. All the endeavour is significant to the two-way opening-up of the Mainland bond market. To support the PBOC measures, CFETS will continue to enhance the mutual market access for bond trading by studying and improving connectivity mechanisms such as Bond Connect.

Chapter 2

The financial liberalisation driven by domestic currency and policy implications

— Stages of the RMB's internationalisation and going forward

Dr. ZHOU Chengjun

Senior Research Fellow

Research Institute of the People's Bank of China

Adjunct Professor

University of International Business and Economics

Summary

Unlike previous focuses on foreign exchange administration and relaxation of capital controls, the next stage of Mainland China's opening-up of its financial sector will centre on the opening-up of its financial accounts and the Renminbi (RMB) convertibility under the capital account as well as the associated cross-border capital flow management. As the RMB's internationalisation accelerates, it is necessary to ascertain the stage-wise progress and the next steps to take. It is also important to clarify the distinctive roles of the RMB and foreign currencies in financial liberalisation, so as to promote the use of the RMB in financial liberalisation, and carry out innovative reforms in the institutional setting, policy design, choice of foreign exchange market models and financial infrastructure development.

Note: This English version of the research article is a translation. If there is any discrepancy between the Chinese and the English versions, the Chinese version shall prevail. Part of the content of this article in Chinese was published in *Comparative Studies*, Issue 5, 2018.

1 The focus of financial liberalisation in the next stage — Opening-up of financial accounts and capital account convertibility

Under the general framework of the World Trade Organisation (WTO), the opening-up of the service sector mainly have four-pronged modes: (1) commercial presence; (2) cross-border trade; (3) movement of natural persons; and (4) consumption abroad. The movement of natural persons within the financial sectoris a general feature of financial liberalisation though the scale is limited. Liberalisation in the mode of commercial presence is relatively simple and mainly focuses on market access for foreign financial institutions. Financial liberalisation by way of consumption abroad and cross-border tradeis more complicated. These two modes of liberalisation involve not only market access, product entry and trading permission, but also cross-border capital flow and the opening-up of the capital and financial accounts. Infrastructural arrangements such as account opening, asset custody, trading, clearing and settlement are also involved. In the case of consumption abroad and cross-border trade, the overall impacts are more widespread with notable industry and public concerns.

During the 2018 Boao Forum, China announced more policies and measures for deepening financial liberalisation, making financial liberalisation in the mode of commercial presence reach a high level. Going forward, the focus and difficulties of China's financial liberalisation will centre on consumption abroad and cross-border trade. As RMB convertibility in trade and direct investment is basically achieved, financial liberalisation in the mode of consumption abroad and cross-border trade will focus on financial account opening and capital account convertibility. Two-way financial liberalisation involves not only the opening-up of the domestic financial market to overseas non-resident investors and the associated cross-border capital inflows, but also domestic resident investors holding and trading financial assets abroad and the associated cross-border capital outflows.

The close ties of China's financial liberalisation with RMB internationalisation distinguish the case of China from those of most other emerging economies. RMB internationalisation has made significant headway since 2009. In 2016, the currency was included in the Special Drawing Right (SDR) currency basket of the International Monetary Fund (IMF). By and large, the RMB has gradually evolved from a currency for international trade settlement into the one for international investment and reserves, and is moving towards a currency for international financial transactions. However, it should be noted that after recent years of rapid development, in particular, after the exchange rate reform on 11 August 2015, the domestic and overseas economic and financial landscapes have changed substantially. The RMB exchange rate has ended its decade-long uptrend. Cross-border capital flows and relevant management policies have largely altered. The dynamics, logics, the focus of development and policy framework behind the RMB's internationalisation may have to change accordingly. While efforts may continue to promote the cross-border usage of the RMB under the current account and direct investment to cater for actual needs from the real economy, more emphasis should be placed on financial account and capital account transactions, which very often do not have an "identifiable cause".

2 Currency choice in financial account opening and capital account convertibility

When Mainland China opened up its financial sector, cross-border capital flows have mainly denominated in the US dollar (USD) and other fully convertible international currencies. Even after the introduction of RMB cross-border trade settlement in 2009 and affirmation of the policy move of RMB internationalisation, the USD and other international currencies remained dominant in cross-border capital movements. In terms of policy arrangement, the opening-up policies for cross-border capital flows used to focus on foreign exchange (FX) management where FX controls and supervision were relaxed to facilitate cross-border trade and investment. Even though the use of the RMB in cross-border trade and investment has been progressing based on market practice and convenience from the starting point, it is still to a large extent subject to the FX management framework, being influenced and constrained by the FX management system and policies. Notably, in recent years, there has been a growing convergence of cross-border RMB policies and FX management policies.

As financial liberalisation deepens, what currency is the reform targeting for financial account opening and capital account convertibility: RMB or foreign currencies? More specifically, are cross-border capital flows caused by financial liberalisation to be mainly denominated in the RMB or other international currencies? Theoretically, in an open market, the currency of cross-border capital flows is determined by the market entities. International experience shows that in the economic and financial development processes of developing countries and emerging economies, cross-border capital flows take place in international currencies that are freely convertible. There has been so far no precedent of a developing country or emerging economy that has, in the process of opening up, substituted the domestic currency for an international currency as the major currency in cross-border capital flows. This question is raised because China's financial liberalisation takes place at the same time as the RMB is undergoing rapid internationalisation.

When developing countries and emerging economies opened up their financial sectors, cross-border capital flows associated with financial account opening were mainly in international currencies since the domestic currencies were not qualified as global currencies. Some of these countries managed to open up their financial sector fairly successfully, but the shocks and potential risks brought to their economic and financial stability by massive cross-border capital flows in foreign currencies are also substantial. In some cases, large-scale economic and financial crises were precipitated, with Argentina's recent economic and currency crisis as a typical example.

Cross-border capital flows in foreign currencies contain potential risks and easily bring about financial crises because of the following factors:

(1) **Currency mismatch:** This is especially the case when there are massive short-term foreign debts and speculative non-resident investments denominated in foreign currencies, which give rise to exchange rate risks and liquidity risks.

(2) **Market shocks:** Massive cross-border capital flows in foreign currencies imply that both domestic and foreign currency conversions and transactions take place in the domestic market. This would easily bring about big shocks to the domestic market and the exchange rate of the domestic currency, resulting in abnormally high volatility in the exchange rate.

(3) **Clearing and settlement subject to outside entities:** Foreign currencies, not issued by the domestic central bank, are beyond the control of domestic monetary authorities in both the currency's price and liquidity provision. Regulators have to resort to FX control or other FX management policies.

(4) **Impact on the independence of monetary policies:** Massive cross-border FX flows and their conversion in the domestic market, as well as the domestic central bank's operations in the FX market to maintain the domestic currency's exchange rate, will largely impact on the domestic money supply.

If cross-border capital flows are denominated in the domestic currency, the above issues will largely be mitigated:

(1) If massive short-term foreign debts and non-resident financial investments are settled in the domestic currency, there would be basically no currency mismatch.

(2) If massive cross-border capital flows are in the domestic currency, currency conversion will mainly take place offshore and there would be no direct shock to the onshore FX market.

(3) As the domestic currency is issued by the domestic central bank, the central bank can determine its price (interest rate) and liquidity supply, and clearing could ultimately be done through onshore financial infrastructure, enabling adequate control to be exercised.

(4) Given that the eventual clearing of all offshore liquidity is in the onshore market, cross-border flows of such domestic currency funds are not expected to result in changes to the domestic money supply. At most, the structure of money supply is altered. Hence, domestic monetary policies can genuinely be immune to the impact of cross-border capital flows and conventional FX management, thereby significantly increasing policy independence.

3 Further financial liberalisation driven by domestic currency

Based on the above analysis, it is recommended to continuously promote the use of the RMB in the opening-up of the financial sector. That is, the RMB should have priority over other currencies to drive financial account opening and capital account convertibility. On the one hand, the RMB's internationalisation should be accelerated, making itself the major impetus of financial liberalisation. On the other hand, the RMB's role in cross-border capital flows associated with financial account opening and capital account convertibility should be enhanced, such that the RMB will gradually become the major currency in cross-border capital flows.

Firstly, the rapid internationalisation of the RMB has greatly accelerated the opening-up of the Mainland financial sector and has provided the conditions for the RMB to drive the opening up process. RMB internationalisation removes the global discrimination against, and unreasonable constraints over, domestic currencies in international economic and financial activities. The inclusion of the RMB in the SDR facilitates the convergence of the Mainland financial system with international rules and standards, which significantly raises the standards of the Mainland financial system and increases its degree of openness.

Secondly, continuous internationalisation of the RMB and, especially its inclusion in the SDR currency basket, increases the recognition of the RMB in worldwide markets and the RMB's percentage share in cross-border settlement under current account and capital account. This paves the way for the RMB to become the major currency in cross-border capital flows.

Thirdly, in terms of macro-prudential management and risk prevention, as domestic currencies are issued and managed by domestic central banks, cross-border capital flows in domestic currency can help prevent risks and maintain the independence of the central bank's monetary management. Therefore, separate treatments and a separate set of administrative rules should be deployed on the domestic currency and foreign currencies in cross-border capital flows. On the one hand, the domestic currency should have priority over other currencies. The use of the RMB in cross-border capital flows should be encouraged by policy design and arrangement aiming at turning the RMB into the major currency of cross-border capital flows. On the other hand, foreign currencies are not issued by the domestic central bank, and therefore are difficult and more costly for the domestic central bank to do FX management. A regulatory framework governing FX reserves and FX cross-border flows must be maintained, necessary intervention and management measures must be taken to address massive FX cross-border flows so as to increase FX transaction costs and friction effects and restore the original purpose of FX assets in the FX reserves. Meanwhile, it is also necessary to guide market entities to make more use of the RMB in cross-border capital flows.

4 RMB internationalisation: Stage-wise progress and going forward

Financial account opening and the use of RMB as a major currency in cross-border capital flows under the capital account are closely related to the stage-wise progress of RMB internationalisation and its next-stage focuses. In the early stage, RMB internationalisation was mainly driven by cross-border trade settlement, benefited from rapid global trade development, China's large trade surpluses and a long period of RMB appreciation after China's accession to WTO. The RMB had become a currency for international trade settlement in a relatively short period of time. At this stage, offshore RMB funds were mainly held and repatriated to Mainland China in the form of deposits.

As the use of offshore RMB increases and the Mainland continues to open up its financial market to non-resident investors, RMB assets that offer high yields have become attractive to offshore market entities. Especially after the inclusion of the RMB in the SDR, the RMB has theoretically become a "freely usable currency" as defined by the IMF and an official reserve currency. An increasing number of overseas investors, including monetary authorities of foreign countries, began to accept, invest in and hold RMB assets. RMB funds are being held and repatriated to the Mainland increasingly in the form of cross-border financial investment, with apparent increase in scale as well. The RMB has progressed from a currency for international trade in the early stage to a currency for global investment and reserves in the present stage. This shows that Mainland China has made significant advancement and won global acceptance in its financial liberalisation and market reform. However, the RMB as an international investment and reserve currency should not be seen as the completion of the currency's internationalisation process. On the contrary, there are still higher levels to achieve.

As soon as the RMB has become an international investment and reserve currency, it is bound to generate needs for trading and risk management of RMB assets related to liquidity, maturity and FX risks. Accordingly, the need will arise for developing a RMB and related FX market, both onshore and offshore, to provide global investors with various RMB and FX trading products and instruments (including derivatives) to address liquidity management, hedging and other risk management requirements. If such a need is not satisfied, the RMB as an international investment and reserve currency will not have a strong foundation. This is especially so when the RMB moves towards greater flexibility and volatility instead of one-way movement — the absence of a mature and developed RMB and related FX market will make it difficult for global investors to address risks arisen from holding RMB assets. The stage-wise progress of RMB internationalisation implies that the RMB will further develop from an international investment and reserve currency into a currency for international financial transactions. This suggests the necessity to establish a giant RMB and related FX market. From this perspective, the next step of RMB internationalisation will focus on the acceleration of financial account opening and capital account convertibility and the creation of a well-developed and perpetually improving onshore and offshore RMB and related FX market that will transform the RMB into a currency for international financial transactions.

Statistics show that in July 2018, the RMB as a currency of settlement for international trade accounted for 31% of the Mainland's cross-border fund settlement and 1.81% of global cross-border fund settlement, making it the fifth top currency for international trade settlement after the USD, euro, the British pound and the Japanese yen[1]. As of the end of the first quarter of 2018, RMB reserve assets were the world's seventh largest, accounting for 1.39% of global government reserves[2]; RMB-denominated stocks held by non-domestic investors accounted for 2.6% of the Mainland's stock market capitalisation; and RMB-denominated bonds held by non-domestic investors accounted for 2% of the depository balance of the Mainland bond market[3]. In terms of international financial transactions, the daily average trading volume of the RMB accounted for about 4% of the daily average global FX volume, being the world's eighth largest[4].

1 Source: Swift.
2 Source: IMF.
3 Source: PBOC.
4 Source: Bank for International Settlements.

5 Policy implications and related recommendations

5.1 RMB as a freely usable currency and global confidence

As analysed above, the opening-up and internationalisation of the Mainland's financial sector is, on the one hand, part of the RMB's stage-wise internationalisation process which sees the currency transformed from being a currency for international trade settlement into a currency for international investment and reserves, and eventually into a currency for international financial transactions. On the other hand, it represents the gradual opening-up of the financial account and the increasing RMB convertibility under the capital account, whereby offshore investors may widely hold and trade RMB assets, and domestic investors may invest in and hold international currencies and assets. It is also a process of the development and opening-up of, and the connectivity establishment between, the onshore and offshore RMB and related FX markets. During this process, the greater use of the RMB in cross-border capital flows means the greater use of the RMB by onshore and offshore market entities in trading, clearing and settlement and remittance under the current and capital accounts. It also implies sufficient RMB liquidity in the offshore market which may flow out as external payment under the current account or onshore market entities' overseas investment and related financial activities under the capital account, provided that offshore market entities are willing to accept RMB and hold money and assets in RMB. In this spirit, another critical step in RMB internationalisation going forward will be increasing the free usability of the RMB worldwide and global entities' confidence in the RMB. This is also crucial for the RMB to become the major currency of cross-border capital flows in the financial liberalisation process.

Overall speaking, the RMB's exchange rate flexibility and its convertibility under the financial account and capital account, as well as the degree of development and internationalisation of the domestic financial market and infrastructure, still lag far behind developed markets and other international currencies. As financial liberalisation deepens, there will be many financial account and capital account transactions that are conducted in expectation of future movements or for risk management or even for speculative purposes. These transactions are sizeable and frequent, and do not often have an "identifiable cause". Hence, how freely usable and convenient the RMB is in international financial transactions will significantly affect global investors' readiness to accept and hold RMB assets and also affect the RMB's move towards becoming a currency for international financial transactions. Going forward, the focus shall be on examining closely the obstacles that prevent a greater use of the RMB in financial account and capital account transactions, and on further promoting reform and opening-up to reach higher standards vis-à-vis international rules for increasing the free usability of the RMB in all dimensions.

To maintain confidence, financial policies must be forward looking and consistent. Financial liberalisation and the RMB's internationalisation process must remain stable, transparent and predictable even when there is an increasing tendency to abide by international standards. Disruption by short-term factors, frequent changes due to short-term control policies and uncertain policy directions should all be avoided. In terms of policy arrangement, developing model and infrastructure building, a long-term view should be taken based on detailed study and analysis to establish a clear framework and top-level design and to ensure convergence with international technologies, standards and rules, as well as to ensure internationally competitive abilities and services.

5.2 Direction of development and choice of model for RMB FX market

Currently, the RMB is developing from a currency of international trade settlement into an international investment and reserve currency. To attract more international investment in RMB assets, risk management and hedging issues faced by offshore non-resident holders of RMB assets must be resolved. Global investors need an RMB and related FX market that has depth, active trading and abundant liquidity, and that can provide non-resident holders of RMB assets with liquid risk management tools of different tenors. Such a market incoporates the RMB currency market, capital market and FX market as well as the corresponding derivatives market. The access, trading, taxation and other regulatory rules of this market must align with international rules to satisfy the needs of global investors.

Alongside the advancement of the RMB's internationalisation, financial account opening and capital account convertibility, financial liberalisation driven by the RMB implies that cross-border payment and settlement and capital flows will mainly be denominated in the RMB. Onshore FX conversion and trading needs will gradually decline as the RMB becomes widely used across countries. Currency conversion and trading associated with cross-border capital flows, as a result, will mainly take place in the offshore market. The offshore RMB and related FX market will thereby thrive.

Objectively speaking, a mature offshore RMB market would have lower transaction costs, more active trading and higher efficiency than the onshore FX market because it is beyond the governance of the domestic legal and regulatory framework. As long as there is free flow of cross-border capital, onshore resident and offshore non-resident investors alike would prefer currency conversion, trading and management in the offshore market. Subject to the RMB's internationalisation and financial liberalisation, RMB operations in the FX market will, in the future, very likely concentrate outside the domestic market, with the offshore market becoming more developed than its onshore counterpart. In fact, that is already a common phenomenon among existing international currencies.

The above developments mean that China, on the one hand, has to maintain a more open attitude towards the offshore RMB market, encouraging both domestic resident investors and offshore non-resident investors to make greater use of the RMB in cross-border capital flows and to conduct more currency conversion and trading in the offshore market. On the other hand, it has to speed up the opening-up of its domestic FX market to achieve connectivity with the offshore RMB FX market. Domestic financial institutions should be permitted and encouraged to participate widely in the offshore FX market to enhance their business capabilities and global competitiveness. That will help nurture major participants for the future of the offshore RMB market.

5.3 Changes in the RMB exchange rate mechanism and monetary policy framework

If the RMB FX market operates mainly offshore, the RMB's exchange rate formation will also take place mainly offshore. On the one hand, transaction size, activity, market depth and breadth, as well as the effectiveness of price formation in the offshore market will surpass those in the onshore market. The RMB exchange rate so formed in the offshore market will be more balanced. On the other hand, with the continuous progress infinancial account opening and capital account convertibility, the onshore and offshore FX markets will eventually connect to each other, resulting in much narrower or even zero spreads (which will reflect at most the necessary transaction costs for cross-border FX flows) between the onshore RMB (CNY) and the offshore RMB (CNH). By that time, the RMB exchange rate will be determined by the free market, effectively achieving a clean floating rate and a balanced market.

Such development also implies that the Mainland's monetary policy framework will be reshaped. Exchange rate stability will no longer be the policy objective of the central bank. Greater reliance will be placed on interest rate management tools. Domestic monetary policies and the price of the RMB are adjusted through adjusting interest rates to guide cross-border capital flows. Moreover, the central bank can intervene in the RMB exchange rate with its FX reserves. Its objectives in reserves management will become simpler and clearer. In the perspective of the Trilemma theory, China will have an open monetary policy framework comprising a clean floating RMB exchange rate, free cross-border capital flows and independent monetary policies.

Such development calls for more speedy market reforms for interest rates so that an integrated interest rate mechanism ranging from policy-guided interest rates to market-based interest rates could be established. Free cross-border capital flow does not imply absolute freedom. A more rapid pace should be taken in establishing a macro-prudential management framework that caters for RMB internationalisation and RMB-driven cross-border capital flowsand a highly developed offshore RMB market. Cross-border capital flows are to be regulated, if necessary, through macro-prudential policy tools that adopt market-based principles and are clear, transparent and non-discriminatory.

5.4 Top-level design of relevant financial infrastructure

As RMB internationalisation and RMB-driven financial liberalisation accelerate, the free flow of cross-border capital will become very active as the Mainland economy and external trade and investment continuously expand. A large number of non-residents will be holding RMB assets and a large number of residents will have their assets allocated overseas. The offshore RMB market will become well developed. The RMB will develop from a currency for international trade settlement into an international investment and reserve currency, and will eventually become a currency for international financial transactions. As a result, onshore and offshore RMB banking accounts, cross-border clearing and settlement, cross-border custody, trading, clearing and settlement of RMB assets, RMB derivatives trading, clearing and settlement, as well as statistics monitoring and long-arm jurisdiction will be subject to highly stringent requirements. In view of these, top-level design of relevant financial infrastructure is needed as early as possible.

In this context, the development direction of domestic infrastructure and arrangement for financial liberalisation has become clear. For example, in terms of custody, trading, clearing and settlement, the introduction of nominees and multi-tiered custody will benefit offshore non-residents' investment in RMB assets, facilitating the formation of complete records of ownership in offshore RMB financial assets. A wider range of offshore RMB financial instruments and derivatives can be developed around these RMB assets, enabling offshore non-resident investors to better manage the maturities, liquidity and risks of their RMB assets. The offshore RMB market can thereby become more vibrant and effective.

Another example is that all offshore RMB liquidity, other than cash, will ultimately be kept in onshore banking accounts and settled onshore. Correspondingly, the onshore market should provide offshore financial institutions with RMB account services that have unified rules and simple account opening procedures and offer intensive and efficient fund management so that domestic monetary authorities can have a clear picture about the RMB deposits held by offshore entities. This will require a fundamental change of the existing onshore regime currently plagued by the segregation of RMB and foreign currency accounts and complicated account types and rules. A nationwide unified account framework that integrates RMB and foreign currencies is urgently needed.

A third example is that a highly developed offshore RMB market will give rise to voluminous trading activities in the RMB, RMB FX and related derivatives. Hence, global vision and early action are required in policy arrangement and infrastructure planning for the execution, clearing and settlement of offshore RMB FX and related derivatives transactions. Adequate research and preparation are needed in terms of the governing laws, systems and rules and their implementation in relation to the areas of related central counterparties, trade databases, statistics monitoring and long-arm jurisdiction.

Chapter 3

Bond Connect: New starting point and latest progress of China's bond market

ZHOU Rongfang

General Manager

Shanghai Clearing House

Introduction

In a media interview on the 20th Anniversary of the China Interbank Bond Market (CIBM)[1], the Vice Governor of the People's Bank of China (PBC), Pan Gongsheng, said that Bond Connect is the connectivity of financial market infrastructures between the Mainland and Hong Kong. "It is a prevalent organisation form in the international market," Pan said. "And it signals the CIBM's alignment with the international rules and marks a new stage of the opening-up." Pan also pointed out that the opening-up of the bond market is inevitable along with the marketisation and opening of the financial market." Bond Connect is the milestone not only in the opening-up of China's bond market, but also in its structural reform.

1 "Interview with Pan Gongsheng: Rapid and healthy development of CIBM in reform and innovation" (〈專訪潘功勝：銀行間債券市場在改革創新中快速健康發展〉), *Financial Times*, 31 August 2017.

1 Basic framework of China's bond market

1.1 Policy regulation

China's bond market comprises CIBM regulated by the PBC and the exchange-traded bond market regulated by the China Securities Regulatory Commission (CSRC).

The PBC supervises the CIBM under the following framework. In the primary market, the PBC directly regulates the issuance of financial bonds. The National Association of Financial Market Institutional Investors (NAFMII), as the industry self-regulatory organisation, is in charge of the registration and administration of debt instruments of non-financial enterprises. In the secondary market, the PBC supervises the trading, registration, custody, clearing and settlement of bonds, and puts in place market makers and settlement agents. In addition, the PBC supervises the CIBM's credit rating agencies and financial market infrastructures for bond trading, clearing, custody and settlement, and implements the Principles for Financial Market Infrastructures (PFMI).

The CSRC supervises the issuance, trading, clearing and settlement of corporate bonds in the exchange-traded bond market. Some of the work is handled by the exchanges. For example, with reference to the public offering registration system, public offering of corporate bonds to qualified investors is pre-vetted by the exchanges and non-public bond offerings are subject to the Negative List and record filing[2]. In addition, the CSRC supervises the credit rating agencies and financial market infrastructures for bond trading, clearing, custody and settlement in the exchange-traded bond market, implementing PFMI.

Additionally, the Ministry of Finance is responsible for the administration of the issuance of government bonds. The National Development and Reform Commission (NDRC) is responsible for the administration of the issuance of enterprise bonds. The China Banking and Insurance Regulatory Commission (CBIRC) is responsible for the administration of the issuance of bonds by financial entities under its governance.

2 Liu Shaotong, "Outlook for Exchange-Traded Bond Market" (《交易所債券市場展望》), *China Finance*, 2017, Issue 17.

1.2 Qualified investors

All types of legal-person entities, non-corporate investment products issued and managed by financial institutions as well as retail investors may participate in China's bond market. Retail investors may participate in the CIBM via over-the-counter (OTC) operations and in the exchange-traded bond market. The rest of the operations in the CIBM are limited to institutional investors (including legal-person entities and non-corporate products). As at the end of October 2018, there were about 20,000 CIBM investors.

(1) Applicability of CIBM investors

Financial institutional investors include commercial banks, trust companies, financial companies of corporate groups, securities companies, fund management companies, futures companies, insurance companies and other licensed financial institutions. They shall be lawfully established in the People's Republic of China (PRC), and equipped with sound governance structure and well established internal control and risk management. The funds for investment shall come from legitimate sources. The investors shall have employees who satisfy the relevant professional requirements of the CIBM. The investors shall be able to identify and bear the risks. They shall assume the risk in bond investment and be ready for it. The investors shall conduct business in compliance with the relevant regulations, and have not been subject to any substantial penalties in the most recent three years. They shall satisfy other criteria prescribed by the PBC[3].

Investors in the form of non-corporate products issued by financial institutions include securities investment funds, investment products offered by banks, trust schemes, insurance products, and private funds filed with the Asset Management Association of China, housing provident funds, social security funds, corporate annuities, pension funds, and charity funds, etc. The establishment shall comply with laws, regulations and industry requirements, and be approved by or filed with the relevant authorities or the industry's self-regulatory associations. The products shall be entrusted to financial institutions with depository qualifications (hereinafter known as depositories), and be managed independently of the depositories' own accounts. The managers of the products shall obtain the qualification certificates for asset management issued by the regulators. Private fund managers shall register with the industry self-regulatory organisations. Their net assets shall not be less than RMB 10 million, and the size of assets under management shall be among the largest in the industry. The products' managers and depositories shall be equipped with sound

3 PBC Announcement on *Matters concerning Further Improving the Work Related to Qualified Institutional Investors' Entrance into the Interbank Bond Market*, PBC Announcement [2016] No. 8.

governance structures, excellent internal control and risk management, and professional staff. The investors shall conduct business in compliance with the relevant regulations, and have not been subject to any substantial penalties in the most recent three years. They shall satisfy other criteria prescribed by the PBC[4].

Qualified non-financial entities may trade with market makers on the trading platform (Beijing Financial Assets Exchange) in the CIBM. Qualified non-financial entities shall fulfil the following criteria: the corporate entities or partnership enterprises shall be established and have been engaged in the business for not less than one year in compliance with the relevant laws and regulations; net assets are not less than RMB 30 million; they shall have the bond investment system, on-site facilities and business personnel who have taken the training program and obtained the certificates provided by NAFMII and other intermediary organisations in the CIBM; they shall have no major offence or breach of rule in the most recent year; they shall satisfy other criteria prescribed by the PBC[5].

Financial institutions and their non-corporate products shall file with the PBC's Shanghai Head Office electronically. They shall open accounts and arrange network connections in PBC-accredited institutions and trading platforms for registration, custody and settlement to conduct business in the CIBM. Non-financial institutions shall file with NAFMII, and open accounts and arrange network connections in PBC-accredited institutions and the Beijing Financial Assets Exchange for registration, custody and settlement to conduct business in the CIBM.

(2) Suitability management of OTC investors in the CIBM

Qualified investors may invest in all kinds of bond available in the OTC market, thereby indirectly participating in the CIBM. Unqualified investors may invest in bonds with issuer rating and debt rating of no lower than AAA. Qualified investors for the OTC business could be the following: financial institutions approved by the State Council or its financial administration department; investment entities registered with the relevant authorities or the industry self-regulatory organisations, holding or managing financial assets of no less than RMB 10 million; their financial products, securities funds and other investment schemes; enterprises with net assets of no less than RMB 10 million; retail investors with annual income of no less than RMB 500,000, financial assets of no less than RMB 3 million and more than two years' experience in securities investment; other institutional or retail

4 As above.

5 Notice of the *Financial Market Department of PBC on Matters Concerning the Entry of Qualified Non-Financial Institutional Investors into the Interbank Bond Market*, [2014] No. 35.

investors approved by the PBC and OTC participant institutions[6].

OTC investors may trade with the participant institutions via bilateral quotation or inquiry after opening accounts with these institutions. The participant institutions may further trade with other CIBM investors on behalf of the OTC investors.

(3) Applicability of exchange-traded bond investors

Qualified investors may participate in the issuance and trading of all kinds of bond available in the exchange-traded bond market. The following securities with credit ratings below AAA (excluding AAA) are limited to qualified institutional investors: corporate bonds, enterprise bonds (excluding publicly offered convertible corporate bonds), non-public corporate bonds and enterprise bonds, and asset-backed securities. Qualified investors for the exchange-traded bond market business include: financial entities approved by financial regulators; subsidiaries of securities companies or futures companies, private funds, and their financial products filed or registered with the industries' associations; pension funds like social security funds and corporate annuities, social welfare funds like charity funds, Qualified Foreign Institutional Investors (QFIIs) and RMB Qualified Foreign Institutional Investors (RQFIIs); legal persons or other associations with net assets of no less than RMB 20 million and financial assets of no less than RMB 10 million at the end of the most recent year, and with at least two years' experience in securities, funds, futures, gold and foreign exchange (FX) investment; retail investors with the daily average value of financial assets of no lower than RMB 5 million in the latest 20 trading days, or annual average income of no less than RMB 500,000 in the most recent three years, preceding the confirmation of the qualification, and with at least two years' experience in securities, funds, futures, gold and FX investment; other investors approved by the CSRC and the exchanges[7].

Investors who do not fulfil the above criteria are public investors. They may participate in the issuance and trading of treasury bonds, local government bonds, policy financial bonds, publicly offered convertible corporate bonds, and other publicly offered corporate bonds issued in accordance with the *Measures for the Administration of Corporate Bond Offering and Trading* and with the exchanges' rules for the listing of corporate bonds.

1.3 Bond products

Securities in China's bond market mainly include government bonds, financial bonds, non-financial corporate credit bonds, negotiable certificates of deposit, asset-backed

6 *Administrative Measures for CIBM's OTC Operations*, PBC [2016] No. 2.

7 *Administrative Measures on Suitability of Bond Investors at SSE*, SSE Issue [2017] No. 36; *Administrative Measures on Suitability of Bond Investors at SZSE*, SZSE [2017] No. 404.

securities, etc. The China Central Depository & Clearing Co. Ltd. (CCDC), the Shanghai Clearing House (SHCH) and the China Securities Depository and Clearing Corporation Limited (CSDC) are the accredited institutions to conduct custody of the bonds. CCDC is the depository for government bonds, financial bonds and enterprise bonds. SHCH is the depository for non-financial enterprise debt financing instruments and negotiable certificates of deposit. CSDC is the depository for corporate bonds. In addition, CCDC and CSDC cooperate in the custody of government bonds and enterprise bonds. SHCH and CSDC are developing their depository operations for financial bonds. The custody of innovative products, especially non-financial enterprise credit bonds, is concentrated in SHCH. The products deposited in SHCH are introduced in Table 1.

<table>
<tr><th colspan="5">Table 1. Innovative financial products deposited in the Shanghai Clearing House</th></tr>
<tr><th>Type</th><th>Maturity</th><th>Issuer qualification</th><th>Use of funds raised</th><th>Characteristics</th></tr>
<tr><td>Super & short commercial papers</td><td>Within 270 days, short maturity is encouraged</td><td rowspan="7">In principle, there are no specific requirements for issuers, except for some restricted industries set by the government</td><td rowspan="6">Used for purposes specified in the Prospectus</td><td>Available for rolling issuance</td></tr>
<tr><td>Commercial papers</td><td>Within 1 year and commonly issued with maturity of 1 year</td><td>—</td></tr>
<tr><td>Medium-term notes</td><td rowspan="4">Above 1 year, commonly issued with maturity of 3-5 years</td><td>—</td></tr>
<tr><td>Private placement notes</td><td>No restriction for net assets greater than 40%; issuance for specific investors; low liquidity; directed information disclosure</td></tr>
<tr><td>Small and medium-sized enterprise collective notes I</td><td rowspan="2">United product design; united security naming; united credit enhancement; united registration and issuance</td></tr>
<tr><td>Small and medium-sized enterprise collective notes II</td></tr>
<tr><td>Project revenue notes</td><td>Depending on the term of the project, usually of a relatively long maturity</td><td>Used for purposes specified in the Prospectus; mainly for municipal infrastructure construction</td><td>Funds raised match with the project; isolation between issuers and local government; payment by users</td></tr>
</table>

(continued)

Table 1. Innovative financial products deposited in the Shanghai Clearing House

Type	Maturity	Issuer qualification	Use of funds raised	Characteristics
Commercial papers issued by securities companies	Within 91 days	Securities companies satisfying CSRC's requirements of classification management	For liquidity needs, not for stock investment and funding clients	–
Asset-backed notes	Depending on duration of the underlying assets	Sponsors or vehicles. The latter may be special-purpose trusts, special-purpose companies or other special-purpose vehicles recognised by NAFMII	For the purchase of the underlying asset	Securities-backed products; underlying assets have stable cash flows; risk isolation; stock asset revitalisation
Asset-backed securities	Depending on duration of the underlying assets	Special-purpose vehicles		
Financial bonds issued by asset management companies	Over 1 year	Meet capital adequacy requirements and regulatory indicators	–	–
Negotiable certificates of deposit	1 month to 1 year, classified into 5 types	Banking deposit financial institutions	–	Money market instruments, promoting interest rate liberalisation
Credit risk mitigation warrant	Depending on the underlying assets	Financial institutions satisfying the requirements of NAFMII	–	Risk hedging tools
Large-denomination certificates of deposit (gross amount registration)	1 month to 5 years, classified into 9 types	Banking deposit financial institutions	–	A kind of bank deposit financial product, belonging to general deposits
Green debt financing tool	Flexible maturity	Non-financial enterprises with corporate qualification	Specially used for green projects such as environmental improvement, climate change response	–
SDR-denominated bonds	Flexible maturity	Institutions approved by the PBC	May be used for general operation and management, or general business of the issuer group in foreign countries	SDR denomination

(continued)

Table 1. Innovative financial products deposited in the Shanghai Clearing House

Type	Maturity	Issuer qualification	Use of funds raised	Characteristics
Credit-linked notes	Matching duration of reference bonds	Institutions approved by NAFMII	Used within the investment scope specified in the Prospectus	Risk hedging tools, sponsor can design product mode independently
Bond Connect bonds	Flexible maturity	In principle, there are no specific requirements for issuers, except for some restricted industries set by the government		Bond Connect foreign investors can participate in primary market subscriptions and secondary market transactions
Policy financial bonds	Above 1 year, commonly issued with maturity of 3-5 years	Policy banks		—
Panda bonds	Flexible maturity	Foreign institutions		RMB-denominated bonds issued by foreign institutions in Mainland China

Source: Shanghai Clearing House, October 2018.

1.4 Trading, clearing and settlement arrangements

1.4.1 Trading arrangements

The CIBM and the exchange-traded bond market adopt different trading mechanisms. The CIBM practises a quote-driven trading system based on automatic quotation and one-to-one negotiation in line with the international practice of OTC trading. Depending on the type of liquidity provider, the practice is further classified into the inquiry system and the market making system. Some investors, under relevant requirements, may only deal with market makers. For example, qualified non-financial investors and other institutional investors approved by the PBC may conduct bond transactions with market makers through the trading system for qualified non-financial investors. Bond transactions are executed in price and time priority, and investors may not trade outside the trading platform or among themselves[8]. Rural financial institutions and the four types of non-corporate investors, namely trust products, asset management schemes of securities companies, asset management schemes of fund management companies and their subsidiaries for specific

8 *Bond Trading Guide on Trading Platform for Qualified Non-Financial Investors (Provisional)*, NAFMII, 11 August 2014.

clients, and asset management products of insurance asset management companies, may conduct transactions with market makers through bilateral quotation and quotation inquiry[9]. The order-driven trading system has been introduced into the CIBM in recent years, for matching orders in price and time priority. Examples are the X series platforms of the China Foreign Exchange Trade System (CFETS).

The exchange-traded mode adopts the order-driven system. During the auction trading of bonds, orders are matched and executed based on the principles of price and time priority. In response to the institutional investors' need for block trading, the Shanghai Stock Exchange (SSE) and the Shenzhen Stock Exchange (SZSE) set up the Integrated Electronic Platform for Fixed-income Securities and the Integrated Negotiated Trading Platform respectively, introducing the OTC mode of trading.

1.4.2 Clearing and settlement arrangements

After the establishment of the SHCH, the CIBM implements central counterparty clearing. Currently, the CIBM practises both gross settlement and netting (CCP clearing service). Market entities may opt for CCP clearing service for bonds deposited with SHCH.

Depending on the type of bond, the exchange-traded bond market offers netting and gross settlement. For treasury bonds, municipal bonds, publicly offered corporate bonds[10] (enterprise bonds), convertible bonds, high-grade publicly offered corporate bonds to qualified investors, separately-traded convertible bonds and financial bonds, guaranteed netting, T+0 bond delivery and T+1 fund settlement are practised. For low-grade corporate bonds publicly offered to qualified investors (enterprise bonds), insurer bonds, asset-backed securities and private debts, gross settlement as well as delivery-versus-payment (DVP) is practised.

(1) Gross clearing and settlement

During the gross settlement at the CIBM, the bond depository receives transaction data from CFETS and seeks confirmation of the data from the parties to the trade. Upon data confirmation, the depository generates and completes the settlement instruction. According to the PBC Announcement [2013] No. 12 which sets out requirements for the settlement of interbank bond transactions, unless otherwise prescribed by the PBC, CIBM participants adopt DVP in the settlement of bond transactions. The transfers of bonds and funds proceed simultaneously with each other as conditions. During bilateral gross settlement

9 *Announcement of the Financial Market Department of the PBC on Effectively Conducting the Work Relating to the Entry of Some Qualified Investors into the Interbank Bond Market*, [2014] No. 43.

10 Corporate bonds offered to public investors.

at the CIBM, there is no netting and each transaction is settled in real time. This is the Model 1 prescribed by the Bank for International Settlements (BIS) for linking delivery and payment in a bond settlement system.

For bond settlement, domestic investors should settle through accounts opened at the bond depository, while foreign investors may do it either through the depository directly or through the nominee account at the Central Moneymarkets Unit (CMU) of the Hong Kong Monetary Authority (HKMA) under the multi-level depository model of Bond Connect. For money settlement, domestic investors and foreign investors directly participating in the CIBM can choose from two options: (1) settlement through their money settlement accounts (if available) at the PBC's High-Value Payment System (HVPS); (2) settlement through their money settlement accounts at the bond depository but adequate liquidity in the account shall be ensured before settlement. If foreign investors participate in the CIBM through Bond Connect, money settlement should proceed through the Cross-Border Interbank Payment System (CIPS).

The DVP process for domestic investors and foreign investors directly participating in the CIBM is as follows. The bond depository checks the outstanding bond balance of the seller, and freezes it if the balance is adequate. Otherwise, the settlement status will become "pending bonds". Upon the freezing of the bonds, the depository will check the monetary liquidity of the buyer's funds account according to its specified funds settlement option. If there is adequate money, payment will proceed while the frozen bonds will be transferred from the seller's account to the buyer's account (bonds, buyout repurchase agreements (repos), bond forwards, etc.), or to the pledge division of the seller's account (pledged repos). If there is not enough money, the settlement status will become "pending money". Once settlement is completed, the transaction cannot be revoked. If settlement remains in a state of "pending bonds" or "pending money" at the end, the depository will conclude that the settlement has failed.

For Bond Connect transactions, the domestic bond depositories and CIPS have set up a real-time and automated settlement connection. Investors can opt for initiation of settlement by the money-paying party or by the depository. If the settlement is initiated by the money-paying party, such party will submit a settlement instruction to CIPS which will forward it to the depository. Once the depository receives the confirmation of the instruction from the bonds-paying party, DVP settlement will proceed through the connection between CIPS and the depository. If the settlement is initiated by the domestic bond depository, the depository will, according to the settlement instructions confirmed by the settlement parties and received from the trading platform, initiate the DVP settlement through its connection with CIPS.

(2) CCP clearing and settlement

CCP clearing at the CIBM is conducted with SHCH as the central counterparty (CCP). Through contract novation between the parties to a transaction, SHCH inherits the rights and obligations of the parties in the transaction, turning itself into the buyer's seller and the seller's buyer. Each party's payables and receivables in bonds and money are netted on a multilateral basis. Each party settles with SHCH on a DVP basis according to the netting results. The types of bond netted at SHCH include spot transactions, pledged repos and buyout repos. Uniform netting is implemented. All institutional investors that meet SHCH's admission criteria for clearing service, including legal-person entities and non-corporate products, are eligible to participate in SHCH's CCP clearing service.

CIBM investors who meet SHCH's requirements may apply to be clearing members and directly participate in bond CCP clearing service. Clearing members are either general clearing members or direct clearing members. Non-clearing members may indirectly participate in bond CCP clearing service through general clearing members. Direct clearing members perform clearing for their own transactions only. General clearing members clear their own transactions or their clients' transactions. SHCH's bond CCP clearing system (the Clearing System) receives trade data in real time and performs netting for trades that opt for CCP clearing. Trades settled on the transaction day (T day) are netted that day. Trades settled on the day following the transaction day (T+1 day) are netted on T+1 day. Upon passing the Clearing System's risk inspection, the transactions will be allocated to bond CCP clearing by SHCH which will take up the rights and obligations of clearing and settlement for money to be paid or received and bonds to be received or delivered. The trade then becomes irrevocable and unamendable. At the cut-off time of CCP clearing, SHCH performs ultimate netting for all bond transactions according to the bond type and monetary amount, and calculates the ultimate receivable or payable monetary sums, receivable or deliverable bonds and bonds that should be pledged or released. A clearing notice is generated based on the netting results and sent to clearing members. At the start of bond settlement, SHCH will, based on the bond clearing results, lock in all the bonds of clearing and non-clearing members that are to be delivered or pledged. Locked bonds are not to be used for other purposes. Where there is a shortfall of bonds to be delivered or pledged, the trades will enter the queue of trades pending processing. Clearing and non-clearing members may cover shortfalls through bond borrowing and SHCH will assist them. At the start of fund settlement, SHCH will, based on the fund clearing results, send fund settlement instructions to the PBC's HVPS and SHCH's fund management system (Fund System), transferring clearing members' payable monetary amount to SHCH's licensed clearing account in the PBC's HVPS and to the clearing fund account of the Fund

System. Where there is a shortfall of funds, the trade will enter the queue of trades pending processing. Clearing members may cover shortfalls through banks' credit facilities, and SHCH will offer assistance. SHCH completes the delivery of all bonds and money at the cut-off time of settlement.

CCP clearing effectively raises the efficiency of fund use in interbank bond trading, resolving issues relating to interbank counterparty credit and the limited number of counterparties for small and medium-sized traders. The CCP will act as firewall against default risks in case of settlement default. This will address the low acceptability of credit bonds in repo trades, mobilise institutions' credit bond assets, increase market liquidity and reduce systemic risks.

1.5 Investors' risk management

In response to investors' increasing demand for managing interest rate, FX, and credit risks, the PBC, SAFE and other authorities have actively pushed for system building and product innovation in the CIBM.

For interest rate risk management, currently available tools include forward rate agreements, interest rate swaps, bond forwards, and standard bond forwards. Under the *Administrative Provisions on Forward Rate Agreement Business* (PBC Announcement [2007] No. 20) and *Notice of the PBC on Issues Concerned in Operating RMB Interest Rate Swap Business* (PBC [2008] No. 18), among CIBM participants, financial entities with market making or clearing agent business qualifications may conduct trades in forward rate agreements and interest rate swaps with all other participants; other financial entities may, out of their own needs, conduct trades in forward rate agreements and interest rate swaps with all financial entities; and non-financial entities may only conduct trades in forward rate agreements and interest rate swaps for arbitrage purposes with financial entities that have market making or clearing agent business qualifications. Under the *Provisions Governing the Forward Transactions of Bonds in the National Interbank Bond Market* (PBC Announcement [2005] No. 9), institutional investors in the CIBM may participate in forward trades. Under the *Notice of the National Interbank Funding Centre on Issuing the Rules for the Forward Transactions of Standard Bonds in the National Interbank Bond Market (for Trial Implementation)* (CFETS (2015) No. 124), CIBM members may conduct trades in standard bond forwards.

For FX risk management, to facilitate FX risk management by foreign institutional investors in the CIBM, the *Notice of SAFE on Relevant Issues Concerning the Foreign Exchange Risk Management of Foreign Institutional Investors in the Interbank Bond Market* (SAFE [2017] No. 5), was issued on 24 February 2017. All types of foreign investors who fulfil requirements under the PBC Announcement [2016] No. 3 may deal in forwards, FX swaps, currency swaps, options and other RMB/FX derivatives under the *Detailed Rules for the Implementation of the Measures for the Administration of the Foreign Exchange Settlement and Sale Business of Banks* (SAFE [2014] No. 53) (derivatives already existing in the domestic FX market are not under restriction) through SAFE-approved domestic financial entities with qualifications to trade RMB/FX derivatives for clients and qualifications as CIBM clearing agents under PBC Announcement [2016] No. 3.

For credit risk management, *Guidelines for the Pilot Operation of Credit Risk Mitigation Instruments in the Interbank Market* (the Guidelines) and the related product guides were issued by NAFMII on 23 September 2016. Investors may manage credit risks through credit risk mitigation contracts, credit risk mitigation warrants, credit default swaps, credit-linked notes and other tools. Investors shall register with NAFMII as core traders or general traders. Core traders are financial entities or qualified credit enhancement agencies. General traders are non-financial entities or non-corporate products. To promote a wider use of risk mitigation tools, NAFMII streamlined the general trader registration process for such tools in October 2018, and extended it to all financial entities. Core traders can trade risk mitigation tools with all participants. General traders may only conduct such trades with core traders.

Treasury bond futures are also important interest rate risk management instruments in the bond market. In September 2013, treasury bond futures were officially listed on the China Financial Futures Exchange, with 5-year, 10-year and 2-year Treasury Bond Futures progressively launched.

2 Mainland bond market continues to reform itself under the opening-up drive

As of the end of September 2018, the Mainland bond market, with a value of RMB 83 trillion, was the world's third largest, after the US and Japan. The balance of credit bonds was the largest in Asia and the second largest in the world. However, compared with other major bond markets, and considering China's actual needs for economic development and the RMB's internationalisation, the Mainland bond market still has much room for development and internationalisation. At the end of 2017, the bond market balance represented 89.5% of GDP in China, compared with 215.6% in the US. Foreign investors accounted for 1.51% of investment in China's bond market, lagging behind not only the developed bond markets such as the US and Japan, but also many emerging economies. Going forward, the future of the Mainland bond market is promising as there has been substantive progress in many fundamental systemic reforms.

2.1 Actively promoting the unification of bond market regulation

The issue of coordinated regulation is central to the reform of the Mainland bond market, especially in the area of credit bonds of non-financial enterprises which has the largest number of product types, the most prominent cross-border characteristics and serves the most for the real economy's transformation and upgrade. In 2012, under the permission of the State Council, the PBC, the NDRC and the CSRC set up a coordination mechanism for the regulation of corporate credit bonds, after which coordinated regulation of these bonds moved ahead steadily. For example, the PBC and the CSRC jointly issued the *Guidelines for the Assessment and Certification of Green Bonds (Interim)* in 2017, proposing that the Green Bonds Standard Committee shall implement self-discipline management for the entities engaged in green bonds assessment and certification. The Green Bonds Standard Committee became a coordinator for green bond self-discipline management under the coordination mechanism for regulators of corporate credit bonds. In 2018, the PBC and the CSRC issued a joint announcement to promote the phased unification of credit rating business qualifications in the CIBM and the exchange-traded bond market. Credit rating agencies under the same beneficial controller were encouraged to consolidate through mergers and acquisitions, restructuring or other market-based options to assemble talents and technological resources, so as to expand their operations. Enhanced supervision of credit rating agencies and information sharing among the industry's practitioners were also proposed.

2.2 Actively preparing for bond market infrastructures' connectivity

The fifth National Financial Work Conference expressly called for "more coordinated regulation and connectivity of financial infrastructures". The three entities in the Mainland bond market responsible for registration, depository and settlement have made initial progress in connectivity based on their specific areas of responsibility. Currently, connectivity is mainly enabled in cross-market custody of treasury bonds and corporate bonds between CSDC and CCDC, in cross-entity bond borrowing and lending between SHCH and CCDC, and in SHCH's and CCDC's mutual support of collateral management for the PBC's medium-term lending facility, standing loan facility and other monetary policy operations. However, connectivity at the current stage is still plagued by redundant manual operations and low efficiency. In addition, some initial connectivity between the bond registration, depository and settlement entities and other financial infrastructures proceed. For example, treasury bonds can be used to satisfy margin requirements for treasury bond futures, and bonds may be used to offset the initial margin during CCP clearing of interest rate swaps.

Connectivity among bond registration, depository and settlement infrastructures facilitates the one-stop operation of issuers and investors in the CIBM and the exchange-traded bond market. It represents the one-stop connection in the Mainland bond market's opening-up process, and the mutual access between different trading desks of the CIBM and the exchange-traded bond market. As such, much work needs to be done urgently.

2.3 Continuously satisfying the risk management needs of the bond market

At present, the opening-up of the CIBM is mainly for spot transactions. In terms of direct market participation, foreign investors are not yet fully allowed to trade repos and derivatives. Under Bond Connect, repos and derivatives are not even available for trading.

Before trading non-spot products, market entities have to enter into a master agreement and set up a credit quota to manage counterparty risks. After a transaction is concluded, they will manage a wide-ranging series of collaterals. Currently, onshore and offshore markets differ tremendously in business operations. For example, in the international market, GMRA (Global Master Repurchase Agreement) is adopted for repo trading and ISDA (International Swaps and Derivatives Association) agreement for derivatives trading, while in the CIBM, the NAFMII agreement is used for both repo and derivatives trading. Central counterparty clearing may effectively resolve potential problems in this aspect. SHCH, as the PBC's qualified central counterparty, has made large progress in gaining recognition as a qualified central counterparty in the US and the European Union. It provides the CIBM with CCP clearing services for spot bonds and repo trading, and for trading in derivative products such as interest rate swaps and FX options. Its collateral management service is being improved as well. These are favourable for expanding foreign investors' access to different businesses and products.

2.4 Continuously improving the bond market liquidity

To improve the bond market liquidity, the number and variety of the participants have to increase, and timely systemic innovation is required. In 2018, the PBC announced the launch of the tri-party repo business in the CIBM to facilitate easy repo trading, reduce settlement failures and ensure effective coverage of risk exposure during the repo period for better risk control. The CIBM's depositories may serve as third parties to provide tri-party repo services, so will large banks with relevant qualifications in the future. For corporate credit bonds, tri-party repos using the central counterparty clearing model benefits investors from the centralised control of counterparty risks and bond default risks.

2.5 Continuously opening up the bond market

Bond Connect is strategically significant to the Mainland bond market in that a multi-level depository and nominee arrangement is introduced in line with international practices. Bond Connect is being improved in various aspects.

SHCH serves the Bond Connect mainly in the following areas:

(1) Implementation of Bond Connect's multi-level depository and nominee system

SHCH together with authoritative bodies like International Capital Market Association (ICMA) and Asia Securities Industry & Financial Markets Association (ASIFMA) and professional entities like law firms have been explaining the scheme in depth to foreign investors and other relevant parties, and promoting actively its alignment with the Mainland regulations and policies. Through a data transfer mechanism set up with HKMA's CMU for foreign investors' bond holdings and movements, SHCH strictly enforces the PBC's see-through supervision requirements for foreign investors' participation in Bond Connect.

(2) Settlement improvement

SHCH, along with the Cross-Border Interbank Payment System (CIPS), provides effective, safe and automated DVP settlement for Bond Connect. After the launch of CIPS (phase 2), SHCH now fully supports DVP settlement initiated by the payer or the depository. Since the launch of Bond Connect, SHCH has handled around 80% of the total settlement volume of the scheme. This owes primarily to the fact that SHCH's DVP settlement meets foreign investors' requirement for compliance and security. Through system upgrade, SHCH further extended the settlement cycle from T+0 and T+1 to T+N, an improvement that is recognised and commended by foreign investors.

(3) Optimisation of services to issuers

Since the launch of Bond Connect, domestic issuers may pay more attention to the needs of foreign investors and enhance their services. Given the huge number of corporate issuers and bonds, SHCH has created an issuer website platform to provide International Securities Identification Numbers (ISIN) application and allocation service. Currently, over 20,000 bonds deposited with SHCH have been allocated ISIN. SHCH has developed functions of tax withholding and payment on behalf of the clients.

(4) Optimisation of services to investors

In servicing the opening-up of the financial member and the RMB's internationalisation, SHCH enhances investors' experience in various dimensions. To address the language issue faced by foreign investors in the Mainland bond market, SHCH, through system upgrade, started to provide foreign investors with bilingual (Chinese and English) statements for over 100 activities at the end of 2017, published English business rules for foreign investors, and produced bilingual handbooks. Addressing the requirement of Hong Kong's Mandatory Provident Fund Schemes Authority (MPFA) that depositories of non-Hong Kong bond investments must be among its approved central securities depositories, SHCH initiated the application to MPFA for its inclusion in the list, a process that took more than six months from the submission of information to formal inclusion in June 2018. Since then, mandatory provident funds in Hong Kong may invest freely in bonds deposited with SHCH.

(5) Through international cooperation, services to issuers and investors are further enhanced

In terms of issuer services, SHCH and the Luxembourg Stock Exchange are exploring cross-border infrastructure cooperation. The idea is to make use of the world's largest green bond platform at the Luxembourg bourse to provide simultaneous Mainland and overseas disclosure of bond issuance under Bond Connect. The Agricultural Development Bank of China has issued three batches of green financial bonds at SHCH under Bond Connect. The innovative service effectively increased foreign investors' interest in the bonds and allowed Bond Connect to reach a greater number of foreign investors. In terms of investor services, for the purpose of bond valuation, SHCH has launched the AAA Negotiable Certificate of Deposit Index for corporate bonds, the Medium to High-Grade Short-Term Commercial Paper Index and other interbank bond indices. Discussions are also underway between SHCH and overseas business entities and financial infrastructures on the design and sale of exchange traded funds (ETFs) on bonds in the hope that these can provide foreign investors who are interested in domestic Mainland bonds with more options in passive index-tracking investment.

Going forward, to further enhance Bond Connect, more infrastructure connectivity is expected. One-click access should be enhanced to leverage on a wider range of offshore resources. Cooperation between SHCH and CMU in Bond Connect is a successful attempt at connectivity between cross-border depository and settlement infrastructures. To enable foreign investors' one-click access to the Mainland bond market, more infrastructure connectivity is required. This would meet the diverse demand for participating in the Mainland bond market of foreign investors coming from various countries or regions under different regulatory conditions. Since the launch of Bond Connect, major global depositories and local depositories from a number of countries have approached SHCH on the possibility of greater convenience for foreigners' access to domestic Chinese bonds through diversified financial market infrastructures connectivity arrangements.

Part 2

Bond Connect: Connectivity between onshore and offshore bond markets

Chapter 4

Bond Connect: Development and prospect of mutual connect between Mainland and overseas bond markets

WU Wei

Director and Deputy General Manager
Bond Connect Company Limited

Summary

This paper elaborates on Bond Connect, a mutual connect scheme between the Mainland and overseas bond markets, focusing on policy breakthroughs and innovations, the scheme's contribution to bond market efficiency in the Mainland, and future opening-up measures.

1 Bond Connect against a background of liberalisation in the Mainland bond market

Since its launch in 1981, the Mainland bond market has undergone three stages of development: over-the-counter (OTC) trading, on-exchange trading, and interbank trading (dominated by institutional investors), and in these 30 years, it has grown to a considerable size. As of the end of 2018, the size of the Mainland bond market amounted to RMB 85.7 trillion, enabling China to become the world's third largest bond market after the US and Japan. However, the ratio of the size of the bond market to gross domestic product (GDP) in China still lagged behind world standards. In Japan and the US, for example, the ratios are 276% and 207%, but in China, it is about 102%[1]. This shows that China's bond market still has much room for long-term development.

The China Interbank Bond Market (CIBM) dominated bond trading in the Mainland (over 90%). Launched in 1997, the CIBM has had in its 20 years of development good achievements in various aspects. In terms of bond types, corporate credit bonds saw rapid development and asset-backed securities gradually expanded in addition to treasury bonds, local government bonds and policy financial bonds, providing diversified investment choices. In terms of traded instruments, a rather complete series of products has been formed where derivative products including bond forwards, interest rate swaps and credit default swaps are available on top of cash bonds, repurchase agreements (repos) and bond lending. In terms of market participants in the CIBM, institutional investors are the majority, including 2,857 domestic legal entities, 20,365 asset management products, and 1,205 overseas institutional investors. All these factors have laid the groundwork for the opening-up of the CIBM.

The CIBM first opened-up to foreign investors in 2005. In February that year, the People's Bank of China (PBOC), the Ministry of Finance, the National Development and Reform Commission and the China Securities Regulatory Commission (CSRC) jointly issued the *Interim Measures for the Administration of the Renminbi Bond Issuance of*

1 As of the end of the first quarter of 2018, sources: Bank for International Settlements and World Bank.

International Development Organisations, which allowed international development organisations to issue Renminbi (RMB) bonds in the Mainland, setting off the development of panda bonds. In May 2005, ABF Pan Asia Bond Index Fund (PAIF) became the first overseas participant approved by the PBOC to enter the CIBM. However, as it was a pilot scheme, its progress was slow. Not until 2010 when the *Notice of the People's Bank of China on Issues Concerning the Pilot Program on Investment in the Interbank Bond Market with RMB Funds by Three Types of Institutions Including Overseas RMB Clearing Banks* (No.3 Announcement of 2016) was issued did the opening-up of the CIBM enter a more steady and advanced stage. In 2011 and 2013, RMB Qualified Foreign Institutional Investors (RQFII) and Qualified Foreign Institutional Investors (QFII) were permitted to invest in the CIBM within approved quotas. The No.3 Announcement of 2016, in particular, was a milestone, as various overseas financial institutions and their investment products, along with pension funds, charity funds, endowment funds and other PBOC-approved medium- and long-term investors were permitted to enter the CIBM without any quota restriction. Regulation also changed from approval-based to registration-based. The No.3 Announcement of 2016 has since then become the fundamental document under which the CIBM manages overseas investors.

In the early days, overseas investors generally participated in the CIBM through agency model, where they sign agency agreements, complete registration, open onshore accounts, and trade and clear through their agents. As of the end of 2016, there were 403 overseas investors in the CIBM, and their holdings of Chinese bonds amounted to RMB 852.6 billion. These mechanisms actually followed various agency arrangements in place in the CIBM since 2000 for domestic non-financial institutions. This model was largely different from international practice such that global investors were not able to adapt easily. On the one hand, complete replication of overseas practice was no longer possible at this stage as the Mainland bond market, after decades of practice, had already worked out its own ways of development. On the other hand, it was extremely difficult to have a broad range of overseas investors to alter their long-time trading practice and change their multi-level custodian framework. In this context, a realistic solution and a converter that seeks common ground amid all the differences was urgently needed. This is how Bond Connect came about.

Under Bond Connect, overseas investors can engage in direct request for quotations and trading with onshore market makers through their familiar international bond trading platforms, and arrange for bond settlement and custody under the internationally accepted nominee system while enjoying legitimate rights to their securities holdings. Repeated negotiation with agents on agency agreements is no longer necessary as overseas investors are now provided a convenient channel of investment in Chinese bonds by the China

Foreign Exchange Trade System (CFETS) and Bond Connect Company Limited (BCCL)[2].

The project of Bond Connect was formally kicked off on 15 March 2017 when Premier Li Keqiang announced it as a pilot scheme between Hong Kong and the Mainland. Under centralised arrangement and promotion by the PBOC and thanks to collaboration between all the infrastructure providers and domestic dealers, system development and testing for the scheme was completed in only three months, and the first batch of 139 overseas investors completed market access registration in the same period. On 3 July 2017, Bond Connect officially started operation. A total of 128 transactions worth RMB 7.048 billion were conducted on the first day between 70 overseas investors and 19 domestic dealers. As Pan Gongsheng, PBOC's Deputy Governor, said at the launching ceremony, Bond Connect, as a third channel of Chinese bond investment, allows overseas investors to trade Chinese bonds conveniently under mutual market access between the Mainland and Hong Kong.

2 Characteristics of Bond Connect compared to other channels

According to the Interim Measures for the Administration of Mutual Bond Market Access between Hong Kong SAR and Mainland China as published by the PBOC, Bond Connect refers to the scheme through which domestic and overseas investors buy and sell bonds traded and circulated on Hong Kong and Mainland bond markets through connection between infrastructure providers in Hong Kong and Mainland bond markets. It includes Northbound trading and Southbound trading, in which only "Northbound trading" is available at the initial stage. "Northbound trading" refers to the institutional arrangements in relation to trading, custody, settlement and other aspects for interconnection between Hong Kong and Mainland infrastructure institutions that enable overseas investors of Hong Kong and other countries and regions to invest in the Mainland's interbank bond market. Bond Connect technically resembles Shanghai-Hong Kong Stock Connect and Shenzhen-Hong Kong Stock Connect, but due to its off-exchange nature, more emphasis is put on top-level framework and institutional arrangements. Bond Connect (refers to Northbound

2 BCCL is a joint venture set up by CFETS and Hong Kong Exchanges and Clearing Limited (HKEX) in Hong Kong to support Bond Connect trading related services. CFETS and its subsidiary own 60% of BCCL while 40% is owned by HKEX.

trading in this paper) is an institutional innovation that has so far no precedent in the world. Covering market access, trading, settlement and foreign exchange (FX), Bond Connect operates specifically as follows:

One-stop access. Overseas investors no longer have to search for a Mainland agent, sign an agency agreement with that agent, open a special RMB account and a non-resident account (NRA), register for FX transactions and open new custodian accounts[3] separately at the China Central Depository & Clearing Company Limited (CCDC) and the Shanghai Clearing House (SHCH). Instead, they only have to submit application materials to a single entity, BCCL, for market access registration and trading account opening. BCCL will provide necessary services for application review, market access guidance and translation. Application materials that are complete and consistent with requirements will be submitted to CFETS, which will file the materials with the PBOC Shanghai Headquarters on behalf of the overseas investors and open trading accounts for the investors. The PBOC Shanghai Headquarters will issue a filing notice and complete market access registration within three working days upon acceptance of an application. There is no quota restriction.

Direct trading. Overseas investors no longer have to go through an agent indirectly for price discovery and trading. They can now issue Requests for Quotes (RFQ) directly to one or more domestic dealers through their familiar global trading platforms (the first one being Tradeweb, followed by Bloomberg approved in November 2018), the same as international trading practice. In response, domestic dealers will provide quotes and market making services to overseas investors through their familiar CFETS terminals. Having confirmed the prices, overseas investors will conclude transactions at CFETS. Transaction tickets will be generated where overseas investors can check the details (in English) of each transaction in real time. It is worth noting that Bond Connect's block trade allocation function (including pre-trade/post-trade allocation) can adequately support global asset managers' allocation of a single block trade to a number of funds to satisfy the best execution criteria of international regulators and self-regulatory bodies.

Multi-level custody and delivery versus payment (DVP) settlement. Bond Connect adopts the nominee structure widely used among overseas investors to support a multi-level custodian framework embodying global custodians (if any), sub-custodian banks (members of the Central Moneymarkets Unit (CMU) of the Hong Kong Monetary Authority), sub-custodian institutions and central security depositories (CCDC and SHCH). CMU has nominee accounts in both CCDC and SHCH, under which bonds purchased by overseas investors under Bond Connect are registered and through which overseas investors enjoy

3 For non-corporate products, a new custody account has to be opened for each additional fund.

the legitimate rights to their securities holdings. Bond Connect provides real-time DVP settlement of each bond transaction in full amount for overseas investors. Bond transfers are effected through the bond registration systems of the central security depository. Fund transfers are effected under the RMB Cross-border Interbank Payment System (CIPS). Overseas investors can opt to settle transactions on T+0, T+1 or T+2 day.

The introduction of multi-level custody allows overseas investors of Bond Connect, particularly investors involved in more than one international market, to improve settlement efficiency and save costs.

FX and hedging. Overseas investors can invest using their own RMB funds (offshore RMB or CNH) or foreign currencies (to be converted into onshore RMB or CNY). Those who invest using foreign currencies can conduct currency exchange and hedging at Hong Kong settlement banks[4] through custodian banks. Positions of Hong Kong settlement banks arisen therefrom can be squared in the Mainland interbank FX market. In brief, though the trade is conducted offshore, the price is determined onshore, and upon maturity or disposal of the bonds, the funds, if not invested again, should in principle be converted back into foreign currencies and remitted out through a Hong Kong settlement bank. Currently, major global custodian banks and sub-custodian banks participating in Bond Connect have been licensed as Hong Kong settlement banks. Such licence should enable these banks to provide FX conversion and hedging services of greater quality and convenience to their Bond Connect clients.

After the launch of Bond Connect, there are now three channels through which overseas investors can access the Mainland bond market: (1) QFII/RQFII; (2) direct investment in RMB bonds in the CIBM (direct entry); and (3) Bond Connect. The three channels are parallel and cater to different preferences of different investors. Under the **QFII/RQFII model**, overseas investors can simultaneously participate in the Mainland stock and stock index futures markets, the on-exchange bond market and the CIBM, but they are subject to a quota and the opening of an onshore account. Under the **direct entry model**, overseas investors can participate in the CIBM only but there is no quota restriction. Trading is conducted through agents and an onshore account is required. Under **Bond Connect**, overseas investors can participate in the CIBM only. There is direct trading, multi-level custody, one-stop access and no quota restriction. For specific operations of the three channels, please see Table 1 and Table 2:

4 As of the end of October 2018, there were 21 Hong Kong RMB business clearing banks and Hong Kong offshore RMB business participating banks with approval to enter the Mainland interbank FX market. The list of banks is available at http://www.chinamoney.com.cn/english/mdtmmbfmm/.

Table 1. Three channels for overseas institutions to access the CIBM			
	QFII and RQFII	Direct entry	Bond Connect
Launch time	2002 and 2011 respectively	Began in 2010 and expanded gradually	July 2017
Scope of investors	**Qualified Foreign Institutional Investors (QFII):** overseas fund management houses, insurance companies, securities companies and other asset management institutions approved by the CSRC to invest in the Mainland securities market and granted a quota by the State Administration of Foreign Exchange (SAFE). **RMB Qualified Foreign Institutional Investors (RQFII):** overseas corporates investing in domestic Mainland securities using overseas RMB funds under CSRC approval and within investment quotas granted by SAFE.	**Overseas central banking institutions:** overseas central banks, international financial associations, sovereign wealth funds (PBOC [2015] 220). **Overseas business institutions:** commercial banks, insurance companies, securities companies, fund management houses, other asset management institutions and other types of financial institution incorporated lawfully in the PRC, investment products issued by such financial institutions to clients according to law and requirements, pension funds, charity funds, endowment funds and other medium- and long-term institutional investors approved by the PBOC (Announcement [2016] No. 3 of PBOC).	**Overseas central banking institutions:** overseas central banks, international financial associations, sovereign wealth funds (PBOC [2015] 220). **Overseas business institutions:** commercial banks, insurance companies, securities companies, fund management houses, other asset management institutions and other types of financial institution incorporated lawfully in the PRC, investment products issued by such financial institutions to clients according to law and requirements, pension funds, charity funds, endowment funds and other medium- and long-term institutional investors approved by the PBOC (Announcement [2016] No. 3 of PBOC).
Accessible market	Stocks, stock index futures, on-exchange bonds[5] and CIBM	CIBM	CIBM
How to enter CIBM	1. Invest in Mainland securities market under CSRC approval 2. Obtain an investment quota from SAFE 3. Register with CIBM to access the market	Register with CIBM to access the market	Register with CIBM to access the market
Opening of custodian account	Onshore accounts are opened one by one	Onshore accounts are opened one by one	Convenient access through multi-level custody and nominees
Quota restriction	Yes[6]	No	No
Counterparties of CIBM	All participants	All participants[7]	34 dealers of Bond Connect
Trading and settlement in CIBM	Through settlement agents or Bond Connect	Through settlement agents	Bond Connect

5 Excluding the onshore treasury bond futures market.

6 QFII and RQFII, after obtaining qualification from the CSRC, may obtain a basic quota no higher than a certain proportion of its assets through registration; application for an investment quota higher than the basic quota is subject to the approval by SAFE. Overseas central banking institutions are not subject to the asset restrictions (SAFE Announcement [2018] No. 1, PBOC [2018] No. 157).

7 According to statistics of August 2018, overseas institutional investors had an average of three counterparties under the direct entry model, and two under Bond Connect.

Table 2. Operating procedures for access to the CIBM (direct entry and Bond Connect)

	Direct entry (through settlement agents)	Bond Connect
Pre-entry preparation	Agency agreements are signed with onshore settlement agents.	The international multi-level custody framework is adopted under which sub-custodian banks (CMU members)[8] are designated by overseas investors or their global custodian banks. A CMU code is reserved for use under Bond Connect.
Market access registration	Overseas institutional investors can apply to the PBOC Shanghai Headquarters for investment registration through their settlement agents[9]. The following documents are submitted by settlement agents on behalf of these investors: 1. Registration Form for Investment in CIBM by Overseas Institutional Investors[10] (Attachment); 2. Settlement Agency Agreement. The PBOC Shanghai Headquarters shall issue a filing notice within 20 working days upon acceptance of a registration application pursuant to prescribed conditions and procedures[11].	Overseas institutional investors have to submit to BCCL a high-resolution colour scanned copy of their market access registration materials and account opening application materials[12] by sending to info@chinabondconnect.com. BCCL provides necessary material review, market access guidance and translation services. Materials that are complete and consistent with requirements are submitted to CFETS. Upon receipt of the materials, CFETS will register the materials with the PBOC Shanghai Headquarters on behalf of the overseas investors. The PBOC Shanghai Headquarters shall issue a filing notice within three working days upon acceptance of a registration application pursuant to prescribed conditions and procedures[13]. Upon successful registration, CFETS will open a trading account for the overseas investor within three working days and inform it through BCCL. **Market access registration and account opening application materials include:** Attachment 1: Registration Form for Overseas Institutional Investors in China's Interbank Bond Market; Attachment 2: CIBM Registration Application Form, Letter of Authorisation to Registration Agent; Attachment 3: Bond Connect Investors Business Application Form; Attachment 4: Statement of No Major Disciplinary Action in Past Three Years; Attachment 5: Compliance Commitment Statement. **Opening of trading account at Tradeweb:** 1. Sign User Agreement (only for new clients) with Tradeweb; 2. Sign Bond Connect Addendum with Tradeweb; 3. User Application Form (non-legal document, only to collect client data for system set-up). **Opening of trading account at Bloomberg:** Specific procedures will be announced later.
Opening trading account	Settlement agents shall submit account opening application materials to CFETS on behalf of overseas institutional investors: 1. Notice on CIBM Market Access Registration produced by the Shanghai Headquarters of the PBOC; 2. Overseas Institutional Investors Business Application Form[14]; 3. Other materials required by CFETS. Upon receipt of the application materials, CFETS will finish verification and account opening within three working days, and inform the settlement agents accordingly.	

8 Hong Kong custodian banks may be changed.

9 If it is an overseas central banking institution, the CIBM Investment Registration Form (Attachment 1) is submitted to the PBOC by sending the original copy by post or through settlement agencies.

10 Announcement [2018] No. 2 of the Shanghai Headquarters of the PBOC.

11 Announcement [2016] No. 2 of the Shanghai Headquarters of the PBOC.

12 See http://www.chinamoney.com.cn/chinese/rszn2/20180831/1159319.html?cp=rszn2.

13 Announcement [2017] No. 1 of the Shanghai Headquarters of the PBOC.

14 See http://www.chinamoney.com.cn/chinese/rszn2/20180724/1135188.html?cp=rszn2.

(continued)

Table 2. Operating procedures for access to the CIBM (direct entry and Bond Connect)

	Direct entry (through settlement agents)	Bond Connect
FX registration	Overseas institutional investors shall register their FX at SAFE's capital account data system through settlement agents[15]. Overseas institutional investors who wish to withdraw from the CIBM should apply to the PBOC Shanghai Headquarters through settlement agents, and then to SAFE for cancellation of their FX registration.	FX registration is not required.
Capital account	**Special RMB account:** overseas institutional investors should open special RMB accounts at onshore banks and include them under RMB savings account management exclusively for fund settlement of bond transactions. Each overseas institution may open one special RMB account only, and the concerned bank shall seek approval from the PBOC's local branch for its opening. **Non-resident account (NRA):** NRA are opened by settlement agents on behalf of overseas institutional investors based on business certificates generated from the FX registration. Funds in NRA must not be used for purposes other than investment in the CIBM[16]. NRA opened by overseas institutions in the Mainland is subject to 10% withholding tax on interest on cash balances.	A cash account at a Hong Kong custodian bank is required. Interest income is not taxed.

15 *Notice of the State Administration of Foreign Exchange on the Issues of Foreign Exchange Administration concerning Foreign Institutional Investors' Investment in the Interbank Bond Market* (SAFE [2016] No. 12).

16 *Notice of the State Administration of Foreign Exchange on the Issues of Foreign Exchange Administration concerning Foreign Institutional Investors' Investment in the Interbank Bond Market* (SAFE [2016] No. 12).

(continued)

Table 2. Operating procedures for access to the CIBM (direct entry and Bond Connect)

	Direct entry (through settlement agents)	Bond Connect
CCDC bond account	Settlement agents shall submit account opening application materials to CCDC on behalf of overseas institutional investors: 1. National Interbank Bond Market Access Registration Notice issued by the PBOC Shanghai Headquarters; 2. Overseas Institutional Investors Business Application Form; 3. Undertaking on Signing of Agreements (to be signed by overseas institutional investors)[17] specifically includes CCDC Customer/Client Service Agreement, Bond Trading DVP Settlement Agreement, CCDC Bond Settlement Fund Account Use Agreement, and Electronic Encryption Device Management and Use Agreement. Upon receipt of complete and accurate account opening materials from a settlement agent, CCDC shall complete account opening procedures within three working days. If the materials are incomplete, the settlement agent will be informed in a single notification.	A CCDC bond account is not required.

17 See http://www.chinabond.com.cn/cb/cn/zqsc/fwzc/zlzx/cyywbgxz/zqzh/20150619/21058455.shtml (legal entities); http://www.chinabond.com.cn/cb/cn/zqsc/fwzc/zlzx/cyywbgxz/zqzh/20150619/21058528.shtml (non-corporate products).

(continued)

Table 2. Operating procedures for access to the CIBM (direct entry and Bond Connect)		
	Direct entry (through settlement agents)	Bond Connect
SHCH bond account	Settlement agents shall submit account opening application materials to the SHCH on behalf of overseas institutional investors: 1. National Interbank Bond Market Access Registration Notice issued by the PBOC Shanghai Headquarters; 2. Overseas Institutional Investors Business Application Form; 3. Declaration and Undertaking on Signing of Agreements (to be signed by overseas institutional investors and settlement agents together): Service Agreement for Settlement Members. Upon receipt of complete and accurate account opening materials from a settlement agent, SHCH shall complete account opening procedures within three working days. If the materials are incomplete, the settlement agent will be informed in a single notification.	A SHCH bond account is not required.
Primary market	All bonds issued in CIBM, including interbank certificates of deposit[18], are accessible.	Overseas investors under Northbound Trading can subscribe for bonds issued in CIBM[19].

18 The announcement on the amendment of rules and procedures for CIBM interbank deposit issuance and trading (http://www.chinamoney.com.cn/chinese/scggbbscggscggtz/20160621/588038.html?cp=scggbbscgg).

19 "Answers to media questions on Interim Measures for the Administration of Mutual Bond Market Access between Mainland China and Hong Kong SAR" (http://www.pbc.gov.cn/goutongjiaoliu/113456/113469/3331208/index.html).

(continued)

Table 2. Operating procedures for access to the CIBM (direct entry and Bond Connect)

	Direct entry (through settlement agents)	Bond Connect
Secondary market	1. Cash bond trading: all types of overseas institutional investor can trade all bonds available in CIBM. 2. Bond lending: all overseas institutional investors can lend or borrow bonds out of hedging need. Before trading, the lender will generally request the borrower to sign a Master RMB Bond Lending Agreement[20]. 3. Bond forward, interest rate swap, forward rate agreement: all overseas institutional investors can trade bond forwards, interest rate swaps and forward rate agreements etc. out of hedging need[21]. Before trading, they have to sign the Master CIBM Financial Derivatives Trading Agreement (2009 version) and supplementary agreements with counterparties. If they are not yet members of the National Association of Financial Market Institutional Investors (NAFMII) member, signing of the Letter of Registration for Permitted Text Use is also required. 4. Repo: overseas RMB business clearing banks and participating banks can conduct repo transactions. Before trading, they have to sign the Master CIBM Bond Repo Agreement (2013 version) and supplementary agreements (if any) with counterparties. If they are not yet a NAFMII member, signing of the Letter of Registration for Permitted Text Use is also required[22].	Overseas investors engaged in Northbound Trading can trade all bonds available in CIBM. The scheme will gradually expand to repo, bond lending, and trading of bond forwards, interest rate swaps and forward rate agreements etc.[23]
Counterparties	CIBM members	34 dealers under Bond Connect

20 There is currently no standard agreement in the Mainland. Most international markets including the UK, Canada, Australia and Hong Kong use the Global Master Securities Lending Agreement (GMSLA) published by the International Securities Lending Association (ISLA). In the US, the Master Securities Loan Agreement (MSLA) is generally used.

21 "The PBOC's answers to media questions on matters relating to overseas institutional investors' participation in CIBM" (http://www.pbc.gov.cn/goutongjiaoliu/113456/113469/3070371/index.html).

22 Overseas institutional investors can join NAFMII as members, or seek authorisation for the use of the text of relevant agreements by signing the corresponding Letter of Registration for Permitted Text Use.

23 "Answers to media questions on Interim Measures for the Administration of Mutual Bond Market Access between Mainland China and Hong Kong SAR" (http://www.pbc.gov.cn/goutongjiaoliu/113456/113469/3331208/index.html).

(continued)

Table 2. Operating procedures for access to the CIBM (direct entry and Bond Connect)

	Direct entry (through settlement agents)	Bond Connect
Trading process	**Trade is conducted upon introduction by an agent** as follows: 1. Overseas institutional investors appoint settlement agents to trade on their behalf as agreed; 2. Settlement agents, upon assurance that the trade details are compliant with rules, shall place trade instructions in CFETS and conduct transactions on behalf of the overseas institutional investors. Transaction tickets generated by the system will be delivered to the concerned overseas institutional investors; 3. Settlement agents shall perform bond settlement and fund clearing on behalf of overseas institutional investors, and on the day of completion of settlement deliver a settlement note to the concerned overseas institutional investors.	**Trade is directly conducted with a price quotation agency** as follows: 1. Overseas investors issue Request for Quotes (RFQ) to one or more dealers through an overseas e-trading platform (Tradeweb or Bloomberg) citing only quantities but not price quotes. The RFQ are transmitted to the CFETS system in real time; 2. The dealers, in response, provide overseas investors with quotes through the CFETS system; 3. Upon confirmation of the prices, overseas investors conduct transactions in the CFETS system after which transaction tickets are generated. Dealers, overseas investors and central security depositories proceed with settlement based on the transaction tickets.
Fund entry	Overseas institutional investors may invest in RMB or a foreign currency. They should ensure their special RMB accounts and non-resident accounts (NRA) at onshore commercial banks have enough funds for investment.	Not applicable
Currency conversion	Settlement agents can conduct fund remittance and FX transaction and remittance for overseas institutional investors[24], and, if necessary, FX derivatives business for them as well[25]. Counterparties: onshore settlement agents	Overseas investors can invest with their own RMB funds or in a foreign currency. Investment in a foreign currency can be converted into RMB by the investor at a Hong Kong settlement bank which will close the position so derived in the Mainland interbank FX market. In other words, offshore FX trades are conducted at onshore prices. Counterparty: Hong Kong settlement banks (with potential ability to net collaterals or margin)

24 *Notice of the State Administration of Foreign Exchange on the Issues of Foreign Exchange Administration concerning Foreign Institutional Investors' Investment in the Interbank Bond Market* (SAFE [2016] No. 12).

25 *Notice of the State Administration of Foreign Exchange on Relevant Issues concerning the Foreign Exchange Risk Management of Foreign Institutional Investors in the Interbank Bond Market* (SAFE [2017] No. 5).

(continued)

Table 2. Operating procedures for access to the CIBM (direct entry and Bond Connect)

	Direct entry (through settlement agents)	Bond Connect
Fund exit	Funds may be remitted out of the Mainland in RMB or in a foreign currency after currency conversion in the Mainland. The ratios of foreign currencies to RMB in cumulative funds entering and leaving the onshore market should be about the same, with a discrepancy of not exceeding 10%.	No restriction and not applicable
Tax policy	In November 2018, the Ministry of Finance and the State Administration of Taxation issued the *Notice on Corporate Income Tax and VAT Policies for Mainland Bond Investment of Foreign Institutions* (MOF and SAT [2018] No.108), exempting the interest income of foreign institutions' bond investment in the Mainland from corporate income tax and value-added tax (VAT) between 7 November 2018 and 6 November 2021.[26] The policy exemplifies further the *Business Procedures for Foreign Commercial Institutional Investors' Participation in the China Interbank Bond Market* issued by PBOC in November 2017, which stipulates that any gain of an overseas institution from investment in CIBM shall be exempted from income tax for the time being, and from VAT during implementation of the pilot scheme to substitute VAT for the business tax[27].	
Trade allocation	Not applicable	Support both pre-trade allocation (pre-allocation) and post-trade allocation (post-allocation), minimum trade size is RMB 100,000, minimum increment is RMB 100,000, maximum trade size is RMB 10 billion.
Pace of settlement	+0/+1/+2	+0/+1/+2
Settlement method	Full settlement of each transaction, DVP	Full settlement of each transaction, DVP
Trading time	Trading days of CIBM Beijing time (CST) 09:00-12:00 and 13:30-17:00	Trading days of CIBM Beijing time (CST) 09:00-12:00 and 13:30-16:30
Time of last settlement instruction	Beijing time (CST) 17:00 of settlement day (SD)	Beijing time (CST) 12:00 of settlement day (SD)

26 http://szs.mof.gov.cn/zhengwuxinxi/zhengcefabu/201811/t20181122_3073546.html?from=groupmessage&isappinstalled=0

27 http://www.pbc.gov.cn/huobizhengceersi/214481/3406502/3406509/3424889/index.html.

3 Bond Connect's major achievements and impact on the market

Bond Connect had been in operation for 18 months by the end of 2018. Overseas investors who access the Mainland bond market through Bond Connect continued to increase in number and Bond Connect's trade volume steadily rose. Expansion of overseas holdings in Chinese bonds further opened up China's bond market and advanced the RMB's internationalisation process. Overseas investors' recognition of the advantages of the Bond Connect mechanism and their endorsement of its innovative design demonstrates their continued interest in Chinese bonds.

Bond Connect successfully attracted the first batch of 139 overseas investors when it made its debut on 3 July 2017, and investors kept on growing in number thereafter. As of the end of 2018, 503 overseas investors had completed market access registration under Bond Connect. In 18 months, the scheme had raised the number of overseas investors in the CIBM by 111%.

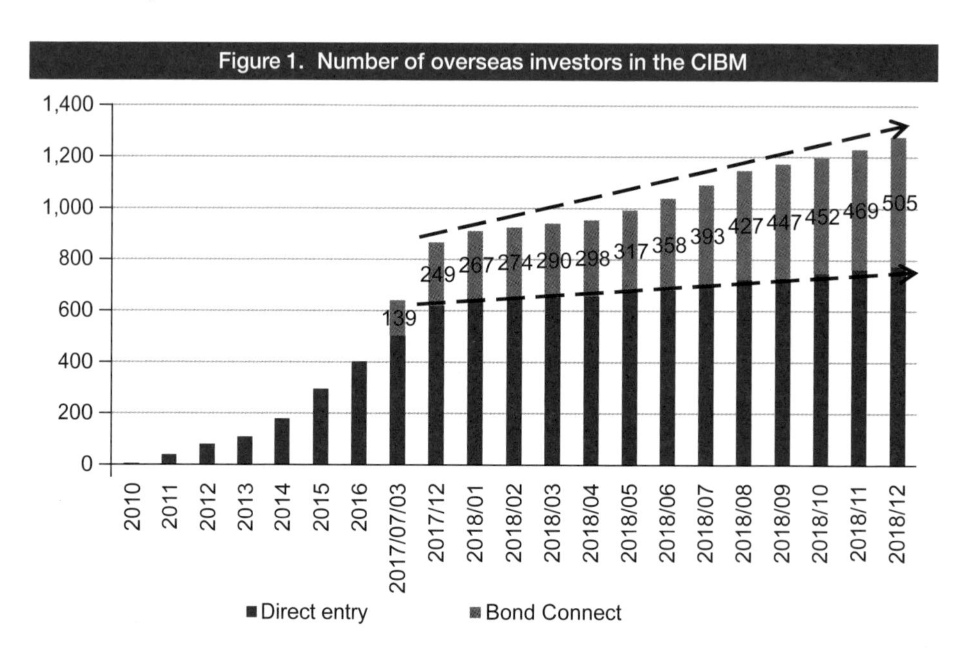

Figure 1. Number of overseas investors in the CIBM

The trade volume of Bond Connect rose along with the number of investors from RMB 31 billion in July 2017 to a peak of RMB 130.9 billion in June 2018. Total trade volume under the scheme exceeded RMB 1.16 trillion since its launch. In 2018, the trade volume of Bond Connect amounted to RMB 884.1 billion. Of the total trading of overseas investors in 2018, Bond Connect accounted for 28%, an increase of 5% from 23% in 2017.

In the primary market, 440 bonds worth RMB 4.1 trillion have been issued under Bond Connect. Policy financial bonds (308 issues worth RMB 3.4 trillion) accounted for the largest share. Overseas investors also actively subscribed for asset-backed securities, with 112 such securities worth RMB 169.3 billion issued, of which 92 had residential housing mortgage loans and car loans as underlying assets.

Figure 2. Trade volume of overseas investors on the CIBM

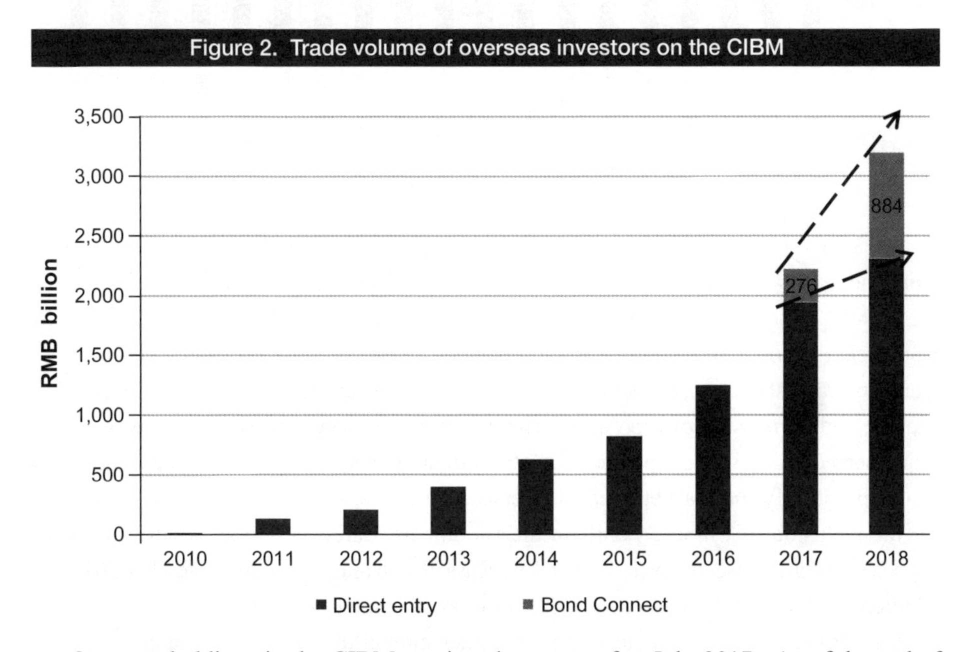

Overseas holdings in the CIBM continued to grow after July 2017. As of the end of 2018, holdings of overseas investors in the CIBM exceeded RMB 1.7 trillion, double the amount before the launch of Bond Connect.

Figure 3. Overseas holdings in bonds on the CIBM

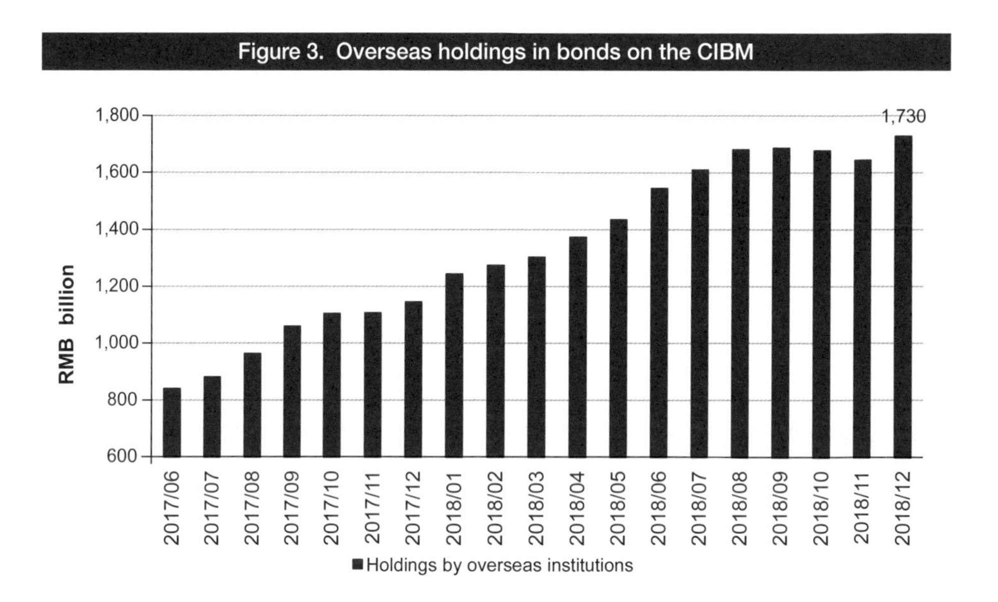

On 3 July 2018, Bond Connect Anniversary Summit was held in Hong Kong. Pan Gongsheng, PBOC Deputy Governor, announced seven measures of enhancement for the Bond Connect scheme, including full implementation of DVP, cooperation with mainstream international e-trading platforms (such as Bloomberg), tax policy clarification, launch of trade allocation, reduction of transaction fees, addition of 10 more Bond Connect dealers, and permission of repo and derivatives trading. The first six measures were all implemented in 2018, and repo and derivatives trading is being discussed. These measures satisfied not only the market need of overseas investors, but also all the pre-conditions for the inclusion of Chinese bonds in the Bloomberg Barclays Global Aggregate Index expected to materialise in April 2019. FTSE Russell also announced in September 2018 the addition of Chinese bonds into its watch list for possible inclusion into its indexes.

With Bond Connect as a starting point, other mutual market access channels opened up further. The Stock Connect scheme adopted the Bond Connect practice of accepting both CNH and CNY as investment currencies. In addition, Bond Connect requirements for currency conversion and risk hedging enabled the Mainland interbank FX market to admit global custodians and Hong Kong custodian banks as new members. Influenced by Bond Connect, the requirement under the "direct entry" model for capital entry within nine months was abolished, and QFII/RQFII quotas were expanded. Market access registration requirements under the three access channels were streamlined as registration forms were consolidated into one single form for overseas investors' easy understanding and operation.

Bond Connect has thus stimulated a broad spectrum of opening up in various markets and channels, and is now an important brand in the opening-up process of the Mainland financial market.

4 Next step for Bond Connect

The achievements of Bond Connect in less than two years are evident, but the follow-on work remains substantial. This includes the expansion of the product spectrum and the improvement in trading and settlement to make them more efficient and convenient to provide overseas investors with better services. Specific plans include the followings:

Expand the range of products by permitting repo and derivatives trading as appropriate. As overseas investors with RMB bond holdings usually need liquidity management and hedging against interest rate, exchange rate and credit risks, repo and derivatives trading should be permitted as appropriate. In addition, for the sake of policy consistency, qualified overseas investors should be allowed to conduct more or less the same types of business no matter they access the CIBM under the "direct entry" model or under Bond Connect. In the case of repo, given the differences between the Mainland and overseas markets in the design, methodology and legal documents of such products, BCCL will actively cooperate with Mainland and overseas infrastructure providers, conduct research and surveys and get itself well prepared in accordance with the overall plan of the PBOC before launching a product.

Further develop the Bond Connect primary market and enhance information dissemination. Although overseas investors can subscribe for bond issues in the CIBM under Bond Connect as permitted in the administrative measures, market interpretations of the policy are not consistent. Some investors think that they can only subscribe for bonds whose issuance documents specifically mention Bond Connect[28], others think that all bonds issued in the CIBM are eligible for subscription. Moreover, issuance documents are either not dislosed in the overseas channels of information dissemination or the disclosure is fragmented. To address the situation, BCCL will actively coordinate all parties to introduce a primary market information platform on the Bond Connect website where information

28 Marked "Bond Connect"or said to be eligible for subscription by overseas investors in the bond issuance document.

about the primary market can be disseminated in a centralised and timely manner.

Improve trade convenience and settlement efficiency and open up access to trade data. Follow-on measures include providing more indicative prices on existing overseas e-trading platforms to facilitate overseas investors' identification of trade counterparties and assessment of market prices; opening up access to Bond Connect trade data to overseas investors and overseas custodian banks by transmitting trade data electronically, and improving the accuracy of back-end settlement and the efficiency of straight-through processing (STP); increasing electronic cooperation between infrastructures and targeting to defer submission of the last settlement instruction on a settlement day to after 12:00, ideally the same time as prescribed by the onshore market and under the "direct entry" model.

Strengthening market promotion, facilitate exchanges between Mainland and overseas institutions, and provide better trade-related services. BCCL is strengthening market promotion through websites and social media. Contact details of onshore dealers and the list of overseas investors that have access to the CIBM are disclosed. Going forward, BCCL will organise various activities to promote mutual understanding between Mainland and overseas institutions. It will also cooperate with CFETS in contingency planning for emergency trading, settlement failure and information disclosure with a view to providing better integrated services for overseas investors.

Chapter 5

Bond Connect and outlook for further opening-up of the Mainland bond market

FIC Product Development and
Chief China Economist's Office
Hong Kong Exchanges and Clearing Limited

Summary

From over-the-counter trading of treasury bonds in the 1980s to subsequent on-exchange trading and the interbank market, China's bond market has evolved and grown to become the world's third largest one. Systems and mechanisms have been effectively reformed and enhanced, including the reform of issuance approval, the introduction of industry self-regulation and the enhancementof market making. Facilitated by the internationalisation of the Renminbi (RMB), China's bond market accelerated its pace of opening up in the past decade. The successful launch of Bond Connect, the announcement of the inclusion of Mainland bonds into major global bond indices (such as the Bloomberg Barclays Aggregate Index) and other milestones highlighted the fruits of the opening-up of the Mainland bond market and the international recognition of such efforts.

The opening-up of the Mainland bond market is a two-way process centred on "inward opening" and "outward opening". By "inward opening", foreign institutions are gradually allowed to issue bonds in the Mainland market and invest in domestic Mainland bonds. In parallel, "outward opening" is reflected in the orderly progress in overseas bond issuance and bond investment by domestic Mainland entities. The experience of developed bond markets in the US and Europe shows that further two-way opening-up of the Mainland bond market could be explored by extending "inward opening" and "outward opening" to the offshore dimension — allowing and promoting the development and trading of offshore financial derivatives on Mainland bonds alongside the establishment and development of the offshore RMB bond market. This would strengthen the RMB as a pricing and settlement currency in overseas financial markets.

1 "Inward opening": Policy evolution, current status and outlook of foreign participation in the Mainland bond market

1.1 Bond issuance by foreign institutions in the Mainland

1.1.1 Policy evolution

The pilot issuance of Renminbi (RMB) bonds by foreign institutions in the Mainland (commonly known as "panda bonds") preceded foreign investment in Mainland bonds. In February 2005, the People's Bank of China (PBOC), the Ministry of Finance (MOF), the National Development and Reform Commission (NDRC) and the China Securities Regulatory Commission (CSRC) issued the *Interim Measures for the Administration of the Renminbi Bond Issuance by International Development Organisations*, allowing international development entities to issue RMB bonds in the Mainland domestic market. Under this guideline, the International Finance Corporation and the Asian Development Bank were the first to issue RMB bonds in the China Interbank Bond Market (CIBM) in October 2005. In September 2010, the four ministries revised the above interim measures based on the genuine funding needs of bond issuers. A major enhancement is the permission of the proceeds from such bond issuance to be converted into foreign exchange (FX) and remitted and deployed overseas. Subsequently in October 2014 and December 2016, in support of the progress in RMB internationalisation, the PBOC, based on cross-border RMB settlement policies, clarified and enhanced the account arrangement and currency conversion rules for foreign institutions to issue bonds (including debt financing instruments) in the Mainland. In September 2018, the PBOC and the MOF issued a joint announcement to incorporate RMB bond issuance by international development entities into a unified administration framework governing foreign institutions' bond issuance in the Mainland. The announcement further enhanced the arrangements for bond issuance by foreign institutions in the CIBM.

The opening-up of the panda bond market is part of the continuous streamlining of operating procedures and the gradual alignment with international practices. After more than a decade of development and enhancement, panda bonds have attracted an increasing number of market participants. The types of issuer are broadening and the market size is growing.

Table 1. The evolution of major policies for bond issuance by foreign entities in the Mainland		
Year	Regulations	Key details and enhancements
2005	*Interim Measures for the Administration of the Renminbi Bond Issuance of International Development Organisations* (Announcement [2005] No. 5 of PBOC, MOF, NDRC and CSRC)	(1) MOF accepts applications and together with PBOC, NDRC and CSRC review applications and submit them to State Council for approval; (2) PBOC manages coupon rates of bonds; (3) Proceeds from RMB bond issuance are to be used in the Mainland. They must not be converted into FX and transmitted overseas.
2010	*Interim Measures for the Administration of the Renminbi Bond Issuance of International Development Organisations* (Announcement [2010] No. 10 of PBOC, MOF, NDRC and CSRC)	With approval of the State Administration of Foreign Exchange (SAFE), international development entities can convert their proceeds from RMB bond issuance into FX for use outside the Mainland.
2014	*Notice on Matters concerning the Cross-Border RMB Settlement for the RMB Debt Financing Instruments Issued within China by Overseas Institutions* (PBOC General Office [2014] No. 221)	Sets out cross-border fund payment and receipt arrangements for issuance of RMB debt financing instruments by overseas non-financial enterprises in the Mainland and allows remittance of proceeds in RMB to overseas markets.
2016	*Notice on Matters concerning the Cross-Border RMB Settlement of RMB Bonds Issued within China by Overseas Institutions* (PBOC General Office [2016] No. 258)	The applicable scope of cross-border RMB payment and receipt policies are extended from overseas non-financial enterprises to overseas entities (including foreign government entities, international financial bodies, international development entities and various types of financial institutions and non-financial enterprises).
2018	*Interim Measures for the Administration of Bond Issuance by Overseas Issuers in the China Interbank Bond Market* (Announcement of PBOC and MOF [2018] No. 16)	RMB bond issuance by international development entities is included in the framework governing bond issuance by overseas entities in the Mainland for unified administration, improving arrangements for bond issuance by overseas entities in CIBM and facilitating rules alignment with international practices.

Sources: Based on publicly available information.

1.1.2 Current status and outlook

Before 2014, panda bond development was relatively slow in the issuance market, with limited number of issuers and issuance scale. After 2015, with clearer cross-border settlement policies for panda bonds and improvement in the market conditions, relatively rapid grown was observed in the number of bond issuers and funds raised — all-time highs were reached in 2016 when domestic RMB lending rate was lower than that outside the Mainland. Although panda bond issuance since 2017 has somewhat retreated, overall market development has been orderly and the types of issuer have diversified. It is noteworthy that the Hungarian government successfully issued a three-year RMB bond in the CIBM, which was the first RMB-denominated sovereign bond issued to both Mainland and overseas investors under Bond Connect by a foreign government. In 2018, the panda bond market continued to thrive. In the first half of 2018, issuance amounted to RMB 51.49 billion, more than 70% of the total issuance in 2017. Of which, RMB 41.26 billion worth of bonds (over 80% of the total) were issued in the CIBM[1].

Figure 1. Annual panda bond issuance since launch of the activity

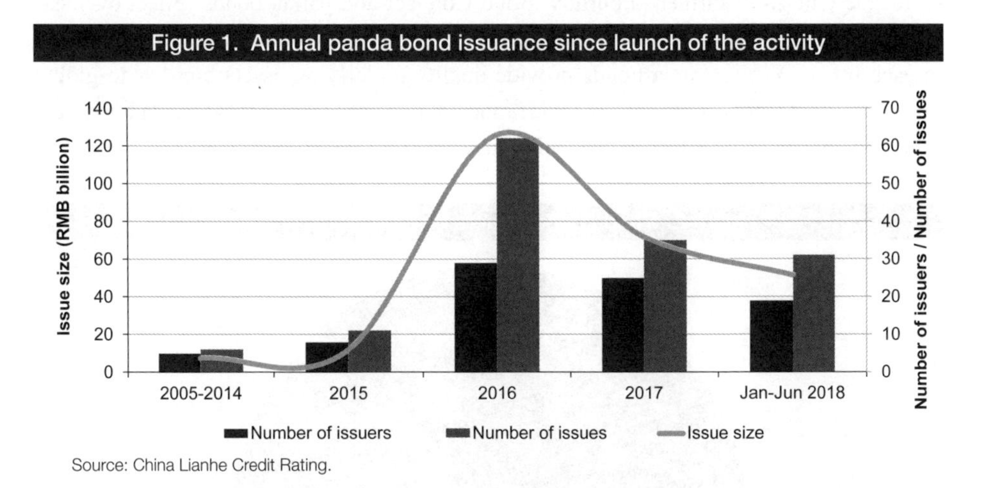

Source: China Lianhe Credit Rating.

As at the end of July 2018, 57 overseas institutions have been registered or approved for bond issuance in the CIBM with an approved issue amount of RMB 453.3 billion — RMB 433.7 billion in RMB bonds and RMB 19.6 billion in bonds denominated in Special Drawing Right (SDR) of the International Monetary Fund (IMF); and 89 bonds worth RMB 174.74 billion were issued[2]. Overseas issuers are diverse, ranging from international development institutions, government-related institutions, and financial institutions to non-financial enterprises. Demand for issuance mainly comes from overseas non-financial enterprises. Their planned issues account for 75%[3].

Boosted by new administrative measures, RMB internationalisation, Belt & Road initiatives and Bond Connect, the panda bond market is expected to continue its

1 Source: China Lianhe Credit Rating.

2 In 2016, World Bank and Standard Chartered issued SDR 2 billion and SDR 100 million of bonds in the CIBM.

3 Source: National Association of Financial Market Institutional Investors (NAFMII).

development in breadth and depth. Firstly, the new administrative measures will have greater alignment with international practices. More streamlined issuance approval and registration mechanisms, appropriate accounting standards and convenient fund remittance procedure will increase the market's attractiveness to potential overseas issuers. Secondly, RMB internationalisation will stimulate overseas entities' active management of their RMB assets and liabilities, boosting the panda bond market's further development. Thirdly, multiple Belt & Road countries have already issued panda bonds. Under regulatory efforts to promote Belt & Road bonds, panda bond issuers will become even more diversified and issue size will grow further. Fourthly, Bond Connect and panda bonds reflect overseas entities' investment and financing needs. They are complementary and mutual drivers to each other. While panda bonds provide quality underlying assets familiar to global investors, Bond Connect introduces a wide range of overseas investors for panda bonds and offers a convenient and effective channel of investment.

Figure 2. Panda bond issuers by type (End-Jul 2018)

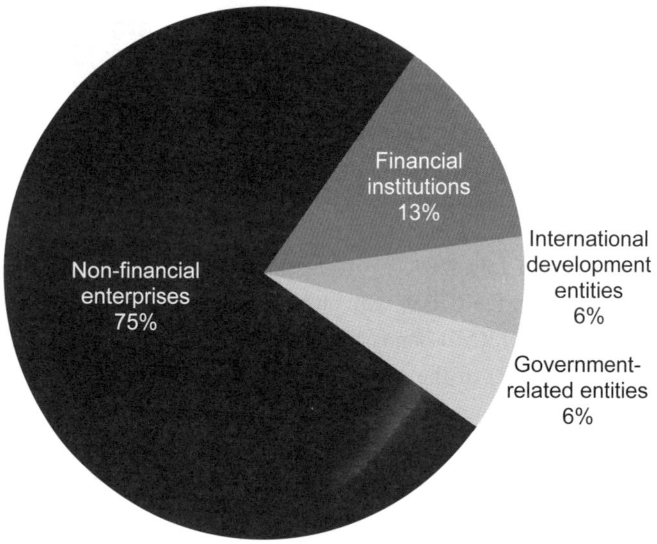

Non-financial enterprises 75%
Financial institutions 13%
International development entities 6%
Government-related entities 6%

Source: National Association of Financial Market Institutional Investors.

1.2 Investment by overseas institutions in Mainland bonds

1.2.1 Policy evolution

In 2005, Pan-Asia Bond Index Fund and Asia Debt China Fund were granted pilot access to the CIBM. In August 2010, to support RMB internationalisation and to satisfy overseas entities' desires for capital gains through RMB holdings, with widened RMB repatriation channels and a robust loop mechanism for cross-border RMB flows, the PBOC opened up the CIBM in a timely manner to overseas central banks or monetary authorities, overseas RMB clearing houses and overseas RMB participating banks. In 2011, the PBOC, the CSRC and the State Administration of Foreign Exchange (SAFE) jointly launched the RMB Qualified Foreign Institutional Investor (RQFII) pilot programme, allowing RQFII access to China's bond market. In 2013, Qualified Foreign Institutional Investors (QFIIs) were also granted access to the CIBM at the same time when RQFII policies were further relaxed. In 2015, the PBOC implemented rules time and again to expand the range of eligible products for foreign participation in the CIBM. An announcement issued in March 2016 opened up the CIBM fully to overseas financial institutions, further streamlined application procedures and abolished quota restrictions. On 3 July 2017, another milestone was achieved — the official launch of Bond Connect, under which overseas investors can access the CIBM with their familiar international practices (trading system, mode of trading and way of settlement, etc.). The mechanism for overseas investors to trade Mainland bonds became easier to operate and replicate. The participation of overseas institutions in the Mainland bond market grew rapidly in terms of both number and amount.

Table 2. Policies for overseas entities' investment in the Mainland bond market and their evolution

Year	Regulations	Key details and enhancements
2010	*Notice on Issues concerning the Pilot Program on Investment in the Interbank Bond Market with RMB Funds by Three Types of Institution Including Overseas RMB Clearing Banks* (PBOC [2010] No. 217)	Overseas central banks and monetary authorities, RMB clearing banks and participating banks can invest in CIBM within approved quota
2011	*Measures for the Pilot Program of Securities Investment in China by Fund Houses, Securities Companies and RQFIIs* and relevant detailed implementation rules (CSRC Order No. 76, PBOC [2011] No. 321, SAFE [2011] No. 50, etc.)	The Hong Kong subsidiaries of Mainland fund houses and securities companies, with CSRC-granted licences can use RMB funds raised in Hong Kong to invest in the Mainland securities market within SAFE-approved limits. Investment in fixed-income securities (including bonds and various types of fixed-income fund) must not be less than 80%. Application to PBOC is required for investment in CIBM.

(continued)

Table 2. Policies for overseas entities' investment in the Mainland bond market and their evolution		
Year	Regulations	Key details and enhancements
2013	*Measures for the Pilot Program of Securities Investment in China by RQFIIs* and relevant detailed implementation rules (CSRC Order No. 90, PBOC [2013] No. 105, SAFE [2013] No. 9)	Superseded related administrative measures announced in 2011. RQFII business extended to countries and regions outside Hong Kong that have quotas granted by PBOC. The types of entity that may apply to conduct such business are the same as those of QFIIs. The restriction on investment ratio between equity securities and fixed-income securities by RQFIIs was abolished.
	Notice on Investment in Interbank Bond Market by QFIIs (PBOC [2013] No. 69)	With PBOC approval, QFIIs can invest in CIBM within authorised investment quota.
2015	*Notice on Bond Repo Trading by Overseas RMB Clearing Banks and Participating Banks in Interbank Bond Market* (PBOC [2015] No. 170)	Overseas RMB clearing banks and participating banks admitted to CIBM may conduct trades in bond repurchases (repos).
	Notice on Issues concerning Investment in the Interbank Market with RMB Funds by Foreign Central Banks, International Financial Organisations, and Sovereign Wealth Funds (PBOC [2015] No. 220)	Streamlined procedures for market entry by overseas central banks, abolished quota restrictions, extended eligible products to include cash bonds, bond repos, bond borrowing and lending, bond forwards, interest rate swaps and forward rate agreements, etc.
2016	PBOC Announcement [2016] No. 3	CIBM opened up further to overseas investors, with the types of entity extended to all types of financial institution and investment product, and other medium- and long-term investors approved by PBOC. Investment quota for overseas entities was abolished and administrative procedures were streamlined.
2017	*Interim Measures for the Administration of Mutual Bond Market Access between Mainland China and Hong Kong SAR* (PBOC Order [2017] No. 1)	Bond Connect was launched to operate alongside other channels. Overseas investors can access CIBM more efficiently through familiar e-trading platforms, trading modes and custodian and settlement arrangements. They can also subscribe for bonds at issuance in the Mainland.

Source: Based on publicly available information.

Table 3. Comparison between Bond Connect and settlement agency model [4]		
	Settlement agency mode	Bond Connect
Pre-trade preparation		
Account opening	Opening of money and bond depository accounts in the Mainland is required.	Existing overseas money and bond depository accounts are used

4 See Chapter 10, "Innovations and implications of Bond Connect — Supporting the opening up of the Mainland financial market", in *New Progress in RMB Internationalisation: Innovations in HKEX's Offshore Financial Products* (Hong Kong: The Commercial Press (HK) Ltd.), 2018.

(continued)

Table 3. Comparison between Bond Connect and settlement agency model [4]

	Settlement agency mode	Bond Connect
Advanced fund deposit	Advanced deposit of funds into Mainland money accounts is required	Not required
Participation procedures	Mainly handled by Mainland settlement agents	Participation guidance provided by Bond Connect Company Limited (BCCL)
Trade execution		
Mode of trading	Price enquiry input, request for quote, click-to-trade etc.	Request for quote in e-trading
Platform	Bond trading system on China Foreign Exchange Trade System (CFETS)	Through international e-trading platforms
Traded products	Cash bonds, derivatives and repos in CIBM	Cash bonds currently, to be extended to other products in the future
Counterparties	Settlement agents to trade with counterparties on behalf of participants	Obtain quote from and trade with counterparties directly
Price discovery	Quotes to be provided by agents; transparency to be enhanced	Transparent quotes conducive to price discovery
Post-trade custody and settlement		
Custody framework	Primary custody	Multi-tiered custody and nominees system
Money settlement	Through China National Advanced Payment System (CNAPS)	Through China's Cross-Border Interbank Payment System (CIPS)

1.2.2 Current status and outlook

Since the opening-up of the CIBM in 2010, the number of overseas investors grew every year. Since the launch of Bond Connect in 2017, there has been healthy interactions between the settlement agency model and the Bond Connect channel, resulting in significant increase in the number of overseas investors (see Figure 3). As of the end of the third quarter of 2018 (2018Q3), 726 overseas investors accessed the CIBM through settlement agents and 445 through Bond Connect[5]. In terms of bond holdings, the outstanding balance of overseas institutions' investment in the CIBM steadily climbed as well. As of the end of 2018Q3, holdings by overseas institutions in the CIBM approached RMB 1.7 trillion, an increase of more than 100% from before the launch of Bond Connect (see Figure 4).

In terms of overall participation by overseas institutions, the degree of participation in China's bond market is still low when compared with other developed bond markets. Currently, overseas holdings of Mainland bonds account for only about 2% overall and

5 Source: CFETS and BCCL. The statistics go down to the level of specific products. There may be duplicate counting of overseas investors who trade through both settlement agents and Bond Connect.

about 4% in Chinese treasury bonds (see Figure 5). Nevertheless, the low degree of participation reflects massive room for further opening up the Mainland bond market[6].

Figure 3. Number of overseas investors in CIBM

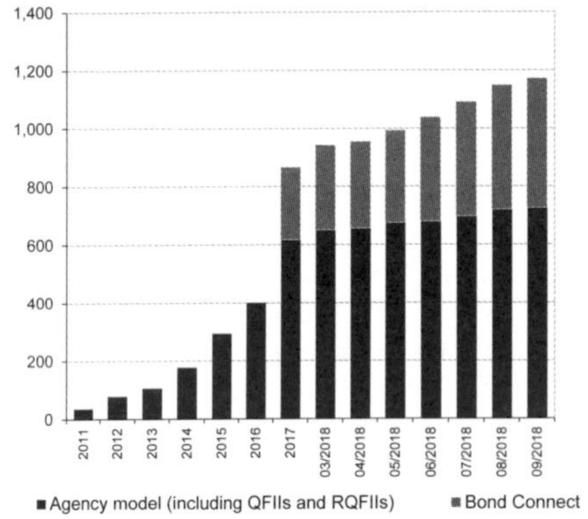

■ Agency model (including QFIIs and RQFIIs) ■ Bond Connect

Figure 4. Outstanding bonds held by overseas institutions in CIBM

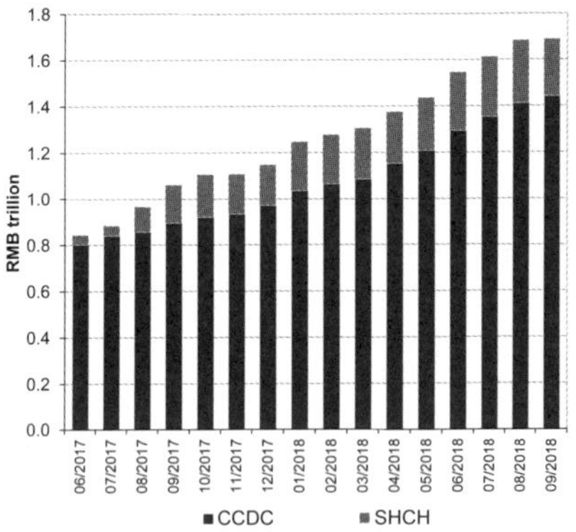

■ CCDC ■ SHCH

Source: CFETS, BCCL, China Central Depository & Clearing Co., Ltd. (CCDC), SHCH.

Figure 5. Foreign institutional participation in bond market by country

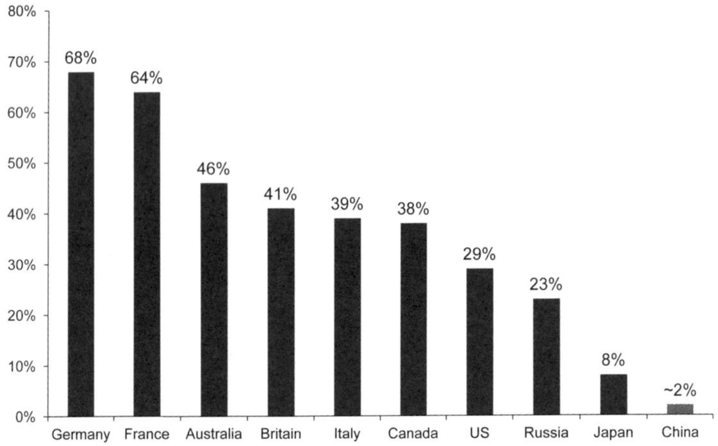

Source: Bank for International Settlements.

6 See Chapter 9, "Tapping into China's domestic bond market — An international perspective", in *New Progress in RMB Internationalisation: Innovations in HKEX's Offshore Financial Products* (Hong Kong: The Commercial Press (HK) Ltd.), 2018.

Going forward, the inclusion of Mainland bonds into major international bond indices (such as the Bloomberg Barclays Aggregate Index) means that large asset management houses tracking these indices will allocate more of their assets to Mainland bonds[7]. As the effect of the RMB's inclusion into SDR begins to show, foreign central banks, sovereign wealth management funds and other institutions are expected to increase their RMB bond assets. Under these two drivers, it is foreseeable that the number of overseas institutions investing in Mainland bonds, the size of their investment and their market share will continue to grow. Furthermore, system improvement and product expansion under Bond Connect, as well as the convergence of the Mainland's domestic credit ratings with international practice will increase foreign institutions' overall degree of participation, and lead to further diversification of the product and tenor structures of foreign entities' investment in Mainland bonds.

2 "Outward opening": Policy evolution, current status and outlook of domestic institutions' participation in overseas bond markets

2.1 Overseas bond issuance by domestic institutions

2.1.1 Policy evolution

As early as 1980s, rules were implemented by the PBOC to explore overseas bond issuance by domestic institutions in a regulated manner. On entry to the 21st Century, with the formal release of the *Notice of the General Office of the State Council on the Guidelines on Further Strengthening the Supervision over Issuing Bonds Abroad* (promulgated by

7 On 23 March 2018, Bloomberg announced its plan to include RMB-denominated Chinese treasury bonds and policy bank bonds into Bloomberg Barclays Global Aggregate Index in phases from April 2019 onwards. For details, see Chapter 8 of this book, "Bond Connect and the inclusion of China into global bond indices".

the State Development and Planning Committee and the PBOC), the *Provisions on the Administration of Foreign Debts* published in January 2003, and the *Interim Measures for the Administration of the Issuance of RMB Bonds in Hong Kong Special Administrative Region by Domestic Financial Institutions* announced in 2007, a stringent approval system for overseas bond issuance by Mainland institutions has essentially been established. In recent years, as reform and opening-up intensified, the regulation of overseas bond issuance by Mainland institutions has shifted from an approval system to a registration and filing system. The regulation of the issuance of bonds in RMB and of those in foreign currencies have been unified and the mechanism of all-dimensional macro-prudential management of cross-border financing has been established. These resulted in accelerated overseas bond issuance by Mainland institutions.

Table 4. Recent key policies and measures that promote overseas bond issuance by Mainland institutions

Year	Regulations/Initiatives	Key details and enhancements
2015	*Notice on Promoting the Administrative Reform of the Filing and Registration System for Issuance of Foreign Debts by Enterprises* (NDRC [2015] No. 2044)	Abolished quota approval for issuance of medium- and long-term foreign debts by enterprises, implemented a filing and registration system, and unified the administration of foreign debts denominatedin RMB and other currencies.
2016	Pilot reform on foreign debt size administration in 2016 (NDRC)	21 enterprises were selected for the 2016 pilot reform on foreign debt size administration. Within the annual approved size of foreign debt, pilot enterprises can choose their own window of issuance, conduct issuance in batches and do not have to perform pre-issue registration. Issuers are encouraged to repatriate proceeds back to the Mainland and are allowed to allocate them inside and outside the Mainland for use as necessary.
	Pilot reform on foreign debt size administration in provinces and cities of the four free trade zones (NDRC)	For overseas bond issuance by local enterprises registered in the zones, the local branches of NDRC shall issue to them the foreign debt size registration certificates. Mainland parent companies of enterprises in the zones are encouraged to issue foreign debts directly, and repatriate proceeds back to the Mainland for use as necessary to support Belt & Road and other national strategies and major investments.
	Notice on Nationwide Implementation of Macro-Prudential Administration of Cross-Border Financing in All Dimensions (PBOC [2016] No. 132)	Apply unified administration of bonds denominated in local and foreign currencies to cross-border financing like repatriated proceeds from Mainland enterprises' overseas bond issuance and foreign borrowings. These are subject to administration linked to the borrowers' capital and net assets and adjusted according to financing leverage ratios and macro-prudential parameters.
2017	*Notice on Further Promoting the Reform of Foreign Exchange Administration and Improving the Examination of Authenticity and Compliance* (SAFE [2017] No. 3)	Through loan extension, equity investment or other channels, debtors may directly or indirectly repatriate funds under guarantee to the Mainland for use.

Source: Based on publicly available information.

2.1.2 Current status and outlook

Under the relaxed policies for overseas bond issuance, and motivated by low financing costs and easy issuance procedures in overseas markets as well as global strategic planning, domestic institutions in the Mainland increasingly prefer to raise funds through overseas bond issuance, with record-breaking issue size. According to Bloomberg, overseas bond issuance in 2017 amounted close to US$250 billion, an increase of nearly 85% from 2016; and in 2018, the issue volume remained at a relatively high level even though the market environment of domestic and overseas bond issuancewere not favourable. Bonds in US dollar (USD), euro and Australian dollar, and RMB dim sum bonds were issued. The largest issues were in USD. Dim sum bonds were picking up (see Figure 6).

Figure 6. Annual overseas bond issuance by Mainland institutions

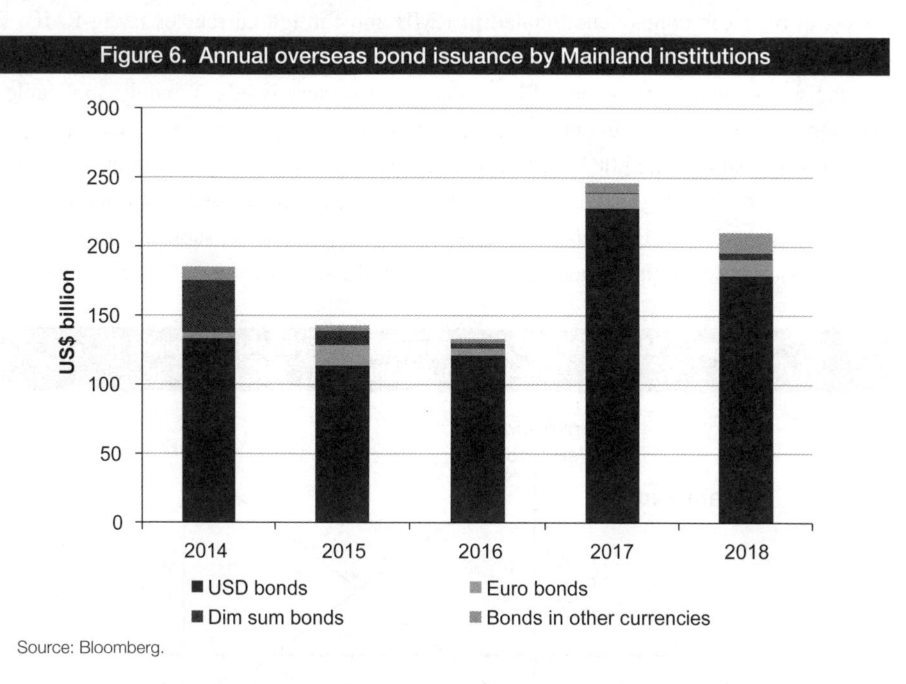

Source: Bloomberg.

Given the increasing connectivity between financing activities inside and outside the Mainland, the policy support for the Belt & Road national strategy and the internationalisation plans of market entities, Mainland institutions' demand for overseas bond issuance will continue to grow. The RMB bonds issued in Hong Kong by the MOF has produced a relatively complete benchmark yield curve that provides important reference for Mainland institutions' RMB bond issuance, RMB asset pricing and risk management. The MOF's reactivation of USD bond issuance in the fourth quarter of 2017 also contributed to the formation of a benchmark yield curve for Mainland companies' overseas issuance of USD bonds. The gradual completion of benchmark yield curves in respect of RMB and foreign currency bonds issued by Mainland institutions overseas will further stimulate their overseas bond issuance.

2.2 Investment by Mainland institutions in overseas bonds

2.2.1 Policies

In respect of investment in overseas bonds, different policies and channels are applied to different types of Mainland institution. Different types of Mainland institution may invest in overseas bonds denominated in RMB and foreign currencies using RMB, FX purchased with RMB or their own FX deposits in accordance with different permitted channels. The use of proprietary FX to purchase overseas bonds is mainly applicable to banking institutions. Investment in overseas bonds using proprietary FX is managed as part of total FX positions and not subject to FX purchase quota or remittance quota. The mass majority of non-banking institutional investors participate in overseas bond markets using FX purchased with RMB or though cross-border RMB remittance, subject to qualifications and quotas. These multiple channels are depicted in Figure 7 below.

Figure 7. Major paths of overseas bond investment by Mainland non-banking institutions

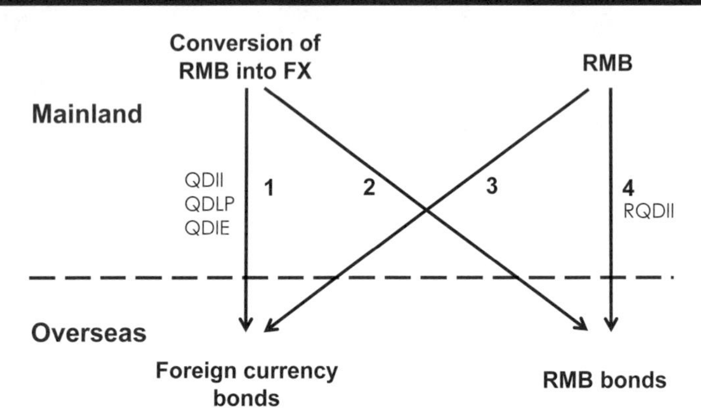

Channel 1 includes mainly Qualified Domestic Institutional Investors (QDII), and the policy channels of Qualified Domestic Limited Partnership (QDLP) (pilot scheme implemented in Shanghai, etc.) and Qualified Domestic Investment Enterprise (QDIE) (pilot scheme implemented in Shenzhen). Channel 2 falls under the policy scope of QDII, but actual demand is little. Channel 4 mainly refers to the business of RMB Qualified Domestic Institutional Investors (RQFII). There is relatively high demand for Channel 3, but this is not available for the time being.

2.2.2 Current status and outlook

Just as overseas institutions are interested in investing in Mainland bonds, an increase in domestic Mainland entities' investment in overseas bonds is also observed in recent years. As of the end of June 2018, excluding FX reserve assets, China had US$210.7 billion holdings in foreign bonds, representing 40% of all its investment in foreign securities[8]. A vast majority of such investment was by domestic Mainland banks which purchased overseas foreign currency bonds using proprietary FX. Investment in overseas bonds through QDII and RQDII was less significant.

Figure 8. Outstanding value of China's foreign bond holdings

Source: SAFE, "The time-series data of International Investment Position of China" (《中國國際投資頭寸表》).

Driven by the need for global asset allocation and risk management, domestic Mainland institutions' demand for investment in overseas bonds will continue to grow. Policy support enhancements in the following three directions should be welcomed:

8 Source: SAFE, "The time-series data of International Investment Position of China".《中國國際投資頭寸表》

(1) Expansion of the range of entities eligible to invest in overseas bonds using proprietary funds

Currently, mainly commercial banks are allowed to invest in overseas bonds using proprietary funds. Since 2018, letters of no objection have been issued by the CSRC to certain securities companies to allow them to conduct cross-border businesses using proprietary funds. With the support of the foreign exchange authority, such pilot scheme is expected to be further developed or expanded to other types of financial institution.

(2) Enhancement of quota management for QDII and RQDII

In April 2018, SAFE reactivated the approval of QDII quota applications after a break of three years and increased the quotas. In May 2018, the PBOC further defined its RQFII policies. The trend is expected to spread to quota management for QDII such that it would shift towards a model based on the value of the entity's assets or assets under management, one similar to that for QFII and RQFII under which only investment that exceeds the filed base quota is subject to approval. Such quota management is also expected to align with the quota filing system for RQDII.

(3) Timely launch of Southbound trading of Bond Connect

No doubt there is strong demand for Southbound trading under Bond Connect. Strategically, Southbound trading will deepen two-way opening of the Mainland bond market, contributing to a healthy state of two-way cross-border capital flows and two-way RMB exchange rate movement. It will enhance cross-border RMB trading in financial accounts, foster the interaction between secondary and primary markets, promote overseas issuance and trading of RMB bonds and move ahead the internationalisation of the RMB. It will facilitate the circulation of foreign currencies in the private sector, reduce the pressure on the FX reserves to invest overseas, and lead to the diversification of asset allocation. In consideration of investment channels, investment in overseas bonds using proprietary funds, FX purchased with RMB and direct cross-border remittance of RMB should be allowed under Bond Connect Southbound trading alongside banks' overseas investment using proprietary funds, and the QDII and RQDII schemes. Mutual market access and the closed-loop design will increase the ease of operation and strengthen the monitoring of cross-border trading and capital flows, and ensure that investment in overseas bonds is secure and effective.

3 Offshore business: Development and trading of products on Mainland bonds

As mentioned above, the opening-up of the Mainland bond market has been fruitful and further development in breadth and depth will continue. However, judging by developed bond markets in the US and Europe, there is a need for the Mainland bond market to extend from the existing mode of cross-border "inward" and "outward" market opening to offshore development, so as to open up the market in a more profound level (see Figure 9).

Figure 9. Conceptual model of opening up the Mainland bond market

Onshore market
Mainland institutions
① "Inward opening": Bond issuance and investment in domestic market
② "Outward opening": Overseas bond issuance and investment
RMB bond market development and trading of related derivatives
Overseas institutions ③ Overseas institutions
Offshore market

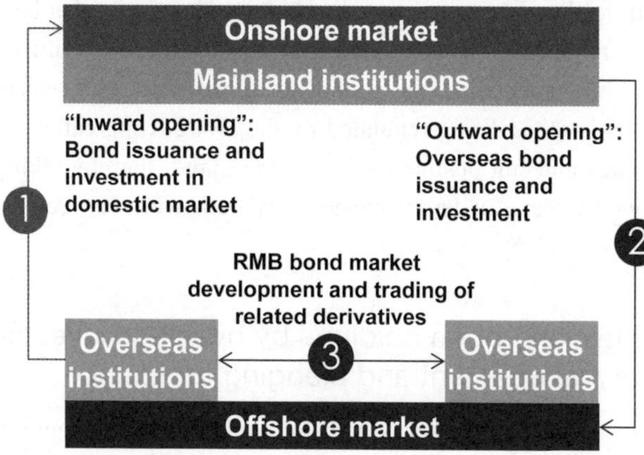

3.1 Vigorous development of offshore RMB bond market and related infrastructure

The success of the USD's internationalisation shows that development of the Eurodollar bond market has promoted the use of the USD as an international currency for denomination, settlement and reserves purposes. Likewise, further internationalisation of the RMB also requires support from the offshore RMB bond market, particularly before China's capital account is fully opened up. An initial offshore RMB bond market made up of dim sum bonds in Hong Kong and Formosa bonds in Taiwan has been formed, but the development is slow. To step up the development of the offshore RMB bond market represented by Hong Kong and others, maintenance of abundant RMB liquidity for the offshore market is recommended. Infrastructure for trading, custody, settlement and payment that are conducive to the development of the offshore RMB bond market and the RMB's internationalisation should also be established.

3.2 Direct trading among overseas investors under Bond Connect

At present, trading under Bond Connect is restricted to between overseas investors and Mainland market makers. Direct trading between two overseas investors under the scheme is not permitted. It is proposed that overseas large banks should in the future be allowed to provide liquidity through CFETS' bond trading platform for overseas investors under Bond Connect. This will increase the number of overseas participants and enhance bond liquidity. As quotation and trading take place at CFETS, and settlement, delivery and custody ultimately take place through CCDC and SHCH, there will be high price transparency and no tiered prices or tiered markets. There will also be no lingering of bond transactions and bond settlement in the overseas market such that risks will be under control. In actual implementation, the pilot scheme may start with selected Chinese and foreign institutions in Hong Kong regulated by the Hong Kong authorities, which have established affiliates and run businesses in the Mainland, thereby taking advantage of "One Country, Two Systems" under the connectivity framework between the Mainland and Hong Kong.

3.3 Use of Mainland bond holdings by overseas investors in collateral management and pledging for finance

To bondholders, bond investment is both for capital gain and liquidity management. Taking US treasury bonds as an example, these are widely held by global investors mainly because of their strength as an alternative to cash and of their high liquidity. US treasury bonds can be pledged for finance, and used as collateral or margin deposit for various financial transactions. They can serve as tools for liquidity management to improve the efficiency of investors' capital use. Mainland Chinese bonds, however, cannot be used by overseas investors as collateral or to pledge for finance. Their effectiveness in liquidity management and efficiency in capital use are low which, to a certain extent, has undermined overseas institutions' desire for holding Mainland bonds. Going forward, it is proposed to explore the use of the connectivity between Mainland and Hong Kong custodians under Bond Connect to gradually increase the usage of Mainland bond holdings. This would increase overseas investors' desire to hold Mainland bonds and enhance overseas recognition of RMB-denominated assets, thereby facilitating the RMB's internationalisation.

3.4 Development and trading of bond futures and other risk management tools in the offshore market

The pursuit of investment return and the management of risks are eternal and inseparable goals of financial investment. The same applies to bond investment. When investing in Mainland bonds, overseas institutions inevitably also ask for instruments that manage interest rate and tenor risks. In the Mainland, a complete set of derivative products has already been developed in the CIBM and the exchange-traded market. Overseas investors currently trade risk management tools like interest rate swaps, forward rate agreements, bond forwards in the CIBM through Mainland agents, but they also wish to do so through Bond Connect. The Mainland's exchange-traded market of treasury bonds is currently not open to overseas investors. Even if it is subsequently opened up, overseas investors will have to open and maintain a new set of accounts in the Mainland. This will increase the cost and difficulty of operation, and go against Bond Connect's philosophy of allowing home market rules for overseas investors.

In view of the above, policy-makers may consider permitting the launch of futures products on Mainland bonds in overseas markets. Given that the settlement of overseas futures on Mainland bonds will ultimately be subject to onshore cash bond prices, it can be assured that such futures prices will be under Mainland influence and risks are controllable. Moreover, overseas derivatives like futures on Mainland bonds can help investors to do risk management without the need to adjust their cash bond positions. This would effectively reduce substantial changes to bond positions or frequent cross-border capital flows triggered by market shocks and therefore help maintain stability in the Mainland's domestic bond market. As a second-to-home pilot market with risk isolation functions, Hong Kong can try out such futures without affecting the pace of opening up the Mainland market. The experience accumulated will facilitate the future opening-up of the Mainland derivatives market and support the continual reform and deeper opening-up of the Mainland bond market.

Chapter 6

Macro-prudential management of cross-border capital flows and the opening-up of China's bond market

— International experience and China's explorative implementation

Chief China Economist's Office
Hong Kong Exchanges and Clearing Limited

Summary

Recently, Mainland China announced certain macro-prudential regulatory measures, including the adjustment of the foreign exchange (FX) risk reserve requirement ratio on onshore Renminbi (RMB) FX forward transactions andthe restoration of the counter-cyclical adjustment factor in the mechanism of determining the RMB's central parity rate, to cushion FX market volatility. Since 2015, Mainland China has been gradually building up its macro-prudential policy framework to enhance the steady operation of the domestic financial market and to effectively counteract potential external shocks. This paper reviews the international practice of macro-prudential management policies and discusses the feasibility of implementing such policiesfor modulating the openness of the Mainland bond market.

The regulatory framework for international cross-border capital flows saw significant changes in the aftermath of the 2008 Global Financial Crisis. New regulatory policies and guidelines have been published by the International Monetary Fund with comprehensive analyses and designs related tothe principles and major tools and their application and effectiveness in cross-border capital flow management. These have become important reference for emerging markets to establish their own frameworks in the macro-prudential management of cross-border capital flows.

Macro-prudential management refers to the use of a series of macro-prudential indicators and taxation instruments to curb the accumulation of systemic risks and to increase the stability of financial institutions within a country. These include increasing the capital adequacy ratio, loan-to-deposit ratio and loan-to-value ratio of foreign-currency liabilities, limiting net open positions in FX, or restricting the ratio of foreign-currency collateralised loans. Since 2010, emerging markets like Brazil and Korea,which are relatively more open in respect of their capital accounts, are using these macro-prudential policies to address the large net inflow of funds resulting from the post-crisis quantitative easing measures.However, not many tools are applied in capital outflow management.

Specific tools in the macro-prudential regulatory framework gradually being built up by Mainland China since 2015 to manage cross-border capital flows include the followings:

(1) During the period of capital outflows or expected depreciation pressure on the RMB exchange rate, the following measures were adopted: an increase of the FX risk reserve requirement ratio to 20%; the introduction of reserve requirements on foreign financial institutions' RMB deposits at domestic financial institutions; the application of a counter-cyclical adjustment factor in the mechanism of determining the RMB's central parity rate; and the imposition of unified regulationson local and foreign currencies.

(2) During the period of capital inflows or expected appreciation pressure on the RMB exchange rate, the following measures were adopted: the adjustment of previously imposed policies, including the restoration of the counter-cyclical adjustment factor to neutral in the mechanism of determining the RMB's central parity rate; the adjustment of the FX risk reserve requirement ratio down to zero; the reduction of the reserve requirements to 0% on foreign financial institutions' domestic RMB deposits; the modulation of the scale of domestic financial institutions' financing to foreign banks engaged in the RMB business based on counter-cyclical factor management; and the permission of domestic enterprises to issue RMB bonds in overseas markets and to remit in the RMB raised under the comprehensive macro-prudential regulatory framework for cross-border financing.

Being a transparent and controllable closed-loop system, Bond Connect could work as a valve to modulate cross-border capital flows to help regulators to maintain balanced capital flows and proactively manage capital flows. It could also help monitor the scale of foreign capital raised in corporate bonds issuance and enhance the effectiveness of macro-prudential management. With reference to the IMF's principles of capital flow management, this paper briefly explores potential measures that could be adopted in the process of opening up the Mainland bond market. These include:

(1) Macro-prudential principles could be incorporated into the tax structure on investments in the domestic bond market by overseas residents based on the scale of capital inflow and the maturities of bonds held by non-residents. Using a transparent and predictable taxation structure could effectively modulate the duration structure of cross-border capital, thereby reducing the impact of short-term capital flows.

(2) For addressing capital outflows resulting from the overseas investments of domestic residents, unified regulations should be applied to the relevant overseas asset portfolios held by financial institutions, including both RMB bonds and foreign-currency bonds, so as to evaluate and control their FX exposures.

(3) There should be continuous efforts in attracting foreign investors to participate in the domestic market in order to foster a mature domestic market with high liquidity to better counteract the impact from massive cross-border capital flows.

1 Management framework, tools and principles for cross-border capital flows of the International Monetary Fund (IMF)

Through the 2008 Global Financial Crisis (GFC) and the post-crisis quantitative easing (QE) measures, emerging markets (EMs) experienced consecutively large scale of capital inflows, outflows and inflows again. In 2007, capital inflows into emerging markets hit a record high of US$1.5 trillion. After the 2008 GFC, the inflows sharply plunged to US$768.6 billion in 2008 and US$567.4 billion in 2009. A new wave of capital flowed into EMs after the major developed countries implemented QE. In 2010, capital inflows to EMs significantly expanded to US$1.2 trillion[1].

These waves of cross-border capital flows impact profoundly on the financial stability and the independence of monetary policies of EMs. To address the challenges from sizeable capital flows onto EMs' macro-economy and financial stability, how to manage cross-border capital flows effectively is a major concern to EMs and the international community.

1.1 Changes in regulatory attitude towards global capital flow: From encouraging free capital flows to being supportive of capital management and macro-prudential regulation

Traditionally, the IMF and major international institutions preferred free flows of global capital and advised EMs to open up their markets to boost economic growth. They were not supportive of capita[l] controls which were denounced as easy to circumvent and ineffective. However, the 2008 GFC put the global financial system under great stress. The IMF which had supported capital liberalisation then softened its stance and began to reconsider the validity and appropriateness of capital management. In the spring of 2010, the IMF released the Global Financial Stability Report that recognised the risks of capital flows and called on countries to tackle capital inflows with macroeconomic

1 Source: IMF. World Economic Outlook, April 2014.

and macro-prudential policies. Major policy documents were later approved by the IMF Board (including "Institutional View" published at the end of 2012 and "Guidance Note" published in April 2013) to establish an integral framework for capital flow management. This includes capital flow management tools and their application, capital flow regulations and the guidance on openness of the capital account. Based on this framework, EMs began to gradually develop their own macro-prudential management policies and implement them in combination with other capital management measures, to take the place of capital controls or to reduce their market distortion effect.

1.2 IMF's capital flow management measures and macro-prudential regulatory framework

According to the definition by IMF, Capital Flow Management Measures (CFMs) include administrative measures, taxations and levies, and other tools which limit capital flows or influence the structure of capital flows. Specifically, these measures are classified into the following types: (1) capital controls in the general sense, i.e. differential measures based on residency (residency-based CFMs); and (2) macro-prudential measures, aiming primarily at reducing systemic financial risks and risks associated with capital flows (not aiming at capital flows themselves). Macro-prudential measures are applied onto the trading currency, not the residency of the parties to the transaction. The objective is to restrict the ability of domestic entities to raise capital through overseas debt issuance or credit lending, so as to evade any effects of cross-border capital flowson the credit growth in the domestic banking system in order to ensure financial institutions' robustness.

In practice, a range of macro-indicators and management tools are in place under macro-prudential regulatory framework to curb the accumulation of systemic risks. These instruments are mainly implemented to limit bank lending and liabilities, and foreign-currency transactions. The objective is to prevent excessive cross-border lending and borrowing and capital inflows from impacting the macro economy and financial system. The international applications of certain macro-prudential management tools are illustrated below.

(1) FX-related macro-prudential management tools

These measures are primarily applied to domestic banks, by restricting banks' FX positions to reduce FX risk exposure and therefore banks' dependence on short-term FX liabilities, thereby mitigating systemic liquidity risks. Specific tools include imposing limits on banks' FX positions or investment in FX assets or bank lending in FX, and differential reserve requirements on liabilities in local currency and FX, etc.

Korea has succeeded in the application of such tools among EMs. In June 2010, the Korean financial authorities announced a package of prudential measures to prevent excessive FX leverage. The FX derivatives positions of domestic and foreign-funded banks were capped respectively at 50% and 250% of their capital to constrain banks' capability in FX trading with short-term US dollar (USD) liabilities. Similar measures were adopted by Indonesia and Peru. They had imposed limits on the FX derivatives positions of domestic and foreign-funded banks and on banks' short-term FX borrowing.

(2) Levies on foreign-currency bank deposits or non-core foreign-currency short-term liabilities

Specific measures include imposing limits on the ratio of banks' non-resident short-term liabilities to their capital level, and levy on banks' non-deposit foreign-currency liabilities with maturities less than one year. In December 2010, the Korean financial authorities announced of a "macro-prudential stability levy" on the foreign-currency liabilities of domestic banks and Korean branches of foreign banks. The levy rate decreases as the maturity get longer. Studies show that the measures introduced in Korea in 2010 to restrict FX transactions resulted in a decline in banks' short-term FX borrowing, thus reducing their vulnerability to external funding shocks. Although macro-prudential policies are no substitute for warranted macroeconomic policy adjustments, they seem to have served the purposes well[2].

(3) Capital adequacy ratio, reserve ratio, loan-to-value(LTV) ratio, debt-to-income (DTI) ratio and other indicators as prudential means

Cross-border capital flows may lead to excessive risks in the banking sector, e.g. an increase in credit risks associated with FX lending and currency risks reflected in FX positions. Measures to reduce risks from banks' FX loans or FX assets include: imposing higher capital requirements on FX loans, increasing reserve requirements on FX liabilities, or raising risk-adjusted weightings of certain types of lending in calculating the capital adequacy ratio. Measures to address asset price inflation include lower lending ratio and higher margin requirements. These tools are generally used to reduce systemic risk and can be currency-based rather than residency-based.

2 Source: "Reducing Risks in Asia with Macroprudential Policies", IMF Blog website, 30 April 2014.

1.3 Managing capital inflows

Under IMF's capital flow management policy framework of 2011, macroeconomic policies, macro-prudential management policies and capital controls are all options to manage capital inflows. The effectiveness of the policy tools depends on the cross-border capital inflow channel and institutional constraints of the country.

Generally speaking, macroeconomic policies are used to tackle the macroeconomic risks associated with capital inflows, while macro-prudential policiesare used to defend against the associated financial risks. Capital control measures are the last resort if both of the above are inadequate to tackle the risks.

First, if the domestic economy is affected by capital flows through macroeconomic channels, macroeconomic policies may be considered in first place to cope with the resultant macroeconomic risks, for example, when rapid inflows result in exchange rate appreciation, excessive expansion of the FX reserves or escalating the hedging costs of monetary policies.

Second, if domestic financialstability is affected by capital flows through financial channels, macro-prudential management measures should be deployed to strengthen the domestic banking and financial systems. Different measures would be applied under two different situations: where capital inflows are through regulated financial institutions (mainly through banks) or otherwise (see Table 1).

Table 1. Different management tools applied for capital inflows through two different channels	
1. Capital inflows through regulated banking system	
Excessive reliance on short-term funding to finance long-term loans	This will lead to an excessively risky external liability structure. To tackle this kind of risk, a package of macro-prudential tools (e.g. currency-dependent liquidity requirements) or capital controls (e.g. limits on external borrowing, or higher reserve requirements on liabilities to non-residents) could be implemented.
Incurring risks in bank assets (including credit risks associated with FX lending and currency risks reflected in FX positions)	Banks incur credit risks when the ultimate borrower (a firm or a household) borrows FX but its income is in local currency. More stringent regulations on FX lending would be needed, e.g. higher capital requirements on FX loans, or limits on loans to borrowers who cannot demonstrate a risk hedge. In case banks lend out local currency but borrow FX, this will incur currency risk. Possible measures to tackle this include tightening FX position limits and raising FX liquidity provision requirements.
Capital inflows amplifying bank lending and therefore macroeconomic risks	Appropriate measures include macro-prudential policies to restrain lending in local currency or FX. Examples are: increasing proportionately the deposit reserve ratio, (the same increase or a differential increase for local-currency and FX liabilities), raising risk-adjusted weightings in capital adequacy ratio calculation for certain types of lending, or tightening loan classification rules. These measures would tend to increase bank lending rates and constrain credit growth.

(continued)

Table 1. Different management tools applied for capital inflows through two different channels	
1. Capital inflows through regulated banking system	
Capital inflows leading to lending expansion and therefore asset price bubbles	If bank lending fuels asset price bubbles, macro-prudential measures could be adopted. These include counter-cyclical capital requirements, lower loan-to-value ratios on collateral (especially for real estate loans), and higher margin requirements (for equity-related lending). In case no timely and effective results are observed, capital controls may be useful options.
2. Capital inflows bypassing regulated financial institutions	
Direct borrowing from abroad by domestic non-financial private entities, leading to currency risk	After 2008, a large number of domestic borrowers in EMs are tempted by relatively low interest rates to take on excessive FX risk. For borrowers who are unhedged (i.e. firms or households whose principal income is not in FX), capital controls may be appropriate, particularly on the riskier forms of liabilities, or FX borrowing by domestic (non-financial) entities may be prohibited.
Non-financial sector directly borrow from abroad, leading to asset price inflation and possibly bubbles	Such borrowing is easier to bypass the regulations on domestic banking system and increases the financial leverage in the domestic market. Neither monetary policies nor macro-prudential policies would be effective. Direct restrictions on foreign borrowing (together with other complementary tools) would be effective means.

Source: "Managing Capital Inflows: What Tools to Use?", *IMF Staff Discussion Note*, 2011.

1.4 Managing capital outflows

Capital outflow is a normal outcome upon the opening of the domestic economy and financial liberalisation. The major channels of capital outflows include: overseas asset allocation by domestic investors, overseas expansion of domestic enterprises and the repatriation of returns on foreign direct investment by foreign investors. Macroeconomic policies could be applied to tackle small scales of capital outflows or relatively large-sized outflows that would not lead to a crisis. If there are unexpected and persistent capital outflows with sizeable scales that may undermine macro-financial stability, the choice of measures would needs to take into consideration multiple factors, including the costs and effectiveness in restraining capital outflows.

With reference to the IMF's principles of capital flow management, measures targeting capital outflows are generally temporary, and should be tailored to the country's circumstances, such as its administrative capabilities and the degree of openness ofits capital account. The scope of regulation should be adequately extensive and the measures should be timely adjusted in accordance with the changing domestic conditions. Specific tools include: residency-based measures — restricting residents' overseas investments and asset transfers, restricting non-residents' remittance of proceeds from the sale of their investments in the domestic market (e.g. lock-up period on the currency conversion of returns on equity investment, and tax on transfer of returns by non-residents); nonresidency-based measures — prohibiting the conversion of assets in domestic currency and their transfer, and restricting the withdrawal of non-residents' local-currency bank deposits.

1.5 Principles of cross-border capital flow management

After the 2008 GFC, EMs began to adopt macro-prudential management measures (mainly during 2009-2010 and in countries which are relatively more open in respect of their capital accounts, e.g. Brazil, Korea and Thailand) to address the large inflow of funds and currency appreciation pressures resulting from the post-crisis QE measures. However, there are few empirical examples on how to manage capital outflows. In considering what measures to adopt, EMs should take into account, the following principles:

(1) A certain degree of capital flows and volatility that have no significant impact on the exchange rate is expected to be normal economic and financial outcome after the opening-up of the capital account. There is no need to implement specific CFMs on capital flows of this nature.

(2) Macroeconomic policies, macro-prudential management policies and capital controls are all among the tool kit to manage capital inflows. The choice for sequential application will depend on the channels of capital inflows and the country's circumstances (such as the maturity of the domestic financial market, the administrative capabilities of market agencies, the degree of openness of the capital account, institutional and legal constraints, and the credit relationship with the international community).

(3) Depending on the channel of capital inflows, macroeconomic policies and macro-prudential management tools may be firstly adopted to defend against capital flows and exchange rate volatility.

(4) The management on capital inflows can act as preventive measures against capital outflows. To ease the impact of capital outflows on the domestic market, measures on managing capital inflows surges could be implemented in advance with reference to the IMF's principles of capital inflow management.

2 Establishment and evolution of Mainland macro-prudential regulatory framework for cross-border capital flows

2.1 Macro-prudential measures adopted by the Mainland under the circumstances of capital outflows or expected depreciation pressure on the Renminbi (RMB) exchange rate

Starting from 2015, the People's Bank of China (PBOC) deployed macro-prudential managementon cross-border capital flows. A series of measures were launched aiming at pro-cyclical increase in leverage by onshore and offshore market entities and the excessive speculation in the FX market. These included: an increase of the FX risk reserve requirement ratio to 20%; the introduction of reserve requirements on foreign financial institutions' RMB deposits at domestic financial institutions; the application of a counter-cyclical adjustment factor in the pricing mechanism of the RMB's central parity rate; and the imposition of unified regulations on local and foreign currencies. A macro-prudential regulatory framework for cross-border capital flows was thereby established (see Table 2).

Table 2. Major macro-prudential measures adopted by the Mainland between 2015 and 2018H2	
1. Macro-prudential management on cross-border capital flows	
Measures to address the increase in leverage through external debts by Mainland entities	In 2015, the PBOC implemented a macro-prudential management model for cross-border financing activities in the China (Shanghai) Pilot Free Trade Zone. In April 2016, unified macro-prudential managementon cross-border financing in local and foreign currencies[3] were extended to all financial institutions and enterprises throughout the country.
Measures on offshore RMB	The PBOC imposed in January 2016 normal deposit reserve requirements on foreign financial institutions' RMB deposits at domestic financial institutions. The deposit reserve requirements were reduced to 0% in September 2017.

3 Cross-border financing refers to fund-raising in local or foreign currencies from non-residents by domestic institutions. Unified management refer to the unification of medium-term and long-term management of domestic and foreign entities' cross-border financing in local and foreign currencies. Currently, the Mainland adopts macro-prudential measures in its management of cross-border financing activities of banking-type financial institutions.

(continued)

Table 2. Major macro-prudential measures adopted by the Mainland between 2015 and 2018H2	
2. Macro-prudential management on excessive speculation in the FX market	
Measures to modulatethe demand in the FX market	In May 2017, a counter-cyclical adjustment factor was applied in the mechanism for determining the RMB's central parity rate to counteract the pro-cyclical market sentiment and weaken any potential herding effect in the FX market. The counter-cyclical factor returned to neutral in January 2018, and also resumed in August 2018.
Measures implemented in the Mainland FX market	Macro-prudential measures were implemented on banks' FX forward business and their RMB exchange business at the end of August 2015. Financial institutions were required to comply with FX risk reserve requirements equal to 20% of the amount of their previous month's RMB forwards contracted (including options and swaps). The FX risk reserve requirement ratio was reduced to 0% on 11 September 2017, and then restored to 20% in August 2018 to maintain the broad stability of the RMB exchange rate at a reasonable equilibrium level.

Source: Relevant policies announced by PBOC.

2.2 Restoration of previous macro-prudential measures during the period of capital inflows or expected appreciation pressure on the RMB exchange rate

A new round of counter-cyclical adjustment was carried out as expectations of the RMB's devaluation gradually receded after the second half of 2017 (2017H2). Earlier macro-prudential measures have been progressively restored to enable advancement in the RMB's internationalisation.

First, in respect of the RMB exchange rate, the PBOC has restoredthe neutral effect of the "counter-cyclical factor" in the quotation model for determining the daily central parity rate of the RMB against the USD. RMB quotation banks can have their own discretion in setting the counter-cyclical factor in making their price quotations based on changes of the fundamentals of the macro economy and the cyclicality of the FX market.

Second, the *PBOC Notice of Adjusting the Policies on FX Risk Reserves* (PBOC Notice No. 207[2017]) was issued for a change in the provision in the *Notice of Strengthening the Macro-Prudential Management of FX Forward Sale* (PBOC Notice No. 273 [2015]). The FX risk reserves ratio on the previous month's FX forwards was reduced from 20% to 0%.

Third, for cross-border financing, the PBOC issued the *Notice of Further Improving Policies on Cross-Border RMB Business to Enhance Trade and Investment Facilitation* (PBOC Notice No. 3 [2018]) on 5 January 2018, setting out clear regulations on the overseas issuance of RMB bonds by domestic enterprises. Provided that relevant procedures under the full-scale macro-prudential management regime are followed suit,

Mainland enterprises are allowed to issue RMB bonds overseas and to transfer the funds raised back home based on their actual needs. This shows that the Mainland is using macro-prudential policies to ease the conditions on which Mainland enterprises can issue bonds overseas, and this further promotes the development of the offshore RMB bond market.

Fourth, the PBOC made counter-cyclical adjustment on cross-border RMB account financing by commercial banks on 19 January 2018, requiring that the upper limit on RMB cross-border financing that can be taken by commercial banks will depend on the bank's outstanding RMB deposits and a counter-cyclical factor, which was set to be 3. Account financing by domestic agency banks offered to foreign participating banks in RMB business had been one critical measure to facilitate RMB cross-border trade settlement. After the RMB exchange rate reform in August 2015[4], the Mainland had imposed strict control over commercial banks' financing to foreign participating banks in a bid to stabilise the offshore RMB market. The policy was adjusted on 19 January 2018, under which administrative control gave way to adjustment by a counter-cyclical factor. This allows more room for policy operation to support macro-control policies and promote the global use of the RMB.

2.3 Continuous adoption of macro-prudential management measures with counter-cyclical adjustments contributes positively to the development of the offshore RMB market

According to Sun Guofenget. al. (2017), macro-prudential management, unlike capital controls, is applied to all dimensions using market-based measures with counter-cyclical adjustments. Macro-prudential management is a more desirable option in the light of the currently more flexible RMB exchange rate. The 19th National Congress Report also suggested a dual structure for financial regulation, combining monetary policies and macro-prudential management policies.

After 2015,the PBOC has enhanced the cross-border RMB management tools and implemented macro-prudential policies on FX, cross-border loans and liquidity, supporting both legitimate capital inflows and outflows. In practice, implementing macro-prudential control measures to address specific issues would facilitate RMB internationalisation and the healthy development of the offshore RMB market.

4 On 11 August 2015, the PBOC reformed the pricing mechanism of the CNY/USD central parity rate. This move was considered a milestone in the market-based system reform of the RMB exchange rate.

3 What CFMs can be adopted for the Mainland bond market's opening up and capital flow management?

3.1 Principles and considerations in choosing management tools

Long-term capital flows is conducive to global resources allocation and economic growth. However, excessive capital inflows within a short time that go beyond the threshold that macroeconomic policies and the domestic financial market can cope with would adversely impact the macroeconomy (e.g. too speedy an appreciation in the exchange rate that leads to asset price inflation and macroeconomic risks). Hence, measures to restrain capital inflows (or alter their structure) are needed to maintain financial stability.

With reference to the IMF's principles of capital flow management, the following principles and considerations can serve as the basis in choosing related measures for addressing cross-border capital flow in the opening-up of the Mainland bond market.

(1) The effective CFMs in managing capital inflows depend on a number of factors, including the scale of inflows (whether they have given rise to macro financial risks), the nature of inflows (long-term or short-term), and the inflow channels (through the banking system or though unregulated financial institutions). **Macroeconomic policies, macro-prudential management and capital controls are all tools that could manage capital inflows. Each of themhas their specific functionalities, to be applied in specific sequence in an integrated manner depending on the channels of inflows and the suitability.** If the inflows are long-term in nature and mainly have an effect on the macroeconomic environment (rather than on the banking system), the application of macroeconomic policies would be more appropriate.

(2) **Alternatively, capital inflows may be eased by permitting orderly capital outflows.** After 2017H2, the RMB had been generally on the rise against the USD and steady against a basket of currencies. Accordingly, the Mainland has reinstated its previous macro-prudential measures. If Southbound trading link of the Bond Connect scheme is implementedat the appropriate time, it would facilitate two-way movements of capital, thereby alleviating the pressure from

one-way capital movement on the RMB exchange rate.

(3) **Measures that are easy and practical to implement should be adopted.** Higher priority should be given to price-based tools (such as levies on capital inflows) which are more transparent and easy to implement. Moreover, such tools to be applied on short-term capital movements generally incur relatively low social costs.

3.2 Bond Connect could facilitate the implementation of macro-prudential regulation of cross-border capital flows

Firstly, being a transparent and controllable closed-loop system, Bond Connect could work as a valve to modulate cross-border capital flows to help regulators to maintain balanced capital flows and proactively manage capital flows.

In the first place, Bond Connect is designed as a closed loop for cross-border capital flows. Current RMB outflows and inflows through this channel will be repatriated in the opposite direction in due course. Moreover, such capital flows are highly transparent, enabling prompt supervision on their impacts on the domestic market. Based on the data, regulators can respond quickly with measures to regulate the inflows, and practise real-time counter-cyclical management. Furthermore, as the bond market is more closely linked to macroeconomic cycles, Bond Connect could be a window for observing corporate debt financing or cross-border capital flows in a more timely and dynamic manner, thereby facilitating counter-cyclical adjustments.

Given the closed-loop design, transparency and controllability of Bond Connect, the regulators can more effectively manage cross-border capital flows under the scheme by using levies and counter-cyclical adjustment tools. Bond Connect can be used as a valve to modulate cross border capital movements and ensure balanced capital flows.

Secondly, Bond Connect could help monitor the scale of foreign capital raised in corporate bonds issuance and enhance the effectiveness of macro-prudential management.

A way through which cross-border capital may bypass macro-prudential regulation is that Mainland enterprises raise funds by bond issuance in the offshore market via their overseas subsidiaries, and deposit the funds as collateral in domestic banks, leading to credit expansion domestically. This kind of FX debts generated by foreign bond issuance by offshore companies are not fully reflected in the residency-based international balance of payments (BoP) account, such that the actual size of enterprises' FX debts is not revealed. This may circumvent macro-prudential measures and cause currency mismatch.

As Bond Connect is designed as a closed loop, the size of capital inflows, their investment targets as well as transactions under the scheme are all clearly monitored under the radar of the macro-prudential regulatory framework. This would facilitate the monitoring of domestic enterprises' overseas financing activities.

Thirdly, as foreign capital inflows into the domestic bond market are still limited, they could be modulated with more reliance on macroeconomic policies.

As of March 2018, foreign institutions were holding 5.85% of China's sovereign bonds and 1.90% of total Mainland bonds[5], a relative low percentage of foreign institutions' holding compared to other countries[6]. However, significant increase in net foreign capital inflows into the Mainland bond market was observed. New investment by foreign institutions and individualsin Mainland bonds amounted to RMB 346.2 billion in 2017. In the first quarter of 2018, foreign institutions' and individuals' holdings of Mainlandbonds increased by RMB 162.2 billion from the end of 2017, which is already close to half of the increment seen in the entire year of 2017.[7]

Nevertheless, the cross-border capital inflows in BoP items other than the domestic bond market (including goods and services, and direct investment) have larger impacts on the RMB exchange rate. According to the aforementioned basic principles of capital flows management, if the inflows are long-term with relatively greater impact on the macroeconomy, there should be more use of macroeconomic policies, such as increasing the flexibility/volatility in RMB exchange rate and encouraging two-way cross-border corporate investment, to induce two-way capital movements.

3.3 Specific alternative measures

Firstly, macro-prudential principles could be incorporated into the tax structure on overseas residents' investment in the domestic bond market (capital inflows from non-residents).

A primary option to address capital inflows is to impose a capital inflow tax on certain securities (including debts and equities). This practice has been adopted in countries like Korea and Brazil since 2008 (see Table 3). The result shows that taxation on capital inflows can significantly curb the local currency's appreciation.

5 Source: China Central Depository and Clearing (CCDC) website.

6 See Chapter 8, "Tapping into China's domestic bond market — An international perspective", in *New Progress in RMB Internationalisation: Innovations in HKEX's Offshore Financial Products* (Hong Kong: The Commercial Press (HK) Ltd.), 2018.

7 Source: PBOC website for the changes in foreign (institutional and individual) holdings in the Mainland bond market in 2017 and the first quarter of 2018.

Table 3. Macro-prudential policies on capital flows in some countries		
Type of measures	Countries	Details
Interest-free reserve requirement; financial transaction tax	Brazil, Chile	In January 2011, Brazil imposed a 90-day interest-free reserve requirement on banks in respect of their USD short positions in the money market; and in July 2011, a financial transaction tax of 1% was levied on USD short positions in the futures market. In Chile, short-term capital inflows are subject to interest-free reserve requirements.
Reserve requirements	Turkey	A reserve operation mechanism (ROM) and reserve operation coefficients (ROC) were introduced in 2011 for the Turkish lira to absorb liquidity and expand the FX reserves.
Macro-prudential stability levy	Korea	To relieve pressure from capital inflows, domestic and foreign banks were required to pay a macro-prudential stability levy in respect of their non-core foreign currency liabilities in 2011.
Taxation on interest	Korea	Foreign investors were exempted from income tax in May 2009. In January 2011, a tax on interest income from bond investments by foreign investors was reinstated to curb non-residents' increasing investments in Korean government bonds after the second round of QE. The measure restored a level-playing field between residents and non-residents.

Source: "Managing Capital Inflows: What Tools to Use?", *IMF Staff Discussion Note*, 2011; "Capital Flows Management: Lessons from International Experience", Joint Conference of PBOC and IMF, March 2013.

A transparent and predictable tax structure allows investors to compare costs and benefits of short-term liquidity. Such use of price-based tools to modulate cross-border investment behaviours can effectively modulate the duration structure of cross-border capital flows, thereby reducing the impact of short-term capital flows.

Secondly, for addressing capital outflows resulting from the overseas investments of domestic residents, unified regulations should be applied to the relevant overseas asset portfolios held by financial institutions, including both RMB bonds and foreign-currency bonds, so as to evaluate and control their FX exposures.

If a bank has its regulated capital priced in local currency while holding FX assets, the value of the bank's assets and revenues will be susceptible to FX movements. From the perspective of prudential regulation, it is necessary to reassess the bank's ability to manage its FX exposures so that when the exchange rate reverses, the resulting changes in FX asset values will not affect the bank's capital adequacy ratio, loan quality and liquidity level.

Currently, restrictions on banks' FX exposures and investments in FX assets have been included in the Mainland's macro-prudential regulatory framework. If financial institutions continue to increase their holdings of foreign-currency assets through Bond Connect, Qualified Domestic Institutional Investors (QDIIs) and other channels, their overseas bond holdings denominated in local and foreign currencies should be included in risk control indicators (such as regulated capital and risk reserve requirements) and in the calculation of "capital at risk" in order to increase capital adequacy requirement on such holdings. There should also be liquidity risk identification and monitoring respectively for local and foreign currencies to minimise currency mismatches between banks' assets and liabilities.

Thirdly, there should be continuous efforts in attracting foreign investors to participate in the domestic market in order to foster a mature domestic market with high liquidity to better counteract the impact from massive cross-border capital flows.

In the long run, the development of a mature and liquid domestic market is a more effective way to counteract the impact from massive cross-border capital flows. Opening up the domestic market can diversify market participants and reduces the adverse impact of exchange rate volatility and capital flows. Participation of the more mature international players in the domestic market can improve the liquidity, breadth and depth of the domestic market. In particular, the flow of foreign capital into long-term debt securities (such as sovereign bonds and local government bonds) can facilitate the development of exchange rate and fixed-income products and other hedging tools. This will provide better cushion to counteract the impact of capital flows on the macroeconomy, hence enhancing the stability of the bond market and other market segments.

Specifically, market depth and breadth can be expanded with the following market opening measures: (1) Enhancing two-way capital movements by launching Southbound trading link under Bond Connect at the appropriate timein accordance with macro-prudential principles; (2) facilitating the inclusion of RMB bonds into international bond indices, including Citi World Government Bond Index (WGBI) and J.P. Morgan Government Bond Index - Emerging Markets (JPM GBI-EM), to attract more international investors in the Mainland bond market, thus driving diversification in the participant base[8]; and (3) in the light of more prominent two-way movements of the RMB exchange rate, enriching the suite of hedging products and tools for investors to hedge FX and interest rate risks, thereby improving risk mitigation capability and pricing efficiency in the Mainland financial market.

8 See Chapter 8 of this book, "Bond Connect and the inclusion of China into global bond indices."

References

1. International Monetary Fund. (2010) "Global Liquidity Expansion — Effects on 'Receiving' Economies and Policy Response Options", *Global Financial Stability Report*, April 2010.

2. International Monetary Fund. (2011) *Recent Experiences in Managing Capital Inflows — Cross-Cutting Themesand Possible Guidelines*, February 2011.

3. International Monetary Fund. (2012) *Liberalizing Capital Flows and Managing Outflows — Background Paper*, March 2012.

4. International Monetary Fund. (2012) *The Liberalization and Management of Capital Flows: An Institutional View*, November 2012.

5. International Monetary Fund. (2013) *Guidance Note for the Liberalization and Management of Capital Flows*, April 2013.

6. International Monetary Fund. (2015) *Managing Capital Outflows — Further Operational Considerations*, December 2015.

7. International Monetary Fund. (2017) *Increasing Resilience to Large and Volatile Capital Flows: The Role of Macroprudential Policies*, July 2017.

8. Ostry, Jonathan David, et. al. (2011) "Managing Capital Inflows: What Tools to Use?", *IMF Staff Discussion Note*, April 2011.

9. Sun Guofeng and Li Wenzhe. (2017) "Monetary Policies, Exchange Rate and Capital Flows: from Triangle to Scalene", *Working paper, People's Bank of China*, March 2017.

Chapter 7

Overview of Moody's rating on Chinese issuers

Nino SIU

Senior Analyst
Greater China Credit Research and Analysis
Moody's Investors Service

Ivan CHUNG

Head
Greater China Credit Research and Analysis
Moody's Investors Service

1 Moody's rating coverage of Chinese issuers[1] in offshore bond market

Offshore bond market: Chinese corporate[2] issuance has grown significantly in the past decade

Chinese corporate US dollar bond issuance has grown significantly since 2008, along with the number and diversity of issuers. Chinese companies have become the largest group of US dollar corporate bond issuers in the Asian dollar bond market by geography. As of 31 December 2018, outstanding US dollar bonds issued by Chinese non-financial corporates totalled US$460 billion, representing around 55% of the Asian US dollar bond market, according to Dealogic data. That compares with US$16.3 billion, representing 14% of the market, in 31 December 2008.

This growth has broadened funding channels for Chinese corporates and enhanced their integration with global bond markets. The US dollar bond market generally requires bond issuers to follow practices used in other international markets, including documentation, disclosure and the use of globally comparable ratings.

The following timeline outlines Chinese companies' entrance into the US dollar bond market.

1 Chinese issuers refer to issuers in mainland China only.
2 Chinese corporates refer to corporates in mainland China only.

Figure 1. Evolution of Chinese corporate issuers as a major issuer class in the US dollar bond market

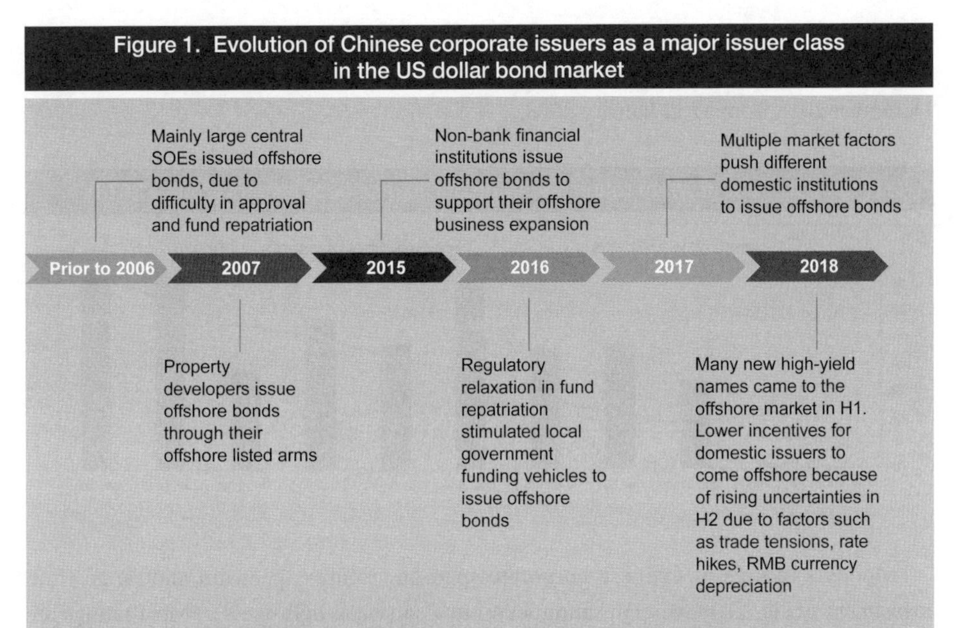

Before 2006: Large central state-owned enterprises (SOEs) dominated offshore US dollar bond issuance because of strict rules and regulations in offshore issuance approval and fund flow between offshore and onshore markets. These large central SOEs have investment-grade ratings.

2007: Driven by the property market boom in China this year, Chinese property developers aggressively expanded their funding channels. It was common for them to list in Hong Kong or other overseas markets and to issue US dollar bonds through these offshore companies. Property developers' offshore bond issuance volumes grew faster than other sectors' because the developers had limited access to the onshore bond market due to regulation. Most property developers have high-yield ratings.

2015: Non-bank financial institutions including securities firms and asset management companies started raising funds in the offshore market to support overseas expansion. The big four Chinese asset management companies have investment-grade ratings, while securities firms' ratings span the investment-grade and high-yield spectrum.

2016: Regulatory relaxation of offshore bond issuance and fund repatriation spurred SOEs owned by local governments, including local government financing vehicles, to tap the offshore bond market. Local SOEs' ratings range from investment-grade to high-yield.

2017: Continued deregulation and a stabilising Renminbi-US dollar exchange rate encouraged companies from a range of sectors to issue bonds offshore. Investment-grade companies were looking for opportunities to lower their funding costs, while high-yield companies were expanding their funding channels as an alternative to the tight and volatile onshore bond market.

2018: Investment-grade offshore issuance has declined amid higher interest costs and Renminbi depreciation against the US dollar. More high-yield companies tried to tap the offshore market because of fluctuating liquidity in the onshore bond market. However, rising interest rates and bond defaults in the onshore and offshore markets have reduced investor appetite for high-yield bonds.

As more Chinese companies turn to the US dollar bond market, more are seeking credit ratings. The number of Chinese corporate bond issuers rated by Moody's jumped to 231 in December 2018 from 37 in January 2008.

Figure 2. Fast growing rating coverage of Chinese debt issuers (2008 – 2018)

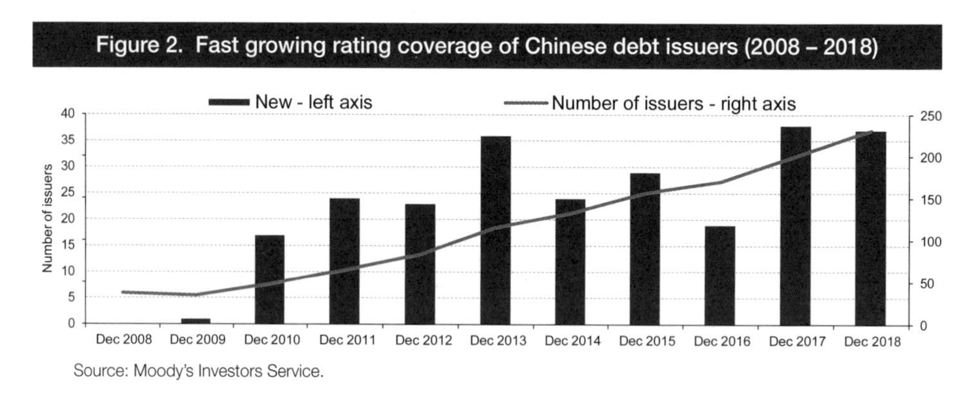

Source: Moody's Investors Service.

Moody's ratings of Chinese corporate span our ratings spectrum and range from investment-grade A1 (sovereign rating level) to Caa (weak high-yield). Most ratings are investment-grade. About 60% of these companies have investment-grade ratings, and most of the investment-grade companies are state-owned enterprises (SOEs) or their subsidiaries. SOEs receive government support and their subsidiaries benefit from indirect government support through the SOE parents; and therefore Moody's believes their ratings should be higher than their standalone credit profiles. We assign these ratings on a global rating scale and based on methodologies that apply to relevant peers globally. The ratings allow investors to make side-by-side comparison between Chinese companies and their global counterparts.

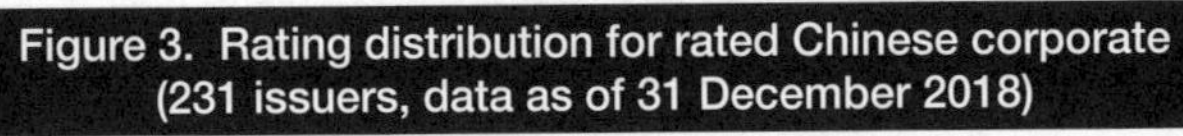

Figure 3. Rating distribution for rated Chinese corporate (231 issuers, data as of 31 December 2018)

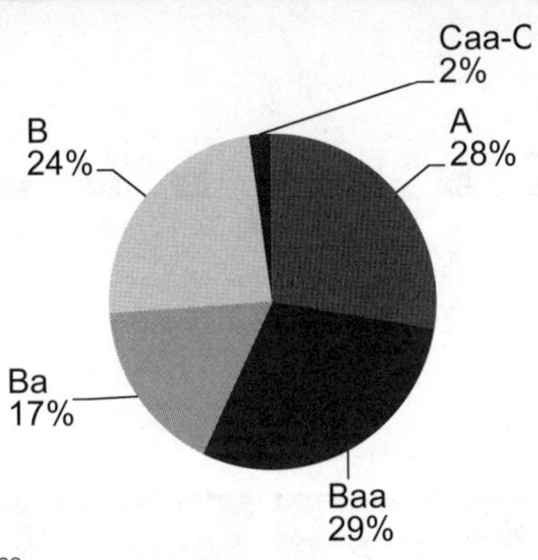

Source: Moody's Investors Service.

Moody's ratings cover both state-owned enterprises (SOEs) and privately owned enterprises (POEs) in a range of sectors.

Figure 4. Most SOEs have investment-grade ratings; most high-yield companies are privately owned enterprises

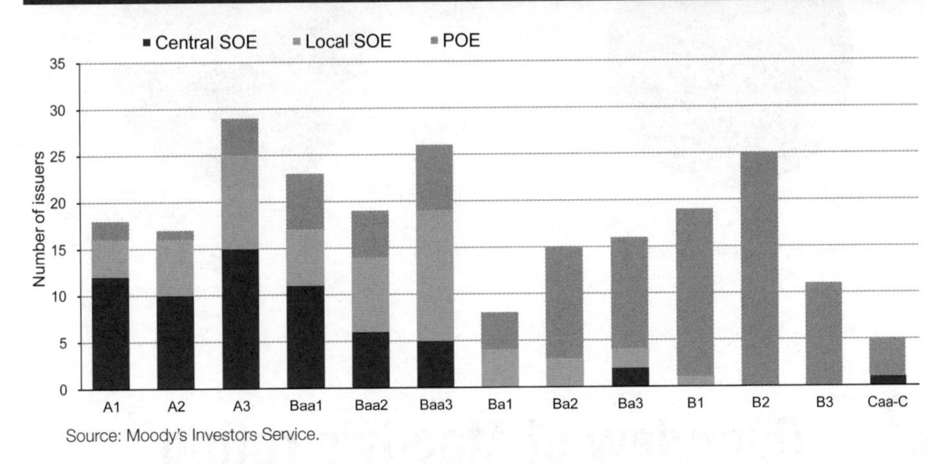

Source: Moody's Investors Service.

The property sector has the highest number of Moody's-rated corporate bond issuers. Most of these property developers have high-yield ratings. Electric and gas utilities account for the second highest number. Most of them have investment-grade ratings.

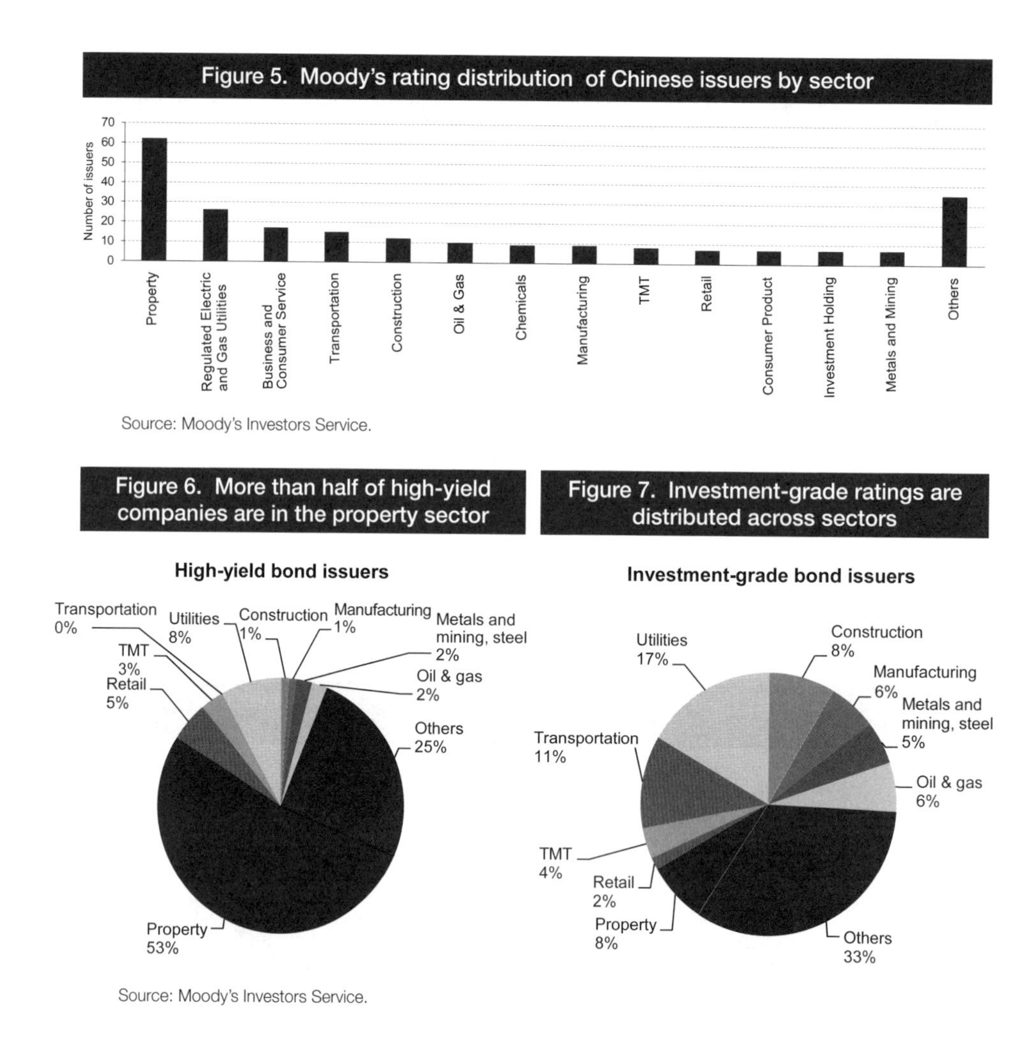

Figure 5. Moody's rating distribution of Chinese issuers by sector

Source: Moody's Investors Service.

Figure 6. More than half of high-yield companies are in the property sector

Figure 7. Investment-grade ratings are distributed across sectors

Source: Moody's Investors Service.

2 Overview of Moody's rating

The system of rating securities was originated by John Moody in 1909. The purpose of Moody's ratings is to provide investors with a simple system of gradation by which future relative creditworthiness of securities may be gauged.

2.1 Moody's rating definition

Table 1. Global long-term rating scale	
Aaa	Obligations rated Aaa are judged to be of the highest quality, subject to the lowest level of credit risk.
Aa	Obligations rated Aa are judged to be of high quality and are subject to very low credit risk.
A	Obligations rated A are judged to be upper-medium grade and are subject to low credit risk.
Baa	Obligations rated Baa are judged to be medium grade and are subject to moderate credit risk and an such may possess certain speculative characteristics.
Ba	Obligations rated Ba are judged to be speculative and are subject to substantial credit risk.
B	Obligations rated B are considered speculative and are subject to high credit risk.
Caa	Obligations rated Caa are judged to be speculative of poor standing and are subject to very high credit risk.
Ca	Obligations rated Ca are highly speculative and are likely in, or very near, default, with some prospect of recovery of principal and interest.
C	Obligations rated C are the lowest rated and typically in default, with little prospect for recovery of principal or interest.

Note: Moody's appends numerical modifiers 1, 2 and 3 to each generic rating classification from Aa through Caa. The modifier 1 indicates that the obligation ranks in the higher end of its generic rating category; the modifier 2 indicates a mid-range ranking; and the modifier 3 indicates a ranking in the lower end of that generic rating category. Additionally, a "(hyp)" indicator is appended to all ratings of hybrid securities issued by banks, insurers, finance companies, and securities firms.

Source: Moody's Investors Service.

2.2 Moody's historical data relating rating level and probability of default

Table 2. Average cumulative issuer-weighted global default rates by letter ratings (1920 – 2017)

Rating \ Year	1	2	3	4	5	6	7	8	9	10
Aaa	0.00%	0.01%	0.03%	0.07%	0.14%	0.21%	0.30%	0.43%	0.56%	0.71%
Aa	0.06%	0.18%	0.28%	0.43%	0.66%	0.93%	1.20%	1.46%	1.69%	1.96%
A	0.08%	0.25%	0.52%	0.81%	1.12%	1.47%	1.83%	2.19%	2.59%	2.99%
Baa	0.26%	0.72%	1.26%	1.86%	2.48%	3.10%	3.70%	4.31%	4.96%	5.60%
Ba	1.21%	2.87%	4.71%	6.64%	8.50%	10.27%	11.88%	13.44%	14.95%	16.54%
B	3.42%	7.78%	12.15%	16.12%	19.67%	22.79%	25.61%	28.01%	30.16%	32.01%
Caa-C	10.11%	17.72%	23.85%	28.87%	32.89%	36.06%	38.80%	41.30%	43.68%	45.73%
IG	0.14%	0.40%	0.72%	1.08%	1.48%	1.89%	2.29%	2.70%	3.13%	3.56%
SG	3.71%	7.44%	10.93%	14.06%	16.82%	19.22%	21.36%	23.27%	25.04%	26.71%
All	1.50%	3.01%	4.42%	5.68%	6.80%	7.78%	8.66%	9.45%	10.21%	10.94%

Source: Moody's Investors Service.

Table 3. Average one-year letter rating migration rates (1920 – 2017)										
From \ To	Aaa	Aa	A	Baa	Ba	B	Caa	Ca-C	WR	Default
Aaa	86.86%	7.78%	0.79%	0.19%	0.03%	0.00%	0.00%	0.00%	4.36%	0.00%
Aa	1.05%	84.12%	7.73%	0.72%	0.16%	0.05%	0.01%	0.00%	6.11%	0.06%
A	0.07%	2.70%	85.06%	5.56%	0.64%	0.12%	0.04%	0.01%	5.73%	0.08%
Baa	0.04%	0.23%	4.20%	82.90%	4.55%	0.73%	0.13%	0.02%	6.96%	0.25%
Ba	0.01%	0.07%	0.49%	6.15%	74.05%	6.85%	0.67%	0.09%	10.49%	1.14%
B	0.01%	0.04%	0.16%	0.61%	5.56%	71.76%	6.19%	0.46%	12.00%	3.21%
Caa	0.00%	0.01%	0.03%	0.11%	0.51%	6.71%	67.72%	2.95%	13.90%	8.06%
Ca-C	0.00%	0.02%	0.10%	0.04%	0.57%	2.82%	8.19%	47.69%	18.45%	22.13%

Source: Moody's Investors Service.

3 Overview of Moody's corporate rating methodology

Introduction of Moody's rating score card

Credit Rating Methodologies describe the analytical framework that Moody's Investors Service (MIS) rating committees use to assign credit ratings. They set out the key analytical factors which MIS believes are the most important determinants of credit risk for the relevant sector. Methodologies are not exhaustive treatments of all factors reflected in MIS' ratings; they simply set out the key qualitative and quantitative considerations used by MIS in determining ratings. In order to help third parties understand MIS' analytical approach, all methodologies are publicly available.

Methodologies governing fundamental credits (e.g., non-financial corporates, financial institutions and governments) generally (though not always) incorporate a scorecard. A scorecard is a reference tool explaining the factors that are generally most important in assigning ratings. It is a summary, and does not contain every rating consideration. The weights shown for each factor and sub-factor in the scorecard represent an approximation of their typical importance for rating decisions, but the actual importance of each factor may vary significantly depending on the circumstances of the issuer and the environment in which it is operating. In addition, quantitative factor and sub-factor variables generally use historical data, but our rating analyses are based on forward looking expectations. Each rating committee will apply its own judgment in determining whether and how to emphasise rating factors which it considers to be of particular significance given, for example, the prevailing operating environment. As a consequence, assigned ratings may fall outside the range or level indicated by the scorecard.

Chapter 8

Bond Connect and the inclusion of China into global bond indices

Chief China Economist's Office
Hong Kong Exchanges and Clearing Limited

Summary

China's bond market has experienced a rapid expansion and become the third largest in the world. However, it is much under-represented in global bond indices, compared to the size of its economy and bond issuance. In recent years, China has taken a number of steps to reduce the entry barriers for foreign participation in its domestic bond market. In particular, the Bond Connect scheme was officially launched in July 2017, which has largely removed the entry barriers to China's bond market and eased restrictions on foreign investors' trading in the market. This has enhanced China's eligibility to meet the stringent criteria of widely-used global bond indices. However, certain operational issues remain constraints on foreign participation in China's bond market. These include the settlement arrangement in existing channels being not fully on delivery-versus-payment (DVP) basis, unclear taxation policy on foreign investment in bonds, the difficulty in repatriating funds, and the ability to hedge currency risk through liquid foreign exchange markets.

China's inclusion into widely-used global bond indices appears inevitable and the impact will be significant in the foreseeable future. Once China is admitted to and assigned larger weights in global bond indices, and more exchange traded funds (ETFs) tracking these global bond indices increase their holdings in China's bond sectors accordingly, the availability of hedging instruments would become important to reduce the sensitivity of China's domestic bond market to international market volatility. Moreover, maintaining a solid sovereign rating is essential for attracting global large institutional investors and for remaining included in global bond indices. Domestic financial deepening, including expanding the local investor base, deepening banking sectors and capital markets, and improving institutional environment, will help strengthen the domestic financial market and mitigate the adverse impact of global financial shocks on domestic asset prices.

1 The trend of international portfolio in EM bond markets

1.1 The increasing share of EM bonds in global portfolio

The landscape of global investment in bonds has grown considerably over the past 15 years, with increasing flow into emerging markets (EMs). Gross capital flows to EMs have grown rapidly since the early 2000s and quintupled by 2013, leading to a significant growth in the share of EM bonds in the global capital market (see Figure 1).

Figure 1. The share of EM bonds in global bond market value and index (1995 – 2013)

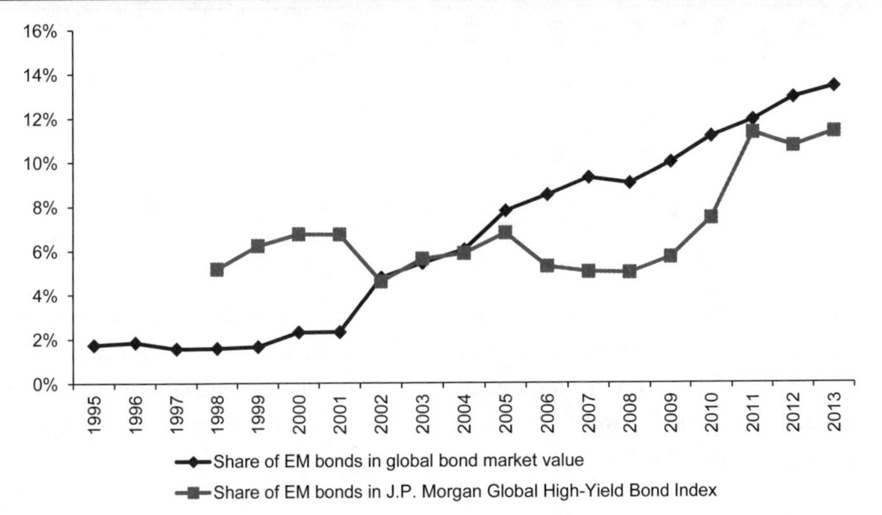

Source: International Monetary Fund (IMF), *Global Financial Stability Report — Moving from Liquidity to Growth-Driven Markets*, April 2014 (IMF GFSR 2014).

The sharp rise of EM bonds in global investors' bond portfolios is mainly supported by EMs' growing importance in the world economy (see Figure 2), as well as their increasingly globalised financial markets. After the 1997 Asian financial crisis, many EMs had undergone significant improvement in their economic fundamentals, reflected by the fact that a large number of EMs are rated as "investment grade" based on their low-level government debt.

Figure 2. The share of EMs in global gross domestic product (GDP) (1994 - 2013)

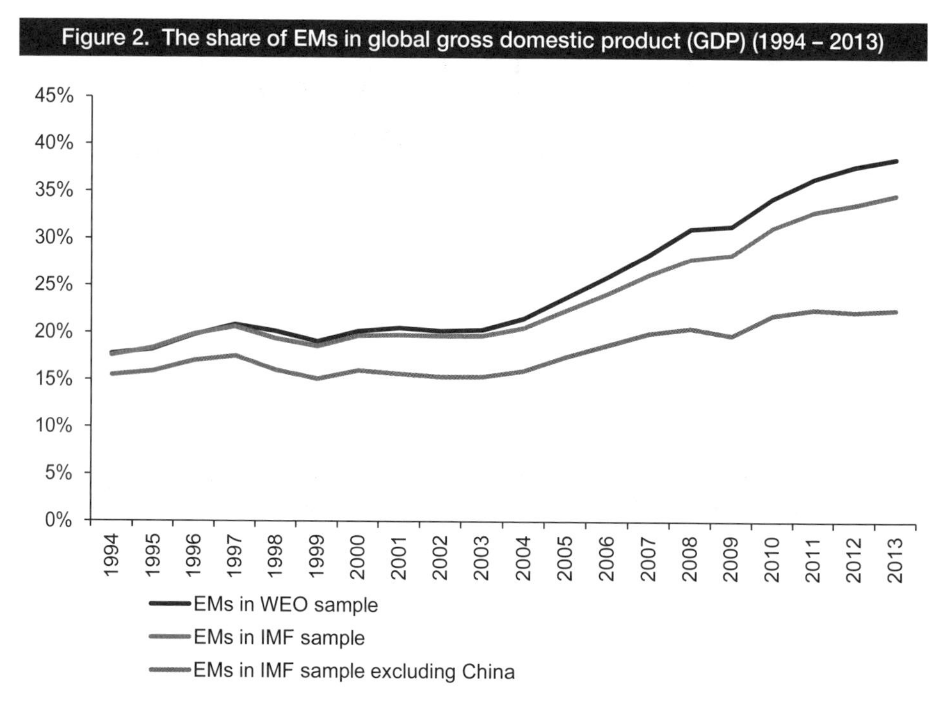

Note: EMs in WEO sample are classified as such in the World Economic Outlook(WEO) database; EMs in IMF sample are classified as such in the IMF database.

Source: IMF GFSR 2014.

After the 2008 global financial crisis, the bond market in EMs have become more important, even higher than the equity sector, in global investments (see Figure 3). This is due largely to the search for high-yield amid a low interest rate environment where central banks in major developed countries have been extensively deploying expansionary monetary policies to stimulate their economic growth.

Figure 3. Average annual gross portfolio inflows/outflows to/from EMs for the period 2009 – 2013

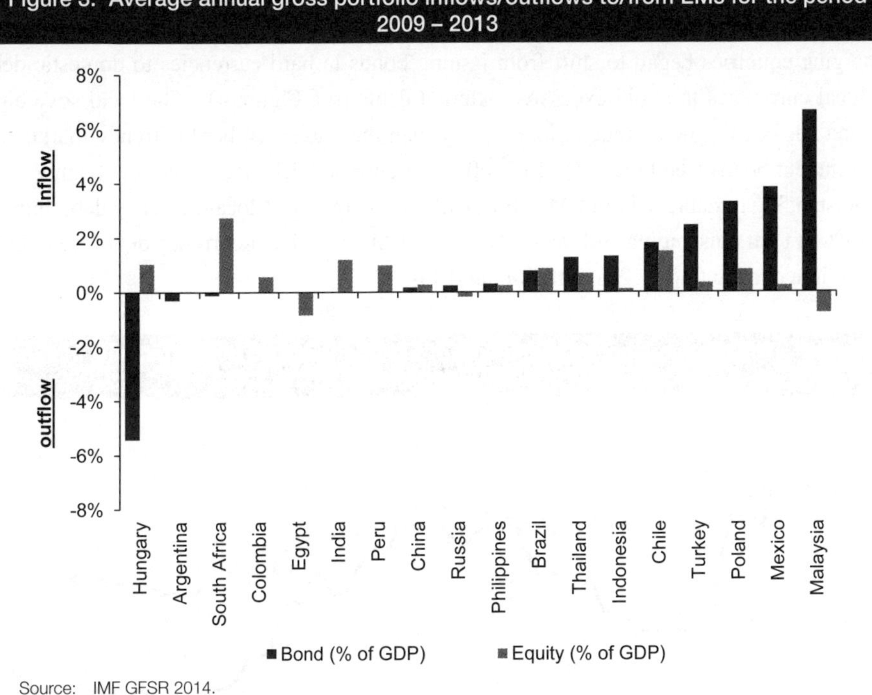

Source: IMF GFSR 2014.

1.2 EMs' debt issuance shifting from hard currency to local currency

The increase in foreign holdings of EM bonds is also driven by the trend that EM bond issuers shifted their debt financing from hard currencies to local currencies. Local-currency debt financing has considerably expanded in recent years.

The EMs hard-currency bonds[1] had been a dominant asset class for decades. Owing to the weakness of the domestic bond markets, issuers in most emerging countries were not able to issue bonds in their own currency or in the domestic market, but had to issue bonds in currencies of the developed economies or in the international market. The benefit of doing so is that EM issuers can gain access to more liquid international capital to overcome the capital shortage caused by the underdevelopment of their domestic markets. However, this resulted in the problem of currency mismatch and increased the vulnerability of EMs.

In the last decade, this trend has changed substantially. The progress made by emerging

1 Hard-currency bonds refer to bonds denominated in US dollar (USD), Euro, British pound or Japanese yen (JPY).

markets toward financial deepening and stronger financial institutions make the EM domestic markets more liquid with a larger domestic investor base. Therefore, many emerging countries began to shift from issuing bonds in hard currencies to domestic debt in local currencies to avoid excessive external debts (see Figure 4). The local sovereign market has been growing much more rapidly than the traditional hard-currency market for government bonds (see Figure 5). In 2000, local-currency debt accounted for roughly 55% of outstanding tradable debt in EMs. By 2013, the share of EM local-currency debt jumped to 83% of total outstanding EM debt[2]. By 2015, EMs' total local-currency debt rose to US$ 15 trillion, constituting 87.2% of their total debts[3].

Figure 4. The reliance on hard currencies of EM bonds issued in international markets (Mar 1995 – Sep 2013)

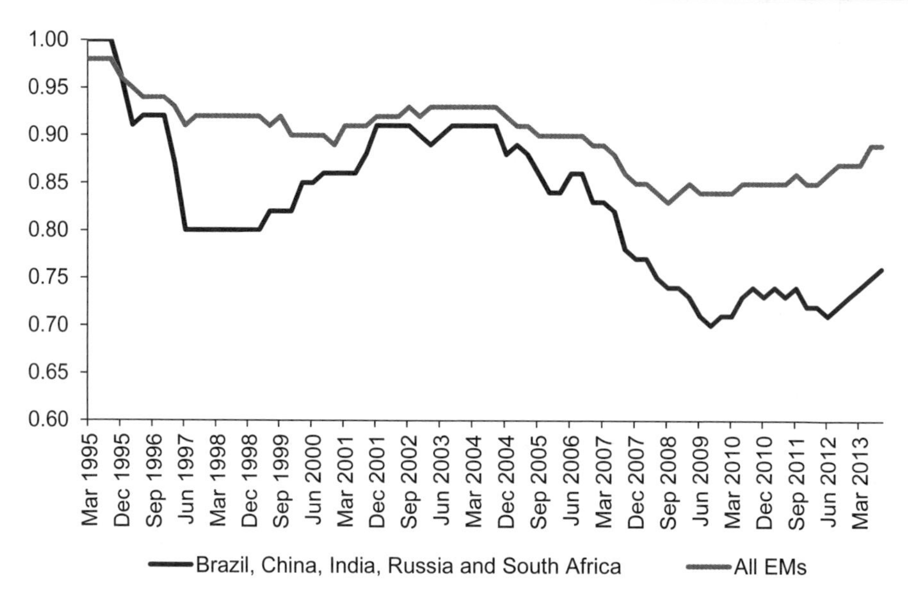

Note: The measure presented in the chart is the one used in IMF GFSR 2014, which is a number in the range of 0 to 1. The larger the number, the more reliance on hard currencies. The chart presents the simple average across countries.

Source: IMF GFSR 2014.

2 Source: *Emerging markets local currency debt and foreign investors*, The World Bank, 20 November 2014.

3 Source: *Development of local currency bond markets*, IMF, 14 December 2016.

Figure 5. Net EM bonds issued in international markets* by issuer type (2002 – 2012)

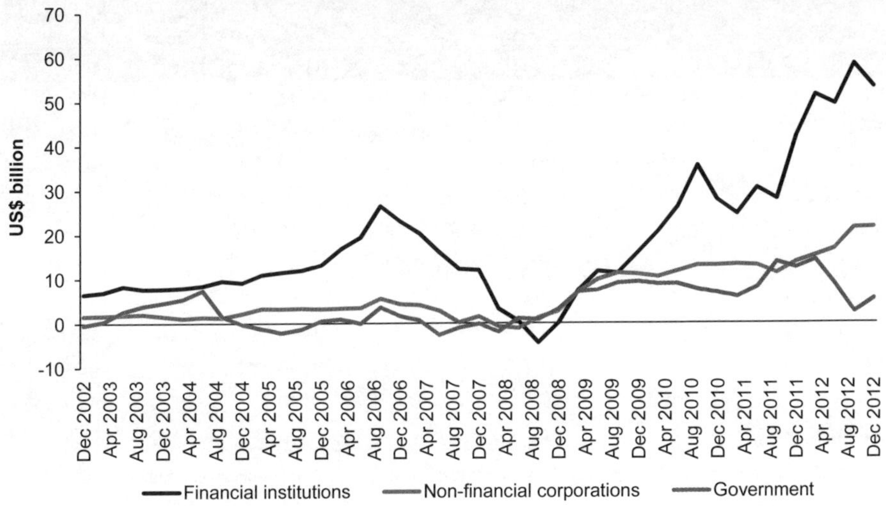

* These are debt issued by former and current EMs based on the nationality of the issuers, including debt issued by foreign subsidiaries of issuers headquartered in EM economies (sample as defined in the source).

Source: IMF GFSR 2014.

1.3 EMs' debt issuance highly concentrated in a few countries

EM local-currency debt issuance is highly concentrated in only a few countries. According to the World Bank[4], the ten largest issuer countries accounted for 81% of the local-currency government debt of EMs in terms of outstanding amount as of December 2013. Among which, China, Brazil and India were the top three, accounting for an aggregate of over 50% (See Table 1).

4 Source: *Emerging markets local currency debt and foreign investors*, The World Bank, 20 November 2014.

Table 1. Top 10 largest EM government debt issuers in local currency by outstanding amount (as of Dec 2013)					
Country by rank (Dec 2013)	Outstanding amount (US$ billion)		As % of GDP		As % of total EMs' local-currency bonds
	Dec 2000	Dec 2013	Dec 2000	Dec 2013	Dec 2013
China	133.89	1,361.82	11.17%	14.74%	26.29%
Brazil	134.26	912.21	20.82%	40.62%	17.61%
India	11.92	618.04	2.50%	32.93%	11.93%
Mexico	59.64	306.68	8.72%	24.32%	5.92%
Turkey	15.77	243.74	5.92%	29.72%	4.70%
Poland	36.97	212.55	21.59%	41.07%	4.10%
Malaysia	44.24	160.93	47.17%	51.51%	3.11%
Russia	8.95	144.27	3.44%	6.88%	2.78%
South Africa	71.35	126.68	53.69%	36.13%	2.45%
Thailand	16.17	113.69	13.17%	29.36%	2.19%
Total					**81.08%**

Source: *Emerging markets local currency debt and foreign investors*, The World Bank, 20 November 2014.

However, despite the enlarged size of EM bonds in the global market, they do not get a fair share in global bond indices. In particular, China's bond issuance in local currency, i.e. Renminbi (RMB), is highly under-represented in global indices, compared to the size of its economy and bond issuance in local currency among EMs and even in the world. As of end-2017, the onshore Chinese bond market has a market value of RMB 64.57 trillion[5]. Even China's domestic bond market is already opened to a considerable extent for foreign participation through various channels[6],Chinese bonds are either not included or under-represented in major global indices. In the case of the recent addition of Chinese bonds (sovereign bonds and policy-bank bonds) into the Bloomberg Barclays Global Aggregate + China Index, the market weight of RMB assets is only 5.31% of the index, which is far less than the weight of China in global bond issuance.

In the following sections, we will further discuss the construction of global bond indices and then examine the factors affecting the progress of inclusion of Chinese bonds in global indices. This would give some insights on the under-representativeness of Chinese bonds in global indices.

5 Source:《2017 年債券市場統計分析報告》, 16th January 2018, China Central Depository & Clearing Ltd.

6 See Chapter 8, "Tapping into China's domestic bond market — An international perspective", in *New Progress in RMB Internationalisation: Innovations in HKEX's Offshore Financial Products* (Hong Kong: The Commercial Press (HK) Ltd.), 2018.

2 Major global bond Indices for emerging markets

The inclusion of more countries into global indices is driven by the increased interests of global investors to meet their needs for diverse liquidity and instruments. Referencing on global indices, investors can evaluate their portfolios' performance. They can either manage their asset portfolios passively by tracking the index, or use the index as a benchmark to gain exposure to certain markets through financial products such as exchange-traded funds (ETFs).

In general, the index providers would concentrate on the most liquid countries and currencies in order to make the indices easy to manage for global investors. Based on the currency components in EM debt, the underlying of indices are divided into hard currencies and local currencies.

2.1 J.P. Morgan global bond indices

2.1.1 Classification by currency and market weighting

J.P. Morgan offers a diverse range of EM indices, which are extensively used in asset management and EM debt investment. According to the difference in currencies, J.P. Morgan indices distinguish between two major individual index groups. For bonds denominated in local currencies, J.P. Morgan provides Government Bond Index-Emerging Markets (GBI-EM) series. This series was developed in response to an increase in investor appetite towards EMs' local-currency debt that grows rapidly in recent years. For bonds denominated in hard currencies, J.P. Morgan provides Emerging Market Bond Index (EMBI) family, which was introduced in July 1999, but is calculated back to December 1993. Besides sovereign bonds, it also contains quasi government bonds to represent more broadly sovereign debt in EMs.

Every index group is comprised of several variations, which are classified by different inclusion criteria in terms of the size of the investment universe, liquidity and the degree of country diversification.

For example, the GBI-EM index suite encompasses three variations — GBI-EM, GBI-EM Global and GBI-EM Broad. The sub-index GBI-EM Broad is the most comprehensive index with the largest range of bonds regardless of the ability of investors to access the markets. On the other end, the sub-index GBI-EM only includes countries that have no impediment for investors to directly access the local bond market, making it the sub-index that is the easiest for investors to replicate and could be easily used as benchmarks for ETFs. The sub-index GBI-EM Global takes the middle path in terms of market accessibility excluding only countries with explicit capital controls.

Moreover, every sub-index has a "diversified" version, which differs from the initial indices by the country weightings. In "diversified" versions, the extremely high weighting of individual countries in market-capitalisation will be reduced and limited to a certain maximal weighting according to J.P. Morgan's adjusting methodology. Smaller markets are given a greater weighting in the "diversified" index so as to achieve a more balanced diversification, even though the adjusted weightings are different from the market cap weights of the countries. Practically, the "Global Diversified" index is the most widely used one in fixed-income and asset management industries.

Table 2. The classification of J.P. Morgan bond indices

	GBI-EM Global Diversified	EMBI Global Diversified
Asset classes	• Local currency, sovereign	• Hard currency, sovereign & quasi-sovereign
Country criteria	• Gross national income (GNI) per capita must be below the Index Income Ceiling (IIC)* for 3 consecutive years • Accessible to majority of foreign investors • Does not include markets with capital controls	• GNI per capita must be below the IIC* for 3 consecutive years
Liquidity criteria	• Two-way daily pricing should be available and guidance taken from local trading desk	• Daily available pricing from a third-party valuation vendor
Instrument criteria	• Fixed rate and zero coupon • Minimum size: US$1 bil (onshore bonds) or US$500 mil (global bonds)	• All fixed, floater, amortisers and capitalisers, Minimum size: US$500 mil

* J.P. Morgan defines the Index Income Ceiling (IIC) as the GNI per capita level that is adjusted every year by the growth rate of the World GNI per capita, Atlas method (current USD), provided by the World Bank annually.

Source: J.P. Morgan.

2.1.2 Key features: Regional distribution, rating and market capitalisation

In the GBI-EM Global Diversified Index, the number of countries was limited to 18[7]. As of August 2017, the index had the highest diversified weighting in Europe (35%),

7 Source: J.P. Morgan, as of 31 August 2017.

followed by Latin America (33%) and Asia (24%) (see Figure 6). According to the adjustment methodology, the weightings of some countries in GBI-EM Global Diversified Index are limited to 10%, such as Brazil or Mexico, while their weightings in the initial index (i.e. the GBI-EM Global Index) are substantially greater, based on the normal market capitalisation without weighting restrictions.

Figure 6. Regional weightings of J. P. Morgan GBI-EM Global Diversified Index (Dec 2002 – Aug 2017)

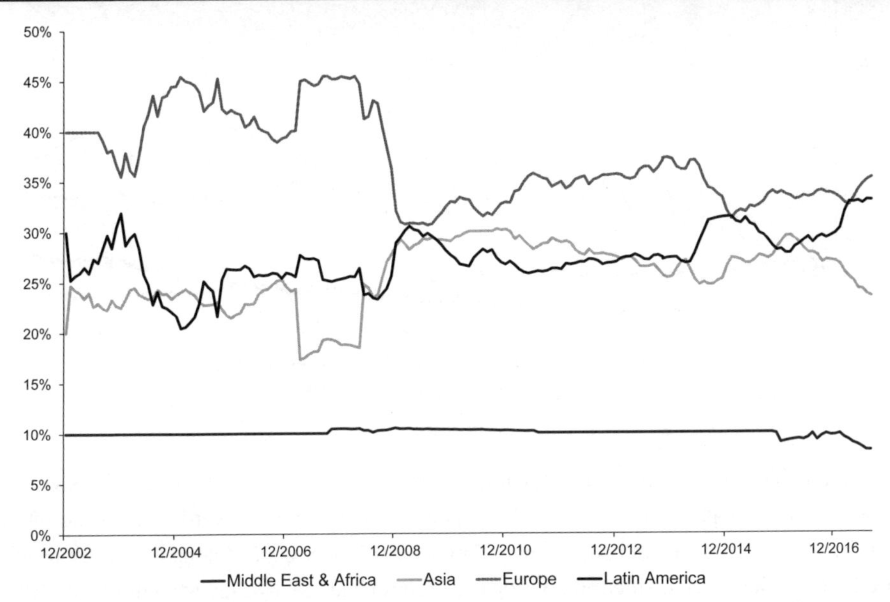

Source: J.P. Morgan.

As for the EMBI Index for hard-currency bonds, 38% of the weighting is in Latin America, 26% in Europe, 19% in Asia, 11% in Africa, and 6% in the Middle East as of August 2017. At the same time, 66 countries were included in the index, much broader than the local-currency indices (see Figure 7). It also balances the weightings of some large-volume countries with smaller-volume ones to improve the diversification of indices.

Figure 7. Regional weightings of J.P. Morgan EMBI Global Diversified Index (Dec 1993 – Aug 2017)

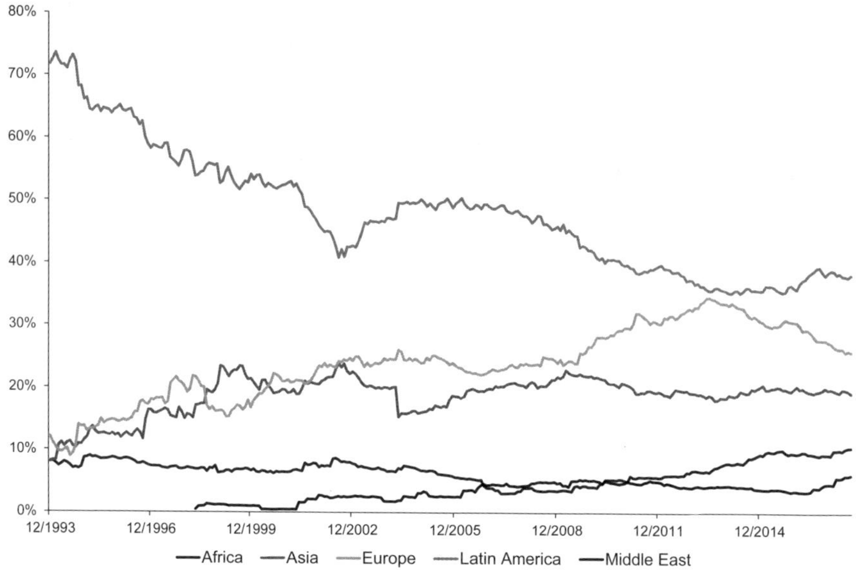

Source: J.P. Morgan.

Given the continuous structural improvement in the EMs, the soundness of the sovereign bonds has steadily improved. This is reflected by an upward shift of the rating distribution in GBI-EM and EMBI. As of August 2017, over 60% of constituents by weight in GBI-EM Global Diversified index (local currency) had reached investment grade. Even in EMBI Global Diversified index (hard currency), investment-grade bonds accounted for almost half (48%) by weight (See Table 3).

Table 3. Key features of J.P. Morgan bond indices (End-Aug 2017*)

	GBI-EM Global Diversified (Local currency)	EMBI Global Diversified (Hard currency)
No. of countries	18	66
No. of instruments	215	620
Market cap (US$ bil) (End-2016)	965	445
Performance (31 Dec 2008 to 30 Dec 2016, annualised)	3.33%	9.61%

(continued)

Table 3. Key features of J.P. Morgan bond indices (End-Aug 2017*)

	GBI-EM Global Diversified (Local currency)	EMBI Global Diversified (Hard currency)
Credit quality (Average) (Moody's / S&P/ Fitch)	Baa2/ BBB/ BBB	Ba1/ BB+/ BB+
Rating distribution		
A and above	23.62%	12.62%
BBB	42.35%	35.71%
BB	32.94%	23.32%
B	1.09%	24.48%
CCC and below	—	3.87%

* Unless otherwise specified.

Source: J.P. Morgan.

Since the J.P. Morgan Index families have become the market standards in fixed-income management, the market capitalisation of the above two J.P. Morgan bond indices (including hard currency and local currency) has risen steadily in recent years, reaching a combined value of US$1,410 billion as of end-2016. In particular, the index for local currency is growing faster than the one denominated in hard currency (see Figure 8), indicating the importance of the domestic bond market in EMs. Since March 2016, J.P. Morgan has put China on "Index Watch" for potential inclusion in the GBI-EM index suite.

Figure 8. The market capitalisation of J. P. Morgan indices

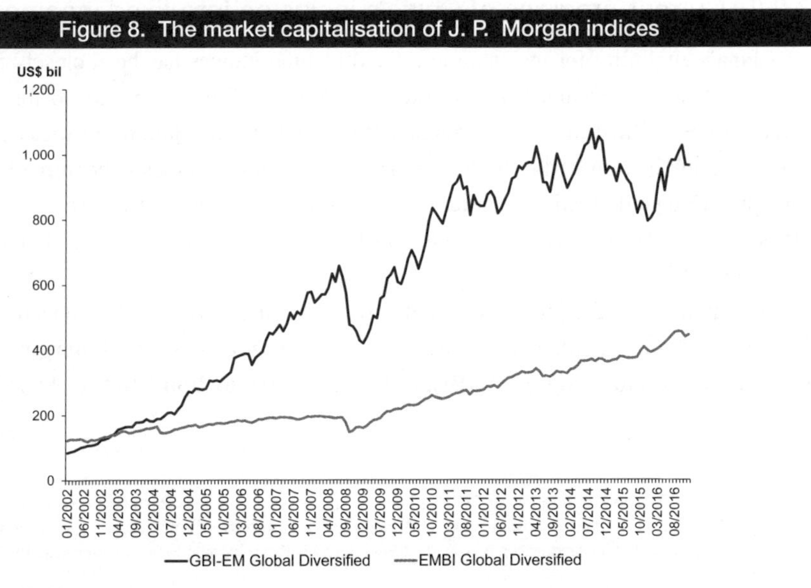

Source: J.P. Morgan.

2.2 FTSE Russell global bond indices[8]

2.2.1 Inclusion criteria

FTSE Russell provides global indices as benchmarks for the investors who have exposure to the global sovereign bond markets. Its major bond index denominated in local currencies is the **World Government Bond Index (WGBI)** which measures the performance of fixed-rate, investment-grade sovereign bonds. This index currently comprises sovereign debt from over 20 markets and denominated in a variety of currencies. To join the WGBI, a market must satisfy the criteria of market size and rating. The lack of barriers-to-entry into a market is also an additional requirement.

Table 4. Inclusion criteria of WGBI	
Market size	The total outstanding amount of the market's eligible issues must be at least US$50 billion/ EUR 40 billion / JPY 5 trillion.
Credit quality	A- by S&P and A3 by Moody's, for all new markets
Barriers to entry	Potentially eligible markets should encourage foreign ownership of its bonds, allow investment-related participation in its currency markets, support the potential currency hedging needs of investors, and facilitate repatriation of investor's capital. Other factors such as tax, regulation stability and ease of operations are also considered.

Source: FTSE Russell, Index Rules for WGBI, April 2018.

2.2.2 Current progress of China's inclusion into fixed income indices

China's eligibility for inclusion into fixed income indices has been closely monitored since the China Interbank Bond Market (CIBM) was further opened up for access by foreign financial institutions in February 2016. Upon introduction of measures by the People's Bank of China (the PBOC) to further open up the domestic bond market and the foreign exchange derivatives market for eligible foreign institutional investors, China has already met the entry criteria of certain global indices and has become eligible for inclusion into the WGBI.

In March 2017, Citi, the former index provider of the WGBI, announced that China is eligible to join its other three government bond indices — the **Emerging Markets Government Bond Index (EMGBI), Asian Government Bond Index (AGBI),** and the

8 Formerly the Citi global bond indices. FTSE Russell is a leading global provider of benchmarks, analytics, and data solutions for investors worldwide. On 31 August 2017, Citi's fixed income indexes joined the FTSE Russell index family as part of the acquisition of The Yield Book and Citi Fixed Income Indices businesses by London Stock Exchange from Citi.

Asia Pacific Government Bond Index (APGBI). As China has met the requirements for three consecutive months since the announcement, China has been formally included into EMGBI, AGBI and APGBI in February 2018.

According to FTSE Russell, the market weight of China, based on 1 April 2018 data, was 52.55% in the EMGBI, 10.00% in the EMGBI-Capped[9], 58.85% in AGBI and 20.00% in AGBI-Capped[10](see Tables 5 and 6).

Table 5. Market weights by country in the EMGBI and EMGBI-Capped (1 Apr 2018)

	Number of issues	Market value (in US$ bil)	Market weight (%)	
			EMGBI (including China)	EMGBI-Capped (including China)
China	136	1,320	52.55	10.00
Mexico	15	147	5.87	10.00
Indonesia	33	127	5.04	9.69
Brazil	5	124	4.94	9.51
Poland	18	122	4.85	9.32
South Africa	14	119	4.75	9.14
Thailand	24	102	4.08	7.84
Malaysia	33	86	3.41	6.57
Russia	19	78	3.12	6.00
Turkey	22	71	2.82	5.43
Colombia	9	66	2.63	5.06
Hungary	16	47	1.88	3.62
Philippines	29	44	1.76	3.38
Peru	10	30	1.18	2.27
Chile	14	28	1.13	2.17

Source: FTSE Russell.

9 The EMGBI-Capped — Emerging Markets Government Capped Bond Index — is designed to limit individual market exposure by imposing a maximum country weight of 10%.

10 The AGBI-Capped — Asian Government Capped Bond Index — is designed to limit individual market exposure by imposing a maximum country weight of 20%.

Table 6. Market weights by country in the AGBI and AGBI-Capped (1 Apr 2018)				
	Number of issues	Market value (in US$ bil)	Market Weight (%)	
			AGBI (including China)	AGBI-Capped (including China)
China	136	1,320	58.85	20.00
Korea	41	485	21.61	20.00
Indonesia	33	127	5.64	17.32
Thailand	24	102	4.56	14.01
Malaysia	33	86	3.82	11.74
Singapore	20	70	3.11	9.56
Philippines	29	44	1.97	6.04
Hong Kong	30	10	0.43	1.33

Source: FTSE Russell.

However, China is still under review to be included into WGBI. To date, China has been added to the "World Government Bond Index – Extended" (WGBI-Extended) in July 2017. As of end-March 2018, China has a market weight of 5.54% in the WGBI-Extended Index[11]. If the ease of access to China's onshore bond market can be further improved, the inclusion of China into WGBI could be expected.

2.3 Bloomberg Barclays indices[12] with Chinese bonds

Along with the increasing accessibility to China's bond market and the global significance of China's economy, Bloomberg launched two hybrid bond indices covering Chinese bonds in March 2017. These are the "Global Aggregate + China Index" and the **"EM Local Currency Government + China Index"**. The Global Aggregate + China Index combines Bloomberg Global Aggregate Index with 151 China treasury bonds and 251 bonds issued by the Chinese policy banks. As a result of the inclusion of RMB-denominated Chinese bonds, the weight of RMB in this hybrid index is 4.6%, ranking after the USD, Euro and JPY. Similarly, EM Local Currency Government + China Index combines the EM Local Currency Government Index and 151 eligible Chinese treasury bonds. Based on the market value, Chinese bonds weigh 38.2% in this index.

On 23 March 2018, Bloomberg announced that it will add Chinese RMB-denominated government and policy bank securities to the **Bloomberg Barclays Global Aggregate**

11 Source: FTSE Russell.

12 Bloomberg acquired the fixed-income index assets from Barclays on 24 August 2016, after which the indices are co-branded as the Bloomberg Barclays Indices.

Index, one of the most widely-used benchmark for international fixed-income investors. The addition of these securities will be phased in over a 20-month period starting April 2019. After the inclusion, the index would include 386 Chinese securities, which represented 5.49% of the index as of 31 January 2018.

As a matter of fact, China's inclusion into Bloomberg indices could be tracked back to 2004 when the Bloomberg China Aggregate Index was first introduced to the market. The increasing opening-up of China's domestic bond market is, no doubt, a catalyst for China's inclusion into global indices. The above measures taken by Bloomberg could be seen as a further step to allow global investors to grasp investment opportunities in China.

Table 7. Key inclusion criteria of Global Aggregate Index

Maturity	At least one year until final maturity
Amount outstanding	Fixed minimum issue size is RMB 5 billion for Chinese bonds
Credit quality	Securities must be rated investment grade (Baa3/BBB-/BBB- or higher) using the middle rating of Moody's, S&P and Fitch; when ratings from only two agencies are available, the lower is used; when only one agency rates a bond, that rating is used
Eligibility	For CNY-denominated securities, only treasuries and government-related securities are index eligible

Source: Bloomberg Factsheets on the respective indices dated 28 and 20 February 2017 respectively.

3 Obstacles for China's inclusion into global bond indices

Attracting more foreign investors to participate in China's domestic bond market is a major step to support ongoing RMB internationalisation and to back up the exchange rate of the RMB by possible capital inflows from fixed-income securities investors[13]. Given the representativeness of global indices in global bond markets, the inclusion of China in global bond indices will, no doubt, promote higher foreign participation in China's bond assets. From the perspective of global index providers, China's inclusion is also considered

13 See Chapter 8, "Tapping into China's domestic bond market — An international perspective", in *New Progress in RMB Internationalisation: Innovations in HKEX's Offshore Financial Products* (Hong Kong: The Commercial Press (HK) Ltd.), 2018..

a strategic move given the importance of China's bond market as the third largest in the world. Then, what are the current major obstacles that hinder China's inclusion into global bond indices?

In terms of market size and credit rating, China's bond market should have far exceeded the inclusion criteria of most global bond indices. It had a total outstanding value of RMB 64.57 trillion as of end 2017[14] — the world's third largest after the US and Japan[15], and a sovereign credit standing at A+ by Standard & Poor's, A1 by Moody's and A+ by Fitch.

In terms of market entry barriers and direct accessibility, however, foreign investors and index providers may worry about the participation costs caused by the lengthy registration process, investment quotas, lock-up periods, and repatriation limits for accessing China's domestic bond market.

3.1 Policy changes undertaken for reducing entry barriers

China has taken a number of steps to open up its domestic bond market to foreign investors. In 2010, China took the first step to allow overseas monetary authorities and qualified institutions to use offshore RMB to invest in the CIBM, followed by the official announcement of Renminbi Qualified Foreign Institutional Investor (RQFII) program in 2011 and further relaxations on the investment restrictions of Qualified Foreign Institutional Investor (QFII) program in 2013 as further steps towards opening the domestic bond market.

Since 2015, a number of notable liberalisation measures were launched to further facilitate foreign investors to access the CIBM. These include the policy in June 2015 that allows offshore RMB clearing and participating banks to conduct repurchase (repo) financing by using their onshore bond holdings, and the policy measures announced in mid-July 2015 further expanded the scope of eligible bond transactions to include cash bonds, bond repos, bond lending, bond futures, interest rate swaps and other transaction types as permitted by the PBOC. In February 2016, the PBOC released new regulations which relaxed the rules on investment quotas, lock-up periods, and repatriation limits applicable to certain types of foreign institutional investor accessing the CIBM. In May 2016, it further released a detailed clarification of the investment procedure for foreign institutional investors. In 2017, foreign investors were given the accessibility to the domestic derivatives markets to hedge currency risks as well.

14 Source:《2017 年債券市場統計分析報告》, 16th January 2018,China Central Depository& Clearing Ltd.

15 Source: The PBOC website.

More importantly, the Bond Connect scheme[16] was officially launched in July 2017 under which Northbound trading allows foreign investors to trade domestic bonds through the trading platform in Hong Kong. Bond Connect does not set restrictions on daily and aggregate investment limits, fund remittance and lock-up period, and therefore largely increases the convenience and transaction efficiency for foreign investors to access China's domestic bond market. Figure 9 shows the opening process of the China domestic bond market.

Figure 9. The opening process of the China domestic bond market

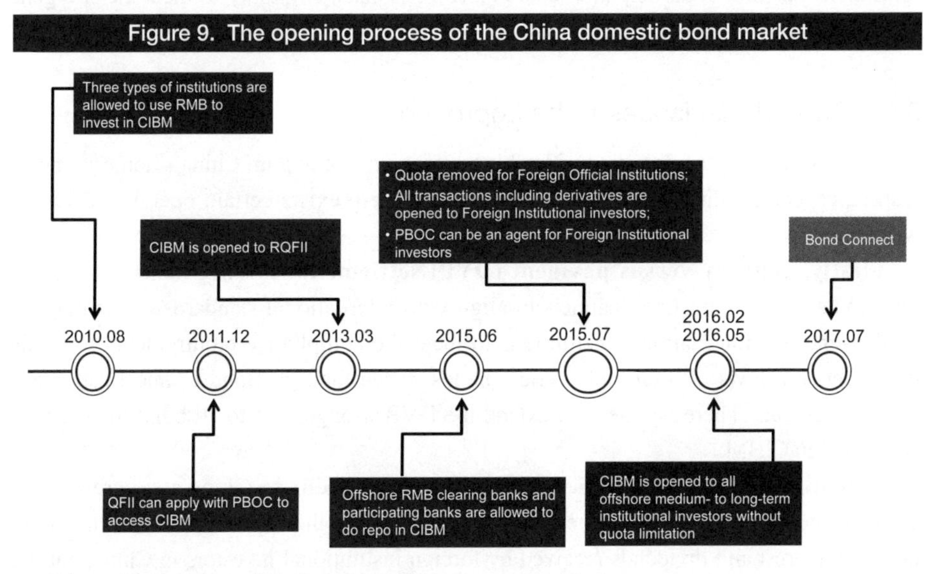

Note: The given dates refer to the policies' official announcement dates.
Source: Official announcements and public news.

For trading through Bond Connect, overseas investors do not need to open Mainland settlement and custody accounts, and are not required to deal with Mainland authorities for market admission and trading qualifications. Instead, they can make use of their existing accounts in Hong Kong to handle their market registration process through the Bond Connect platform. Moreover, the Bond Connect scheme adopts a "multi-level depository arrangement" with the nominee model to handle the registration, depository, clearing and settlement process for overseas investors. Given these, overseas investors do not need to spend

16 An arrangement that enables Mainland and overseas investors to trade bonds on the Mainland and Hong Kong bond markets through the connectivity established between the institutional financial infrastructure in the Mainland and Hong Kong. Northboundtrading was launched initially.

extra resources to study the comprehensive settlement and custody systems and the related laws and regulations of the Mainland bond market. They can simply deploy their existing long-established trading and settlement practices.

Apparently, Bond Connect is an innovative initiative for overseas investors to tap into China's bond market, with reduced entry costs and increased accessibility. Despite the short history of this scheme and the expected time for market participants to adapt to it, the improvements it offers in removing entry barriers to China's bond market and in easing restrictions on foreign participation could enhance China's eligibility to meet the stringent inclusion criteria of global bond indices.

3.2 Operational issues to be improved

Notwithstanding the above considerable progress in opening up China's domestic bond market, especially that offered by Bond Connect, there exists certain operational issues which are of key concerns to foreign participants.

Firstly, delivery versus payment (DVP) settlement[17] arrangement is not fully implemented in all existing channels to align with international standards. This may be burdensome for international institutions to meet the compliance requirements for their investments in EMs. So far, only certain bonds traded through Bond Connect can enjoy DVP settlement. There is a need to extend the DVP arrangement to all bond transactions conducted in CIBM.

Secondly, the taxation policy on foreign investment in China's sovereign and corporate bonds needs to be clarified. China has exempted the applicability of withholding taxes on interest and dividends received by foreign institutional investors in China, but the capital gains tax (CGT) remain undefined. A clear taxation regime on foreign investments in domestic bond market would be helpful for global bond-index providers to evaluate the impact on the performance of their indices.

Thirdly, foreign participants have been facing difficulty in repatriating funds after selling onshore bonds. This is particularly a concern in a stressed market environment. This issue has been eased, to a large degree, after the launch of Bond Connect which has no restrictions on investment quotas, lock-up periods and repatriation limits. However, similar regulatory relaxation for other existing channels (QFII and RQFII) is also needed to further improve China's eligibility to meet the stringent inclusion criteria of global market benchmarks.

17 DVP is a common arrangement of settlement for securities transactions. The process involves the simultaneous delivery of securities and the stipulated payment amount for the transaction.

Fourthly, the inclusion into global indices requires the ability to hedge currency risk through liquid foreign exchange markets. The sovereign bonds denominated in local currency included in global indices would reduce exchange rate mismatches at the sovereign level. The performance of funds that track the indices is, however, generally calculated on the basis of hard currencies, mostly in USD. Thus, global investors with exposure to RMB bonds would have currency risk on their investments and returns. If the investor does not wish to leave this risk unattended, he must undertake currency hedging or draw upon benchmarks hedged in USD from the outset. Therefore, foreign investors' access to onshore/offshore hedging instruments will further support China's inclusion into global bond indices.

4 Further discussions

4.1 The potential impact of China's inclusion into global bond indices

To date, China has already been added into some important indices, such as the Bloomberg Barclays Global Aggregate Index, to facilitate investors to get exposure to Chinese onshore bonds. J.P. Morgan has also put China on "Index Watch" for inclusion in their GBI-EM series since March 2016. If China were included, it would constitute more than 33% of the uncapped index[18], although it is most likely to be capped at 10% in the more widely used GBI-EM Global Diversified Index (the same weight as smaller countries such as Brazil and Mexico).

It could be expected that China's inclusion into the more widely-used global indices appears inevitable and this would have significant impact on the global bond investment landscape in the foreseeable future. According to the estimation mentioned above, China is most likely to have a market weighting of 33% in J.P. Morgan's GBI-EM index (uncapped), more than the 5.54% in FTSE Russell's WGBI-Extended, or the 5.49% in the Bloomberg Barclays Global Aggregate Index. The latter two indices are more extensively followed by global funds, with an aggregate value of around US$2 trillion to US$4 trillion. Given

18 According to IMF estimation in its Global Financial Stability Report, April 2016.

this, inflows into Chinese bonds, if these are included into the more widely used indices, are expected to be in the range of US$100 billion to US$400 billion, resulting in a three-fold increase in current foreign holding of Chinese bonds. Although the inflows could be subdued if China is under-weighted in active funds at the initial stage, China's share in active funds is expected to gradually increase to its full weight, dissipating the market weights of smaller EM countries.

4.2 The importance of offshore hedging instruments upon China's inclusion

Investing in index ETFs has become a major way for global investors to access local emerging sovereign markets in recent years. Through tracking a global EM index, investors can easily gain an instant exposure to a diversified portfolio on EMs without inputting extra research on small countries. Given the transparency of ETFs in portfolio structure, the ETF industry has experienced an extraordinary growth. The assets managed by ETFs worldwide increased from US$1.3 trillion in 2010 to US$3.4 trillion in 2016[19].

Once China is included or assigned a larger weight in global indices, more ETFs tracking these global bond indices will accordingly increase their holdings in China's sovereign bond sectors, resulting in heightened exposure to the risks related to their RMB assets held. In general, Treasury-bond (T-bond) Futures would be an ideal instrument to hedge the risk of bond ETFs, especially for those that track the global indices covering sovereign bonds denominated in local currencies. In 2013, China launched T-Bond Futures in its domestic market to facilitate investors' risk management. However, these products are not yet available for foreign participants, and the liquidity is limited due to the absence of key market users such as domestic insurance companies and banks. HKEX had also launched a similar T-Bond Futures product, the price of which is based on the average yield of domestic sovereign bond basket[20]. The continuous availability of this kind of instrument could facilitate foreign investors to hedge their exposure to China's sovereign bonds denominated in local currency, and would reduce the sensitivity of China's domestic bond market to global market turmoil.

19 Source: Statista database.

20 The T-Bond Futures pilot programme was terminated at the end of 2017 in order to allow the relevant authorities to formulate a more efficient framework for offshore RMB derivatives trading going forward.

4.3 The impact of investor behaviour in the stability of investment fund flows after China's inclusion

China's inclusion into global bond indices will encourage more global funds to flow into Chinese bond assets denominated either in hard currencies or in RMB. Inevitably, the increasing foreign investment fund flows may also make the domestic market more sensitive to the ups and downs in global risk appetite. Large global institutional investors, such as global banks, pension funds, insurance companies, central bank reserves and sovereign wealth funds, are prone to choose a widely used index as a benchmark, or take positions away from the benchmarks within a certain risk budget to achieve excess returns. Therefore, the investment behaviours of these investors and the pattern of their fund flows would be critical factors in assessing the stability of foreign portfolio fund flows after China's inclusion into global bond indices.

Compared to pre-dominantly retail-oriented mutual funds, large institutional investors of a global perspective, including large pension and insurance funds, international reserve funds and sovereign wealth funds, provide relatively stable fund flows to EM domestic bond markets but may react more strongly to the downgrading of sovereign ratings[21]. These large institutional investors' bond holdings in EMs have been more resilient than mutual funds during episodes of market distress. However, their flows into EMs bonds dropped considerably after the Lehman Brothers shock in 2008 due to EMs' sovereign downgrades[22]. From this perspective, maintaining a solid sovereign rating is essential for attracting global large institutional investors and for remaining included in global indices. In addition, domestic financial deepening, including expanding the local investor base, deepening banking sectors and capital markets, and improving institutional environment, will help strengthen the domestic financial market and mitigate the adverse impact of global financial shocks on domestic asset prices.

21 Source: IMF GFSR 2014.

22 Source: Analysis findings in IMF GFSR 2014.

Abbreviations

AGBI	FTSE Russell's Asian Government Bond Index
APGBI	FTSE Russell's Asia Pacific Government Bond Index
CGT	Capital gains tax
CIBM	China Interbank Bond Market
CNY	Onshore Renminbi
DVP	Delivery versus payment
EM	Emerging market
EMBI	J.P. Morgan's Emerging Market Bond Index series
EMGBI	FTSE Russell's Emerging Markets Government Bond Index
ETF	Exchange-traded fund
GBI-EM	J.P. Morgan's Government Bond Index-Emerging Markets series
IIC	Index income ceiling
IMF	International Monetary Fund
PBOC	People's Bank of China
QFII	Qualified Foreign Institutional Investor
RQFII	Renminbi Qualified Foreign Institutional Investor
T-bond	Treasury bond
WEO	World Economic Outlook
WGBI	FTSE Russell's World Government Bond Index

Acknowledgement

We thank J.P. Morgan, FTSE Russell and Bloomberg in offering data and information support for Section 2 in this paper.

Chapter 9

Bond Connect and the opening-up of China's primary bond market

LIU Youhui

General Manager, Treasury Department

Agricultural Development Bank of China

Summary

China's bond market has grown from the trading of treasury bonds only in its earliest days to the world's third largest bond market today with diverse issuers and a full spectrum of products. Through Bond Connect and other mechanisms, China's bond market continues to open up and prosper on innovative drives. The primary market of bonds, as the initial stage and a vital component of a bond market exhibits more initiative, flexibility and leadership than the secondary market, and plays a more positive role in opening up the Mainland economy. During the development of Bond Connect, in particular, close cooperation between primary market bond issuers and regulators as well as domestic and overseas infrastructures led to the formation of a convenient channel where overseas investors are able to trade domestic Mainland new bond issues by using their existing bond custody practices. Bond Connect has advanced the reform and opening-up of China's bond market and became a major platform through which overseas market participants get to know China.

1 History of evolution

Bond issuance in China dates back to the early forms of China's treasury bonds — the "people's victory bonds" and the "national economic construction bonds" — issued between 1950 and 1958. Treasury bonds developed thereafter alongside an immature early over-the-counter (OTC) market and exchange-traded market between 1981 and 1997. In June 1997, an interbank market (China Interbank Bond Market, "CIBM" hereafter) was established in China. It marked the beginning of interbank financing and sped up bond infrastructure development. The diversity of primary bond market issuers and the range of bond products increased rapidly. Issue volumes expanded and participants became global. After 21 years of rapid development, China's bond market now represents a key cornerstone for the nation's financial market reform and ranks third globally, only after the US and Japan markets. As of the end of October 2018, total holdings in China's bond market exceeded RMB 80 trillion, with an average annual increase of more than RMB 10 trillion (or about 37%) over the most recent three years.

1.1 Diversification of issuers

For a long time, the Ministry of Finance was the only bond issuer in China, and the objective of issuance was solely to meet the country's macroeconomic needs. Participation by other market entities was little and their activity was low. However, as CIBM increasingly assumes a prominent role and as the OTC and the exchange-traded markets continue to improve their financing functionality, a multi-level bond market has come into being and formed a major part of the Chinese capital market. Different types of institutional issuers increasingly look forward to raising funds in the Chinese bond market. After the implementation of major financial reforms in the 1990s, the range of bond issuers has quickly expanded to financial institutions, state-owned enterprises, private enterprises, foreign-funded enterprises and overseas institutions.

1.2 Expansion of bond products

As in most countries, treasury bond was the first type of bond that emerged in China, serving the country's financial objectives. The range of bond products in the primary market of Mainland bonds is constantly increasing, along with the growing maturity of China's bond market.

Bonds issued in China's primary bond market fall largely into two categories — interest rate bonds and credit bonds. Treasury bonds, local government bonds, central bank notes and policy financial bonds are interest rate bonds because their issuers' credit ratings are in line with the country's sovereign ratings. All other types of bonds are credit bonds. Currently, capital adequacy ratios are determined on a 0% risk weight for treasury bonds, central bank notes and policy financial bonds.

Table 1. Main types of bond and holdings (as of the end of Oct 2018)

Type		Number	Balance (RMB 100 million)	% share in value
Interest rate bond	Treasury bond	279	144,729.64	17.41
	Local government bond	4,066	181,271.36	21.81
	Policy bank bond	345	141,239.58	16.99
Credit bond	Financial bond	1,435	56,220.00	7.00
	Enterprise bond	2,512	25,658.16	3.09
	Corporate bond	5,030	55,937.04	6.73
	Medium-term note	4,098	54,500.48	6.56
	Short-term commercial paper	1,836	18,592.50	2.24
	Private placement notes (PPN)	2,335	18,792.48	2.26
	International institutional bond	13	264.60	0.03
	Government supported institutional bond	153	16,445.00	1.98
	Asset-backed securities	4,631	22,186.15	2.67
	Convertible bond	263	3,641.60	0.44
Others	Interbank certificate of deposit	13,353	91,638.10	11.03
Total		40,349	831,116.69	100.00

Source: WIND.

1.3 Acceleration of opening-up

In 2005, overseas institutions were for the first time allowed to enter CIBM, signalling the opening-up of the Chinese bond market. In the following 10 years or so, policy restrictions on overseas institutions' participation in China's bond market were gradually relaxed. In the meantime, investment channels, investor types, the scope and the mode of investments were expanded. In July 2017, the northbound link of Bond Connect was launched, providing a new, convenient channel for overseas investors to access the Mainland domestic bond market and boosting the development, opening-up and internationalisation of China's bond market. Overseas investors can now access China's bond market through Qualified Foreign Institutional Investor (QFII), Renminbi Qualified Foreign Institutional Investor (RQFII), CIBM or Bond Connect. In 2018, China's bond market stepped up its pace of opening-up. Overseas interest in Chinese bonds has increased after Bloomberg announced its planned phased inclusion in 2019 of China's RMB-denominated treasury bonds and policy bank bonds into the Bloomberg Barclays Global Aggregate Index. Take for example treasury bonds and policy financial bonds most favoured by overseas institutions. As of the end of October 2018, holdings by overseas institutions in such bonds amounted to RMB 1,405.4 billion, almost doubling the level in June 2017 before the launch of Bond Connect.

Figure 1. Holdings of treasury bonds and policy financial bonds by overseas institutions (Jun 2017 – Oct 2018)

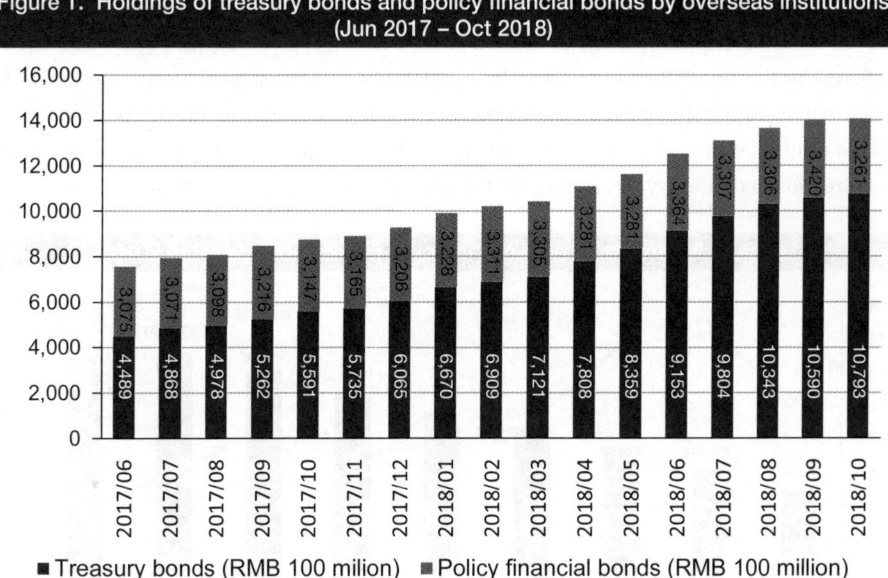

Source: WIND.

1.4 Meteoric rise of policy financial bonds

Apart from the Ministry of Finance, the development financial institution — the China Development Bank (CDB)[1], and the policy financial institutions — the Agricultural

1 In 1994, three policy banks – CDB, CEXIM and ADBC – were set up under the country's financial reform. CDB attempted commercialisation in 2008, but in the reform plan for the three policy banks in 2015, the State Council defined CDB as a development financial institution, and CEXIM and ADBC as policy banks. For the ease of reference, the three are referred to as policy banks in this paper, and the bonds issued by them as policy financial bonds.

Development Bank of China (ADBC) and the Export-Import Bank of China (CEXIM), are the top issuers of Mainland bonds in terms of issue size. Bonds issued by the trio are known as policy financial bonds. Two decades have passed since the first market-based policy financial bond was issued in 1998. These bonds based on national credibility have been issued primarily to raise funds to support the country's key sectors and weak links. As policy financial bonds became market oriented rather than directive-driven, their issue volume increased rapidly and the range of products expanded. At present, policy financial bonds have become the third largest type of bonds after treasury bonds and local government bonds, playing a significant role in the Chinese bond market.

Unlike commercial banks which pursue business diversification and profit maximization, policy banks work only for the public good, have no retail business and are committed to capital preservation with little profit. For a long time after establishment, policy banks depended on the central bank's refinancing, which prompted the directive-driven issuance of policy financial bonds. After CIBM's establishment, policy banks were ordered by the regulator to enhance their capability to raise capital in the market. The three policy banks thus began market-based bond issuance and identified bond issuance as the primary source of their capital, laying a solid foundation for financing infrastructure construction and industry development after China's reform and opening-up.

Figure 2. Growth of holdings in policy financial bonds since 2010

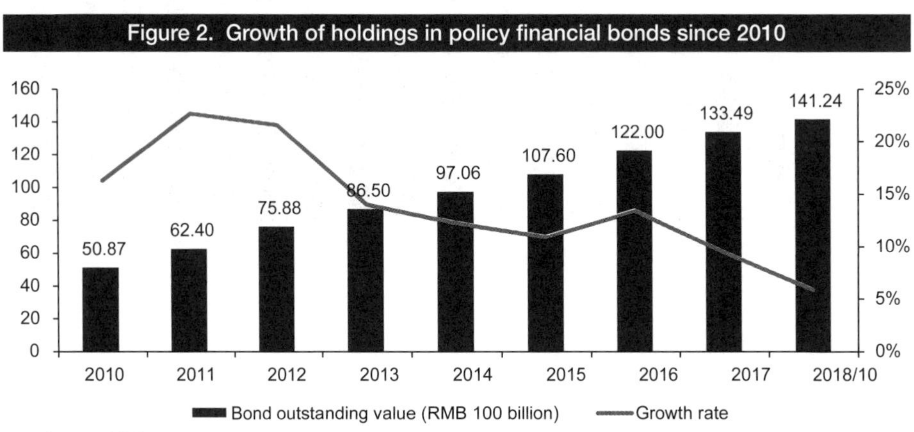

Source: WIND.

2 Launch of Bond Connect

2.1 Mutual market access: Alignment with the rest of the world

Two decades of bond market development has fully demonstrated the importance of opening-up in driving reforms and achieving an all-win situation. The launch of Bond Connect is a critical milestone in the opening-up of the Chinese financial market. It signals connectivity between the Mainland and Hong Kong bond market infrastructure, providing another vital, convenient and efficient link between the Chinese and international bond markets.

The launch of Bond Connect came amid increased investment in the RMB after the currency became an SDR currency and amid the economic recovery of the US and Europe. At that time, the yield on 10-year US treasury bonds was as low as 2.2% and the yields on treasury bonds of Germany and other European countries were even in negative territory. The yield on China's treasury bonds, however, hovered around 3.5%. Chinese interest rate bonds of high credit ratings appealed strongly to overseas investors, thereby creating a good market environment for the launch of Bond Connect.

Constantly drawing attention from around the globe, China has attracted active participation from global investors. At present, the Chinese economy is entering a new age and a new normal. Its ongoing supply-side structural reform demonstrates tremendous vitality. As both the quality and effectiveness of China's economic development keep improving and its capital market continues to open up, bonds traded under Bond Connect are enjoying an increasingly significant investment value.

To China, Bond Connect helps to solidify and enhance Hong Kong's role as an international financial centre, to further open up China's financial market, to foster the RMB's internationalisation process, and to attract domestic and overseas investors to participate in the construction of the Chinese economy, enabling them to share the fruits of reform.

2.2 Case study: The first financial bond issue under Bond Connect

Bond Connect was launched as Hong Kong was celebrating the 20th anniversary of its return to the motherland. On the first day of the scheme's operation on 3 July 2017, ADBC offered RMB 16 billion of financial bonds through public tender under the scheme. As the first financial bond issued under Bond Connect, the ADBC bonds signaled the official opening of the primary market of Bond Connect. In the first round of offering to domestic and overseas investors, one-year, three-year and five-year bonds of RMB 5 billion each were issued. Subscriptions were more than 10 times the amount on offer, setting a new record for Mainland interest rate bonds. An additional RMB 1 billion worth of bonds were exclusively offered to overseas investors later on the same day. The subscriptions exceeded 2.5 times, highlighting both onshore and offshore investors' strong recognition of China's bond market and the ADBC bonds under Bond Connect.

As the third largest bond issuer in Mainland China, ADBC has a credit rating equivalent to China's sovereign rating, an annual issuance of more than RMB 1 trillion and more than RMB 4 trillion worth of outstanding bonds. ADBC bonds feature large issue sizes, a full set of tenors, reasonable coupon rates and high liquidity. For years, they have served as diversified risk-free interest rate products and benchmark references for investors. Bonds issued by ADBC involve high social responsibility with proceeds fully directed to "the agriculture, the rural areas and the farmers", the green concept and sustainable development. Offering both social and economic benefits, they fit the social investment ideology of a broad range of international investors. Because of this, ADBC was assigned the task of issuing the first financial bonds under Bond Connect on its inauguration. From the commissioning by the People's Bank of China on 6 June 2017 to actual issuance on 3 July, ADBC had no more than 27 days to work on the task.

The ADBC specially took into consideration the new connectivity between Mainland and Hong Kong infrastructure and the different investment practices of onshore and offshore investors. They worked out an issuance plan that is highly integrated and optimised to run on both markets.

First, sophisticated open tendering was adopted. On the one hand, convenience, transparency and efficiency were emphasised in the highly mature Mainland open tender process, and products of high liquidity were selected for additional issuance. Payment time and issuance documents were optimised and aligned to safeguard mutual onshore and offshore interest. On the other hand, overseas investment practices were considered. An exclusive tender session was organised in the afternoon for overseas investors in addition to the morning round of bidding. This innovative arrangement fully satisfied the demand for subscription from both Mainland and overseas investors.

Second, there was innovative integration of underwriting models. Onshore underwriting integrated with offshore underwriting to form integrated Mainland-overseas underwriting. Eighty-two members of the onshore underwriter team and seven special domestic Mainland underwriters formed an integrated onshore underwriter team. Two offshore global coordinators and eight cross-border joint advisors formed an integrated offshore underwriter team. Such arrangement ensured equal participation and joint pricing by onshore and offshore investors, motivated overseas coordinators and cross-border advisers, and facilitated communication with overseas investors and arrangement for their subscription.

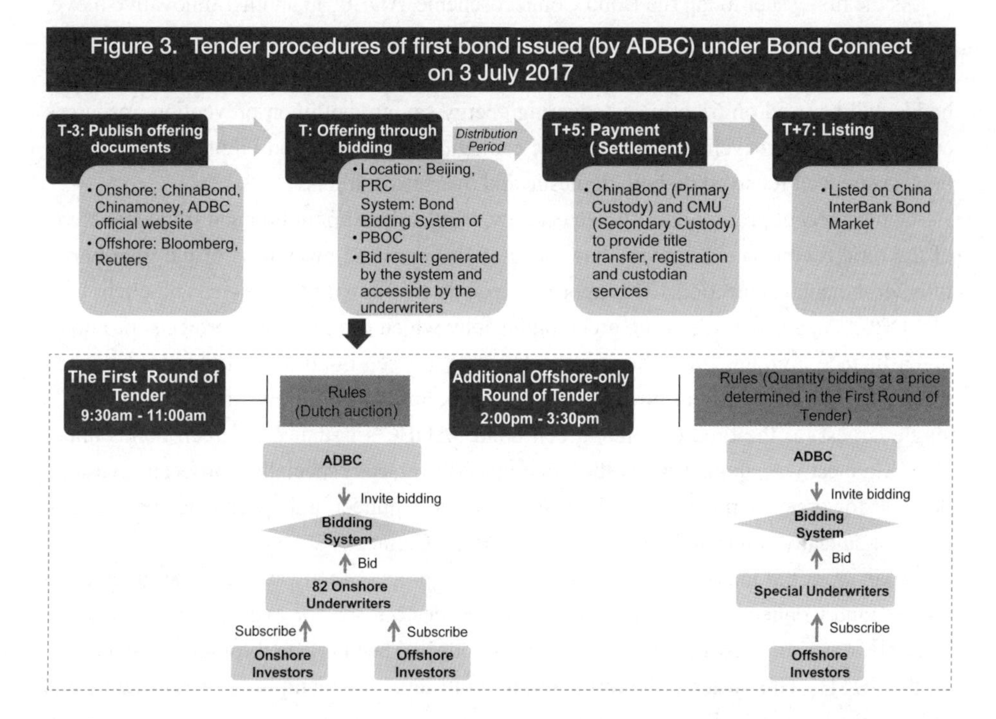

Third, roadshows and marketing were launched in multiple dimensions to arouse enthusiasm in both the domestic and overseas markets. Before issuance, ADBC bonds were offered in Shanghai and Shenzhen and a roadshow was launched in the Mainland to familiarise onshore investors with the ADBC bonds planned for Bond Connect. A trading roadshow was also launched in Hong Kong one week before pricing to promote the innovative product and its significance to potential overseas investors to create an atmosphere of interest in both the onshore and offshore markets before the bonds' issuance.

Fourth, technical readiness for the issuance was ensured to safeguard the interest of issuers, underwriters and investors. Support was rendered to regulators and custodians to improve systems and procedures. Coordination was provided on the qualification records of overseas investors. Custodians and settlement agencies were engaged when making issuance and contingency plans. Simulation tests on systems were carried out speedily to ensure smooth operation from subscription to payment and delivery.

2.3 Case study: First green bond under Bond Connect

As the first issuer to tap the Bond Connect scheme, ADBC, in another innovative move, offered to global investors RMB 3 billion green bonds by open tender on 16 November 2017 through the Shanghai Clearing House (SHCH). The proceeds from the two-year bonds will be used on 61 projects covering energy saving, pollution prevention, resources conservation and recycling, clean energy, ecological protection and climate change. The bonds were well received by both domestic and overseas markets.

China's recent promotion of green ecology, battle against pollution and implementation of the rural revitalisation strategy has successfully increased awareness of the importance of environmental protection. This approach exactly tied in with the service and client base of ADBC. As a supporter of the green philosophy which designs green projects, promotes green finance, initiates green bonds and develops a green bond market, ADBC launched third-party green certification for outstanding bonds and publicly offered the world's single largest (at the time of offer) green bond. ADBC's issuance of green bonds under Bond Connect was another innovation that tapped overseas especially European investors' demand for green bonds taking advantage of Bond Connect and its enhancements. The move organically connected green bonds with Bond Connect.

Apart from the fair and transparent open tender process as always, the first green bond under Bond Connect also featured new practices customised for overseas investors. For example, it was the first-time policy financial bonds had been issued through, and deposited at, the SHCH. This fostered the formation of multi-level Mainland bond infrastructure and strengthened the custodian and settlement functions of Bond Connect. The use of small-scale cross-border underwriting teams brought into full play onshore and offshore synergy and easy communication between the eight onshore underwriters and four cross-border coordinators, enabling them to fully exploit the demand for green bonds. In cooperation with CECEP Consulting, standards used in both the Mainland and overseas were for the first time applied to green certification, and bilingual Chinese and English language reports were compiled for investors' easy reference, to satisfy as much as possible the needs of both onshore and offshore markets.

In 2018, that green bond was further issued twice, fully satisfying onshore and offshore needs and increasing the bond's liquidity. Pre-issue and pre-tendering were used in combination for the first time to advance price and demand discovery so that an issue size that fitted investors' requirements might be customised.

3 Opening-up of the Chinese bond market: Future direction

3.1 Infrastructure connectivity

Bond Connect is market liberalisation based on infrastructure connectivity which resolves the low level of internationalisation among Mainland custodians and settlement agencies. Like a trading platform built on open waters, Bond Connect gives overseas financial institutions access to domestic Mainland bonds through the Hong Kong international financial centre. It facilitates the internationalisation of the Mainland bond market and allows overseas investors to share the fruits of market development. Looking ahead, the launch of Southbound trading will open up the onshore bond market in both directions. Bond Connect, upon maturity, can go on to promote cooperation between the Mainland bond market infrastructure and their overseas counterparts based on the development path from Shanghai-Hong Kong Connect to Shanghai-London Connect, thereby extending the mechanism to other major financial centres.

The biggest issue of mutual market access lies in the effectiveness of connection among onshore infrastructure and between onshore and offshore infrastructure. Since its launch over a year ago, Bond Connect has seen the implementation of various favourable policies and the improvement of infrastructure technology. In 2018 in particular, overseas investment in Mainland bonds was provided with policy benefits and operational convenience in the form of a three-year tax exemption on interest and transaction income and delivery-versus-payment (DVP) settlement. Nevertheless, greater convenience in issue channels, custody, settlement and payment is still required. Their mechanisms and requirements have to be improved, and truly implemented.

3.2 Information disclosure

Bonds traded under Bond Connect are generally disclosed through the Mainland disclosure platform. Their underwriters must be entities with relevant underwriting qualifications in the Mainland. Dual listing in the Mainland and overseas is not realised, and there is no access to either an international exchange for information disclosure or a venue for listing. For overseas investors, it is costly to access information on such bonds and there are few channels to do so. Therefore, there should be stronger ties between custodians and settlement agencies on the one hand and international exchanges on the other so that channels of information transmission can be established between them. Through these channels, the details and subscription methods of quality Mainland bonds can be disclosed on an active professional platform overseas, and a convenient channel can be provided for overseas investors to understand and access Mainland bonds. Information sharing will be ensured and fairness of subscription will be maintained among onshore and offshore investors.

After discussions with Bond Connect Co. Ltd. and the Luxembourg Stock Exchange, ADBC successfully arranged the disclosure of its primary market bond tendering and issuance information simultaneously on the Bond Connect website and in the Mainland, and full information about its bonds on the Bourse de Luxembourg.

3.3 Enhancement of market making quotation and quality of valuation

While overseas investors under Bond Connect can ask for quotes directly from approved Mainland market makers, the quality of such quotes is low and their compliance with international standards is insufficient. An assessment mechanism and qualification criteria are needed to enhance the validity of quotes provided by such market makers to overseas investors. International valuation methods and entities should be introduced to break the monopoly over bond valuation in the Mainland while Chinese characteristics are emphasised. That will increase the interest of overseas institutions in Mainland bonds and promote scientific, open and transparent valuation, enabling market makers to give reasonable quotes that guide the market fairly. Moreover, studies are urgently needed on the combined quotation and trading of offshore RMB bonds and bonds traded under Bond Connect to promote price convergence in the onshore and offshore secondary markets of RMB bonds.

3.4 Major platform to learn about China

Bonds are key instruments of investment and financing. A bond and its issuer are fully assessed before an investor makes its decision. To ascertain the risk of default, an issuer's state of operation, the quality of assets, the economy of its country, the source of capital and the use of proceeds are considered. QFII, RQFII and Bond Connect help financing activities between the onshore and offshore markets. They are also a key platform through which the overseas market learns about China. China, as the world's second largest economy and the representative of emerging markets, has, in recent two years, captured the attention of financial markets worldwide and gained some influence on the global financial landscape. Through disclosure, roadshows and exchanges, Mainland and overseas bond markets get to know each other and develop mutual trust. In addition to marketing bonds, these opportunities enable China to present itself and its economic development and implement its opening-up policy. Finance is a major driver of economic development. The opening-up of China's bond market will help build new partnerships, attract overseas participation in China's economic construction and achieve a win-win situation.

Chapter 10

Chinese offshore bonds: History, recent development, execution and policy recommendations

Samson LEE
Head of Financial Products Division
BOC International
Michael MAK
Co-Head of Debt Capital Markets
BOC International
Steve WANG
Deputy Head of Research
BOC International
Qiong WU
Co-Head of Fixed Income Research
BOC International

1 Development trend of the Chinese offshore bond market in recent years

1.1 Growing importance of the offshore Chinese bond market

Chinese USD bond issuances now make up >60% of Asia ex-Japan USD new bond issuances

Chinese offshore bonds offered in international markets have increased, with US$199.5 billion issued in the Asia ex-Japan USD bond market in 2017, compared to just less than US$5 billion before 2010. Before 2010, the issuance of Chinese USD bonds made up only a single-digit percentage of Asia ex-Japan USD bonds, but the proportion increased to 60% in 2016, 68% in 2017 and 71% in 2018 up to October (see Figure 1).

Figure 1. Asia ex-Japan USD bond new issuance (2014 - Oct 2018)

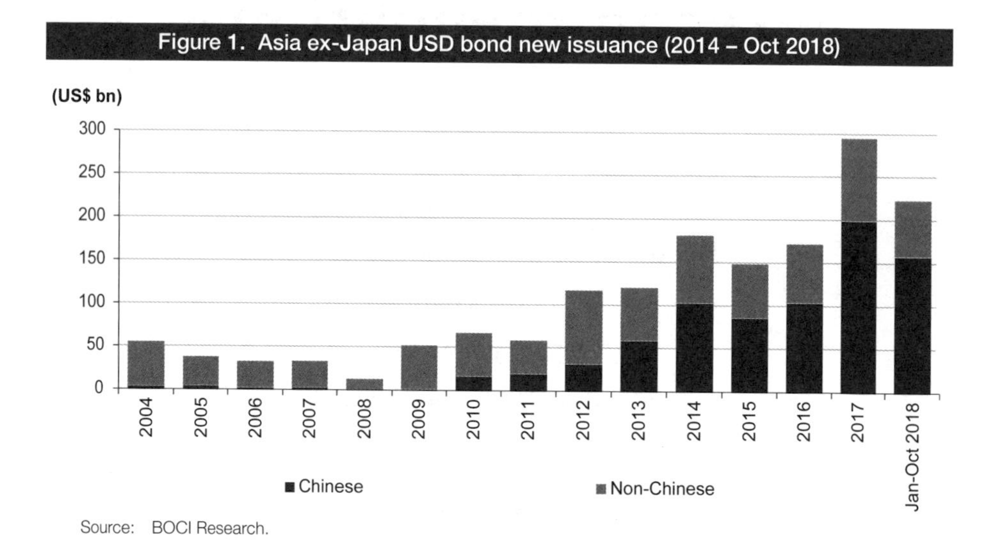

Source: BOCI Research.

1.2 A wider range of issuers

A wider range of issuers are tapping the Chinese offshore bond market

The Chinese USD bond space continues to diversify, with a wider range of issuers tapping the market. In terms of sector, financials and industrials have dominated the market by the end of October 2018, representing 42.6% and 34.5% of the total balance respectively, followed by property developers (17.6%), utilities (4.8%) and sovereign (0.3%) (see Figure 2).

Within the financials sector, other than banks, the relatively new comers consisted mainly of non-bank financial institutions, including AMCs (asset management companies), leasing firms and insurers, among others, thanks to their industry growth prospects. Likewise, the rapid growth of the Chinese leasing industry has also created expanding financing demands in the offshore capital market from this sector.

In terms of the issue amount among industrials sector, energy (outside the industrials sector and mainly includes oil & gas and coal) (9.7%) is the traditional player and one of the largest issuing sectors. In recent years, some state-owned enterprises (SOEs) that have long been engaged in trade and overseas businesses have begun to use offshore funding channels amid SOE reforms. Meanwhile, we have seen sizable issuance from leading Chinese technology companies and local government financing vehicles (LGFV) following their relatively new entrance into the offshore bond market.

Among other major features, SOEs made up a high proportion of the total volume (79%), compared to non-SOEs (21%) (see Figure 3).

Figure 2. Profile of offshore Chinese USD bonds outstanding by industry sector

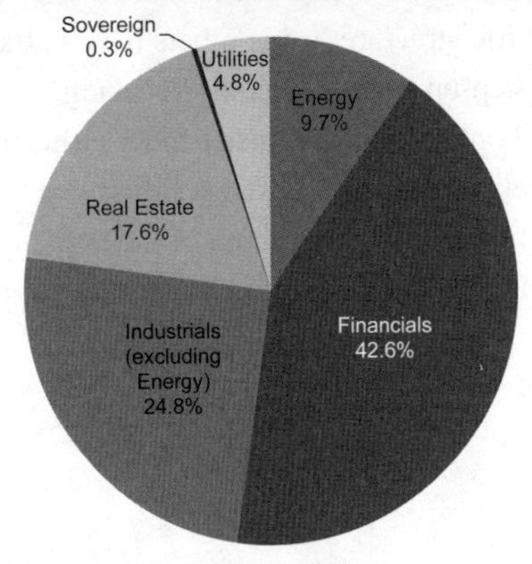

Note: Up to end-October 2018.

Source: BOCI Research.

Figure 3. Profile of offshore Chinese USD bonds outstanding by issuer type

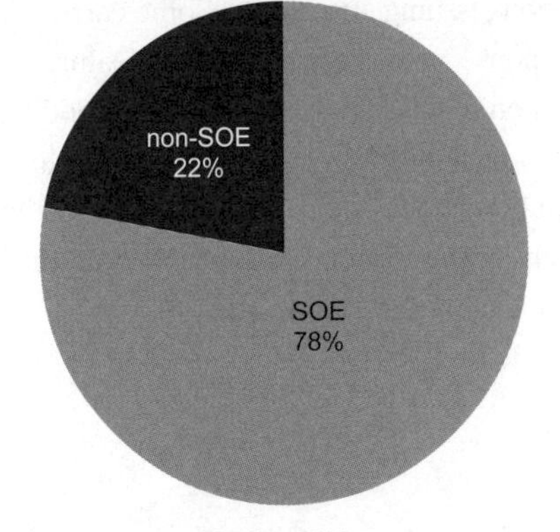

Note: Up to end-October 2018.

Source: BOCI Research.

1.3 Increasing product diversity and various issuing structures

A broader set of instruments

(1) Senior, subordinated bonds as well as capital instruments

In terms of priority of claims, senior bonds, ranking *pari passu* with all other unsubordinated obligations of the same issuer, dominate the Chinese offshore USD offerings. While both financial institutions and corporates can issue subordinated bonds, we note that the supply of financial subordinated bonds is mainly policy-driven. Upon the rollout of China's Basel III in 2013, many Mainland Chinese banks have issued Basel III-compliant T2 and AT1 (additional tier-1 capital securities) to strengthen their capital bases, and these instruments have become a new class of Chinese fixed-income securities for global investors. Chinese AMCs also issued AT1 to replenish capital. Looking forward, in the light that Chinese regulators are drafting guidelines encouraging banks to consider selling securities that can take in large losses in the event of a crisis, total-loss absorbing capacity (TLAC) issuance may make its debut in the market in the near future.

(2) Bonds of various tenors and ratings, perpetual bonds

In terms of tenor, 52% of total bonds outstanding in the Chinese USD bond market mature in three years; 21%, 11% and 5% are in the maturity buckets of 4-6 years, 7-9 years and 10+ years (excluding perpetual ones) respectively, while perpetual bonds account for 11% of the total (see Figure 4). Across the rating spectrum, 66% are investment grade (IG), 18% are high-yield (HY) and 16% are unrated (NR). About 0.1%, 40.4% and 25.6% of total bonds outstanding are in Aa, A and Baa rating categories respectively, versus 9.4%, 8.1% and 0.5% in Ba, B and Caa ones respectively (see Figure 5).

Chinese USD perpetuals, from both corporates and financial institutions, come with various issuing structures. Some carry a fixed-for-life structure, while others have variable coupons. Some perpetual bonds feature a coupon step-up term. Generally speaking, higher coupon resets suggest greater likelihood for the call option to be exercised and a sufficiently steep penalty for a "non-call" action; this effectively makes a perpetual bond issue a short duration bond. There are some hybrid characteristics embedded in some of the perpetuals, such as the option of deferred coupons on a cumulative basis, dividend stopper and dividend pusher among others.

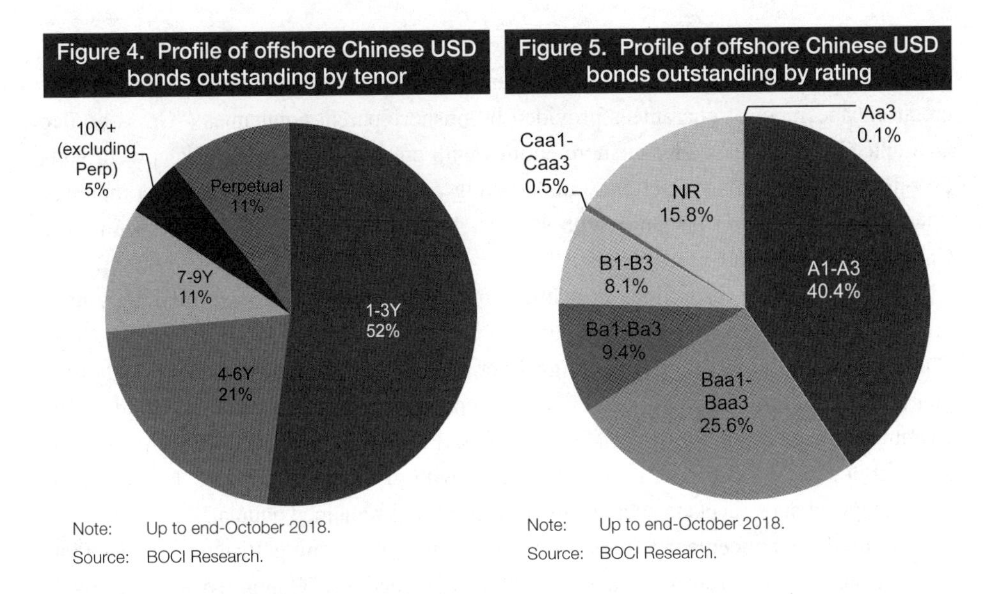

Note: Up to end-October 2018.
Source: BOCI Research.

Note: Up to end-October 2018.
Source: BOCI Research.

(3) USD bonds, offshore RMB bonds and Euro bonds

China has ambitious plans to make the Renminbi (RMB) a global currency. New markets for offshore RMB are developing outside Mainland China, from the offshore RMB (CNH) spot market to offshore RMB bonds, creating new opportunities for corporate treasuries and investors. Since the birth of the offshore RMB bond market, it has broadened the participation of both issuers and investors globally and become an international platform for RMB financing activities. At present, the offshore RMB bond market size is about RMB 368 billion(excluding offshore RMB certificates of deposit (CDs)).

Besides the established offshore USD and RMB bond markets, the Chinese euro bond market, albeit small in size, has added another dimension for corporate treasuries to raise funds. Since 2013, Chinese issuers have sold a total of about €43 billion bonds, and most of them were from Chinese financial or IG/non-financial SOE space.

Although the low absolute coupon rates achievable in this market have been a main attraction during the past few years, the vast majority of Chinese corporate issuances were driven by real euro funding needs, including M&A in Europe. Looking ahead, we believe Chinese enterprises "going global" and the "Belt and Road" (B&R) initiative are bound to drive robust expansion of the market.

(4) Various issuing structures: Direct issuance, guarantee, keepwell and SBLC issuance

Chinese issuers may choose the issuing structures that best fits the circumstance and the needs of the issuers. Major issuing structures for Chinese offshore bond offerings can be classified into four types, namely (i) direct issuance by onshore parent companies or offshore "red-chip" issuers ("Direct Issuance"); (ii) issuance by offshore entities with credit enhancement of guarantees provided by onshore parent companies ("Cross-border Guarantee"); (iii) issuance by offshore entities with credit enhancement of keepwell, with or without equity interests purchase undertaking provided by onshore parent companies ("Keepwell"); and (iv) issuance with standby letter of credit ("SBLC") from either a Chinese bank or a non-Chinese bank.

As the regulatory restrictions in relation to offshore bond offerings evolve, they may affect Chinese issuers in choosing their issuing structure. For example, in June 2014, China's State Administration of Foreign Exchange (SAFE) fine-tuned the cross-border guarantee policies. The new policy allows companies to issue offshore bonds with guarantee structures simply by registering with SAFE after issuance. Since then, we have observed a substantial growth in offshore bonds with guarantee structures. Nevertheless, using keepwell agreements to support offshore bonds has remained popular.

The credit-enhancement values provided by different issuing structures other than Direct Issuance vary from legal and regulatory perspectives. Compared with keepwell structures, an onshore guarantee provides direct promise to pay bondholders and is viewed as a stronger credit support structure. Under this structure, the bond rating is *pari passu* with all other senior unsecured rating of the onshore guarantor. Furthermore, keepwell structures used by Chinese issuers have yet to be tested in litigation cases. Therefore, bonds backed by keepwell agreements are often rated one to two notches lower than the Group's ratings by Moody's and Standard & Poor's, but have no notching-down by Fitch. On the other hand, SBLC is an issue-specific credit enhancement channel that has the direct, unconditional and unsubordinated obligation of the supporting financial institution underwriting the SBLC. The significance of a SBLC is fully recognised by the rating agencies as a full-faith credit obligation of the SBLC bank to the covered bonds, as marked by their rating assignments that are *pari passu* with the bank's senior unsecured debt.

(5) Special bond classes: Green bonds and B&R bonds

Green bonds, B&R bonds and asset-backed securities (ABS bonds) are all emerging bond classes in the Chinese offshore bond market, largely as a result of the government support.

Green bonds: Addressing environmental challenges and remedies has become a high priority goal for the Chinese government. Thanks to the green finance initiative in China, the country has led the global issuance of "green" bonds since 2016. We have also noted a series of Chinese green bond issuance in the offshore market, led by Chinese financial institutions and SOEs. In 2017, 18% of the Chinese green bonds were issued in the offshore market. We also see the first green bond issued through Bond Connect in 2017.

B&R bonds: China's B&R initiative has already served as a major driver for investment and development along the trade routes that link up China with other parts of the world. Although the development of the bond market targeting the B&R initiative is at a very early stage, a number of Chinese banks have already issued B&R bonds in the offshore market to support green infrastructure in countries along the B&R. In 2017, Chinese President Xi Jinping proposed the establishment of an international coalition for the green development along the B&R. Under a greener B&R initiative, we expect green bonds will be a crucial tool in B&R project financing.

2 Chinese issuers raising funds in the offshore bond market

— Considerations and significance

When it comes to reason why Chinese issuers prefer to issue offshore debts, two types of factor should take into consideration: (1) Economical factors: lower overall funding costs, lower exchange rate losses, etc.; (2) Political factors: favourable policies are provided by the central and local government agencies to support the corporations which require offshore financing, and as a result, timing and communication costs are reduced. Moreover, issuing debt in the offshore market could help improve local government and corporate performance, etc. The details of the two factors are analysed below.

(1) Lowering funding costs for Chinese corporations

Due to certain differences between onshore and offshore debt financing costs, Chinese corporations can choose a market with lower issuance costs. From 2010 to 2014, major overseas economies such as the United States (US), Europe, and Japan have maintained a loose monetary policy since the subprime mortgage crisis in 2008. As a result, the costs were lower for issuing offshore debt. Meanwhile, the RMB maintained its appreciation trend, so that Chinese corporations could do arbitrage by arranging RMB assets and foreign currency liabilities. Therefore, the issuance volume of Chinese issuers increased significantly. However, China's exchange rate reform on 11 August 2015 led the RMB to enter a depreciation cycle, and the US started the interest rate hike since the end of 2015, which weakened the cost advantage of overseas debt financing. Nevertheless, Chinese corporations can still make use of the above arbitrage principle to issue offshore debt to reduce its overall financing costs.

(2) Providing local currency funding for international business

In recent years, with the B&R initiative and the "Go Global and Bring In" strategy, more and more Chinese corporates have actively expanded their international business and advanced the implementation of their strategic and market layout of overseas resources. Under this circumstance, debt financing via offshore channels will be the main method for Chinese issuers to get funding, thus providing financial guarantee for the implementation of their overseas projects. In addition, corporates can issue multi-currency bonds at one time according to their own business needs, thus further improving financing efficiency and reducing exchange rate risk.

(3) Avoiding the risks of exchange rate and foreign exchange policies

The foreign exchange policies have been tightened recently and the reason behind is the continuous capital outflows in China. Because of this factor as well as the exchange rate fluctuations caused by China-US trade frictions and other geopolitical crises, more and more Chinese corporates, especially those with overseas assets and businesses, have chosen to adopt offshore debt issuance in order to meet their funding needs, so as to reduce foreign exchange losses and avoid the risks caused by changes in foreign exchange policies.

(4) Expanding financing channels for Chinese corporates

By combining the merits of both international and domestic markets and the resources, corporates can effectively hedge domestic and international market fluctuations and cyclical changes, optimise the capital structure, and enhance their financial balance and sustainable development capabilities. Moreover, in line with policy changes made by the central and local government agencies, corporates can choose the debt financing methods that offer more favourable policy, thereby reducing financing-related time and communication costs. On the other hand, comparing to the onshore market, the requirements in the offshore market for the use of proceeds are more lenient. This has increased the flexibility of the use of funds by Chinese issuers to a certain extent.

(5) Establishing overseas reputation of Chinese issuers

During the issuance process, roadshows will be conducted in major financial cities around the world to introduce the issuer's overall performance to foreign investors. This process will help foreign investors to recognise and understand more of the Chinese corporates, and also improve the overseas reputation of these corporates which can result in positive influence. In addition, as international rating agencies continue to deepen their understanding of Chinese corporates, more and more issuers choose to conduct international credit ratings, which will further enhance the recognition by foreign investors.

3 Relevant approvals and processes required for offshore issuance

3.1 NDRC registration

The National Development and Reform Commission (NDRC) of the People's Republic of China (PRC) issued the *Circular on Promoting the Reform of the Filing and Registration System for Issuance of Foreign Debt by Enterprises* (the "NDRC Circular") on 14 September 2015, which came into effect on the same day. In accordance with the NDRC Circular, the approval of the quota for issuance of foreign debts by corporates shall be carried out by registration and administrated under the registration system. If a domestic enterprise issues offshore bond with a term of more than one year, it must register with the NDRC in advance and get it filed afterwards. Such requirements apply to all issuance structures.

Table 1. NDRC registration	
Pre-issuance registration	
Documents for registration	"The NDRC Filing Application Report" and the annual audit report of the issuer and the credit enhancement party in the past 3 years. The NDRC's filling application report shall specify: (1) the basic information of the issuer and the credit enhancement party; (2) the issuance plan; (3) the use of proceeds and the funds' remittance arrangement; (4) the necessity and feasibility analysis of the issuance.
Review agency	For provinces and municipalities implementing the pilot reform of foreign debts, the corporation shall firstly submit an application for registration at the provincial or municipal NDRC office, then re-submit it to the national office. Centrally-managed enterprises and financial institutions, as well as local enterprises and financial institutions outside the pilot provinces and municipalities, can directly file an application with the NDRC national office.
Time requirement	Foreign debt registration certificate must be obtained before bond settlement. Based on recent market conditions and experience, it will take about 6-8 weeks.

(continued)

Table 1. NDRC registration	
Post-issuance filing	
Documents for filing	Foreign debt information report form. The form should be written in the format provided by the NDRC. Information includes the issuer, the place of registration, the organisation code, the main business, the industry category, the registered capital, the recent total assets, net assets, debt ratio, net profit, the balance of foreign debt, the basic situation of foreign debt issuance, and the remittance and use of funds.
Review agency	NDRC
Time requirement	Within 10 PRC business days after the completion of the bond issuance.

3.2 SAFE-related issues

SAFE has set a limit on the registration time for the direct issuance of foreign debt by domestic companies and the provision of cross-border guarantees by group companies. The limit is set within 15 business days after the completion of the issuance.

- Some local SAFE bureaus may have registration requirements, depending on the location;
- Post-issuance filing with SAFE is required if guarantee structure is adopted for the bond issuance.

3.3 Debt issuance process

In general, the process includes: obtain board and related regulatory approval → international rating (optional) / documentation → announce the transaction and roadshow → bookbuilding, marketing and pricing → settlement. Generally speaking, the entire process will take 6-8 weeks, and if an international rating is required, it usually takes up to 18-20 weeks.

Table 2. Indicative execution timeline foroffshore issuance

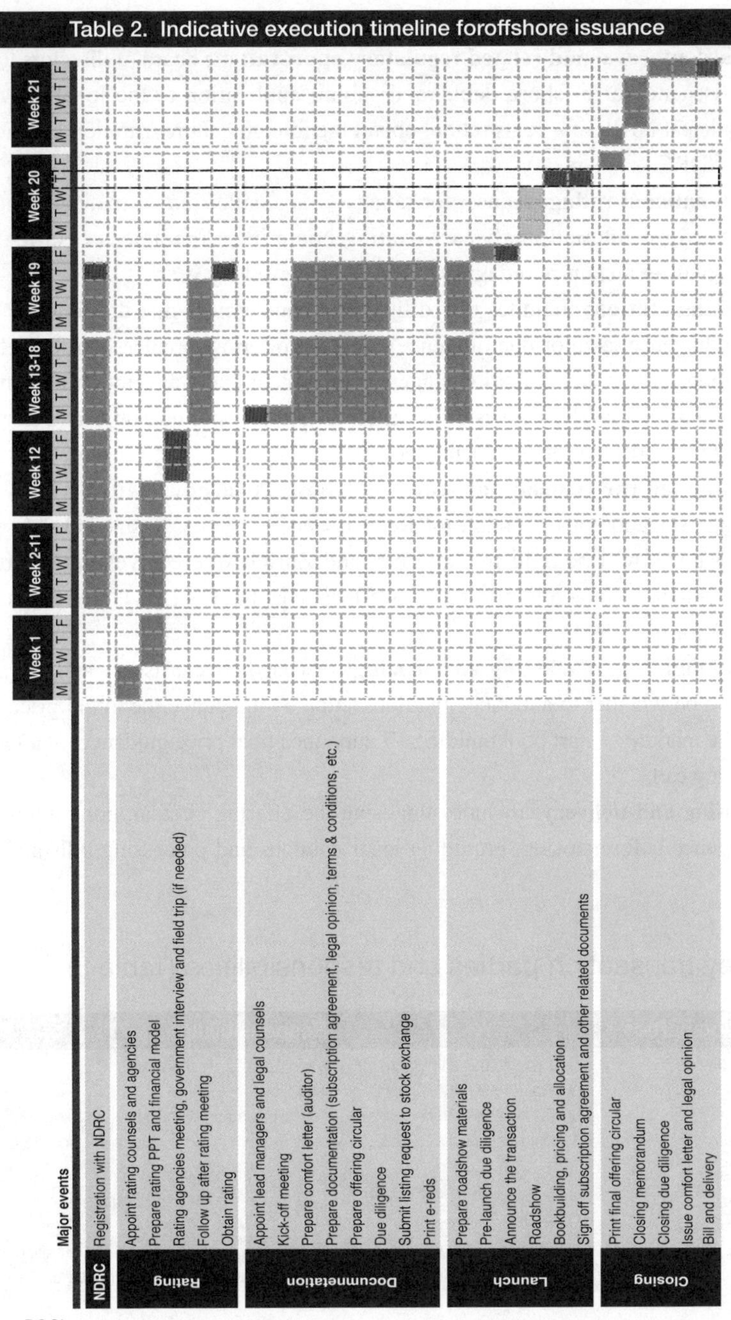

Source: BOCI.

The workflow is as follows:

- **Board approval and related regulatory approval:** the board of directors to approve the issuance of offshore debts, and submit application to the local provincial or municipal NDRC for registration, obtain the foreign debt registration certificate from the NDRC.
- **International rating:** request for rating → data collection → management meeting → perform internal analysis → rating committee announces result → inform company → announce rating → follow up review every year.
- **Documentation:** includes due diligence (management due diligence, PRC legal due diligence, auditor due diligence), drafting offering circular, comfort letter, legal opinions, terms and conditions, agency agreement and subscription agreement etc., also drafting roadshow investor presentation and investor questions and answers, and all other roadshow-related documents.
- **Announce the transaction and roadshow:** roadshows will be held in Hong Kong, Singapore and London for RegS issuers. If the issue size is relatively large, roadshows will be held in Frankfurt and Zurich where investors are relatively concentrated. In addition to the above locations, the US is included for issuance in 144A format.
- **Bookbuilding, marketing and pricing:** discuss between issuer and the syndicate group on whether to announce the transaction → announce the initial price guidance to the market → start bookbuilding → announce final price guidance → allocation → pricing call.
- **Closing and delivery:** includes finalising the offering circular, bond allocation, due diligence before closing, providing legal opinions and processing bills and delivery, etc.

3.4 Key transaction parties and responsibilities (Table 3)

Transaction parties	Responsibilities
Issuer	• Provide the disclosure information needed for the issue • Assist with due diligence investigation • Review the offering circular and participate in discussions with international legal counsels and PRC legal counsels regarding the transaction documents
Lead manager & bookrunner	• Coordinate work streams with intermediaries • Structure the distribution plan, issuance terms, due diligence matters and review the offering circular • Prepare roadshow materials and Bloomberg announcements; responsible for bookbuilding, pricing, allocation, settlement, secondary market support

(continued)

Transaction parties	Responsibilities
Issuer's international legal counsel	• Provide legal advice to the issuer • Draft the offering circular (business description and risk factors of the issuer) • Review legal documents including description of notes, transaction documents (including subscription agreement and indenture, etc.) • Prepare listing application • Issue legal opinion
Lead manager's international legal counsel	• Provide legal advice to the lead manager • Drafting description of notes and other transaction documents (including subscription agreement and indenture, etc.) • Draft due diligence questionnaire • Conduct due diligence • Draft the offering circular (except business description and risk factors of the issuer) • Issue legal opinion
Issuer's PRC legal counsel / Lead manager's PRC legal counsel	• Provide PRC legal advice • Review PRC law section of the offering circular and other transaction documents • Conduct due diligence • Issue PRC legal opinion
Auditors	• Issue comfort letter • Provide negative assurances over the financial condition of the issuer and the financial information disclosed in the offering circular
Trustee / Issuing & paying agent	• Provide trust services to bond investors and provide interest and principal payment services to issuer
Trustee counsel	• Review trust deed and agency agreement

3.5 Key issue documents for offshore debt issuance (Table 4)

Documents	Responsible parties	Description
Issue documents		
Offering circular	Issuer, lead manager, legal counsels	• Disclosure and marketing documents include: • Company profile and financial information (3 years of financial statements and the most recent interim or quarterly results) • Business description and industry overview • Description of the notes issue, terms and conditions • Plan of distribution • Transfer restrictions, taxation
Subscription agreement	Lead manager, lead manager's legal counsels	• An agreement between the issuer and the lead manager covering the terms and conditions under which the lead manager undertakes to subscribe for the notes
Terms and conditions	Lead manager's legal counsels	• Main terms and conditions include coupon, tenor, status of the notes, restrictions, redemption clauses, etc.
Trust deed	Lead manager's legal counsels	• Trust deed is an agreement between the issuer and the trustee constituting the notes and setting out the terms and conditions
Indenture	Lead manager's legal counsels	• Reflects or covers a debt or purchase obligation

(continued)

Documents	Responsible parties	Description
Closing documents		
Comfort letter	Lead manager, legal counsels, auditors	• Provide negative assurances over the financial condition of the issuer and the financial information disclosed in the offering circular
Legal opinion	Issuer's and lead manager's legal counsels	• Opinions from legal counsels confirming the legal status and capacity of the issuer, as well as the legality and validity of the transaction documents and agreements
Signing and closing memorandum	Lead manager's legal counsels	• Sets out signing instructions, settlement procedures, documents required to complete the transaction and conditions precedents that the issuer will need to fulfil, etc.

3.6 Main issuance structures of offshore debt (Table 5)

Main issuance structures of offshore debt	
Onshore companies directly issue offshore debts	
Issuer	Onshore company
Advantages	Avoiding the problem of cross-border guarantees and remittance of funds
Disadvantages	The issuer shall pay 10% withholding tax on the interest payment to overseas bond holders when issuer is in China
Cross-border guarantee	
Issuer	Offshore special purpose vehicle (SPV)
Guarantor	Onshore parent company
Structure	Providing guarantees to the offshore SPV via its onshore company, to achieve the purpose of credit enhancement
Advantages	• Guarantee by the onshore parent company can improve the overall credit and effectively reduce the financing cost; issuance structure is relatively simple, shorter preparation time • Increase the recognition from international investors, and diversify the financing channels of the onshore parent company
Disadvantage	The funds raised cannot be used to purchase equity of overseas companies whose main assets are in China
Onshore company provides keepwell / equity interest purchase undertaking (EIPU)	
Issuer	Offshore SPV
Keepwell / EIPU provider	Onshore parent company
Structure	For the purpose of credit enhancement, onshore parent company will provide keepwell or EIPU. If the issuer fails to pay interest or repay the principal on time, the onshore parent company will acquire the equity of the issuer's domestic project company, and the funds paid for the acquisition will be remitted abroad for repayment of interest or principal
Advantages	• No SAFE registration is required • Avoiding cross-border guarantee limits

(continued)

Main issuance structures of offshore debt	
Onshore company provides keepwell / equity interest purchase undertaking (EIPU)	
Disadvantages	• The issuance structure is more complicated. The overseas SPV needs to have a domestic subsidiary and hold domestic assets to support the effectiveness of the share repurchase agreement • The issue rate is higher than other structures
Onshore/Offshore bank provides standby letter of credit (SBLC)	
Issuer	Offshore SPV
Keepwell / EIPU provider	The four major state-owned banks or their offshore branches or other offshore banks
Structure	• A letter of guarantee or a standby letter of credit is issued to the offshore SPV or overseas issuance entity for the purpose of credit enhancement • In addition, issuers need to obtain a bond rating from at least one international rating agency
Advantages	• No need to go through any regulatory approval and the processing time is relatively shortened, and the issue size is more flexible • The rating of the issuance may be regarded as the same as the bank which provides SBLC to the issuer; this can effectively improve bond credit and substantially reduce the issue cost • The company does not need to disclose information about its business or operations to rating agencies
Disadvantages	• Difficult for proceeds to be remitted onshore, may violate bank guarantees of cross-border or domestic counter-guarantee policies • Bank that provides SBLC to the issuer will charge a fee, which may result in higher cost that could not be compensated by the interest cost reduction provided by SBLC • Tighten up bank credit limit of the company

4 Different investor profile vs the onshore market

4.1 Diversified investor base

Our deal allocation statistics on new issuances offer some insights into the investor profile of offshore Chinese USD bonds. Our study is based on the allocation data available to us on 715 new Chinese USD bonds issued since 2014 up to October 2018.

In terms of investor type, investment funds (including AMCs and hedge funds) make up 42% on average of a deal's allocations, followed by banks (33%), insurers (7%), private banks (9%), sovereign wealth funds (SWFs) (4%) and others (mainly corporates) (5%) (see Figure 6).

In comparison, although the investor base for onshore bonds is gradually diversifying, commercial banks remain the dominant buyer group, holding over 65% of total onshore bonds as at the end of 2017. In contrast, the holdings of Chinese USD bonds, albeit substantially in the hands of funds, are more evenly distributed among different investor groups. Meanwhile, retail investors, through private banks, are evidently a primary buying group in this market, accounting for a sizeable share (9%) of the total Chinese USD bond investments. In comparison, the onshore bond market is predominantly made up of institutional investors.

Figure 6. New issue allocation of Chinese USD bonds by investor type (since 2014 up to October 2018)

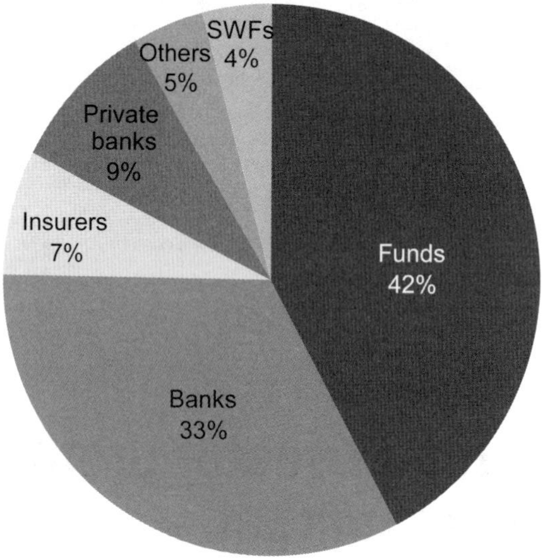

Source: BOCI Research.

4.2 Asian dominance but highly internationalised

In terms of geographical distribution, Asian investors on average take up 78% of a USD new issue, followed by European investors (10%), US investors (7%) and others (5%) (see Figure 7).

Compared with the onshore bond market, the geographical distribution of the Chinese

USD bonds reflects the international nature of the market. This is attributable to the fact that the Asian new USD bond market is a well-established market with a long history where global investors have long been active. In comparison, the onshore bond market is limited on an international dimension. Currently, international investors hold around 2.6% of total onshore bonds outstanding, according to the China Central Depository & Clearing's estimate. Nevertheless, we expect foreign participation to have substantial growth in the coming years, as the market is breaking new grounds in terms of opening up to the world.

Figure 7. New issue allocation of Chinese USD bonds by geographical location (since 2014 up to October 2018)

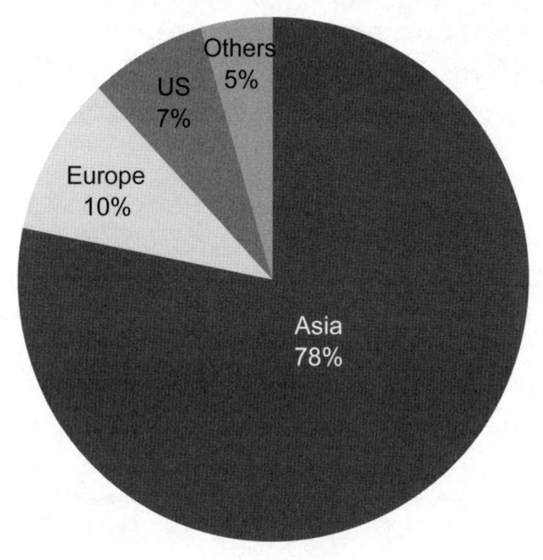

Source: BOCI Research.

4.3 Seasonality

Based on the data of bond issuance during 2011 to 2017, we have constructed some simple statistics on the seasonal patterns for both the Asia ex-Japan USD and Chinese USD new issuances (see Figure 8).

The USD bond market displays a clear seasonality, largely following key holidays and market calendars: a busy post-Christmas January, followed by the slow but festival-filled February and the results-reporting March, before reaching the busiest period of the year in April to May. The quiet June to August summer sinks in, followed by a strong post-summer run in September to November before the Christmas close-down in December. In comparison, the Chinese USD new issuance has a few significant deviations: the April to May period is even busier as more deals are planned for the first half of the year, while the September to October period is slower amid the "Golden Week" starting from 1st October.

Besides a pending pipeline from the slow December, the "January effect" usually finds high demand from fund managers for yielding papers at the year-start in order to position return potentials for the year, which in turn supports the sentiment in the primary market. Another market factor is the "summer blue" that is often seen in the bond markets of emerging markets during summer time, including a summer lull in new issuance. The interim-results reporting during the month of August also creates a relatively quiet period.

Figure 8. Asian USD new issuance: Average monthly percentage of annual issuance (2011-2017)

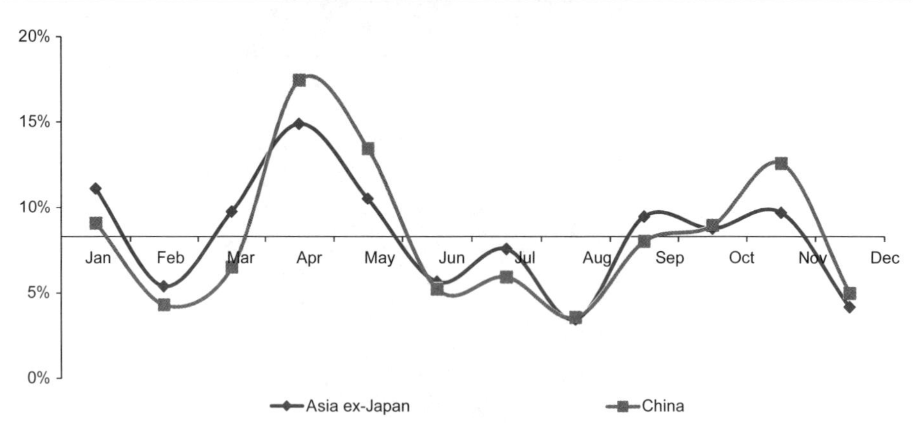

Source: BOCI Research.

5 Related regulatory recommendations

5.1 Regularisation/routinisation of Chinese sovereign bond issuance: Helps the formation of a yield curve favourable to SOEs

Sovereign bond issuance scheme should maintain a moderate issuance scale to support the development of the treasury trading market, and should further increase product diversification by offering different tenors.

5.2 Institutionalisation of the bond market and marketisation of the issuance approval process

The issuance approval process in the bond market is heading to institutionalisation and marketisation. The NDRC has initiated the implementation of external debt issuance registration system for enterprises since September 2015. This is an important milestone in the development of the offshore debt issuance system from a fully government-controlled approval system to a market-based system.

The external debt issuance registration system makes it convenient and flexible for companies to do overseas funding. This also partly explains why offshore funding had surged in the past two years, especially in sectors like real estate and LGFV. Some companies have limited credit strength but have obtained large amounts of quota, resulting in increasing offshore debt burden and operating risk.

In order to enhance risk prevention and the coordination between different agencies for offshore debt management, the NDRC and the Ministry of Finance jointly published the *Notice on Improving the Market Restraint Mechanism and Strictly Preventing Foreign Debt Risks and Local Debt Risks* (hereinafter referred to as the "Notice").

The Notice clarifies the principle of offshore debt management — "controlling the total amount, optimising the structure, serving real entities, prudently advancing and preventing risks", improves the framework of prudential financial management on offshore bonds and capital flows, and controls the scale of offshore debts to prevent external debt risks.

According to the principles specified in the Notice, the relevant departments are formulating the *Administrative Measures for the Issuance of Foreign Debts of Enterprises* to supplement and improve the methods and procedures for reporting offshore issuance by enterprises, standardise the registration and registration management, and prevent engagement in disguised administrative examination and approval to avoid discretion. Moreover, it serves to provide convenience for corporates' cross-border financing and to increase flexibility in formulating issuance plans based on real needs, while improving and strengthening internal coordination and supervision mechanism between agencies.

The purpose of further improving the offshore debt issuance registration system is to continue increasing the marketisation of bond issuance. The market-based bond issuance system provides flexibility for enterprises in grasping the right timing to issue bonds, to use onshore and offshore funds efficiently and therefore to reduce borrowing cost and to take the best forms of funds financially and economically.

5.3 Feasibility and future development directions of offshore B&R bonds

It is essential to use the offshore bond market to provide sustainable and effective financial support for the B&R initiative. However, the offshore bond market has not fully realised its role in supporting the B&R initiative due to structural and institutional hurdles. Improving the volume of offshore bond issuance is a goodway for B&R funding.

B&R bonds could be developed in both sovereign and commercial bond directions.

Government and non-financial enterprises are the main participants in promoting the B&R initiative. They should be the main supporters in the offshore financing channel. The reality is that offshore bond issuance by the government and non-financial enterprises is at a relatively low level when comparing to that of financial institutions.

The implementation of the B&R initiative requires long-term, low-cost funds as the foundation. The financial market development of countries along the B&R is relatively low while the credit risk of issuers remains high. Very often, the local financial markets cannot provide the funding needs for the "going-out" entities, and Chinese financial institutions are not able to serve them all either. These "going-out" Chinese companies usually have good credit qualifications and rich onshore funding experience despite that their offshore bond issuance is not as well positioned. It would be beneficial to these companies if they are able to raise funds offshore, fill the funding gap, reduce the exposure of foreign exchange risks, and ultimately provide better support to B&R projects.

In respect of sovereign bonds, B&R sovereign governments and their policy-based financial entities could issue B&R bonds, including ABS for B&R projects. Sovereign bonds usually have higher credit rating and lower funding costs, therefore can better support B&R projects and their developments. Meanwhile, the overall investment risks could be shared with other participants, and B&R bonds issued by these countries along B&R could be opened to the Chinese government and Chinese institutional investors, attracting indirect Chinese investment.

In respect of commercial bonds, firstly, participants could issue B&R bonds through B&R financial institutions and receive funds on credit enhancements. As commercial banks usually have better credit with stronger risk controls and fundamentals, they can offer better financial support for B&R projects.

Secondly, participants could directly raise funds from the bond market. Supported by the participation from financial and sovereign entities, B&R enterprises could tap the market with lower funding cost and investment sentiment could be boosted.

Bond issuance could be made in multi-currency in multiple markets. The bonds can be in local currency where the project locates, in RMB or other mainstream currencies (such as G3). They can be locally or regionally distributed, and funds can be raised in private or public markets, etc. For projects backed by the Chinese government or enterprises, Chinese onshore or offshore RMB bonds can be issued to hedge the exchange rate risk for RMB-denominated capital expenditure and to help RMB internationalisation as well as further development of the RMB bond market.

Both commercial banks and Chinese corporates involved in B&R projects and constructions have to follow the market principles, i.e. pursuing reasonable investment returns, economic efficiency and social impacts. Bond issuances should also abide by similar criteria, i.e. avoiding inefficient, unsustainable and unprofitable projects.

Long-term profit and short-term sustainability are important indicators when selecting bond investments. By optimising funding costs, diversifying financial risks, integrating local development plans and aligning with government policies, it would be easier to achieve predictable, executable and profitable B&R businesses and investment returns.

5.4 ABS bonds

Although the ABS bond market has been developing rapidly onshore, offshore issuance of ABS bonds is still rare. The reasons could be as follows:

Firstly, the Asian ABS market has always lagged in development, especially after the financial crisis of 2008. Investors have the least interests in such market ever since then, and the confidence has not yet recovered.

Secondly, the Asian bond market is still at a developing stage in every aspect. This also makes investors less willing to venture into the more complex ABS bond market due to the lack of knowledge in such products.

Part 3

Establishment of an ecosystem in Hong Kong for fixed-income and currency products

Chapter 11

Hong Kong as an international financial centre: History, core strengths and breakthroughs

XIAO Geng

Professor, Peking University HSBC Business School

President, Hong Kong Institution for International Finance

Summary

In just two decades, Hong Kong has evolved from an international financial centre (IFC) of the region into a world-class global financial centre. Apart from having a robust stock market, Hong Kong is also active in the sectors of banking, insurance, fund management, private equity and direct investment, and is a world leader in these areas.

Hong Kong's core strengths have always been in the unique "One Country, Two Systems" model and in its legal, monetary, financial, economic, corporate, city and social frameworks as well as management experience, all of which are fully compatible with the western market economic system. Hong Kong has two decades of brilliant achievements in its capital market, but as a world-class IFC, the city has a long way to go to realise its full potential. The Connect schemes as well as the new listing regime for new-economy companies will provide the solid foundation for Hong Kong to maintain its position as one of the world's best global financial centres.

Some milestones in the financial sector that Hong Kong may achieve in the next two decades include:

(1) the linkage of the Hong Kong dollar (HKD) to the reserve currency basket (Special Drawing Right, or SDR) of the International Monetary Fund (IMF), turning the HKD into a super-sovereign currency of competitiveness with a market value on par with the SDR;

(2) the growth of the bond market and commodity futures market with products denominated in HKD or SDR in Hong Kong alongside the stock market; and

(3) Hong Kong becoming a top offshore centre for the internationalisation of Renminbi (RMB) and "Belt and Road" debt financing.

Backed by the rise of Mainland China, following closely the most developed economic and financial hubs in the West, and in partnership with possibly the world's most competitive cities in the Guangdong-Hong Kong-Macao Greater Bay Area, Hong Kong should be able to set new trends in the world's financial arena.

Note: This English version of the research article is a translation. If there is any discrepancy between the Chinese and the English versions, the Chinese version shall prevail. Part of the content in this article in Chinese was published in *China Finance*, Issue 13, 2017.

1 Is Hong Kong a world-class global financial centre?

Hong Kong marked the 20th anniversary of its return of sovereignty to the motherland on 1 July 2018. It is impressive that in just two decades, Hong Kong has evolved from an IFC of the region into a world-class global financial centre. According to the internationally recognised Global Financial Centres Index, Hong Kong ranks fourth in aggregate scores among the top 10 global financial centres after London, New York and Singapore. Shanghai and Shenzhen have yet to join the league. Hong Kong also ranks fourth in terms of listed companies' market capitalisation after New York, Shanghai and Shenzhen.

According to public information disclosed by the Securities and Futures Commission (SFC) in Hong Kong, HKEX topped the world in 2016 in terms of funds raised through initial public offerings (IPO). The US$25.1 billion of IPO funds raised in Hong Kong in 2016 not only exceeded IPO funds raised by four western exchanges — US$13.2 billion by NYSE Euronext at the second position, US$11.4 billion by the NYSE at the fourth position, US$7.9 billion by Nasdaq Nordic Exchanges at the fifth position and US$7.5 billion by Nasdaq at the eighth position, but also surpassed those by the two Mainland stock markets — US$12.5 billion by the Shanghai Stock Exchange at the third position and US$7.1 billion by the Shenzhen Stock Exchange at the ninth position.

Thanks to the remarkable strength of the Hong Kong stock market in capital formation, total IPO funds raised in China's three stock markets — Hong Kong, Shanghai and Shenzhen — in 2016 amounted to US$44.7 billion, surpassing the aggregate amount of IPO funds raised in the aforesaid four western stock markets (US$40 billion) in the same year. This shows that the Chinese capital market is now the world leader in capital formation, even though some Mainland companies such as Alibaba have chosen to raise funds in overseas markets outside Hong Kong.

Total IPO funds raised in Hong Kong over the past six years exceeded US$1.5 trillion, over half of which by Mainland companies through global offerings. As of the end of 2016, Mainland enterprises accounted for 64% of the total market capitalisation of Hong Kong listed companies (H-share companies: 21%; red-chip companies: 18%; Mainland private enterprises: 24%).

Because of the vibrancy and openness of the Hong Kong financial market, global investors can access Mainland innovative and successful enterprises (such as Lenovo and Tencent) through Hong Kong at a time when the Mainland financial market is yet to mature.

Apart from having a robust stock market, Hong Kong is also active in the sectors of banking, insurance, fund management, private equity and direct investment, and is a world leader in these sectors. The institutional frameworks, capabilities, practices and talents most sought after by the Mainland for its financial industry development can be found in Hong Kong. About 70% of the world's top 100 banks have operations in the city. Hong Kong is the world's primary RMB offshore centre, and the region's most dynamic insurance market, attracting top insurers from worldwide. Hong Kong leads Asia in fund management, boasting US$2.2 trillion in assets in 2015, surpassing Singapore, Australia, Japan, Mainland China and South Korea. Hong Kong's vibrant private equity sector attracts not only massive domestic and overseas funds, but also, more importantly, a large pool of talents equally adaptable to eastern and western cultures and well versed with finance and industries. Hong Kong's direct investment in the Mainland has been leading the world for the past few decades, much of which was foreign direct investment (FDI) channelled through the city into the Mainland's manufacturing industry. Such investment has played a decisive role in integrating the manufacturing industry in the Mainland with the global supply chain.

2 How did Hong Kong become a world-class global financial centre?

Dated back to the period of British rule, Hong Kong's financial industry has a long history of integration with the international financial market in the West, and has gone through several global financial crises, including, in particular, the oil crisis of the 1970s which led to the US taking its currency off the gold standard, the Asian financial crisis of the 1990s and the global financial crisis which started in the US in the early 21st century.

The oil crisis in the early 1970s forced Hong Kong to drop its currency link to the British pound for a peg with the US dollar (USD). The decision effectively stabilised the city's banking industry, stock market and property market, laying down the foundation for Hong Kong's subsequent support for the Mainland's reform and opening up as well as speedy economic growth. In the 1960s and 1970s, Hong Kong's economic development was at about the level of Guangzhou. It was, in many areas, not even up to Guangzhou's standard because of the smaller scale. However, after the Mainland began to reform and open up, Hong Kong's international trade and its export and processing industry grew rapidly, integrating with the Pearl River Delta region and becoming an Asian hub for the global supply chain. Capital, technology and management experience was thereby introduced into the Mainland, with Mainland processed goods exported to markets around the world. During this period, Hong Kong grew swiftly into a global service industry hub led by trade, logistics, finance, professional services and real estate. Service industries accounted for more than 95% of the city's gross domestic product (GDP). Wages and asset prices rose as productivity increased.

In the early 1980s, the return of Hong Kong's sovereignty to China under the "One Country, Two Systems" model stabilised the city's political, social and economic environments for its further development. Despite a brain drain that stemmed from concerns about political and social stability in some years before and after the handover, the stability of the actual political and social conditions after the handover have been better than expected. It was rather the economy that suffered a serious blow under the 1997 Asian financial crisis.

The HKD, Hong Kong banks and the Hong Kong stock market were attacked by George Soros and other financial speculators during the Asian financial crisis. Seeing the Hang Seng Index (HSI) fell from a normal balanced level of about 12000 points to about 6000 points, Hong Kong regulators resolutely delved into the city's foreign currency reserves and bought 10% of the shares of the 33 Hong Kong blue chips that made up the HSI. Their market intervention speedily stabilised prices in the stock, bond, foreign exchange (FX) and property markets. After that, the Hong Kong authorities, in another clever move, sold their stock portfolio to private investors through the newly created Tracker Fund when the HSI returned to about 12000 points. Hong Kong's intervention to correct the market in this episode is now a classic example of systemic risk management by financial regulators. In the wake of the incident, Hong Kong has further enhanced the regulation of its currency, banking, securities and property markets as well as other financial products and services.

Hong Kong's successful management of the Asian financial crisis was underpinned by the Chinese Government's steadfast defence of the RMB's exchange rate against the USD in support of financial and economic stability in China, Asia and the world. Such historic commitment by China to FX stability laid the foundation for stability and recovery in Hong Kong and other Asian financial markets. It also fostered the rapid expansion through Hong Kong of foreigners' direct investment in the Mainland's manufacturing sector, altering the geographical distribution and operating model of the global supply chain. Its contribution to the subsequent industrialisation and urbanisation of China's coastal regions and the rise of the Mainland financial industry is enormous.

Having learnt from the Asian financial crisis, Hong Kong went through the 2008 global financial crisis without setting off a financial crisis of its own, even though there were shocks to its stock and property markets and adjustments to employment and wages. On the contrary, the resilient Hong Kong financial market began to prepare itself for challenges and opportunities from the full-scale opening-up of the Mainland economy. Major favourable developments during this period include China's accession to the World Trade Organisation, the Mainland and Hong Kong Closer Economic Partnership Arrangement (CEPA), and China's "Belt and Road" initiative launched on a global scale.

3 Hong Kong's core competitiveness as a global financial centre

In terms of new institutional economics, Hong Kong's core competitiveness mainly lies in the low marginal institutional costs of market transactions. Factor costs in Hong Kong such as land, talents and capital are generally high, as talents and capital in Hong Kong can flow elsewhere freely. If other markets offer better returns than Hong Kong in terms of working, living and investing, the expertise and capital will not stay in the city.

The fixed costs of infrastructure that maintains Hong Kong's laissez faire are not low. Civil servants, regulatory professionals, police officers and employees of public bodies in the city are paid salaries in line with the market, and their number is substantial. However, backed by a highly efficient economy and low tax rates, Hong Kong has sound finances and almost no government debt both domestically and overseas. In return to the high fixed institutional costs are low marginal transaction costs. In other words, as transaction volumes increase, the institutional cost per unit of transaction becomes very low.

Low marginal transaction costs result in a unique economic phenomenon in Hong Kong: transaction volumes determine economic growth and factor prices. In the short term, volumes of trade, financial activities, professional services and logistics are more influenced by global economic developments than by local policies. Economic movements in other parts of the world, such as China, the US, Asia, Europe, or other places, would have impact on Hong Kong to a certain extent. The Hong Kong economy is therefore the barometer of the world economy, but is not sensitive to local short-term political and social issues.

Hong Kong's core competitiveness always lies in the unique "One Country, Two Systems" model and in its legal, monetary, financial, economic, corporate, city and social frameworks as well as management experience, all of which are fully compatible with the western market economic system. The "One Country, Two Systems" model safeguards the distinction between Hong Kong and the Mainland by maintaining political, economic and social boundaries. It is the principle that underlines the value of Hong Kong. This clear-cut and strict boundary ('Two Systems") between Hong Kong and the Mainland allows the city to follow closely the flagship practices of developed western economies. At the same time, "One Country" gives Hong Kong the proximity with its motherland to pioneer interactions with the vast Mainland market (such as through CEPA), making Hong Kong an irreplaceable platform of economic, cultural and social communication between China and the West. Hong Kong's challenge is therefore how to maintain the advantages of "One Country" and "Two Systems", and resolve as appropriate the contradictions and conflicts of interest that arise during their implementation.

4 Hong Kong's potential as a global financial centre: Connect schemes and new listing regime for new-economy companies

Hong Kong has two decades of brilliant achievements in its capital market, but as a world-class IFC, it has a long way to go to realise its full potential.

HKEX successfully launched the strategically important Shanghai Connect, Shenzhen Connect and Bond Connect in the past three years, creating unique channels of product trading between the Mainland and global financial markets, with the channels being risk-controllable, scalable and mutually accessible. HKEX also acquired a few years ago the London Metal Exchange (LME) in the hope of tapping the Mainland's huge demand for commodity futures trading by building up a leading commodity futures market in Hong Kong.

In 2014, an application by the Mainland-based e-commerce platform Alibaba Group to list in Hong Kong was rejected by Hong Kong regulators on the ground of protecting investors' interests and upholding Hong Kong's traditional "one share, one vote" principle. Alibaba eventually listed on the NYSE through an IPO that raised a world record enormous sum of US$25 billion. Hong Kong which lost Alibaba began to ponder how to safeguard investors' interests while at the same time meeting the financing needs of innovative new-economy companies and staying ahead of stock market competitors. On 16 June 2017, three years after the loss of Alibaba, HKEX released the Concept Paper on New Board, kicking off the preparation for a major enhancement of the Hong Kong capital market. Once the market demand surges, it can be expected that the enhanced capital market of HKEX will be able to raise IPO funds globally for innovative Mainland companies seeking as much as US$25 billion.

Premier Li Keqiang proposed the Guangdong-Hong Kong-Macao Greater Bay Area (Greater Bay Area) development plan in his work report in March 2018, raising Hong Kong's and Macao's future development to a national strategic level of facilitating the country's opening-up and development. The city cluster of the Greater Bay Area includes 11 cities of unique characteristics in the Pearl River Delta. The most noteworthy are the Hong Kong Special Administrative Region (world-class global financial centre), the Macao Special Administrative Region (world-class gaming, convention and exhibition and entertainment city), Guangzhou (China's major hub for domestic and external trade), Shenzhen (China's most innovative, open and market-oriented special economic zone) as well as Foshan and Dongguan (world-class manufacturing bases). The Greater Bay Area has a population of 68 million, surpassing those of Britain, France and Italy. Its GDP, at US$1,300 billion, is close to that of South Korea or Russia, and surpasses those of Australia, Spain and Mexico. Targeting New York, San Francisco and the Tokyo bay areas as competitors, the well-integrated Greater Bay Area will contribute to Hong Kong's position as one of the best world-class global financial centres.

5 In which financial dimensions can Hong Kong realise big dreams and achieve breakthroughs in the next two decades?

In the coming two decades, the HKD should be linked to the IMF's reserve currency basket (Special Drawing Right or SDR) and become a super-sovereign currency of competitiveness, with a market value on par with the SDR. Bonds and commodity futures denominated in HKD or SDR could become as popular as the stock market in Hong Kong. Hong Kong could become the world's top offshore centre for the RMB's internationalisation and "Belt and Road" debt financing.

5.1 Currency dimension: HKD's peg to SDR

The HKD's peg to the USD has gained a great success in the past two decades, thanks to the mechanism's simplicities and transparent rules and operating procedures. By fixing the exchange rate at HK$7.8 per USD, Hong Kong in effect directly adopts the US' monetary policies and the HKD's interest rate follows that of the USD. Participants in the Hong Kong financial market therefore basically equate the HKD with the USD. However, in the next 20 years, it is likely that US monetary policies will become increasingly unsuitable for Hong Kong's economic and financial situation. The problem, in fact, has become apparent after the 2008 global financial crisis. For example, the US' quantitative easing and zero interest policy are in conflict with Hong Kong's economic and financial realities, resulting in excessively low interest rates and an overheated property market.

Hong Kong is a global financial centre bridging China and the world. Once the HKD is pegged to the SDR, the interest rate of HKD will be the weighted average of the interest rate of each currency in the basket (the weight of each interest rate being the weight of the respective currency in the SDR basket). Such weighted average interest rate should be most suitable for Hong Kong's position as a global financial centre. Once the HKD is pegged to the SDR, the SDR will immediately take on a market of substantial vitality, as private financial and non-financial assets denominated in HKD will transform the SDR from a concept-based super-sovereign reserve currency with no market at all into a competitive and tradable super-sovereign currency with authority — competitive in the sense that other economies such as Singapore may also have their currencies pegged to the SDR; and super-sovereign with authority in the sense that the IMF defines the currency weights and benchmark interest rate and acts as the lender of last resort for the super-sovereign currency during a global crisis.

It is a natural choice for Hong Kong to peg the HKD to the SDR if it wishes to balance its economic and financial ties with Mainland China, the US, Europe, Britain and Japan. The peg will significantly reduce certain inherent conflicts and systemic risks posed by the existing international currency framework that focuses on USD as the major international reserve currency. For example, the US would no longer be able to stimulate its economic growth through USD depreciation, and emerging markets would no longer be obliged to accumulate large volumes of their FX reserves in USD.

5.2 Bond market: Issuance of bonds denominated in super-sovereign reserve currency

At present, the use of the SDR is not extensive enough for it to become a major international reserve currency. Major obstacles include geopolitical interests and the attitude towards the SDR of the several central banks that issue reserve currencies (the Eurozone, China, Japan and Britain in addition to the US). The rise of cryptocurrencies could perhaps open a new window for the future of the SDR. The private sector could now directly work with central banks and create an SDR cryptocurrency, or e-SDR, for denomination and value storage purposes. If the private sector and market participants believe the value of e-SDR as a unit for asset bookkeeping is less volatile than the values of its international reserve currency constituents, it is likely that asset managers, traders and investors will make use of e-SDR to price products and services and to assess the value of their assets and liabilities.

A bond market established in Hong Kong that is denominated in e-SDR could attract countries and investors who do not want to be involved in the geopolitical games among countries that issue reserve currencies. Multinational companies and international and regional financial institutions should be able to supply the required e-SDR assets. On the demand end, pension funds, insurance companies and sovereign wealth funds could purchase long-term debt assets denominated in e-SDR.

In the long term, Hong Kong, London and other IFCs are potential candidates to try out e-SDR and related financial products using blockchain technology. Special mechanisms for easy conversion may also be deployed to increase the liquidity of e-SDR assets.

In an age of increasing geopolitical complexity, SDR as a super-sovereign currency will be ideal for the valuation and trading in the global commodity futures market. The Chinese government's mega "Belt and Road" project, may also find e-SDR useful in valuation and capital formation.

To peg the HKD to the SDR and turn it into a super-sovereign currency of competitiveness in the next two decades, the obstacle does not lie in Shenzhen, Shanghai, Beijing, or in London, New York, and Singapore. The challenge rests with us, the Hong Kong people. From the perspective of global development, the "Belt and Road" initiative and future developments in the Greater Bay Area, it is necessary for Hong Kong to think out of the box about how to develop itself into one of the world's top global financial centres. Backed by the rise of Mainland China, following closely the most developed economic and financial hubs in the West, and in partnership with possibly the world's most competitive cities in the Greater Bay Area, Hong Kong should be able to set new trends in the world's financial arena.

Chapter 12

RMB internationalisation

HONG Hao

Head of Research

Managing Director

BOCOM International

1 Pre-conditions

Currency internationalisation is the widespread use of a currency outside the borders of its country of issue. The level of currency internationalisation for a currency is determined by the demand other countries have for that currency. Such currencies will also tend to be held as reserve currencies. Non-residents use them instead of their own national currencies, whether transacting in goods, services or financial assets.

Firstly, the issuing country must be powerful in comprehensive perspectives. China has been the second largest economic body in terms of gross domestic products (GDP). Qualitatively, the gap between China and the US on technology and high-end manufacturing industries is shrinking, as seen from the funds raised by technology companies and also the number of patents applied. China is rising to a leading position on 5G, artificial intelligence (AI) and information technology, etc. On the two Sessions of 5 March 2015, Premier Li Keqiang raised "Made in China 2025" for the first time in the "Government Report". On 19 May 2015, the State Council issued a formal document "Made in China 2025". The concept is aiming to change the low-end dominated manufacturing industry, hence to lay a solid foundation for internationalisation of the Renminbi. But the trade war initiated by the US in 2018 has given a punch to the previously mentioned target of the Chinese government, hindering RMB internationalisation as a subsequent result.

Secondly, only when the RMB exchange rate is stable and fluctuates in a reasonable range will international investors use the currency as a payment tool and reserve currency, making the RMB from being national to regional and then global. China must be highly united on both political and economic sides and be disciplined on monetary policies. Nowadays, China's reliance on international trades has been decreasing, the trade surplus is only 2%-4% of the GDP and the export to the US is only 18%. Therefore, facing the pressure from the US whose economy has a high potential slow-down, China can focus on internal development to stabilise the economic development and hence the exchange rate. It is very unlikely that the RMB will have a similar history to the Japanese yen, which appreciated more than 60% to the USD. The value of the RMB is affected by China's central bank balance sheet and economic cycle. As the shadow-banking control and deleveraging go on, the growth of the central bank's balance sheet is decelerating, which echoed with the 3-year economic cycle. Although the RMB is under the pressure of depreciation, the scale will be limited as observed from both the willingness and the capability of the Chinese central bank (the ratio of June 2018 foreign debt outstanding to October 2018 foreign reserve is around 61%).

2 RMB internationalisation marching forward in a zigzag way

The RMB exchange rate's liberalisation has made a good progress, though the process is featured by government intervention. The fluctuation range becomes wider. The USD to RMB exchange rate's daily fluctuation was 0.3% in 1994, but in 2007 it became 0.5%, then to 1% in 2012 and 2% in 2014. We can foresee that the range will be even wider towards full liberalisation of the exchange rate. On the other hand, the value difference between onshore RMB (CNY) and offshore RMB (CNH) has decreased significantly.

Strategically, RMB internationalisation is the complete opening-up of the Chinese financial market. The first step would be the free exchange of the RMB under the capital account and also the building up of the offshore financial centre. The most notable characteristic, which is rare globally, is that capital account liberalisation is not complete before RMB internationalisation. Cross-border settlement during international trade is an essential channel of exporting the RMB. In addition, the "Belt and Road" initiative provides nutritious soil for RMB internationalisation.

Since the depreciation of the RMB after August 2015, the offshore CNH deposits dropped from 1 trillion to 500 billion yuan. But from January 2017 to September 2018, RMB deposits in Hong Kong increased by 20% to 600 billion yuan. Meanwhile, SWIFT announced that the RMB trading amount rose to 2.04% in July 2018, ranking 5th in global payment currency, the same as in 2017. But the market share of the USD as a payment currency dropped to 38.99%, the lowest level since February 2018; the euro's share rose to 34.71%, the highest level since September 2013. The UK ranked 2nd in RMB usage after Hong Kong, sharing 5.58% of the total RMB settlement amount.

3 Benefits of RMB internationalisation

Following the "Going Out" policy of the Chinese economy, cross-border RMB utilisation and formation of offshore RMB centres in Hong Kong, Singapore and London will support domestic enterprises to achieve direct RMB financing from the international market via bond issuance, equity financing, warrants, etc. They can achieve cheap funding to raise capital.

The Chinese real economy has stepped out to internationalisation. China's international trades have expanded around the world and overseas investments have developed quickly. RMB internationalisation is one of the key themes in financial enterprises' "Going-Out" policy. On the one hand, wider RMB usage assists RMB-denominated international trades, cross-border investment, overseas mergers and acquisitions as well as offshore projects. On the other hand, RMB internationalisation eases multi-currency settlement, which is beneficial to reduce foreign exchange losses.

Throughout the history, currency has always been the core of financial systems. It represents the economic power and international influence of a country. The British sterling in the old days and the US dollar nowadays, likewise, had been supported by strong economic power of the issuing countries. As the Chinese economy strengthens, the RMB is supposed to play a more important role in the global market. As the cross-border demand for the RMB is increasing, the offshore market has to develop accordingly.

4 Bond Connect

How mature a country's bond market is affects the efficiency of its resource allocation and the development of its financial market. The yield curve, especially the treasury bond's yield curve, is the basic input to price financial tools and the risks.

Northbound trading of the Bond Connect scheme was firstly launched because the market depth of the onshore bond market is much better. For Southbound trading, the variety of bonds, yields and liquidity are all poorer. Since August 2015 when the RMB depreciated, offshore CNH deposits dropped to 500 billion yuan from 1 trillion yuan. The liquidity shrank quickly. Bond Connect has provided international investors with more investment opportunities.

The opening-up policy for China's bond market offers more channels for international investors to invest in RMB-dominated assets. The data from China Government Securities Depository Trust & Clearing Co. Ltd. show that the outstanding amount of CNY-dominated bonds was around 1.4 trillion yuan in August 2018 and new investments in the month was 58 billion yuan. Offshore institutions had been increasing their RMB bond holdings for 18 consecutive months, a 64.7% year-on-year growth.

Shanghai-Hong Kong Stock Connect, Shenzhen-Hong Kong Stock Connect and Bond Connect have paved new ways for RMB capital account convertibility. Meanwhile, the opening up of the bond market enhances the development of the RMB from a pricing currency to a settlement and reserve currency.

5 Investment ideas on Chinese bonds

With the internationalisation of the RMB and the liberalisation of the capital account, foreign capital is believed to have big potential in participating in the Chinese bond market. Foreign exchange (FX) risk will not be a challenge, as investors have various tools to hedge the risk. In the meantime, although Chinese debt woe is still a big concern, the government is setting risk prevention as one of the most important goals. Monetary policy may also support the debt market in late 2018. Systematic risk is believed to be under control.

5.1 Holding to maturity

For long-term investors, Chinese bonds, with higher return and rating, can be a good choice. Especially in the case of American long-term rates' turn-around, Chinese sovereign debt and government-owned companies' debt are bought out. The supply-side reform for two years relieved state-owned enterprises from overcapacity and enhanced their profitability. As a result, refinancing is much easier now. Besides, on 30 August 2018, the

Standing Committee of the State Council exempted foreign investors from income tax and value-added tax on interest income from the domestic bond market, for a period of 3 years.

5.2 Trading strategy

For bond investors, it is important to closely monitor the issuers' financial positions and ratings. Growth potential and stable income are good benchmarks for picking bonds that may be upgraded in the future. Even if private companies are exposed to high risk, listed companies are still worth to look at. But try not to choose companies with high leverage and radical investing style as they are exposed to higher default risk.

5.3 Derivatives strategy

(1) Future-spot arbitrage

Since treasury bond futures are settled by delivery of spot bonds, and futures and spot prices should converge when the futures approaches maturity, investors can use "cheapest to deliver" (CTD) bonds to deliver on settlement and benefit from the future-spot spread. Similarly, selling high spread can also be profitable. However, the risk is that CTD bonds are not immutable. Investors need to predict or hold a bunch of bonds to manage this risk. Besides, buying or selling treasury bond futures are conducted in margin account, which is exposed to margin call risk.

(2) Calendar arbitrage

Given constant interest rate and financing cost, the term structure of treasury bonds is supposed to be stable, which means that the term structure of treasury bond futures are stable. As a result, the spread between two futures with different maturities should be mean-reverted. Investors can trade the spread by longing and shorting respective futures and benefit from the mean reversion process. Arbitragers should pay high attention to interest rate and financing cost when conducting this trade in the real world as these two can change to wherever the government wants them to go. Liquidity can also be a big concern because not every contract is as popular as the main contract.

(3) Arbitrage between different futures

Chinese treasury bonds have three different futures listed: 2-year treasury bond futures, 5-year treasury bond futures and 10-year treasury bond futures. These three are highly correlated. Every pair of the three can be treated as mean-reverted pair and investors can trade their spread to make profits. However, the risk is obvious — the mean reversion of these pairs' spread is not as strong as calendar spread. Investors need to investigate the market deeply before they conduct the trade.

6 Hedging tools

Liberalisation of the Chinese interest rate and currency are making the corresponding markets more volatile. Investors can use interest rate swaps and FX derivatives as hedging tools. Besides, along with the broadening of international trade and the "Belt and Road" initiative, the weighting of foreign currency-denominated capital is increasing in the balance sheets of Chinese financial institutions. This trend will make the over-the-counter (OTC) derivatives market more active as an important hedging market.

The OTC derivatives market operated by the China Foreign Exchange Trade System (CFETS) under the governance of the the People's Bank of China (PBOC) and the State Administration of Foreign Exchange (SAFE) offers bond forwards, FX, interest rates and credit derivatives. Investors can hedge using tools in this market. The Hong Kong OTC market offers RMB spot, forwards, swaps and options. The HKEX provides RMB futures, options and treasury bond futures. Foreign investors can use these Hong Kong products to hedge Chinese debt and FX risks.

OTC Clearing Hong Kong Limited accepts Chinese Mainland banks' Hong Kong branches to register as members to directly settle their OTC transactions. This provides a more convenient and low-cost way.

7 More to be done for RMB internationalisation

Now, RMB internationalisation has stepped into the third phase — to make the RMB broadly accepted as a currency for trading, investment, settlement and reserves. But the first two phases, liberalising currency convertibility completely for the current account and for the capital account, still have a long way to go.

The key is to establish a sound scheme of two-way funds flow at the initial stage. Looking at the history of how Eurodollar developed, we can see that the US kept borrowing from European countries where the USD is adequate. It was the US domestic investors' strong demand for the USD to flow back that supported the offshore USD market development. The two-way funds flow for the RMB needs such a scheme as well and it takes time.

In the meantime, how the USD-denominated crude oil had driven the currency's internationalisation process is crucial. The RMB has to find a reliable commodity as well.

China also needs to cooperate with the central banks of other countries. The cooperation can strongly support the source of funds. In the 1960s, the US Federal Reserve signed currency swap agreements with European countries, which served as the main dollar suppliers providing large amounts of the USD to the market.

Chapter 13

Offshore RMB products and risk management tools

— Hong Kong's ecosystem nurtured by the Connect schemes

Chief China Economist's Office
Hong Kong Exchanges and Clearing Limited

Summary

Offshore Renminbi (RMB) securities and derivative products emerged and develop as the Mainland financial market continues to open up and the RMB progresses further on its internationalisation. Hong Kong is the first market in the world to start offshore RMB business upon authorisation by the Mainland government in 2003. Following subsequent Mainland policy liberalisation and facilitation by central policy support, RMB financial products began to prosper in Hong Kong. RMB products listed on HKEX now comprise of bonds, exchange traded funds, real estate investment trust, equities, and RMB currency and commodity derivatives.

RMB bonds are by far the RMB security type with the most number of offshore listings on world exchanges, but trading is mostly conducted off-exchange. HKEX is ahead of other key exchanges in the world in offering the most offshore RMB-traded securities and RMB derivatives, with relatively active trading. Only a few other exchanges are found to offer a couple of RMB securities other than bonds, with low or no turnover. On the other hand, RMB currency futures and options are relatively popular products offered by a number of exchanges around the globe. Nevertheless, trading in these RMB derivatives has been concentrated on HKEX and a couple of other Asian exchanges.

The Stock Connect and Bond Connect schemes in Hong Kong for Northbound trading by global investors in eligible RMB securities in the Mainland market have further expanded the RMB product suite available for global investors to trade from offshore. Statistics showed that global investors have growing appetite for trading RMB products from offshore through the Connect schemes and that this is in parallel to the increased trading activities in RMB derivatives in Hong Kong for the associated risk management. The RMB products ecosystem in Hong Kong is thereby gradually established and being developed.

The scalability of the Mainland-Hong Kong Connect schemes implies the possible increase in eligible onshore RMB product types and in the number of products available for global investor trading in Hong Kong. Before the relaxation of the limitation of foreign investor participation in the onshore RMB derivatives market on a large scale (needless to say the limited supply and variety of onshore RMB derivatives), the development of an extensive spectrum of offshore RMB risk management tools including RMB equity derivatives, fixed-income or interest rate derivatives, and currency derivatives, would be important to support global trading in RMB products. Nurtured by the Connect schemes and if provided with the necessary policy support, the RMB products ecosystem in Hong Kong is expected to flourish with abundant product supply, active trading and greater interactions between the onshore and offshore markets.

1 Emergence and development of the offshore RMB products market

1.1 Offshore RMB products' development driven by policy initiatives

Hong Kong is the first offshore market to introduce Renminbi (RMB) business by financial institutions in 2004 after China's central bank, the People's Bank of China (PBOC), and the Hong Kong Monetary Authority (HKMA) signed a Memorandum of Understanding in November 2003, which allowed Hong Kong banks to conduct RMB business for individuals. The scope of services was initially limited to remittance, exchange and RMB credit cards. RMB investment products in Hong Kong started with the issuance of RMB bonds, commonly referred to as "dim-sum" bonds, after the State Council of China gave consent to the expansion of RMB business in Hong Kong in January 2007 — allowing Mainland financial institutions to issue RMB financial bonds in Hong Kong. Related rules were issued in June 2007 for implementation of this state policy[1] and late in the same month the first RMB bond was offered in Hong Kong by a Mainland state-owned policy bank[2].

Subsequent policy relaxations have driven the rapid development of the RMB bond market in Hong Kong. In February 2010, according to policy clarification[3], the range of eligible issuers, issue arrangement and target investors of RMB bonds in Hong Kong can be determined in accordance with the applicable regulations and market conditions in Hong Kong. In the same month, the PBOC gave its permission to allow financial institutions to open RMB accounts in Hong Kong that are related to debt financing, which enables the launch of RMB bond funds in Hong Kong. In October 2011, new rules were introduced to allow overseas RMB obtained through legitimate channels, e.g. by overseas issuance

---

1 *Provisional Measures for the Administration of the Issuance of RMB Bonds in the Hong Kong Special Administrative Region by Domestic Financial Institutions* issued jointly by the PBOC and the National Development and Reform Commission (NDRC) on 8 June 2007.

2 The RMB bond was offered by China Development Bank which had an offer size of RMB 5 billion, a coupon rate of 3% and a maturity of 2 years. At least 20% of the issue was offered to retail investors.

3 HKMA's letter of elucidation of supervisory principles and operational arrangements regarding RMB business in Hong Kong, 11 February 2010.

of RMB bonds and stocks, to be engaged in direct investment in the Mainland[4]. With the Mainland government's further central policy support[5], RMB financial products began to prosper in Hong Kong, both off-exchange and on-exchange, going beyond RMB bonds.

At the same time, continuous efforts have been made by the Mainland government to make progress in the internationalisation of the RMB, underpinned by the further opening-up of the Mainland financial market. In 2010, the PBOC began to allow qualified foreign institutions to use offshore RMB to invest in the China Interbank Bond Market (CIBM)[6], and subsequently introduced liberalisation measures since 2015 to further enhance their participation. The RMB Qualified Foreign Institutional Investor (RQFII) scheme was introduced in 2011 as an extension of the Qualified Foreign Institutional Investor (QFII) scheme launched in 2002. This also allows the use of offshore RMB by foreign investors to invest in the Mainland domestic financial market, including the CIBM and the stock market. In November 2014, the Mainland-Hong Kong Mutual Market Access pilot programme was launched, with the Shanghai-Hong Kong Stock Connect (Shanghai Connect) introduced as the first initiative under this programme. Shanghai Connect allows foreign investors to trade eligible stocks listed on the Shanghai Stock Exchange (SSE) — Northbound trading, and Mainland investors to trade eligible stocks listed on the Stock Exchange of Hong Kong (SEHK), the securities arm of the Hong Kong Exchanges and Clearing Limited (HKEX) — Southbound trading, through the trading, clearing and settlement platforms at their respective home markets. A similar Connect scheme between the SEHK and the Shenzhen Stock Exchange (SZSE) — the Shenzhen-Hong Kong Stock Connect (Shenzhen Connect) — was introduced in December 2016. (Shanghai Connect and Shenzhen Connect are collectively referred to as the "Stock Connect" scheme.) Further in July 2017, the Bond Connect scheme — a mutual bond market access programme between Mainland China and Hong Kong — was launched, commencing with Northbound trading link initially and Southbound trading link to be added later.

As a result of the increasing connectivity between the offshore market and the onshore

4 *Administrative Measures for the Clearing and Settlement of Foreign Direct Investment in Renminbi* issued by the PBOC; *Notification about Issues Relating to Cross-Border Direct Investment in Renminbi* issued by the Ministry of Commerce (MoC).

5 In August 2011, the then Vice Premier Li Keqiang disclosed a series of central policies about Hong Kong development during his visit to Hong Kong. Specifically, policy support would be offered for Hong Kong's development into an offshore RMB business centre; this would include the development of innovative offshore RMB financial products in Hong Kong, an increase in the number of eligible institutions to issue RMB bonds in Hong Kong with an enlarged issue scale. In June 2012, the Mainland Government formally announced a set of policy measures to strengthen cooperation between the Mainland and Hong Kong, among which is the policy support in developing Hong Kong into an offshore RMB business centre.

6 *Notification about Issues Relating to the Pilot Programme of Allowing Three Kinds of Institutions including Foreign RMB Clearing Banks to Use RMB to Invest in the Interbank Bond Market*, issued by the PBOC, 16 August 2010.

market, the offshore RMB financial system in Hong Kong has become increasingly vivid.

Currently, the RMB securities (i.e. securities traded in RMB) listed on the SEHK include bonds, exchange traded funds (ETFs), real estate investment trust (REIT) and equities. Other overseas exchanges are also found to list similar types of RMB securities, but not as many as the SEHK. Moreover, Northbound trading under the Connect schemes (comprising the Stock Connect scheme and the Bond Connect scheme) have extensively broadened the use of offshore RMB in the financial market and have effectively expanded to a large extent the universe of RMB securities tradable outside Mainland China by global investors in Hong Kong. (See Sections 2 and 3 below.)

1.2 Offshore RMB risk management demand driven by the progress in RMB internationalisation

On the path towards internationalisation where the RMB aims at ultimately being accepted internationally as a trading currency, a settlement currency and a reserve currency, the RMB exchange rate shall inevitably be determined by market forces. On 11 August 2015, the PBOC took a policy move on reforming the formation mechanism of the central parity rate of the RMB against the US dollar (USD) in the interbank foreign exchange (FX) market to make the RMB exchange rate more market-driven. After the critical move, the RMB was subsequently admitted to the Special Drawing Right (SDR) basket of currencies of the International Monetary Fund (IMF) on 1 October 2016. Since then, the central banks in Singapore (the Monetary Authority of Singapore), Europe (the European Central Bank), Germany (Deutsche Bundesbank) and France were reported to have included RMB in their foreign exchange reserves[7]. They are expected to be followed by other countries as well, given the SDR status of RMB and that the RMB ranked 8th as an international payments currency as of September 2018 (with a global share of 1.10%)[8].

To provide the market with currency risk management tool and investment tool in the course of gradual RMB internationalisation, HKEX introduced its first RMB derivative product — the USD to offshore RMB (CNH) futures (USD/CNH Futures) in September 2012. The HKEX RMB derivative product suite now consists of futures and options on multiple RMB/foreign currency pairs and commodities. (See Section 2.)

Apart from HKEX, at least 10 other overseas exchanges also offer trading of RMB derivatives, mostly RMB currency futures and options. In fact, the Chicago Mercantile Exchange (CME) introduced its Chinese RMB/USD Futures denominated in onshore RMB

7 Reported in the media during the period of June 2016 to January 2018.

8 Source: SWIFT RMB Tracker September 2018.

(CNY) as early as in June 2006 but little trading was recorded. (See Section 3.)

Other than RMB currency derivatives, few other overseas exchanges offer futures and options on other underlying assets denominated in RMB. Only Dubai Gold and Commodities Exchange (DGCX) was found to have introduced the Shanghai Gold Futures contract, which is based on the gold benchmark price as declared by the Shanghai Gold Exchange (SGE) for settlement and is settled by cash in CNH.

From the offerings and trading activities of the RMB derivative products in Hong Kong and overseas, one can see that with the greater liberalisation of the RMB exchange rate, there is a fast growing demand for RMB exchange rate risk management tools by global investors. Despite the fact that China is a major importer of many major commodities[9], the RMB pricing power in global commodities is still limited and RMB-denominated commodity derivatives are not common on world exchanges. In addition, in the light of the increasingly active global investor trading in Mainland bonds through the Bond Connect scheme, it is expected that there will be growing global demand for RMB fixed-income or interest rate derivatives for hedging their positions. While this demand may not be fully satisfied via trading in the Mainland domestic derivatives market[10], offshore RMB interest rate hedging tools will be of paramount interest to global investors.

In summary, RMB currency derivatives are currently the most popular product type of offshore RMB derivatives; offshore RMB commodity derivatives are yet to develop as the international pricing power of RMB continues to build up in the commodities market; and offshore RMB fixed-income and interest rate derivatives are expected to flourish in the future along with the growing RMB assets held by global investors. RMB equity derivatives are not yet available offshore but are expected to be in great demand as cross-border global trading in RMB equities continue to grow.

9 For example, China's imports of iron ore as percentage of the world's total imports has grown from 14% in 2000 to 67% in 2016; China's imports of crude oil as percentage of the world's total imports has grown from 11% in 2009 to 19% in 2017. (Source: Wind.)

10 According to the Bond Connect measures issued by the PBOC, *Interim Measures for the Administration of Mutual Bond Market Access between Mainland China and Hong Kong SAR,* on 21 June 2016, eligible securities for Northbound trading by foreign investors under Bond Connect are all the cash bond types on the CIBM, not including bond derivatives. Only foreign reserves institutions are allowed to trade bond derivatives like bond forwards, interest rate swaps (IRS), forward rate agreements (FRA) on the CIBM.

2 The RMB product suite in Hong Kong

2.1 Securities products

The Hong Kong securities market saw the first RMB bond listing on 22 October 2010. This was followed by the listing of the first RMB REIT in 2011, and of the first RMB ETF (on gold), the first RMB equity and the first RMB warrant in 2012. By the end of September 2018, the total number of listed RMB securities was 134, most of which were RMB bonds. See Figure 1 for the timeline of RMB securities product launch and Figure 2 for the growth in the number of RMB securities on the HKEX securities market, i.e. the SEHK.

Figure 1. Timeline of the launch of new RMB securities product types on HKEX (up to September 2018)

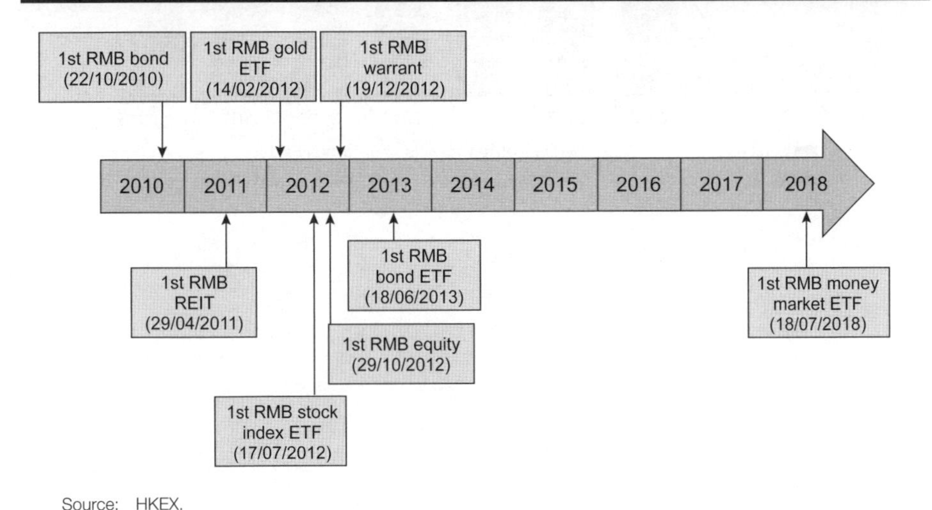

Source: HKEX.

The percentage share of RMB securities in number terms rose to over 2% of all listed Main Board securities as at end-2015 and end-2016 and dropped to about 1% by end-2017 and end-September 2018 owing mainly to the reduction in the listings of RMB bonds. On the other hand, the number of listed RMB ETFs continued to grow over the years. At the end of September 2018, RMB securities consisted of 59% of RMB bonds and 39% of ETFs. Among the RMB ETFs, stock index ETFs constituted the most (34% of all RMB securities). The proportion of RMB securities in number, though small in respect of all securities on the Main Board, was rather significant for ETFs (46%)[11]. (See Figures 2 to 4.)

Figure 2. Year-end number of RMB securities listed on HKEX by type (2010 – Sep 2018)

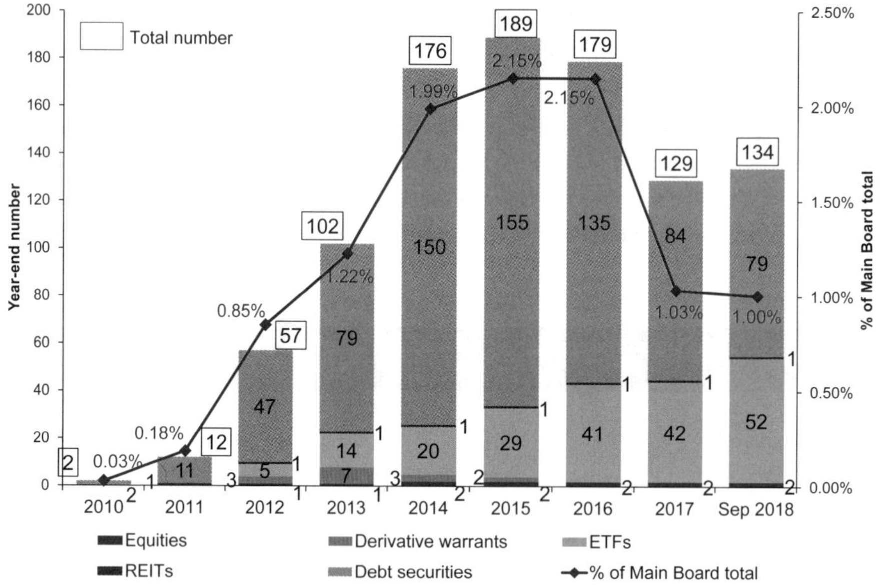

Source: HKEX.

11 All except one (an RMB gold ETF) of these ETFs are ETFs with dual or multiple counters for trading in RMB and other currencies (Hong Kong dollars and/or USD).

Figure 3. Composition of RMB securities listed on HKEX in number by type (End-Sep 2018)

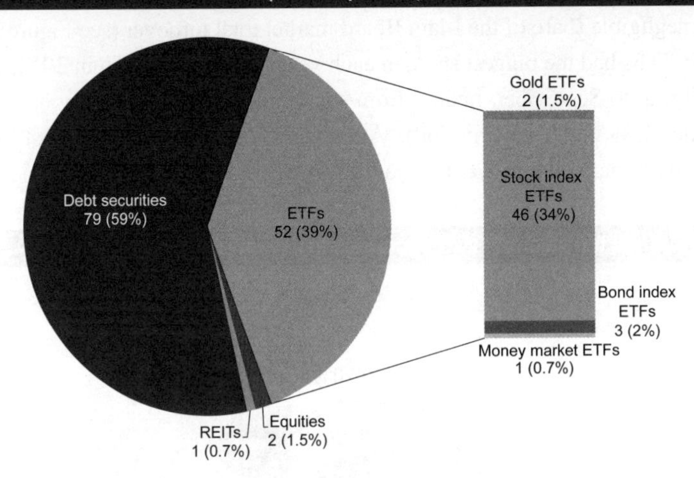

Note: Percentages may not add up to 100% due to rounding.

Source: HKEX.

Figure 4. Number of RMB securities as percentage of total number of securities listed on HKEX by type (End-Sep 2018)

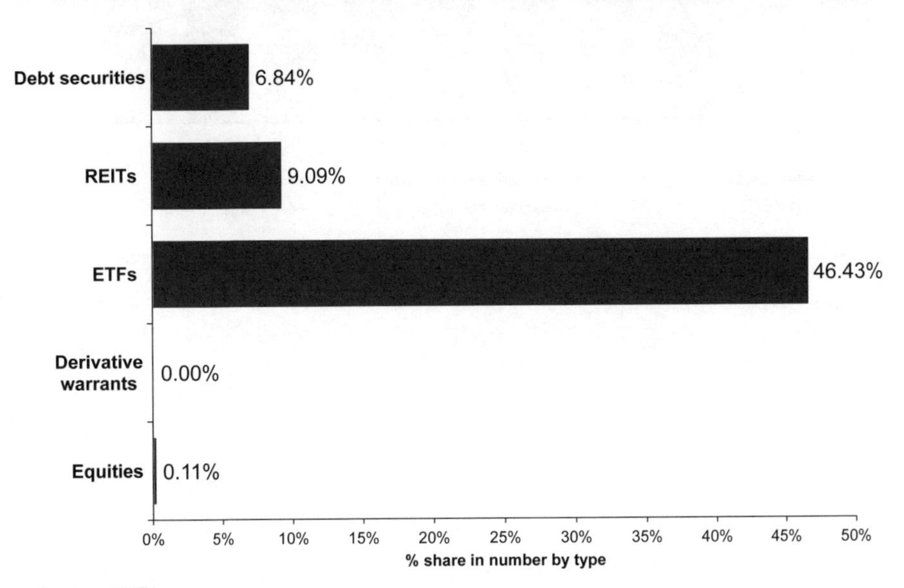

Source: HKEX.

Trading in RMB securities had grown for five consecutive years since 2011 before a contraction since 2016. Owing to the small number of listings, securities traded in RMB had only a negligible share of the Main Board market total turnover (see Figure 5). Among them, RMB ETFs had the biggest share in each year since their launch in 2012, constituting 69% in 2018 up to September, mainly from stock index ETFs. The only one RMB REIT came second (25% in the same period). Although RMB bonds had the most listings, they had only a small share by turnover (3% in the same period). (See Figures 5 and 6.)

Figure 5. Annual turnover of RMB securities listed on HKEX by type (2010 – Sep 2018)

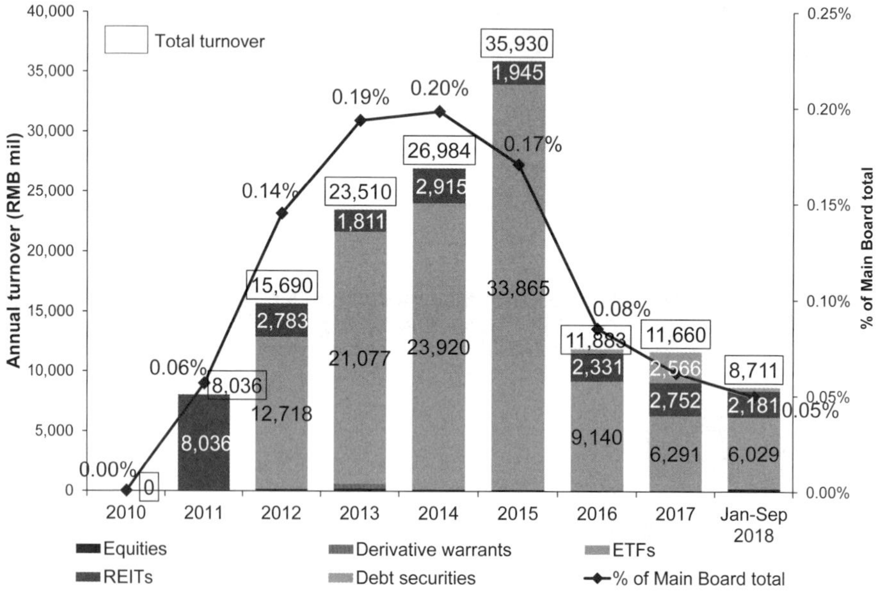

Note: Turnover of RMB securities does not include turnover in non-RMB trading counters of the securities, if any.

Source: HKEX.

Figure 6. Composition of RMB securities listed on HKEX in turnover by type (Jan – Sep 2018)

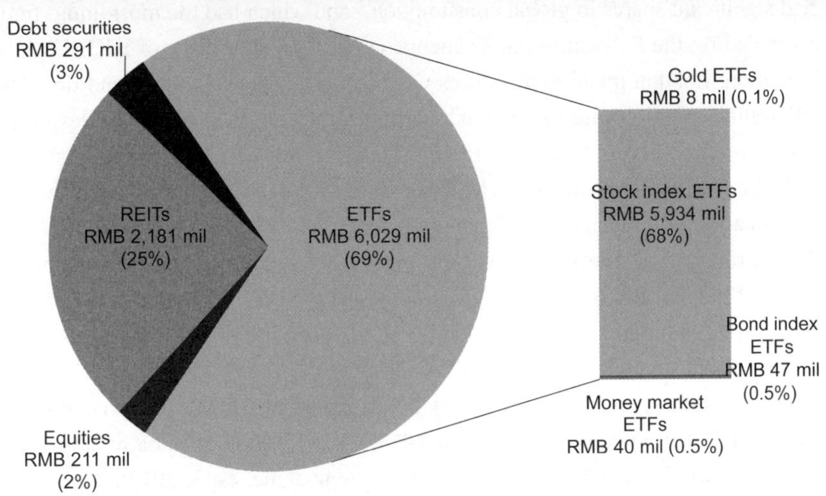

Note: Turnover of RMB securities does not include turnover in non-RMB trading counters of the securities, if any. Percentages may not add up to 100% due to rounding.

Source: HKEX.

In summary, RMB securities on HKEX experienced a steady development. RMB ETFs, mainly stock index ETFs, are of relatively higher significance.

2.2 Derivative products

The first RMB derivative product traded on the HKEX derivatives market, i.e. the Hong Kong Futures Exchange (HKFE), was the **USD/CNH Futures** launched in September 2012. After a modest start, active trading in the product was ignited by the RMB exchange rate mechanism reform on 11 August 2015. The trading momentum further picked up in 2016 along with increased RMB exchange rate volatility in the year. To serve anticipated increasing demand for more RMB currency derivatives in view of increasing global economic activities conducted in RMB, HKEX introduced three new cash-settled RMB-traded currency futures of offshore RMB against euro, Japanese yen and Australian dollar — **EUR/CNH, JPY/CNH and AUD/CNH,** and the cash-settled USD-traded **CNH/USD Futures** in May 2016.

Another product initiative to support the international use of the RMB and RMB pricing in the real economy is the introduction of RMB-traded commodity futures contracts in

December 2014. The first batch of products launched were **London metal mini futures contracts** on aluminium, copper and zinc. The underlying three metals are those which China had significant shares in global consumption[12] and which had the most liquid futures contracts traded on the London Metal Exchange (LME)[13], a subsidiary of HKEX. A year later, three more London metal mini futures were launched — lead, nickel and tin. These six RMB-traded metal contracts are cash-settled mini contracts of the corresponding physically-settled contracts traded on LME. They are the first metal products outside Mainland China which provides for RMB exposure in the underlying assets, supporting RMB benchmarking for metals in the Asian time zone.

RMB currency risk management tools on HKEX are further enriched upon the introduction of the first RMB currency options contract, **USD/CNH Options**, on 20 March 2017. The increased product variety would also provide opportunities for investors to adopt different investment strategies for their RMB exposure.

Furthermore, futures contracts on treasury bonds issued by China's Ministry of Finance (**MOF T-bond Futures**) were launched on 10 April 2017 under a pilot scheme. RMB bond derivatives would be useful tools for interest rate hedging, especially under the **Bond Connect scheme** introduced in July 2017. The pilot programme was subsequently halted at the end of 2017 to allow for the formulation of a suitable regulatory framework for offshore RMB derivatives.

Figure 7 shows the average daily trading volume (ADV) and period-end open interest of RMB derivatives on HKEX over the years since its launch.

12 China's share in global consumption was 36% for aluminium in 2015 (24,960 kilo tonnes out of 69,374 kilo tonnes, source: World Aluminium, http://www.world-aluminium.org), 46% for copper in 2015 (9,942 kilo tonnes out of 21.8 mil tonnes, source: The Statistics Portal, https://www.statista.com) and 45% for zinc in 2014 (about 6.25 mil tonnes out of 13.75 mil tonnes, source: Metal Bulletin, The Statistics Portal).

13 In 2017, trading volume in futures contracts of aluminium, copper and zinc on LME constituted 35%, 23% and 20% of the total commodity derivatives trading volume on LME (source: LME).

Figure 7. ADV and period-end open interest of RMB derivatives on HKEX (Sep 2012 – Sep 2018)

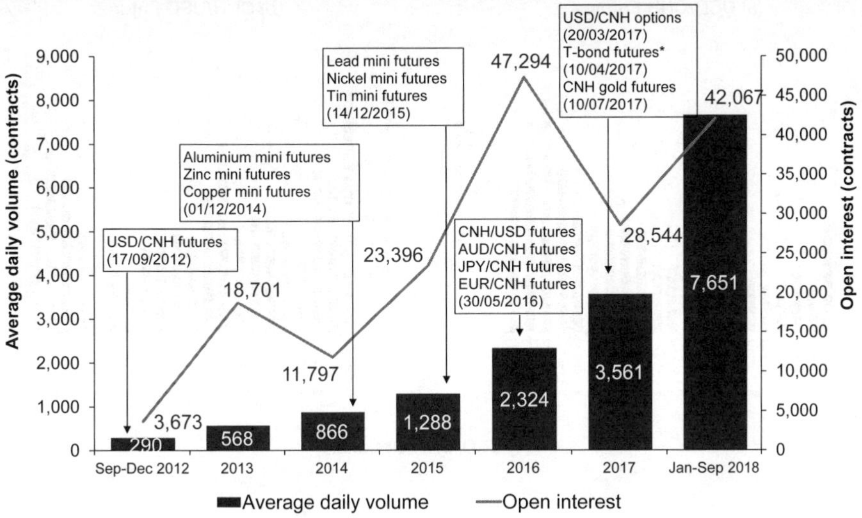

* The MOF T-bond Futures were launched as a pilot programme, trading was suspended after the expiry of the December 2017 contract.

Source: HKEX.

Among the RMB derivatives, the futures and options contracts on the CNH exchange rate against the USD are by far the most active ones. The flagship RMB derivative product — USD/CNH Futures — recorded a significant 36% annual growth in trading volume in 2017, achieving an ADV of 2,966 contracts. Its sister product — CNH/USD Futures — also recorded a remarkable growth of 145% in trading volume in 2017. Further trading growth was observed for the USD/CNH Futures in 2018, with the ADV rose to 7,295 contracts for the period of January to September 2018, a tremendous growth of 146% from the ADV in 2017. The USD/CNH Options newly launched in March 2017 had a trading volume of 10,473 contracts in 2017 and 19,310 contracts during January to September 2018, with a strong rise in open interest which achieved a record high of 10,126 contracts on 30 August 2018 and a monthly average of 5,247 contracts in 2018 up to September. (See Figure 8.) Besides, the volume and open interest of all cash-settled RMB currency futures increased gradually in 2018 with the total open interest hit 2,538 contracts as of end-September 2018 from 735 contracts as of end-2017.

Figure 8. ADV and month-end open interest of USD/CNH and CNH/USD contracts on HKEX (Jan 2017 – Sep 2018)

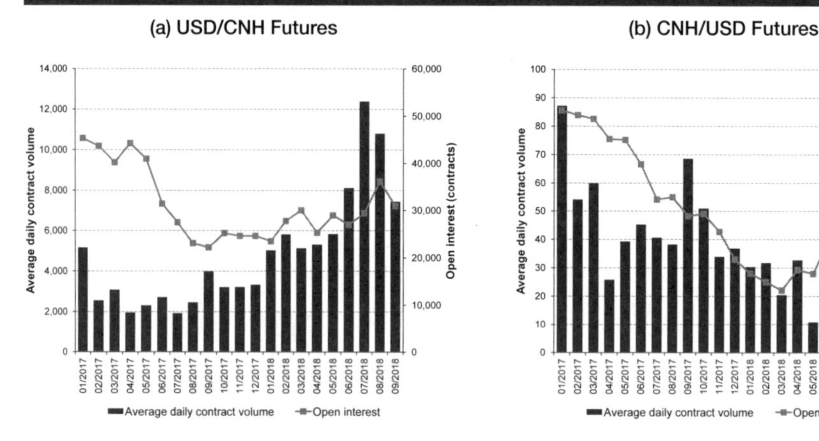

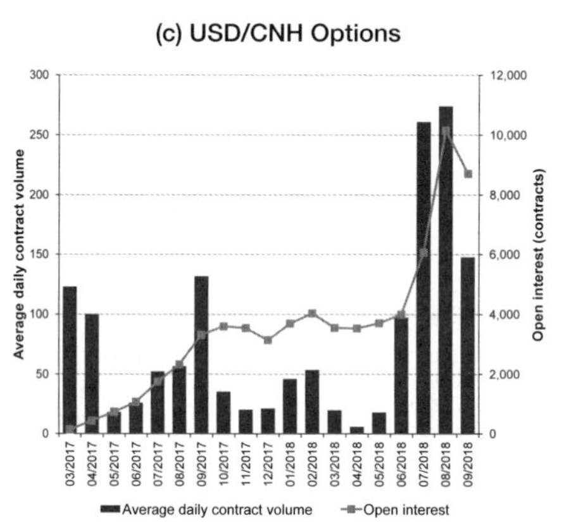

Source: HKEX.

In summary, RMB currency products are in high demand by global investors in the course of RMB internationalisation, and the RMB currency derivatives on HKEX have been well received by investors to meet their needs. HKEX's RMB derivative product suite is continuously being enriched with more upcoming products to serve the growing investor demand.

3 Hong Kong leads the world in offshore RMB product offerings

Not many major exchanges in the world are found to have RMB-traded securities or derivative products listed on their markets[14]. An overview is given in sub-sections below.

3.1 Securities products

Major offshore exchanges found to have RMB securities listed include China Europe International Exchange (CEINEX), Japan Exchange Group (JPX), London Stock Exchange (LSE), Singapore Exchange (SGX) and Taiwan Stock Exchange (TWSE)[15]. CEINEX is a joint venture set up by Deutsche Börse (DB) with the Shanghai Stock Exchange (SSE) and the China Financial Futures Exchange (CFFEX) — which offers trading of China-related securities on the DB's trading platforms (with some traded in RMB).

In terms of number of listings, RMB bonds have been the most — it was found that over 400 offshore RMB bonds were traded on offshore exchanges other than HKEX. These include Luxembourg Stock Exchange, LSE, Taipei Exchange (Gretai Securities Market), SGX and Frankfurt Stock Exchange of DB[16]. On the contrary, other types of RMB securities are not very common on offshore exchanges. A few RMB ETFs were listed on exchanges like CEINEX, LSE and TWSE. Like HKEX, SGX and TWSE also offer dual-currency securities trading counters — one equity security with RMB trading counter on SGX and two ETFs with RMB trading counters on TWSE.

HKEX is ahead of other key exchanges in the world in offering the largest number of RMB securities[17]. **ETF is the most active on-exchange RMB securities product type in markets outside Mainland China.** Despite the considerable number of listings of RMB bonds, on-exchange trading is negligible, if any[18].

14 Information search was done on selected world exchanges' official websites on a best-efforts basis and comprehensiveness and accuracy are not guaranteed.

15 See Appendix 1 for the list of identified RMB-traded securities on HKEX and overseas exchanges.

16 Source: Thomson Reuters, 4 October 2018. The number would include multiple counting as the same RMB bond may be traded on multiple exchanges. Note that the list cannot be verified with the official source of the exchanges.

17 From available data and information.

18 Bond trading is often done over-the-counter (OTC) rather than on exchanges. Bond listings on exchanges may be pursued by issuers to enable trading by institutional investors and fund managers who are required in their mandate to invest in securities that are listed on a recognised stock exchange.

Table 1. RMB-traded securities listed on HKEX and selected exchanges (Sep 2018)					
Exchange	Equity	ETF	REIT	Debt	Total
HKEX	2	52	1	79	134
LSE	0	2	0	118	120
SGX	1	0	0	109	110
CEINEX	0	2	0	1	3
TWSE	0	2	0	0	2
JPX	0	0	0	1	1

Note: Data other than HKEX are compiled on a best-efforts basis.

Source: HKEX for HKEX data, the respective exchanges' websites for others.

Table 1 above compares the number of RMB securities products on HKEX with other exchanges in the world found to offer RMB securities; and Table 2 below compares their trading in RMB ETFs. The average daily turnover value (ADT) of RMB ETFs on HKEX in 2018 up to September was RMB 33 million, much higher than other exchanges, even on an average per-security basis.

Table 2. Total and average daily turnover of RMB ETFs (Jan-Sep 2018)		
Exchange	Total (RMB mil)	ADT (RMB mil)
HKEX	6,029	32.8
CEINEX*	0	0
LSE	1	0.0
TWSE	63	0.3

* RMB products are traded on DB platforms.

3.2 Derivative products

The offshore RMB derivatives found to be traded on exchanges other than HKEX are mostly RMB currency futures and options. These exchanges include CME and B3 – Brazil Borsa Balcão[19] in Americas; SGX, ICE Futures Singapore (ICE SGP), Korea Exchange (KRX) and Taiwan Futures Exchange (TAIFEX) in Asia; Moscow Exchange (MOEX) in Eastern Europe; Johannesburg Stock Exchange (JSE) in Africa; Bursa Istanbul (BIST) in Eurasia; and DGCX in the Middle East[20]. DGCX is the only exchange other than HKEX

19 Formerly BM&FBOVESPA, corporate name changed on 16 June 2017 along with its merger with Cetip.

20 See Appendix 2 for the list of identified RMB derivatives on HKEX and overseas exchanges.

found to have introduced RMB-traded commodity contracts — a gold futures contract.

As in the securities market, HKEX offers the most RMB derivatives among global exchanges. Table 3 below states the number of RMB derivatives on HKEX and other exchanges in the world.

Table 3. RMB derivatives on HKEX and selected exchanges (End-Sep 2018)

Exchange	Currency		Commodity		Total		Grand total
	Futures	Options	Futures	Options	Futures	Options	
HKEX	5	1	7	0	12	1	13
B3	1	0	0	0	1	0	1
BIST	1	0	0	0	1	0	1
CME	4	2	0	0	4	2	6
DGCX	1	0	1	0	2	0	2
ICE SGP	2	0	0	0	2	0	2
JSE	1	0	0	0	1	0	1
KRX	1	0	0	0	1	0	1
MOEX	1	0	0	0	1	0	1
SGX	5	1	0	0	5	1	6
TAIFEX	2	2	0	0	2	2	4
Total	24	6	8	0	32	6	38

Note: Data other than HKEX are compiled on a best-efforts basis.
Source: HKEX for HKEX data, the respective exchanges' websites for others.

RMB currency futures have become the most popular RMB derivatives in the world, with at least 10 other exchanges offering them in addition to HKEX. Contracts in the currency pair of USD/CNH receive the greatest investor interest, reflected by their relatively high trading volume. Contracts on RMB against another international currency, euro, and other domestic currencies such as Singapore dollars (SGD), Korean won (KRW) and Russian rubles (RUB) recorded very low or no transaction (according to the official sources of the exchanges).

Trading activities in RMB currency futures were found to concentrate on the Asian exchanges — HKEX in Hong Kong, SGX, and to a lesser extent TAIFEX (see Figure 9). HKEX is the only exchange in the world that has significant trading activities in RMB currency options.

Figure 9. Trading volume and open interest of RMB derivatives on HKEX and selected exchanges (Jan-Sep 2018)

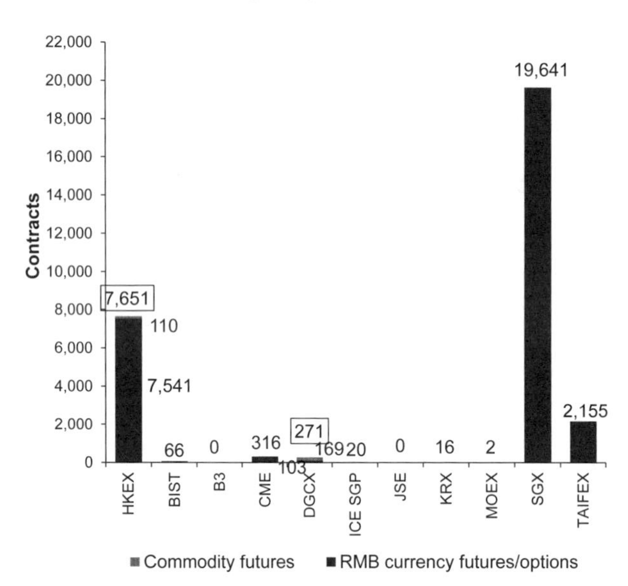

(b) Open interest (End-Sep 2018)

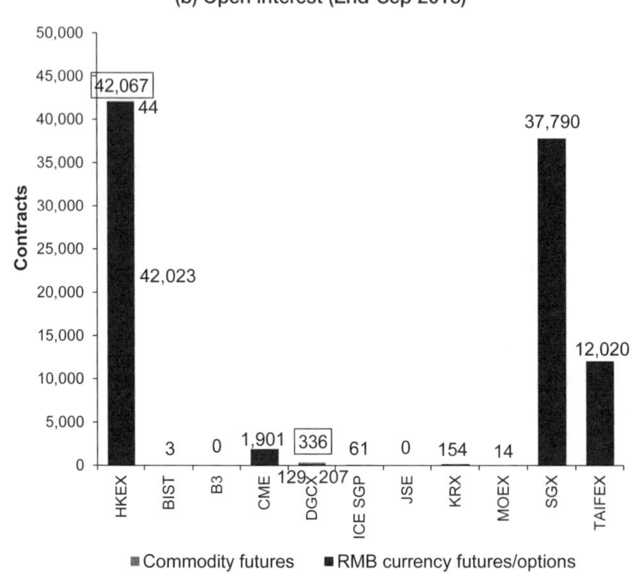

(continued)

Figure 9. Trading volume and open interest of RMB derivatives on HKEX and selected exchanges (Jan-Sep 2018)

(c) Average daily notional trading value of RMB currency derivatives (Jan-Sep 2018 vs 2017)

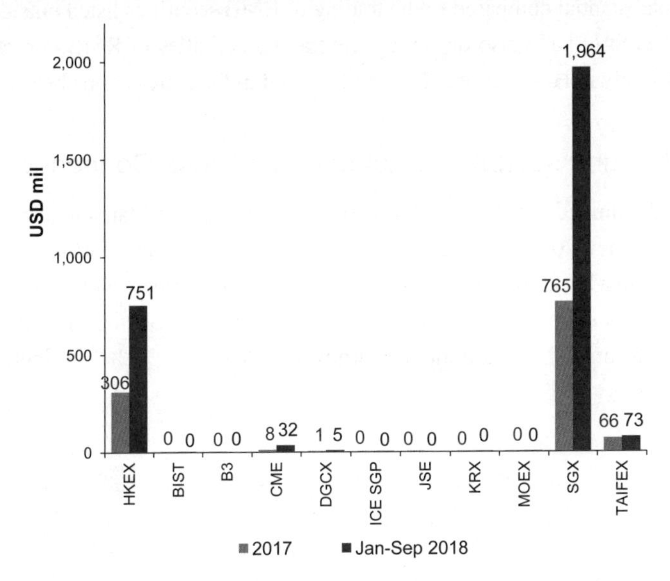

Source: HKEX for HKEX data, Futures Industry Association (FIA) statistics for BIST, and the respective exchanges' websites for others.

(See Appendix 3 for the ADV of each RMB currency product on the key exchanges in 2018 up to September.)

4 Hong Kong's RMB product ecosystem nurtured by the Connect schemes

The universe of RMB securities tradable outside Mainland China by global investors has been much expanded since the launch of Shanghai Connect in November 2014. The universe is further enlarged considerably with the launch of Shenzhen Connect in December 2016 and Bond Connect in July 2017. Northbound trading under the Connect schemes enables foreign investors outside Mainland China to trade eligible RMB securities listed on the SSE and the SZSE, and to trade RMB bonds on the CIBM, through the trading platforms in Hong Kong. The global investor trading of RMB securities under the Connect schemes was substantial compared to the trading of RMB securities listed outside Mainland China. It believed to have also driven up the trading activities of RMB derivatives listed overseas, especially in Hong Kong. This is illustrated in the sub-sections below.

4.1 Northbound securities trading under Stock Connect on the rise

On top of the limited supply of RMB securities listed outside Mainland China, Shanghai Connect adds some 570 SSE-listed stocks and Shenzhen Connect further adds over 800 stocks[21] for trading by global investors outside Mainland China. Northbound trading of these securities has increased substantially since the launch of Shenzhen Connect, with its contribution to Mainland A-share market turnover increased to 3.5%[22] in September 2018. (See Figure 10.)

21 As at the end of September 2018, there were 579 SSE-listed eligible securities and 862 SZSE-listed eligible securities under the Stock Connect scheme for Northbound trading (eligible for both buy and sell).

22 Buy and sell combined trade value is halved to give one-sided turnover value for calculating the contribution to the one-sided A-share market turnover.

Figure 10. Stock Connect Northbound ADT (Nov 2014 – Sep 2018)

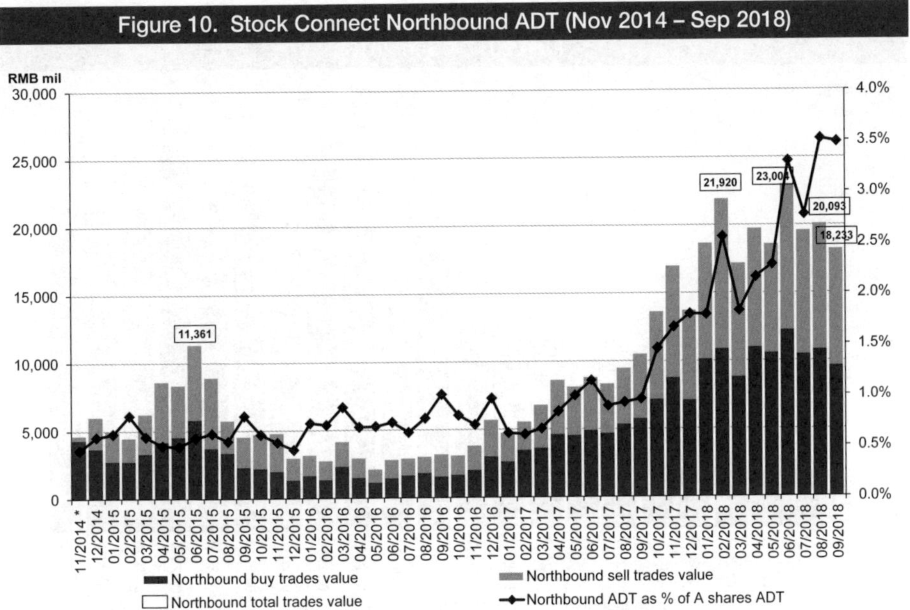

* Starting from 17 November 2014 when Shanghai Connect was launched. Shenzhen Connect is included since its launch on 5 December 2016.

Source: HKEX.

Shenzhen Connect shared over 40% of Northbound ADT over the months since May 2017. The cumulative investment value in RMB securities held by global investors under Stock Connect amounted to RMB 589 billion by September 2018 (57% in SSE-listed securities and 43% in SZSE-listed securities). (See Figures 11 and 12.)

Figure 11. Shanghai and Shenzhen's market shares in Northbound ADT (Jan 2017 – Sep 2018)

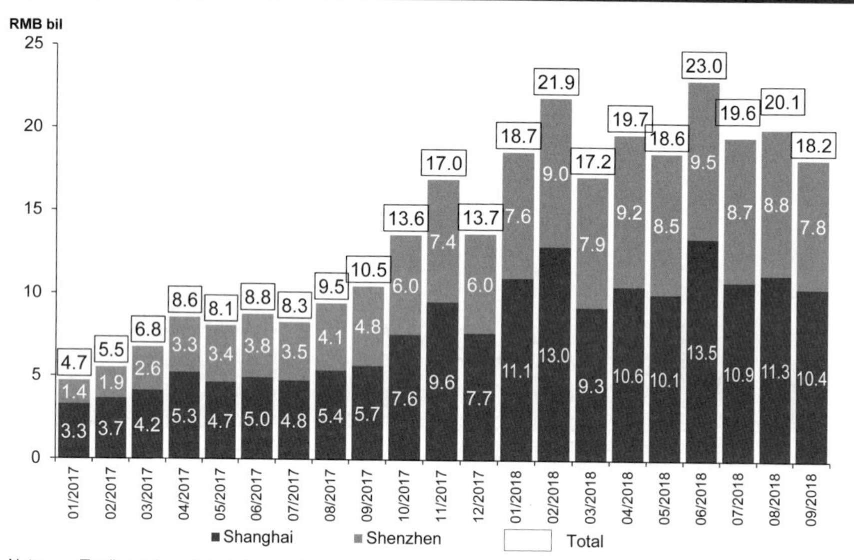

Note: Trading values include buy and sell.

Source: HKEX.

Figure 12. Northbound cumulative investment value (Nov 2014 – Sep 2018)

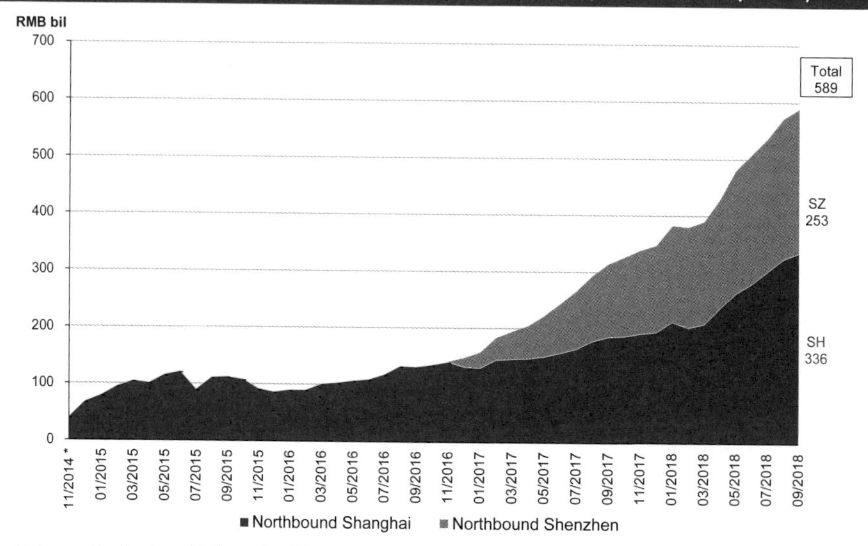

Note: Starting from 17 November 2014 when Shanghai Connect was launched.

Source: HKEX.

4.2 Foreign bond holdings driven up by Bond Connect

A steady growth in the foreign holdings of Chinese bonds at CIBM was observed since the launch of Bond Connect. The outstanding bond amount at CIBM[23] held in the hands of foreign investors rose from RMB 842.50 billion as at the end of June 2017 to RMB 1,689 billion as at the end of September 2018, recording a 100% increase during the 15-month period after the launch of Bond Connect. The net increase in foreign holdings registered during this period was almost five times more than the annual increase before the launch of Bond Connect[24]. However, given the large size of the Mainland domestic bond market (a total of RMB 69.9 trillion at CIBM as at end-September 2018), the share of foreign investor holdings of Chinese bonds at CIBM rose only slightly from 1.46% as at end-June 2017 to 2.42% as at end-September 2018. (See Figure 13.)

Figure 13. Foreign holdings in Chinese bonds at CIBM (Jan 2017 – Sep 2018)

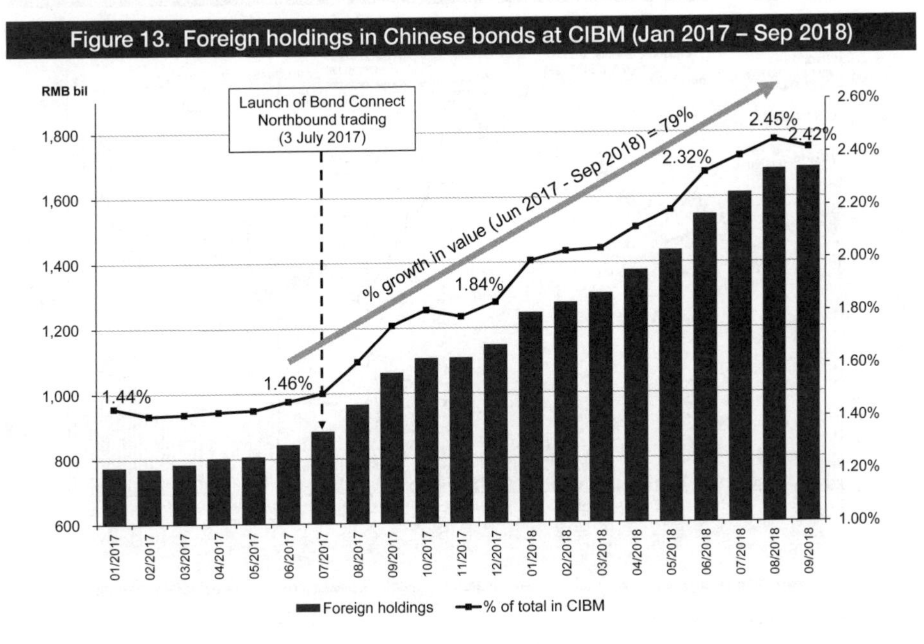

Source: CCDC and SCH websites.

23 The bond outstanding value at CIBM comprises of the values at custody of the China Central Depository & Co., Ltd. (CCDC) and of the Shanghai Clearing House (SCH).

24 The net increase in foreign holdings value at CIBM was RMB 846.48 billion during the period from end-June 2017 to end-September 2018, compared to the net increase of RMB 143.37 billion during the 12-month period ending June 2017.

4.3 RMB risk management served by RMB derivatives on HKEX

Currency derivatives

The RMB flagship derivative product of HKEX — USD/CNH Futures — has been actively serving the RMB currency risk management function required by global investors in RMB products. Trading volume in the product assumed a growing trend along with the increased fluctuation in the RMB exchange rate, hitting an all-time high of 22,105 contracts on 6 August 2018, while the open interest of the product fluctuated in reaction to changes in the RMB exchange rate. (See Figure 14.)

Figure 14. HKEX USD/CNH Futures activities and offshore RMB rate (Jan 2016 – Sep 2018)

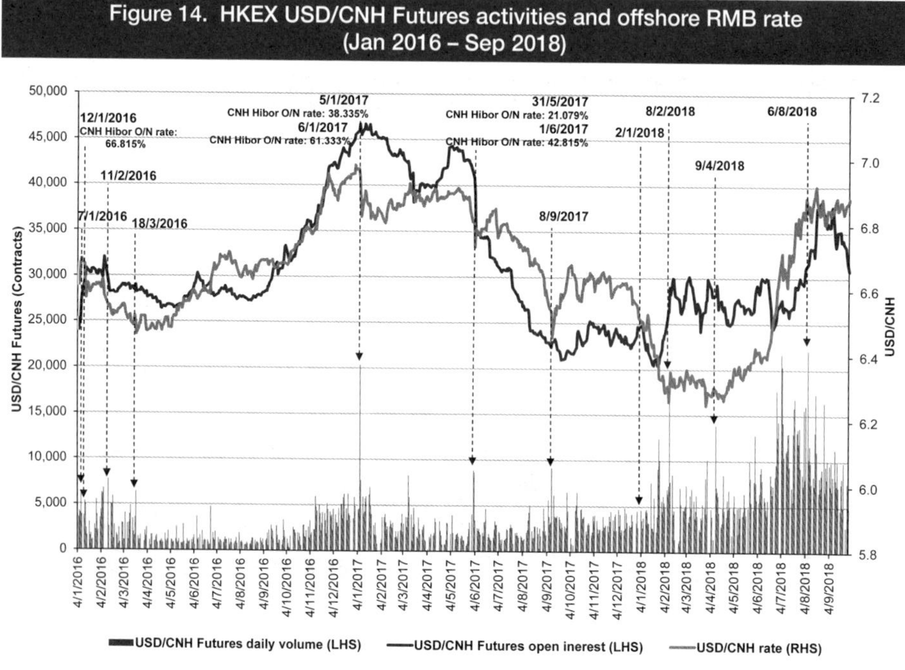

Source: HKEX and Thomson Reuters.

Interestingly, the ADV of the USD/CNH Futures was found to have a growth trend in parallel with that of Stock Connect Northbound trading since early 2017 after the upsurge in January 2017 at the time of a heightened overnight (O/N) CNH Hong Kong Interbank Offered Rate (Hibor). The ADV of USD/CNH Futures grew from 1,930 contracts in April 2017 to 12,367 contracts in July 2018 before a drop in the following months to 7,408 contracts in September 2018. During the period, Stock Connect Northbound trading grew from RMB 9 billion to RMB 23 billion in June 2018 and dropped to RMB 18 billion in September 2018. The growth trend is also in parallel with that of foreign holdings of Chinese bonds at CIBM since July 2017 (see sub-section above).

One possible explanation is that the increased securities trading activities in RMB under Stock Connect and Bond Connect might possibly induce greater demand for RMB currency risk hedging, in the light of the increased RMB exchange rate volatility.

Figure 15. Stock Connect Northbound trading ADT and HKEX USD/CNH Futures ADV (Jan 2016 – Sep 2018)

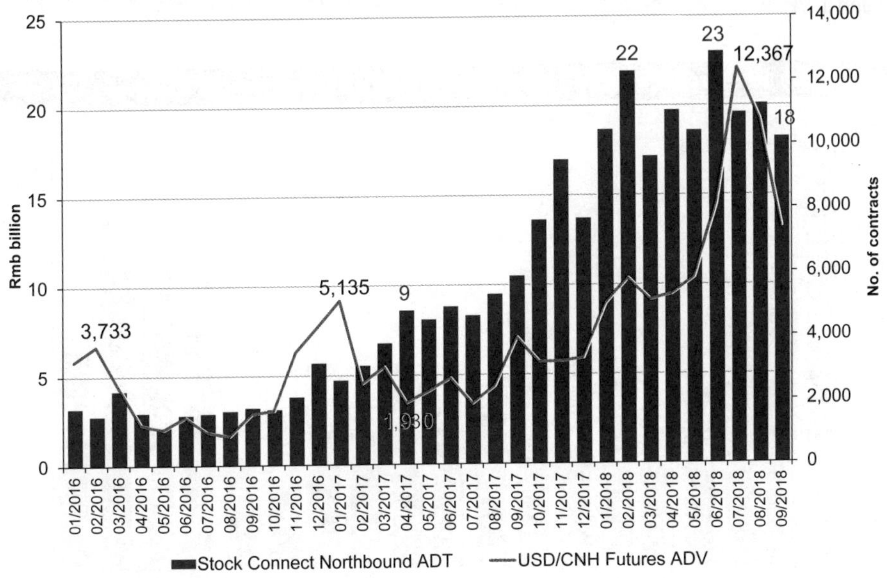

Source: HKEX.

Fixed-income derivatives

Apart from currency risk, RMB bond investment in both the offshore market and the onshore market in the Mainland through channels like Bond Connect also demand risk management tools for hedging RMB interest rate risk. HKEX introduced the first RMB bond derivatives in the world in April 2017 — the 5-Year China Ministry of Finance Treasury Bond Futures (MOF T-bond Futures), which were traded and settled in RMB — to serve as an interest rate hedging tool for RMB bond investment. A brief examination of the trading activities of this futures product and their relationship with those of RMB bonds listed on HKEX was conducted for the first few months after the product's introduction up to July 2017[25]. It was found that RMB bond trading recorded a significant surge in the subsequent months after the MOF T-bond Futures were introduced. Detailed examination results are presented below.

In April 2017 when the MOF T-bond Futures were launched, the share of RMB bond trading in the monthly total turnover of RMB securities on HKEX shot up to 61%, and gradually dropped to 27% in July. For the four months from April to July 2017, RMB bonds contributed 45% of total RMB securities trading, compared to 3% in 2016. The trend of daily trading value of RMB bonds illustrated an increase in trading activities during April to July 2017, which coincides with the launch of MOF T-bond Futures. (See Figures 16 and 17.)

Figure 16. Turnover of RMB securities on HKEX by type (Jan 2016 – Jul 2017)

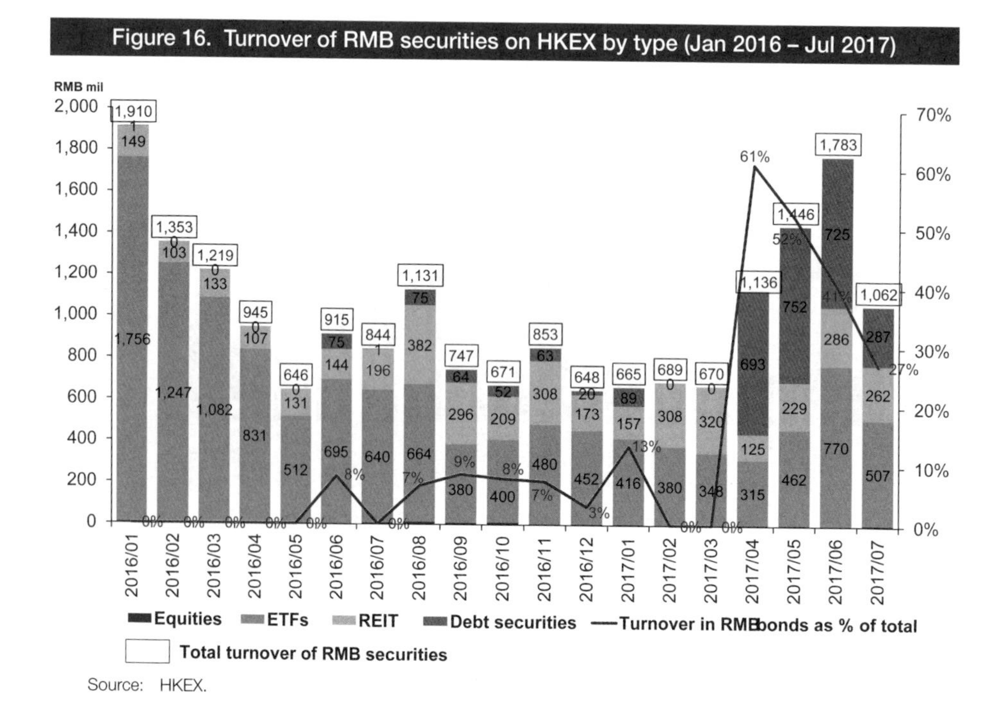

Source: HKEX.

25 HKEX issued a circular on 31 August 2017, notifying Exchange Participants that trading of the MOF T-bond Futures would be suspended after the expiry of the December 2017 contract.

Figure 17. Daily trading of RMB bonds listed on HKEX (Jan-Jul 2017)

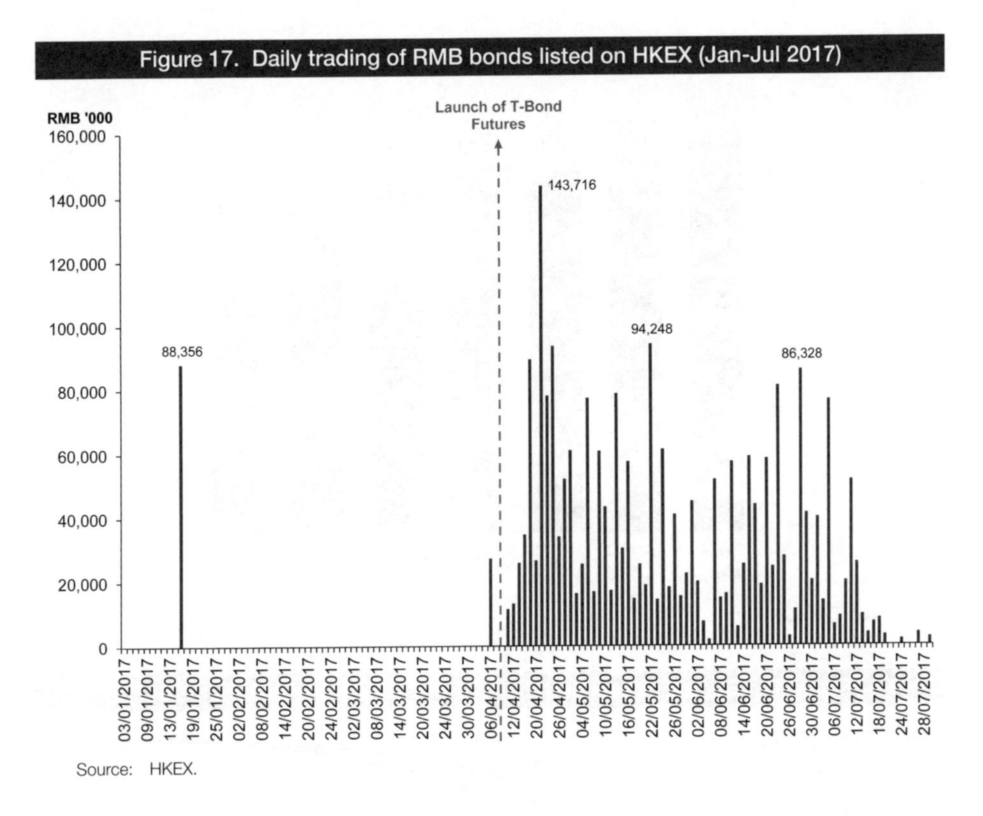

Source: HKEX.

Further examination found that a much larger proportion of listed RMB bonds recorded trading after the launch of MOF T-bond Futures in April 2017. The proportion was the highest in April (33%) and gradually reduced to 21% in July. Trading was found to distribute widely across the traded bonds and was not concentrated in only a few active bonds. Before April 2017, some trading was recorded in China's treasury bonds (issued by the Ministry of Finance) and the relatively high turnover recorded on a day in January 2017 was predominantly in a policy bank note (issued by the China Development Bank). But since April 2017, RMB bonds recorded trading were mostly corporate bonds. This reflects that there was a genuine increase in demand for trading listed RMB bonds, especially in corporate bonds, after the launch of MOF T-bond Futures. (See Figures 18 and 19.)

Figure 18. Number of RMB bonds with/without trading (Jan-Jul 2017)

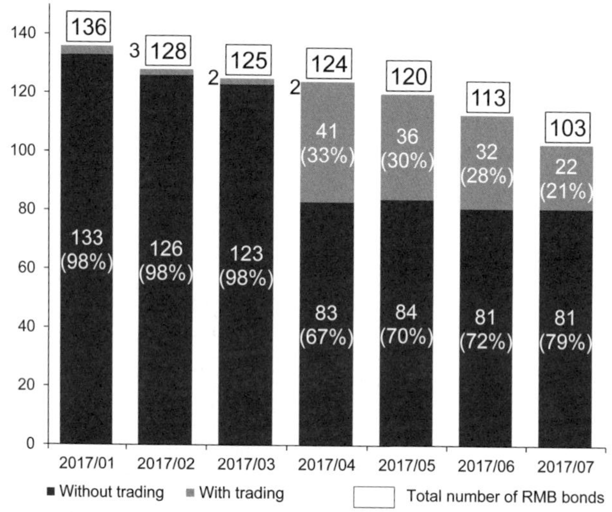

140
120
100
80
60
40
20
0
136
133 (98%)
3
128
126 (98%)
2
125
123 (98%)
2
124
41 (33%)
83 (67%)
120
36 (30%)
84 (70%)
113
32 (28%)
81 (72%)
103
22 (21%)
81 (79%)
2017/01
2017/02
2017/03
2017/04
2017/05
2017/06
2017/07
■ Without trading
■ With trading
Total number of RMB bonds

Source: HKEX.

Figure 19. Degree of concentration in RMB bond trading (Apr-Jul 2017)

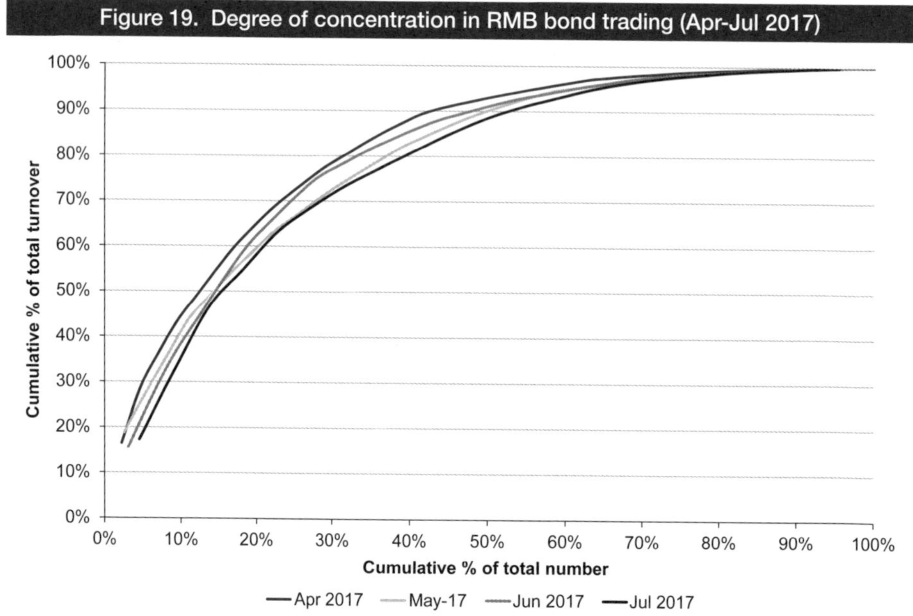

Note: A steeper slope implies higher concentration.

Source: HKEX.

Alongside, open interest in the MOF T-bond Futures was building up in the several months after its launch, despite a relatively big drop in June 2017 which was attributable to the expiry of the spot month contract. Monthly notional trading value gradually decreased from RMB 1,215 million in April 2017 to RMB 503 million in July 2017. Interestingly, compared to the 60% monthly drop in turnover value of RMB bonds in July, MOF T-bond Futures also suffered a relatively big drop in the same month (48%).

Figure 20. Daily trading volume and open interest of MOF T-bond Futures (Apr-Jul 2017)

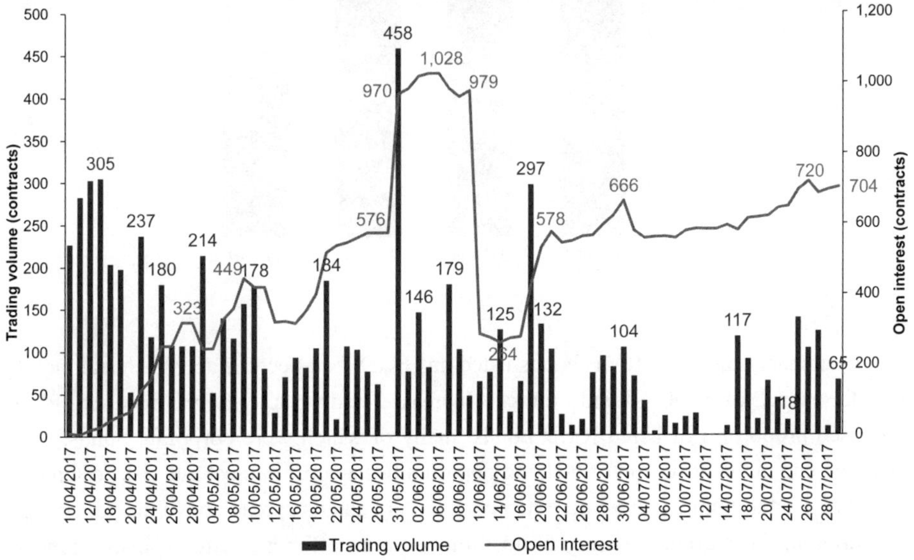

Source: HKEX.

Figure 21. Monthly notional trading value of MOF T-bond Futures (Apr-Jul 2017)

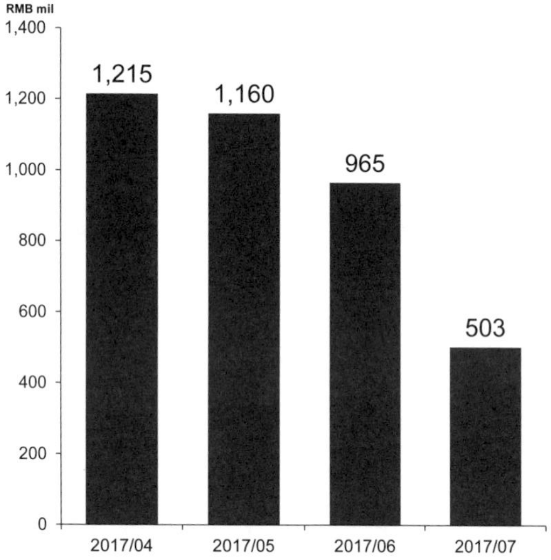

Source: HKEX.

In summary, trading in RMB bonds listed on HKEX had become active several months after the launch of MOF T-bond Futures. Increased trading activity was recorded for an increased proportion of listed RMB bonds, many of which were corporate bonds. This might be due to the provision of hedging opportunities against interest rate risks offered by the MOF T-bond Futures. As corporate bonds are priced at a spread above the government treasuries in the market, treasury bond futures are an efficient hedging instrument for both corporate bond and treasury bond holdings. Although other factors including risk characteristics would affect pricing of different bond types such as credit risk for corporate bonds, the availability of treasury bond futures in the market as hedging tools would nevertheless help support trading in various kinds of fixed-income security[26].

The pilot scheme of MOF T-bond Futures was halted at the end of 2017 to allow for the formulation of a suitable regulatory framework for offshore RMB derivatives. It is believed that with the increasing bond trading activities under Bond Connect, there will be increasing calls for the re-launch of new RMB fixed-income or interest rate derivatives to meet the hedging needs of the market.

26 See Chapter 7, "HKEX's Five-Year China Ministry of Finance Treasury Bond Futures — The world's first RMB bond derivatives accessible to offshore investors", in *New Progress in RMB Internationalisation: Innovations in HKEX's Offshore Financial Products* (Hong Kong: The Commercial Press (HK) Ltd.), 2018.

5 Growing global trading in RMB products and the increasing demand for RMB risk management tools

Comparing to the ADT of RMB 18 billion for Northbound trading under Stock Connect during the first nine months of 2018, trading in offshore RMB securities listed on the key offshore market on HKEX was much less — only RMB 47 million, over 90% of which was in RMB ETFs and REIT (these are RMB product types not available for Northbound trading under Stock Connect) and only 3% in RMB bonds (see Figure 6 above). The rapid growth in Northbound trading of RMB equities and bonds under the Connect schemes has been driven by a number of supportive policies as well as market initiatives, which include:

- The abolition of the aggregate quota for trading under Stock Connect since the launch of Shenzhen Connect;
- The four-fold increase in daily quota for Stock Connect starting from 1 May 2018, further relieving concerns over trading restrictions;
- The inclusion of China A shares in the MSCI China Index, the MSCI Emerging Markets Index and the MSCI ACWI Index, with a partial inclusion factor of 5% in two steps of 2.5% each, starting from June 2018[27];
- The first-time launch of global hybrid bond indices with inclusion of Chinese bonds in March 2017 — Bloomberg Barclays' Global Aggregate + China Index and EM Local Currency Government + China Index, followed by the subsequent announcement by Bloomberg in March 2018 of the formal inclusion of Chinese RMB-denominated government and policy bank bonds to its Global Aggregate Index, to be phased in over a 20-month period starting from April 2019;
- The inclusion or planned inclusion of Chinese bonds in other global index providers, including FTSE Russell and J.P. Morgan[28];

---

27 FTSE Russell also announced on 27 September 2018 the inclusion of China A shares in its global equity benchmarks from June 2019.

28 See chapter 8 of this book, "Bond Connect and the inclusion of China into global bond indices: Current status and development", in this book.

- The relaxation of registration requirements in June 2018 by the PBOC for overseas investors to enter the CIBM;
- The latest facilitative measures introduced in July 2018 to support the development of the Bond Connect scheme, including the addition of 10 more Bond Connect dealers to give a total of 34, and an average overall discount of over 50% on the transaction-based service fee charged by the Bond Connect Company Limited (BCCL).

Other supportive measures for the sustainable development of the Bond Connect scheme were announced on 3 July 2018 by the PBOC and have been subsequently introduced or on the way to be introduced. These include the full implementation of real-time delivery-versus-payment (RDVP) settlement system, the launch of block trade allocation service with reduced trading size (to facilitate institutional investors to allocate the trades into their sub-funds) and the clarification of tax policy for overseas investors[29] in August 2018. Other measures on the way include the permission of international investors to access repurchase (repo) and derivatives markets and the cooperation with mainstream international e-trading platforms.

In addition, other Mainland market segments, in particular the commodity markets, are also gearing up to open to foreign participation. In July 2015, the Shanghai Gold Exchange (SGE) and the Chinese Gold and Silver Exchange Society (CGSE) in Hong Kong jointly launched the "Shanghai-Hong Kong Gold Connect" to enable investors in Hong Kong to trade on the Mainland gold market using offshore RMB. Direct foreign participation in the Mainland domestic commodity futures market began this year when the crude oil futures on the Shanghai International Energy Exchange (INE) opens to foreign investors since its commencement of trading on 26 March 2018. This was followed by the iron ore futures on the Dalian Commodity Exchange (DCE) starting from 4 May 2018, the PTA futures on Zhengzhou Commodity Exchange starting from 30 November 2018 and will be followed by the standard natural rubber futures on the Shanghai Futures Exchange (SHFE)[30].

Currently, global investor trading in Mainland-listed RMB securities constitutes only about 3% of the domestic stock market's total turnover value and foreign holdings in RMB bonds in the domestic bond market is only about 2% of the total outstanding amount (see above). Foreign participation in the Mainland commodity derivatives market is just at its beginning stage while foreign participation in the Mainland financial derivatives market is still limited to QFIIs and RQFIIs and to equity index futures only. Nevertheless, the global

29 The State Council announced on 20 August 2018 the exemption of corporate income tax and value-added tax (VAT) on foreign institutions' interest gains from onshore bond market investments for three years.

30 Disclosed by the China Securities Regulatory Commission on 9 September 2018 at a forum.

use of RMB in the financial market is expected to increase given the Chinese Government's determined path of the RMB to become an international currency in trade, investment and foreign reserves, along which the RMB has been admitted to the IMF's SDR basket of currencies and RMB products are being increasingly admitted to global indices.

It is believed that there is a high potential for the market shares of global investor participation in various RMB product segments through offshore channels to grow substantially as the Mainland financial market continues to open up and RMB internationalisation continues to progress. Given the current restricted access to onshore derivatives market (not to say the limited supply and variety of RMB derivatives in the onshore market) by global investors for risk management of their RMB investments, the development of an extensive spectrum of offshore RMB risk management tools including RMB equity derivatives, fixed-income or interest rate derivatives and currency derivatives has become imminent.

6 Conclusion

Offshore RMB securities and derivative products emerged and developed as the Mainland financial market continues to open up and the RMB progresses further on its internationalisation. HKEX is ahead of other key exchanges in the world in offering the most offshore RMB-traded securities (mostly bonds and ETFs) and RMB derivatives, with relatively active trading. The Stock Connect and Bond Connect schemes in Hong Kong for Northbound trading by global investors in eligible RMB securities in the Mainland market have further expanded the RMB product suite available for global investors to trade from offshore. Statistics showed that global investors have growing appetite for trading RMB products from offshore through the Connect schemes and that this is in parallel to the increased trading activities in RMB derivatives in Hong Kong for the associated risk management. The RMB products ecosystem in Hong Kong is thereby gradually established and being developed.

The scalability of the Mainland-Hong Kong Connect schemes implies the potential increase in eligible onshore RMB product types and in the number of products available for global investor trading in Hong Kong. Before the relaxation of foreign investor participation in the onshore RMB derivatives market in a large scale (needless to say the limited supply and variety of onshore RMB derivatives), the development of an extensive spectrum of offshore RMB risk management tools including RMB equity derivatives, fixed-income or interest rate derivatives, and currency derivatives would be important to support global trading in RMB products. Nurtured by the Connect schemes and if provided with the necessary policy support, the RMB products ecosystem in Hong Kong is expected to flourish with abundant product supply, active trading and greater interactions between onshore and offshore markets.

Appendix 1

List of RMB-traded equities, ETFs and REITs on HKEX and overseas exchanges

(End-September 2018)

HKEX		
Type	Stock code	Product
Equity	80737	Hopewell Highway Infrastructure Ltd.
Equity	84602	ICBC RMB 6.00% Non-Cum, Non-Part, Perpetual Offshore PrefShs
ETF	82805	Vanguard FTSE Asia ex Japan Index ETF
ETF	82808	E Fund Citi Chinese Government Bond 5-10 Years Index ETF
ETF	82811	Haitong CSI300 Index ETF
ETF	82813	ChinaAMC Bloomberg Barclays ChinaTreaury+Policy Bk B Idx ETF
ETF	82822	CSOP FTSE China A50 ETF
ETF	82823	iShares FTSE A50 China Index ETF
ETF	82828	Hang Seng H-Share Index ETF
ETF	82832	Bosera FTSE China A50 Index ETF
ETF	82833	Hang Seng Index ETF
ETF	82834	iShares NASDAQ 100 Index ETF
ETF	82836	iShares Core S&P BSE SENSEX India Index ETF
ETF	82843	Amundi FTSE China A50 Index ETF
ETF	82846	iShares Core CSI 300 Index ETF
ETF	82847	iShares FTSE 100 Index ETF
ETF	83008	C-Shares CSI 300 Index ETF
ETF	83010	iShares Core MSCI AC Asia ex Japan Index ETF
ETF	83012	AMUNDI Hang Seng HK 35 Index ETF
ETF	83053	CSOP Hong Kong Dollar Money Market ETF
ETF	83074	iShares Core MSCI Taiwan Index ETF
ETF	83081	Value Gold ETF
ETF	83085	Vanguard FTSE Asia ex Japan High Dividend Yield Index ETF
ETF	83095	Value China A-Share ETF
ETF	83100	E Fund CSI 100 A-Share Index ETF
ETF	83101	Vanguard FTSE Developed Europe Index ETF
ETF	83107	C-Shares CSI Consumer Staples Index ETF
ETF	83115	iShares Core Hang Seng Index ETF
ETF	83118	Harvest MSCI China A Index ETF

(continued)

HKEX		
Type	Stock code	Product
ETF	83120	E Fund CES China 120 Index ETF
ETF	83122	CSOP China Ultra Short-Term Bond ETF
ETF	83126	Vanguard FTSE Japan Index ETF
ETF	83127	Mirae Asset Horizons CSI 300 ETF
ETF	83128	Hang Seng China A Industry Top Index ETF
ETF	83129	CSOP China CSI 300 Smart ETF
ETF	83132	C-Shares CSI Healthcare Index ETF
ETF	83136	Harvest MSCI China A 50 Index ETF
ETF	83137	CSOP CES China A80 ETF
ETF	83140	Vanguard S&P 500 Index ETF
ETF	83146	iShares DAX Index ETF
ETF	83147	CSOP SZSE ChiNext ETF
ETF	83149	CSOP MSCI China A International ETF
ETF	83150	Harvest CSI Smallcap 500 Index ETF
ETF	83155	iShares EURO STOXX 50 Index ETF
ETF	83156	GFI MSCI China A International ETF
ETF	83167	ICBC CSOP S&P New China Sectors ETF
ETF	83168	Hang Seng RMB Gold ETF
ETF	83169	Vanguard Total China Index ETF
ETF	83170	iShares Core KOSPI 200 Index ETF
ETF	83180	ChinaAMC CES China A80 Index ETF
ETF	83186	CICC KraneShares CSI China Internet Index ETF
ETF	83188	ChinaAMC CSI 300 Index ETF
ETF	83197	ChinaAMC MSCI China A Inclusion Index ETF
ETF	83199	CSOP China 5-Year Treasury Bond ETF
REIT	87001	Hui Xian Real Estate Investment Trust

Overseas exchange	Type	Product
China Europe International Exchange (CEINEX) [Products traded on platforms of Deutsche Börse (DB)]	ETF	BOCI Commerzbank SSE 50 A Share Index UCITS ETF
	ETF	Commerzbank CCBI RQFII Money Market UCITS ETF
London Stock Exchange (LSE)	ETF	Commerzbank CCBI RQFII Money Market UCITS ETF
	ETF	ICBC Credit Suisse UCITS ETF SICAV
Singapore Exchange (SGX)	Equity	Yangzijiang Shipbuilding Holdings Ltd
Taiwan Stock Exchange (TWSE)	ETF	Fubon SSE180 ETF
	ETF	Capital SZSE SME Price Index ETF

Sources: HKEX for HKEX products; the respective exchanges' websites for their RMB products.

Appendix 2

List of RMB currency futures/options on HKEX and overseas exchanges

(End-September 2018)

Exchange	Product	Contract size	Trading currency*	Settlement
HKFE	USD/CNH Futures	USD100,000	CNH	Deliverable
	USD/CNH Options	USD100,000	CNH	Deliverable
	EUR/CNH Futures	EUR 50,000	CNH	Cash settled
	JPY/CNH Futures	JPY 6,000,000	CNH	Cash settled
	AUD/CNH Futures	AUD 80,000	CNH	Cash settled
	CNH/USD Futures	RMB 300,000	USD	Cash settled
	CNH Gold Futures	1 kilogram	CNH	Deliverable
	London Aluminium Mini Futures	5 tonnes	CNH	Cash settled
	London Zinc Mini Futures	5 tonnes	CNH	Cash settled
	London Copper Mini Futures	5 tonnes	CNH	Cash settled
	London Lead Mini Futures	5 tonnes	CNH	Cash settled
	London Nickel Mini Futures	1 tonne	CNH	Cash settled
	London Tin Mini Futures	1 tonne	CNH	Cash settled
B3	Chinese Yuan Futures	CNY 350,000	BRL	Cash settled
BIST	CNH/TRY Futures	CNH 10,000	TRY	Cash settled
CME	Standard-Size USD/Offshore RMB (CNH) Futures	USD 100,000	CNH	Cash settled
	E-micro Size USD/Offshore RMB (CNH) Futures	USD 10,000	CNH	Cash settled
	Chinese Renminbi/USD Futures	CNY 1,000,000	USD	Cash settled
	Chinese Renminbi/Euro Futures	CNY 1,000,000	EUR	Cash settled
	Chinese Renminbi/USD Options on Futures	CNY 1,000,000	USD	Deliverable
	Chinese Renminbi/Euro Options on Futures	CNY 1,000,000	EUR	Deliverable
DGCX	US Dollar/Chinese Yuan Futures	USD 50,000	CNH	Cash settled
	Shanghai Gold Futures	1 kilogram	CNH	Cash settled
ICE SGP	Mini Offshore Renminbi Futures	USD 10,000	CNH	Deliverable
	Mini Onshore Renminbi Futures	CNY 100,000	USD	Cash settled
JSE	Chinese Renminbi/Rand Currency Futures	CNY 10,000	ZAR	Cash settled
KRX	Chinese Yuan Futures	CNH 100,000	KRW	Deliverable

(continued)

Exchange	Product	Contract size	Trading currency*	Settlement
MOEX	CNY/RUB Exchange Rate Futures	CNY 10,000	RUB	Cash settled
SGX	CNY/SGD FX Futures	CNY 500,000	SGD	Cash settled
	CNY/USD FX Futures	CNY 500,000	USD	Cash settled
	EUR/CNH FX Futures	EUR 100,000	CNH	Cash settled
	SGD/CNH FX Futures	SGD 100,000	CNH	Cash settled
	USD/CNH FX Futures	USD 100,000	CNH	Cash settled
	USD/CNH FX Options on Futures	USD 100,000	CNH	Cash settled
TAIFEX	USD/CNH FX Futures	USD 100,000	CNH	Cash settled
	USD/CNT FX Futures	USD 20,000	CNH	Cash settled
	USD/CNH FX Options	USD 100,000	CNH	Cash settled
	USD/CNT FX Options	USD 20,000	CNH	Cash settled

* CNH = Offshore RMB; CNY = Onshore RMB

Abbreviations of exchanges:

BIST	Bursa Istanbul
B3	B3 – Brazil Bolsa Balcão
CME	Chicago Mercantile Exchange
DGCX	Dubai Gold and Commodities Exchange
HKFE	Hong Kong Futures Exchange, subsidiary of HKEX
ICE SGP	ICE Futures Singapore
JSE	Johannesburg Stock Exchange
KRX	Korea Exchange
MOEX	Moscow Exchange
SGX	Singapore Exchange
TAIFEX	Taiwan Futures Exchange

Sources: HKEX for HKEX products; the respective exchanges' websites for their RMB products.

Appendix 3

Average daily trading volume and period-end open interest of RMB currency products on HKEX and key overseas exchanges

(Jan-Sep 2018 vs 2017)

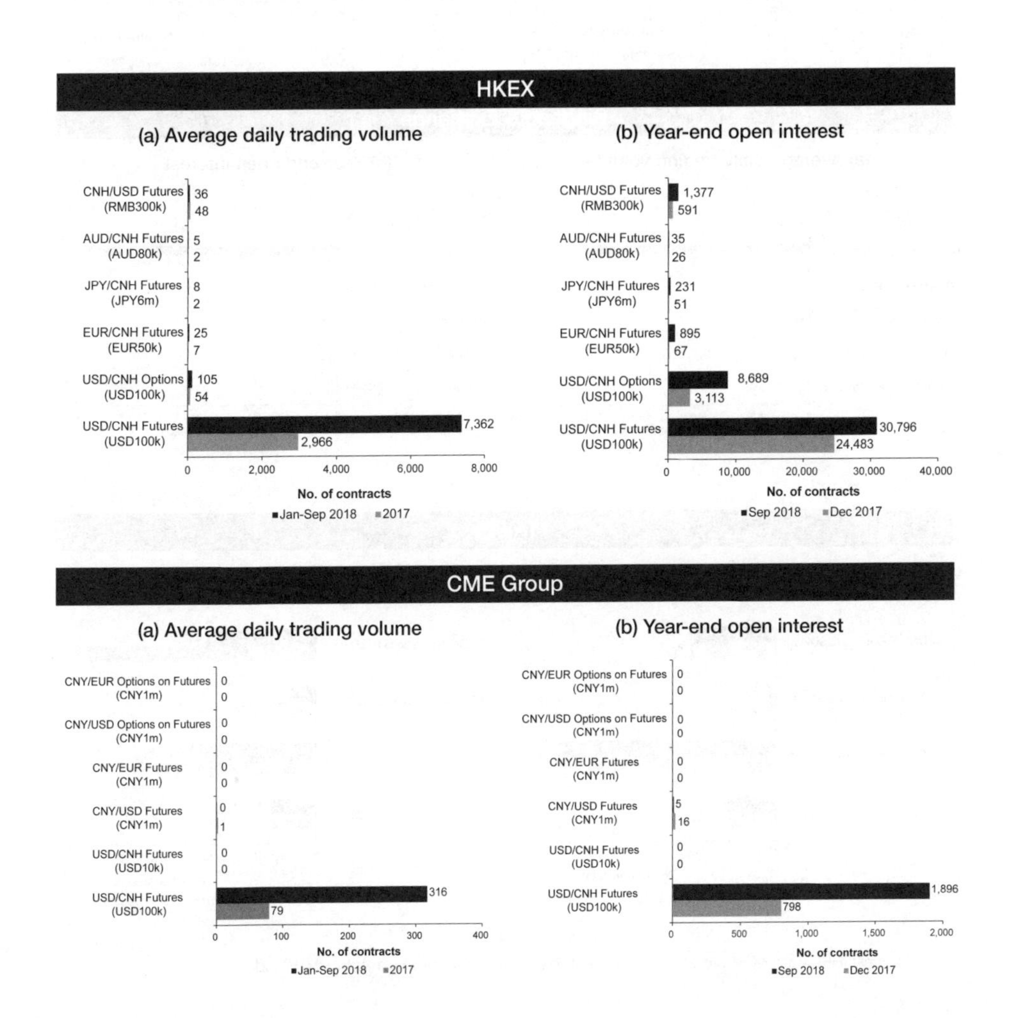

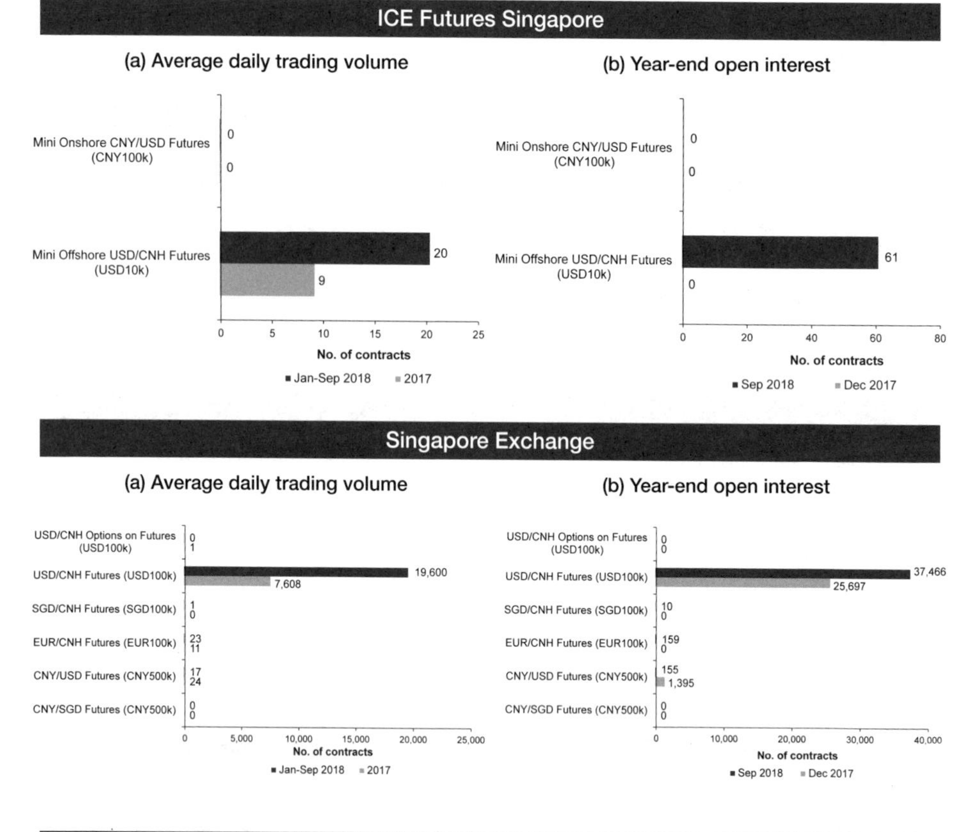

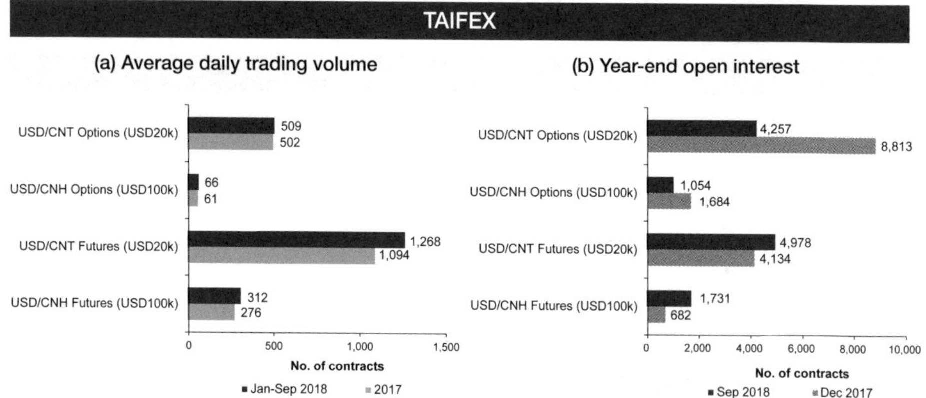

Sources: HKEX for HKEX products; the respective exchanges' websites for their RMB products.

Chapter 14

RMB exchange rate movements amid global trade friction and RMB exchange rate risk management tools

Chief China Economist's Office
Hong Kong Exchanges and Clearing Limited

Summary

A strong US dollar (USD) and escalating trade friction in 2018 triggered capital outflow from some emerging markets and substantial movements in the exchange rates of their currencies. Although the Renminbi (RMB) to USD exchange rate was less volatile compared with the currencies of other emerging markets, a new round of RMB depreciation has appeared. Along with the influence of a strong USD, the RMB exchange rate is also increasingly affected by Sino-US trade friction, resulting in a further increase in its volatility.

In the short term, the RMB exchange rate is subject to Sino-US trade friction and upsurge in US interest rates. In the medium term, it will be supported by stable economic fundamentals underpinned by China's supply-side structural reform and its robust monetary policies. With increasing flexibility in RMB's exchange rate, it is necessary to evaluate RMB's exchange rate rationally when it becomes as volatile as those of other major currencies. Given the trade friction and the reform of the RMB exchange rate pricing mechanism, China's balance of payment will adjust accordingly. The current account surplus may gradually shrink, leading to changes in China's monetary policies and exchange rate movements.

In this context, the need for risk management against RMB exchange rate movements will continue to increase. Since 2018, the turnover volumes in USD/CNH Futures and Options on the Hong Kong market have surged to historical highs. In fact, exchange-traded RMB futures and options are hedging tools with high liquidity and transparency. Given the current market demand, these are more suitable products than over-the-counter (OTC) currency derivatives to meet the genuine needs of certain companies for hedging currency risks with capital efficiency. In response to investor demand, currency futures with multiple currency pairs are provided in the Hong Kong market for hedging against the impact of different economies on the RMB exchange rate and products with a wide range of tenors and calendar spreads are also available to meet the demand for risk management. These currency futures have high correlations with the onshore and offshore RMB exchange rates. The regulatory requirements of position limits and large open position reporting for these products also provide a controllable environment to use them for genuine risk management purpose by enterprises, rather than for short-term speculation.

The product design and settlement method of offshore RMB products in Hong Kong effectively ensure that the offshore RMB exchange rates track the onshore RMB exchange rates closely. Therefore,the trading of offshore RMB products can support onshore exchange rates to exercise greater global influence, thereby keeping the price-setting process onshore. By further widening the spectrum of RMB-traded derivatives to meet the demand of the real economy and leveraging on the professionalism and the well-established financial infrastructure of its market, Hong Kong can gradually become the offshore RMB products trading and risk management centre and contribute significantly to the greater use of the RMB in the international market.

1 Sino-US trade friction's significant impact on the exchange rates of emerging market currencies

1.1 Current progress of Sino-US trade friction

The United States (US) began imposing tariffs on global importers from the beginning of 2018. The scope has been extended to various Chinese imports to the US, in particular those in the intellectual property and high-technology sectors including aviation, information technology (IT) and machinery, and aggravating Sino-US trade friction. Escalating global trade friction has not only affected the global economy but also accelerated capital outflows from emerging markets, leading to further increase in the volatility in the exchange rates of the Renminbi (RMB) and emerging markets.

Figure 1. The current progress of Sino-US trade friction

In January 2018, the US government announced respectively four-year and three-year global safeguard measures and tariffs of up to 30% and 50% respectively on imports of large washing machines and photovoltaic products.

In February 2018, the US government announced an anti-dumping tariff of 109.95% on Chinese imports of cast iron soil pipe fittings.

On 27 February 2018, the US' Commerce Department announced anti-dumping tariffs of 48.64% to 106.09% and countervailing duties of 17.14% to 80.97% on Chinese aluminum foil.

On 9 March 2018, US President signed an order to levy tariffs of 25% and 10% on aluminum and steel imports respectively.

Sino-US trade friction

On 22 March 2018, the US government slapped tariffs on US$50 billion Chinese goods, claiming their infringement of intellectual property rights, and imposed investment restrictions.

On 5 April 2018, the US President asked US Trade Representative's office (USTR) to impose additional tariffs on US$100 billion worth of Chinese imports under the Section 301 investigations.

On 6 July 2018, US began collecting additional tariffs of 25% on 818 product lines of Chinese imports, worth US$34 billion.

On 10 July 2018, US proposed an additional tariff of 10% on US$200 billion Chinese goods, including seafood, agricultural products, fruits and daily necessities.

On 8 August 2018, USTR announced additional tariffs on a second batch of Chinese imports worth US$16 billion, with effect from 23 August.

On 18 September 2018, USTR announced additional tariff on Chinese imports worth US$200 billion, with effect from 24 September 2018. The tariff was initially 10%, to increase to 25% in 2019.

Escalation of trade friction

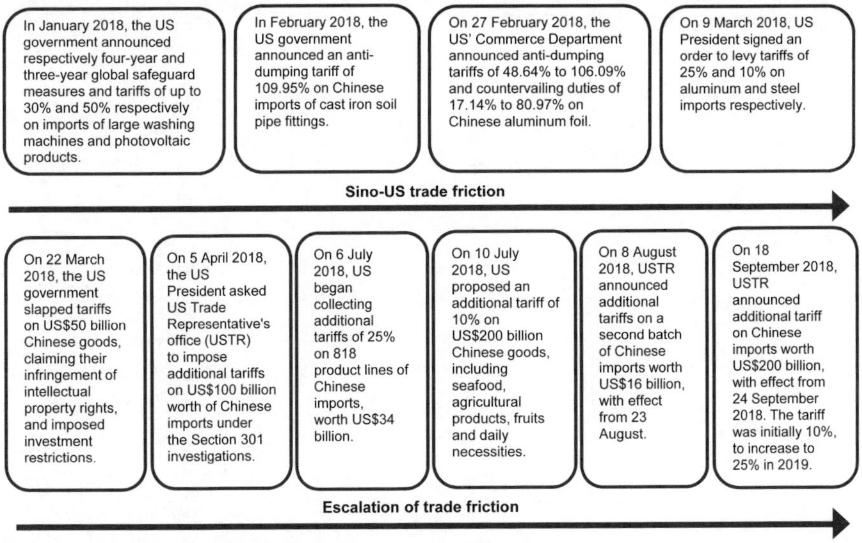

Source: "Timeline of the Escalating U.S.-China Trade Dispute", Bloomberg, 6 April 2018; "The US-China Trade War: a Timeline", *China Briefing*, 21 November 2018.

1.2 Impacts on exchange rates of the RMB and other emerging market currencies

The spill-over effects of the diverse economic cycles and economic policies of the developed countries (such as the US, the European Union (EU) and Japan) have been a major factor affecting exchange rate movements of emerging market currencies, including the RMB. In the currency basket of the China Foreign Exchange Trade System (CFETS), which has been included into the RMB central parity fixing mechanism since the reform in 2015, the US dollar (USD) has a weighting of 22.4% (see Figure 2). Together with currencies in the basket that are linked to the USD, the USD's influence in the CFETS currency basket may even be larger. Therefore, the movement of the USD exchange rate remains a major factor in the RMB exchange rate.

However, since June 2018, it is not apparent that the depreciation and volatility of the RMB exchange rate have been affected by the USD's strengthening in the past few months, while the market has been more affected by the Sino-US trade friction. Holistically, RMB exchange rate movements in early 2018 can be explained by USD exchange rate movements (see Figure 3), but such correlation began to change in mid-June of 2018. From 20 June 2018 to 3 August 2018, the RMB depreciated by 6% and the CFETS RMB Index dropped by 5% to 92 points, while the USD Index remained at about 95 points. During this period, the RMB's depreciation was notably larger than the USD's appreciation.

Figure 2. CFETS currency basket and their weightings (since 2017)

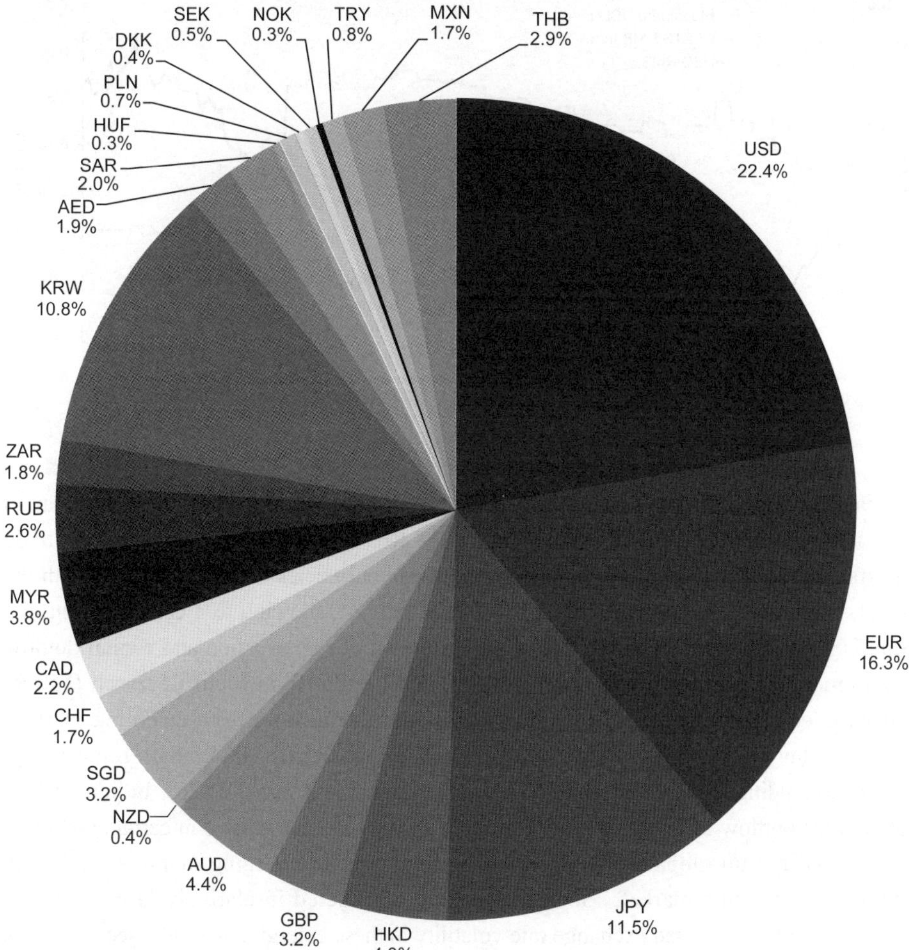

Note: See currency abbreviations at the end of the paper.

Source: CFETS.

Figure 3. RMB exchange rate, CFETS Index and USD Index (Jan-Aug 2018)

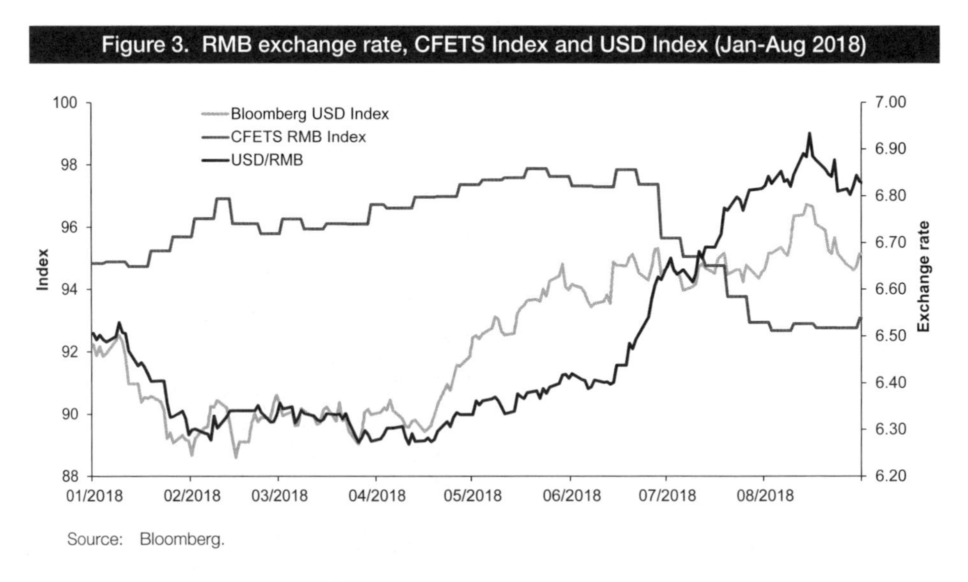

Source: Bloomberg.

On the other hand, the impact of Sino-US trade friction on the RMB's depreciation trend gradually became apparent. From 20 June 2018 to 3 August 2018, when Sino-US trade negotiation reached a tough stage, most of the Asian currencies depreciated along with the RMB, while the Euro appreciated slightly (see Figure 4), showing to a certain extent that Sino-US trade friction has led to increasing sentiment of risk aversion and capital outflow from emerging markets. According to the Emerging Portfolio Fund Research (EPFR) database, equity funds' net inflow into the US and net outflows from emerging markets between May 2018 and July 2018 were US$26.8 billion and US$15.4 billion respectively; the corresponding amounts of bond funds resulted in net inflow of US$25.7 billion into the US and net outflow of US$11.8 billion from emerging markets. Crises in certain emerging markets stirred up global concerns about the outlook of emerging markets, including the Mainland China market. Such worries were reflected inrelatively large currency depreciation and increased exchange rate volatility in these emerging markets (see Figure 5). In 2018, the Turkish Lira, Argentine Peso, Indian Rupee, Brazilian Real and South African Rand depreciated by more than 10% against the USD. Fortunately, backed by relatively stable macroeconomic fundamentals, the RMB depreciated in a relatively-controlled manner compared with other emerging market currencies — less than 6% against the USD, a notably smaller percentage among major emerging markets.

Figure 4. Depreciation of various currencies against the USD (20 Jun 2018 – 3 Aug 2018)

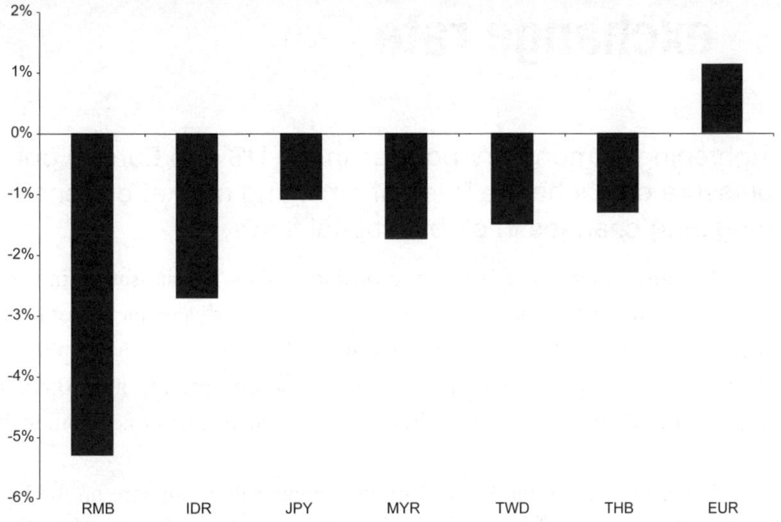

2%
1%
0%
-1%
-2%
-3%
-4%
-5%
-6%
RMB
IDR
JPY
MYR
TWD
THB
EUR

Note: See currency abbreviations at the end of the paper.
Source: Wind.

Figure 5. Depreciation of emerging market currencies against the USD (Jan-Aug 2018)

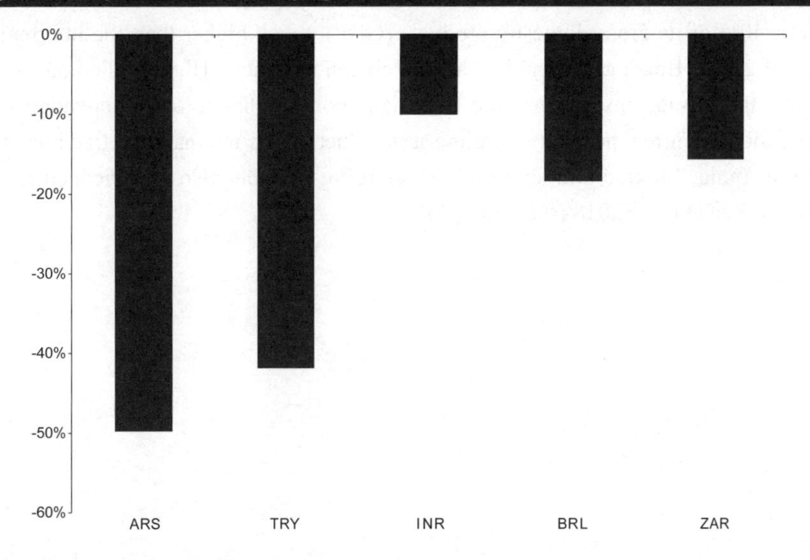

0%
-10%
-20%
-30%
-40%
-50%
-60%
ARS
TRY
INR
BRL
ZAR

Note: See currency abbreviations at the end of the paper.
Source: Wind.

2 More flexiblity in the RMB exchange rate

2.1 Tightening of monetary policies in the US and Europe put pressure on exchange rates of emerging market currencies, triggering changes in global capital flows

The US Federal Reserve (Fed) began monetary policy normalisation in December 2015, with increase of interest rate for seven times and an orderly contraction of the balance sheet. The central bank of the United Kingdom (UK) announced in November 2017 its first increase in interest rate for the past 10 years. The European Central Bank, despite maintaining its negative interest rate policy, started to reduce asset acquisition in early 2018.

Increased interest rates by the US Fed brought appreciation pressure on the USD (see Figure 6), therefore increased the pressure on emerging markets to pay back their USD debts. This also increased the vulnerability of their macroeconomics and financial markets and the volatility in a few emerging market currencies, leading to a dual crisis of debt and currency. In Argentina, for example, as of the end of 2017, its external debts were US$233 billion or 40% of its gross domestic products (GDP), much higher than the international red line of 20%[1]. Brazil also exhibited a depreciation tendency. Highly relied on external financing and foreign investment, the Brazilian economy has a low independence and regular deficit in current account, therefore it is vulnerable to international trade volatility. Indonesia, India, Mexico and some other emerging markets also experienced notable currency depreciation in 2018 (see Figure 7).

1 "Lesson of Argentina's financial turmoil to emerging markets", 21 May 2018, Ta Kung Pao website (http://news.takungpao.com.hk/paper/q/2018/0521/3570932.html).

Figure 6. Movements of the USD Index (Jan 2015 – Aug 2018)

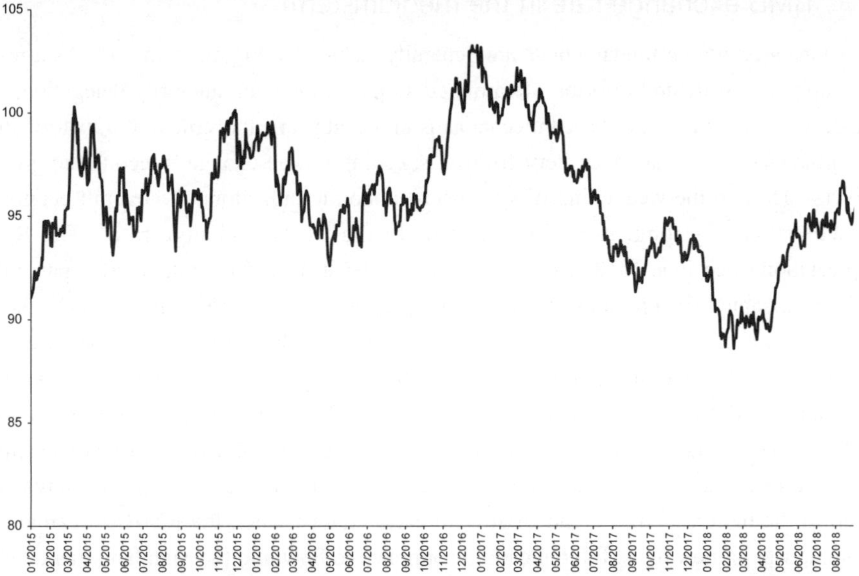

Source: Bloomberg.

Figure 7. Exchange rate movements of emerging market currencies against the USD

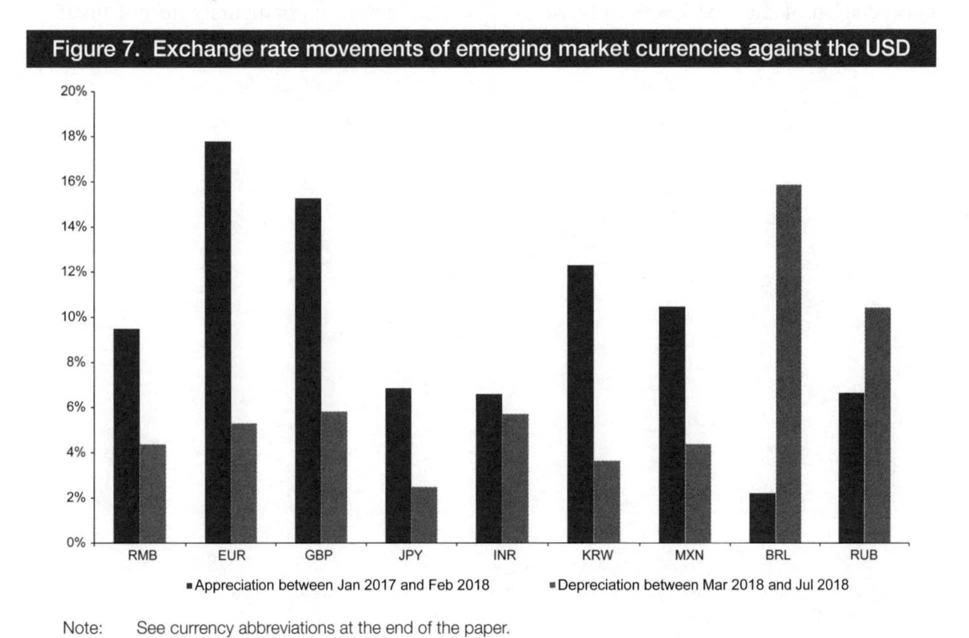

Note: See currency abbreviations at the end of the paper.

Source: Wind.

2.2 Mainland's stabilising economic fundamentals support the RMB exchange rate in the medium-term

China's economic fundamentals are generally stable (see Figures 8 to 10). As a result of supply-side structural reforms, streamlined administration and authority delegation, and the development of market-based mechanisms in recent years, the structural transformation of China's economy has been very fruitful, speeding up the change in economic growth drivers. Despite the weakening of key macroeconomic indicators, the overall economic growth remains strong, providing support to the RMB exchange rate. The RMB depreciation since June 2018 has been expected to be steady without the market panic that had accompanied the previous round of RMB depreciation. During this period, offshore entities had been steadily increasing their RMB asset holdings (such as China's treasury bonds). As at the end of the third quarter of 2018, offshore bond holdings in the onshore interbank bond market amounted to almost RMB 1.7 trillion, an increase by more than 100%[2] since the launch of Bond Connect. Northbound capital flows under the Stock Connect schemes — Shanghai Connect and Shenzhen Connect — kept on increasing. Even in the period from the end of July to early August when the RMB exchange rate continuously hit new lows, foreign capital continued to flow into the Mainland market on a net basis[3]. As revealed by one-year non-deliverable forwards (NDF) in RMB[4], the expected depreciation of the RMB was only within 2%. Economic fundamentals do not justify a substantial and continuous plunge of the RMB exchange rate.

2 Source: China Central Depository & Clearing Co., Ltd. (CCDC), Shanghai Clearing House.
3 Source: HKEX.
4 Source: Bloomberg.

Figure 8. Annual GDP growth rate

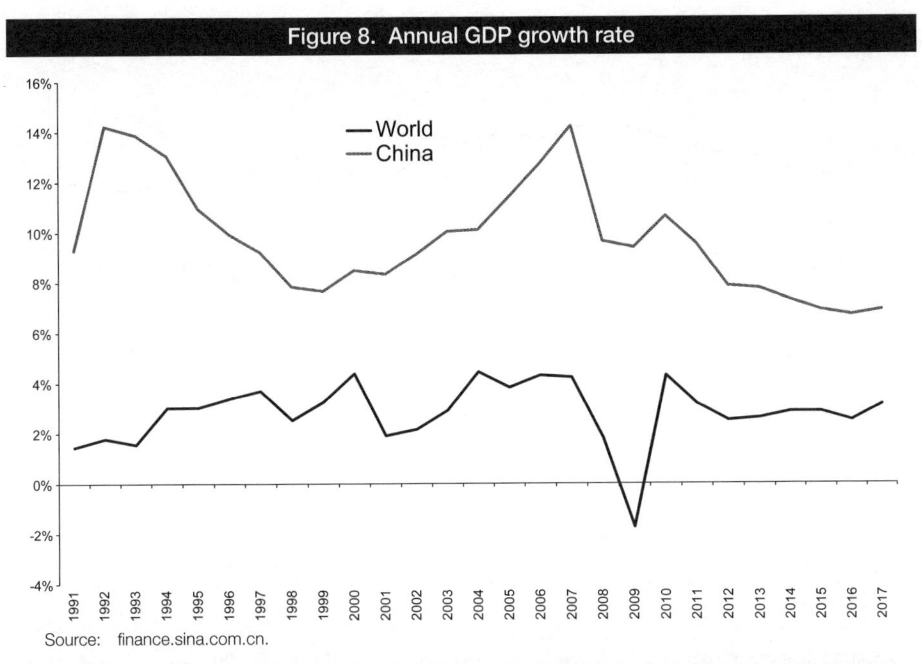

Source: finance.sina.com.cn.

Figure 9. Annual inflation rate measured by consumer price index (CPI)

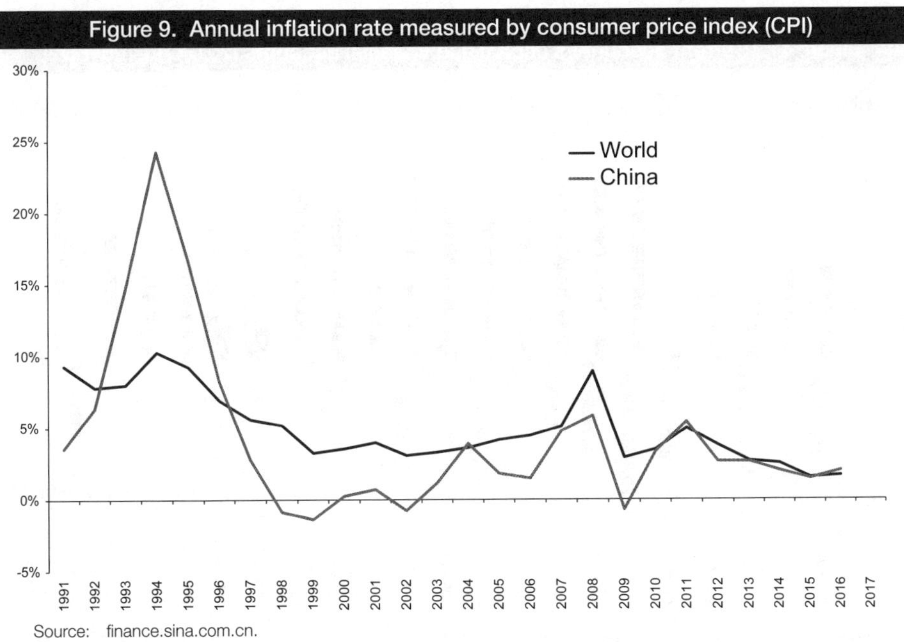

Source: finance.sina.com.cn.

Figure 10. Overall unemployment rate

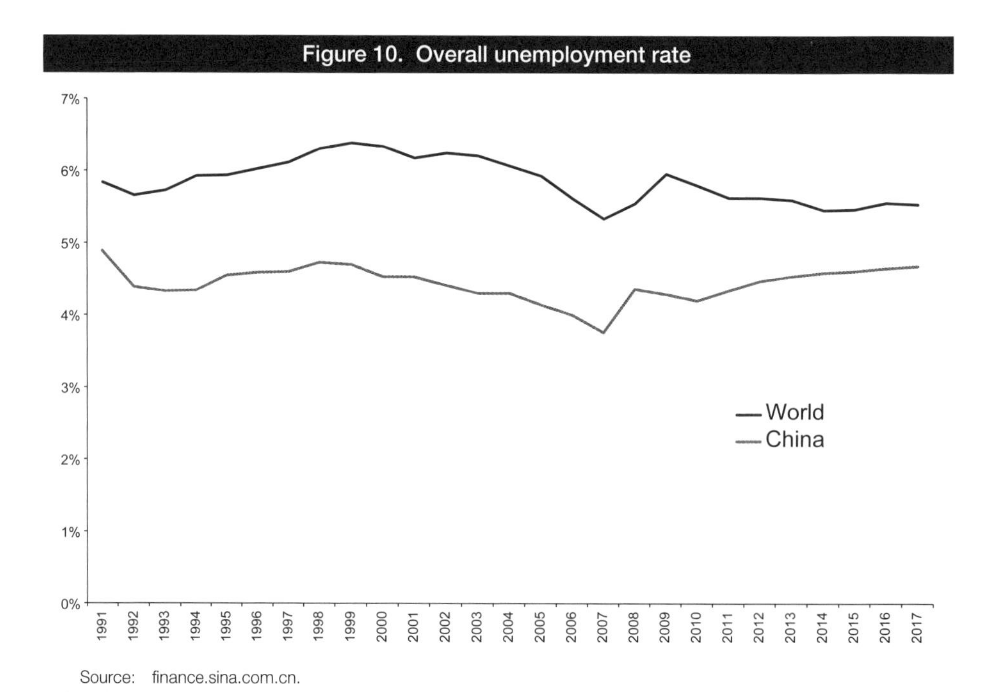

Source: finance.sina.com.cn.

Figure 11. Current account vs capital and financial accounts (2013Q1 – 2018Q2)

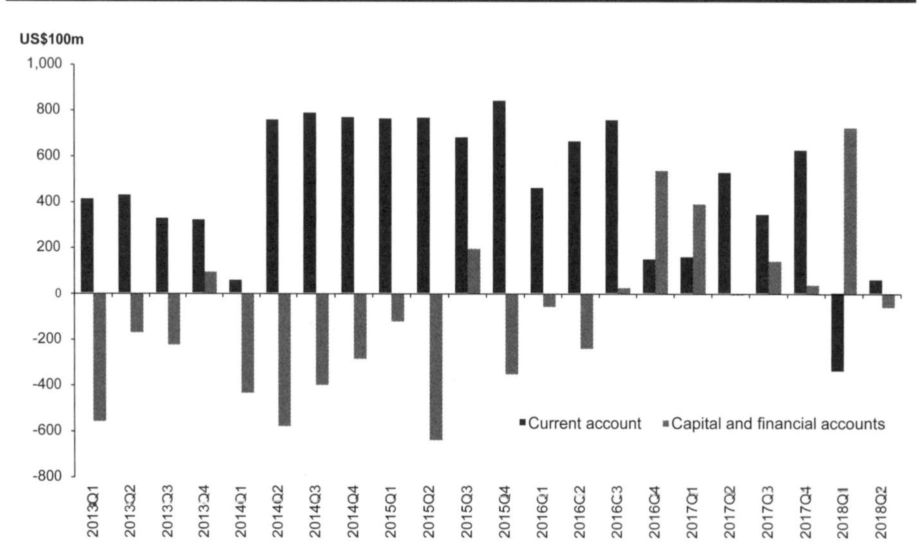

Source: State Administration of Foreign Exchange (SAFE).

Trade friction alone would have little impact in the short-term on China's economic growth, but would gradually affect technology advancement and innovation capabilities. Since 6 July 2018, the US and China have imposed tariffs on US$34 billion worth of Chinese and US goods. On 23 August, they slapped on each other a tariff of 25% on an additional US$16 billion worth of goods. On 18 September, the US announced tariffs on US$200 billion worth of Chinese goods. Compared with the overall Sino-US economic volume, the amount of US$250 billion would have limited impact. But if trade friction deteriorates, the impact of multiple trade restrictions on the two countries' economic growth will emerge in 2019.

In terms of balance of payments, there was a deficit of US$34.1 billion in China's current account in the first quarter of 2018 and a surplus of US$5.8 billion in the second quarter of 2018. The current account still had an overall deficit in the first half of 2018. It was the first time in recent years that China's current account had a substantial deficit. Moreover, China's trade surplus against the US in the first half of 2018 was US$133.8 billion, a year-on-year rise of 13.8%. This showed that at least in the short run, the negative impact of trade friction on exports was not fully reflected. The impact of factors like pre-exports must not be underestimated (see Figure 11).

Given the retarding global economic growth, weak external demand and the eventual implementation of Sino-US trade friction measures, China's trade surplus is likely to narrow soon. In the future, current account and capital account fluctuation will possibly be the new scenario in China's balance of payments, with an interchange of surplus and deficit in different periods. As China has been used to the macroeconomic environment with surplus in both accounts, current account deficit would, to some extent, change the decision-making framework for economic policies in the future. In the midst of this process, solid economic fundamentals and a flexible RMB exchange rate mechanism are expected to play an important role in addressing external shocks.

2.3 The volatility of the RMB exchange rate would increase steadily

Firstly, the People's Bank of China (PBOC) is retreating from daily market intervention. The RMB exchange rate fixing mechanism has become increasingly market-oriented.

In the current round of RMB depreciation, the RMB exchange rate fixing mechanism was adjusted based on market conditions within the macro-prudential framework. Adjustments include raising the foreign exchange (FX) reserve requirement for financial entities' sales of FX forwards from 0% to 20% on 6 August 2018 and reactivating on 24 August 2018 the countercyclical factor in the RMB's central parity rate to "adequately hedge the pro-cyclical sentiments of RMB depreciation"[5]. Such adjustments help to prevent macro-financial risks without changing the market-oriented approach in pricing the RMB exchange rate.

When the RMB depreciated in 2015 and 2016, the PBOC actively intervened in the market with the country's FX reserves, leading to fluctuation in the size of the FX reserves and funds outstanding for foreign exchange (funds in domestic currency that are used by financial institutions to purchase foreign exchange) (see Figure 12). However, in the current round of relatively big RMB rate movements, China's FX reserves were basically stable. Although China's FX reserves shrank in August 2018, the change was limited compared with the total size of the reserves. The reason for the shrinkage can be explained by the USD's exchange rate movements. This showed that this round of RMB exchange rate volatility was mainly market-driven.

Figure 12. China's FX reserves (Dec 2016 – Aug 2018)

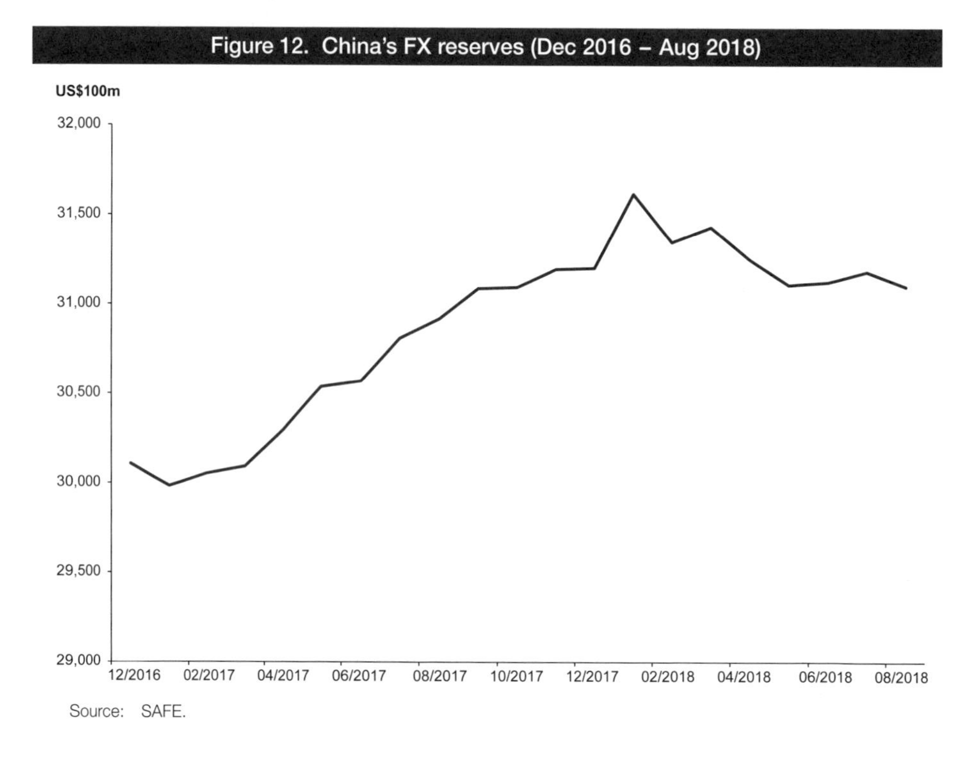

Source: SAFE.

5 Source: "Countercyclical factor reactivated for RMB/USD central parity quotation", CFETS, 24 August 2018.

Secondly, a more flexible exchange rate suits China's new economic landscape by providing greater room for monetary policy operations.

Under the theory of Trilemma, independent monetary policy, a fixed exchange rate and free capital flow cannot co-exist in an open economy. At least one of the three objectives has to be sacrificed. In the current global environment, China faces the trouble of prioritising its internal and external economic objectives when determining its monetary policy. As RMB increasingly takes on the role as an international currency, there is an increasing need to weigh policies for domestic economic growth (or internal balance) against those that support stability in the RMB exchange rate, the same situation as the dilemma faced by Latin American and Asian countries in the 1980s and 1990s. As an economy with a large domestic market, China is increasingly moving towards the monetary policies that ensure independence, along with a more flexible RMB exchange rate in recent years.

Thirdly, artificial and proactive currency depreciation is not a good solution for trade disputes. A market-oriented RMB exchange rate is more sustainable and more in line with the reform direction for the RMB exchange rate fixing mechanism.

International experience shows that the consequence of active depreciation is hard to control. If the depreciation is trivial, the effect would be minimal.If the depreciation is substantial, the market would be susceptible to short-term panic with increased capital outflow and exchange rate volatility. China's gradual opening-up of its capital account in the past few years has facilitated the reform of the RMB exchange rate fixing mechanism and contributed to defence against external shocks. In the current international trade environment, emerging market currencies and the RMB/USD exchange rate could move with flexibility within a confined range.

3 The importance of exchange rate risk hedging tools amid increased exchange rate volatility — The advantages and development of Hong Kong's exchange-traded market

With escalating trade friction, two-way movements of the RMB exchange rate have been increasing and the hedging tools for exchange rate risk have become more important for Mainland and global enterprises. Mainland enterprises' external investments and foreign enterprises' RMB investments can be hedged using exchange-traded currency derivatives. The turnover volumes of offshore RMB (CNH) futures and options traded on the HKEX recorded new highs in August 2018. Of these, the total turnover of USD/CNH Futures in the year 2018 was 1,755,130 contracts (contract value: US$175.5 billion), which increased by 140% from 732,569 contracts (contract value: US$73.3 billion) in 2017 (see Figure 13). The turnover of USD/CNH Options also saw a new high of 1,529 contracts (contract value: US$153 million) on 28 August 2018. Besides, the turnover of futures contracts on RMB against other currencies (such as Euro, Australian dollar and Japanese yen) also increased steadily during the second half of 2018, reaching new record highs on some trading days in August 2018.

Figure 13. Turnover in USD/CNH Futures (Sep 2012 – Dec 2018)

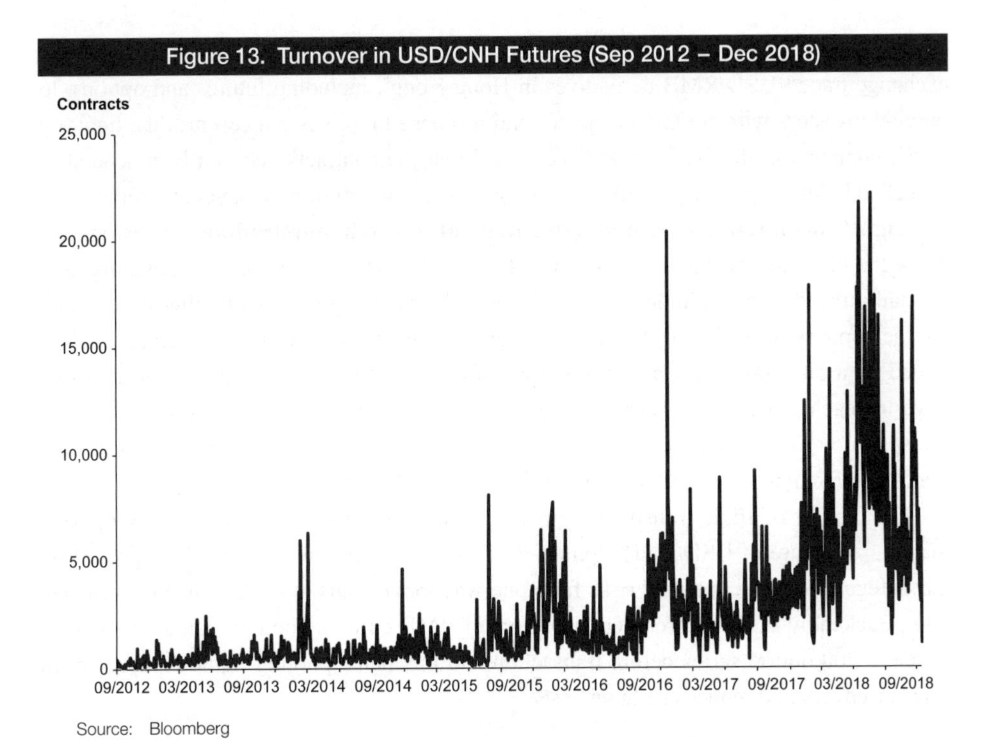

Source: Bloomberg

3.1 Exchange-traded currency derivatives are characterised by high liquidity and high transparency

HKEX launched USD/CNH Futures in September 2012, which is the world's first RMB deliverable currency futures — at settlement, the seller pays the contract amount denominated in USD and the buyer pays the final settlement amount in RMB. The trading hours are from 8:30 am to 4:30 pm and 5:15 pm to 1:00 am Hong Kong time[6], covering Asian, European and American time zones, meeting the needs of Mainland and international investors for hedging against RMB exchange rate risks.

Hong Kong's RMB futures market has continued to grow into a market with high liquidity. In addition to the gradually increased turnover as mentioned above, the bid-ask spreads of contract months are better than those in other trading platforms[7]. This provides investors with a liquid and deep market and at the same time helps achieve

6 Expiring contract month closes at 11:00 am on the last trading day.

7 See "Investors turn to HKEX's RMB products amid volatility", HKEX website, 11 July 2018.

capital efficiency by way of margin trading. Besides, there are market maker programs for exchange-traded USD/RMB derivatives in Hong Kong[8], including futures and options, to provide investors with continuous quotes and response to quotes. In contrast, the liquidity of FX contracts in the OTC market is low and that the contracts may not be amended or cancelled before expiry, unless after obtaining mutual consent of both buyer and seller.

High transparency is also an advantage of on-exchange trading. Investors can know the best bid-ask quotes of exchange-traded RMB derivatives before transaction and the daily traded price, volume and open interest for each contract month after transaction. On the contrary, there is no pre-trade transparency for OTC derivatives, which are mainly traded on a bilateral basis under the Request for Quote (RFQ) model such that investors have to reach out to each market participant to negotiate quotes. Therefore, the high transparency of exchange-traded investments helps investors better understand market trends and facilitates more effective price discovery and enhances liquidity.

The benefit of trade transparency is also manifested in the RMB currency options market. A feature of USD/CNH Options is to use a fixed premium to purchase protection that safeguard against potential risks from one-way movements in the USD/CNH exchange rate. Backed by liquidity providers, investors of RMB currency options can access quotes of about 200 option series before transaction and this helps pooling liquidity, accelerates price discovery and reduces hedging costs.

3.2 RMB currency futures with different currency pairs match the demand of investors in different regions for RMB exchange rate risk management

Currently, uneven economic growth among various countries may affect major central banks' monetary policies and the countries' business cycles. This would indirectly increase the volatility of RMB exchange rates. Globally speaking, major central banks have different monetary policies[9] that the tightening of monetary policies would be earlier in the US than in Europe and Japan. The divergence of monetary policies also reflects that the business cycles of these countries would not be synchronised. Therefore, the commodity prices, including those of base metals, precious metals and oil, would become more volatile. Given the impacts of key interest rates and commodity prices, the movements of

8 As at the end of 2018, market makers for USD/CNH Futures include HSBC, Bank of China (Hong Kong) (BOCHK), ICBCI Futures, Bank Sinopac Co., Ltd., Haitong International Financial Products Ltd., and Virtu Financial Singapore Ptd. Ltd.

9 See IMF, *World Economic Outlook*, October 2018.

RMB exchange rates against major currencies would become more diverse.

Besides, the client base of RMB currency has become increasingly diversified that include various types of banks, institutional investors, proprietary trading companies, fixed-income proprietary trading desks, asset management companies, export and import enterprises and retail investors, etc. In Hong Kong, the number of futures traders for client trading of RMB futures has steadily increased to 134 international, Mainland and Hong Kong brokers as at the end of 2018[10].

To cater the need for RMB risk management by different investors, the exchange-traded market in Hong Kong offers RMB currency futures with different currency pairs. Apart from the deliverable USD/CNH Futures, the following cash-settled RMB currency futures were launched in May 2016:

- **EUR/CNH Futures:** Hedging against European monetary policy risks. The Euro is the world's second most actively traded currency, accounting for 36.1% of total trades in November 2018[11]. European and the US currency policy stances diverge from each other. Furthermore, the EU is Mainland China's largest trade partner and Mainland China is also the EU's second largest trade partner[12].
- **JPY/CNH Futures:** Hedging against the risks associated with the policies of Japan's central bank and the prices of precious metals. The Japanese yen is currently (as of November 2018[13]) the most actively traded currency in Asia and has been used in the benchmark price denomination of various precious metals. Monetary policies of Japan and the US also diverge from each other.
- **AUD/CNH Futures:** Hedging against commodity market risks. Australia is one of Mainland China's largest trading partners in commodities[14]. The movements of the Australian dollar track the sentiments of the commodities market closely.
- **CNH/USD Futures:** Complementary to the trading of USD/CNH Futures. The CNH/USD Futures contract is quoted, traded and settled in USD. The nominal amount (RMB 300,000) is smaller than that of USD/CNH Futures (US$100,000).

10 Source: HKEX.

11 Source: SWIFT. "RMB Tracker: Monthly reporting and statistics on Renminbi (RMB) progress towards becoming an international currency", December 2018.

12 See EU's webpage on introduction of Mainland China (http://ec.europa.eu/trade/policy/countries-and-regions/countries/china/), last updated as of 16 April 2018.

13 Source: SWIFT. "RMB Tracker: Monthly reporting and statistics on Renminbi (RMB) progress towards becoming an international currency", December 2018.

14 See Karam, P. and Muir, D. (2018) *Australia's Linkages with China: Prospects and Ramifications of China's Economic Transition*, IMF Working Paper WP/18/119.

3.3 Offshore RMB futures prices track onshore RMB exchange rate closely that facilitates the hedging of RMB risks but limits the room for speculative short selling

By observing current market trends, it is expected that the volatility of USD/RMB exchange rate will gradually increase. The offshore currency futures market, with its product features and regulatory framework, will help provide a manageable market environment for RMB currency risk management.

The settlement prices of offshore RMB currency futures and the RMB spot exchange rate are highly correlated. The correlation coefficient of the spot-month settlement price of USD/CNH Futures with the onshore RMB exchange rate, as well as that with the offshore RMB exchange rate, has stayed above 0.99. Its correlation coefficient with the onshore RMB central parity rate has also increased gradually to above 0.99 after the exchange rate formation mechanism reform in August 2015 (see Table 1). Therefore, the settlement prices of offshore RMB futures did not deviate much from the RMB spot rate and hence did not lead to unnecessary movements of the RMB exchange rate. In fact, the USD/CNH Futures contract uses the USD/CNH fixing published by the Treasury Markets Association (TMA) of Hong Kong at around 11:30 a.m. on the final settlement day as its final settlement price[15]. Thus, it is unlikely that investors can use the final settlement price of offshore RMB futures to affect the RMB spot rate.

Table 1. Correlation coefficients between spot-month settlement price of USD/CNH Futures and different RMB spot exchange rates (Sep 2012 – Aug 2018)

Period (month/year)	CNH	CNY	CNY central parity rate
09/2012 – 07/2015	99.4%	98.3%	44.8%
08/2015 – 05/2017	99.6%	98.9%	98.6%
06/2017 – 01/2018	99.5%	99.6%	99.2%
02/2018 – 08/2018	99.7%	99.8%	99.5%
Full period (09/2012 – 08/2018)	99.9%	99.7%	98.0%

Note: Based on Bloomberg's definitions and data for spot-month settlement prices. "CNH" is offshore RMB, "CNY" is onshore RMB.

The offshore RMB futures are designed to meet the risk management needs of enterprises, and not for short-term speculation on the exchange rate. In addition to the

15 Such fixing is the turnover-weighted middle quote for spot trades of values over US$1 million conducted by 8 designated dealers active in the offshore RMB market during10:45 am to 11:15 am on the final settlement day.

high correlation with the RMB spot exchange rate, the central clearing mechanism and trade margins system of offshore RMB futures could effectively mitigate counterparty risks. Investors have to deposit cash or non-cash collateral to satisfy initial margin requirements when opening a position, and have to meet the maintenance margin requirements based on exchange rate movements on each trading day for holding their positions. On the contrary, trading RMB currency derivatives in the OTC market only requires credit lines at banks but does not require collaterals, and there is no central clearing. Moreover, exchanged-traded offshore RMB futures are settled by physical delivery instead of cash settlement based on the exchange rates of the currency pairs, which would increase the cost of short sales.

In case an institution wants to short the RMB, it may prefer going to the OTC market. OTC market turnover is larger than that of the exchange-traded market, the terms are more flexible and counterparties can stay anonymous. During April 2016, the average daily nominal trading value of USD/RMB currency derivatives in Hong Kong's OTC market reached US$76 billion[16]. In comparison, the average daily nominal trading value of USD/CNH Futures in the exchange-traded market was only about US$713 million (about RMB 5 billion) in 2018[17]. Even if the trading volume of USD/RMB currency derivatives in the OTC market did not increase, the nominal trading value of USD/CNH Futures was only about 1% of that in the OTC market.

Besides, the Hong Kong futures market has in place various measures to limit the concentration of positions, thereby reducing unnecessary volatilities and risks in the market. These measures, including large open position reporting and position limits, also apply to offshore RMB futures:

- **Large open position reporting:** The Hong Kong Futures Exchange (HKFE) requires Exchange Participants (for its own account or for each of its clients) to report their large open positions in the RMB futures to the HKFE. For example, currently[18], an open position in any one contract month of USD/CNH Futures that exceeds 500 contracts will have to be reported. HKFE may also have the right to require additional information from holders of large open positions for surveillance purpose. This requirement enhances the transparency of market participants to the regulators.
- **Position limits:** Implementation of position limits means setting a cap on the holding or controlling of RMB futures and options positions by a person. For example,

16 Source: Hong Kong Monetary Authority. "The foreign exchange and derivatives markets in Hong Kong", December 2016.

17 Source: HKEX.

18 In accordance with requirements in force in December 2018.

currently[19], the USD/CNH Futures, CNH/USD Futures and USD/CNH Options combined are subject to a position limit with position delta of 8,000 long or short in all contract months combined and under any circumstances that:

- During the five Hong Kong business days up to and including the last trading day, the position delta of spot month USD/CNH Futures and spot month USD/CNH Options combined shall not exceed 2,000 long or short; and
- the positions of CNH/USD Futures shall not exceed 16,000 net long or short contracts in all contract months combined.

The position limits are strictly enforced and any breach of such limits may constitute contravention of related Rules of the HKFE and the Securities and Futures (Contracts and Reportable Positions) Rules that may involve criminal liability. The HKFE and the Securities and Futures Commission (SFC) can take actions against any rule breach that include requiring Exchange Participants to unwind their positions in a timely and orderly manner.

3.4 Currency futures with multiple tenors enhance the efficiency of hedging

Contract months with longer tenors can enhance medium- and long-term investors' risk management. Taking the contract months of the USD/CNH Futures contract as an example, there were only seven contract months at the product's launch (spot month, the next three calendar months and the next three quarter months). In response to market demand, HKEX added contracts for the fourth and the fifth quarter months in April 2014 and February 2017 respectively. Since June 2018, the number of contract months has increased to 10 (spot month, the next three calendar months and the next six calendar quarter months). This makes the tenors of the product's contract months spanning up to 22 months. These futures with different tenors can better match investors' RMB capital flows and reduce basis risks and rollover risks.

Calendar spreads help cope with the medium- and long-term and short-term impacts of trade friction on the RMB exchange rate. The enhancements on the USD/CNH Futures in June 2018 also include the addition of 19 calendar spreads to make up a total of 45 calendar spreads of contract months. These calendar spreads can be a combination of any two contract months, which would facilitate hedging against the medium- and long-term movements of the RMB exchange rate as well as coping with short-term volatility of the exchange rate.

19 In accordance with requirements in force in December 2018.

3.5 Keeping on enhancing the flexibility of the RMB futures market to satisfy the diverse needs for risk management

Trade friction increases the demand for ultra-short-term risk management. Trade friction creates uncertainties for the monetary policies of major central banks and the countries' business cycles[20] and certain market news at given dates (such as central banks' decisions on interest rates, releases of economic data, and election results, etc.) may have a larger impact on the RMB exchange rate amid of escalation of trade friction. However, there is no exchange around the world providing currency futures with ultra-short-term tenors. Similar exchange-traded products only include the weekly options on RMB currency futures offered in the US, including Friday weekly options launched in July 2006 and Wednesday weekly options launched in October 2017. It is difficult for investors to hedge against the ultra-short-term risks of the RMB exchange rate with the use of these options. Generally speaking, the price formation mechanism of options is more complicated than that of currency futures. If options are used for delta hedging[21], the non-linear changes of delta will increase basis risks. Besides, the delivery of these options at expiry is cash-settled with reference to the prices of CNH/USD futures. In other words, this kind of hedging would not involve exchange of principals at settlement and hence the investors with real needs for RMB liquidity have to exchange for the RMB in the spot exchange rate market. Therefore, some investors may choose OTC products with more flexible tenors for hedging. Given the global drive to promote exchanges as central counterparties for derivatives, the Hong Kong market should strive to meet the demand for risk management of ultra-short-term to medium- and long-term investors and provide liquidity for these products.

20 See International Monetary Fund's (IMF) "World Economic Outlook", October 2018.

21 Delta hedging offers protection within a short time on the value of an investment portfolio from small fluctuation in the underlying asset price. In brief, the risk of market prices of the underlying asset to the investment portfolio is neutral.

4 Strengthening Hong Kong's position as the offshore RMB products trading and risk management centre to support RMB internationalisation

Against the background as described, the market demand for risk management of the RMB exchange rate will continue to increase. Survey results indicate that financial institutions with risk exposures denominated in the RMB have strong interest in RMB risk management products. Offshore RMB deliverable forwards are the most preferred mode of financial institutions to manage their RMB risk exposures — this mode of risk management accounted for 40% of total usage. Excluding natural hedge of assets and liabilities, the second most preferred way was offshore RMB spot FX (15% of total) and offshore RMB futures ranked third (4% of total) (see Figure 14).

Figure 14. Most preferred way to manage RMB exposure by financial institutions

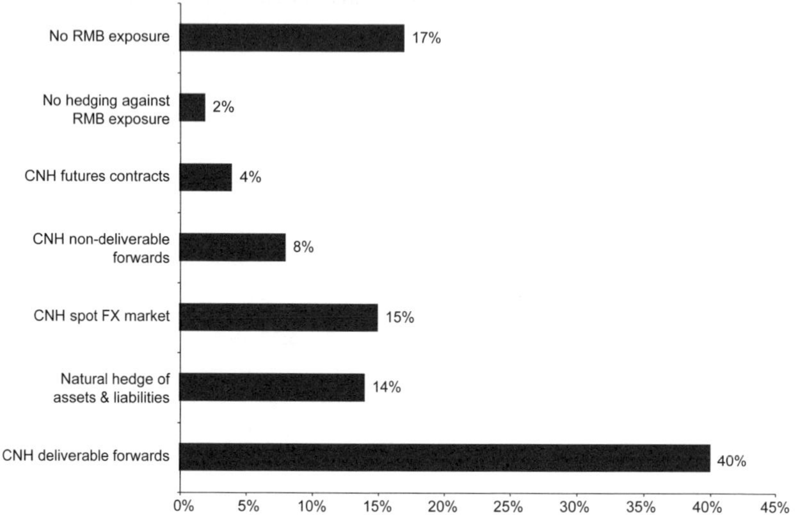

Source: The Asian Banker and CCB. "RMB Internationalisation Report 2018: Optimism towards Belt & Road raises cross-border use of RMB", 2018.

Following the inclusion of A shares into the MSCI Emerging Markets Index, Chinese bonds will be admitted in 2019 into the Bloomberg Barclays and other bond indices that are widely tracked by global funds. More and more medium- and long-term institutional investors around the world, including central banks, sovereign wealth funds and international pension funds, will track these global bond indices and passively increase their allocations into Mainland assets of stocks and bonds based on changes in these indices. This would lead to a shift in asset allocation of the nearly US$4 trillion worth of assets under management worldwide, generating demand for adequate and liquid tools for hedging related risks.

Hong Kong is well-positioned as an offshore RMB market for its professional services and sound financial infrastructures and the provision of a wide range of useful tools for risk management. Currently, the offshore RMB derivatives product suite developed by the HKEX has very active trading, providing high liquidity and market depth for investors. The price formation mechanism and settlement system of the on-exchange offshore RMB products in Hong Kong also effectively ensure that the offshore exchange rates track the onshore exchange rates closely at final settlement. The trading of offshore RMB products thus could contribute to a larger impact of onshore RMB prices in the global market and keep the price-setting process onshore. By further developing and broadening the spectrum of RMB derivatives to meet the needs of the real economy and by leveraging on professional services and sound financial infrastructures, Hong Kong can strengthen its role as an offshore RMB products trading and risk management centre and contribute significantly to the greater international use of the RMB.

Currency abbreviations

AED	United Arab Emirates dirham
ARS	Argentina peso
AUD	Australian dollar
BRL	Brazilian real
CAD	Canadian dollar
CHF	Swiss franc
CNH	Offshore Renminbi
CNY	Onshore Renminbi
DKK	Denmark krone
EUR	Euro
GBP	British pound
HKD	Hong Kong dollar
HUF	Hungary forint
IDR	Indonesian rupiah
INR	Indian rupee
JPY	Japanese yen
KRW	Korea won
MXN	Mexican peso
MYR	Malaysia ringgit
NOK	Norway krone
NZD	New Zealand dollar
PLN	Poland zloty
RUB	Russian ruble
SAR	Saudi Arabia riyal
SEK	Sweden krona
SGD	Singapore dollar
THB	Thai baht
TRY	Turkish lira
TWD	Taiwanese dollar
USD	US dollar
ZAR	South African rand

Chapter 15

The RMB reference currency basket and the implications of a market-based RMB currency index

Chief China Economist's Office
Hong Kong Exchanges and Clearing Limited

Summary

After the Renminbi (RMB) exchange rate reform in 2005 which introduced a basket of currencies as reference for RMB central parity rates against foreign currencies, the currency basket has become a major reference in determining RMB exchange rate in the following decade. From 2005 to 2015, the RMB/USD bilateral rate became more flexible and moved closer with other Asian currencies. At the same time, the Euro, the British pound, the Canadian dollar and the Australian dollar showed increasing influence on the RMB value. In December 2015, the People's Bank of China announced for the first time the composition of the RMB's reference basket of currencies, further increasing the transparency of the currency basket. A mechanism based on the "previous closing rate" and the "exchange rate movements of a basket of currencies" is gradually established to determine the RMB/USD central parity rate. This clarifies how the currency basket would influence the RMB central parity rate. The currency basket expanded further in 2016, and in 2017 a counter-cyclical factor was introduced which enhanced the anchoring role of the currency basket for determining the RMB central parity rate.

The actual movements of the RMB exchange rate showed that, in nearly two years from the end of 2015 to November 2017, the RMB exchange rate and the CFETS RMB currency basket index experienced several stages of interaction. During the period, the currency basket had experienced a trend from devaluation to slight appreciation. With increased reference to the currency basket in the pricing of the RMB, the flexibility of the RMB/USD exchange rate has also increased. This fosters a healthy shift of the RMB exchange rate from a one-way movement to two-way fluctuations and promotes exchange rate equilibrium in the medium to long-term.

The historical development of the US dollar indices exemplifies that currency indices have much reference value for currency pricing. They are also important tools that improve the tradability and usability of currencies. In designing the composition and the weightings of reference currencies for a currency index to enable its extensive market use, the home country's trade relations with other countries, as well as the liquidity of the reference currencies in the foreign exchange and capital markets, are factors to be taken into consideration. With this perspective, HKEX and Thomson Reuters, in compiling their jointly developed RMB Currency (RXY) Indices, have taken into account the liquidity of trading in RMB against other major currencies, and exercise dynamic adjustment of currencies and their weightings in the reference basket on a periodic basis based on a highly transparent set of formulae. Thereby, the indices can duly reflect the direction and the degree of movement in the RMB exchange rate against other currencies, making available useful instruments for facilitating market-based RMB exchange rate reforms.

1 RMB exchange rate reform in 2005 and 2010: Currency basket became a reference benchmark

1.1 2005: Towards a managed floating exchange rate regime with the introduction of a currency basket

Reforms in the Renminbi (RMB) exchange rate can be traced back to 1994 when the RMB's official exchange rate and the foreign exchange (forex) swap market rate[1] were unified, which brought the currency's value from RMB 5.8 per US dollar (USD) down to RMB 8.7 per USD. This signified the beginning of a unified managed floating exchange rate regime based on market supply and demand. During the 1997-1998 Asian financial crisis, Thai Baht and other Asian currencies plunged but the value of the RMB against the USD remained stable at about RMB 8.28 per USD.

On 21 July 2005, the People's Bank of China (PBOC) announced the adoption of a managed floating exchange rate system based on market supply and demand, with reference to a basket of currencies. This officially marked the beginning of market-based reforms for the fixings of RMB central parity rates. This was also the first time that the PBOC made it clear that the RMB exchange rates will be determined with reference to a basket of currencies, dropping its peg to the USD. The reform started off a process of adjustment that saw the RMB exchange rate moving from its value being under-estimated to a more balanced and adjusted value.

In June 2010, the PBOC, in another round of exchange rate reform, stressed that the RMB exchange rates were to shift from bilateral to multilateral references, with greater emphasis placed on a basket of currencies. The exchange rate fixing mechanism that makes reference to a basket of currencies is one that operates between a currency peg and a floating rate regime — it offers greater flexibility than a currency peg and brings not as big a volatility as to easily set off financial turbulence than it might under a floating rate regime. It helps realise the implementation of stable macroeconomic policies and prevent speculative cross-border capital flows. Along with the continuous opening-up of the Chinese economy, China's major trade partners have become increasingly diversified and

1 Starting from 1980, a forex swap regime was implemented resulting in the co-existence of official and forex swap exchange rates.

its external investments have extended to multiple regions. Therefore, pegging to a basket of multiple currencies will more accurately reflect the RMB exchange rates and will also increase its flexibility.

1.2 2005-2015 currency basket: The projected composition and its impact on the RMB exchange rate

After the 2005 exchange rate system reform, despite repeated pronouncement of the important role of the currency basket in RMB pricing, the PBOC did not directly disclose the basket's composition, currency weightings and pricing mechanism. Hence, outside observers and researchers, based on RMB/USD movements, came up with various projections of their own regarding the relationships between the RMB and the USD and other currencies in the reference basket.

The movement of the RMB/USD central parity rate demonstrated that for most of the time after 2005, the rate was basically fixed with reference to a basket of currencies, except during the time of the 2008 global financial turmoil when the RMB was re-pegged to the USD[2]. Between 2005 and the financial crisis in 2008, the RMB/USD exchange rate was on an accelerating trend of appreciation. The RMB/USD exchange rate appreciated 5.5% and 10.9% respectively by the second year and the third year since the exchange rate reform on 21 July 2005. By November 2008, the RMB/USD exchange rate had appreciated by about 19%. On the outbreak of the 2008 global financial crisis, the RMB/USD exchange rate regained stability; the RMB was once again pegged to the USD. Until the subsequent exchange rate reform in June 2010, the fluctuation in the RMB/USD exchange rate continued to widen. On the one hand, this was due to the gradual expansion of the official band of the RMB exchange rate from 0.3% to 2%. On the other hand, it reflected the increasing influence of the currency basket on the RMB central parity rate.

2 See Zhang Ming, *Renminbi exchange rate: Mechanism changes and future directions*, September 2017.

Figure 1. Daily movement of the RMB exchange rate (1 Jan 2005 — 10 Aug 2015)

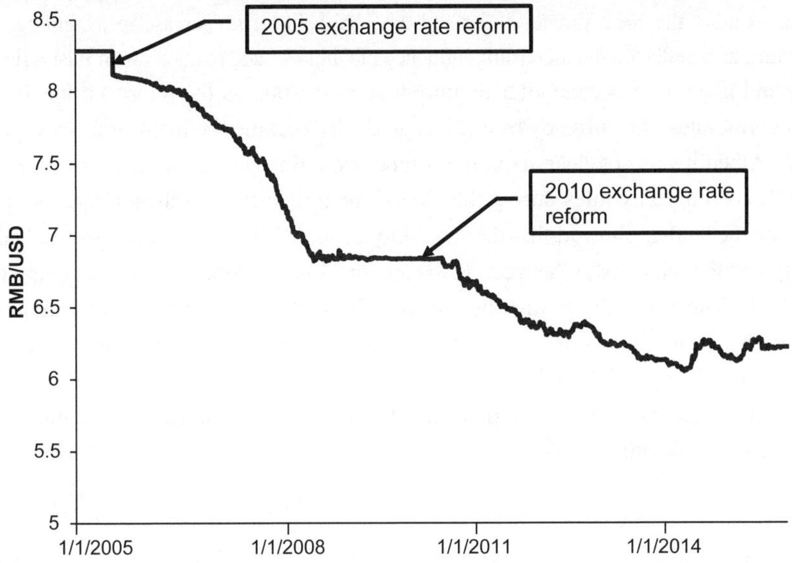

Source: Wind.

Using simulation analysis, academics projected the currency composition and weightings in the currency basket and the impact of the currency basket on the RMB central parity rates. A study[3] found that, other than the period during the 2008 financial crisis, the USD had an absolute dominant position in the RMB's reference basket of currencies; some reference currencies were pegged to the USD and so their impact on the RMB was also fully manifested through the USD. According to the study, the USD's weighting in the currency basket at that time was probably around 80%, a percentage notably more substantial than that theoretically required for any stable balance of payment. Secondly, weightings in the currency basket probably changed dynamically. The weightings of emerging market currencies, such as the Russian ruble and the Singaporean dollar had probably increased. Thirdly, the monetary authority's usage of the currency basket for exchange rate reference was at a low level at that time, hence, its effect on the RMB exchange rate was limited. According to another study[4], such characteristics continued after 2010 with the supremacy of the USD in the currency basket continued; but the weighting of the USD had

3 Zhou Jizhong, *Renminbi's reference currency basket: Composition, stability and level of commitment*,《國際金融研究》, March 2009.

4 Xie Hongyan, *Estimation of weightings in the RMB currency basket since the latest exchange rate reform and comparison with the optimal weightings*, Issue 3, 2015.

somewhat declined along with the increase in the weightings of the Asian currencies which included the Japanese yen, the Korean won, the Singaporean dollar, the Malaysian ringgit, the Philippines peso, the New Taiwan dollar and the Thai baht. The increase in weightings of the Asian currencies reflected the increasing influence of China's trade relations with East Asia.

By and large, in a decade after its introduction in 2005 as the reference for the RMB central parity rates, the currency basket has gradually become the major reference in RMB pricing. Albeit it was not clear about the composition of the currency basket or its effect on the RMB central parity rates during this period, both the actual exchange rate movements and academic studies showed that the flexibility of the RMB/USD exchange rate had been growing and the relationship between RMB and the Asian currencies was deepening during the period. The Euro, the British pound, the Canadian dollar and the Australian dollar were also found to have an increasing influence on the RMB exchange rate. The gradual and dynamic change of the RMB exchange rate against the currency basket during that period demonstrated the increasing diversification of China's external trade relations and its economic structural adjustments.

2 11 August 2015 reform: Currency basket becoming one of the two anchors for RMB central parity rates

2.1 A transparent RMB reference currency basket

On 11 August 2015, the PBOC announced the adjustment of the quotation mechanism for the RMB/USD central parity rate, setting off a new round of exchange rate reform under which the RMB central parity rates become more market-driven. In December 2015, the RMB exchange rate fixing mechanism became more transparent as the PBOC officially published for the first time the composition of the reference currency basket. China Foreign Exchange Trade System (CFETS) publicly released for the first time the CFETS RMB Index which reflects the RMB exchange rates against 13 currencies traded at CFETS. The USD, the Euro and the Japanese yen had the highest weightings at 26.40%, 21.39%

and 14.68% respectively, followed by the Hong Kong dollar (6.55%) and the Australian dollar (6.27%). The sample currency weightings are calculated based on international trade weightings with adjustments of re-export trade factors. Trade volumes represented by the currency basket index accounted for as much as 60.4% of China's external trade volume (see Table 1).

Table 1. Composition of CFETS RMB Index published for the first time in 2015

Location	Currency	Index weighting	Average annual trade volume with China (US$ million) (Oct 2014 — Oct 2017)	Trade weighting
US	USD	26.40%	554,230	14.1%
Eurozone	EUR	21.39%	576,441	14.7%
Japan	JPY	14.68%	285,217	7.3%
HK	HKD	6.55%	323,030	8.2%
Australia	AUD	6.27%	118,960	3.0%
Malaysia	MYR	4.67%	94,282	2.4%
Russia	RUB	4.36%	74,799	1.9%
UK	GBP	3.86%	78,031	2.0%
Singapore	SGD	3.82%	78,202	2.0%
Thailand	THB	3.33%	77,443	2.0%
Canada	CAD	2.53%	51,647	1.3%
Switzerland	CHF	1.51%	44,131	1.1%
New Zealand	NZD	0.65%	12,425	0.3%
Total		100%	2,368,838	60.4%

Note: Due to rounding, weightings may not add up to 100%.

Sources: CFETS for index weightings; Wind for trade volumes based on which trade weightings are calculated.

To provide for observation of changes in the RMB exchange rate from different perspectives, CFETS publishes a RMB index that refers to the Bank for International Settlements (BIS) currency basket and another that refers to the International Monetary Fund (IMF) Special Drawing Rights (SDR) currency basket. Compared to the BIS effective exchange rate index for RMB, the CFETS RMB Index assigns higher weightings to the currencies of major developed countries, with also the inclusion of East Asian and Russian currencies but not a wider range of emerging market currencies.

In the currency basket published by CFETS in 2015, the USD had a weighting far below its previously estimated percentage (see section 1.2). In this new currency basket, the USD together with the Hong Kong Dollar had a combined weighting of 33%. Obviously, the launch of the new currency basket marked the gradual transition of the RMB exchange rate policy from pegging to the USD to adopting a floating rate mechanism under which the exchange rate is increasingly determined by market forces and trade relations.

2.2 Interactions between RMB central parity rate and CFETS Index: Four stages of transitions

After CFETS' official release of its RMB Index, the currency basket has taken on a greater role in the RMB exchange rate. The RMB/USD central parity rate is being determined by a mechanism that is based on the "closing rate" and the "exchange rate movements of a basket of currencies". This clarifies the principles based on which the currency basket would influence the RMB central parity rate.

Specifically, under the new central parity rate formation mechanism, the RMB/USD central parity rate is based on both the "closing rate on the previous trading day" and the "exchange rate movements of a basket of currencies". The "closing rate" refers to the RMB/USD closing exchange rate in the interbank forex market at 16:30 on the previous day. This factor mainly reflects supply and demand in China's forex market. The "exchange rate movements of a basket of currencies" refers to the adjustment that is required in the RMB/USD exchange rate in order to maintain the stability of the RMB against a basket of currencies. Under this mechanism, the RMB central parity rate is increasingly bound by the currency basket, which has gradually become one of the two anchors that determine the RMB central parity rate.

Figure 2. Daily movements of RMB central parity rate, USD index and CFETS RMB Index (Jan 2015 — end-Nov 2017)

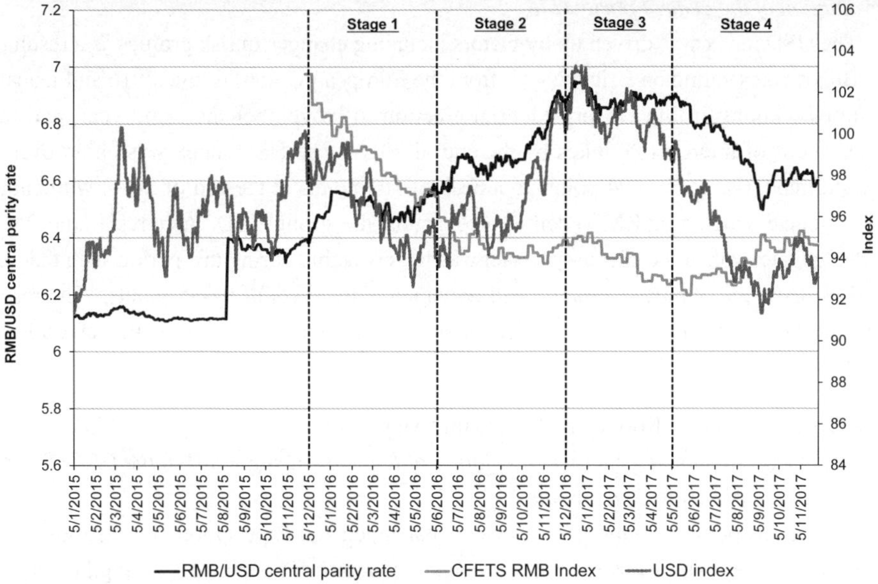

Note: The USD index used is the DXY US Dollar Index provided by the US Intercontinental Exchange.

Sources: Wind for USD index data; CFETS for RMB central parity rates and CFETS RMB Index data.

As indicated by actual exchange rate movements, from the end of 2015 to November 2017, the RMB central parity rate and the CFETS RMB Index experienced different development stages (see Figure 2):

(1) Stage One — from the announcement of the RMB central parity rate mechanism at the end of 2015 to mid 2016.

This stage is characterised by *depreciation of the USD a fall in the CFETS RMB index and a stable central parity rate.*

The USD index fell from its peak after the first interest rate hike in 2015 and started to weaken. Under the new RMB central parity rate mechanism, the central parity rate should rise correspondingly. However, during that period, the RMB was weak against non-US currencies such that the CFETS RMB Index showed depreciation (from 100.94 points to around 95 points). This resulted in basically a flat central parity rate that hovered in the range between 6.50 and 6.65.

(2) Stage Two — from mid 2016 to end of 2016

This stage is characterised by *a rising USD, a stable CFETS RMB Index and a devaluation of the central parity rate.*

The USD index was driven up by factors including changes in risk profiles as a result of the Brexit vote (voting on Britain's exit from the European Union)in June 2016 and Donald Trump's winning in the US presidential election in November the same year, and the expectations of interest rate hikes by the end of 2016. The USD index was on an overall upward trend, rising from 94 points to a peak of 103 points at the end of 2016, while non-US currencies (including RMB) depreciated against the strong USD. As a result, the RMB exchange rate against the currency basket was largely stable during this period such that the CFETS RMB Index moved steadily and remained at the level of 94-95 points. The result was that the RMB central parity rate depreciated against the USD, reaching the lowest level of 6.94.

(3) Stage Three — from early 2017 to mid May 2017

This stage is characterised by *depreciation of the USD, a slight fall in the CFETS RMB Index and a stable central parity rate.*

During this period, Trump policies were challenged and expectations for a strong USD began to recede. The Euro rose as European economic fundamentals strengthened and systemic risks in European politics subsided. The USD weakened correspondingly. As the USD continued to weaken, the RMB recorded a modest depreciation against a basket of currencies. The CFETS RMB Index fell from 95.25 points to 92.26 points. The RMB central parity rate remained largely in the range of 6.85 - 6.90 without rising in response to the weak USD. The RMB exchange rate and the CFETS RMB Index had basically the same movement trends as in stage one.

(4) Stage Four — from late May 2017 to end of November 2017

In this stage, the PBOC introduced a counter-cyclical factor to the quotation formula for the RMB/USD central parity rate to offset any unilateral expectation driven by market sentiments. This stage is characterised by *depreciation of the USD, a modest rise in the CFETS RMB Index, the USD depreciation effect being offset by the counter-cyclical factor and a substantial rise in the central parity rate.*

After the introduction of the counter-cyclical factor, the RMB/USD central parity rate is determined based on three factors: the closing rate on the previous trading day, exchange rate movements of a basket of currencies and the counter-cyclical factor. According to the PBOC's Monetary Policy Report (2017Q2), the counter-cyclical factor was calculated in the following way: firstly, the quoting banks broke down the change in the closing price into two parts — the part due to changes in exchange rates of the currencies in the reference basket and the part due to RMB demand and supply conditions; then, counter-cyclical adjustment was applied to the factor of demand and supply conditions, in order to weaken the herding effect in the forex market. In calculating the counter-cyclical factor, the first step was to remove the impact of the currency basket from the difference between the previous closing rate and the central parity rate, thereby obtaining the change in the RMB exchange rate that mainly reflects market supply and demand. The counter-cyclical factor can then be determined by adjusting the counter-cyclical coefficient, which is set by quoting banks based on factors like changes in the economic fundamentals and the extent of procyclicality in the forex market.

As the impact of supply and demand was largely offset by the counter-cyclical factor in the actual quotations, the anchoring effect of the currency basket on the RMB central parity rate was further strengthened. After the second quarter of 2017, the USD index continued its downtrend while the CFETS RMB Index rose steadily to around 95 points. Due to the filtering effect of the counter-cyclical coefficient, the RMB saw considerable appreciation against the USD.

2.3 Composition and impact of the new currency basket

2.3.1 The increased impact of Euro and Japanese yen on RMB

At the end of 2016, the PBOC once again modified the composition of the currency basket. The number of currencies in the basket was increased from 13 to 24.The trade volume represented by the new currency basket accounted for 74% of China's total external trade, which is much higher than that represented by the old index. The new CFETS RMB Index is therefore more representative.

In the new currency basket, the weighting of the USD fell from 26.4% to 22.4%. Including the Hong Kong dollar which is pegged to the USD, the USD had effectively a weighting of 26.7% in the basket. Euro and the Japanese yen had a combined weighting of 27.8%, surpassing that of the USD (see Table 2).

In 2016, the RMB depreciated by around 6.5% against the USD, and by 3.9% and 9.4% against the Euro and the Japanese yen respectively. The RMB devaluation was relatively substantial, driving the CFETS RMB Index down. In the first 11 months of 2017, the RMB appreciated 5.08% against the USD, but remained stable against the Japanese Yen and depreciated by 6.8% against the Euro. This resulted in a relatively steady but weakening CFETS RMB Index. The increasing influence of the Euro and the Japanese yen on the RMB showed that the RMB is no longer linked unilaterally to the USD but is having bigger interactions with other major currencies in the international market. In this way, the RMB exchange rate could achieve a level that better serves China's need to improve its trade conditions as well as the needs of Mainland enterprises to adapt to structural adjustments.

Table 2. Comparison of CFETS RMB Index composition in 2015 and 2016

Location	Currency	Index weighting (2015)	Index weighting (2016)	Weighting adjustment
US	USD	26.40%	22.40%	-4.0%
Eurozone	EUR	21.39%	16.34%	-5.1%
Japan	JPY	14.68%	11.53%	-3.2%
Korea	KRW	—	10.77%	+10.8%
Australia	AUD	6.27%	4.40%	-1.9%
Hong Kong	HKD	6.55%	4.28%	-2.3%
Malaysia	MYR	4.67%	3.75%	-0.9%
UK	GBP	3.86%	3.21%	-0.7%
Singapore	SGD	3.82%	3.16%	-0.6%
Thailand	THB	3.33%	2.91%	-0.4%
Russia	RUB	4.36%	2.63%	-1.7%
Canada	CAD	2.53%	2.15%	-0.4%
Saudi Arabia	SAR	—	1.99%	+2.0%
United Arab Emirates	AED	—	1.87%	+1.9%
South Africa	ZAR	—	1.78%	+1.8%
Switzerland	CHF	1.51%	1.71%	+0.2%
Mexico	MXN	—	1.69%	+1.7%
Turkey	TRY	—	0.83%	+0.8%
Poland	PLN	—	0.66%	+0.7%
Sweden	SEK	—	0.52%	+0.5%
New Zealand	NZD	0.65%	0.44%	-0.2%
Denmark	DKK	—	0.40%	+0.4%
Hungary	HUF	—	0.31%	+0.3%
Norway	NOK	—	0.27%	+0.3%

Sources: CFETS.

2.3.2 The increased weightings of managed floating currencies in the basket

Since the change in composition at the end of 2016, the CFETS RMB Index currency basket newly admitted a number of emerging market currencies to reflect China's trade relations with these countries. These include the South African rand, the Mexican peso, the Emirati dirham, the Saudi riyal, the South Korean won, the Turkish lira and others. (See Table 2.)

On the other hand, the inclusion of more currencies with a managed floating exchange rate system accordingly reduced the weightings of free-floating currencies like the USD, the Euro, the Japanese yen and the Hong Kong dollar. This would reduce the volatility of the currency basket and in turn the overall flexibility of the RMB exchange rate. In the new basket, the South African rand, the Mexican peso, the South Korean won and the Turkish lira are currencies of managed floating rates, while the Emirati dirham and the Saudi riyal are fixed-rate currencies. The aggregate weighting of these currencies in the new CFETS RMB Index was 18.9%.

A relatively stable basket of currencies is favourable to managing market expectations on the RMB exchange rate. It may also help improve trade competitiveness and maintain the stability of the currency's purchasing power. However, with a larger number of low-volatility currencies in the currency basket, the RMB exchange rate may not be able to react promptly to changes in supply and demand. As a result, the RMB's flexibility vis-à-vis other currencies in coping with market risks, and therefore its ability to mitigate risks, might be reduced.

2.3.3 The stability of exchange rate against currency basket supports other macroeconomic targets

After the introduction of the counter-cyclical factor, the RMB/USD exchange rate became more volatile, changing the historical trend that had inclined towards a falling rather than a rising RMB against the USD. The RMB rapidly appreciated subsequent to the introduction of this measure on 26 May 2017. On 11 September, the PBOC scrapped reserve requirements for foreign exchange purchase and made use of the counter-cyclical factor to prevent over-adjustment. As a result, the RMB/USD exchange rate fluctuated within a confined range.

With the counter-cyclical factor in place, the benchmarking effect of the currency basket on the RMB exchange rate was enhanced. As exchange rate movements of the basket currencies are highly random, reference to the currency basket in determining the RMB's value means that the RMB would have less tendency to move in a single direction, achieving more or less an equilibrium in the medium to long term. On the one hand, it fosters the healthy development of two-way movements in the RMB exchange rate. On the other hand, the relative stability of the exchange rate against a basket of currencies would lessen the burden on the foreign exchange reserves, allowing a continuous rebound of the foreign exchange reserves. By October 2017, the foreign exchange reserves increased for nine consecutive months to US$3.1 trillion (see Figure 3).

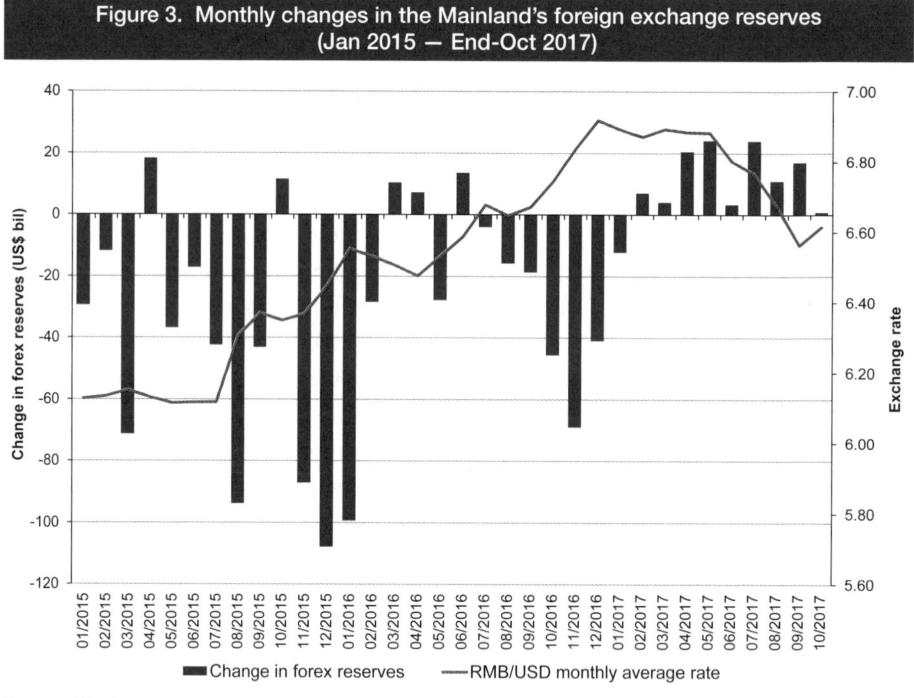

Figure 3. Monthly changes in the Mainland's foreign exchange reserves (Jan 2015 – End-Oct 2017)

Source: Wind.

3 Outlook on market usage of RMB indices

3.1 Experience from USD indices: Major indices and composition

USD indices are currently the world's most important currency indices and are critical measures of global financial market conditions and trends. In their 40 years of history, USD indices have evolved to have assumed different functions. The USD index family now consists of indices of different currency composition and weightings, being used to gauge and assess the value of the USD.

According to the different functions, the existing USD index family may be categorised into: (1) USD indices compiled by the US Federal Reserve (FED) and international entities, and (2) USD indices compiled by exchanges or business entities.

3.1.1 USD indices launched by the US FED

The earliest USD index in use was the **Trade Weighted U.S. Dollar Index: Major Currencies** (or DTWEXM) developed by the FED in the 1970s. This USD index has been used for tracking the value of the USD after the disintegration of the Bretton Woods system[5]. The reference basket of currencies for this index comprises 7 currencies — the Euro, the Canadian dollar, the Japanese yen, the British pound, the Swiss franc, the Australian dollar and the Swedish krona. The weighting of each currency in the basket is based on trade conditions between the home countries of the respective currencies and the US.

After the 1990s, emerging markets have entered into the world's industry production chain and have growing bilateral trades with the US. A USD index that make reference to the currencies of only a few developed countries would not be able to reflect the trade dynamics between the US and the world. Consequently, based on DTWEXM, the US FED developed the **Trade Weighted U.S. Dollar Index: Broad** (or TWEXB), and **Trade Weighted U.S. Dollar Index: Other Important Trading Partners** (or TWEXO).

TWEXB included an additional 19 currencies on top of the seven tracked by DTWEXM. The majority of the 19 currencies are those of emerging markets which are important trade partners of the US. The US FED also compiled TWEXO based on these 19 currencies. As TWEXB covered the major US trading partners, its adjustment in weightings constantly reflect the changing trade relationships between the US and these countries. It has therefore become the most significant benchmark of the US' competitiveness in international trade.

From a functional perspective, TWEXB and TWEXO were developed mainly as a reference for research on the forex market and for forex policy making. Currencies and their weightings in these indices were selected and determined mainly on the basis of the trade relations of the US with its major trade partners, especially with the emerging

5 The Bretton Woods system was established in 1944 at the time of World War II, which was an international monetary system based on both gold and the US Dollar, with the US Dollar value fixed at US$35 per ounce of gold. However, in 1971, the US unilaterally terminated convertibility of the US Dollar to gold, bringing the Bretton Woods system to an end.

markets. The extent to which these currencies are used in the financial market, especially in the forex market are, however, not taken into account. In addition, these indices are not timely updated and the US FED has not licensed their use for commercial purposes. Market participants would have to go for alternative instruments if they want to assess the impact of bilateral exchange rate movements on the currency basket indices so as to conduct timely financial activities accordingly.

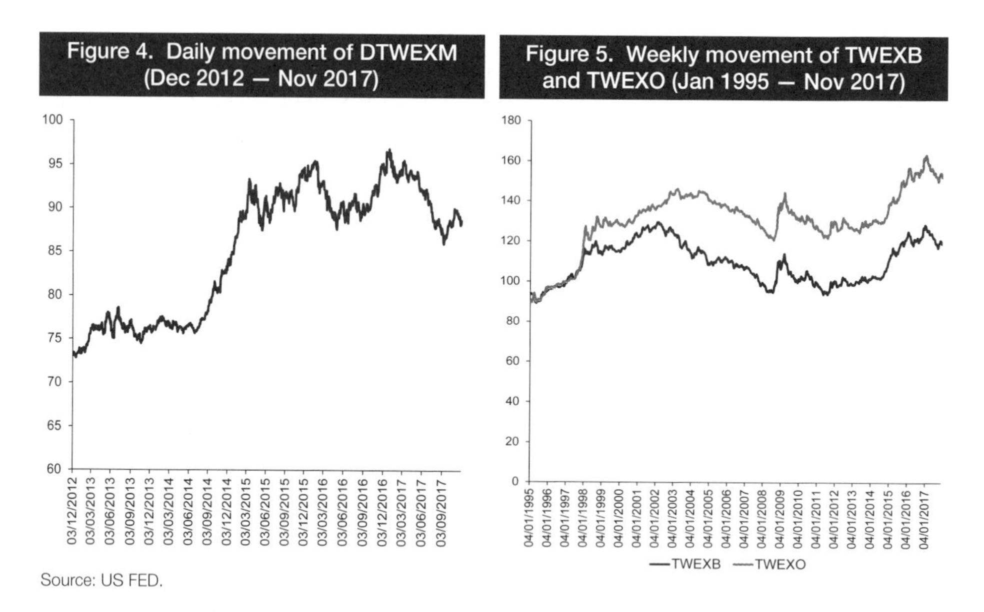

Figure 4. Daily movement of DTWEXM (Dec 2012 — Nov 2017)

Figure 5. Weekly movement of TWEXB and TWEXO (Jan 1995 — Nov 2017)

Source: US FED.

3.1.2 USD indices developed by market entities

This kind of indices is well represented by the U.S. Dollar Index (DXY) developed by the Intercontinental Exchange (ICE). It is the earliest and the most widely used USD index in the market. Initially, its reference currency basket and the weightings were mainly based on the trade volumes between the US and its major trade partners, reflecting the competitive dynamics of US exports. The Euro replaced 12 of the currencies in the basket upon its birth in 1999. The DXY basket consists of six currencies, namely the Euro, the Japanese yen, the British pound, the Canadian dollar, the Swedish krona and the Swiss franc. The composition and currency weightings of DXY remain unchanged up to now.

Table 3. DXY's composition and currency weightings

Currency	Weighting
EUR	57.6%
JPY	13.6%
GBP	11.9%
CAD	9.1%
SEK	4.2%
CHF	3.6%

Source: ICE website.

Since the USD is the world's major reserve currency, many commodities are denominated in the US Dollar. Both traders and investors require a USD trading instrument with high liquidity in order to manage the forex risks of commodities and investment portfolios. The DXY, being highly dynamic, can promptly reflect the impact of forex volatility on the USD. The index is recognised as the most significant USD benchmark by global traders, analysts and economists. Currency futures based on the DXY are widely used in the international forex market for investment and hedging purposes.

It is noteworthy that European currencies weigh as much as 77% in the DXY. The Euro alone has a weighting of nearly 58%. Such a characteristic results in that the DXY is highly sensitive to economic changes in the European Union. Any movement in the value of the Euro would affect the index to a large extent. To avoid the drawback of the currency concentration in Europe, other USD indices of different compositions were developed by market entities. In 2011, Dow Jones released the **Dow Jones FXCM Dollar Index**, which have the Euro, the British pound, the Japanese yen and the Australian dollar as its reference currencies on consideration of their high liquidity and high correlation with the USD in global forex transactions as well as their low cost of trading. Weightings were equally assigned to each currency (25%).

Other indices of a similar nature included the FTSE Cürex's **USDG8** and the **Bloomberg Dollar Spot Index (BBDXY)**. When selecting reference currencies, the two indices not only take into account the importance of a currency and its tradability in the global financial market and in commodity trading, offshore RMB is also included in the currency basket. It is hoped that, the problem of over-weighting the Euro in the reference currency basket could be addressed by including in the basket an emerging market currency with a growing importance. These indices have given greater consideration to trade volumes in the forex market in determining the reference currencies and their weightings, and have adopted relatively scientific calculation methods. Nevertheless, they have a relatively short history and therefore have not been able to challenge the market standing of DXY and its related futures products.

3.2 Market-based RMB exchange rate indices

From a functional perspective, China's most important RMB index, the CFETS RMB Index, largely serves as an aid to macroeconomic policy making. With functions and composition similar to the US FED's TWEXB, it provides an all-round indicator for macroeconomic usage. However, in respect of market trading, it is clear that new instruments and related derivatives need to be developed to serve market participants as RMB benchmarks for investment and hedging purposes.

Studies have been carried out in the Mainland on the development of a market-based RMB index. The Shenzhen Securities Information Co., Ltd. and CCTV Finance jointly developed and released a RMB index in 2013, before the announcement of the CFETS RMB Index. This index uses the USD, the Euro, the Japanese yen, the Hong Kong dollar, the Australian dollar, the Canadian dollar, the British pound, the Russian ruble, the Malaysian ringgit, and the Korean won as reference currencies to reflect the overall movement of the RMB exchange rate. The currency weightings in the index were determined based on the weighting of each currency in China's bilateral trade volume and gross domestic product (GDP) respectively on a ratio of 1:1. The currency selection process and the determination of currency weightings for this RMB index represented a certain degree of innovative exploration. Before the currency reform in August 2015, the correlations of this RMB index with USD indices were relatively high, but the degree of correlation diminished after the reform[6].

3.3 TR / HKEX RMB Currency (RXY) Indices

3.3.1 RXY Indices — An RMB index series developed with reference to the principles of the CFETS RMB Index and the DXY

In 2016, HKEX and Thomson Reuters (TR) launched the family of RXY Indices with reference to the CFETS currency basket, using 13 currencies as the reference currencies. The index series is highly dynamic and transparent, with hourly updates. Currency weightings are based on China's annual trade volumes with the respective home countries of the basket currencies, provided by UN Comtrade[7].

6 See *2016 RMB Index Review*, CNI website (http://www.cnindex.com.cn), 28 February 2017.

7 The annual bilateral export data between Mainland China and Hong Kong reported by UN Comtrade will be adjusted in accordance with trade data released by the Census and Statistics Department of the Hong Kong Government to determine the actual Chinese export volumes absorbed by Hong Kong, since a considerably large proportion of Mainland exports to Hong Kong is not taken up by the city.

Table 4. The RXY Indices in the index family, their compositions and references

Indices	Currencies	References
TR / HKEX RXY Reference CNH (RXYRH)	AED, AUD, CAD, CHF, DKK, EUR, GBP, HKD, HUF, JPY, KRW, MXN, MYR, NOK, NZD, PLN, RUB, SAR, SEK, SGD, THB, TRY, USD, ZAR	• Similar to the currency basket of the CFETS RMB Index • CNH as benchmark currency
TR / HKEX RXY Reference CNY (RXYRY)	AED, AUD, CAD, CHF, DKK, EUR, GBP, HKD, HUF, JPY, KRW, MXN, MYR, NOK, NZD, PLN, RUB, SAR, SEK, SGD, THB, TRY, USD, ZAR	• Similar to the currency basket of the CFETS RMB Index • CNY as benchmark currency
TR / HKEX RXY Global CNH (RXYH)	AUD, CAD, CHF, EUR, GBP, HKD, JPY, KRW, MYR, NZD, RUB, SGD, THB, USD	• Similar to the currency basket of the CFETS RMB Index in 2015 • CNH as benchmark currency
TR / HKEX RXY Global CNY (RXYY)	AUD, CAD, CHF, EUR, GBP, HKD, JPY, KRW, MYR, NZD, RUB, SGD, THB, USD	• Similar to the currency basket of the CFETS RMB Index in 2015 • CNY as benchmark currency

Note: See abbreviations of the currencies at the end of this report. CNH = Offshore Renminbi exchange rate; CNY = Onshore Renminbi exchange rate.

Source: HKEX.

Unlike the USD index DXY where currency weightings are based on the US trade volumes with the respective countries or regions in 1999 and are unchanged over time, currency weightings in the RXY Indices are adjusted annually in accordance with the latest trade data. As China's external trade structure is still changing, such adjustments in currency weightings will better reflect the evolution of China's external trade structure.

3.3.2 Correlation and tradability of exchange rate indices

TR/HKEX RXY Reference CNY Index is found to be highly correlated with the onshore RMB against the USD (CNY/USD) exchange rate and the CFETS RMB Index (correlation coefficients are above 0.86, see Table 5). Therefore, the index can reflect relatively well the changes in the RMB exchange rate and can serve as a benchmark simulating the CFETS RMB Index.

In terms of volatility, CNY/USD had an average volatility[8] of 1.58% in the six months before the exchange rate reform on 11 August 2015[9]. It rose to 2.29% in the following two years or so after the reform. This shows that, along with the RMB exchange rate regime becoming increasingly market-driven, the volatility in the RMB exchange rate has increased. After the aforesaid reform, RXY Reference CNH Index had an average volatility of 4.00%, compared to 2.69% for the CFETS RMB Index, reflecting the impact of external market volatility on the offshore RMB exchange rate (see table 5). It is believed that futures products developed based on RXY indices, would be able to provide a closer tracking of movements in the value of offshore RMB.

Table 5. Correlation and volatility of RMB RXY Indices	
Correlation coefficient (Jan 2015 — Sep 2017)	
RXY Reference CNY Index and CNY/USD exchange rate*	-0.86
RXY Reference CNY Index and CFETS RMB Index	0.87
Average volatility (Aug 2015 — Sep 2017)	
CNY/USD exchange rate	2.29%
CFETS RMB Index	2.69%
RXY Reference CNH Index	4.00%

* RMB/USD refers to a certain amount of RMB per US dollar. A rise in the figure means RMB depreciates against the USD while a rise in the RMB Index stands for appreciation of the RMB. Therefore, a negative correlation coefficient between the two denotes that they have the same direction of movements in the RMB's value.

Source: Bloomberg for daily RMB exchange rates and HKEX for daily RXY closings, based on which the figures are calculated.

3.3.3 Market implications and outlook

With reference to the development history of the USD indices, the reference value of a currency basket index and the tradability of the index mainly depend on the currency composition and weightings in the index. Given the progressive development of the financial market and the growth in forex trading, major factors to be considered in determining the currency basket of a RMB index should include, apart from trade relations, the liquidity of the currencies in the global forex market and the impact of their exchange rate volatility on the RMB.

8 Volatility stated herein refers to the rolling 30-day volatility calculated on a daily basis, while average volatility refers to the average value of these daily figures during a given period.

9 For the period of 11 February 2015 to 11 August 2015.

To conclude, in developing a currency index of potentially an extensive market use, the home country's trade relations with other countries as well as the liquidity of the reference currencies in the forex and capital markets have to be taken into consideration. In this perspective, the RXY Indices take into account the liquidity of trading in RMB against other major currencies and exercise dynamic adjustment of currency composition and weightings in the reference basket on a periodic basis based on a highly transparent set of formulae. Thereby, the indices can duly reflect the direction and the degree of movement in the RMB exchange rate against other currencies. This makes available useful instruments for facilitating market-based RMB exchange rate reforms and lays a sound foundation for the development of RMB risk-hedging tools and other related financial products.

Abbreviations of currencies

AED	United Arab Emirates dirham
AUD	Australian dollar
CAD	Canadian dollar
CHF	Swiss franc
CNH	Offshore renminbi
CNY	Onshore renminbi
DKK	Danish krone
EUR	Euro
GBP	British pound
HKD	Hong Kong dollar
HUF	Hungarian forint
JPY	Japanese Yen
KRW	South Korean won
MXN	Mexican peso
MYR	Malaysian ringgit
NOK	Norwegian krone
NZD	New Zealand dollar
PLN	Polish złoty
RUB	Russian ruble
SAR	Saudi riyal
SEK	Swedish krona
SGD	Singapore dollar
THB	Thai baht
TRY	Turkish lira
USD	US dollar
ZAR	South African rand

References

1. Lu Xiaoming, "A comparison of the characteristics and usage of nine US Dollar Indices", *International Finance*, (〈九種美元指數的特徵及運用比較分析〉,《國際金融》), September 2017.
2. MicoLoretan, *Indexes of the foreign exchange value of the Dollar*, 2005.
3. Xie Hongyan, "Estimation of weightings in the RMB currency basket since the latest exchange rate reform and comparison with the optimal weightings", *World Economy Studies* (〈新匯改以來人民幣匯率中貨幣籃子權重的測算及其與最優權重的比較〉,《世界經濟研究》), Issue 3, 2015.
4. Zhang Ming, *RMB exchange rate: Mechanism changes and future directions* (《人民幣匯率：機制嬗變與未來走向》), September 2017.
5. Zhou Jizhong, "RMB's reference currency basket: composition, stability and level of commitment", *Studies of International Finance* (〈人民幣參照貨幣籃子：構成方式、穩定程度及承諾水平〉,《國際金融研究》), March 2009.

Chapter 16

The green bond trend: Global, Mainland China and Hong Kong

Chief China Economist's Office
Hong Kong Exchanges and Clearing Limited

Summary

Green bonds have become a new source of growth for the global bond market and their gross issuance continues to rise. There is a huge financing demand for supporting the global commitment of transition into green economies. These green projects usually have long investment period and different cash recovery cycles. Green bonds are one of the major tools to cater the needs of green borrowers and investors, including potentially new ones, for reasonable funding cost and enhanced environmental disclosure. However, the definition of the "green" element differs around the world and there is no unified international standard. Green labels are usually verified through external reviews by a wide range of reviewers. Albeit green labels bring extra costs for review and certification, empirical evidence showed that benefits to issuers and investors outweigh these costs.

Mainland China is a significant player in the global green bond market. In addition to global commitment of green economies, the Mainland authorities have given strong top-down support to the development of green bonds to finance green projects in the Mainland. The Mainland stock exchanges proactively support the listed green bond market by streamlining approval procedures, launching green bond indices and cooperating with international exchanges in enhancing transparency and disclosure. However, there are multiple green bond definitions under different official guidelines in the Mainland, which also differ from international standard. As international investors prefer green bonds that align with international standard, addressing the differences in definition may boost the global demand for Mainland green bonds. Conducting external review for green bond issuance, which is currently not mandatory in the Mainland but is a common way to show the bond's compliance with international standards, would help increase the bond's attractiveness. These potential improvements may encourage more inflows, facilitated through Northbound trading under Bond Connect. The bottom-up demand contributed to the growth of green bond issuance which has become remarkable after the authorities have developed related national guidelines. There are recently some signs of increasing offshore green bond issuance as well.

The development of green bonds in Hong Kong has picked up in recent years. The Government has a pivotal role to facilitate green projects in Hong Kong and expands the investor base. To cater the needs of green bond issuers and investors, the Government supported the development of an internationally recognised green finance certification scheme by the Hong Kong Quality and Assurance Agency (HKQAA). It launched competitive grant schemes for green bonds issued and listed in Hong Kong as well as the plan of world's largest sovereign green bond issuance program to show its commitment of greening the economy and developing the green bond market.

These developments will help boost Hong Kong's bond market by means of green bond listing, trading and related product development. While the Hong Kong market has an efficient and effective bond listing regime, the regime can be further enhanced by introducing a dedicated green segment to display the information of green bonds in Hong Kong and the Mainland. Trading of over-the-counter bonds and listed bonds in Hong Kong can be boosted by tax incentives, cooperation among different trading platforms, Southbound Bond Connect[1] and higher retail investor participation. Green bond indices are good trackers on the performance of green bonds. The Hong Kong market can take advantage of its convenient trading arrangements (e.g. Bond Connect) for international investors to participate in Mainland bonds onshore and facilitate the development of exchange traded funds on green bonds. As most green bonds issued in Hong Kong are denominated in foreign currencies, a wider range of listed foreign exchange derivatives should be developed to meet the hedging needs.

1 Subject to regulatory approval.

1 The issuance of green bonds has grown at a rapid pace globally

1.1 Overview of green bonds

Green bonds are fixed-income securities under the scope of green finance. In other words, green bonds are conventional bonds with a clearly disclosed "green" use of proceeds. "Green finance" is a broad term that refers to capital raising and financial investments flowing into projects, products and companies that support the development of a more sustainable, low-carbon climate-resilient economy[2]. A green bond can be a project bond backed by the issuer or an asset-backed security (ABS) backed by the project.

The green bond market started without a universal green bond standard and the issuance was dominated by supra-nationals at the early stage. The first green bond is widely considered to be the "Climate Awareness Bond" issued in 2007 by the European Investment Bank (EIB) using its own green label with self-assessment. Subsequently, the World Bank issued its first green bond in 2008 to Scandinavian pension funds to support climate-focused projects and used its own green label subject to a second opinion from Center for International Climate Research (CICERO). They were followed by the green bond issuance by a number of supra-nationals, including the International Finance Corporation and the European Bank for Reconstruction and Development.

Green bond issuance has grown quickly since the introduction of the first set of international standards for green bonds published in 2014 (see Figure 1). The International Capital Market Association (ICMA)[3] issued the Green Bond Principles (GBP) in January 2014[4], shortly after the issuance of the first corporate green bonds in 2013. The issuance of green bonds rose by about 1.6 times in value terms in 2014 and expanded dramatically in 2016 — recording a remarkable 250% compound annual growth rate (CAGR) during the period from 2012 to 2016. The GBP are voluntary process guidelines for the verification of green bonds that recommend transparency, disclosure and reporting

2 Source: Financial Services Development Council, Hong Kong. *Hong Kong as a Regional Green Finance Hub*, May 2016.

3 ICMA is a member association for a wide range of private and public members, with the aim to promote globally coherent cross-border debt securities markets.

4 *Green Bond Principles Governance*, issued by ICMA, January 2014.

regarding the issuance of a green bond. In the latest version of GBP[5], there are four core components, including the use of proceeds, the process for project evaluation and selection, the management of proceeds and reporting. The Climate Bonds Initiative (CBI) is a not-for-profit organisation established in 2009 with a mandate of facilitating the mobilisation of capital to support green bond projects. The CBI launched the Climate Bonds Standard (CBS) that converts the principle-based GBP into a set of assessable requirements and actions, including taxonomy and sector-specific standards for the certification of green bonds. Some credit rating agencies (e.g. Standard and Poor's and Moody's) also develop their green bond assessment frameworks with reference to GBP for green ratings, which do not constitute credit ratings.

Figure 1. Gross issue amount of green bonds by issuer type (2007-2016)

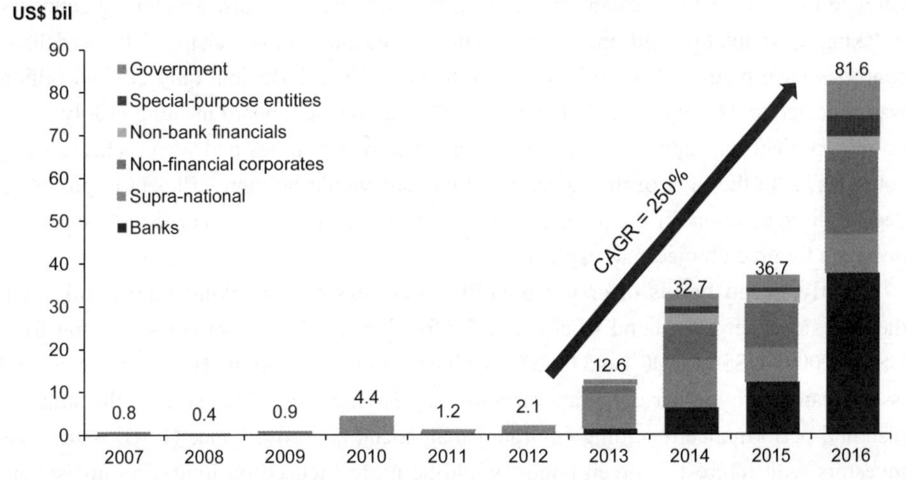

Source: RBC Capital Markets. *Green Bonds: Green is the New Black*, April 2017.

1.2 Global landscape and policy initiatives to support the development of green bonds

The global commitment of green economy requires a significant amount of financing from the public and private sectors. Taking actions on climate change is one of the 17 new United Nations Sustainable Development Goals (UN SDGs) under the 2030 Agenda agreed

5 *Green Bond Principles*, issued by ICMA, June 2018.

by 193 countries in September 2015. In December 2015, France hosted and chaired the 21st session of the Conference of the Parties (COP21) to the UN Framework Convention on Climate Change (UNFCCC) and the Paris Agreement was signed with an aim to control the rise of global average temperature within 2℃ above the pre-industrialisation level. In 2016, the Group of Twenty (G20) launched the Green Finance Study Group co-chaired by China and the UK, at which the G20 finance ministers and central bank governors committed to explore ways to raise the funds required to achieve global sustainable development and climate objectives. **It was estimated in 2014 that the financing needs would be around US$90 trillion in the following 15 years between 2015 and 2030[6]. In other words, an average amount of about US$6 trillion would be required every year.**

Green bond will be a solution to mobilise private sector funding for green projects, given the current dis-alignment of national policies among countries. The Green Climate Fund (GCF) was established at UNFCCC in 2010 to assist developing countries in taking up adaptation and mitigation practices to counter climate change. Industrialised countries have pledged US$10.3 billion to the GCF since 2015, but only US$3.5 billion was allocated to 74 projects in 78 countries[7]. During the GCF board meeting in July 2018, no new project was approved owing to "disputes over policies and governance among countries"[8]. In the light of this, green bond markets would be more efficient to provide a decentralised solution for the private sector to match a wide range of corporate issuers and investors for green projects, as explained below.

Firstly, green bonds offer net benefits to issuers over conventional bonds. On the cost side, the green bond label is not for free but involves extra costs (ranging from US$10,000 to US$100,000[9]) and time for verification or certification. However, green bond issuers can improve their corporate reputation by having more disclosure on the strategic plan and performance regarding environmental, social and governance (ESG) issues. As investors with interest in green bonds would be more focused on long-term investment and ESG than those of conventional bonds, the issuance of green bonds would attract new investors. This is particularly beneficial to issuers for certain green infrastructure projects which are more difficult to get financing because of their long investment period. For financing cost, some issuers enjoy lower yield at issuance for green bonds given the strong

6 Source: New Climate Economy. *Better Growth, Better Climate,* 2014.

7 Source: GCF. *Seventh Report of the Green Climate Fund to the Conference of the Parties to the United Nations Framework Convention on Climate Change,* 8 June 2018.

8 Source: Reuters. "Climate Fund Snags Threaten Opportunity to Fight Warming", 27 August 2018.

9 Source: Organisation for Economic Co-operation and Development (OECD), ICMA, CBI, Green Finance Committee (GFC) of the China Society for Finance and Banking. *Green Bonds: Country Experiences, Barriers and Options,* September 2016.

investor demand (see Section 1.3 below for detailed discussion).

Secondly, international investors responded positively to the global drive on listed companies' ESG disclosure for assessing climate-related risks and opportunities. In 2015, G20 asked the Financial Stability Board (FSB) to consider the impact of climate change in April and the FSB launched the industry-led Task Force on Climate-related Financial Disclosures (TCFD) in December to develop recommendations on climate-related financial disclosures for listed companies. In June 2017, the TCFD published its final recommendations focused on four areas — governance, strategy, risk management as well as metrics and targets. A combined 390 institutional investors representing more than US$22 trillion in assets signed a letter that called upon G20 leaders to support the TCFD recommendations[10].

Thirdly, global stock exchanges are looking for methods to further promote sustainable and transparent capital markets. Since 2012, the UN Sustainable Stock Exchanges (UNSSE) initiative, a peer-to-peer learning platform to enhance corporate transparency on ESG, has invited Partner Exchanges globally by making a voluntary public commitment to promote improved ESG disclosure and performance among listed companies. The HKEX has become a Partner Exchange in June 2018. The UNSSE initiative published in November 2017 a voluntary action plan for exchanges to grow green finance[11]. Nevertheless, it noted that there is no one-size-fits-all approach to address specific challenges, including insufficient supply to meet investor demand, insufficient liquidity of green products, terminology confusion (different "green" definitions), operational capacity constraints of exchanges, regulatory hurdles and poor availability of relevant data.

1.3 Recent trends in global markets of green bonds

The issuance of green bonds is still small relative to the size of the global bond market, but it continues to grow at a rapid pace with a diverse base of issuers. According to CBI, the issuance of green bonds accounted for only about 2.3% of the global bond market's total new issuance value in 2017[12]. Nevertheless, the issuance of green bonds jumped 84% to US$160.8 billion in 2017[13]. The US, China and France dominated the issuance in 2017, accounting respectively for

10 Source: Global Investor Coalition on Climate Change. *Letter From Global Investors To Governments Of The G7 And G20 Nations*, 3 July 2017.

11 *How Stock Exchanges Can Grow Green Finance*, issued by UNSSE, November 2017.

12 The percentage is calculated with reference to the global bond issuance of US$6.95 trillion in 2017 (source: *Singapore Corporate Debt Market Development 2018*, issued by Monetary Authority of Singapore, 28 August 2018).

13 Source: CBI. "Green Bonds Market Summary Q1 2018", April 2018.

roughly 27%, 14% and 14% of the total (see Figure 2). In the US, more than 50% of the issuance value in 2017 came from the green mortgage-backed securities issued by Fannie Mae. In Mainland China, commercial banks dominated the issuance, contributing 74% in value terms of total green bonds defined by international standard. In France, sovereign issues by the Republic of France contributed about a half of the issuance value in 2017; nevertheless, the issuer base has become broader — 146 out of 239 issuers in 2017 were new to the green bond market. In addition, the first Green Sukuk[14] debuted in June 2017 in Malaysia to support green Islamic finance. It was predicted in January 2018 that the global issuance value of green bonds would increase further to US$250 billion[15] for the whole 2018. Given the moderate momentum of global issuance with an issue amount of US$76.9 billion during the first half of 2018[16], analysts revised the forecast of the issue amount in 2018 to between US$175 billion and US$200 billion[17].

Figure 2. Gross issuance of green bonds by country (2017 and cumulative amount)

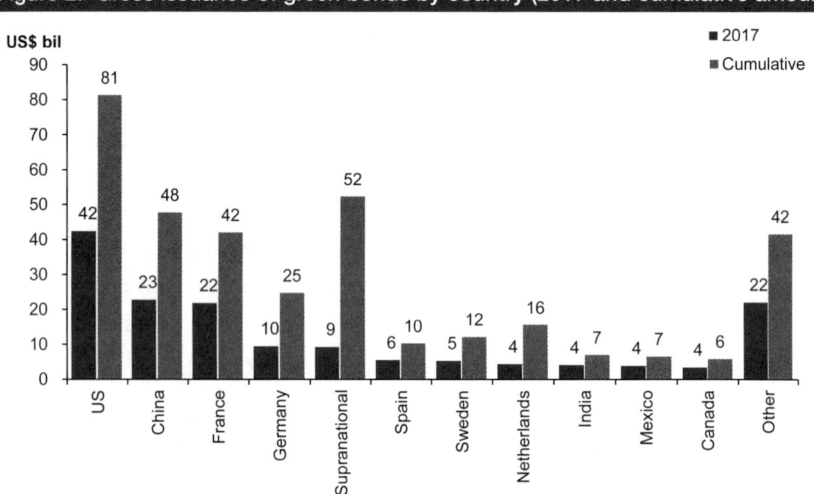

Note: Green bonds are those as defined by the CBI's standards according to which at least 95% of the proceeds are dedicated to green projects.

Source: CBI. *Green Bond Highlights 2017*, January 2018.

14 Sukuk are Islamic securities whose terms and structures comply with Islamic Law (Sharia). Although commonly referred to as "Sharia-compliant bonds", Sukuk differ from conventional bonds in that they are asset-based securities, the holders of which share any loss and profit resulted from the underlying asset. The holders have no voting right on the underlying assets but have seniority to other creditors in case of default.

15 Source: CBI. *Green Bond Highlights 2017*, January 2018.

16 Source: CBI. "Green Bonds Market Summary H1 2018", July 2018.

17 See Moody's, "Global Green Bond Issuance Rises in Second Quarter 2018, But Growth Continues to Moderate", 1 August 2018.

International investors have become more interested in green assets. This was evidenced by the growth in exchange traded funds (ETFs) investing in ESG themes. A survey showed that the assets under management (AUM) of ESG-themed ETFs increased by 186% to US$11.2 billion in April 2017 from US$3.9 billion at the end of 2013, with the number of such ETFs more than doubled to 119 from 48 during the same period (see Figure 3). An industry survey[18] showed that global sustainable investments rose 25% to US$22.9 trillion in 2016 from US$18.3 trillion in 2014 and the share of their asset allocation to bonds rose to 64% in 2016 from 40% in 2014. Besides, the potential investors of green bonds include the signatories supporting the UN Principles for Responsible Investment (UNPRI), which reached 2,000 signatories with over US$82 trillion of assets as of July 2018[19]. Furthermore, a number of global banks have committed to pledge capital for sustainable and green financing, including €100 billion from the Spanish banking group, BBVA[20], US$100 billion from HSBC[21] and US$200 billion from JP Morgan[22]. Among the investment in the green bond market, renewable energy remained the most common area for the use of proceeds in 2017 (33% of total issuance), followed by low carbon buildings/ energy efficiency (29% of total issuance)[23].

Figure 3. AUM and number of ESG-themed ETFs (2010 – Apr 2017)

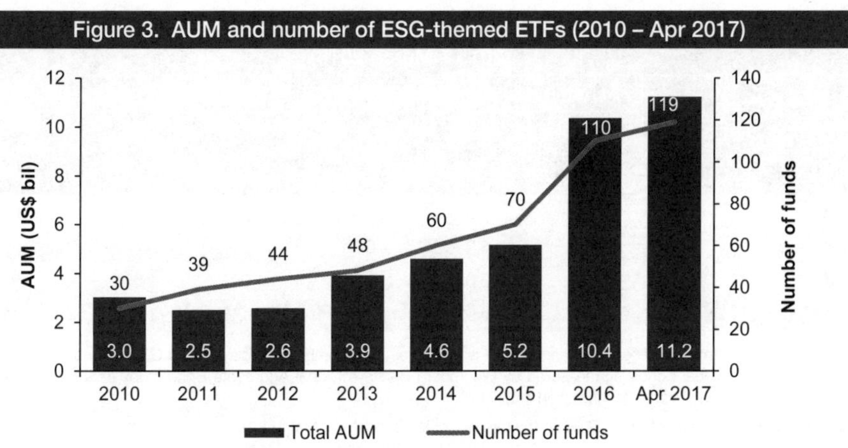

Source: J.P. Morgan, "Sustainable Investing is Moving Mainstream", 20 April 2018.

18 Source: Global Sustainable Investment Alliance. *Global Sustainable Investments Review 2016*, March 2017.

19 Source: UNPRI. "Quarterly Update: Climate Action Gathering Momentum", 19 July 2018.

20 Source: BBVA. "Pledge 2025", 28 February 2018.

21 Source: "HSBC to Help Combat Climate Change with a $100 billion Boost for Sustainable Financing", HSBC's media release on its website, 6 November 2017.

22 Source: "J.P. Morgan Chase to Be 100 Percent Reliant on Renewable Energy by 2020; Announces $200 Billion Clean Energy Financing Commitment", J.P. Morgan's Fact Sheet on sustainability, 28 July 2017.

23 Source: CBI. *Green Bond Highlights 2017*, January 2018.

To better serve the growing global investment in green bonds, global green bond indices, with the use of foreign exchange (FX) derivatives for hedging currency risks, have been geared up to meet the need of investors. Green bond indices track the performance of diversified portfolios of green bonds in the secondary markets. Currently, there are four major global green bond index series — Bloomberg Barclays MSCI Green Bond Index, BAML Green Bond Index, S&P Green Bond Index and Solactive Green Bond Index. The inclusion criteria of these indices are advertised to be consistent with ICMA's GBP (with some additional parameters). A recent study published in the Bank for International Settlements (BIS) Quarterly Review (BIS Study)[24] suggested that the returns of these global green bond indices during July 2014 to June 2017 have been similar to those of global bond indices of comparable credit ratings after currency exposures are hedged. In fact, the global green bond benchmark, Bloomberg Barclays MSCI Green Bond Index, tended to outperform the broad global bond benchmark, Bloomberg Barclays Global Aggregate Bond Index, over the recent few years after currency hedging (see Table 1). This also illustrates the importance of FX derivatives for hedging green bond investments against potentially adverse currency movements.

Table 1. Comparison of returns between green bonds and global bonds (2015 – March 2018)

	Returns (USD hedged, in %)			Returns (EUR hedged, in %)		
	Global green bonds	Global bonds	Difference	Global green bonds	Global bonds	Difference
2015	1.05	1.02	0.03	0.75	0.68	0.07
2016	3.44	3.95	-0.51	1.95	2.44	-0.49
2017	3.98	3.04	0.94	1.99	1.06	0.93
2018 (up to March)	-0.83	-0.93	0.1	-1.22	-1.33	0.11

Note: The performance of "global green bonds" is measured by Bloomberg Barclays MSCI Green Bond Index and that of "global bonds" is measured by Bloomberg Barclays Global Aggregate Bond Index (that include the green bonds meeting the inclusion criteria).

Source: Allianz Global Investors. "Building the case for green bonds", 14 March 2018.

The attractive pricing to green bond issuers has been supported by the growing investor demand for green bonds in recent years. A number of literature showed that green bonds are issued at lower yields on average than conventional bonds. In the aforementioned BIS Study, the average yield spread was estimated to be around 18 basis

24 Ehlers, T. and Packer, F. (2017) "Green Bond Finance and Certification", *BIS Quarterly Review*, September 2017, pp. 89-104.

points for a cross-section of 21 pairs of green bonds and conventional bonds issued by the same issuers at similar issuance dates between 2014 and 2017 and the spread was greater for riskier issuers. In fact, the average over-subscription rates of US dollar (USD)-denominated green bonds (2.5-2.8 times) has been higher than those of their conventional counterparts (1.5-2.8 times) since the second quarter of 2017 while the average over-subscription rates are comparable for Euro-denominated green bonds and conventional bonds[25]. Therefore, green bonds are mutually beneficial to both investors and issuers that investors are comfortable with the issuers' investments in green projects and issuers enjoy favourable pricing of their bonds.

2 Mainland China assumes a significant role in green bonds

2.1 Current development of green bonds in the Mainland

Green bond issuance in Mainland China has grown from almost zero to currently the second largest in the world in just two years since late 2015. The first Chinese green bond was the 3-year bond issued in July 2015 by Xinjiang Goldwind Science and Technology (a renewable energy firm) through a Hong Kong-based subsidiary to raise US$300 million. The Mainland's domestic green bond market then started only after the official introduction of national green definitions for labelling in December 2015, which include the People's Bank of China (PBoC)'s *Green Bonds Endorsed Project Catalogue* and the *National Development and Reform Commission (NDRC)'s Guidance on Green Bond Issuance*. Under the Mainland's official green definitions, green bond issuance reached US$36.2 billion in 2016 and US$37.1 billion in 2017 (of which US$12.6 billion in 2016 and US$14.2 billion in 2017 did not align with international definitions)[26]. During the first half of 2018, green bond issuance in the Mainland grew by 14% year-on-year to US$13 billion (of which, US$3.7 billion did not align with international definitions) (see Figure 4).

25 Source: CBI. *Green Bond Pricing in the Primary Market*, 2017Q2, 2017Q3 and 2017Q4 issues.
26 Source: CBI. *China Green Bond Market Report*, 2016, 2017 and 2018H1 issues.

Figure 4. Green bond issuance in Mainland China (2016 – 2018H1)

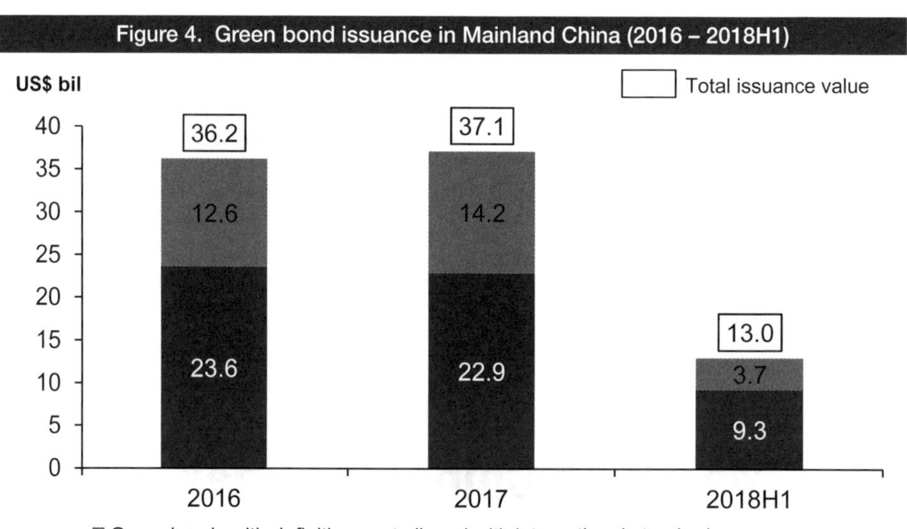

Source: CBI. *China Green Bond Market Report*, 2016, 2017 and 2018H1 issues.

According to CBI, commercial banks and non-bank financial institutions remained the largest issuer type in terms of green bond issue amount over the years since 2016 while corporate issuers have become more active. Banks and non-bank financial institutions accounted for the biggest share of 47% of total green bond issuance in 2017 and 44% in 2018H1, though falling from 73% in 2016. Non-financial corporate issuers' share increased from 20% in 2016 to 22% in 2017 and further to 32% in 2018H1. Policy banks, government-backed entities (mainly local government financing platforms) and ABS accounted for a larger share at 31% in 2017 and 24% in 2018H1, compared to 7% in 2016 (see Figure 5). According to another source, the local banks — city commercial banks and rural commercial banks — had become dominant issuers among banks and other financial institutions, sharing 53.0% of this issuer type's total in 2017, up from 11.4% in 2016[27].

27 Source: CIB Research. "Direction for green finance development of local banks", 21 August 2018.

Figure 5. Green bond issuance in Mainland China by issuer type (2016 – 2018H1)

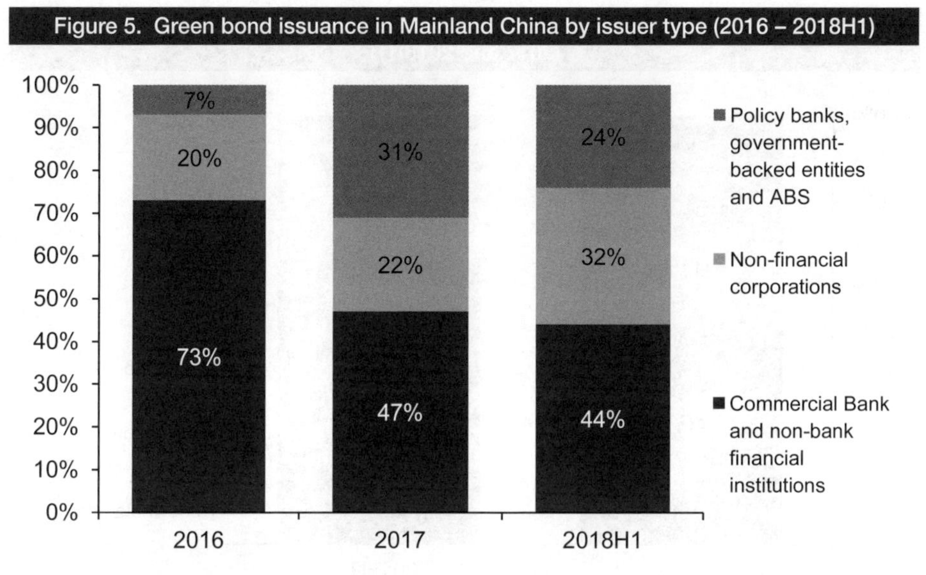

Source: CBI. *China Green Bond Market Report*, 2016, 2017 and 2018H1 issues.

For the use of proceeds, renewable energy remained the largest category and low-carbon transportation projects of local government financing platforms have gained share. Among the eligible use of proceeds under the CBI's definitions, renewable energy accounted for 36% of total issuance in 2018H1, up from 30% in 2017. For low-carbon transportation, the share of issuance rose to 30% of the total in 2018H1, up from 22% in 2017. (See Figure 6.) This may be attributed to the rising issuance by local government financing platforms — their share in issue amount rose to 10% in 2017 from less than 1% in 2016, the proceeds of which were mainly for investments in low-carbon transportation[28]. During the first half of 2018, the issuance by government-backed entities (mainly local government financing platforms) increased by 1.5 times compared to that in the first half of 2017[29].

28 See CBI, *China Green Bond Market Report*, 2017 issue.

29 Source: CBI. *China Green Bond Market Report*, 2018H1 issue.

Figure 6. The use of green bond proceeds in Mainland China by category (2017 and 2018H1)

Category	2017	2018H1
Adaption	10%	4%
Land Use	2%	1%
Water	18%	8%
Waste	11%	11%
Low carbon building	7%	10%
Low carbon transport	22%	30%
Renewable energy	30%	36%

Note: The classification of the use of proceeds is based on CBI's definitions; the breakdown for 2016 is not available.

Source: CBI. *China Green Bond Market Report*, 2017 and 2018H1 issues.

Mainland's offshore green bond issuance was observed to have increased from 18% in 2017 to 40% in 2018H1 (see Figure 7). This may imply more investments in offshore green projects. The rise was driven by the bond listings of a total value of US$2.3 billion by ICBC (Asia) on the Stock Exchange of Hong Kong (SEHK), the HKEX's securities market, and by ICBC (London) on the London Stock Exchange (LSE). The proceeds are used for offshore green projects in the Guangdong-Hong Kong-Macao Greater Bay Area for the former and in the Belt-and-Road countries for the latter. The share of onshore issuance has eased to 60% of the total issuance in 2018H1 that includes issuance on the China Interbank Bond Market (CIBM) (46% of the total), the Shanghai Stock Exchange (SSE) (13% of the total) and the Shenzhen Stock Exchange (SZSE) (1% of the total). For offshore issuance, Mainland companies are required to register with, or get approval from, the NDRC regarding the use of proceeds before the bond issuance. Notwithstanding the higher flexibility for the use of proceeds of an offshore conventional bond (e.g. general purpose for the Belt and Road Initiative (BRI)), offshore green bond issuers have to disclose more details on the use of proceeds.

Figure 7. Green bond issuance in Mainland China by place of issue (2016 – 2018H1)

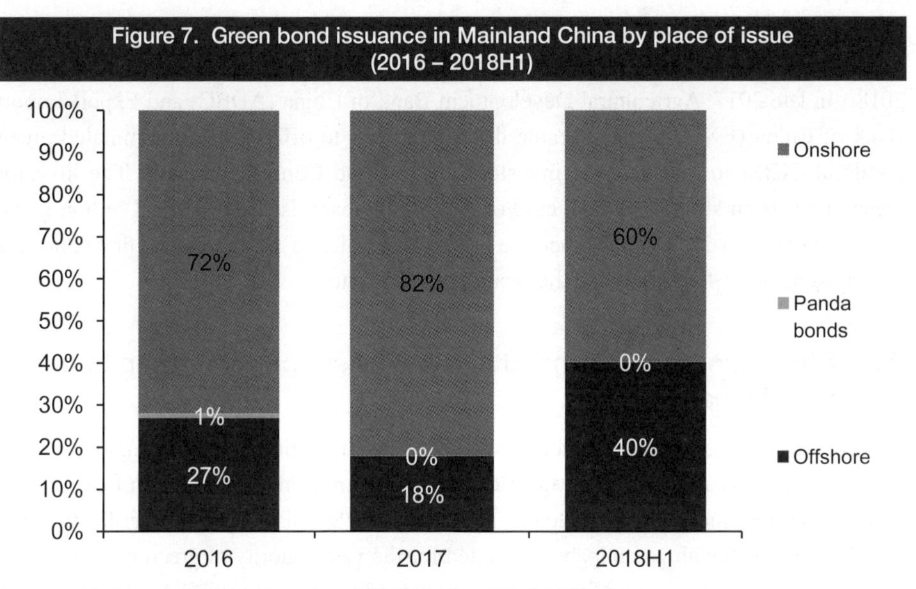

Source: CBI. *China Green Bond Market Report*, 2016, 2017 and 2018H1 issues.

The domestic green bond investor base has expanded to include retail investors. In addition to institutional investors which include banks, brokers, insurers and funds, the Mainland green bond market has opened up to retail investors. In September 2017, the first retail green bond was issued in the CIBM by China Development Bank for individual investors and non-financial institutional investors. The bond was sold through bank counters to retail investors who can only subscribe government bonds in the primary market previously. Retail investors are exempted from the 25% tax on interest income from the bonds issued by China Development Bank, which is applicable to institutional investors[30]. This first retail issuance of green bond set an example for future issuance of retail green bonds.

A wide range of international investors can invest in onshore green bonds through the Bond Connect scheme. Northbound trading of Bond Connect serves as a platform for international investors to participate in the primary and secondary markets of onshore green bonds. Since its launch in July 2017, the Bond Connect scheme has attracted 522 registered investors by end-October 2018. The average daily turnover of Northbound bond

30 Subsequently, with effective from 7 November 2018, offshore institutional investors are exempted for the taxes related to onshore bond investments for 3 years. See *Notice on the Policy of Corporate Income Tax and Value Added Tax on Offshore Institutions' Investments in Onshore Bond Market*, issued by the Ministry of Finance on 7 November 2018.

trading was RMB3.60 billion during January to October 2018[31]. The total foreign holdings had reached about RMB 1,689 billion for onshore bonds in CIBM as of end-September 2018. In late 2017, Agricultural Development Bank of China (ADBC) and Export-Import Bank of China (EXIM Bank) became the first issuers to offer RMB-denominated green bonds in CIBM to international investors under Bond Connect scheme. The investor demand has been strong. For the case of ADBC, the bank issued a RMB 3 billion green bond in November 2017 and another one of the same value in June 2018; the first bond was oversubscribed by 4.38 times and the second by 4.75 times .

2.2 Strong financing demand and policy support for green bonds in the Mainland

Mainland China's green finance is supported by the national policy framework with a top-down approach[32]. The authorities jointly promote the development of a green financial system, including green loans, green bonds, ESG disclosure and verification and certification. Although green loans accounted for the vast majority of green finance (about 90% in 2017[33]), the bottom-up funding demand has driven the diversity in funding channels. Green bonds have become one important channel of green finance in the Mainland.

The momentum of green bond issuance in the Mainland is underpinned by strong demand for green finance. According to the PBoC[34], it was estimated that an annual investment of at least RMB 2 trillion is required to achieve national environmental goals during the 13th Five-Year Plan period from 2016 to 2020. While 10%-15% of the investment is expected to come from the government, private capital will be needed to fund the remaining 85%-90% or at least RMB 1.7 trillion annually (see Figure 8).

31 Source: Bond Connect Company Limited (BCCL).

32 *Plan on the Division of Work in the Implementation of the Guiding Opinions on Building a Green Financial System*, issued by the PBoC, 30 June 2017.

33 Source: PBoC. *Development Report on Green Funding in China (2017)*, 6 September 2018.

34 Green Finance Task Force of PBoC. *Establishing China's Green Financial System*, April 2015.

Figure 8. The forecast deployment and funding of green bonds issued in Mainland China (2016-2020)

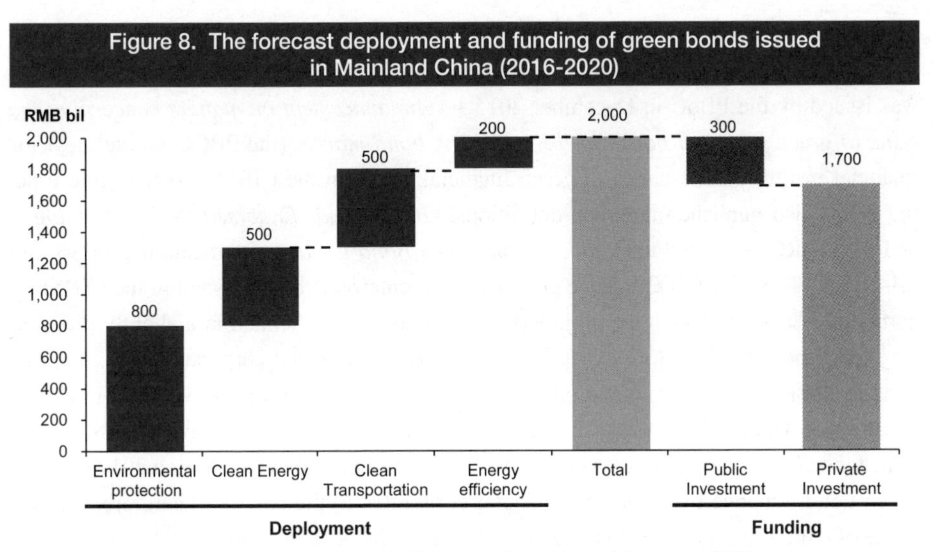

Source: Green Finance Task Force of PBoC. *Establishing China's Green Financial System*, April 2015.

The BRI contributes to the demand for green finance to fund infrastructure investments. It was estimated that the Mainland's outward investment balance for infrastructure in Belt-and-Road countries would rise to US$300 billion by 2030, more than doubled from US$129 billion in 2016[35]. Some of these projects will achieve the UN SDGs, including those on climate change. Besides, the Mainland Government issued the *Guiding Opinions on Promoting Green Belt and Road*[36] to support the use of green finance in BRI projects. In addition, the *Belt and Road Ecological and Environmental Cooperation Plan*[37] entails 25 green BRI pilot projects.

A pipeline of green projects from local governments is on the road. The State Council approved the launch of five pilot zones in June 2017 to promote green finance, including Guangdong, Guizhou, Jiangxi, Zhejiang and Xinjiang. The pilot zones have different focuses, for example, Guangdong will encourage innovative credit products to support energy saving and emission reduction. In Guangzhou, it was reported that there were at least 182 green-related financial products and 69 green projects seeking RMB 40 billion of financing as of May 2018[38].

35 Source: Standard Chartered. "China — Belt and Road is taking shape", November 2017.

36 Jointly issued by the Ministry of Environmental Protection (MoEP), the Ministry of Foreign Affairs (MoFA), the NDRC and the Ministry of Commerce (MoC), 5 May 2017.

37 Issued by MoEP, 14 May 2017.

38 Source:〈廣州為 400 億元綠色產業項目提供融資對接〉, Xinhua, 5 May 2018.

Given the financing demand, the Mainland authorities started the domestic green bond market by publishing issuance guidelines in late 2015. The first guideline was issued by the PBoC in December 2015 — *Announcement on matters concerning the issue of green financial bonds in the interbank bond market* (the PBOC Guidelines) for financial institutions' issuance of green financial bonds in the CIBM. At the same time, the PBoC also published its green definitions, *Green Bonds Endorsed Project Catalogue* and the NDRC published the *Guidance on Green Bond Issuance*, as mentioned in Section 2.1 above. The NDRC's Guidance governs green enterprise bonds issued in the CIBM by corporate issuers, in which the eligible uses of proceeds are defined in a slightly different way from those in the PBoC's Catalogue. For exchange-traded corporate bonds, the SSE and the SZSE issued their notices on Green Bond Pilot Program respectively in March and April 2016. The National Association of Financial Market Institutional Investors (NAFMII) issued the *Guidelines on Green Notes of Non-Financial Enterprises* in March 2017 to cover green bond issuance by other non-financial corporates in the CIBM. Therefore, a broad range of issuers are now able to issue green bonds in the onshore market.

The important role of the securities market in supporting green finance is highlighted in the Mainland policy guidelines. A policy document on green finance[39] issued in 2016 lays out the role of the securities market in green finance: to adopt a unified set of domestic green bond standards; to support qualified green companies to raise funds via initial public offerings (IPOs) and secondary placements; to support the development of green bond indices, green equity indices and related products; and to gradually establish a mandatory environmental information disclosure system for listed companies and bond issuers. Stock exchanges in the Mainland have been actively supporting green finance in the following ways:

(1) **Enhancing disclosure and product development.** The SSE released its Green Finance Vision and Action Plan 2018-2020 in April 2018. The objectives are to further promote listing and ESG disclosure for green equities, to develop green bonds and ABS, to develop green financial products (e.g. bond indices and ETFs) and to enhance cross-border cooperation and research and promotion for green finance.

(2) **Setting up a "green channel" in 2017 to improve the efficiency of the issuance and listing of green bonds.** For the SSE, 39 green bonds and green ABS were

39 *Guiding Opinions on Establishing the Green Financial System*, issued by the PBoC, the Ministry of Finance (MoF), NDRC, MoEP, China Banking Regulatory Commission (CBRC), China Securities Regulatory Commission (CSRC) and China Insurance Regulatory Commission (CIRC), 24 November 2016.

listed as of end-2017 and the cumulative issue amount reached RMB 90 billion[40]. For the SZSE, there were 12 green-labeled fixed-income products with an outstanding value of RMB 6.2 billion as of July 2018[41].

(3) **Encouraging voluntary external reviews and enhancing market transparency.** Green bonds in the Mainland are issued in accordance with the official issuance guidelines that do not include external review as a mandatory requirement of issuance or listing. However, external reviews at pre-issuance and post-issuance stages are encouraged pursuant to the China Securities Regulatory Commission (CSRC)'s policy document[42] and the PBoC Guidelines. All listed green bonds and green ABS are designated with ticker symbols starting with G (short-form for "Green"). They are displayed on dedicated pages on the exchanges' bond market websites, so that they can be easily tracked and located by investors.

(4) **Collaborating with domestic index providers to develop green bond indices on Mainland green bonds.** The Shenzhen Securities Information Company Limited, a subsidiary of the SZSE, and the International Institute of Green Finance of the Central University of Finance and Economics (CUFE) jointly launched the CUFE China Green Bond Index Series for green bonds in the CIBM and Mainland exchanges in March 2017. The SSE and China Securities Index Company Limited (CSI) jointly launched SSE Green Bond Index, SSE Green Corporate Bond Index and CSI Exchange Green Bond Index in June 2017 for bonds listed on the SSE.

(5) **Cooperating with international exchanges to enhance market transparency for global investors.** The Mainland exchanges cooperate with Luxembourg Stock Exchange (LuxSE) to display the price information of green bond indices. The SZSE's CUFE China Green Bond Index Series and the SSE's SSE Green Bond Index and SSE Green Corporate Bond Index are displayed on the website of LuxSE. Besides, the SSE and the Luxembourg Green Exchange (LGX, the dedicated green bond segment of LuxSE) jointly launched a bilingual (both Chinese and English) information platform called Green Bond Channel in June 2018. The Green Bond Channel not only displays the price information of the green bonds listed on the SSE and CIBM but also the information on external reviews. To facilitate the listings of Chinese green bonds through the Green Bond Channel, the LuxSE revised its listing regime in January 2018 to allow bond

40 Source: SSE. *Green Finance Vision and Action Plan 2018-2020*, 25 April 2018.

41 Source: Xinhua's website (http://greenfinance.xinhua08.com/a/20180730/1771204.shtml).

42 *Guiding Opinions of the China Securities Regulatory Commission on Supporting the Development of Green Bonds*, 2 March 2017.

listings without admission to its trading venues. Currently, the LGX displays the information of 15 SSE-listed green bonds and one green bond in the CIBM[43]. These bonds are traded through RMB Qualified Foreign Institutional Investors (RQFIIs), Qualified Foreign Institutional Investors (QFIIs) or Bond Connect.

2.3 The harmonisation of green standards is a key area for further growth

Both issuers and investors will benefit from the harmonisation of green bond standards. In the Mainland, there are two sets of official standards on green bond definitions, issued by the PBoC and NDRC respectively, plus another set issued by the China Banking Regulatory Commission (CBRC)[44] that is applicable only to green loans. While the two standards for green bonds are largely consistent with each other, there are some differences in the eligible green uses of proceeds. These differences may affect the lenders' choice and assessment of projects when they consider providing financing to the issuers. Some ESG investors may demand more clarity on green investment. For example, the inclusion criteria of a green bond index in the Mainland make reference to either one of the standards, such that certain green bonds may become ineligible to be included in the index. In the light of this, green finance is included in the authorities' standardisation plan for the finance sector[45]. The PBoC and the CSRC also jointly issued the *Interim Guidelines on the Assessment and Certification of Green Bonds* in October 2017 to set out the guidelines for the certification of green bonds issued in the Mainland. In addition, the PBoC's Research Bureau established a task force in January 2018 to promote the standardisation of green finance.

Moreover, there is room for improvement in the Mainland's green definition to narrow the gap with the international standards. As discussed above, ICMA's GBP is the most frequently used international standards for labelling a green bond. **Among Mainland green bonds, the share of those with definitions not aligned with international standard remained at about 20%-40% since 2016 and it was 28% in 2018H1.** There are three key areas of divergence — (1) the differences in the eligible green uses of proceeds (e.g. clean coal is included under the Mainland guidelines but not the international standards); (2) the maximum limit of proceeds used for the repayment of debt and general corporate purposes (50% of proceeds under the NDRC's guidelines and

43 Source: Luxembourg Green Exchange's website (viewed on 31 October 2018).

44 Now reorganised with CIRC into the China Banking and Insurance Regulatory Commission.

45 *The Development Plan for Building the Standardisation System for the Finance Sector (2016-2020)*, issued by the PBoC, CBRC, CSRC, CIRC and Standardisation Administration of the People's Republic of China, 8 June 2017.

5% under the international standards); and (3) information disclosure (external review is not required in the Mainland). To narrow the gap, the Green Finance Committee in the Mainland and the EIB launched a joint initiative to develop a clear framework for green finance and published a White Paper[46] in November 2017 on an international comparison of several green bond standards to pave the way for enhancing the consistency of standards.

External review is in demand although this is not mandatory for issuing green bonds in the Mainland. To enhance issuer's disclosure, external review at pre-issuance and/or post-issuance, in addition to the issuer's first party (internal) review, is the most common way to verify that the proceeds of green bonds are used to finance qualifying green assets. The international practice of external review is mainly conducted through a second-party review and a third-party certification. While the independence of a second-party review is controversial as the second party often assists in developing the framework for managing the proceeds and reporting, third-party certification will help standardise the external review process as a third-party verifier reviews the framework against the criteria of a recognised set of standard (e.g. CBI's CBS). In fact, green bonds with CBS certification accounted for almost 16% in value terms of the total Mainland green bond issuance in 2017 (or 26% of Mainland green bonds with international-aligned definitions), higher than the 14% for global green bond market[47].

One incentive for certifying green labels is that the alignment of the green label with the underlying investment can draw a stronger demand from international investors. An industry report[48] analysed a sample of 226 green funds sold to European investors, 165 of them were still active in 2017. The AUM of the European green funds rebounded to €22 billion in 2016 from a trough of €15 billion in 2013. While the majority of them were green equity funds, green bond funds recorded a two-fold increase in value annually in 2016. The study classified the funds into dark green funds (the theme implied by the fund's name matches its investment strategy and objective) and light green funds (the securities in the portfolio do not fully correspond to the fund's strategy and/or name). It was observed that, during 2013-2016, the AUM of dark green funds had a higher growth of 65% compared with the growth of 26% for light green funds.

Given the strong investor demand, green bond issuers with third-party certification may enjoy lower funding cost. The first Mainland green bond with third-party certification was the offshore bond issued by China Three Gorges Corporation in June

46 "The Need for a Common Language in Green Finance", issued by the EIB and the Green Finance Committee (GFC) of the China Society for Finance and Banking, 11 November 2017.

47 Source: CBI. *China Green Bond Market*, 2017 issue.

48 Novethic. *The European Green Funds Market*, March 2017.

2017 and it is listed on the Irish Stock Exchange. At issuance, it was over-subscribed by 3.1 times. This 7-year bond has a coupon rate of 1.3% per annum, which is 40 basis points lower than that for the conventional 7-year bond issued in June 2015 by the same company in the same denomination (Euro) on the same exchange[49]. This compared to the decline of about 39 basis points for Eurozone's 7-year government bond yield during June 2015 to June 2017[50]. Separately, an Asian Development Bank (ADB) study[51] on a sample of 60 investment-grade green bonds observed a green discount of about 7 basis points for green bonds with an independent reviewer and 9 basis points for bonds with CBI certification, compared with paired conventional bonds.

3 Hong Kong is well-positioned to develop green bonds

3.1 Hong Kong is already a gateway for Mainland issuers and international investors

Green bond issuance in Hong Kong picked up in 2018 after its gradual development in the past few years. Hong Kong's first green bond was the offshore issuance by Xinjiang Goldwind Science and Technology (Goldwind) in July 2015. During 2015 to 2017, there were only 9 green bonds issued in Hong Kong with an issue amount of about US$3.6 billion. Green bond issuance has become more active in 2018. During the first nine months of 2018, at least 17 green bonds with a total size of about US$7 billion were issued in Hong Kong. The bonds are mainly denominated in USD and more than half of them are listed on the SEHK. The issuers of these bonds range from supranationals to corporates from Hong Kong, the Mainland and the rest of the world (see Table 2).

49 China Three Gorges Corporation issued the 7-year green bond in June 2017 for €650 million at 1.3% coupon rate (source: CBI, "China's first Certified Climate Bond: China Three Gorges Corporation: Funds wind Energy in Europe", 26 July 2017), and a 7-year conventional bond in June 2015 for €700 million at 1.7% coupon rate (source: http://cbonds.com/emissions/issue/148221).

50 Source: Wind.

51 ADB. (2018) "The Role of Greenness Indicators in Green Bond Market Development: An Empirical Analysis", *Asia Bond Monitor*, June 2018, pp. 40-51.

Table 2. Green bonds issued in Hong Kong (July 2015 – September 2018)

Issue date	Issuer	Nature	SEHK-listed green bond	Issue size
Jul 2015	Goldwind New Energy (HK) Investment Limited*	Corporate	Yes	US$300 million
Jul 2016	Bank of China Limited*	Commercial bank	Yes	RMB 1,500 million
Jul 2016	The Link Finance (Cayman) 2009 Limited*	Corporate	Yes	US$500 million
Nov 2016	MTR Corporation (C.I.) Limited*	Corporate	Yes	US$600 million
Jul 2017	Castle Peak Power Finance Company Limited*	Corporate	Yes	US$500 million
Jul 2017	MTR Corporation Limited*	Corporate	Yes	HK$338 million
Sep 2017	MTR Corporation Limited*	Corporate	Yes	US$100 million
Nov 2017	China Development Bank*	Policy bank	Yes	EUR1,000 million
Nov 2017	China Development Bank*	Policy bank	Yes	US$500 million
Jan 2018	Swire Properties*	Corporate	Yes	US$500 million
Feb 2018	Modern Land (China) Co., Limited*	Corporate		US$350 million
Mar 2018	Tianjin Rail Transit Group	Corporate		EUR400 million
Mar 2018	Asian Development Bank	Supranational		HK$400 million
Mar 2018	Asian Development Bank	Supranational		HK$100 million
Mar 2018	Beijing Capital Polaris Investment Co Ltd	Corporate	Yes	RMB 630 million
Mar 2018	Beijing Capital Polaris Investment Co Ltd	Corporate	Yes	US$500 million
Apr 2018	European Investment Bank	Supranational		US$1,500 million
Apr 2018	World Bank	Supranational		HK$1,000 million
Apr 2018	Landsea Green Group Co Ltd*	Corporate		US$150 million
Apr 2018	Evision Energy Overseas Capital Co Ltd	Corporate		US$300 million
May 2018	Bank of China Limited, Hong Kong Branch*	Commercial bank	Yes	HK$3,000 million
May 2018	Bank of China Limited, London Branch*	Commercial bank		US$1,000 million
Jun 2018	Industrial and Commercial Bank of China (Asia) Limited*	Commercial bank	Yes	US$400 million
Jun 2018	Industrial and Commercial Bank of China (Asia) Limited*	Commercial bank	Yes	HK$2,600 million
Sep 2018	Capital Environment Holding Limited*	Corporate	Yes	US$250 million
Sep 2018	China Everbright Bank Hong Kong Branch*	Commercial bank	Yes	US$300 million

* Companies listed on the SEHK or their subsidiaries.

Source: Hong Kong Monetary Authority. "Green Finance: Hong Kong's Unique Role", 20 June 2018; Bloomberg. The list is non-exhaustive.

The supply of green bonds in Hong Kong is expected to be boosted by the increasing number of listed corporate issuers from the Mainland and Hong Kong. Excluding the issuance by supranationals, most of the green bonds in Hong Kong were issued by Mainland and Hong Kong companies listed on the SEHK or by their subsidiaries. This reflects, to a certain extent, their business strategies supporting a green economy led by the transportation, real estate and energy sectors in Hong Kong and the Mainland. These business strategies are part of their ESG disclosure that investors use to evaluate the companies' ESG performance based on a number of key performance indicators. As green bonds are labelled with the green use of proceeds, the issuance of which shows the company's commitment to implement green business strategies. Listed issuers are subject to fewer requirements than non-listed issuers for listing their green bonds (e.g. listed issuers are exempted from requirements on net assets and two years of audited accounts). This may facilitate more listings of green bonds by listed issuers.

Mainland green bond issuers will benefit from lower funding costs for bonds issued in foreign currencies in Hong Kong. Some of the new issuers in 2018 are high-quality unlisted Mainland companies with strong state support, including Tianjin Rail Transit Group and Beijing Capital Polaris Investment Company Limited (an offshore arm of Beijing Capital Group). They had issued green bonds denominated in foreign currencies (USD or Euro), which may be used to finance their offshore green investments. In fact, Mainland companies are encouraged to issue green bonds in Hong Kong, possibly denominated in foreign currencies, to finance green BRI projects[52]. As Hong Kong is one of the most liquid foreign exchange markets in the world, the benchmark interest rates for foreign currencies in Hong Kong are expected to be lower than those in the Mainland. Therefore, Chinese issuers can enjoy more favourable terms for their foreign currency-denominated green bond issuance in Hong Kong.

The above green bond supply from issuers is met with the broad international investor base in Hong Kong which have an increasing investment appetite for green bonds. International investors are the major source of funding for Hong Kong's fund management business, accounting for about 66% of the total AUM[53]. For assets managed in Hong Kong, the allocation to bonds surged by 56% from HK$1,317 billion (19.3% of the total) in 2015 to HK$2,055 billion (24% of the total) in 2017 (see Figure 9). The appetite of bond investments may increase the demand for green bonds. In fact, green bond issues in Hong Kong are often over-subscribed, e.g. the first green bond by Goldwind (by about 5 times)[54]

52 *Arrangement between the National Development and Reform Commission and the Government of Hong Kong Special Administrative Region for Supporting Hong Kong in Fully Participating in and Contributing to the Belt and Road Initiative*, issued by the NDRC, 14 December 2017.

53 Source: SFC. *Asset and Wealth Management Activities Survey, 2017 issue.*

54 Source: CBI. "First labelled Green Bond from Chinese Issuer Issued in US$ Almost 5x Oversubscribed", 20 July 2015.

and the second green bond by Link REIT (by about 4 times)[55]. This reflects the increasing importance of ESG elements for investment funds in Hong Kong.

Figure 9. The fund allocation to bonds for assets managed in Hong Kong (2015 – 2017)

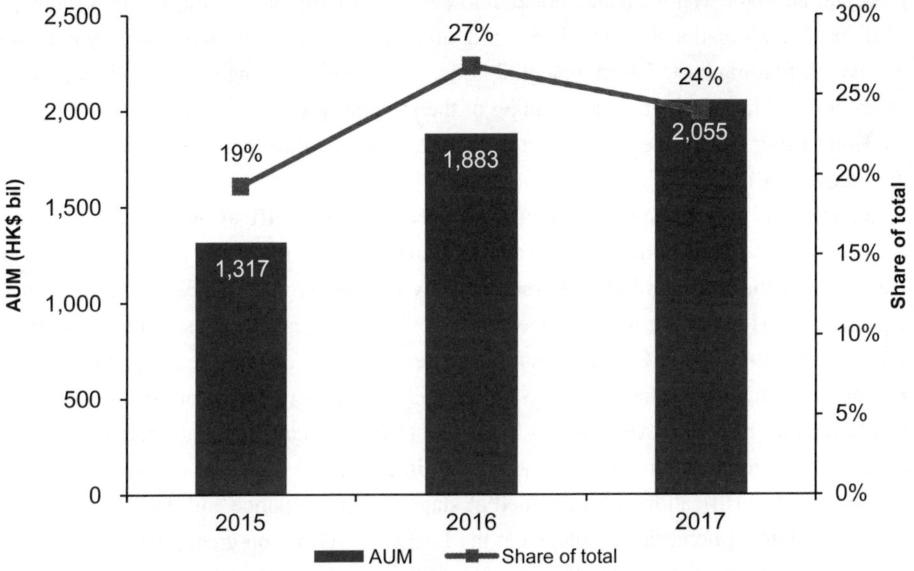

Year	AUM (HK$ bil)	Share of total
2015	1,317	19%
2016	1,883	27%
2017	2,055	24%

Source: Hong Kong's Securities and Futures Commission. *Fund Management Activities Survey* and *Asset and Wealth Management Activities Survey*, 2015-2017.

Furthermore, the Hong Kong Green Finance Association (HKGFA) was established on 21 September 2018 to promote the development of green finance in Hong Kong. The HKGFA is a non-profit organisation to promote green and sustainable banking, develop green capital markets and integrate ESG principles in investment decision-making by institutional investors[56]. Its members include 90 financial institutions in Hong Kong, environmentally-friendly organisations, service providers and other key stakeholders.

55 Source: FinanceAsia. "Link Holdings Brings First Green Bond by Asia Reit", 4 September 2017,

56 Source: HKGFA. "Hong Kong Green Finance Association Announces Official Launch on 21st September", 3 September 2018.

3.2 Hong Kong's internationally recognised green bond standards and government supportive measures can fuel the growth

Notwithstanding the potential supply and demand of green bonds, there are certain issues to overcome for the further development of the green bond market in Hong Kong. First, similar to the Mainland and global markets, more clarity on green labelling is required to align with international standard. Second, green labels are not for free and may increase the overall funding cost. Third, potential issuers may prefer issuing conventional bonds to green bonds if they lack an understanding of the issuance process. To address these issues, the Hong Kong Government has taken the lead to push the development of green bonds in the following ways.

Firstly, an internationally recognised green bond certification and a dedicated list of certified green bonds are already in place to serve the issuers and investors in Hong Kong, the Mainland and overseas. Many well-known international reviewers have a presence in Hong Kong to provide external review services. Besides, with government support, the Hong Kong Quality Assurance Agency (HKQAA) has developed the Green Finance Certification Scheme (GFCS) to provide third-party certification for issuers as highlighted in the Policy Address 2017/18. The HKQAA standards make reference to the Mainland's national standards and a number of international standards on green finance[57]. The HKQAA certification can be issued at stages of pre-issuance and post-issuance and the certified green bonds are displayed at the HKQAA website on green finance. The pre-issuance certification validates the adequacy of the Environmental Method Statement[58] as of the date of certification while the post-issuance certification verifies the continuous implementation and effectiveness of the Environmental Method Statement.

Certified green bonds in Hong Kong appeared to enjoy a lower funding cost element — interest cost. During December 2017 to August 2018, the HKQAA granted pre-issuance certificates to 8 green bonds and loans, including the first HKQAA-certified green bond issued by Swire Properties in January 2018. The green certification was

57 The standards for reference include *Green Bond Endorsed Project Catalogue of the PBoC, Clean Development Mechanism* under the UNFCCC, ICMA's GBP, *ISO 26000: 2010 Guidance on Social Responsibility*, etc.

58 A green bond issuer who applies for the HKQAA certification is required to formulate and implement its Environmental Method Statement to produce positive environment effects. The statement includes the information on the intended green category of the projects and positive environmental effect, the mechanism of selection and evaluation of green projects and the plan on the use and management of proceeds, disclosure, impact assessment and stakeholder engagement.

accompanied by lower coupon rate — Swire Properties' 10-year USD-denominated green bond has a coupon rate of 3.5%, which is lower than 3.625% for a comparable conventional bond issued in 2016[59].

The development of HKQAA's GFCS is in line with the development trend in global markets. In Luxembourg, the Ministry of Finance endorsed a new green bond label scheme launched in June 2017 by the independent non-profit Luxembourg Finance Labelling Agency (LuxFlag) and the label scheme is consistent with international standards such as ICMA's GBP and CBI's CBS. In Japan, the Ministry of Environment released green bond guidelines in March 2017, which align largely with ICMA's GBP. In India, the Securities and Exchange Board of India (SEBI) released a circular in May 2017 to set out definitions of green bonds and disclosure requirements for the issuance and listing of green bonds. In the UK, the government announced in September 2017 to work with the British Standards Institute to develop a new set of voluntary green and sustainable finance management standards.

Secondly, the Hong Kong Government offers subsidies to green bond issuers to lower the overall financing cost. The labelling of green bonds is not for free but adds an extra cost of around US$10,000 to US$100,000 for external reviews[60]. In the light of this, the Government launched the Green Bond Grant Scheme (GBGS) in June 2018 to subsidise eligible green bond issuers in obtaining certification under the GFCS established by the HKQAA. Eligibility criteria include a minimum issue size of HK$500 million and that the bond is to be issued in Hong Kong and to be listed on the SEHK and/or the Central Moneymarkets Unit operated by the Hong Kong Monetary Authority (HKMA-CMU). The grant will cover the full cost of external review with a cap at HK$800,000 per bond issuance, which would significantly reduce the extra cost incurred for green labelling. Besides, an issuer can benefit from the certification of a bond program in that the cost can be shared among different rounds of issuance.

59 Swire Properties issued a conventional 10-year bond in 2016 for US$500 million at a coupon rate of 3.625% and issued a 10-year green bond in 2018 for US$500 million at a coupon rate of 3.5% (Source: cbonds.com. See http://cbonds.com/emissions/issue/185179 and http://cbonds.com/emissions/issue/399417 respectively).

60 Source: OECD, ICMA, CBI, GFC of the China Society for Finance and Banking. *Green Bonds: Country Experiences, Barriers and Options*, September 2016.

In addition to green bond specific measures, the Government launched the Pilot Bond Grant Scheme (PBGS) in May 2018 to incentivise new bond issuers in Hong Kong. The eligibility criteria for getting a grant include first-time issuers (i.e. no bond issuance in Hong Kong in the past 5 years from May 2013), a minimum issue size of HK$1.5 billion with Hong Kong as the place of issuance and listing. The grant will cover 50% of the issuance expenses with a cap of HK$2.5 million for an issue rated by qualified credit rating agencies or HK$1.25 million otherwise. The subsidy can be claimed twice up to the total grant for each issuer.

Other markets, like Singapore, also offer these types of government subsidy. Similar to GBGS in Hong Kong, Singapore's grant scheme for green bond issuance has launched in June 2017. For green bonds issued and listed in Singapore with an external review, the grant will cover the full cost of the external review with a cap at S$100,000 (about HK$574,000) per bond issue. This is subject to a minimum issue size of S$200 million (about HK$1,148 million). Analogous to PBGS, Singapore has a grant scheme launched in January 2017 to attract first-time Asian issuers to issue and list longer-term (at least 3 years) green bonds in Asian local currencies or G3 currencies (i.e. USD, Euro and Japanese yen) in Singapore. The minimum issue size for this grant is S$200 million (about HK$1,148 million). The grant will cover 50% of the issuance costs, with a cap of S$400,000 (about HK$2.30 million) for a rated issue or S$200,000 (about HK$1.15 million) otherwise.

Thirdly, the Hong Kong Government is set to launch the world's largest sovereign green bond issuance program. According to the Budget 2018/19, the program set the maximum at HK$100 billion for green bonds issued by the Government. The proceeds can be used to fund green public works. The inaugural government green bond is expected to be issued between 2018 and 2019. In parallel, there has been increasing issuance of sovereign green bonds in global markets, including France, Belgium, Indonesia, Poland, Nigeria and Fiji, since late 2016[61]. This shows the governments' commitment to promoting their green bond markets and sets a role model for potential issuers.

Authorities are supportive on the regulatory front. The Securities and Futures Commission (SFC) published the Strategic Framework for Green Finance in September 2018. The framework outlined an action plan to strengthen five areas of green finance, including listed companies' disclosure of environmental information, integrating ESG factors into investments of asset managers, widening the range of green-related investments, supporting awareness of investors, capacity building, and promoting Hong Kong as an international green finance centre.

61 Source: CBI. "Sovereign Green Bonds Briefing", 3 March 2018.

Going forward, the Hong Kong Government would have a pivotal role in encouraging the initiations of green projects in Hong Kong and in expanding the green bond investor base. To drive the growth of the green bond market, the Government's firm commitment to a green economy in Hong Kong is the key. It may consider green projects in cooperation with real estate, transportation and energy sectors. It may also consider providing tax incentives to investors (like tax exemption for municipal bonds in the US) to help establish a broad green bond investor base in Hong Kong.

3.3 Promoting green bond development in Hong Kong

3.3.1 Bond listing

A number of global stock exchanges have launched dedicated listing sections for green bonds since 2015 to support green financing and investment. According to the CBI, there are 10 stock exchanges having dedicated green bond segments as of October 2018 (see Table 3) that display green bonds with environmental disclosures. The disclosure requirements of listed green bonds are not homogeneous. For example, Luxembourg and the UK require external reviews as a listing requirement on their green bond segments. The LuxSE requires both independent external review and ex-post reporting from issuers. In the UK, the LSE requires an external review from the issuer in which the certifier must meet the criteria set out in the related guidelines[62] and encourages voluntary ex-post reporting. The emphasis on environmental disclosure helps attract more new green investors. This reinforces the benefit of bond listings in enhancing secondary liquidity. The listing status of green bonds would be important to attract institutional investors who are mandated to invest in listed securities.

62 *Green Bonds Certification*, LSE, 8 October 2015.

Table 3. Dedicated green bond listing segments on global stock exchanges

Name of stock exchange	Type of dedicated section	Launch date
Borsa Italiana	Green and social bonds	March 2017
Japan Exchange Group	Green and social bonds	January 2018
Johannesburg Stock Exchange	Green bonds	October 2017
London Stock Exchange	Green bonds	July 2015
Luxembourg Stock Exchange – Luxembourg Green Exchange	Green bonds, social bonds, sustainability bonds, Chinese domestic green bonds, ESG funds, green funds and social funds	September 2016
Mexico Stock Exchange	Green bonds	August 2016
Oslo Stock Exchange	Green bonds	January 2015
Shanghai Stock Exchange	Green bonds	March 2016
Stockholm Stock Exchange	Sustainable bonds	June 2015
Taipei Exchange	Green bonds	May 2017

Source: CBI's website, viewed on 31 October 2018.

While some European exchanges have dominated the market in terms of number of green bond listings, the Hong Kong market is picking up (see Figure 10). Although the listing requirements of green bonds are more stringent in Luxembourg and London, the number of listed green bonds in the two markets has been higher than those in Asia and New York. Hong Kong's number of green bond listings has more than doubled to 11 bonds during the first nine months in 2018 from 4 bonds in 2017 while the strong momentum was not observed in other exchanges.

Figure 10. Number of listed green bonds on selected stock exchanges (2016 – Sep 2018)

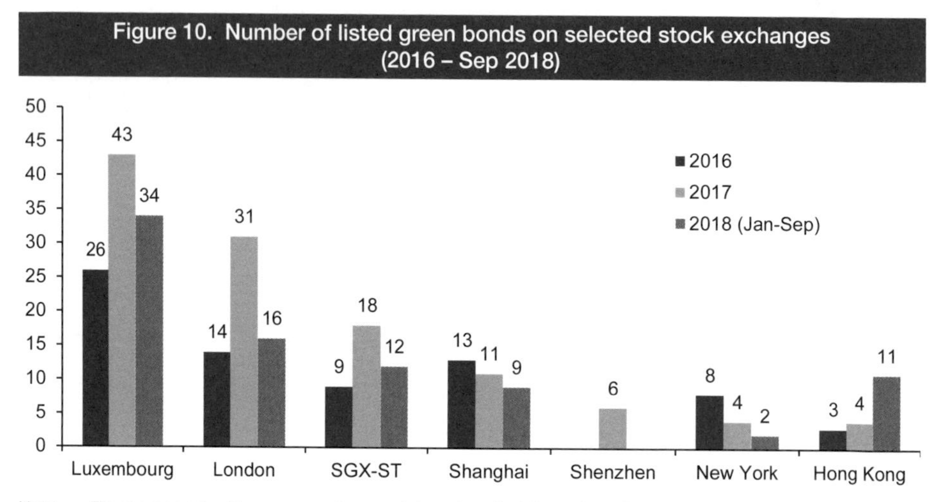

Note: These are bonds with green use of proceeds based on the information in Bloomberg's database.
Source: Bloomberg.

Hong Kong's listing regime is rather efficient and cost-effective to support green bond issuance. The listing requirements and the listing process are currently the same for green bonds and conventional bonds. Most of the currently listed green bonds in Hong Kong are only available to professional investors (these are bonds issued under Chapter 37 of the Listing Rules). The processing time takes about two business days. For a bond issuer listed in Hong Kong, the processing time can be as short as within one business day. Besides, the listing fee for Hong Kong issuance is a one-off payment of HK$7,000 to HK$90,000 without annual fee, which is one of the lowest in Asia Pacific.

To further support green bond development, the Hong Kong market may consider introducing a dedicated green bond segment with tailored-made environmental disclosure requirements. Empirical studies[63] showed that companies with more timely and detailed disclosure policies have lower costs of debt. A key reason is that the disclosure can fill the information gap between issuers and investors. For environmental disclosure, some evidence[64] suggested that it is positively associated with environmental performance. Studies[65] also found that companies with good environmental management enjoy lower costs of debt but companies with environmental concerns have higher costs of debt and lower credit ratings. These explain why green bonds usually have lower funding costs at issuance and stronger investor demand and also highlight the importance of corporate environmental disclosure. The statistics of listed bond markets with green bond segments and the HKEX bond market are summarised in the Appendix.

Hong Kong's listing regime of green bonds can be enhanced through more disclosure and higher transparency. The dedicated segment can be set up as a two-way information platform to provide a comprehensive list of green bonds in Hong Kong and the Mainland, with environmental disclosure of individual green bonds, including external reviews and/or ex-post reporting. The segment can not only display listed bonds but also bonds in over-the-counter (OTC) markets in Hong Kong and the Mainland. Reference could be made to cooperation between Mainland exchanges and LuxSE (see section 2.2 above).

With enhanced ESG disclosure requirements, the issuance and listing of green bonds by Mainland companies will be further promoted. A CSRC official noted that both listed companies and bond issuers in Mainland will have to implement mandatory

63 See, for example, Sengupta. (1998) "Corporate Disclosure Quality and the Cost of Debt", *The Accounting Review*, Volume No. 73, pp. 459-474; and Nikolaev and Lent. (2005) "The Endogeneity Bias in the Relation between Cost of Debt Capital and Corporate Disclosure Policy", *European Accounting Review*, Volume No. 14, pp. 677-724.

64 See Clarkson, Li, Richardson and Vasvari. (2008) "Revisiting the Relation between Environmental Performance and Environmental Disclosure: An Empirical Analysis", *Accounting, Organizations and Society*, Volume No. 33, pp. 303-327.

65 See, for example, Bauer and Hann. (2010) "Corporate Environmental Management and Credit Risk", Working Paper.

ESG reporting by 2020 and the detailed framework will be set by the CSRC for listed companies and the PBoC for bond issuers respectively[66]. ESG reporting helps investors understand a company's approach to ESG issues and helps the company assess its ESG performance and identify gaps for improvement. Since the UNSSE launched its Model Guidance on ESG reporting for exchanges in September 2015, the number of exchanges with their own ESG reporting guidelines has increased from 14 in September 2015 to 38 in August 2018, including exchanges in the Mainland, Hong Kong, Luxembourg, Singapore and the UK[67]. The frameworks of ESG reporting are still fragmented across global markets and the FSB TCFD recommendations have provided a basis of convergence (see section 1.2). Hong Kong is considering further enhancing the ESG reporting of listed companies to align with the FSB TCFD recommendations[68]. The Mainland and UK have co-chaired the G20 Sustainable Finance Study Group (previously called Green Finance Study Group) since 2016 and they endorsed a group of financial institutions piloting the implementation of the FSB TCFD recommendations, including in the Mainland's environmental disclosure guidelines. These will help the development of mandatory ESG reporting of listed companies in the Mainland. The improvement of ESG reporting as a result of these initiatives is expected to increase the demand for green financing by corporate issuers and the demand for green investments.

3.3.2 Bond trading

Traditionally, corporate bonds are usually traded in OTC markets rather than on exchanges[69]. One of the reasons is the better price discovery in OTC markets. Different from stocks, corporate bonds are less frequently traded and the last traded price may not reflect all available information. In OTC markets, investors are usually more sophisticated and have more information and understanding of different bond structures (e.g. variable coupon rate, embedded option and guarantee, etc). The listing of bonds may mainly be driven by the need to cater for the demand of mutual funds and trusts which are subject to investment mandates that can buy listed bonds only. This may not be the case for green bonds because green labels usually come with much higher requirements of public disclosures. Although more disclosure cannot be directly translated into lower risk, it

66 Source: "Listed companies and bond issuers will be mandated to make environmental disclosure by 2020" (http://finance.caixin.com/2018-03-20/101223470.html), Caixin, 20 March 2018.

67 Source: "SSE campaign to close the ESG guidance gap", UNSSE website, viewed on 31 October 2018.

68 Source: SFC. *Strategic Framework for Green Finance*, 21 September 2018.

69 See: International Organization of Securities Commissions (IOSCO). *Transparency of Corporate Bond Markets*, May 2004.

would help the price discovery of the bonds on an exchange. Another benefit to trade bonds on an exchange is pre-trade information (e.g. bid-ask quotes) and post-trade information (e.g. last traded price) transparency.

Hong Kong can consider various arrangements for trading green bonds in the OTC and exchange markets. Reference could be made to the trading arrangements in the UK. On the LSE, there are three dedicated green segments for the trading of listed bonds by retail and institutional investors and for the OTC trading of bonds. These include the green segments on the platforms of Orderbook for Retail Bonds (ORB, a platform of bonds issued by UK issuers for retail investors), Orderbook for Fixed Income Securities (OFIS, a platform of bonds listed on the LSE's Main Board and the board for professional investors and bonds listed on other European exchanges) and Trade Reporting only (for off-book transactions in the OTC market).

A catalyst for the trading of OTC and listed bonds in Hong Kong can come from more cooperation between trading platforms. OTC bond transactions in Hong Kong are cleared and settled only through the HKMA-CMU. On the contrary, transactions of listed bonds in Hong Kong may be cleared and settled through the HKMA-CMU for some or through the HKEX's Central Clearing and Settlement System (CCASS) for others. It involves charges and time to move bonds from HKMA-CMU to CCASS. Therefore, the cooperation or connectivity of the two bond clearing and settlement platforms with streamlined clearing and settlement procedures would widen the investor base (to include both CMU members and CCASS participants). Trading arrangements of market makers or liquidity providers would further support liquidity. The secondary liquidity of bonds can be further enhanced through introducing Southbound trading under Bond Connect[70] for Mainland investors to participate in the Hong Kong bond market.

To promote bond market development in Hong Kong, the Government launched Qualifying Debt Instrument scheme (QDI) in 1996 that cut 50% of tax on interest income and trading profits of bonds. The scope of the QDI scheme that previously covered only OTC bonds in Hong Kong has been extended in April 2018 to cover also bonds listed on the SEHK.

The listing regime and trading arrangements of green bonds can be reviewed to encourage retail participation. For bond listing, as mentioned above, most listed green bonds in Hong Kong are only available to professional investors. It is because public offerings of listed bonds for retail subscription are subject to more requirements under Chapter 22 of the Listing Rules for protecting investors' interest. For bond trading, retail

70 Subject to regulatory approval.

investors are constrained from trading bonds in Hong Kong due to their comparative disadvantages in terms of clearing and settlement and best execution[71]. As most bonds in Hong Kong are deposited in the HKMA-CMU, the trading of bonds is usually conducted among banks which provide no assurance to retail investors for continuous quotes or best execution prices. It may be worth considering providing higher flexibility to enable retail access to green bonds. This would be complementary to the development trend of retail issuance of green bonds in the Mainland since September 2017 (see section 2.1).

3.3.3 Index and related product development

Global green bond indices are tracked by ETFs. The first two green bond ETFs were launched in 2017 — Lyxor Green Bond (DR) UCITS ETF in February and VanEck Vectors Green Bond ETF in March — primarily listed in Europe and the US respectively. They track the performance of Solactive Green Bond EUR USD IG Index and S&P Green Bond Select Index respectively, which are the sub-indices of the global green bond indices mentioned in Section 1.3 above. The AUM of these two ETFs continued to grow (see Figure 11).

Figure 11. AUM of the first two green bond ETFs (Feb 2017 – Sep 2018)

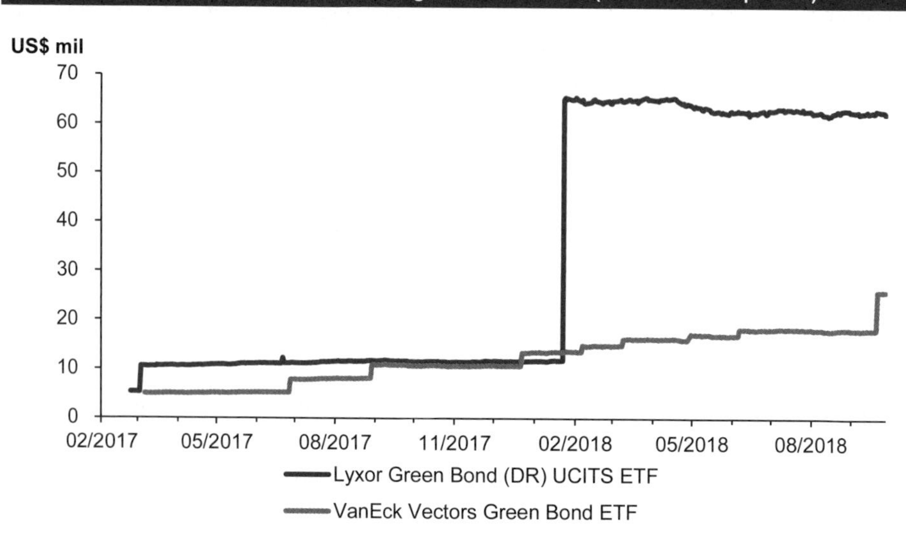

Source: Lyxor's website and Bloomberg.

71 Source: "Why HK Has No Retail Bond Market", *Webb-site.com*, 13 May 2018.

In the Mainland, green bond indices cover green bonds in the CIBM and listed green bonds. For green bonds in CIBM, there are 3 green bond index series — ChinaBond China Green Bond Index, ChinaBond China Climate-aligned Bond Index and ChinaBond CIB Green Bond Index. For listed green bonds, the SZSE and CUFE's CUFE China Green Bond Index series covers labeled and unlabeled green bonds; and the SSE launched 3 green bond indices to cover green bonds listed on its market (see Section 2.2 above). **However, there has been no ETF available for tracking these green bond indices in the Mainland. Hong Kong market can facilitate the development of green bond ETFs on these indices to enhance the liquidity of Mainland green bonds.** Hong Kong is well-positioned to offer green bond ETFs to international investors. ETF issuers can easily tap into the CIBM through Bond Connect and into the onshore exchange-traded bond markets through the RQFII and QFII schemes for their underlying green bond asset management,and this would facilitate the development of green bond ETFs.

Hong Kong can consider the development of green bond indices to widen the investor base. As mentioned in section 3.2, the Hong Kong Government is pledged to issue green bonds regularly through the HK$100 billion green bond issuance program. If the bonds are issued with a range of different tenors, a benchmark yield curve will be established for issuers and a total return index of green government bonds will be useful for investors to track the performance. In addition to government bonds, there have been green bonds issued by a diverse base of Mainland and Hong Kong corporate issuers. It is worth considering a broad-based green bond index, like the CUFE China Green Bond Index series which include bonds issued in the CIBM and stock exchanges by the Mainland Government, policy banks, government-backed entities and high-quality (AAA-rated in the Mainland) financial and non-financial companies. Indices tracking green bonds of different scopes of coverage are suitable to be underlying assets for investment tools like ETFs that could meet the different investment targets and risk profiles of passive asset managers and retail investors. With the availability of local, Mainland and cross-border green bond indices, green bond ETFs tracking these indices can be developed.

In addition, enhancements to FX derivatives in Hong Kong would support the development of green bonds. Most of the green bonds issued in Hong Kong are denominated in USD or Euro. The tenors of some green bonds are very long. Although some issuers may have natural hedge provided by the denomination of their revenue and the use of funding in the same currency, the demand for liquid hedging instruments with a wider range of tenors and currency pairs is expected to increase for currency risk management. While issuers and investors may hedge their currency exposures by OTC FX derivatives, listed FX derivatives could offer a more liquid way of risk management with better protection by a central clearing mechanism. With the presence of market makers or liquidity providers, issuers and investors can hedge all or part of their positions on the exchange's listed market as desired. Besides, the counterparty risk is mitigated by central clearing. As the coverage of FX derivatives becomes more comprehensive, more investors may choose to manage their fixed-income portfolios in Hong Kong.

4 Conclusion

Green bonds have contributed an increasing share of the global bond market and the green bond market is expected to continue to grow in a relatively rapid pace. Countries are committed to the transition to a green economy for which the funding demand is huge. This has fostered the ground for the issuance of green bonds. Green bonds are not only supportive of the sustainable development of economy, but also give mutual benefits to both issuers and investors in terms of reputation, funding cost and investment return.

Mainland China has become the second largest green bond market in the world. With strong government policy support, the momentum of issuance has been and would remain strong. However, the harmonisation of domestic green standards and between domestic and international standards is a major issue to be addressed. Hong Kong has been playing a facilitator's role for connecting international investors with Mainland green bond issuers in: (1) bridging the gap for Mainland issuers in offshore green bond issuance, with its internationally recognised green bond certification scheme that make reference to international and Mainland standards; and (2) being a key gateway for international investors to access CIBM through Northbound Bond Connect.

In Hong Kong, the green bond market continues to grow with a diverse base of Mainland, Hong Kong and supranational issuers. The Government is set to launch the world's largest green bond issuance program and offers a range of incentives to attract corporate green bond issuers. Increasing institutional fund allocation to bonds is observed. As next few steps, Hong Kong listed market could consider launching a dedicated green bond segment to reinforce the benefits of listing for issuers and a review of bond clearing and settlement on different venues to streamline the process for investors. The possible launch of Southbound trading under Bond Connect can further widen the investor base in Hong Kong and provide a new asset class to Mainland investors. Given the foreign currency denomination of green bonds in Hong Kong, listed FX derivatives could provide a liquid way of currency risk management for issuers and investors with better protection. For investors, green bond ETFs can be a convenient way to access diversified portfolios of green bonds in the Mainland and Hong Kong by tracking related green bond indices. These potential market developments would contribute to the growth of Hong Kong's bond market.

Appendix

Statistics of bond markets with green bond segments and Hong Kong

Table A1. Outstanding number of bond listings (2012 – Sep 2018)

Exchange	2012	2013	2014	2015	2016	2017	Sep 2018
Bolsa Mexicana de Valores	743	807	783	838	809	863	862
Japan Exchange Group Inc.	325	326	331	344	358	361	362
Johannesburg Stock Exchange	1,452	1,539	1,650	1,731	1,666	1,671	1,723
LSE Group	19,490	21,486	17,835	17,225	16,205	13,676	13,783
Luxembourg Stock Exchange	27,839	26,684	26,251	25,674	30,550	30,344	31,437
Nasdaq Nordic Exchanges	6,006	7,086	7,789	8,079	7,691	7,558	7,992
Oslo Børs	1,384	1,569	1,669	1,719	1,911	2,064	820
Shanghai Stock Exchange	953	1,458	2,094	3,141	4,709	6,017	6,701
Taipei Exchange	1,189	1,273	1,323	1,440	1,519	1,563	1,662
HKEX	**269**	**403**	**640**	**762**	**892**	**1,047**	**1,155**

Note: LSE Group's figures comprise those of London Stock Exchange and Borsa Italiana. Nasdaq Nordic Exchanges' figures include those of Stockholm Stock Exchange. The latest number of bond listings in Oslo Børs was as of June 2018.

Source: World Federation of Exchanges.

Table A2. Total turnover of bonds (US$ million) (2012 – Sep 2018)

Exchange	2012	2013	2014	2015	2016	2017	Sep 2018
Bolsa Mexicana de Valores	212	184	256	171	50	118	30
Japan Exchange Group Inc.	1,571	1,766	549	1,255	947	368	196
Johannesburg Stock Exchange	2,804,748	2,123,266	1,732,616	1,766,205	1,850,483	2,083,337	1,777,855
LSE Group	4,575,453	3,953,090	3,028,141	2,256,767	9,321,120	9,195,948	216,800
Luxembourg Stock Exchange	439	483	228	134	120	136	99
Nasdaq Nordic Exchanges	3,031,086	2,536,905	2,280,408	1,785,424	1,710,937	1,704,374	213,714
Oslo Børs	505,094	675,201	635,238	696,847	713,150	1,041,233	637,513
Shanghai Stock Exchange	127,262	199,476	270,111	336,904	398,743	355,392	228,781
Taipei Exchange	351,628	267,114	269,670	282,684	268,729	239,736	171,051
HKEX	**357**	**575**	**785**	**1,210**	**2,743**	**7,758**	**4,508**

Note: LSE Group's figures comprise those of London Stock Exchange and Borsa Italiana. Nasdaq Nordic Exchanges' figures include those of Stockholm Stock Exchange.

Source: World Federation of Exchanges.

Table A3. Outstanding number of green bond listings (2012 – Nov 2018)							
Exchange	2012	2013	2014	2015	2016	2017	Nov 2018
Bolsa Mexicana de Valores	0	0	0	0	1	1	1
Japan Exchange Group Inc.	5	6	7	8	9	10	11
Johannesburg Stock Exchange	0	0	1	2	2	3	6
LSE Group	2	6	24	40	62	106	127
Luxembourg Stock Exchange	31	40	67	80	99	132	172
NOMX Stockholm	0	2	15	22	47	79	127
Oslo Børs	0	1	6	11	12	19	23
Shanghai Stock Exchange	0	0	0	0	13	24	34
Taipei Exchange	0	0	0	0	0	9	23
HKEX	0	0	0	1	4	8	20

Note: LSE Group's figures comprise those of London Stock Exchange and Borsa Italiana.

Source: Bloomberg (as of 14 November 2018).

Abbreviations

ABS	Asset-backed security
AUM	Assets under management
BIS	Bank for International Settlements
BRI	Belt and Road Initiative
CBI	Climate Bonds Initiative
CBS	Climate Bonds Standard
CCASS	Central Clearing and Settlement System in Hong Kong
CIBM	China Interbank Bond Market
CSRC	China Securities Regulatory Commission
EIB	European Investment Bank
ESG	Environmental, social and governance
ETF	Exchange traded fund
FSB	Financial Stability Board
FX	Foreign exchange
G20	Group of Twenty
GBGS	Green Bond Grant Scheme in Hong Kong
GBP	Green Bond Principles
GCF	Green Climate Fund
GFC	Green Finance Committee
GFCS	Green Finance Certification Scheme
HKGFA	Hong Kong Green Finance Association
HKMA-CMU	Central Moneymarkets Unit operated by the Hong Kong Monetary Authority
HKQAA	Hong Kong Quality and Assurance Agency
ICMA	International Capital Market Association
LSE	London Stock Exchange
LuxSE	Luxembourg Stock Exchange
NDRC	National Development and Reform Commission in China
OTC	Over-the-counter
PBoC	People's Bank of China
SEHK	Stock Exchange of Hong Kong
SSE	Shanghai Stock Exchange
SZSE	Shenzhen Stock Exchange
TCFD	Task Force on Climate-related Financial Disclosures
UN	United Nations
UN SDGs	UN Sustainable Development Goals
UNFCCC	UN Framework Convention on Climate Change
UNSSE	UN Sustainable Stock Exchanges

Afterword

Bond Connect and China's innovative exploration of financial liberalisation

The economics and finance of the world are currently undergoing dramatic changes. Sino-US trade friction is creating choppy economic conditions and is expected to have an impact on China's integration with the global financial system. Regardless of how the international economic and financial landscape changes, China's economic and financial structures need to evolve. It is clear that China will continue its two-way opening up of its capital market and internationalise the Renminbi (RMB). Hong Kong, as an integral part of the international financial system, has a unique role to play in these major global adjustments and the Mainland's opening-up process.

Shanghai Connect, Shenzhen Connect and Bond Connect were successfully launched against these backdrops. Through Shanghai Connect and Shenzhen Connect, a new business model and a new pathway for the opening up of the Mainland capital market were developed. Thanks to its unique design, in particular order routing in gross along with clearing and settlement in net, Stock Connect generated almost RMB 15 trillion in turnover in less than five years since its launch, while more than RMB 100 billion of cross-border capital movement (net settlement amount) was recorded. This results in the maximum benefits of a free and open trading market at minimum institutional costs, while the relatively closed-loop mechanism is well under control. To connect Mainland and overseas financial market infrastructure, which are extremely different from each other, building consensus and compatibility are essential. It was with this in mind that the Mainland-Hong Kong mutual market access programmes for equities and bonds were developed. They provide financial platforms that facilitate the Mainland market's opening to the world with sufficient risk control, and enable two different financial regimes to effectively communicate with each other.

Bond Connect's launch in July 2017 after the successful operation of Stock Connect was another milestone that extended the mutual market access model to bonds and fixed-income products, and which marked a breakthrough in the opening-up of the Mainland bond market. Bond Connect is innovative and exploratory in many aspects. By effectively and organically connecting Mainland bond market operations with international trading and settlement practices, it has attracted and supported greater overseas interest in the China Interbank Bond Market (CIBM).

Bond Connect's institutional innovations are manifested mainly in pre-trade market admission, price discovery and communication during trading, as well as post-trade custody and settlement. Lower institutional costs, higher market efficiency and the effective connection of international practices and Mainland bond market operations have been achieved. As market familiarity with Bond Connect increases, the number of overseas institutional investors qualified to participate in the scheme has also increased. As of the end of 2018, there were 503 overseas institutional investors qualified to be Bond Connect participants, along with a number of measures announced throughout the year by the People's Bank of China (PBOC) to further enhance the programme. These include the full realisation of delivery versus payment (DVP) settlement to remove settlement risks; the launch of trade allocation to achieve the automation of block trade processing; and the clarification of tax policy to exempt overseas investors from corporate income tax and value-added tax for initially three years. In November 2018, Bloomberg, joining Tradeweb, became another trading platform for Bond Connect. The new platform is expected to bring in new investors, new capital flows and a new mode of trading RMB-denominated assets.

Obviously, Bond Connect's smooth operation has given new impetus to the internationalisation of the Mainland bond market, and contributes to the opening up of the entire RMB bond market in a profound way. RMB bonds are now on the pathway towards inclusion in major global bond indices, and there is greater desire among global investors for a deeper and more systematic understanding of Bond Connect and the Mainland bond market. Against this backdrop, backed by HKEX Chief Executive Charles Li and under my leadership, Mainland and offshore senior experts and academics specialising in the bond market were invited, together with the research team of HKEX, to look at Bond Connect in depth from multiple dimensions.

There are 16 chapters in this book; the outline of each was determined by the Chief China Economist's Office of HKEX after discussion with the writers who are experts in their fields. In Part 1, "Opening up of the China's Bond Market: History and background", Zhang Yi, President of the China Foreign Exchange Trade System (CFETS), Zhou Chengjun, researcher at the Research Institute of the PBOC, and Zhou Rongfang, General Manager of the Shanghai Clearing House, analysed from multiple angles the overall plan of the Mainland bond market's multi-level opening-up process, the top-level design and policy development of the RMB's internationalisation, and identified the major roles of

Bond Connect in the opening up of the Mainland bond market. Part 2, "Bond Connect: Connectivity between onshore and offshore bond markets", features articles by Liu Youhui, General Manager of Treasury Department of the Agricultural Development Bank of China, Wu Wei, Director and Deputy General Manager of Bond Connect Co. Ltd., Moody's Investors Service, BOC International, and HKEX researchers, including Zhou Zhaoping, Senior Vice President of FIC Product Development. They provide a full picture of Bond Connect in terms of financial infrastructure, the opening up policy and regulations, credit ratings, primary market offerings and other aspects, enabling global investors to better understand Bond Connect and related policies. In Part 3, "Establishment of an ecosystem in Hong Kong for fixed-income and currency products", Professor Xiao Geng of Peking University HSBC Business School, Hong Hao, Head of Research of BOCOM International, and the Chief China Economist's Office of HKEX discuss separately the innovation of fixed-income products related to Bond Connect and the formation of their financial ecosystem. These articles would help overseas institutions make better use of related financial products and services.

This book is the first bilingual and systematic collection of articles on the development of Bond Connect and its institutional framework that are contributed by experts who design, implement and regulate Bond Connect, and by representative participants of the Mainland and overseas bond markets. Its publication, which represents a collection of experience in the smooth operation of Bond Connect, will deepen global investors' understanding of the Mainland bond market's internationalisation process and promote global participation in the development of that market.

I have to say thank you in particular to Charles Li, Chief Executive of HKEX, for his encouragement and support in the publication of this book. HKEX colleagues in regulatory compliance, legal services, corporate communications, translation and other business teams have given us generous support and advice without which this book would not have been published. Our cooperation with the Commercial Press (Hong Kong) Limited is also instrumental in the publication and distribution of this book. Thanks to efforts of the publisher, we have been able to release the book onto the market at the right time so that Mainland and overseas investors can promptly understand the innovative Bond Connect model. To all these parties, we sincerely express our gratitude.

Hong Kong is the world's most significant offshore RMB centre. With new momentum gained from Bond Connect, not only will Hong Kong become the gateway connecting the onshore Mainland bond market with the rest of the world, an ecosystem of onshore and offshore RMB products centred on Bond Connect will also come into being. The integration of this ecosystem with other risk management products will provide new impetus in solidifying the position of Hong Kong as an international financial centre.

This book may have some imperfections given that Bond Connect is an innovative business model involving multiple facets of the market and is still undergoing continuous evolution. Any feedback you may have are most welcome.

Professor BA Shusong
Chief China Economist, Hong Kong Exchanges and Clearing Limited
Chief Economist, China Banking Association
March 2019